丰满的人物形象　　感人的故事情节
发人深省的寓意　　细腻简洁的语言

感恩的心

杨建峰　主编

外文出版社
FOREIGN LANGUAGES PRESS

图书在版编目（CIP）数据

感恩的心 / 杨建峰主编 .—北京：外文出版社，2013
ISBN 978-7-119-08275-2

Ⅰ．①感…　Ⅱ．①杨…　Ⅲ．①人生哲学－通俗读物　Ⅳ．① B821-49

中国版本图书馆 CIP 数据核字（2013）第 098608 号

总 策 划：杨建峰
责任编辑：夏伟兰
装帧设计：松雪图文
印刷监制：高　峰＋苏画眉

敬启

　　本书在编写过程中，参阅和使用了一些报刊、著述和图片。由于联系上的困难，我们未能和部分作品的作者(或译者)取得联系，对此谨致深深的歉意。敬请原作者(或译者)见到本书后，及时与本书编者联系，以便我们按照国家有关规定支付稿酬并赠送样书。联系电话：010－84853028　联系人：松雪

感恩的心

主　　编：杨建峰
出版发行：外文出版社有限责任公司
地　　址：北京市西城区百万庄大街 24 号　　　邮政编码：100037
网　　址：http://www.flp.com.cn
电　　话：008610-68320579（总编室）　008610-68990283（编辑部）
　　　　　008610-68995852（发行部）　008610-68996183（投稿电话）
印　　刷：北京德富泰印务有限公司
经　　销：新华书店 / 外文书店
开　　本：889mm×1194mm　1/16
印　　张：27.5
字　　数：700 千
版　　次：2013 年 6 月第 1 版第 1 次印刷
书　　号：ISBN 978-7-119-08275-2
定　　价：59.00 元

前 言
PREFACE

　　所谓感恩，是我们每个人与生俱来的本性，它是深藏于我们内心的一种优秀品质，也是一种人们感激他人对自己所施的恩惠并设法报答的心态。

　　众所周知，感恩节最初始于美国。1621年的秋天，远涉重洋来到美洲的英国移民为了感谢上帝赐予的丰收和印第安人的帮助，举行了三天狂欢活动。从此这一习俗就延续下来，并风行各地。

　　后来，在1863年，林肯总统把感恩节正式宣布为美国的法定假日。因此，美国人每逢11月的第四个星期四都要隆重庆祝一番。这一天，全家人围坐在餐桌旁，面对有火鸡、南瓜派的丰盛大餐，进行餐前祈祷和感恩。这时，每个人都会怀着感激之情细说值得他们感恩的事。

　　感恩既是一种美好的品质，也是一种生活态度，更是一种人们对美好生活的追求。怀着感恩的心，感恩一切美好的事物，那么生命便会创造出一份人间奇迹。现在许多新新人类都乐此不疲地与"世界接轨"，尽情地过着情人节、愚人节、母亲节、父亲节、圣诞节，却没有想到过感恩节。他们视幸福为天然，认为本来就应该是这个样子。他们大手大脚花父母亲的血汗钱，对父母的馈赠从不言谢，对朋友的帮助少有谢意，稍有不如意便大发牢骚，总觉得世界欠自己太多，社会太不公平，动辄诉诸暴力，或以死相威胁。这样一不小心就走入两个极端：或者目空一切，或者内向自卑。

　　人们的这些心理偏差，都需要用感恩思想进行一次灵魂的洗礼。因为，感恩可以消解内心所有积怨，感恩可以涤荡世间一切尘埃。"感恩的心"是一盏对生活充满理想与希望的导航灯，它为我们指明了前进的道路；"感恩的心"是两支摆动的船桨，它将我们在汹涌的波浪中一次次摆渡过来；"感恩的心"还是一把精神钥匙，它让我们在艰难过后开启生命真谛的大门！拥有一颗感恩的心，能让我们的生命变得无比的珍贵，更能让我们的精神变得无比的崇高！

　　试想一下，我们大家是否经常抱怨自己父母工作太忙而忽视了我们的存在，此时，你不妨用那颗感恩的心，来挖掘父母为我们所做的一点一滴。渐渐的，感恩的心就会取代抱怨。其实有的时候，快乐很简单，只要你拥有一颗感恩的心，你便会发现身边值得感恩的一点一滴，感恩的心看似无形，却很有必要，因为造成许多无法弥补的错误的原因往往是忽略了那颗感恩的心。抱怨在人生中永远是个负数,如果我们关注的是正确的东西,生活便能得到实质性的改善。感恩是一种处世哲学,感恩是一种歌唱方式,感恩是一种生活的大智慧,感恩更是学会做人的支点。生命的整体是相互依存的,每一样事物都依赖其他事物而存在。无论是父母的养育,师长的教诲,还是朋友的关爱,大自然的慷慨赐予……我们无时无刻不沉浸在恩惠的海洋中。感恩,是一个人的内心独白,是一片肺腑之言,是一份铭心之谢……所以感恩应该年年、月月、日日、时时、分分、秒秒。

只要我们能够拥有一种感恩的思想,它就可以提升我们的心智,净化我们的心灵。你感恩生活,生活将赐予你明媚阳光;你若只知一味地怨天尤人,其结果也只能是万事蹉跎!在水中放进一块小小的明矾,就能沉淀出所有的渣滓;如果在我们的心中培植一种感恩思想,那么就可以沉淀出许多浮躁、不安,消融许多的不满与失意。因为感恩是积极向上的思考和谦卑的态度,当一个人懂得感恩时,便会将感恩化做一种充满爱意的行动,实践于生活中。同时,感恩也不是简单地报恩,它更是一种责任、自立、自尊和追求一种阳光人生的精神境界!一个人会因感恩而感到快乐,一颗感恩的心,就是一颗和谐的种子。

拥有一颗感恩的心吧!这会让你的生活越来越美好。

目 录

CONTENTS

第二章 慈母情深:感恩母爱的永恒

第三章　真情永存:感恩亲情的眷顾

第四章　甜蜜的爱:感恩伴侣的真情

第五章　春风化雨：感恩老师的教诲

第六章　情义无价：感恩朋友的友谊

第七章　善心永驻：感恩陌生人的帮助

第八章 遇强更强：感恩对手的压力

第九章 生存之本：感恩大自然的恩赐

第十章 酸甜苦辣:感恩生活的历练

第十一章 快乐生活:感恩幸福的眷顾

第一章

父爱如山：
感恩父爱的博大

父爱是一座山，山是无言的，父爱也是无言而深沉的。然而，正是这深沉，让父爱稳重厚实而威严，给我们以永生难忘的回味和影响。

在感恩父爱中读懂人生

佚名

冰心女士是当代著名的女作家。在家里,冰心是长女,也是父母膝下唯一的女儿,她从小便被父母视为掌上明珠。冰心的父亲谢葆璋是一位参加过甲午战争的爱国海军军官,具有强烈的民族意识和爱国心,同时也是一位舐犊情深的父亲。

谢葆璋在烟台任海军学校校长时,经常带女儿去海边散步,教小冰心如何打枪,如何骑马,如何划船。夜晚,他指点她如何看星星,如何辨认星座的位置和名字。他还常常带领冰心上军舰,把军舰上的设备、生活方式讲给女儿听。

一天,谢葆璋像往常一样带女儿在海滩散步,冰心陶醉于眼前的美景,对父亲说:"烟台海滨就是美啊!"父亲却感叹地说:"中国北方海岸好看的港湾多的是,何止一个烟台,比如威海卫、大连湾、青岛,都是很美很美的。"冰心听到这里,要求父亲带她去看一看。父亲捡起一块石子,狠狠地向海里扔去:"现在我不愿意去!你知道,那些港口现在都不是我们中国人的,威海卫是英国人的,大连湾是日本人的,青岛是德国人的。只有烟台才是我们的,是我们中国人自己的不冻港。为什么我们把海军学校建设在这海边偏僻的山窝里?我们是被挤到这里来的啊。将来我们要夺回威海、大连、青岛,非有强大的海军不可。"

至今,冰心都在为她那庄严勇敢的父亲骄傲着,并且向着父亲鼓励的方向努力,爱国,爱生活,把爱洒满每一个角落。

冰心曾将父亲比喻成清晨即出、灿烂无比的太阳,"早晨勇敢、灿烂的太阳,自然是父亲了。他从对面的树梢,雍容尔雅地上来,温和又严肃地对我说:'又是一天了!'我就欢欢喜喜地坐起来,披衣从廊上走到屋里去,开始一天新的生活。"

冰心曾充满深情地说:"父亲啊!我怎样的爱你,也怎样爱你的海!"父爱,一直是冰心创作的动力源泉之一,她始终铭记着父亲的教诲,创造出了属于自己的宝贵价值。

直至晚年,冰心还深深地怀念着她的父亲。

是啊,如果说母亲给予儿女的是如涓涓细流般的柔情,是在生活中无微不至的点点滴滴的关怀,那么父亲给予儿女的则是如江海大山般的力量,是精神上的鼓励和支持。父亲的爱是含蓄和深沉的,父爱如山。

❧ 感恩心语 ❧

父爱比山高,比海深,父亲的爱如一壶老酒,日久愈醇,需要你用心体会,并且为这深沉的爱而努力,不让父亲失望,不让自己的生命充满遗憾。

读懂父亲,便读懂了岁月人生!

期待父亲的笑

林清玄

父亲躺在医院的加护病房里,还殷殷地叮嘱母亲不要通知身在远地的我,因为他怕我在台北工作担心他的病情。还是母亲偷偷叫弟弟来通知我,我才知道父亲住院的消息。

这是父亲典型的个性,他是不论什么事总是先为我们着想,至于他自己,倒是很少注意。我记得在很小的时候，有一次父亲到凤山去开会，开完会他到市场去吃了一碗肉羹，觉得是很少吃到的美味，他马上想到我们，先到市场去买了一个新锅，然后又买了一大锅肉羹回家。当时的交通不发达，车子颠簸得厉害，回到家时肉羹已冷，又溢出了许多，我们吃的时候已经没有父亲形容的那种美味。可是我吃肉羹时心血沸腾，特别感到那肉羹人生难得，因为那里面有父亲的爱。

在外人的眼中，我父亲是粗犷豪放的汉子，只有我们做子女的知道他心里极为细腻的一面。提肉羹回家只是一端，他不管到什么地方，有好的东西一定带回给我们，所以我童年时代，父亲每次出差回来，总是我们高兴的时候。他对母亲也非常的体贴，在记忆里，父亲总是每天清早就到市场去买菜，在家用方面也从不让母亲操心。这三十年来我们家都是由父亲上菜市场，一个受过日式教育的男人，能够这样内外兼顾是很少见的。

父亲是影响我最深的人。父亲的青壮年时代虽然受过不少打击和挫折，但我从来没有看过父亲忧愁的样子。他是一个永远向前的乐观主义者，再坏的环境，也不皱一下眉头，这一点深深地影响了我，我的乐观与韧性大部分得自父亲的身教。父亲也是个理想主义者，这种理想主义表现在他对生活与生命的尽力，他常说："事情总有成功和失败两面，但我们总是要往成功的那个方向走。"

由于他的乐观和理想主义，他成为一个温暖如火的人，只要有他在就没有不能解决的事，这使我们对未来充满了希望。他也是个风趣的人，再坏的情况下，他也喜欢说笑，他从来不把痛苦给人，只为别人带来笑声。小时候，父亲常带我和哥哥到田里工作，这些工作启发了我们的智慧。例如我们家种竹笋，在我没有上学之前，父亲就曾仔细地教我怎么去挖竹笋，怎么看地上的裂痕才能挖到没有出青的竹笋。20年后，我到行山去采访笋农，曾在竹笋田里表演了一手，使得笋农大为佩服。其实我已20年没有挖过笋，却还记得父亲教给我的方法，可见父亲的教育对我影响多么大。

也由于是农夫，父亲从小教我们农夫的本事，并且认为什么事都应从农夫的观点出发。像我后来从事写作，刚开始的时候，父亲就常说："写作也像耕田一样，只要你天天下田，就没有没收成的。"他也常叫我不要写政治文章，他说："不是政治性格的人去写政治文章，就像种稻子的人去种槟榔一样，不但种不好，而且常会从槟榔树上摔下来。"他常教我多写些于人有益的文章，少批评骂人，他说："对人有益的文章是灌溉施肥，批评的文章是放火烧山；灌溉施肥是人可以控制的，放火烧山则常常失去控制，伤害生灵而不自知。"他叫我做创作者，不要做理论家，他说："创作者是农夫，理论家是农会的人。农夫只管耕耘，农会的人则为了理论常会牺牲农夫的利益。"

父亲的话中含有至理，但他生平并没有写过一篇文章。他是用农夫的观点来看文章，每次都是一语中的，意味深长。

有一回我面临了创作上的瓶颈，回乡去休息，并且把我的苦恼说给父亲听。他笑着说："你的苦恼也是我的苦恼，今年香蕉收成很差，我正在想明年还要不要种香蕉，你看，我是种好呢，还是不种好？"我说："你种了40多年的香蕉，当然还要继续种呀！"

他说："你写了这么多年，为什么不继续呢？年景不会永远坏的。""假如每个人写文章写不出来就不写了，那么，天下还有大作家吗？"

我自以为比别的作家用功一些，主要是因为我生长在世代务农的家庭。我常想：世上没有不辛劳的农人，我是在农家长大的，为什么不能像农人那么辛劳？当然最好是像父亲一样，能终日辛劳，还能利他无我，这是我写了十几年文章时常反躬自省的。

母亲常说父亲是劳碌命，平日总闲不下来，一直到这几年身体差了还常往外跑，不肯待在家里好好地休息。父亲最热心于乡里的事，每回拜拜他总是拿头旗、做炉主，现在还是家乡清云寺的主任委员。他是那一种有福不肯独享,有难愿意同当的人。

他年轻时身强体壮,力大无穷,每天挑200斤的香蕉来回几十趟还轻松自如。我记得他的脚大得像船一样,两手摊开时像两个扇面。一直到我上初中的时候,他一手把我提起像提一只小鸡,可是也是这样棒的身体害了他,他饮酒总不知节制,每次喝酒一定把桌底都摆满酒瓶才肯下桌,喝一打啤酒对他来说是小事一桩,就这样把他的身体喝垮了。

在60岁以前,父亲从未进过医院,这三年来却数度住院,虽然个性还是一样乐观,身体却不像从前硬朗了。这几年来如果说我有什么事放心不下,那就是操心父亲的健康,看到父亲一天天消瘦下去,真是令人心痛难言。父亲有五个孩子,这里面我和父亲相处的时间最少,原因是我离家最早,工作最远。我15岁就离开家乡到台南求学,后来到了台北,工作也在台北,每年回家的次数非常有限。近几年结婚生子,工作更加忙碌,一年更难得回家两趟,有时颇为自己不能孝养父亲感到无限愧疚。父亲很知道我的想法,有一次他说:"你在外面只要向上,做个有益社会的人,就算是有孝了。"

母亲和父亲一样,从来不要求我们什么,她是典型的农村妇女,一切荣耀归给丈夫,一切奉献都给子女,比起他们的伟大,我常觉得自己的渺小。我后来从事报道文学,在各地的乡下人物里,常找到父亲和母亲的影子,他们是那样平凡,那样坚强,又那样伟大。我后来的写作里时常引用村野百姓的话,很少引用博士学者的宏论,因为他们是用生命和生活来体验智慧,从他们身上,我看到了最伟大的情操,以及文章里最动人的情愫。

我常说我是最幸福的人,这种幸福是因为我童年时代有好的双亲和家庭,青少年时代有感情很好的兄弟姊妹,中年有了好的妻子和好的朋友。我对自己的成长总抱着感恩之心,当然这里面最重要的基础是来自我的父亲和母亲,他们给了我一个乐观、善良、进取的人生观。我能给他们的实在太少了,这也是我常深自忏悔的。有一次我读到《佛说父母恩重难报经》,佛陀这样说:"假使有人,为了爹娘,手持利刃,割其眼睛,献于如来,经百千劫,犹不能报父母深恩。""假使有人,为了爹娘,百千刀战,一时刺身,于自身中,左右出入,经百千劫,犹不能报父母深恩……"读到这里,不禁心如刀割,涕泣如雨。这一次回去看父亲的病,想到这本经书,在病床边强忍要落下的泪,这些年来我是多么不孝,陪伴父亲的时间竟是这样的少。

有一位也在看护父亲的郑先生告诉我:"要知道你父亲的病情,不必看你父亲就知道了,只要看你妈妈笑,就知道病情好转,看你妈妈流泪,就知道病情转坏,他们的感情真是好。"为了看顾父亲,母亲在医院的走廊打地铺,几天几夜都没能睡个好觉。父亲生病以后,她甚至还没有走出医院大门一步,人瘦了一圈,一看到她的样子,我就心疼不已。

我每天每夜向菩萨祈求,保佑父亲的病早日康复,母亲能恢复以往的笑颜。

这个世界如果真有什么罪孽,如果我的父亲有什么罪孽,如果我的母亲有什么罪孽,十方诸佛、各大菩萨,请把他们的罪孽让我来承担吧,让我来背父母亲的孽吧!

但愿,但愿,但愿父亲的病早日康复。以前我在田里工作的时候,看我不会农事,他会跑过来拍我的肩说:"做农夫,要做第一流的农夫;想写文章,要写第一流的文章;做人,要做第一等的人。"然后觉得自己太严肃了,就说:"如果要做流氓,也要做大尾的流氓呀!"然后父子两人相顾大笑,笑出了眼泪。

我多么怀念父亲那时的笑,也期待再看父亲的笑。

感恩心语

父亲的一言一行,都潜移默化地影响着自己的子女。儿子的优秀,是因为背后有一个更加优秀的父亲。

父亲的棉花糖

佚名

老张在小镇上，卖了快30年的棉花糖了。街坊邻居都认得他，而镇上孩子们不但是他的好朋友，更是他最忠实的顾客。老张的棉花糖几乎人人都爱吃，大人们拿它来爽声润喉，小孩儿们当它是馋嘴的零食。镇上只有一个人不喜欢老张的棉花糖，那个人就是老张的儿子张康。

老张的妻子很早就过世了，身边就只剩下这个儿子。老张很疼爱他，因为张康从小就没了母亲，所以老张总是尽可能地满足他的要求。只不过，棉花糖毕竟是小本生意，赚的钱不多，没法子让他和别人家的孩子一样，吃好的穿好的。老张常常为了多省下一些钱给儿子用，中午都舍不得买便当吃，随便啃个白馒头了事。

可是，张康却一点都不领情。他总觉得爸爸的工作让他很没面子，而家里的贫穷更是让他感到非常自卑。加上学校里的同学也都知道他有个卖棉花糖的父亲，还给他取了一个"棉花糖张康"的绰号。

因此，他从小就讨厌棉花糖，讨厌这个到处都是棉花糖味道的家，讨厌同学叫他"棉花糖张康"的绰号，讨厌爸爸这份卖棉花糖的工作。至于爸爸所做的棉花糖，他更是一口都不愿意沾。他下决心用功念书，要找一份体面的工作，赚很多的钱。考上大学离开家的那天清晨，张康趁爸爸还没起床，悄悄拎着行李出门。他在客厅的茶几上留了一张纸条，上面写着："爸，我走了，以后不会常回来，您自己多保重。"

从那天起，老张就开始孤零零地过日子，每天早上，他还是骑着三轮车，沿街叫卖着他的棉花糖，中午依旧啃着白馒头果腹，把所有攒下来的钱，寄给念大学的儿子。大家都觉得老张变了，变得沉默寡言，变得郁郁寡欢。而在城市里念书的张康，除了过年，他很少回家，因为他不喜欢回到那个人人都知道他是"棉花糖张康"的小镇，也不喜欢回到那间充满棉花糖味道的屋子，他想要努力地摆脱贫穷，摆脱这一切。

毕了业，张康果真如愿在一家高科技公司里工作，他每天穿上西装，打着领带，开着车，体体面面地去上班。忙碌的工作让他更抽不出时间回家，这也正好如了他的意。

老张年纪大了，头发早白了半边，仍然每天踩着三轮车去卖棉花糖，镇上的孩子们都喊他"棉花糖爷爷"，要他说故事给他们听。有了孩子们做伴的老张，日子也不那么寂寞了。一天早上，老张依旧蹬着三轮车，准备去卖棉花糖。才骑到巷子口，突然被一辆飞快拐进巷里的摩托车给撞倒了。

附近的街坊邻居知道老张受伤的事，主动为他送饭菜。孩子们一听见棉花糖爷爷受伤了，也纷纷跑到老张的家来探望他，缠着他说故事。那天晚上，当老张正打算熄灯睡觉的时候，突然发现门外传来脚步声。接着，门开了，亮出了一瘦瘦高高的人影。原来是接获邻居通报而赶回来的儿子张康。老张兴奋地抬起打着石膏的腿，辛苦地爬下床，拄着拐杖，一步步吃力地走向儿子。

"爸……"张康见着满头白发，屈驼着背，脚上裹着石膏，双手拄着拐杖的父亲，心一揪，一句话也说不出口，他觉得父亲老了，真的老了。

"张康，你一定还没吃饭吧，来，我帮你下碗面。"说着，他便转身一拐一拐地走向厨房。

"爸！"张康看着眼前这个为他辛苦一辈子的父亲，看着满屋子的棉花糖罐儿，闻着浓浓的棉花糖味儿，心潮起伏。"我不饿，吃块棉花糖饼就够了。"这是张康第一次主动想要吃爸爸做的棉花糖。老张熟练地拿起一张脆饼，抹上棉花糖，撒上梅子粉和花生粉，再合上另一张脆饼，递给身边的张康。张康张大嘴咬了一口,细细地咀嚼着,而他此刻的心情,就像嚼在嘴里的棉花糖饼一样,脆脆的、酸酸的、甜甜的。

感恩心语

孝亲,这绝不是老掉牙、不合时宜的话题。"子欲养而亲不待"是亲子间最大的遗憾。感恩父母,回报父母,否则,对父母的爱迟到了,会永生难以弥补。

父女之谊

曾庆宁　编译

在我成长的过程中,无论父亲当时正在做什么事,也无论我如何语无伦次,只要我提问,父亲总会耐心地倾听,不厌其烦地为我解答。对于父亲来说,我提出的任何问题都是重要的,也是可以理解的。13岁的我又瘦又高又笨拙,父亲耐心地指导我如何像一个淑女那样站有站姿,走有走样。17岁那年,我情窦初开,父亲教我如何追学校里新来的同学。"你要聊一些中性的话题,比如说,问一下他的车怎么样……"父亲如是教我。

我听从了父亲的建议,每天都向父亲汇报恋爱进展情况:"特利陪我走到宿舍门口了!""老爸,你猜猜发生什么事了,特利今天居然拉了我的手!"当特利和我的爱情逐渐升温时,父亲半开玩笑地说:"我可以告诉你怎样得到一个男人,可是,最难的部分还没告诉你呢,那就是如何甩掉一个男人,嘿嘿,你听我说……"

大学毕业,在离170英里远的加利福尼亚州一个偏远的学校,我找到了一份教师工作。这里社会治安问题很严重,违法犯罪事件时有发生。每次我回家探望父亲,父亲都会告诫我:"一定要注意人身安全。"他总担心我独自一个人生活会遭遇挫折。"不用担心,我会照顾好自己的。"驱车返回学校前,我总是这样安慰父亲。

一天,我放学后待在教室里整理教案。整理完教案,我关灯出门走向学校大门。门锁住了!我四下一看。上帝!每个人,老师、管理人员和秘书都已经离开了,他们根本没有意识到我还在教室里。我在学校的操场上踱步,感到束手无策。扫了一眼手上的表,已经是下午六点了。我太投入工作了,居然错过了学校关门的时间。

观察了所有出口后,我发现在学校后门那里有一道缝隙,我这样的身材刚好可以从下面钻出去。我先把自己的手提袋塞了出去,接着躺在地上,缓缓地从门下滑了出去。捡起手提袋,我向自己的车走去。我的车停在一个建筑物后的空地上。就在这时,旁边出现了几个阴影。

突然,我听到一阵喧嚣声。我向四周一看,发现至少有8个高年级学生大小的男孩正尾随着我。他们距离我只有半条街那么远。即便在黑暗中,我都能看见他们脖子上悬挂的帮派徽章,他们显然是一群流氓。

"嘿!"一个大男孩嚷道,"你是个老师?"

"不可能,她太年轻了,顶多是个助理!"另一个说道。

我没有回答,走得更快了。"嗨,这小妞长得真靓啊!"他们接着说起不堪入耳的下流话。

我一边加快步伐,一边伸手到我手提袋里寻找车钥匙。"如果我手里有钥匙,"我心里想,"我就可以在他们来之前打开车门走掉。"此刻,我的心怦怦直跳。我的手在手提袋里摸了好几遍,可里面根本就没有车钥匙!

"嗨!我们把那个小妞弄过来好好玩玩吧!"一个男孩喊道。

上帝,请帮帮我,我默默地祈祷。那些流氓与我的距离越来越近。就在万分紧急的那一刻,我的手指突然碰到钱包里一把单独的钥匙。我根本不知道这把钥匙是哪里来的。就像抓住一根救命稻草一样,我跳过草丛向我的车跑去。我用颤抖的手把钥匙插进了车门,转动了一下,那把钥匙居然打开了我的车门! 我赶紧把门关上。此时,那帮流氓已经到了车旁边,他们捶打着我的车窗和顶棚。我猛地发动了汽车,车一下冲了出去,把那些暗影远远地抛在身后。

后来,几个老师和警察与我一同回到学校。打着手电筒,我们发现学校后门的地上躺着我那串从手提袋里溜出来的车钥匙。

当我返回公寓时,电话铃声响了,是父亲。我没有告诉他刚才发生了什么,怕他为我担惊受怕。

"噢,我有件事忘记告诉你了!"父亲说,"我另外配了一把车钥匙放在你的钱包里,怕你不小心把车钥匙弄丢了。""知道了,我看到那把钥匙了。"我尽量抑制住自己的感情,可早已泪流满面。

今天,父亲配的那把车钥匙被精心存放在我的梳妆台里。每当我拿起那把钥匙,我就会想起父亲这么多年来为我做过的一切。父亲现在已经81岁,而我已经53岁了,我还经常向父亲请教,领略父亲的智慧与英明。直到今天,我都没有告诉父亲,他配的那把车钥匙曾经救了我的命。可是这个秘密让我享受和感激了一辈子。我知道,那只是一个简单的爱的表达,然而一个简单的爱的表达或许就能创造奇迹。

感恩心语

父亲一次简单的爱意表达,居然救了女儿的命。其实,女儿的生命就是在父亲无数个爱意的表达中,才得以延续和生长。

天底下最伟大的父亲

里斯·纳尔松

从记事起,布鲁斯就知道自己的父亲与众不同。父亲的右腿比左腿短,走路总是一拐一拐的,不能像其他小朋友的父亲那样,把儿子顶在头上嬉戏奔跑。父亲不上班,每天在家里的打字机上敲呀敲,一切都显得平淡无奇。布鲁斯很困惑,母亲怎么愿意嫁给这样的男人并和他很恩爱呢?母亲是个律师,有着体面的工作,长得也很好看。

小的时候,布鲁斯倒不觉得有个瘸腿的父亲有何不妥。但自从上学见了许多同学的父亲后,他开始觉得父亲有点窝囊了。他的几个好朋友的父亲都非常魁梧健壮,平日里忙于工作,节假日则常陪儿子们打棒球和橄榄球。反观自己的父亲,不但是个残疾人,没有正经的工作,有时还要对布鲁斯来一顿苦口婆心的"教导"。

像许多年轻人一样,布鲁斯喜欢打橄榄球,并因此和几位外校的橄榄球爱好者组成了一个队伍,每个周日都聚在一起玩。那个周日,和往常一样,布鲁斯和几个队友正欢快地玩着,突然来了一群打扮怪异的同龄人,要求和布鲁斯他们来一场比赛,谁赢谁就继续占用场地。这是哪门子道理? 这个球场是街区的公共设施,当然是谁先来谁用。布鲁斯和同伴们正要拒绝,但见其中两个将头发染成五颜六色的少年面露凶光,摆出一副不比赛你们就甭想玩的样子。布鲁斯和同伴们平时虽然也爱热闹,有时甚至也跟人家吵吵架,但从不打架。看到来者不善,他们勉强点头同意了。

比赛结果是布鲁斯他们赢了。可恶的是,对方居然赖着不走。布鲁斯和同伴们恼火了,和一个自称头头儿的人吵了起来。吵着吵着,对方竟然动手打人。一股抑制不住的怒火像火山一样爆发了,布鲁斯和同伴们决定以牙还牙。

争斗中,不知谁用刀子把对方一个人给扎了,正扎在小腿上,鲜血淋淋,刀子被扔在地上。其他同伴见势不妙，一个个都跑了，就剩下布鲁斯还在与对方厮打，结果被闻讯而来的警察抓个正着，于是布鲁斯成了伤人的第一嫌疑犯。

很快，躲在附近的布鲁斯的几个同伴也相继被找来了，他们没有一个承认自己动了手。事情也几乎有了定论，伤人的就是布鲁斯。虽然对方伤势不重，但一定要通知家长和学校。布鲁斯所在的中学以校风严谨著称，对待打架伤人的学生处罚非常严厉。布鲁斯懊恼不已，恨自己看错了这些所谓的朋友。然而，布鲁斯越是为自己辩解，警察就越怀疑他在撒谎。

一个多小时以后，布鲁斯的父母和学校负责人在接到警察的电话通知后陆续赶来了。第一个到的是父亲。布鲁斯偷偷抬眼看了看父亲，马上又低下了头。父亲显得异常平静，一瘸一拐地走到布鲁斯面前，把布鲁斯的脸扳正，眼睛紧紧盯着布鲁斯，仿佛要看穿他的灵魂。"告诉我，是不是你干的？"布鲁斯不敢正视父亲灼灼的目光，只是机械地摇了摇头。

接着校长和督导老师也来了，他们非常客气地和布鲁斯父亲握手，并称他为韦利先生。父亲不叫韦利，但韦利这个名字听上去很熟悉。

布鲁斯的父亲和校长谈了一会儿后，布鲁斯听见父亲对警察说："我的儿子，我最了解。他会跟父母斗气，会与同伴吵嘴，但是，拿刀扎人的事他绝对做不出来，我可以以我的人格保证。"校长接口说："这是著名的专栏作家韦利先生，布鲁斯是他的儿子。布鲁斯平时在学校一向表现良好，我希望警察先生慎重调查这件事。有必要的话，请你们为这把刀做指纹鉴定。"

父亲和校长的那番话起了作用。当警察对布鲁斯和同伴们宣布要做指纹鉴定时，其中一个叫洛南的男孩终于站出来承认是自己干的。那一刻，布鲁斯抑制不住的泪水夺眶而出，他第一次扑在父亲怀里，大哭起来。此刻的他，觉得父亲是如此的伟岸。哭过之后，母亲也赶来了。布鲁斯迫不及待地问母亲："爸爸真是那位鼎鼎大名的作家韦利吗？"母亲惊愕了一下，说："你怎么想起这个问题？"布鲁斯把刚才听到的父亲与校长的对话告诉了母亲。

母亲微笑着点了点头："这是真的。你爸爸曾是个业余长跑能手。在你两岁的时候，你在街上玩耍，一辆刹车失灵的货车疾驰而来。你被吓坏了，一动不动。你父亲为了救你，右腿被碾在车轮下。你父亲不让我透露这些，是怕影响你的成长，也不让我告诉你他是名作家，是怕你到处炫耀。孩子，你父亲是天底下最伟大的父亲，我一直都为他感到骄傲。"

布鲁斯激动不已，他万万没有想到，自己引以为耻的父亲，曾经被自己冷落甚至伤害的父亲，会在自己最需要的时候，给予自己无比的信任。他知道，从扑到父亲怀里大哭那一刻，才真正明白父亲的伟大。

感恩心语

平凡而又伟大的亲情能改变孩子的一生。文中的父亲把快乐与幸福带给孩子，而他自己则默默地忍受着不幸与误解。他以一种全身心投入的爱为孩子谱写出了亲情的乐章。

默读父爱

佚名

大凡读书人都知道，并不是所有的文章都像精美的诗歌和隽永的散文一样，宜于饱含激情高声朗读。有一种文章于平淡质朴中却尽显博大和深厚，那种境地只能用心才能体味出来，譬如梁实秋、林语堂、钱钟书等笔下的文章。

这道理就像我的父亲，够不上载书立传，却足以让我一生去用心默读的。

父亲故去已多年，却在我记忆深处非常清晰。这么多年没父亲可叫了，心目中父亲的位置还留着,是没有人可以取代的。每每回到家,看着墙上挂着的父亲的遗像,心里便贪婪似的一声一声孩童般唤出"爸爸"二字来。那种生命中的原始投靠,让自己全然忘却了男人的伟岸和情感上固守的坚强。父亲埋在了乡下老家的小山上。每次回到故里,第一件事便是到父亲的坟头坐坐,那时心里便有了一种天不荒地亦不老的踏实,便以为是真正的两个男人坐在一起,不说话,思想却极尽开阔和辽远。那种默契,传递了父子之间彼此的放心和信赖。

父亲只是一个普通的工人,一辈子生活在乡下小镇上。他吃苦耐劳、忍辱负重的品格,铺就了平平淡淡、与世无争的一生。一如农人耕种的那一方稻田,又如供人饮用的一泓清水,父亲的生命里没有半点的风光和传奇。或许正是这样,朴实、敦厚的父亲成了我最真实和最可以膜拜的父亲。父亲不是书里的人物,他的一生只为自己的平凡而活,或者为自己担负的责任而活——比如为他深爱的儿女而活。

诉说我的父亲,无异于诉说一种平凡,而平凡,可以说是一种道不尽的绵长和琐碎。就如同说不尽春天,却可以细数春天里的微风、白云或草地……

我是父亲最小的儿子。"爹疼满崽"这句话,常常成了父亲爱的天平向我倾斜时搪塞哥哥姐姐们的托词。大概是在我10岁那年吧,我生病躺在了县城的病床上。一个阳光蛮好的冬日,我突发奇想,让父亲给我买冰棍吃。父亲拗不过我,便只好去了。那时候冬天吃冰棍的人极少,大街上已找不见卖冰棍的人。整个县城只有一家冰厂还卖冰棍。冰厂离医院足足有一华里地,父亲找不到单车,只好步行着去。一时半晌,父亲气喘吁吁满头大汗跑回来,一进屋,便忙不迭解开衣襟,从怀里掏出一根融化了一大半的冰棍,塞给我,嘴里却喃喃说道:"怎么会化了呢?见人家卖冰棍的都用棉被裹着的呢!"母亲看着这一幕,又好笑又心疼,点着我的额头责怪道:"你个小馋鬼,害你爸跑这么远还不算,大冬天把你爸棉袄浸个透湿,作孽啊!"而父亲在一旁看着美美吃着冰棍的我却爽朗地笑了。那一笑,直到今天仍是我时常回想父亲的契机和定格。

初二那年,我的作文得了全省中学生作文竞赛一等奖。这在小镇上可是开天辟地头一遭的事儿。学校为此专门召开颁奖会,还特地通知父母届时一起荣光荣光。父亲听到这消息,好几天乐得合不拢嘴,时不时嘴里还窜出一拉子小调。等到去学校参加颁奖会的那天,父亲一大早便张罗开了,还特地找出不常穿的一件中山装上衣给穿上。可当父亲已跨出家门临上路时,任性而虚荣的我却大大地扫了父亲的兴。我半是央求半是没好气地说:"有妈跟我去就成了,你就别去了。"父亲一听,一张生动而充满喜悦的脸一下子凝固了。那表情就像小孩子欢欢喜喜跟着大人去看电影却被拦在了门外一般张皇而又绝望。迎着爸妈投放给我的疑虑的眼神,我好一阵不说话。只是任性地待在家里不出门。父亲犹疑思忖了片刻,终于看出了我的心思,用极尽坦诚却终究掩饰不住的有些颤抖的声音说:"爸这就不去了。我儿子出息了就成,去不去露这个脸无所谓。谁不知你是我儿子呀!"其实,知子莫若父。父亲早就破译出了我心底的秘密:我是嫌看似木讷、敦厚且瘦黑而显苍老的父亲丢我的脸啊!看着父亲颓然地回到屋里,且对我们母子俩好一阵叮咛后关上了门,我这才放心地和妈妈兴高采烈地去了学校。可是,颁奖大会完毕后,却有一个同学告诉我:你和你妈风风光光坐在讲台上接受校领导授奖和全校师生钦羡的眼光时,你爸却躲在学校操场一隅的一棵大树下,自始至终注视这一切呢!顿时,我木然,心里涌上一阵痛楚……这一段令人心痛的情结,父亲一直不曾挑明,但我清楚地记得,那一个黄昏我是独自站在父亲凝望我的那棵树下悄悄流了泪的。

父亲最让我感动的是我17岁初入大学的那年。我刚入大学的时候,寝室里住了四个同学。每个人都有一只袖珍收音机,听听节目,学学英语,很让人眼馋。我来自乡下小镇,家里穷,能念书已是一种奢侈,自然就别再提享受。后来,与其说是出于对别人的羡慕,还不如说是为了维护自己的自尊,我走了60里地回到家,眼泪汪汪地跟父母说我要一只收音机。父亲听了,只知一个劲地叹气。母亲则别过头去抹眼泪。我心一软,只有两手空空连夜赶了60里地回到学校。

过了一段时间，父亲到学校来找我，将我叫到一片树林里，说："孩子，你不要和人家攀比，一个人活的是志气。记住，不喝牛奶的孩子也一样长大。"

不喝牛奶的孩子也一样长大！我正掂量父亲的这句话，父亲从怀里掏出一样东西放在我手上。伸开手来，正是一只我心仪已久的袖珍收音机。事后才知道是父亲进城抽了500毫升血给换来的。"不喝牛奶的孩子也一样长大"，就是父亲这句话，让我在以后的日子里一次又一次地找到了做人的自尊，也得以让我活出一个男人的伟岸。

父亲没能活到60岁便猝然病逝了。记得父亲临终的时候，他将枯槁的手伸向了我。我将手放在父亲的手心，他极力想握紧我的手，但已无能为力了。他努力的结果，却是让自己颓然地流下了两行清泪。这是我第一次看见父亲在儿女面前流泪。就在那一刻，还压根儿顾不上对父亲尽孝道的我终于发现：无论儿女多么自信、坚强，天下父母总希望能呵护他们一生！是的，父亲虽然没能扶携和目送着我走更长更远的路，但父亲一生积攒的种种力量已渗透到我生命中来——我的生命只不过是父亲生命的另一种延续。

父亲一直活着。因为，在我的心里，父亲永远是一尊不倒的丰碑，更是我堪以默读一生的精神。

❧ 感恩心语 ❧

父爱是一本无字的大书，它没有多少华美的章节，有的仅仅是那无法用言语表达的朴实无华和绵延不绝的深情厚意。

父亲的一生是平凡的，简单得没有多少值得大写特写的地方。不过他却用一生的时间完成了一件值得最自豪的事情，那就是对儿子的培养。他做着自己本分的工作，他完成着自己认为理所应当的工作，心血全部倾注在儿子身上。当我们看到父亲用棉袄裹着冰棍气喘吁吁跑回来的时候，我们还会责怪父亲的无知吗？不会，我们所做的唯有表达对一个父亲无比的敬意。

父亲是最质朴的，又是最聪明的，他读懂了孩子的私心，成全了孩子自私的愿望，同时却用大树下的深情注视来了却自己的心愿，父爱如斯，夫复何言？

父亲的本能

周海亮

秋日里那个星期天，男人难得有了空闲。他带着自己5岁的女儿去动物园玩。

看了猴子、孔雀、狗熊、骆驼、锦鸡和长颈鹿后，他们都有些累，开始往回走。经过狮子洞的时候，女儿突然嚷着要看狮子。男人笑笑，说："好。"

灾难就是这样降临的。

他们倚着狮子洞上方的铁栏逗着狮子。那个位置，只能看到狮子的后背。5岁的女儿咯咯笑着，把脑袋探得很远。男人想提醒女儿小心，可没等来得及张嘴，就看到女儿一头栽了下去。父亲慌忙伸手去抓，可是他什么也没抓到。

那段铁栏杆突然断了。女儿是抓着那段铁栏杆掉下去的，空中的她，惊恐地叫了一声"爸爸"！后来动物园的负责人说，那几天连绵的秋雨，让那段陈旧的铁栏杆，加快了腐蚀的过程。

掉下去的女儿似被摔昏，她躺在那里，紧闭双眼。男人大叫："妞妞你没事吧，妞妞你没事吧？"他的喊声没有叫醒女儿，反而惊动了狮子。狮子懒洋洋地站起来，先是看一眼落在它不远处的不速之客。然后，它突然兴奋起来，直奔女孩而去。

周围的人急了，有人慌忙拨打110，有人跑去找动物园的驯兽师，还有人高叫着，试图赶开正一步一步逼近女儿的狮子……

没有用，现在狮子距离那个昏过去的女孩，仅剩一步之遥……

这时，男人突然做了一个让所有人都目瞪口呆的举动。他纵身一跃，跳了下去……

他正好落在女儿与狮子中间。

男人重重地摔倒，可是他马上爬起来。他没有看自己的女儿，只是狠狠地盯着狮子。周围一下子安静了下来，人们甚至可以清晰地听到男人和狮子怦怦的心跳……

也许是他的镇定让狮子不安，也许是他的样子让狮子恐惧，总之，在对视了几秒钟之后；狮子竟然慢慢地转过身，悻悻而去。

所有人都长舒一口气。剩下的事，就是他们静静地等在那儿，直到动物园来人把他们救出去。

可是，故事到这里并没有结束。事实上，故事才刚刚开始……

女孩突然醒了。醒后的女孩看着陌生和恐怖的一切，竟"哇"地大哭起来。于是，刚刚躺下的狮子再一次被激怒，它慢慢站起来，然后，向女孩直扑过去！

狮子的血盆大口，此时距女孩的头，只剩分毫。父亲看到了狮子暗红的舌头和闪着寒光的牙齿……

男人迅速推开自己的女儿！他伸出自己的右臂，挡在狮子面前。其实这时他更像是把胳膊友好地递到狮子嘴里，也许那时男人在想，只要狮子的嘴里咬了什么东西，那么，它就会静下来吧！那么，它就不会继续伤害他的女儿了？那么，当它啃噬自己胳膊的时候，动物园的驯兽师们，也许就会赶过来了。

他能够感觉到狮子的利齿深深地扎进他骨头。狮子咬着他的右臂，兴奋地甩着头，男人被抛起，然后重重地跌落。

狮子再一次盯着他的女儿。此时女孩已经退出很远，脸色苍白，似乎已经吓得忘记了哭泣。

狮子一步步紧逼过去……

男人再一次爬起来，再一次扑向狮子，再一次在狮子呼着腥气的血盆大口距女儿仅剩分毫的时候，伸出胳膊挡在狮子面前。

这次是左臂。他的右臂已经动弹不得。他就那样伸出左臂，似乎要友好地送给狮子一顿晚餐。狮子愣了一下，再一次咬住了他的胳膊，开始疯狂地撕咬……

动物园的驯兽师终于赶来，他们用两支麻醉枪才将狮子击倒。

男人躺在医院里，他两只胳膊的肌肉都被狮子撕烂，鲜血淋漓，并且严重骨折。有人问他："那个时刻，为什么要用你的胳膊阻挡狮子？"男人认真地想想说："不知道。那时由不得多想，大概只剩下本能吧，父亲保护女儿的本能吧？"

是的，那时仅剩下父亲的本能。而不必去细想，为女儿挡住的是一抹刺眼的阳光、一粒微小的灰尘、一辆飞驰的汽车，还是一头凶猛的狮子……

"可是，假如动物园的人没有及时赶到，你还将怎么办呢？"那个人继续问他。

"那么，我将继续挡下去……用左腿、用右腿、用胸膛、用脑袋。"

男人轻描淡写地说。

感恩心语

一场人狮大战，一场力量悬殊的搏斗，一场爱的争夺。是父亲的本能压倒了兽性，是父爱的力量战胜了凶猛无比的狮子！

狮口夺女，无所畏惧，这就是父亲；危难时刻，挺身而出，这是父亲的本能，是父爱的本能。父亲，是力量的化身，是为我们遮风挡雨的人，是为我们抗击侵害的人，只是他们在更多的时候，选择的是沉默。父爱，含蓄深沉，需要我们用心体会，用心呵护。

没有父亲的父亲节

蔡玉明

每年一次的父亲节，我定会给父亲打个电话，或是请他饮餐茶，或是吃顿饭。有时想带点父亲喜欢的小礼品，但时时懒得动手，塞三五百元给老父："爸，饮餐茶也好，做麻将本也好，输了是我的，赢了归你！"老父定然开心，笑声震耳。这样的父亲节如今不再有。

父亲是今年清明去的，去得匆匆。从进医院到去世，仅仅15天。当他的心电图成一直线时，天上雷雨大作，我在大雨中送父亲进太平间，天地与我同哭。之后每一个清晨，我想起的第一个人，便是父亲。撕去5月的日历，我想到父亲节，竟夜夜失眠，不堪重负，着着实实地躺了10天。其间迷迷瞪瞪发烧时，脑中便重演与父亲的一幕幕往事。父亲节前一天，半夜起来，在房子里转悠，挑了一堆父亲喜欢的东西：铁观音茶、人参丸、深海鱼油等一大堆，下意识是送给父亲过节的。礼物办齐，我大哭了一场，物是人非，父亲节的礼物，如今还可赠与谁？我始终不肯接受，今年的父亲节已没有了父亲！

而且，以后所有的父亲节，也不会再有父亲。有父亲的时候，我不觉得父亲节有什么特别，总是马虎，以省时省力为要。没有了父亲，才想起，父亲节多伟大，多重要，应该为它花一个整天，花一个月。从来没有为父亲过一次隆重的父亲节，这是我的终身之憾！

世上有一百种人，便有一百种父亲。父亲爱我，爱得世上绝无仅有。在他的眼中，女儿是最乖、最重要的。女儿仅是一介书生，以笔为生，在父亲眼中，却如此神圣。怜惜女儿钱财的父亲有的是，连同女儿的时间、精力都怜惜的父亲唯我独有。

每次回家看父亲，吃完饭总想多聊聊天。父亲总说："晚了，快回家，明天你还要上班，爸知道你忙，回来吃个饭就好。"母亲急忙唠叨："哪有这样的爸，赶女儿走！"父亲总瞪着母亲说："你不知道女儿忙，要看书要写书，时间金贵！"母亲不晓得父亲对女儿的一番情意，我深深领情。让我难受的是每次打电话给父亲问安，还没开口，他就抢话："玉明，别太拼命，爸总担心你身体，别太累，好了，你别煲电话粥了，爸知道你心中有我。"啪，电话挂了。

7年前，我婆婆去世，剩下公公一人。公公一辈子受婆婆伺候，连插电饭煲也不会。我和先生天天两头跑，给公公做饭。退休在家的父亲知道了，自动请缨，由他陪公公住。父亲原来在工厂大小是个官，却天天不耻躬身，为我公公做饭、洗衣甚至端洗脚水。1998年，公公老年痴呆症发作，走丢了好几回。我无奈把公公送回乡下。此时父亲已是肺气肿、哮喘、高血压多病缠身，却不放心公公，陪他下乡，住了一个多月。所有认识我公公的人，都说公公命好，有这么一门好亲家，我心中清楚，父亲怕我累着，替我分忧。此心此情，我无以为报。

1998年年底，父亲中风住院，我陪夜。父亲挣扎起来，一一对我交代后事。我哭着骂他："胡说什么，爸，你命长着呢，好多福没享，女儿还没孝敬过你，你舍得去，舍得女儿哭吗？"父亲两行浊泪横流。

父亲病情稳定，我又要出差。千里之外，夜夜难眠，只求上天保佑我父。上天真保佑我，父亲好得出奇，原来不灵便的手脚，竟好得一点儿痕迹也没有。爸出院时照了个CT片，医生说，片子没有血栓迹象，恐怕不是脑血栓。不想不出半年，老父再度中风，而且并发心脏病。父亲入院第二天我就在病危通知书上签了字。拿着病危通知，我失魂落魄地开始骂自己：多年来劳碌奔波，为家庭，为女儿，却极少顾及父亲。

觉悟已晚，只好拼命补偿：天天跑医院，挤每一分钟陪父亲。每次到病房，看着插着气管食管尿管针管的父亲，心如刀剜。我趴在父亲的耳边叫："爸，玉明来了，我是玉明……"父亲很努力地睁开眼看我，他已不能说话，我们对望着，千言万语，在眼中说。

父亲临走前两天，突然好转，我带女儿看他。父亲指着我的手袋，我忙把纸笔递给他。他在纸上画了大半天，终不成字。大哥干过公安，有经验，猜测了半天，认为是"不要浪费"4字。我问父亲是否。父亲点头。哥说，爸不想我们为他花那么多医药费。我知道，除了这层意思，父亲怕我天天跑医院，浪费太多时间。其实我应该内疚。明知老父已风烛残年，还让他为我操那么多心。我又为父亲做了什么？以为给老父三五百元，以为给老父买这买那，便是孝敬，其实我最欠的，是亲亲热热陪父亲说个话，高高兴兴让父亲开心。

悔之太晚。去年觉悟了，想让父亲到英国走走，看看小妹，手续办了一半，父亲身体每况愈下，已无法出远门。更改计划，去香港一游吧！母亲一再声明，父亲其实走路已经很艰难，绝对游不了香港。大哥出了个主意，香港游不了，去澳门一天，澳门小，没有多少步路。结果旅游票还没买，父亲就一病不起撒手人寰。父亲带走多少遗憾，皆因我之不孝。前些天与朋友聚会，省外事办的一个朋友说了一个笑话，说日本有一种公司服务，专门请人假扮儿女、媳婿、小孙儿，到一些孤寡老人家里，亲亲切切称爸喊爷、聊天吃饭，使老人享受一番假亲情，之后收取不低的服务费。笑话讲完全场皆笑，唯我饮泣。

其实父亲一生俭朴，不求奢华。假若苍天有灵，再给我一个父亲节，我只求同往年一样，与父亲饮餐茶，聊聊天。如果这个请求太过分，再省一点儿，让我拥着老父，只说一句"爸，父亲节快乐！"足矣。

感恩心语

父亲在世时，"我"没能好好地陪他过父亲节；而当他去世后，"我"才想起父亲的好。好好珍惜和父亲一起的时光，多陪陪自己的父亲吧，不要留下遗憾，让自己悔恨终生。

父爱如星光

佚名

午后的黄昏，满天流动着黄亮亮的云彩，挨着高簇的凤凰木，一簇簇泼辣地从叶缝洒下一地的琉璃光。人行道上低矮的花丛，飞舞着爱热闹的彩蝶，飘动着它的身子，在花海中乱飞乱扬，幽雅又热闹。

很小的时候，我和爸爸经常沐浴在一大片的霞光中，出门兜风。爸爸出门时喜欢为我在头发上系着和小花裙同系列的丝带，像抱小花猫般轻轻地把我放在脚踏车的前杆上。他用扎人的胡子在我的脸上亲了又亲，惹得我咯咯地笑。他得意地说："爸爸最爱听你咯咯的笑声，这是天使的声音。"

我今年四十，除了爸爸和奶奶，我的母亲没有和我共同拥有过成长的岁月。

小时候妈妈就离开了我，我不知道是什么原因让她永远离开了我们，我也从未去问过奶奶或爸爸。每次我从噩梦中惊醒，奶奶总是心疼地抱着我，哭着说："天啊！这造的是什么孽？"但我只是游离在母亲过世的情景中，从来没有跟人谈过关于母亲过世的事和我所看到的一切。

直到奶奶和爸爸先后过世后，他们都不知道其实我早已知晓有关母亲的一切。

对于母亲，在亲戚朋友间，他们也是绝口不提。我不晓得我不在的时候，他们是否曾议论，但只要我在场，他们眼睛会互相传递着暗号，好像他们在很小心地让我免受伤害。其实在我心中，妈妈离去时，只有我一个人感觉到她身体的体热，还有她对人世最后的留言。

我的母亲,是在我上国小三年级那年离开我的。那天,真的是像鬼魅故事里说的那样,是一个风雨交加的早晨。平日爸爸上夜班,因此每天早上都是妈妈送我上学。那天妈妈在大雨中为我撑伞,强风吹翻了母亲手上的伞,一不小心,母亲的手放了开来。雨伞先是落在地上,然后翻了几个滚;强风吹来,雨伞被吹走。这时雨势又突然加强,妈妈的发梢滴落一滴滴的雨点。

"妈妈,妈妈……"我不停地叫着,手用力地想去剥开穿在我身上的雨衣纽扣,那如大水般的雨势斜打在我的脸上,滚烫的热泪和雨水混成了呜咽的哭声,在大风中淹没。

妈妈双手捂着嘴,雨点挂在她的眼睑,一会儿从她的鼻梁落了下来。"快进去,妈妈会跑回家。"她一手把我推进了校门,等我转身时,母亲已经消失在我的视线中。那个早上,教室外面下着雨,我的心在落泪。

终于,作文课在午休过后开始了。我的作文老师是一位70岁带着浓厚乡音的爷爷。他上作文课通常是把题目写在黑板上,然后交代一声"不要说话",就一卷在握,哼哼啊啊唱起了他手上的诗本。

我就是趁这个时候偷偷地离开教室,然后翻墙离开学校的。学校的后墙外面是一条狭小的巷子,巷子的另一旁是一条长水沟,水沟一旁开满了红色的美人蕉。我站在墙上,雨丝斜斜地飘来,我望着那好像不怎么高的地面,深深地吸了口气,心跳加快,两手像猴子攀树干般,靠着腹部的力量滑了下来,然后快速地往前奔去。

早上的雨和被风吹走的雨伞让我总有一种妈妈会出事的不好预感。我卖力地往家的方向奔去,感觉回家的路好远好远,虽然平日它只要5分钟就到了。

好不容易回到家,我在篱笆外喊着"妈!妈!",喊得我喉咙都觉得吃力,却听不见妈妈的回音。大雨过后的阳光下,我只见篱笆内的石缝边一丛雪白,花瓣上带着淡紫色条纹的花,细细长长的叶子,在微风中不停地摇摆着。

我又喊了几声,最后只好用力地推开原本就有一处细缝的篱笆。跑过草坪,推开门。进了屋,我看见了妈妈穿着一身红衣,平躺在客厅的长椅上。空气中弥漫着一股瓦斯气味。我摸着妈妈的额头,喊着她。

妈妈张开眼睛,她的嘴唇和往日不同,涂着口红,但嘴角挂着淡淡血丝,她很小声地近乎耳语地对我说:"去……去把瓦斯关起来。"然后阖上眼,再也没醒过来。

那天,我不晓得等了多久,只晓得天色暗了下来,随着草墙外飞过的鸟群,变成了满天星辉。我推着妈妈,妈妈还是没有醒过来。我走出屋外,坐在门阶上,抬头看着天上明月,害怕得哭了起来。

当爸爸抱我起来时,我紧紧地抓着他,哭叫着:"爸爸!爸爸!"哭声中,我觉得不再害怕,因为我认为爸爸可以把妈妈叫醒。

可是,妈妈还是没醒。爸爸握着妈妈的手,好久,好久,爸爸的泪一滴滴地落在妈妈的脸上。

不久,奶奶就搬来我家,一直到她过世。

妈妈死了。大人告诉我,妈妈去天上的家了。爸爸对我说,妈妈在天上会想念我,还说妈妈每天晚上都会变成一颗星星,在天上微笑地看我熟睡的脸。

就这样,本来很少在家的爸爸,天天回来了。他教我写作文,教我搞不懂的三角、圆周、面积等数学问题。假日时,他还会携着画板,骑着脚踏车,让我坐在前面。他吹着口哨,风飘过来,他开心地说:"以前,我就是这样载着你妈妈的。"

因为有爸爸在旁边,我对母亲的记忆就愈来愈模糊了。风趣、幽默又脾气好的爸爸,很快地就取代妈妈的位置。刚开始时,每夜入睡前,我会和爸爸趴在窗前,找寻属于妈妈的星星。但很快我就不会去在意了,因为我宁愿让爸爸在我入睡前,捧着书念给我听。那种爱真好,好像世界上就剩下我和爸爸,还有心中无限的梦。

就在我小学毕业典礼后,我断绝了父亲和我之间的梦。

那天,他送我一对"派克"钢笔。当交给我时,他很慎重地对我说:"云云,暑假过后,你就要上中学了,那时你就是小姑娘了。小姑娘要自己写故事了,爸爸不再为你说故事了。"

我的鼻子一阵酸,但我仍假装很坚强地说:"那我要用爸送我的钢笔写诗,像爸念给我听的《新月集》那样。"

那晚,爸爸读了一首首的小诗,诗句在我往后的岁月中,常常浮现。在朦胧的梦境中,父亲低沉又多情的嗓音,像音乐般伴我度过青涩的岁月。

父亲朗读诗歌的声音,如同种子般随着我的成长在我心中开出了花朵。

我是那样、那样地爱他,以至于在我幼稚的世界中怎样都无法接纳他的女伴。当他告诉我将会有个新妈妈时,我是如此心痛,觉得人生灰暗。好一阵子,我封闭了自己,拒绝和他做任何的沟通。

父亲到最后,竟也投降在我的冷漠下。当父亲告诉我,再也不会有新妈妈后,我快乐地拥住他,就像是战场上的得胜者一般,一点都不知道,爸爸宠着我的任性,而独自叹饮着多少的悲伤。

父亲在我上大二那年,因肝癌过世。从发现病因到他过世,不到两个月的时间。这两个月,父亲在病床上总央求我读他收藏的书信。每当我读着它们,一字一句都像刀割着我的心,我的泪如泉涌无法停止。

我睁大了眼睛,泪水浸在用小楷毛笔写的泛黄的宣纸上,字被泪渲染开来,一片模糊。我的手不停地颤抖,嘴唇因用力咬而泛出了血丝,我的悲伤不是因为我发现了我的身世,而是我发现了自己的残忍!我怎会如此,因自己的无知而拆散了爸爸和他的情人!

原来,母亲自杀是因为她从爸爸的信中知道了我亲生父亲已在异国再娶并已生子的事实。她的发现,让她从一个等待的梦中跌到幻灭的深渊,于是她割离了所有。

我抬起头来,握住了父亲的手,我用生命所有的爱和感激,对他说出好多年来想跟他说却迟迟未开口说的话。

"我爱你,爸爸,我爱你。"

爸爸的眼泪沿着眼角落到了我的手臂。我的哭声,是我一辈子对爸爸的依赖和难舍。

在我知道自己的身世后,爸爸过世了。我依照父亲的遗言,把他写的"爱玫小札"用红丝带束起和遗体一起焚化。

我在"爱玫小札"的后面附上了爸爸读给我听的最后一首泰戈尔的诗,这也是我在父亲的病榻前常读的诗。

诗句后面,我写上:爸爸,我爱你,我永远是你的云云。

爸爸过世了,虽然他到阖眼时都不知道,其实我从小就知道妈妈是自杀的,但我还是很高兴,爸爸一直认为我相信了妈妈变成一颗星星这件事。

就像我永远相信的,爸爸在任何时候,都像天边的一颗星,在天上为我点燃一盏通向生命的灯。

感恩心语

父爱如天边的星光,它为我们点燃一盏盏生命的灯。它陪伴在我们左右,照亮我们每一步前进的路。不要吝惜我们的情感,要勇敢地对我们的父亲喊出我们心中的爱,因为父爱也是世间我们一笔不可多得的财富。

父亲的心

黄之舟

当我在电话里无意中把正急着为购房四处筹钱的事告诉父亲的时候，父亲很是发窘，顿了半晌才嗫嚅着对我说："孩子，爹实在没钱，这你知道，等有钱的时候我一定给你寄一些去帮帮你……"虽然我们相隔千里之遥，但从电话里父亲的口气中，我依然能够清晰地感受到，作为父亲，面对儿子遭遇困难却不能给予帮助的尴尬、内疚和惭愧，刚才还在和我饶有兴趣地交谈的父亲匆匆挂了电话。我猜想，那一晚，对于父亲，将是一个漫长的、不眠的夜。

相当长的一段时间内，我无法原谅我的过错，虽然说出去的话覆水难收。我知道，这些年来，老家的生活完全是在靠年过半百的父亲一个人在外打工艰难维持着。乌鸦反哺，羊羔跪乳。而我虽参加工作多年却一分钱也未曾往家寄过。本来，我没有任何颜面再要父母的一分血汗钱，但我却生生地向父亲"发难"了。我敢肯定，我无意中的一句话，已经把父亲推向了无奈和愧疚的边缘。我不孝。

后悔归后悔，时间一长，特别是在我通过借、贷等多种方式把购房款缴付以后，我也就把这件事渐渐淡忘了。

一年后的一天，我忽然收到父亲从千里之外的老家寄来的5000元钱。我很是惊愕，急忙打电话回家，父亲不在，问及母亲缘何会有这么一笔钱，母亲吞吐再三，才告诉了我事情的原委……

父亲自从知道我购房的事情之后，一直为不能及时帮我一把而自责和难以释怀。为了尽快帮我挣钱还债，在知道我购房消息的几天后，倔强的父亲便踏上了为期一年多的漫漫打工路。父亲先是在一家砖厂打工，时值夏季酷暑，烈日炎炎，为了多挣几块钱，父亲选择了砖厂中最苦最累的活计——砖块拖运，即先往炉窑内运送砖坯，待生坯烧熟后再将其从炉窑里运出并进行有序摆放。父亲在狭窄的窑洞内一天来往工作八九个小时，窑内气温有时高达40多度，他挥汗如雨，在炽热难耐的炉窑内工作，他承受了常人无法承受的煎熬，这一干就是三个月。三个月后，这家砖厂因经营不善倒闭，一心想在砖厂挣"大钱"的父亲的希望也随之破灭了，而且，干了三个月的活儿，父亲最终却只拿到了一个月的工资，后虽经多次前往索取，均未果。

父亲之后又找了一份修路的活。修路是一项重体力活，挖土、上沙、硬化、沥青覆盖，一项项都是颇为烦琐和耗力气的活，一般身体单薄的小伙子根本吃不消，非年轻力壮者不能胜任，但父亲却硬是坚持了下来。他夹杂在一帮青年人中间，以年过半百之躯，大幅地透支着自己的体力。白天吃饭十分简单，饿了便啃两口母亲准备的煎饼，咽不下去，便打开他那把用了十几年的变了形的军用水壶灌上一口；夜幕降临的时候，劳累了一天的父亲和其他工友们一起，从路边捡拾一些干柴，开始埋锅造饭。都是一帮穷人，饭菜自然简单。菜是从附近菜市场上买的一些白菜萝卜之类，充其量再拎回一斤豆腐。肉是舍不得买，油也不敢多放，虽然那只是廉价的不能再廉价的普通植物油。把白菜萝卜和豆腐之类一起放在锅里清炖上半小时，出锅后一人一碗，便是他们一天中最为丰盛的晚餐。在另一半待铺的路上，来往车流如织，汽车的灯光像游移的探照灯，一遍遍从父亲他们脸上掠过，映照着一张张黝黑的脸庞和一双双无助的眼睛。夜半，父亲便和其他人一起横七竖八地睡在路旁搭成的简易的帐篷内，这时一帮多日不知肉味的蚊子也开始围拢过来，密密匝匝地栖在这群沉沉睡去的人们的身上。就这样，一直到天色渐亮。

这份工作父亲又干了三个月，因为包工头工资发得不及时的缘故，最终，父亲和另外十多个工友一起炒了工头的"鱿鱼"。

一个月后，父亲找到了他的第三份工作——跟随一个建筑队为市里一家电信公司盖办公楼。父亲此时干上了他最拿手也最愿干的"瓦匠"活。时至寒冬，为了按期完工，父亲和工友们加班加点地干活。高高的铁架上，父亲一砖一石地仔细垒砌着，寒风掀起了父亲的白发，吹裂了父亲的双手和嘴唇，又很快风干了流出的血渍。父亲浑然不觉，一丝不苟地干着，直到夜幕降临、灯火阑珊。由于工作强度过大，半个月后，父亲右臂出现了抽搐、麻木等症状，最后竟至无法抬起。无奈，父亲只好回家"养伤"。在母亲的一再催促下，父亲到乡卫生院做了检查。医生说，父亲的右臂并无大碍，只是劳累过度，只要休息一个月后便会没事。在这次检查中，医生还检查出父亲同时患有关节炎、腰椎病等几种疾病，这都是父亲常年在外打工落下的病根。医生建议应尽快治疗，"不治将恐深"。父亲听了便一个劲儿地摇头："现在没空，以后再说……"硬是不听医生和母亲的劝阻回到了家中。

父亲和千千万万的民工一样，他们在用自己的劳动扮靓城市的同时，也在默默地承受着城市转嫁给他们的累累伤痛。父亲这次在家仅仅休息了一星期，当胳膊稍稍能够抬起的时候，他便又偷偷地回到了工地……

在一年多的时间里，同大部分在外谋生的民工一样，挣钱心切的父亲几乎尝试了所有城里人不愿干的重体力、高风险的苦活累活，像一匹负重前行的老马，"背上的压力往肉里扣，它横竖不说一句话"。父亲省吃俭用，在挣足5000块钱后，便马上给我寄了过来，现在他还在外地打工……

听着母亲的诉说，看着手中父亲寄来的那厚重的一沓血汗钱，我的耳畔忽然异常清晰地响起了一首歌："我的老父亲，我最疼爱的人，人间的苦涩有三分，你却尝了十分。这辈子做你的儿女我还没有做够，央求你下辈子，还做我的父亲……"

感恩心语

父亲，就像一匹老马，为孩子拉一辈子的套车；就是一匹老牛，为孩子拉一辈子的犁头。比喻虽然残忍了点，但事实却是这样。

父亲的自行车

余杰

有人说，10岁的小孩子崇拜父亲，20岁的青年人鄙视父亲，40岁的中年人怜悯父亲。然而，对我来说，这个世界上父亲是唯一值得一辈子崇拜的人。

父亲是建筑师，工地上所有的工人都怕他，沙子与水泥的比例有一点儿差错也会招来父亲的痛斥。然而，父亲在家里永远是慈爱的，他的好脾气甚至超过了母亲。在县城里，父亲的自行车人人皆知，每天早晚，他风雨无阻地骑着"吱吱嘎嘎"的破车接送我和弟弟上下学。那时，我和弟弟总手拉着手跑出校门，一眼就看见站在破自行车旁穿着蓝色旧中山服焦急地张望着的父亲。一路上，两个小家伙叽叽喳喳地说个不停，而父亲一直能一心两用，一边乐滋滋地听着，一边小心翼翼地避过路上数不清的坑坑洼洼。等到我上了初中，父亲的车上便少了一个孩子；等到弟弟也上了初中，父亲便省去了一天两趟的奔波。可父亲似乎有些怅然若失，儿子毕竟一天天长大了。

收到大学录取通知书的那天，我兴奋得睡不着觉。半夜听见客厅里有动静，起床看，原来是父亲，他正在台灯下翻看一本发黄的相册。看见我，父亲微微一笑，指着一张打篮球的照片说："这是我刚上大学时照的！"照片上，父亲生龙活虎，眼睛炯炯有神，好一个英俊的小伙子！此刻，站在父亲身后的我却蓦然发现，父亲的脑后已有好些白发了。

父亲一出世便失去了自己的父亲，惨痛的经历使他深刻地意识到父亲对儿子的重要性。因此，在他的生活里，除了工作便是妻儿。他不吸烟不喝酒，不钓鱼不养花，在办公室与家的两点一线间，生活得有滋有味。辅导儿子的学习是他最大的乐趣，每天的家庭作业父亲都要一道道地检查，认认真真地签上家长意见，每次家长会上他都被老师称赞为"最称职的家长"。

母亲告诉我一件往事：我刚一岁的时候，一次急病差点夺去了我的生命。远在千里之外矿区工作的父亲接到电报时，末班车已开走了，他跋山涉水徒步走了一夜的山路，然后冒险攀上一列运煤的火车，再搭乘老乡的拖拉机，终于在第二天傍晚奇迹般地赶回了小城。满脸汗水和灰土的父亲把已经转危为安的我抱在怀里，几滴泪水落到我的脸上，我哇哇地哭了。"那些山路，全是悬崖绝壁，想起来也有些后怕。"许多年后，父亲这样淡淡地提了一句。

父亲是个不善于表达感情的人，与父亲在一起，沉默的时候居多，我却能感觉出自己那与父亲息息相通的心跳。离家后收到父亲的第一封信，信里有一句似乎很伤感的话："还记得那辆破自行车吗？你走了以后，我到后院杂物堆里去找，却锈成一堆废铁了。"我想了许久，在一个阳光灿烂的早晨给父亲回信："爸，别担心，那辆车每天晚上都在我的梦里出现呢。我坐在后面，弟弟坐在前面，您把车轮蹬得飞快……"

❧ 感恩心语 ❧

父亲的自行车是破的，但他的爱每天都是新的。那辆破旧的自行车载满了父亲对儿子浓浓的爱。岁月的流逝是无情的，但父亲与儿子间的深情却永远也不会褪色。

一个活得最苦的父亲

沈克俭

20世纪60年代，他是一个政治上的"疵品"（五七年反右时戴上了一顶右派帽子），但他想娶妻，仅仅为了生子。60年代，她经过婚姻的失败，精神走向崩溃的边缘，偶然的机会，她认识了他。一个是政治上的"疵品"，一个遭遇了生活的不幸，凑合着过日子。没有婚纱，也没有鞭炮；没有娘家人，也没有婆家人。他们在一个废弃的鸡舍里成了一个家。

还真灵，他如愿以偿，第二年生了一个姑娘，第三年生了一个儿子。

孩子的降生，没有带来欢乐。妻子总是愁眉不展，想着痛心的往事，精神恍惚，特别关注男人与女人的那种事。她紧盯着自己的男人。

妻子不能照料孩子，他把两个孩子抱到了自己工厂的托儿所。冬天，在敞着篷盖的通勤车上，他用棉大衣裹着两个冻僵了手的孩子，背着奶瓶、饭盒、尿布，用自己的脊梁挡住呼啸而过的寒风。夏日，他带一块雨布，为孩子挡烈日遮风雨。在车间里，他既是技术员又是挡车工，一到哺乳时间，他像孩子妈妈一样，飞快地走进托儿所，手执奶瓶，喂了女儿再喂儿子。他是工厂里唯一的一个哺乳父亲，车间主任颁发了特别许可证。

孩子在长大，进了小学。正是"文化大革命"如火如荼的季节，也是人性疯狂的季节。该是孩子们参加红小兵的年龄了。由于父亲的右派身份，他的孩子没有参加红小兵的资格，他无奈地对女儿说："是爸爸对不起你们。"愧疚的心情超过女儿委屈的眼泪。女儿天真地说："爸爸，你不当右派好吗？同学们也不会叫我狗崽子了。"他的鼻子酸了，心碎了。

为了孩子有一个好的前程，他拼命地劳动，用汗水冲洗灵魂。甚至想像王杰、欧阳海那样舍己救人,以明心迹。他常常干了一个 8 小时,又干一个 8 小时,还要千方百计搞技术革新。工人师傅最善良,看到他这样地改造,评选他为"学习毛选积极分子"。军代表说:"你们车间没有人了,评他当积极分子?"他不气馁。

为了生活,他要挖菜窖、脱泥坯、盖煤棚。这是 60 年代每一个普通人家都要做的家务事。他来自上海,是一个标准的文弱书生,却熟练地操起了那些重活。一次,他刚垒起一垛泥墙,被一夜的暴雨冲塌了,看到辛辛苦苦脱好的泥坯浇成了泥饼,他哭了,对着还不到 5 岁的儿子说:"儿子,快快长大吧! 爸爸实在太累了。"

他的身体难以支撑政治和生活的两座大山,但心中燃烧着期望的火把,就是:"儿子,快快长大吧!"

没有钱,不算苦,80 年代以前,大家都穷,反正凭票买东西。政治的歧视,才是真正的苦,右派属于敌我矛盾,人人与你划清界限的日子并不好过,连夫妻吵架也骂:"你个臭右派,想翻天?"他就是经常听到这些捅心窝的骂声,出自睡一铺炕的妻子的口。

生活的折磨,常常使他提心吊胆,妻子得了幻觉性精神失常,有时把菜刀压在枕头底下,说是为了驱鬼,他就不敢入睡,怕妻子把他也当成了鬼。睁着眼睡觉劳心又劳神,他终于成了瘦骨嶙峋的小老头,只有深陷的眼窝里那双明亮的眼睛,证明他刚刚进入而立之年。

工厂的党委书记出于怜悯,劝他离婚,很同情地对他说:"快离了吧! 看把你折腾成那个样子,我们看不过去。"他摇摇头,看着幼小的女儿,低声说:"兴许岁数大了会好一些,待孩子长大了再说吧!"就这样,他把一切的希望寄托在孩子的身上。

斗转星移,"文化大革命"结束了,万恶的"四人帮"垮了台。十一届三中全会之后,中国掀起了平反冤假错案的高潮。1979 年 2 月,错划右派通知书和一张迟来的文凭送到了他的手里,他一手拉着女儿,一手拉着儿子,高兴地逢人便说:"共产党好!"这个迟到的信任,在他生命的历程中,整整晚来了 22 年。

孩子们在长大,女儿考进了干部管理学院,两个星期没有回家了,杳无音信。那个年代还没有手机,他乘公共汽车到很远的市郊,再徒步好几里到学校看望女儿,手里拎着女儿爱吃的咸菜。女儿正趴在床上写入党申请,高兴地对父亲说:"爸爸,你帮我写一份吧!"回到家,他冥思苦想,站在女儿的角度,写出了一份入党申请,第二天就送到了女儿手里,还叮嘱:"自己抄一份吧! 要工整地写。"

儿子下决心要留学日本,每天下班后去学习日语。不管春夏秋冬,不管夜多深,他总是等着,儿子进了家,看着儿子狼吞虎咽地吃晚饭,他才安心地躺下。儿子考上了日本国立福井大学,真的要远走高飞了。那是一个下着细雨的早晨,儿子背起行李下了楼,车开走了,他却急速上了楼,摸摸儿子温热的被褥,泪水流了下来。不会抽烟的他,第一次拿起了一支"红塔山",在烟雾缭绕中麻醉自己。父亲的牵挂永远和儿子一起飘飞,一年一度的祈祷和着极乐寺悠扬的钟声也飞到了东瀛。

儿子去了日本,他调到了北京,天各一方。女儿不甘心守着精神不正常的母亲,给父亲写了一封长信,表示也要出国留学。信中说:"爸爸,你尚有 5 年的辉煌,可是,我们还有一辈子的路要走,你不能把母亲这个包袱甩给我们。"他的眼湿润了,是妻子的病闹得女儿心烦意乱,还是预见到她所在公司的衰败,女儿是铁了心,非出国不可。他绞尽脑汁把女儿、女婿送到了大洋彼岸。当他与女儿挥手告别时,意识到自己的孤独,在打发身边无亲人的日子的同时,要陪伴精神病的妻子一起走向老态和死亡。

他走马上任中纺物产集团的总裁,这是中国纺织行业最大的公司之一。他夜以继日地工作着,公司上市 A 股证券市场,又操持着上市 H 股证券市场;公司盖起了一座 10 层办公大楼,他看到资产增值的报表,甜在心头。可是,每当回到空旷的家,一种思念儿女的孤独袭击着他的心;一份惦记牵挂妻子的负疚使他惶恐不安。

他明白,若妻子也到北京,他的工作就干不成了,四邻也别想安宁。他不得不让一个残疾的侄儿陪伴着,度过 6 年的老总生涯。

退休,对他是一种解脱,像驾辕的一匹老马松了套,可以自由自在地漫步嚼草,可以闲适地俯视世界。他回到了妻子的身边,指望用自己的柔情似水化开妻子幻觉连连的心,但他失败了,妻子的病更重了。一天,她自己提出要去精神康复医院治疗,期望医生把身上的鬼揭下来。他护送她住进了精神康复中心的病房,买了医院食堂的小灶饭卡,又不放心,天天从家里端着菜,裹在大衣里贴在心口上,乘坐一个多小时的公共汽车,送到医院的病房。每当迎着早春的寒风,踏着待融的残雪走出医院的大门时,他幻想着自己为什么不得精神病呢?又一想,他真的得了精神病,谁来照顾她?又有谁来照顾自己呢?他蹒跚着在车流中穿行,看着男男女女们急匆匆地向各自的目标走去,他迷惘地、机械地走着,直到华灯初上、家家团圆晚餐的时刻,还不想回家。其实,他早已失去了"家"的感觉,他常常对人说:"什么是家?有温馨的地方才是家。"这是他渴望中的呐喊。

妻子的住院,给女儿带来了牵挂。女儿问父亲:"是不是爸爸你硬把妈妈送到精神病院的?"一句话刺痛了他的心,他高声地对女儿说:"是你母亲自己要去的,我可以把她病房的电话号码告诉你,你和你妈直接通话嘛。"当大洋彼岸的女儿第二天告诉他,是女儿冤枉了他时,他哽咽得一句话也说不出来。放下电话,他像受了委屈的孩子一样,放声大哭。他厮守着、期待着,残酷地舍去一切欲望,竟然换来女儿对父亲的疑虑。

儿子的女儿在美国出生了,皆大欢喜,他逢人便说:"我有了一个美国籍的孙女。"大洋彼岸的儿子也戏谑地张扬:"我是一个大孝子,为我爸爸生了一个女儿,抱回国内让我爸爸妈照看,免得他们孤独。"他像欢迎外宾那样亲自到北京接孙女,他的朋友们列队在哈尔滨机场上等候,家里早有一班人等着,包括新雇的保姆。他喜悦的心情溢于言表,喝了两杯啤酒后,跟跟跄跄地送走了客人,指望从此历史翻开新页,妻子看到隔代人会回心转意,精神上驱病除鬼,老夫妻守着孙女,过不吵闹的日子。

愿望常常变成失望,孙女刚刚回国 4 天,保姆坚持要回家,说是晚上老奶奶喊鬼,吓得她毛骨悚然。孩子的啼哭是正常的运动,他的妻子硬说是得了邪病,要把孩子撵走。他失望到了极点,匆匆忙忙把孙女抱到朋友家。为了避免妻子的无理取闹,他只好说:"孙女去了姥姥家。"从此,他一个年近古稀的老人,一颗心掰成了碎块。小孙女要照看,精神病老伴的折磨要承受,大洋彼岸儿女的苦和累几倍地压在他心上。小孙女感冒发烧,他情愿不是孙女而是自己;精神病老伴幻觉有鬼,他多么想把自己变成厉鬼为妻子驱邪除鬼;儿女们在国外睡地铁、当苦力,他怨恨自己没有给儿女积攒出国深造的学费。他常想只要儿女们能活得好,哪怕自己去死也行。他明白,做父亲的代替不了儿子,儿子的路让儿子自己去走。这样一个父亲,注定是活得最苦的父亲。

他明知苦海无边,却默默地等待着更苦的日子。到浴池里,他看人家儿子携扶老爸洗澡,一遍又一遍地擦洗着,嘴里还喃喃叮咛,像哄小孩子一样的温柔。他想想自己,羡慕的眼光里渗出浑浊的泪,独自走向水池。

他在医院的长廊里,看到很多老年人安详地坐在那里,望着儿女们为他们排队、挂号、候诊、划价、交款、取药,他却独自一个人排在长长的队伍里,排完一处又一处。两条站得麻酸的腿多么希望有一根拐杖支撑起他疲惫的身体,他在透支生命。

在除夕之夜，家家围着爷爷奶奶、父亲母亲除旧迎新，喷香的饭菜，大馅的饺子，蜜一样的年糕，还有说不尽的祝福，发不完的压岁红包。他只能等候在电话机旁，有话对自己的儿子女儿说，话到嘴边就哽咽，他望眼欲穿地等待祝福，手里捏着发不出去的压岁红包。

他渐渐地感到了老的沉重，等待着一个不可知的命运。他喃喃地告诫自己，下一辈子只当儿子，不做父亲。

❦ 感恩心语 ❦

一个多半生沉浸在苦海中的父亲，一个将自己的一切全都献给了儿女、献给了妻子的父亲，支撑他的，是对亲人那浓浓的爱。

为继父流泪

安宁

我在距家70里外的大学读书，而50岁的继父，在学校旁的建筑工地上打工。他偶尔过来看我，总是脱掉满身泥浆的衣服，穿一身洗得干干净净的军装，站在女生宿舍楼下，有些滑稽地笑着，将大堆好吃的硬塞给我，说："这是你妈让我给你买的，我也不知道你喜欢吃什么，看人家买，就跟着买了些。"看我终于收下，他如释重负地松一口气，欢欢喜喜地回工地继续劳作。

我几乎没去他工作的地方转过，怕他会当着同学的面拦住我说话。偶有一次，要出门去办事，正碰见他打了饭回来。我见他碗里是我无法下咽的萝卜，便随口说："别老吃这些东西，油水太少。"他蜡黄的脸上几乎是瞬间便有了光彩，点头说："好，好。"又热切地问："有什么东西需要我捎的吗？"我想了想，说："你有空回家帮我把床头那本书捎来吧，过段时间我可能要用。"

等半小时后我办事回来，经过工地，突然看见原本蹲在地上的一群民工，跟着一辆飞奔过来的敞篷货车疯跑。我还没有明白是怎么回事，早有身强力壮的民工抓住依然急速向前的货车，翻身跳了上去。而那些年长体弱的，则慢慢被人挤在了后面。车上的人越来越多，几乎连站的地方也没有，有些人已经开始放弃追赶。随后，我便在那群继续向前奔跑的民工里，看到了头发灰白、身体瘦削的继父。那一刻的他，像一个突然被注入无限能量的超人，等我终于明白这是一辆可以免费捎载民工回家的货车时，继父已抓住车的后架，奋力地在一群吼叫着"没空了"的民工阻挡下，拼命往车厢里挤去。看着那么多人用力地往下推他蹬他挤他，像推一个没有生命的货物，而我的继父则死命地抓住依然飞奔着的货车，不肯松一下手，我的心，痉挛似的疼起来。

继父终于爬上去，和那些比他年轻二十多岁的民工们肩并肩地紧紧贴在一起。远远地，我看到他脸上鲜明又生动地笑，而我的眼睛，终于随着那渐渐远去的汽车，慢慢地模糊了。等我睡完午觉起来，听见楼下有人在叫我。探出头去，看到没有换掉工装的继父正举着一个东西，开心地向我晃着。我跑下楼去，在来往的女生里，劈头问他："你来干什么？"他依然笑着，说："怕你着急用书，我中午回家取回来了，没耽误你用吧？"我接过书来，抚摩着那上面新鲜的尘土，和继父温热的气息，终于忍住了眼泪，低声问他："怎么回来的？"

"骑着车子回来的。不过走的时候是坐的车，还挺快的，一点也不累。"我看着他脚上被人踩破了的布鞋，浑身湿透了的衣服，在那么鲜亮的人群里，他像一颗卑微的苦艾草。然而就是这样被我也轻视的继父，却为了我一个小小的要求，拼尽全力。两个小时，我用午睡便轻松地打发掉了；而他，却为这样一本我并不急用的书，一刻也不停歇地耗在了70多里的山路上！

这个男人已经渐渐老去，他知道他所能给予我的亦是慢慢地减少，所以一旦需要，便可以舍掉一切，倾尽所有。尽管这样换来的，于他，已是全部；于我，依然是卑微的点滴。可是，我终于明白，卑微并不是卑贱，如果是以爱的名义。

为了孩子一个简单的要求，父亲可以冒着坠车的危险义无反顾。"卑微"的父亲心中，是一颗高贵的心。

用你爱我的方式去爱你

卫宣利

你突然打电话说要来我家，电话里，你轻描淡写地说："听你二伯说，巩义有家医院治腿疼，我想去看看。先到你那里，再坐车去。你不用管，我自己去……"

你腿疼，很长时间了。事实上你全身都疼，虽然你从来不说，但我无意中看见，你的两条腿上贴满了止痛膏，腰上也是。你脾气急，年轻时干活不惜力，老了就落下一身的毛病，高血压、糖尿病，心脏也不好，老年人的常见病你一样都不少。年轻时强健壮实的身体，如今就像被风抽干的果实，只剩下一副空架子，弱不禁风。

第二天，我还没起床你就来了。打开门后我看见你蹲在门口，一只手在膝盖上不停地揉着。你眉头紧锁，脸上聚满了密集的汗珠。我埋怨你不应疼成这样才去看医生，你却说没啥大事。

你坚决不同意我陪你去医院，"你那么忙，这一耽误，晚上又得熬夜，总这样，对身体不好……"你的固执让我气恼。正争执间，电话响了，挂断电话，却不见了你。我慌忙跑出去，你并没有走出多远，你走得那么慢，弓着身子，一只手扶着膝盖，一步一步往前移。

看你艰难挪移的样子，我的心猛地疼了一下，泪凝于睫。我紧追过去，在你前面弯下腰，我说："爸，我背你到外面打车。"你半天都没动，我扭过头催你，才发现你正用衣袖擦眼，你的眼睛潮红湿润，有点儿不好意思地说："风迷了眼。"又说："背啥背？我自己能走。"纠缠了半天，你拗不过我，终于乖乖地趴在我背上，像个听话的孩子。我攒了满身的劲背起你，却没有想象中那样沉，那一瞬，我有些怀疑：这个人，真的是我曾经健壮威武的父亲吗？你双手搂着我的脖子，在我的背上不安地扭动着，身子使劲弓起来，紧张得大气都不敢出。

到小区门口，不过二十几米的距离。你数次要求下来，都被我拒绝。爸爸，难道你忘了，你曾经也这样背着我，走过多少路啊？

18岁那年，原本成绩优异的我，居然只考取了一个普通的职业大专。我无脸去读那个职专，也无法面对你失望愤怒的眼睛，便毅然进了一家小厂打工。那天，我正背着一袋原料往车间送，刚走到起重机下面，起重机上吊着的钢板突然落了下来。猝不及防的我，被厚重的钢板压在下面，巨大的疼痛，让我在瞬间昏迷过去。

醒过来时我已经躺在医院里，守在我床边的你，着实被吓坏了。你脸上的肌肉不停地跳，人一夜之间便憔悴得不像样子。

后来我才知道，那块钢板砸下来时，所幸被旁边的一辆车挡了一下，但即便是这样，我的右腿也险些被砸断，腰椎也被挫伤。

治疗过程漫长而繁杂，你背我，去五楼做脊椎穿刺，去三楼做电疗，上上下下好几趟。那年，你50岁，日夜的焦虑使你身心交瘁；我18岁，在营养和药物的刺激下迅速肥胖起来。50岁的你背着18岁的我，一趟下来累得气都喘不过来。

就是这时候，你端来排骨汤给我喝，你殷勤地一边吹着热气一边把一勺热汤往我嘴里送，说：

"都炖了几个小时了，骨头汤补钙，你多喝点儿……"我突然烦躁地一掌推过去，嘴里嚷着："喝喝喝，我都成这样了，喝这还有什么用啊?!"

汤碗"啪"的一声碎落一地，排骨海带滚得满地都是，热汤洒在你的脚上，迅速起了水泡。我呆住，看你疼得龇牙咧嘴，心里无比恐惧。我想起来你的脾气其实很暴烈，上三年级时我拿了同桌的计算器，你把我的裤子扒了，用皮带蘸了水抽我。要不是妈死命拦住，你一定能把我揍得皮开肉绽。

然而这一次，你并没有训我，更没有揍我。你疼得嘴角抽搐着，眼睛却笑着对我说："没事儿，爸爸没事儿!"然后，一瘸一拐地出去了。

你完全像换了一个人，那么粗糙暴烈的人，居然每天侍候我吃喝拉撒，帮我洗澡按摩，比妈还耐心细致。我开始在你的监督和扶持下进行恢复锻炼，每天早上五点起床，你陪着我一起用双拐走路。我在前面蹒跚而行，你紧随着我，亦步亦趋，我们成了那条街上的一道独特的风景。

为了照顾我，你原来的工作不做了。没了经济来源，巨额的医疗费压得你抬不起头。你四处借钱债台高筑，亲戚们都被你吓怕了。那次你听说东北有家医院的药对我的腿有特效，为了筹药费，你跑到省城去跟大姑妈借钱。

8个月后，我开始扔下拐杖能自己走了。

这次去医院做检查，你不停地问我："到底怎么样？不会很严重吧?"我紧紧握着你的手，你厚实粗糙的大手在我的掌心里不停地颤抖。我第一次发现，你其实是那么害怕。

结果出来，是骨质增生，必须手术治疗。医生说："真想象不出，你如何能忍得了那样的疼？"

办完住院手续，我决定留下来陪你，像你从前对我那样，为你买喜欢的菜，削苹果给你吃，陪你下棋，搀扶你去楼下的小花园散步，听你讲我小时候的事情。我问你还记不记得曾经拿皮带抽过我，你心虚地笑。

那天护士为你输液，那个实习的护士，一连几针都没有扎进血管。我一把推开她，迅速用热毛巾敷在你的手上。一向脾气温和的我，第一次对护士发了火："你能不能等手艺学好了再来扎？那是肉，不是木头!"

护士尴尬地退了下去，你看着暴怒的我，眼睛里竟然有泪光闪烁。我猛然记起，几年前，你也曾这样粗暴地训斥过为我扎针的护士。

手术很成功。你被推出来时，仍然昏睡着。我仔细端详着你，你的脸沟壑纵横，头发白了大半，几根长寿眉耷拉下来……我想起你年轻时拍的那些英俊潇洒的照片，忽然止不住地心酸。

几个小时后，你醒了，看见我在，又闭上眼睛。一会儿，又睁眼，虚弱地叫："尿……尿……"

我赶紧拿起小便器，放进你被窝里。你咬着牙，很用力的样子，但半天仍尿不出来。你挣扎着要站起来，牵动起伤口的疼痛，巨大的汗珠从你的额角渗出来。我急了，从背后抱起你的身体，双手扶着你的腿，把你抱了起来。你轻微地挣扎了几下后，终于像个婴儿一样安静地靠在我的怀里，那么轻，那么依恋。

出院后你就住在我家里。每天，我帮你洗澡按摩，照着菜谱做你喜欢吃的菜，绕很远的路去为你买羊肉汤，粗暴倔强的我也会耐心温柔地对你说话。阳光好的时候，带你去小公园里听二胡，每天早上催你起床锻炼，你在前面慢慢走，我在后面紧紧跟随……所有的人都羡慕你有一个孝顺的儿子，而我知道，这些都是你传承给我的爱的方式。只是我的爱永远比不上你的爱。你对我的爱，宽阔辽远——如无际的大海，纯粹透明没有丝毫杂质，而我，只能用杯水去回报大海。

感恩心语

爱的方式可以传承，这是我和父亲的生命密码，是无法解读的亲情咒语，就是"用你爱我的方式爱你"。

父爱深深深几许

朱晓军

有歌唱道"世上只有妈妈好",没人反对。如果唱道"世上只有爸爸好",恐怕就不会那么消停了,不仅做母亲的人要群起而攻之,做父亲的人也不答应,因为他要为自己的母亲讨个公道,妇联也可能会出面要维护妇女的合法权益。就算平日里没人找他的麻烦,那么到了"三八"节,为让广大劳动妇女能有那么个"开心一刻",就是再传统的男人也会同意把那个倒霉的词作者"贡献"出去,让妇女们过个好节。由此可见,这位词作者虽然有失公道,但不失聪明。

这并不是说男人个个宽仁大度,女人大都小肚鸡肠,而是说很少有人像读懂母爱那样读懂父爱。即使当了父亲的人,像朱自清那样能从父亲的背影中感受到父亲的艰辛和父爱深挚的人委实不多,就是感受到了大多也是"一念之恩",转瞬即逝,与那一提起母亲来就眼泪汪汪的恒久的母爱是没法比的。俗话说,不养儿不知父母恩,看来百分之九十指的是"母恩","十月怀胎,一朝分娩"那都是母恩,与父亲毫无干系。父亲犹如人体的阑尾,纯属多余。有一次同学聚会,一位女同学介绍自己家庭现状时说道:"我有两个儿子,长子在某厂工作,次子在幼儿园。"说得大家目瞪口呆,这个年龄的人都一个孩子,她怎么就两个呢?再说她不过30来岁,儿子怎么就能上班了呢?蓦然大家恍然大悟,她说的长子就是她的丈夫。我有一位同学,他的妻子是一个弃婴,她没出产院就被母亲抛弃了。36年过去了,她还在四处寻找自己的母亲,为此她宁可不买电视、冰箱,省下钱来买车票,一趟趟地从黑龙江往她出生地——上海跑。如果儿女被父亲抛弃了,那就大不一样了,找上门来大多是为了算账或继承财产。

我从小对母亲的感情就远远超过父亲,总觉得父亲给我的爱太少了。父亲给我的最深印象便是有一次他骑自行车带我上学。那天刚下过雨,路很泥泞,我坐在车子的大梁上,父亲的鼻息吹拂着我的头发,他身上特有的气味让我感到十分亲切。我默默地注视着自行车的前轮在泥泞中滚动,心里却十分踏实、惬意。上坡时,父亲蹬得非常吃力,有些气喘吁吁。我的目光落到父亲那双紧握车把的手上,手的骨节凸突,血管和青筋毕露。我做父亲的责任感可能就是在那一刻产生的。

时光似箭,日月如梭。当我成了一个女孩的父亲时,父亲早已作古。也许我是从父亲那儿学的怎样做父亲,所以女儿如同当年我不满意父亲那样不满意我,曾几度说过,想换一个像某某电影里的那样的爱孩子的父亲。对此我很心酸,但也很庆幸,好在父亲是终身制,如果要是选举制或任期制,那我迟早被女儿炒了鱿鱼不可。

我经常像当年父亲骑车带我一样带女儿。一次,到幼儿园接女儿,我骑车带女儿刚出院门,就和一辆逆道开来的卡车相撞,躲闪不及,自行车的前轮撞在了卡车的后轮上。自行车的车圈当即变了形,卡车却开跑了。我只好将吓得哇哇直哭的女儿哄好,放到了地上,然后将前轮踹巴踹巴,就用那半转不转的车子把女儿推回了家。到家时我的衫衣已经可以拧出水来了。

女儿上学了,是哈尔滨最好的一所小学,但离家很远,一来一去要上几个坡。每次把女儿从学校接回来,我连上楼的力气都没了。有人劝我买一辆摩托,我笑了笑,摇摇头,什么也不说。我倒不在意花钱,也不是像有些人那样把买摩托看成"死得快",而是觉得当父亲的就应该付出那份辛苦。再说苦中也有乐,骑着车子驮着女儿,边走边聊,也是一种天伦之乐。如果有了摩托,手一扭油门,女儿就到了家,上哪能听到女儿在路上说的那些诸如"我们班的XX写的点溜圆溜圆的,就像那马葫芦盖儿(下水道的盖儿)一样圆"的话?做父亲好比登青城山,如乘缆车上去,只要操纵者一按电钮,游人就跑到了山上,许多美景幽径是领略不到的;如坐滑竿上去,不仅可以一饱眼福,而且能看到抬竿人的辛苦,那么多的台阶要一个一个地攀,汗水不知要淋湿多少石阶。当父亲就要像抬竿的人那样来抬儿女。这倒不是说让父亲像抬竿人那样,让乘竿的人记住自己坐了几段,好付钱,而是让儿女知道做父亲的艰辛和责任,知道在生活中每上一个台阶都要有人付出汗水。

今年初冬,哈尔滨下了一场大雪,雪和水积满了马路,骑车十分艰难,平日骑自行车的人大多都改乘巴士了。那天我冒着雪骑车来到学校时,天已经黑了。接了女儿,一出校门就见开来一辆开往我家方向的巴士。怕道滑骑车摔了女儿,我匆匆地给了女儿几角钱,告诉她在终点等我,便把女儿塞进了那拥挤得好像前门再塞一人后门就得掉下一个的车厢。车开动了,我紧跑了几步记下了车号:1172。这是我一生引以为骄傲的记忆,因为我的记忆一向很糟。

车开走了,悔痛渐渐涌了上来,将我的心淹没,女儿在车上会不会被挤坏,在下一站会不会被下车的人挤下去,如挤下去了她再挤不上车怎么办?天这么黑了,离家又这么远,她肯定找不到家的;另外道路滑,车要是上不去坡,抛了锚,别的乘客都走了,只剩下她一个人怎么办?会不会被坏人给拐走?她才九岁呀!我越想心里越空落、越恐慌,于是沿着一条近路,在车的夹缝中,拼命地骑着自行车向那路巴士的下一站奔去。道上冻着一个个冰雪疙瘩,我的车骑得摇摇晃晃,几次险些钻入车下。

在那一站,我好像足足等了一个世纪也没等到那辆1172,急火一个劲地燎烤我的心,融化了心里的积雪,一片泥泞。如果这时有人说要用我的性命来换女儿,我会毫不犹豫的。等不来,我只好沿着那辆车走的路线去找。记不得摔多少跤了,衣服和鞋都湿了,我像一个疯子一样推着自行车不顾一切地奔跑着。过了转盘道,见那边堵满了车,我的心略微放宽了些。在那密如蚂蚁群的车丛中,我像个没头的苍蝇似的乱窜着,寻找着那辆1172号巴士。一辆不是,再一辆还不是,我的心又紧张起来了,五脏六腑渐渐被失望掏得空空的,好像女儿真的就丢了。我恨不得找个路人,求他狠狠地打我几下。

走了好几条街,终于在车群中找到了那辆1172号巴士。我欣喜若狂地丢下自行车,几步冲到车前,从开着的车门蹿了上去。车里黑黑的,空荡荡的,我喊了女儿一声,没有动静。我的心凉了,因为堵车许多乘客都下车走了,女儿是不是也跟人走了?我又喊了几声,声音充满了凄切和绝望。黑暗中的人好像都在看我。

"爸爸。"突然,我听到了女儿的声音,这比当年听到女儿的第一声啼哭还让我惊喜,我上前一下搂住了女儿。

"下车吧,爸爸推你回家。"过了许久我才说出话来。

"爸爸,坐车吧,你看一点也不挤了。"女儿不解地说。

我把女儿领下了车,抱到了自行车后架上,推着女儿向家走去,心里感到无限踏实,远远超过当年坐在父亲的自行车上的感受。

父亲当年骑车带我时,心里是否也这么踏实呢?他对我的爱是否也这样呢?不知道若干年后,女儿是否还能想起这场大雪,还记得当时坐在爸爸自行车上回家的情景,更不知道她能否感悟到父亲的艰难和她得到的父爱有多少。

在父母之爱中,母爱犹如水泥和砂石,父爱犹如水泥板中的钢筋,人都说没有水泥和砂石就盖不了房子,却忘了钢筋;母爱犹如蜜糖,放入嘴中就能品尝到甜,父爱犹如广柑,只有吃完之后,一吧嗒嘴才能感受到有一股浓郁的清香。遗憾的是很少有人"吧嗒"一下嘴,去品味一下父爱。

感恩心语

完整的家庭里,除了母爱,还有父爱的存在。在我们成长的道路上,父亲为我们树立了一个坐标,为我们铸造了展翅飞翔的翅膀。感谢父爱,感谢它带给我们的一切。

二十个鸡腿

佚名

蒋文的父亲是一位农民,没读过书,也不识字。只知道一家几口全得靠他在田里辛苦的耕种,等到秋收时,田里的收成才是一家温饱的来源。

那一年,他考上县里的高中。没有家人的喝彩,有的只是和父母商讨继续升学的可能性。"你这个没良心的,出去以后就别给我回来!"他父亲气愤地将锄头扔在地上,生气地说着。

但求学心切的他,头也不回地背着简单的行囊,赶搭客运车往县城的方向前进。他心里想着:"父亲一点也不懂得教育,更不懂得读书的重要,或许父亲根本不懂得什么是爱。"他手中紧握着初中老师的借款,和妈妈背着父亲偷偷塞给他的钱,只身坐在车上,泪早已湿了眼眶。

后来,初中的师长三番两次地来家中劝他父亲,父亲才平息了对他初中毕业后不就业的怒气。

第一个学期结束,他放假回到家中,父亲没有用笑容迎接他,只是冷冷地告诉他,在厨房柜子里,有一个从街上买来的鸡腿,快去吃,吃完牵牛到水塘里洗澡。

害怕父亲生气,回过神后,他快速地走进厨房找那个鸡腿,因为已经有一个学期没吃过肉,早已不知肉味了!他大口大口地吃着,总是一嚼再嚼,才舍得慢慢地吞进肚子里。心中却仍是想着:"父亲真的很不懂得爱,更别提爱的教育了。"

这样的生活一学期一学期地过完。当吃完了第二十个鸡腿后,蒋文硕士毕业,去城市工作,只有母亲送他去车站搭车,而父亲仍然无情地在田里工作着,也不理会。

后来,他考上研究所博士班,娶了个如花似玉的硕士太太,生了个可爱的女儿。每次回乡下老家,父亲也只是事先用两个鸡腿来欢迎,一语不发,便又独自下田去了。

蒋文出国的那一年,父亲病危,躺在家中,哥哥们不断打越洋电话,但总是联络不上他。好不容易联络上了,在得知父亲病危的消息后,他赶忙订机票返家。

他返抵国门,便立刻叫了部车,直奔家中,不料已和父亲天人永隔。望着父亲的遗容,蒋文心中百感交集,过去的种种,不时浮现脑海,心中想着严父过去在田里辛苦工作,放牛吃草,还不是为了一家温饱?打孩子,也只因怕孩子学坏。此刻,一幕幕以前的情景掠过他眼前,他不禁放声痛哭。

哥哥过来扶起哭泣中的弟弟,叫他先到厨房吃饭。也许是哭渴了,想在冰箱找点水喝。当他走进厨房打开冰箱,却看见冰箱里塞满了已经不是很新鲜的鸡腿。好不容易止住的眼泪,再度流满了他的脸。

感恩心语

父母就是子女的天地,可是还是有很多人都曾抱怨自己的父母,感到自己有那么多的不幸,却不知道感恩和珍惜父母无私的爱,千万不要等到一切都太迟了才痛哭流泪。

5万元的父爱

赵丰华

要不是父亲捎信,说病危要见儿子最后一面,志刚是不会回来的。

那条幽深的小巷,青苔比以前更多了。两边土木结构的房屋,破败不堪,路边张贴着拆迁告示。志刚知道不久这片老房子就会从这个小镇上消失。

这些低矮的房子，早该消失了，志刚心里想。

志刚小时候，跟着一瘸一拐的父亲，背着竹篓，穿行在这低矮房子间的巷道里……父亲是捡破烂的。

"爸，这儿有烟盒子……哈！这儿还有个酒瓶子！"志刚的手脚总比父亲利落。爷儿俩欢快的笑声，在窄窄的小巷中荡漾。

在志刚的记忆里，父亲总是脏兮兮的。父亲有时候也讲卫生，志刚的杯子要用沸水烫过，吃饭前要志刚用肥皂洗手……

志刚上学了，父亲每天上午把志刚送到校门口。父亲目送志刚进了学校，便拿出一只大口袋，把同学们提出来的垃圾装进去。父亲装满一袋就吃力地扛到垃圾堆边，把纸片一张张拣出来……

"喂！志刚，校门口那个收垃圾的是你爸？"

志刚与父亲的话越来越少。每天上学，志刚跑在父亲前头，把父亲远远地甩在身后。父亲一颠一颠地紧走慢赶，累得气喘吁吁。

日子一久，父亲好像懂了些什么，不再和志刚一道出门。

志刚长大了，一遍遍地问：

"爸，我的亲爹娘是谁？他们为什么要把我交给你！"

父亲沉默，志刚就砸碗扔盘子，然后一甩门跑了出去……

志刚赌气不回家。父亲沙哑的声音穿透重重暮霭，一声声撼动志刚的耳膜。志刚在父亲的呼唤声中，一步步向那个堆满垃圾的家走回去。

"娃，你认命吧！等你有出息了……我会把一切告诉你的。"

转眼，志刚初中毕业了。

"爸！我要出去打工了，你给我凑点路费吧！"

父亲拿出一沓钞票，交给了志刚。父亲的眼圈红红的，嘴角抽搐了几下，却没有吐出一个字来。

志刚走的头一天晚上，父亲买了几斤猪肉，做了许多菜……志刚从小到大，还没吃过这么丰盛的饭菜。

那晚，父亲一夜都在为志刚拾掇包袱。父亲几次走到志刚的床前坐下来，静静地看着躺在床上的志刚……

几年来，志刚在外面颠沛流离，他抱怨自己的身世！夜里，志刚常常捶胸顿足，诅咒上苍的不公平！

如今志刚又走在这条熟悉的巷道上，他急于想揭开自己的身世之谜。

志刚推开虚掩的房门，屋子里静得怕人，志刚径直向墙角的那张床走去。

"志刚，你……你回来了！"

父亲挣扎着要坐起来，志刚忙躬身扶起父亲。

父亲颤抖的手在枕头下面摸出一个小包来，他从小包里取出一张照片递给志刚。

照片上，是一个垃圾场，好大一个垃圾场！垃圾堆成的小山丘上，有一个两三岁的小男孩。小男孩举起一块小石头，正要向成群的苍蝇砸去。旁边有一个窝棚，窝棚上正袅起白色的炊烟。远处是林立的高楼，车水马龙的声音好像正从高楼那边隐隐地传来……

"刚儿，照片上的孩子就是你！你的父亲原本是生意人，只可惜染上了毒瘾，几十万的资产都快耗尽了……他们求我收养你，给了我一个存折，要我带上你走得远远的。这个窝棚原本是我搭的，我带着你走后，你父母就住进了里面……你父母说存折上的钱是他们最后的积蓄了，如果不交给我，他们会花光的……存折上的钱，我一分都没用……"

志刚接过存折一看，上面赫然写着"5万元整"。

"爸,我……我对不起您!"志刚的眼泪夺眶而出。父亲微笑着又躺下去了,呼吸开始变得急促。

志刚慌忙背起父亲,冲出这片低矮的房子,向镇医院跑去……阳光洒在爷儿俩身上,闪耀着金色的光芒。

感恩心语

这对父子没有血缘关系,却让我们感受到浓浓的深情。这就是父爱,深沉浓郁而又无私的父爱。

认识父亲

戎林

我们对父亲是那样熟悉,又是那样陌生,陌生得许多做儿女的全然不理解父亲那颗炽热的心。我常听人说,父母对儿女们的感情是百分之百,而儿女对父母的却总要打些折扣。我不知这话准确到何种程度,但我却亲眼目睹,多少可怜的父亲为儿女吃尽了天下苦,受尽了世间罪,有的为了儿女,宁愿献出属于自己仅仅一次的生命。

一位给我写过信的小读者在南京住院,动手术那天我也去了。当他被推进手术室以后,他的父亲像傻子似的呆立在走廊上,整整5个小时,屏息凝神,一动也不动。傍晚,手术车推出来了,当儿子猝然出现在他的面前时,这位48岁的父亲竟然往后一倒,当场晕死过去。医生们吓坏了。一边忙着照应刚动过手术的少年,一边抢救那位父亲,整个病房乱成了一锅粥。

少年的父亲是军人出身,他见过无数惊心动魄的场面,从来都是眼不眨心不跳。而此刻,面对着亲生骨肉,他再也不能控制自己。事后我问他,他说也不知是为什么,反正他不能看到儿子受罪。

我一直忘不了那年在唐山采访时听说的一件真实的事。地震袭来时,墙倒屋塌,一块沉重的水泥板从天而降,屋里一对年轻的夫妻跃然而起,头顶头,肩靠肩,死死地坚持着,不为别的,因为在他们身下有一个嗷嗷待哺的婴儿。当抢救人员赶来把婴儿抱走后,他们便再也无力支撑,水泥板轰然压下。

是谁给这对父母注入如此大的力量?是他们的儿女。儿女是父母生命的延续,为了这个延续,为了让儿女更好地活着,他们情愿献出自己的生命。世界上还有什么比这更加崇高和伟大?

我的一位同事是颇有影响的钢琴家,他的妻子早已离去。他和儿子相依为命地生活在一起,将一身艺术细胞传给儿子,把他拉扯成人,送进了剧院。儿子也挺争气,很快适应了紧张的剧院生活。不料在一次装台的义务劳动中从顶棚跌下,当场停止了呼吸。剧院院长把儿子的父亲接了去,问他有什么要求,那位几次从昏迷中醒来的父亲把头摇摇,说想到儿子出事的地点看看。

那是一个寂静的冬夜,院长叫人把剧场的大门打开,领着他走到台前。父亲实在憋不住,一下子扑倒在儿子摔下来的地方,再也无力站起。

整个剧场空空荡荡,无声无息,一只只椅背像大海的波涛,在这苦难的父亲胸中掀起了滔天巨浪。至今,在那个家中,儿子住过的房间还完整地保留着。每天上班,父亲总得在门口轻轻说声:"儿子,再见!"回来时又说一声:"父亲回来了,儿子!"吃饭时,儿子坐过的桌边依然放着一双筷子,它正无声地向父亲诉说着儿子在另一个世界的一切。

我一直不敢从离我住处不远的那条街上走,不为别的,只怕看到一位伫立在街头的老人。他几乎每天都在人们下班的时间站在那里,面对着澎湃的自行车和人流,远望着,等待着,寻觅着那早已离开人间的儿子。

他的儿子是我的朋友，在一家大公司工作。一个雷雨交加的夜晚，他在回家的路上碰上了一根断在地上的电缆，触电身亡。谁也不忍心把这个消息告诉他的父亲，最后还是我去了。

我以为老人会失声痛哭，其实没有，他没有一滴眼泪。我想也许是年纪大了，见得多了，泪水早已干涸。许久，那位父亲才喃喃地自语：

"不会的——"他不相信他那健壮如牛的儿子会突然离去，以为我在跟他开玩笑。

我不知老夫妻俩是怎样熬过那些揪心的日日夜夜的，只看见那位老父亲每日黄昏站在街头，目不转睛地盯着过往车辆。有好几次，竟突然大叫："下来，儿子！你给我下来！"

所有人都为之一震。

大年三十，街上行人稀少。老人仍在寒风中苦苦地等待。我真想上前安慰他几句，可走了几步站住了。我能说什么呢？人世间还有什么语言能解除老人心中的痛苦？我默默地站着，远远地望着他那凄苦的身影，一直到夜幕降临，一直到除夕鞭炮四起的时分。

九泉之下的朋友，你可知道，你的父亲还在等你回去吃年夜饭呢！

父亲是伟大的，是坚强的。严酷的现实常常扭曲了父亲的情感，沉重的负担常常压得父亲喘不过气来。天灾人祸、狂风暴雨都被父亲征服了，是他用点点血汗，以透支的生命为儿女们开出了一条成功之路，也给自己带来无尽的欢乐。

但也有一些不谙世事的儿女们被花花世界迷惑，有的甚至被投进了牢房，让青春定格在冰凉的小屋里。对此，他们自己倒感觉不到什么，总是以为以后的路还长。可他们没想到，这给父亲带来了多么大的不幸与悲哀。我在采访中了解到一个中学生因犯盗窃罪而被捕，他的父亲与我是老相识，但碍于面子，一直瞒着我。他想儿子想得几乎发疯，实在迫不得已才来求我，想托我找找人，让他去狱中看看儿子。

我去了，看守所所长答应他们父子在二号房会面。

那是一间长方形的小屋，两头都有铁网，即使见面，也要相隔10米，相望兴叹。

儿子见到父亲，大声呼唤，诉说自己的不幸，一声声像利刃剐着我的心。但父亲却神色木然，不住地点头，摇头。儿子哪里想到，当父亲第一次得知儿子被捕的消息时，仿佛感到有一千面锣在耳边轰响，两只耳朵顿时发麻，接着便什么也听不见——他聋了！

聋子怎么能听见儿子的说话声呢？他只是不停地重复着："好好的，儿子！你好好的。"

泪水爬满了他那苍老的面颊，流进那不停嚅动的嘴里。

我告诉那少年：你父亲聋了，是为你才聋的。少年一下子蹲到地上，一只手死死地抓住铁丝网，胳膊被划出了一道血口子，鲜血把袖子染得通红，看得出，他的心在流血。

那少年被遣送到长江边的一个农场服刑，他的父亲每个月都要到千里之外去看儿子。农场离车站还有10里，得走一个多小时。一次回来的路上，不知是碰上了风雨，还是因耳聋听不见汽车的鸣笛，父亲被一辆大卡车撞死在路旁，也不清楚那个不争气的儿子知道不知道。

父亲是一部大书，年轻的儿女们常常读不懂父亲，直到他们真正长大之后，站在理想与现实、历史与今天的交汇点上重新打开这部大书的时候，才能读懂父亲那颗真诚的心。

歌德说："能将生命的终点和起点连接到一起的人才是最幸福的人。"我想说，你那生命的起点是父母亲用血肉铸成的，它不仅属于你，也属于你的父母，属于整个人类。能把自己的生命和父母的生命，以及全社会连在一起的人才是最伟大的人。

❧ 感恩心语 ❧

父亲是崇高伟大的。心疼儿女受罪，见过大场面的他晕倒在地；为了儿女，他情愿舍弃生命。父亲又是坚强的，当灾难、噩耗袭来时，他顶住了天灾人祸。年轻的儿女们应该用心去读父亲这部大书，真正去读懂父亲那颗真诚的心。

陪父亲过年

佚名

天气愈来愈冷了,空中不时飘洒着几片鹅毛般的雪花。每天忙忙碌碌的,一晃竟到了过年的时候了。也好,终于可以松一口气,回老家陪陪父亲喝喝酒了。

我特地给父亲买了两瓶洋酒。父亲爱酒,但一辈子都只喝些自酿的米酒,那酒寡淡寡淡的,没什么酒味,不过是哄哄自己的嘴巴罢了。即便如此,母亲怕他年事已高,不胜酒力,遂限定他每餐只准喝一杯。父亲拗不过母亲,但又贪杯,便每每趁舀酒的机会大抿一口。那满满的一杯酒一抿便下去了,父亲理所当然还要加满,因此实际上,父亲每餐都要喝一杯半的样子。有时在酒缸边抿酒被母亲看到,母亲免不了要说几句,父亲便像做错了事的孩子似的,羞愧地笑笑。

父亲每每盼我回去陪他喝酒,因为只有此时,他才可以畅快地喝,母亲也不会唠叨什么,听凭我们父子俩大吃大喝。然而,我真正陪父亲喝酒的次数屈指可数,尤其是出国后,这种机会就更少了。不过,每年我都会向父亲许诺:"今年过年,我一定陪你喝酒!"

眼看就是大年三十了,今年别的活动我啥也不干,就是想陪父亲喝喝酒。没什么可犹豫的了,买张机票,回来了。

父亲真老了,听说我要回来,白发苍苍的他一大早起来,硬是挤上那辆最早的公共汽车,赶到县城火车站来接我。远远的我就看到了父亲,那么冷的天,他棉衣都忘了穿,却伸长脖子在风雪的天空下瞪着浑浊的老眼东张西望。我快走到他的身边了,他还在焦急而忘情地找我。我望着像枯老的树桩一样的父亲,鼻子一酸,轻轻地说:"父亲,我回来了。"父亲扭头一见我,显得十分生疏地继续四周张望,我不知道他在找什么。过了好一阵子,父亲喉咙响了一下,闷闷地说:"就你一个人回来?""嗯。"我突然明白父亲在找什么了:父亲年年期盼我带自己的另一半回去,可是我又让他失望了。父亲重重地叹了一口气,像是对我,又像是自言自语:"下雪了,过年了。"

一到家,母亲早已忙开了。我把两瓶洋酒郑重其事地塞到父亲皲裂粗大的手中,父亲把酒瓶上的洋文细细地端详了一番,然后走进屋里,把它们藏了起来。出来时,父亲扛着满满的一缸酒,说:"今天咱们就喝家里的酒。""行,行。"我连忙说。送他的洋酒本来就是让他以后慢慢喝的。

雪花三三两两地下,漫不经心的样子。风虽然冷,却是浅浅的。屋后的平台上,一张木桌、一缸老酒、几碟下酒菜。我坐在空旷的天空下,陪父亲慢慢喝着老酒,邻居的狗在我们的脚下晃来晃去。我说:"年初我就盘算着,过年的时候一定回来陪你喝几盅。""嗯。"父亲应了一声,把满满的一杯酒喝了下去,我赶紧为他斟满。

记得有回出差,路过家门,我陪父亲好好地喝了一回酒。那是傍晚时分,薄薄的夕阳淡淡地照在身上,我们俩没有多余的话,只是你一杯我一杯地喝着酒。陪父亲喝酒,感觉真好啊。

可是今天,没有阳光,只有雪花,以及不时从远远的地方传来的鞭炮声。这时,父亲突然抬头,怔怔地望着我,说:"你出国也有五六年了吧?""没有,不到三年。""你答应过,过年的时候就回来陪我喝酒。""我这不是回来了吗?""你答应过,过年的时候把媳妇也带回来。"我一时语塞。父亲说:"你答应过,无论出国,无论走到天涯海角,你都会想办法回来看我。"我喉咙猛地一哽,叫了一声"父亲"。这时,我听到身后有轻微的抽泣,扭头,竟是靠在门槛边的母亲。

母亲见我看她,就干脆走过来,一边揩眼泪,一边往手里搓围巾,说:"云乃崽,我看你老子活不了多久了,天天叨念着你,天天念叨着要跟你喝酒。每天早晨一起来就到堂屋的菩萨下面去许愿,生怕自己一觉睡了过去,再也见不到你似的。"停了一下,母亲又说:"他还天天担心你出事。说你到那么远的地方去,莫说朋友,连个亲戚都没有。这世道又很乱,万一你跟别人打架了,连个帮手都找不到,还不是眼睁睁地让人欺负?"

父亲冲母亲一瞪眼,硬硬地说:"你不也是一样? 天天守着电视,看又看不懂,瞎着急。昨天听说恁要回来,一通晚都不睡觉,还嚷着硬要跟我去县城呢。"母亲见我低着头,就说:"行了,老头子,你们喝酒吧,雪都飘到酒杯里了。"母亲说完,慢慢挪回到灶屋去了。

我的酒杯飘进了两朵雪花,父亲没看见,给我酒杯加了酒。父亲说:"你们那地方,也兴过年吗?"我说:"不兴,洋人只过圣诞节。"父亲说:"那是个什么破地方,年都不过。你还到那里去干什么? 国内不是好好的吗?"我无言以对。父亲忽然轻柔地说:"你看你,头发都白了不少,是不是在那里受委屈了?"我摇摇头。父亲叹了一口气,说:"我知道你有事也不会告诉我,你在那里好坏我不管,可我已是望八的人了,黄土快掩到脖子根上来了。你告诉我,你什么时候让我看到孙子?"

不知什么时候,我的脸上已有了冰冷的一滴,我弄不清那是眼泪还是雪花。父亲老了,真的老了,我不忍再给他一个空洞的许诺。可是,除了陪他老人家喝酒,我还能说什么、做什么呢? "喝吧,父亲,我知道你酒量好,知道你从来喝不醉。啊,父亲,今天过年了,我好想陪你喝醉一回啊!"

门外突然响起了汽车声,有人在叫我的名字。我幡然醒来:天啊,窗外阳光灿烂,我仍在新西兰。一时泪水不知不觉从我粗糙的脸上缓缓滑下……

❧ 感恩心语 ❧

梦境终归梦境,现实依然残酷,陪父亲过年难道仅是一个美丽的梦吗? 但愿不是,年关来临,回家去看看我们的老父亲吧,跟他喝上一杯酒,温暖一下那颗思念的心。

关于父亲的故事

范春歌

10年前,我曾在长途车上目睹过这样一幕。那一天,我从瑞丽乘车前往西双版纳。这种滇南最常见的长途车,途中常常会搭载那些在半路招手的山民,因此开开停停,颇能磨炼人的耐性。好在旅行中的人大都不会有什么十万火急的事儿,正好悠闲地随车看风景。

将近黄昏的时候,中途上来一位黑瘦的农民,两手牵着他的两个年幼的儿子。虽然父子三人的衣服上都打着补丁,但洗得干干净净。路面坑洼不平,站在过道上的两个男孩显然不是经常乘车,紧张地拽住座位的扶手,小脸蛋儿涨得通红,站得笔直笔直。不一会儿,他俩更害怕了,因为父亲在买车票时与司机发生了争执。

父亲怯生生地但显然不满地问司机,短短的路程,票价为何涨成了5元钱? 他说往日见过带孩子的乘车人,只掏两元就可以。司机头也不回:"我说多少就多少!"父亲仍然坚持:"你要说出个道理。"司机回头扫了他一眼,恼怒地吼起来:"不愿给就滚下去!"车门随之砰地打开了。

两个男孩恐惧地拽紧了父亲的衣角,父亲拉着孩子的小手要下车,但车门又关上了,车继续朝前开去。司机骂骂咧咧地催促农民拿出5元钱买票,仿佛在呵斥一头不驯服的牲口。两个男孩因为父亲遭受的羞辱而感到害怕。在他们幼小的心灵里,父亲一向像座大山,而此时却像棵随时能被人拔起的小草,他们不明白这种力量来自何处。

这是乡间山路上的长途汽车里常见的镜头,保持缄默的乘客们往往因为在路上,宁少一事而不愿多一事。我得承认,因为路途还长,我也如此。这种事,结局往往是农民屈从。

但这位农民不。他轻轻地拍了拍胆怯地缩进他瘦小的怀里的两个孩子的头,眼神虽流露出一个父亲在儿子们面前遭受旁人羞辱时的疼痛,但平静却坚定地告诉司机:"我只会按公道付你两块钱。"司机不理睬。不久,到了父子三人下车的地点,司机却加大了油门开了过去,汽车在他手下仿佛变成一头狂暴的野兽。

两个男孩惊慌地望着父亲,眼泪快要夺眶而出。我终于忍不住了,愤怒地走到驾驶座:"够了,你必须停车,他带着孩子!"

车又长长地滑行了一段,停住了。农民从内衣口袋里掏出两元钱递给了司机,脸上是不容置疑的神情。司机看了他一眼,沮丧地接过钱扔到驾驶台上。

农民带着孩子下了车,两个儿子一左一右地簇拥着父亲瘦小的身躯,充满尊严地往回走。儿子们的脸上此刻写满骄傲,为父亲的胜利。那一刻,我的鼻头有些发涩,因为感动。我感慨万千地目送滇南山区的父子三人欢快而尊严地大踏步走在大路上,尽管一场风波延长了他们回家的路。

我相信若干年后,孩子们将发现它更是人生中一个至关重要的胜利。试想,在孩子心目中最具权威的父亲受到欺辱,而且父亲又在屈辱中向不公正低头……那么,一个父亲的尊严将被彻底亵渎,一个社会的尊严同样会大打折扣。

那位农民是我见过的最勇敢的父亲之一,而生活中也不乏让父亲伤心的怯懦的儿女。

我读高中的时候,有一年学校翻建校舍。下课后趴在教室的走廊上观看工人们忙碌地盖房子,成为我在枯燥的校园生活中最开心的事。班上的同学渐渐注意到,工程队里有一位满身泥浆的工匠常常来到教室外面,趴在窗台上专注地打量我们,后来又发现,他热切的目光似乎只盯着前排座位上的一个女孩子。还有人发现,他还悄悄地给她手里塞过两个热气腾腾的包子。

这个发现使全班轰动了,大家纷纷询问那个女孩子,工匠是她家什么人?女孩红着脸说,那是她家的一个老街坊,她继而恼怒地埋怨道:"这个人实在讨厌!"声称将让她已经参加工作的哥哥来教训他。大家觉得这个事情很严重,很快报告了老师,但从老师那里得到的消息更令人吃惊,那位浑身泥浆的男人是她的父亲。继而,又同学打听到,她的父亲很晚才有了她这个女儿,这次随工程队到学校来盖房子,不知有多高兴。每天上班,单位发两个肉包子做早餐,他自己舍不得吃,天冷担心包子凉了,总是揣在怀里偷偷地塞给她。为了多看一眼女儿上课时的情景,常常从脚手架上溜下来躲在窗口张望,为这没少挨领导的训。但她却担心同学们知道父亲是个建筑工太丢人。

工程依然进行着。有一天,同学们正在走廊上玩耍,工匠突然跑过来大声地喊着他女儿的名字,这个女同学的脸色骤然变得铁青,转身就跑。工匠在后面追,她停下来冲着他直跺脚:"你给我滚!"工匠仿佛遭到雷击似的呆在了原地,两行泪从他水泥般青灰的脸上滑下来。少顷,他扬起了手,我们以为接下来将会有一个响亮的耳光从女孩的脸上响起。但是,响亮的声音却发自父亲的脸上,他用手猛地扇向了自己。老师恰恰从走廊上经过,也被这一幕骇住了,当她扶住这位已经踉踉跄跄的工匠时,工匠哭道:"我在大伙面前丢人了,我丢人是因为生出这样的女儿!"

那天女孩没有上课,跟她父亲回家了,父亲找女儿就是来告诉她,母亲突然发病。

不知为什么,那年翻修校园的工期特别长,工匠再也没有出现在校园里,女孩也是如此,她一学期没有念完就休学了。有一次,我在街上偶然遇见了工匠,他仍然在帮别人盖房子,但人显得非常苍老,虽然身上没有背一块砖,但腰却佝偻着,仿佛背负着一幢水泥楼似的。

儿女对父亲的伤害是最沉重的,也最彻底的,它可以让人们眼中一个大山般坚强的男人轰然倒地。同样的道理,儿女的爱和尊重,能让一个被视为草芥的父亲像山一般挺立。

下面这个故事是已经做媒体的我从同行的采访中了解的:

新生入学,某大学校园的报到处挤满了在亲朋好友簇拥下来报到的新同学,送新生的小轿车挤满了停车场,一眼望去好像正举行一场汽车博览会,学校的保安这些年虽然见惯了这种架势,但仍然警惕地巡视着,不敢有半点儿闪失。

这时，一个拎着一只颜色发黑的蛇皮袋、衣衫褴褛的中年男人出现在保安的视野中。那人在人群里钻出钻进，神色十分可疑，正当他盯着满地的空饮料瓶出神的时候，保安一个箭步冲上去，揪住了他的衣领，已经磨破的衣领差点儿给揪了下来。

"你没见今天是什么日子吗，要捡破烂儿也该改日再来，不要破坏了我们大学的形象！"

那个被揪住的男人其实很胆小，他第一次到宜昌市来，更是第一次走进大学的校门。当威严的保安揪住他的时候，与其说害怕不如说是窘迫，因为当着这么多学生和家长的面，他一时竟说不出话来。这时，从人缝里冲出一个女孩子，她紧紧挽住那个男子黑瘦的胳膊，大声说："他是我的父亲，从乡下送我来报到的！"

保安的手松了，脸上露出惊愕：一个衣着打扮与拾荒人无异的农民竟培养出一个大学生！不错，这位农民来自湖北的偏僻山区，他的女儿是他们村有史以来走出的第一位大学生。他本人是个文盲，十多年前曾跟人远远地到广州打工。因为不识字，看不懂劳务合同，一年下来只得到老板说欠他800元工钱的一句话。没有钱买车票，只得从广州徒步走回湖北鄂西山区的家，走了整整两个月！在路上，伤心的他暗暗发誓，一定要让儿女都读书，还要上大学。

女儿是老大，也是第一个进小学念书的。为了帮家里凑齐学费，她8岁就独自上山砍柴，那时每担柴能卖5分钱。进了中学后住校，为节省饭钱，她6年不吃早餐，每顿饭不吃菜只吃糠饼，就这样吃了6年。为节省书本费，她抄了6年的课本……

她终于实现了父亲的也是她自己的愿望，考上了大学。父亲卖掉了家里的5只山羊，又向亲朋好友借贷，总算凑齐了一半学费。父亲坚持要送女儿到大学报到，一是替女儿向学校说说情，缓交欠下的另一半；二是要亲眼看看大学的校园。临行时，他竟找不出一只能装行李的提包，只好从墙角拿起常用的那只化肥袋。

他绝对想不到自己会在这个心目中最庄严的场合被人像抓小鸡似的拎起来。当女儿骄傲地叫他父亲，接过他的化肥袋亲昵地挽着他的胳膊在人群中穿行的时候，他的头高高地昂起来，那是一个父亲的骄傲，也是一个人的骄傲。

报到结束了，还有些家长在学院附近的旅馆包了房间，将陪同他们的儿女度过离家后的最初时光。但他不能，想都不敢想。他一天也不敢耽误返程的时间，而且他的路比别人都要遥远，因为他将步行回到小山村。

不过，这一次步行，他会比一生中的任何一次都要欢快，他知道，离能买得起一张硬席车票的日子已经近了……

感恩心语

父亲，是孩子面前的一座大山，给孩子结实的依靠。第一位父亲是农民，他带着孩子坐车，面对着司机无赖且霸道的态度，他不屈不挠，不卑不亢，坚持了心中的那份公平和公正，在孩子幼小的心灵里树立起了做人的尊严。虽然在世人眼里，处于卑微的社会地位，但是，做人的尊严不会因为处于什么位置而贬值或升值。

第二位父亲也是农民，他的尊严却因自己的女儿一句话而消失殆尽。他是个建筑工人，碰巧在他女儿上学的学校里干活，每天早晨，都把公司里发的肉包子省下来，偷偷地送给她的女儿，女儿非但不领情，还以有这样的父亲为耻辱，居然对着他跺脚大喊："你给我滚。"生养自己的父亲像一座伟岸的高山，居然在女儿的虚荣心面前轰然倒塌。

第三位父亲也是农民，他含辛茹苦地培养孩子上大学，家里贫穷得连一个像样的能装东西的包都没有，只好拿着化肥袋，被大学的保安误认为是捡垃圾的，此刻，他的尊严在强悍的保安面前变得比他手中的化肥袋还单薄。但是，女儿对保安的一声断喝，让他感到了无比的欣慰，找回了一个人的尊严。

父亲的眼睛

阿易

有一个男孩,他与父亲相依为命,父子感情特别深。

男孩喜欢橄榄球,虽然球场上常常是板凳队员,但他的父亲仍然场场不落地前来观看,每次比赛都在看台上为儿子鼓劲。

整个中学时期,男孩没有误过一场训练或者比赛,但他仍然是一个板凳队员,而他的父亲也一直在鼓励着他。

当男孩进了大学,他参加了学校橄榄球队的选拔赛。能进入球队,哪怕是跑龙套他也愿意。人们都以为他不行,可这次他成功了——教练挑选了他是因为他永远都那么用心地训练,同时还不断给别的同伴打气。

但男孩在大学的球队里,还是一直没有上场的机会。转眼就快毕业了,这是男孩在学校球队的最后一个赛季了,一场大赛即将来临。

那天男孩小跑着来到训练场,教练递给他一封电报,男孩看完电报,突然变得死一般沉默。他拼命忍住哭泣,对教练说:"我父亲今天早上去世了,我今天可以不参加训练吗?"教练温和地搂住男孩的肩膀,说:"这一周你都可以不来,孩子,星期六的比赛也可以不来。"

星期六到了,那场球赛打得十分艰难。当比赛进行到 3/4 的时候,男孩所在的队已经输了 10 分。就在这时,一个沉默的年轻人悄悄地跑进空无一人的更衣间,换上了他的球衣。当他跑上球场边线,教练和场外的队员们都惊异地看着这个满脸自信的队员。

"教练,请允许我上场,就今天。"男孩央求道。教练假装没有听见。今天的比赛太重要了,差不多可以决定本赛季的胜负,他当然没有理由让最差的队员上场。但是男孩不停地央求,教练终于让步了,觉得再不让他上场实在有点对不住这孩子了。"好吧,"教练说,"你上去吧。"

很快,这个身材瘦小、从未上过场的球员,在场上奔跑,过人,拦住对方带球的队员,简直就像球星一样。他所在的球队开始转败为胜,很快比分打成了平局。就在比赛结束前的几秒钟,男孩一路狂奔冲向底线,得分!赢了!男孩的队友们高高地把他抛起来,看台上球迷的欢呼声如山洪暴发!

当看台上的人们渐渐走空,队员们沐浴以后一一离开了更衣间,教练注意到,男孩安静地独自一人坐在球场的一角。教练走近他,说:"孩子,我简直不敢相信,你简直是个奇迹!告诉我你是怎么做到的?"

男孩看到教练,泪水盈满了他的眼睛。他说:"您知道我父亲去世了,但是您知道吗?我父亲根本就看不见,他是瞎的!"

"父亲在天上,他第一次能真正地看见我比赛了!所以我想让他知道,我能行!"

感恩心语

想让父亲"看见"自己比赛的心愿使男孩在球赛中超常发挥,可见父亲在小男孩心目中的地位。这样一个懂事的孩子,没有辜负父亲对他的期望,而父亲的在天之灵也可以安息了。

我能行

卡尔·克里斯托夫

小时候,我认为父亲是世界上最吝啬、最小气的人。我敢肯定他根本不想让我拥有那辆梦寐以求的自行车。

在许多事情上，父亲和我的看法不一致。我们又怎么可能一致呢？我是个10岁的小流浪儿，最大的幸福就是想出办法来让自己少工作一些，好有时间去我家附近的黄石公园狂玩一阵。而父亲是个工作努力、任劳任怨的人。在我梦寐以求的自行车出现在马克·法克斯的商店之前，父亲和我已经在柴房里就我兜售报纸的方式争论过几次了。

我卖报赚的钱，一半交给母亲，用于添置衣服；1/4存入银行，以备将来之用；只有剩下的1/4才归我支配。所以，我只有多卖报，手里的钱才会多起来。于是，我不断努力增加我的销售份额。我的办法是：在推销时，竭力唤起别人的同情心。比如，夏季的一天，我在黄石操场高声喊着："卖报，卖《蒙大拿标准报》，有谁愿意从我这个苦命的长着斗鸡眼的孤儿手里买份报纸？！"恰巧那时父亲从一个朋友的帐篷里出来。他把我押回家，我们进了柴房，他把给我的报酬从1/4削减到1/8。

两星期后，我的收入又下降了。我的朋友杰姆进门时，我正和家人吃饭。他把一堆硬币放在桌上，并要我给他报酬，即5分镍币。我难为情地给了他。我用5分钱骗他替我卖报纸，这样，我就有空去养殖场看鱼玩。父亲立即看穿了我的把戏，然后，在柴房里，父亲铁青着脸说："儿子，你应该知道，杰姆是我老板的儿子。"我的收入缩减到1/16。

说来惭愧，没过多久，情况变得更糟了。因为父亲注意到我时不时地吃蛋卷冰激凌，而这应该是我缩减了的收入所不能负担的。

后来，他发现我收集别人丢弃的报纸，剪下标题，寄给出版商，作为报纸没卖出的证明。然后，出版商补偿了我。因为这个，父亲把我的收入削减到了1/32。很快，我差不多是分文不进了。

身无分文并没让我很苦恼，直到有一天，当我在法克斯商店闲逛时，一辆红色的自行车闯入我的眼帘，就再也挥之不去了。我觉得它是世界上最漂亮的车。它激起了我最奢侈的白日梦：我梦见自己骑着它越过山坡，绕过波光粼粼的湖泊、小溪。最后，疲惫而快乐的我，躺在长满野花的僻静的草地上，把自行车紧紧抱着，紧贴在胸口。

我走到正在修理汽车的父亲身边。

"要我做什么吗，爸爸？"

"不，儿子。谢谢。"

我站在那儿，看着地面，开始用靴尖刮地，把车道都快刮干净了。

"爸爸！"

"嗯？"

"爸爸，今年你和妈妈不必送我圣诞节礼物了。今后20年也不用送了。"

"儿子，我知道你很喜欢那辆自行车。可是，咱们买不起啊！"

"我会把钱还你的，加倍还！"

"儿子，你在工作，你可以存钱买它啊！"

"可是爸爸，你总是要拿走一部分去买衣服。"

"杰克，关于那一点，我们早已谈妥了。你知道，我们都应该尽自己的力。来，坐下来，让我们想想办法。如果你一个月少看两场电影，少吃3个蛋卷冰激凌，少吃两袋玉米花。如果你不去买弹子玩……噢，这个夏天，你就能存3美元了。"

"可爸爸，买自行车需要20美元。那样节省，我仍然差17美元。照那样的速度，还没买到车我就老了。"

父亲忍不住笑了："儿子，我可不这样想。""有什么好笑的！"我咕哝道。这么严肃的事，他居然会笑,我简直气坏了。我转过身,背对着他。突然,一个奇怪的念头在我脑海里一闪,也许我真的能做一些我以为不可能的事。

就把它当成一次挑战吧！被父亲的强硬态度所激怒,被那份对自行车的挚爱感情所驱使,我开始不辞辛苦地工作,攒钱。我拼命地卖报,不看电影,不买玉米花、冰激凌。30 美分,65 美分,1 美元,1 美元50 美分……我一分一分地攒,努力不去想离20 美元还有多遥远。然后,一件意想不到的事发生了。公园管理员乔飞先生——父亲的一个朋友叫我到他那儿去。

"杰克,"他说,"这段时间,我需要一个送信员,报酬是6 星期13 美元。你要这份工作吗?"

我要不要? 简直是求之不得呢! 父亲说,因为报酬高,我只需要交一半给家里就行。夏天结束时,我已攒了11 美元。

但紧接着又到了萧条期。我回到学校,10 美分,5 美分,甚至1 美分也挣不到。最后,圣诞节期间,我通过帮助运送松树、云杉给银行、商店以及那些不想自己砍树的人家,挣了2 美元。

还差7 美元。这时,我的一个朋友病了,要我替他工作,送《企业报》。我一星期挣1 美元,清晨4 点起床,叠报纸,在凛冽的寒风里走5 英里。天气刚好转一些,我的朋友又回来工作。我有19 美元了。

只差1 美元了,我认为已经竭尽所能。所以,我走到父亲面前:"爸爸,求你给我1 美元吧!"

但我很快意识到,求他就像求太阳从西方升起一样。父亲说:"你是在要求施舍,杰克。我的儿子是不会请求施舍的!"

我几乎想带着那19 美元离家出走,或者,从树上跳下来。如果我摔断了腿,父亲怎么想呢? 沮丧之极,我闲逛到法克斯的商店,想去看一眼我心爱的自行车。可我到那儿时,车却没在橱窗里。天哪,不要这样! 我想,它已经被卖出去了。我冲进店里,看见法克斯正推着车往后面的储藏室走。"法克斯先生,"我哭叫道,"这自行车,你没有卖它,对吧?"

"没有,杰克,没有卖。它放在橱窗里已经很久了,没人买它。我只是想把它放在墙边,把价格降为18 美元。"

那时,航空火箭还没发明出来,而我却像火箭一样,一下子射到了法克斯先生的臂弯里。我用骨瘦如柴的手臂和腿紧紧地缠绕着他,热烈地拥抱着他,差点让这位老先生窒息了。

"别让任何别的人买这车,我要买。等我一会儿!"

"别担心,"法克斯先生喘着气,微笑看说,"它是你的。"

我跑上街道,离家还有一排房屋时,就开始喊:"妈妈,把钱拿出来,把19 美元拿出来!"我一路小跑,又叫了一声:"快一点,妈妈! 把钱拿出来!"我飞也似的回到商店,把钱放在柜台上。"我还多出1 美元来。那个行李架,还有那个篮子多少钱,法克斯先生?"

"杰克,你可以用1 美元买这两样。"

几分钟后,我出了商店。

我骑着车,向我看见的每一个人挥手,叫嚷:"嗨! 快看我的新车! 我自己买的!"

到了家,我跑进院子里,差点撞倒了父亲。

"爸爸,看我的新车! 它是最棒的! 它跑起来像风一样快。噢,谢谢你! 爸爸,谢谢!"

"不用谢我,儿子。你不必感谢我,我什么也没做。"

"可是我是那么幸福、快乐!"

"你感觉幸福是因为你应该得到这种幸福。"

喜悦之中,我的眼睛模糊了。但在一瞬间,我认真地看了一眼父亲,我看出他也很快乐,甚至有些为我骄傲。我看到了他眼中的爱意,那种对儿子长大成人的爱。

这么多年来,那满是爱意的目光一直留在我心中。这些年来,我悟出了父亲所给予我的最大快乐,那就是让我明白——我能行!

感恩心语

父亲没有直接满足儿子的要求,让他轻松地得到自己喜爱的自行车,而是让儿子通过自己的劳动赚钱去买自行车,这是父爱的另一种形式。他在教育儿子怎样做人的同时,还让儿子获得了幸福与快乐。

雨幕中的那个背影

佚名

最近有一个很感人的汽车广告,当最后阿爸转头那一瞬间,女主角热泪盈眶。这时我才发现自己早已泪流满面,别人对我不寻常的反应感到很惊讶。以前上心理课时教授曾说过,当我们看电视哭泣时,许多时候我们并不是为别人的故事而哭,其实潜意识,我们也许是为了自己所不知或遗忘的那一部分而哭。

小时候,父亲常不在家,因为他必须骑着三轮车,沿街吆喝收破烂。当年父亲不似今日中年发福后的健壮,可还得拖着瘦弱的身躯骑着载满废弃物的三轮车辛苦地移动着。每天父亲回家后,我们几个小孩会在三轮车上爬上爬下,兴高采烈地玩得不亦乐乎。对我们来说,并不了解三轮车代表的汗水与付出,它只是小孩眼中的一个玩具罢了。对父亲而言,转动的三轮车载走了他的青春,也让我们全家不致挨饿受冻,而在我们缺乏玩具的童年,它却是我们难忘的记忆。

我读小学时,三轮车终于功成身退,成了名副其实的玩具,因为爸爸买了一部新的摩托车。很难想象,它常常必须载着我们全家五人外出,我们三个小孩均夹在父母之间,冬天时很温暖,但夏天时可真不好受。那个时候粗枝大叶的我,常常到了学校之后才发现自己忘了带作业,一把眼泪一把鼻涕地打电话回家。每当听到父亲的摩托车声,不安的情绪才安定下来。但每回父亲要走的时候,我就会号啕大哭地相送,舍不得父亲走。生性爱哭爱依赖的我,一直到初中时才渐渐不被机车的声音制约。

上了高中,父亲每天早上骑着摩托车带我到街上,去搭另一位老师的车回学校。三公里的路程,是我们父女最接近的时候,但我却不再像小时候那样紧紧地抱着父亲的腰,成长的尴尬一直隐约地存在。在路上时,父亲会和我聊他和那位老师的关系。父亲和老师是小学同学,但因家里贫穷,父亲只能打着赤脚上学,且常因为做家务而请假,最后因经济原因不得不在小学三年级就休学了。三十多年后相见,一个是高中老师,一个却只是工厂的工人。

不论春夏秋冬,父亲日复一日地载着我。有时候和父亲发生争执,父亲会冷冷地站在门外等我,父女俩一路上静默无语,各想各的心事。因为我和父亲的性格太像,所以我经常惹父亲生气。

一个下雨的日子,父亲照旧载着我去搭老师的车。父女俩到达了,狼狈地穿着雨衣在大雨滂沱中等老师的到来。跨进老师车中的那一刻,抬头看到父亲骑着摩托车的身影,大雨淋在父亲的身上,父亲缩着身子艰难地移动着。我坐在温暖的车中,透过玻璃窗看着父亲逐渐模糊的背影,所有对父亲命运多舛的心酸与不忍,再也压抑不住地化作泪水夺眶而出。

雨幕中的那个背影,多年来一直清晰地印在我的记忆中。每当别人问我一生中最难忘的事是什么时,我总哽咽着说不出话来。虽然是十年前的事了,但我一直记得自己当年在看着父亲离去时心中默默许下的心愿:我要让父亲拥有一部可以遮风避雨的车,不是三轮车也不是摩托车。

上大学后,初次离家的我,常会在电话中对着母亲哭得泣不成声。一日放学后,宿舍广播叫我的名字。走下楼时,看到父亲提着棉被站在会客室中,我泪眼模糊地几乎认不出那就是我的父亲。父亲絮絮叨叨地叮咛我要坚强、要好好照顾自己,我只能哽咽地猛点头,怕一开口,就再也压抑不住泛滥的情绪。然后,我便送父亲坐出租车前往火车站,望着被计程车载走的父亲,想着父亲拿着笨重的棉被坐了四个小时的车北上,现在又必须坐四个小时的车回去;想着父亲坐在计程车上,处在人生地不熟的大连,他必然会像个土包子般地数着大连的高楼。想着这些,我仿佛又看到了当年那个看见父亲离开而号啕大哭的小女孩。

父亲辛苦工作了几十年,一双手辛苦地撑起了全家的重担,让我们虽贫穷却未挨饿受冻。我们从未拥有过属于自己的玩具,常常因为缴不出学费而在同学面前抬不起头,但却从未吃过苦,再辛苦父亲也要让我们上学。

今天,我们兄妹三人都已有分担家务的能力,但就在我要履行当年的承诺时,父亲却宁愿继续骑着他的摩托车,这使我的心中难免有些遗憾。因为为父亲买一部车,所代表的不只是要让父亲不再忍受风吹雨打,更重要的是,在我的成长过程中,父亲的车总是不断地提醒我。父亲的爱,是那样强烈,那样无怨无悔,不论三轮车、摩托车或汽车,对我们父女来说,都是爱与付出的象征,不只是父亲对我,更是我对父亲。

爸爸,感谢你无私的父爱!

❀ 感恩心语 ❀

生活的不如意,逼迫父亲每天辛苦地劳作,他们不会喊一声苦,说一次累。因为他们知道他们是家里的顶梁柱,是子女的最大依靠。恪尽职责地养育好子女,是他义不容辞的责任,是男人的义务。当我们看到父亲忙碌的背影的时候,我们不能无动于衷,不能仅是热泪盈眶。我们要加倍努力,用我们的成绩告诉父亲,他的付出是值得的。

献给继父的哈达

罗永红

很久以后,弟弟才告诉我,那次,他接到我装错了信封的信,翻来覆去看了许多遍,直看得热泪盈眶! 其实,我觉得这是一封很普通的家信,在信里,我第一次称他——我们的继父——为"爸爸"。

是粗心的我,把写给父母的信和写给弟弟的信装反了,结果弄得弟弟热泪盈眶。由此,弟弟也给父母写了一封信,连同我给父母的信一同装进信封发了出去。

看着继父一笔一画工整的回信,我们难以想象,在他的心里,曾经掀起过怎样的波澜。只是后来听母亲讲,他,我们的继父,捧着我们姐弟俩的来信,独自躲在卧室里,看了一遍又一遍,久久不肯出来……

继父是在我们家最艰难的时期走进我家生活的。那一年,我上高一,弟弟上初二。我的父亲,在被病魔折磨了一年之后,终于撒手人寰,留下的是哀痛的母亲、无助的我们姐弟俩和一贫如洗的老屋。

那时候,我每天往返25公里去上学,除了繁重的功课,回家一边捧着书一边还要做家务。活泼的弟弟，从此也变得沉默寡言；而母亲，每天起早贪黑地侍弄那几亩薄田。辛苦劳作的母亲那孤独、单薄的背影，深深刺痛了我和弟弟的心！我和弟弟相视无言。我们决定，不能让母亲再这样孤单下去！

在经过我们多次选择之后，他——我们的继父，在我们殷殷的目光中被迎进家门。继父用他那勤劳的双手和并不高大的身板撑起我们那飘摇的家。从此，家里开始渐渐地有了生机。

任何人都难以想象，继父是带着他全部家产进入我们这个残缺的家庭的。他卖光了自己山上的树木，变卖了全部粮食和牲畜，甚至把他的房子也卖了，还有他多年的积蓄，全部投入了这个家，支持我和弟弟上学。

在继父无私的支持下，弟弟在初中连年获得一等"李维汉奖学金"，还考上了家乡的重点高中。后来，我们姐弟俩双双考上了大学。"山里飞出金凤凰"，一户农家出了两个大学生，在我老家方圆百里，传为佳话。当捷报频传的时刻，父母喜极而泣！

继父以他勤劳、憨实的秉性，渐渐融入了我们家，成为我家不可或缺的重要一员。我和弟弟勤奋、孝顺，也使他倍感欣慰。

母亲有了继父的照顾和呵护，使得我和弟弟可以放心地在外地求学和工作，并且相继在北方成了家。

对我们远隔千山万水的牵挂，父母也总是报喜不报忧。在我上大学时，有次回家，看到母亲的眉毛光秃秃的，脸上的皮肤也特别怪。在我的一再追问下，母亲才轻描淡写地告诉了我。为了多筹点儿钱，农闲时母亲从鞭炮厂批发散装鞭炮，用火引编成一挂一挂的鞭炮拿去卖。冬日的夜晚，母亲编得又困又累，以至于让火炉溅起的火星点着了鞭炮，母亲的脸和手被烧伤了！此后一个月，一直是继父一勺一勺地给母亲喂饭，背上背下地换药，家里家外地照应，直到母亲伤愈能下床干活。而我和弟弟一直被蒙在鼓里！母亲解释说，是继父不让告诉你们，怕影响你们的学习。从那以后，继父也坚决不让母亲再编鞭炮了。

我参加工作之后，有次接到母亲的电话，说继父多年视力不好的那只眼球化脓了，要做摘除手术。握着电话，我突然觉得自己眼前一片模糊。对继父病情的担忧使我心里十分难过，我立刻通知了弟弟。弟弟的反应几乎和我一样，我们都以最快的速度汇去了做手术所需的费用，并且一再叮咛母亲要保证继父的营养。在与继父通话时，他感动得哽咽难言。我说，你是我们的爸爸，我们不能没有你，好好治病、养病吧！

想想当年，一贫如洗的家，两个正在上学尚未成年的孩子，这样的条件，会让多少男人知难而退？而母亲也说不上漂亮，为什么我的继父，却义无反顾地走进我们家呢？当多年后我们笑问继父这个问题时，他沉吟片刻，说，因为我看好了你们两个孩子！我相信，你们一定会有出息的，而且这样的家也太需要一个男人了。

当年，也许是我们一边看书一边做家务的情形使他下了决心，也许是我们顶着炎炎烈日夏收秋种从不叫苦使他下了决心，也许是我们通情达理使他下了决心……继父从没告诉过我们他是通过怎样的思想斗争，不顾家族的反对押上他全部的家产去赌自己的晚年的。他不顾有可能发生的晚景凄凉，连房子都卖了，没有给自己留下任何后退的余地。在外工作多年的我们，平时谈笑自如，面对继父朴实的爱，竟找不到合适的语言来表达谢意！

每年春节，我和弟弟千里迢迢携家带口回到湖南老家的父母身边，争先恐后地给继父塞钱，给他买衣服，给他买烟、买酒，陪他回老家省亲。这个时候，是继父最开心、最荣耀的时刻！住在我和弟弟出资给二老盖的新楼里，全身上下、里里外外穿着我俩给他买的新衣服，享用着儿女孝敬的现代化家电，他笑得非常宽慰！

看着母亲和继父恩恩爱爱地生活着，我们心里非常感激他，谢谢他给予了我们无私的父爱！谢谢他带给母亲温馨幸福的晚年！对继父，除了献上我们一辈子的孝心外，还要献上我们心灵的哈达，作为父亲节送给继父的礼物！

感恩心语

爱的路途是双向车道，继父的爱让我和弟弟衷心感激，成家立业之后，我们两个孩子出钱给家里盖了新房，添置了新的家具和电器，买东西孝敬继父，用他当年爱我们的方式爱他，但是，无论我们怎么做，面对继父朴实的大爱，都难以比得上他的十分之一。任何谢意都无法表达我们内心的感激，无论我们找到什么样的语言，在他的大爱面前都会失语。

父亲就是打破神话的那个人

陈志宏

他5岁的时候，不幸患了小儿麻痹症。乡卫生院的医生对他的父亲说："你就别浪费钱了，到县里买个好点的轮椅吧，他这一生肯定要在轮椅上度过。"

他的父亲沉默良久，吸完了一袋烟，背起儿子一个劲地往县城赶。县医院的医生把话说绝了："你就是把儿子背到北京去治，也站立不起来。"

12岁那年，他坐着轮椅去学校上学，端端正正地坐在小学一年级的教室里。他的成绩不算好，但音乐老师喜欢他，夸他乐感好，嗓音也不错。夸过之后，音乐老师又无奈地摇摇头自语道："一个残疾人，要想唱歌，难啊！"

一天，他对父亲说："爸，李老师说我的歌唱得好。我想唱歌！"在村里，身体健全的孩子都不敢有唱歌、跳舞的念头，他的想法一时被传为笑谈。村里的人众口一词："他想当歌星？讲神话呦！"只有他的父亲把他的想法当一回事，认真地说："儿子，只要你有这个想法，我就一定要让你成为一名歌星！"

他的父亲把他背出了山村，背上了火车，直奔省城。他看见了山外精彩的世界，抑制不住内心的激动，在父亲的背上一路高歌。

当这对父子俩站在某高校音乐系主任家门口的时候，城市已是万家灯火，饭菜的香味冲进他们鼻子，一整天没吃东西的他们越发感到饥肠辘辘。系主任把门打开，他父亲立即跪了下去，央求道："主任，我儿子有音乐天分，求你收下他吧！"

系主任惊讶地问："谁说你儿子有音乐天分？"

他父亲说："我们村小李老师说的。"

系主任委婉地把他们拒之门外。

他们无奈地跨出学校大门，茫然地行走在陌生的城市。

他俩走了很多地方，敲了很多门，都被人冷冷地拒在了门外。他的父亲依然没灰心，背起儿子又踏上了新的求学之路。他们的真诚和执着终于打动了一所民办高校的艺术系主任。他成了音乐班免费的特招生。

经过一年的正规训练，原本资质不算好的他在学校赢得了歌王的美誉。他演唱残疾歌手郑智化的《水手》曾让无数观众为之动容。

离开学校后，他对父亲说："我要去北京唱歌！"他父亲二话没说，把他背到了北京。他挂着拐杖跑场子，一声又一声歌唱着美好的生活。

几年过去了,他成了业内颇受欢迎的"地下歌星",凭借自己的努力,在北京买了房子,把山村里的家人全接到了首都。他的父亲却因过度劳累,离开了人世。那一年,他24岁,他父亲57岁。

父亲的背是他实现梦想的人生航船,父亲的意志是他超越现实的人生航标。父亲给他温暖,给他力量,给他自信,给他实现人生价值的阶梯。

父亲就是打破神话的那个人!

∽❀ 感恩心语 ❀∽

为了让儿子实现梦想,父亲坚强地扬起了爱的风帆,尽管一路航行难上加难,但父亲不辞辛劳,终于帮助儿子实现了理想。父亲最后倒下了,但父亲的影响与力量会永远支撑着儿子前行。

疤痕

周海亮

她长得很漂亮,可是左边的眉骨上,有一道深深的疤痕。

那时她还小,父亲推着独轮车,把她放在车筐的一侧。田野里到处是青草的香味,她坐在独轮车上唱着歌。后来她听到山那边响起"哞——"的一声,她站起来观望,车就翻了。

那天很多村人对她父亲说,怎么不小心一点呢? 这么小的孩子。

她喜欢唱歌和跳舞,小时候在村人面前唱唱跳跳,便有村人夸她,唱得好哩,妮子,长大做什么啊? 她就会自豪地说,电影演员。

她慢慢地长大了,长到一定的年龄,便意识到自己的脸上,有一道难看的疤。从此她不在外人面前唱歌。因为她怕别人问她,长大后干什么。

后来她去遥远的城市读大学。她读的是与"演员"毫不相关的专业。但有那么一个机会,她还是去试了试某电影学院的外招。结果,和她想象的完全一样,她被淘汰了。

她不知道,是不是因为那道疤痕。

大二暑假回家的时候,父亲为她准备了一个小的敞口瓶,瓶子里装着一种黄绿色的黏稠的糊糊。父亲说,这是他听来的偏方,里面的草药,都是他亲自从山上采回来的。听说抹一个多月,疤就会去了呢! 父亲兴奋地说着,似对自己的话,深信不疑。

她开始往自己的疤上涂那黏稠的糊糊。每天她都会照一遍镜子,但那疤却一点儿也没有变淡。暑假里的某一天,有几位高中同学要来玩,早晨,她没有往眉骨上抹那黏糊。父亲说怎么不抹了呢,她说有同学来玩,父亲说有同学怕什么,她说今天就不抹了吧。可是父亲仍然固执地为她端来那个敞口瓶,说,还是抹一点吧。那一瞬间她突然很烦躁,她厌恶地说不抹了不抹了,伸手去推挡父亲的手。瓶子掉到地上,啪一声,裂得粉碎。

父亲的表情也在那一刻,变得粉碎。还有她的希望。

以后的好几天,她没有和父亲说话。有时吃饭的时候,她想对父亲说对不起,但她终究还是没说。她的性格,如父亲般固执。

回到学校,她的话变得少了。她总是觉得别人在看她的时候,先看那一道疤。她搜集了很多女演员的照片,她想在某一张脸上发现哪怕浅浅的一道疤痕。但所有的女演员的脸,全都是令她羡慕的光滑。

她变换了发型。几绺头发垂下来,恰到好处地遮盖了左边的眉骨。她努力制造人为的随意。

那一年她恋爱了,令她纳闷的是,男友喜欢吻她的那道疤。

大三那年暑假,她再回老家,父亲仍然为她准备了一个敞口的瓶子,里面盛装的,仍是那种黏黏稠稠的黄绿色糊糊。父亲嗫嚅着,其实管用的……真的管用。父亲挽起自己的裤角,指着一道几乎不能够辨认的疤痕说,看到了吗,去年秋天落下的疤,当时很深很长……现在不使劲看,你能认出来吗……我这还没天天抹呢。

看她露着复杂的表情,父亲忙解释,下地干活时,不小心让石头划的……小伤不碍事。却又说,可是疤很深很长呢。

她特别想跟父亲说句对不起,但她仍然没说;她特别想问问当时的情况,但她终归没敢问。她怀疑那疤是父亲自己用镰刀划的,她怀疑父亲刻意为自己制造一个和她一模一样的疤。她害怕那真的是事实。她说不出来理由,但她相信自己的父亲,会那么做。

整整一个暑假,她都在自己的疤上仔细地抹着那黏稠的糊。她抹得很仔细,每次都像第一次抹雪花膏般认真。后来她惊奇地发现,那疤果真在一点一点地变淡。开学的时候,正如父亲说的那样,不仔细看,竟然看不出来了。

可是她突然,不想当演员了。

星期六晚上她和男友吻别,男友竟寻不到那道疤痕。男友说,你的疤呢?

她笑笑,说,没有疤了。

其实,她知道,那道疤还在。

疤在心上。

❧ 感恩心语 ❧

年幼时的一次意外,成了她和父亲之间的一个心结。父亲想尽办法,不惜在自己身上制造伤疤,这一切都为了抹去女儿眉骨上的那道疤痕。其实,深深的父爱,已经将那道疤痕熨平了。

布衣父亲

张曼菱

父亲已身罹重症,我陪着他在黄昏的校园里散步。

地有秋叶。他随口吟道:"早秋惊落叶,飘零似客心。翻飞未肯下,犹言惜故林。"

我自幼就从父亲这里听妙语好词,至今父亲已经83岁,可是仍是听不完道不尽,总有我不知和未闻的佳作佳话。

赏此落叶,父女俩一路讨论起中国文化中的"客"字与"客文化"。这当是中国流通者的记载。

为了求学,寻官,寻友,寻山河之妙,文化人到京城和文化圣地处流连为客。为了仕途,为了宦海沉浮,亦为了保土卫国,为了正义献身,人们又到边地和蛮荒中为客。而被多情女子所责备的"商人重利轻离别",亦是为了商品的流动登上客旅。

我和父亲亦半生为客。

因为家贫,他骑马走出山乡后,考取所有可考的大学而无钱去上,只能上师范与银行学校。父亲在两校都是高材生。他作为毕业生代表讲话时,被作为金融家的校长缪云台看重,随之到富滇银行做了职员。父亲并不受宠若惊,相反,全班人中他是唯一不入国民党的。至解放前夕,父亲爱国恋乡,不愿随缪去美,留了下来。然而在一个不懂金融市场的时代里,父亲的直言和才能都受到了挫折。

在我系红领巾的时候,父亲就去了遥远的地方,到边地去办了银行学校,培养了无数的人。父亲回来探亲的时候,穿的鞋垫还是当地的女学生手缝的。

20年后,我作为"老知青"考上大学的时候,父亲才从边地回来了。而我,又开始了新的"客居"京城的生涯,这是一种在古今都令文人可羡的"客"。

又是20年后,我回到家乡,大侄则在这一年考到上海去念书。于是,我家的"客运"就不断延续着。小侄也是要"出去"的命。我们一代代为"客",一代比一代的客运强。

父亲说,就怕一代不如一代。我看,这在我家不会。

因为父亲的屈没,并不是一种单纯的淹没,而是一种潜沉。父亲将那青云之志,经纶之才,全心地传承给了我们。后代破土而出,有着年深月累的濡养,而非是"张狂柳絮因风舞"。

从我起,到我的小侄们,没进小学前,学的就是"天干地支"、"二十四节气"以及中国朝代纪年表,等等。更不用说唐诗宋词晋文章了。我六岁自读《聊斋》。《红楼梦》即是我的"家学",敢与"红学"研究生为对手。

寒门自有天伦乐。从小,我们姐弟就比赛"查字典"。父亲出字,我们标出"四角号码"。书架上那一本《王云五大辞典》,带来无穷乐趣。我只知,父亲说的,发明者已到了台湾,这个人太聪明了!现在想,他的构想已经接近于电脑程序。

父亲给孩子的奖品是一块山楂糕,我是大的,自然常常吃糕。而弟弟将"牧童遥指杏花村"背成了"红头骡子戴钢盔",则成了我家永久的笑料,直传至小侄。

自上小学,老师们几无发现我有错别字。及上大学,我也敢与人打赌问典,而几不失误。直到今年文章中"在晋董狐笔,在齐太史简",竟被我键盘之误为"太子简",而为上海《咬文嚼字》杂志逮着。父亲即翻开书,指出原句,说:"为什么不打个电话来问?"

我那位"红学"研究生的男友发现,我这个女生较特别。等他陪我父亲逛了景山后,他说,父亲比我强多了,比他们有的老师还强,说我父亲是"杂家"。

那年,父亲走进故宫。宫中摆设,奇鸟异兽,他都能头头道来,何处何人何事历过,也都清楚,仿佛这里是他常来之地。去苏杭时也同样。这都是父亲的胸中丘壑,袖里乾坤。

自进京城后,我不断有幸与名师大儒结识。尊敬的长辈们总会问我:"你父亲是谁?"我明白,他们的意思,我的父亲也应当是他们一流中的人物。我的回答总是:"我父亲是无名布衣。"回家来一说,父亲说:"对,就是无名布衣。"父亲亦很高兴。因为在他的女儿身上,闪现出为人们器重的文化血缘。

在大学,我们班女生在一起吃饭,有人提出为某个为官的父亲干一杯。我也站了起来。我说,我要为我们在座的所有不为官的无名的父亲干一杯,愿他们因为有我们而有名。

我感到我出自寒士家世,也非常好,非常适合于我自强的天性。

父亲常对我说:"富贵富贵,富不如贵。富贵虽然相连。其实,富者并不一定高贵。"这使得我一生中的追求定了方向。我追求的是清贵,是"生当作人杰"。

父亲希望塑造的是英气逼人的辛弃疾,是才压群雄的李清照,总之是搏击掀发的一类风云中人,而非是对镜理妆的红裙金钗。

因此,我才8岁,当我母亲要我扫地时,我会说出:"大丈夫处世,当扫除天下,安事一屋乎?"令父亲的朋友们笑掬。

中学时代,我写过"愿将织素手,万里裁锦绣"这样的诗句。凡教过我的语文老师,对我都另眼相看。父亲因此将我的气质奠定。

什么叫"光宗耀祖"?父亲对我们的教育就是利国安邦。当我在外求学和求业的时候,父亲从来不曾打扰我和拖累于我什么。他并不要求我为"邻里称道",他要求的是"一唱雄鸡天下白"。自幼背的就是"屈平词赋悬日月,楚王台榭空山丘"。

父亲一生酷爱书法,有着出众的清骨。如果他稍有势力或虚名,必会被封为一"大家"的,但他从不为此而争于世。

就在父亲已知其病症时,写了一幅韩退之的《龙说》给我。他说,作家,就应该如龙吐气成云,云又显示出龙的灵。我发现我闯世界的运作方式,正是"龙"的方式,即"其所凭依,乃其所自为也"。

不知是父亲随时为我的行为方式找到历史的依据,还是我的行为潜在地被他规范过,假如不是有他"有所不为而后有所为"这样的告诫,以我这样的热情过盛,不知要搅和出多少事情。而"饱以五车书,行以万里路",则从童年就指引我。我想象我当是昂首"黄河之水天上来"的李白与徐霞客。父亲告诉我,凡大文学家,都必须如此过来。

父亲的学习是不含任何功利的,甚至也不像我们要"考大学"要"写文章"。他学而不倦,不断有新的。我是站在他的肩膀上走路的,一直走到今天,我还是不断地要向他咨询,甚至有时候我可以将一个意象告诉他,请他提供我合适的典或词。

人们说我的文章"有英气",有文化渊宿,这都是从父亲身上"剥削"而来的。他是离我最近的文化泉源。

父亲为布衣为寒士,是"骨子里的文化人",比现在的许多有头脸的文化人,更"是"。

那年,我与弟弟在滇西南的傣寨插队三年后,对知青的"招工"总算开始了。城里的家长与乡下的知青们都十分兴奋。那时候,知青的信特别多也特别重要。因为都是告知招工的消息,有的家长已找到了门路,委托了什么什么人,要孩子去找。

我也收到了父亲的厚厚的一封信。知青们都说:"好啊,这下你爹准给你们找了很多门路了。"

我知道不会,也许是父亲的叮嘱,也许是告诉我们应该如何对待这些事情。

然而我也错了。

我亲爱的老爹从那滇西北写来这么一封厚厚的信,只字没提"招工"的事,通篇写的是"黄历"。

原来这一年,经历"文革"后的国家首次出了一本"黄历"。父亲开篇欣喜若狂,说这就对了,黄历是指导农时的,在中国农村人们世代靠黄历种地,都不出什么大错。祖先的智慧,怎么是"四旧"呢?

然后,父亲开始举例说明黄历的科学性,从天文到地理,从中到外,说明了闰年闰月的重要性,说明了地球与黄历的关系。并画有图,画有表。

最后,父亲指出,新出的这本黄历上有几个明显的错误,他要求立即纠正,因为会影响农时。

信末,父亲说,这就是他写给出黄历的那个单位的长信,问我意见如何,父亲并说,如果我们这里买不到这本黄历,他将寄一本给我作参照。

走出知青茅屋,我只有仰天长叹。老天给我这样一位宝贝父亲,叫我如何向知青们解释?

我只有说,我父亲说,他现在还没有找到门路,正在找。

说真的,我对我的父母亲从来也没有抱过这类希望,弟妹也是,我们家规就是自靠自。

但这封信的力量是在另一个地方显示的。

那是在大家调动回城后,我一个人守着孤独的知青院落。在一个绝望的关头,压力袭来,我曾想背起书包越境算了。那时的知青出路就是去当"缅共",铤而走险。

然而,在收拾东西时,我又看见了这封父亲的信,黄历的信。父亲对祖国大地的执着深情,这种永世牵连的血脉,难道要从我这儿割断?

父亲在文化上是与我最近的，他这封信没有写给我的弟妹甚至母亲。

父亲将我当作了他的传人。

那时候还没有听到过"龙的传人"的话。

那时候我也还不知道，诸如陈寅恪先生这样的与中国大地永在一起的大人大典。

只有我的父亲在指引我。

我怎么能与这一切，与父亲，与黄历，成为陌路人？我怎能在一夜间背叛这一切？

不！我是为此而生的。我必须如父亲一样，哪怕流放边地，亦要心存社稷。

父亲就这样把我造成了一个"不爱国就要难受"的中国人。

这是父亲作为父亲的最大成功。这一成功，胜过我的成绩考上北大或者文章名扬四海，等等。

我的父亲是中国人的父亲。这是生我的父亲，亦是我精神血缘的父亲。

我常嘲笑道，父亲有一要职，即自任"民间书报检查官"。

就在我们家人都回到城里团聚后，国家开始复兴。父亲的这一自任官职便更是繁忙。记得有一年首次在国际上展出《红楼梦》的几幅绣锦。父亲拿着放大镜对着细小的画图整日研究。他告诉我们有若干严重错失。"十二钗"的人物数目不对。各人物相应的服饰与手中细物，如扇子，笔等，也有问题。他说这不行，有关中华文化瑰宝。

父亲写了纠正的信寄去。母亲让他出门顺路带几根葱来，他却说："你那事重要还是我这事重要？"

寄出的信无回音，父亲整天企盼，话都少了。我们都不敢再问。终于有一天他舒畅了。他拿起报纸指给我们看，在那中缝里有几行小字，是对父亲意见的认可与向读者认错的。

父亲满意了。

父亲是文化的捍卫者。他为此而生，却并不以此"谋生"。比起许多"以文化为饭碗"却在毁坏文化的人，父亲是真人真文化。

父亲在他的家乡，在他的同龄人中，在他的书法家集体里，在他选上的老年大学中，都是佼佼者，常常表演剑术，朗诵自己作的诗，参加书法展览。在他的每一幅书法作品上，落款都是"古滇宁洲进德"。由于父亲这样的认故里，我曾随他回到老家去，拜望过父亲的中学老师，在父亲上过的中学里作过讲座。我永远是一个布衣——张进德的女儿。

在父亲一生中，他与文化相伴，超过了与亲人们的相伴。当然，父亲还有很多人在与他相伴，那年到海南，父亲提出要去苏东坡旧址，看那村庄茅舍，惜乎道路不好未成行。在文化的旅途中，秋叶也能与父亲相伴。

去年还乡，我开始了"西南联大"的艰巨工程。这件事受到北大恩师们赞同和各界称道。但我明白，走了50年，我仍踏在父亲的足迹上。

"西南联大"，这四字是自幼父亲告诉我的。潘光旦、闻一多、刘文典等人如何讲课，如何风范，是父亲自幼对我讲述过的。我的父母亲俱曾是西南联大的学生的学生，以后又是联大的校外生与追随者。这景仰早就种进了我的灵魂。

我有布衣的父亲，我有布衣的本色。

中华民族的文化命脉，正是靠着这世代的无名布衣传承于山河大地，子子孙孙，因此而植根于民间的。

在生命最后的深思时刻，父亲又再度为他一生的悲痛所冲击。他临走的三天前，在宣纸上最后用毛笔写了韩愈的《马说》：世先有伯乐而后有千里马。这句话，父亲是举着写好的条幅，含泪念给我听的。

他并不以为,儿女的成功能弥补他一生未酬的壮志。我考上北大时,父亲告诉我,他常自在深夜为自己愤愤而醒。有时他说:"你们的成就不是我的。"

那年,一场风暴袭击我的人生。父亲曾寄信给我说:"你是一个站着的人。"我常常在心底里,把这句话赠给我的布衣的父亲。他独立的人格,是留给儿女的最高财富。

那些天,面对病重的父亲,我想将明年出的一本书写一个献词,"献给我一生磨难的父亲——我是从他的肩膀上开始走步的"。可是父亲说,让我献给"恩师"。父亲引季羡林老人的话说:在世界各国文化中,只有中国是将"恩"与"师"放在一起的。而编辑小桃又说,这本书当是献给全国人民的,这就是父亲常说的"天下"了。

此文写作时,父亲尚在,不需我陪,要我去写作。此文定稿,父亲走了。

此生为人,我的高峰,将不是玉堂金马,亦不是名噪一时,而是得到父亲所拥有的那份"无位有品,无名有尊"的布衣文化之传承。

❦ 感恩心语 ❦

父亲平生不得志,但并不抑郁,他的风骨、才学、文化,都潜移默化地传给了儿女,这是父亲给儿女最大的财富。

给父亲的借条

佚名

我16岁离开家。

从此,就没有惦记过回去。我天生不太念旧,母亲说我心狠,我也以为是这样,我在过去的那十几年里真没把那间生养了我的屋子当回事,虽然里面有父亲和母亲。

26岁那年,我拿出十年的积蓄和丈夫注册了一家公司,没想到,就在丈夫坐火车去广州进货的途中,那凝结着我和丈夫10年汗水和泪水的钱被人给偷了。看着丈夫一脸落魄,靠在厨房的角落里闷头抽了一下午的烟,我不忍心再责怪他。公司已经开张了,而钱,却没了着落。

从没有处心积虑地考虑过钱的我开始四处张罗钱。

周围的朋友,有钱的挺有几个,平时关系也不错,喝酒吃饭从来不会忘了我们,在一起聊天吹牛那是经常的,麻将桌上更是张弛有度。本以为一个电话过去,就凭着平时的关系,区区几万块钱,还是小菜一碟。可是想象是美好的,现实是残酷的,应了我丈夫那句话:咱是小庙里的菩萨——不会有多少香的。

确实,朋友之间是不能谈钱的,人家在电话那头支吾着,我就是傻,也知道那是推辞。

这时,窗外的天是暗的,就快夜了。

半夜里,听风从窗外呼啸而过,刮得顶上的遮阳棚呼啦啦地响,和衣躺在床上,毫无睡意。想遍了周围的人,思量过后怕被再拒绝,实在丢不起那个脸了。最后只剩一条活路了,回老家问父母借。

第二天,搭上了回家的车,一路颠簸到街上,然后步行四公里,乡间的土路雨天是泥泞,晴天是灰尘。没心情搭理村头狗的狂吠,也没心情欣赏田野里农人收割的喜悦。等我到了家门口,已经蓬头垢面。门开着,但家里没有人,隔壁婶子告诉我爸爸和妈妈在田里割稻子,要到中午吃饭的时候才回来。婶子说父亲临走的时候吩咐,要她等太阳出来的时候把我家的稻子担出来在场地上晒。婶子扬起簸箕,给我垒了小小的一担,我上肩,却怎么也挑不起来。婶子朝我笑笑,一窝身,挑到肩上，我跟上去，把担子里的稻子扬到场地上。婶子说："你们现在的年轻人，肩膀嫩得很啦。"我心头一丝羞愧。

我问婶子，这几年的生活可好。婶子笑笑答："还好。"

我揪着的心放下了一半。

晚上，母亲特地为我做了几个不错的小菜，父亲拿出我带回来的白酒，破例，父女俩对饮了几杯。饭后，母亲借口串门出去了。父亲盘腿坐在凉床上，架起水烟，呼噜了几口，然后望望我："说吧，啥事？"

父亲太了解我了。

我坐在那里，望了望父亲，父亲已经老了，黝黑，干瘦，脸上橘子皮样的皱纹向下耷拉着，眼角有几道深深的沟，一直朝太阳穴的方向隐去。头发还是那么短，不过是白的多，黑的少，昏黄的灯光把他佝偻的影子在墙上勾勒的老长，老长……

父亲又用烟锅点了点我，有点不耐烦："说吧。"

我低头瞅着自己的脚尖。这么多年了，从来没向父亲开过口。总以为他把我养大已经不易，他都这么老了，我怎么再好意思开口？

我对父亲说："没事。就回来看看你。"

"有啥事就说，别闷在心里。啊，我还没死，啥事还能替你做主。"

"没事，就是好多年没回来，实在想看看你们，您别想岔了，我能有啥事啊？"

父亲又吸溜了一口，说："那好，多住几天吧。"

借口想出去转转，从家里逃了出来。到无人处，拿手机给丈夫打了个电话，告诉丈夫，我实在没办法向父亲开口。电话那头，半天没声音。

我又拨了个电话给婆婆，平时，她最疼她的儿子。现在他儿子遇到这点挫折，我想婆婆不会拒绝吧？电话打通，刚和婆婆说到丈夫的钱被偷了，婆婆那头就说起了现在他们老两口生活多么困难啊，况且我们已经分家另住了，还有就是手头有两个钱也还要防老啊之类的。孩子在她那放着，又没有收我们生活费啦。我没敢再开口，轻轻合上电话。

用袖子擦干不争气的泪，回转身，父亲就站在我身后……

至今，农村人还有个习惯：把现钱全藏家里。

母亲从缝着的枕头里面拆出来厚厚的一大沓票子，父亲沾着口水一张张清点着，100放一堆，50放一堆，然后是20块、10块、5块、2块、1块，还有许许多多的毛票。终了，他把自己衣服口袋里仅余的几块钱也给添兑了进去。我给他拿笔记着，一共是贰万肆仟陆佰叁拾玖元肆角。母亲拿过来一块头巾，把一堆钱裹了进去，塞进我皮包里。父亲说："娃，我就这么多了，你先拿去。剩下的，你俩也别着急，过几天我就给你送去。我还当是什么烦人事，不就是缺俩钱嘛，你老子没死，凭着张老面子，会有办法的。"

第二天，我告别父亲，回到城里。

以后的两天里，我和丈夫一筹莫展，我不知道父亲能给我多大的期望，虽然他说得轻松，但是50000块钱，对于大字都不识几个的老实巴交的农民来说，能是个小数目吗？

两天后的下午，父亲来了电话：钱已经借到了，一共30000，托村口的二伯给带来了，只要去汽车站拿了就行，自己就不过来了，路费得花上好几块，不划算。

如今，这么多年眨眼就过去了，父亲也越发老了。春节前头，和父亲商量，搬到城里和我们一起住。父亲摇头，说乡下清闲，自在，还有一帮老乡亲。

过年的那几天假期里，埋头在父亲的老屋帮他收拾东西，把他拾掇来的东西放整齐，不经意打开那积满灰尘的大箱子,却发现,箱底压着好几张借条,都已经泛黄了。忙问母亲家里还欠谁的钱,母亲呵呵一笑,说:"这不还是当年你要钱的时候,你父亲问人家借的。后来,你们把钱还了,人家也把借条给你父亲了。你父亲就收了起来,你们不经常回来,你父亲有时候就念叨。人家外人说你对我们不好,你父亲就说:'咋不好呢,她生活难着呢,这不,当年还借了我这么些钱。等她日子好了,自然就回来了。'"

我忙背对母亲,抹去眼角的泪水。

这就是我的父亲,这么多年了,我没给过他什么,甚至他想念儿女的时候,也就是把当初的借条拿出来在他的那帮老兄弟面前炫耀一下,说明他的孩子还记挂着他,至少还会求到他。这就是一个做父亲的伟大。

我拿起笔,郑重地在父亲的借条后面又加上:今女儿借父亲壹佰万元整,用下半辈子对他和母亲的呵护来还。然后折叠起来,依旧放回原先的地方。

我对母亲说:"我以后每个礼拜都会回来看你们。"

母亲说:"别常回来,我们会厌你的,工作重要啊。"转瞬又说:"若是有空,那就回来。"

我笑笑,走出里屋,对正在门口和邻居唠嗑的父亲说:"妈让我以后别回来。"

父亲说:"啊?我这就找她算账去。"

我站在门口看着,笑着,很心安。

后来,和父亲闲谈的时候说起借条的事,父亲说:"那时候,本以为你心狠,不要我和你妈了。后来你回来,即使是借钱,我也觉得好,至少,你还是我的女儿,你为难的时候还能想到我这个当父亲的,还会想到你有这个家。保留那些借条,是自己安慰自己啊,怕你还了钱以后,又像以前一样没了踪影了。那些借条,让我和你妈还有个念头,还有个期望。别的不求,只期望你心里还有我们。"

现在,有时候单位加班,礼拜天回不了家,打电话给父亲。父亲就说:"你给我记清楚,你借我的钱,加利息有一百多万,你回家一趟,就算还一万,少回家一趟,就加一万利息,你自己看着办吧。"

我要还父亲的债。我庆幸给了父亲一百多万的希望,也希望他把利息涨高点,以后,我没饭吃的时候,天天去他那还债,还顺便带着孩子丈夫一起去蹭饭。

感恩心语

有人说世界上最纯粹的关系是金钱关系。此话固然有一定道理,却也并不尽然。没有了亲情的滋润,借条永远是交易的象征,是金钱关系的凭证。但是,因了父爱的掺杂,借条不再如此,它变成了父亲对儿女常回家看看的渴望,成了维系父女情感的纽带。

最后的背影

佚名

父亲在我尚没有真正踏上人生旅途的时候就离我而去,已经20年了。

父亲走后的多年里,我在生活的海里沉浮飘荡,他不怎么入我的梦,昨日夜里,我忽然见到了他。父亲身穿青袄,坐在地头的榆树下,口中叼着烟袋,我似乎知道他已是隔世之人,问他:"还好吗?"

"在那边还种地。"说罢,转头向田里走去,留给我的是若有若无、缥缥缈缈的影子。

我撵他,可腿迈不开步子,叫他,却喊不出声。在惊悸中醒来,秋夜正浓,半轮月儿在天上,四周一片寂静。我不能再入睡了。

踮着脚离开寝室,走进书房,默然地坐在书桌前,父亲生前的影像便浮现在眼前。

那年,父亲近60岁了,又患了肝病,他骨瘦如柴,虚弱无力。那时,我的几个哥哥姐姐都已成家了,只有刚结婚的小哥同我和父母一起过,小哥的媳妇看到父母年老又有病,不能做活,我又读书,觉得同我们一起过是吃亏的,故此,对供我上学是颇不情愿的。父亲为了证明我们三人不全是吃闲饭的,就硬撑着下地。

那年秋天收土豆,嫂子说忙不过来,执意要我回家收秋,我不敢违拗,只好请假回去,我怕落的功课太多,做活的间隙,看几眼书,哥嫂不愿意了,怨我的心思不在做活上,有气的哥哥抢起鞭子使劲地打那头拉犁的年迈老牛,眼看鞭子就要落到我的身上。父亲脸色青黄,大口喘着气,他从哥哥的手中拿过鞭子,扶着犁杖向着地的那头走去,犁杖太重了,病得一阵风就能刮倒的父亲,被犁杖带着踉踉跄跄地往前跑。瘦削的父亲架不起衣服,宽大的黑褂子在风中一飘一飘的,父亲像一个影子人,飘荡在苍茫空旷的天地间,跑了两条垄,就一头栽倒在地上了,此后许久起不了床。

深秋的时候,学校放了几天假,让我们回去拿换季的衣服和准备冬天烧炉子的柴火。

镇上中学离我们深山里的小村子50里山路,走了大半天,午后的时候才赶到家,父亲不在,患眼病的母亲在摸索着剁猪食,母亲说父亲到北蔓甸摘草穗去了。我匆匆吃了口饭就去找父亲,我登上山顶,已到夕阳落山的时刻。

塞外的秋,风霜来得早,8月的草洼,已呈现凋零之势,青的草已变成一片苍茫的白色,这草是碱草,细高的秸秆上都挑着个穗子。当年,镇上的货站收购这种草穗,说是到沙漠去播种,也有人说是喂种马。乡里人都满山遍野地采这种草穗,这山顶也早已被人采过了,多数的草茎上已都没了穗头,只有晚长起来的或人们采摘时从指间遗落的,稀疏地藏在草棵中。

我站在草洼边,四处张望着寻找父亲,许久,我发现远处,苍茫的草丛中有个小小的黑点在蠕动,我跑去,走近了我看到了父亲。他背对着我,身穿一件青夹袄,腰扎一根用黄色的羊胡草挽成的草绳,怀前是一个系在草绳上的小木筐,他弓着腰,头低在草丛中,白草在他的头顶上飘摇,他的两只手扒拉着草棵,寻找着草穗,直到我走到身边,他才发现了我。

"回去吧,天快黑下来了。"我说。

父亲停下手,他怀前的木筐里有大半筐草穗,父亲的脸青中透着层暗黄,发白的嘴唇裂着血口子。父亲把筐里的草穗装入袋子里,用手掂了掂,嘴角绽露出一丝笑意:"这些卖卖,够你交学费的了。"

父亲无力地瘫坐在地上,说我得吃一口下山,要不就走不动了。他打开手巾包,里面是母亲烙的两张饼,他咬了一口饼,饼干硬得咽不下去。父亲站起来,用石片划破一块桦树皮,很快那小小的洞口就渗出细密的水珠。父亲舔了几口,才又接着吃干粮,我的眼里涌动着泪水,我说:"我不想读书了,你也别再受这累了。"

"这算啥,只要我能动,就能供你。"他又说,"天生我材必有用,你那么爱读书,学得又好,咋也得把书念下去!"

这次上学走的时候,我难以启齿地告诉父亲,学校要交冬天烧炉子的柴火,交钱也行。父亲说,不犯愁,过几天送柴去。

初冬一天的下午,父亲来了,他赶着牛车,拉一车柴火。都是一小捆一小捆的。后来,母亲告诉我,那是父亲一捆捆从山上扛回来的,他没力气,每次只能背两小捆。老师看父亲吃力的样子,招呼一些男同学,帮助我把车卸了,父亲蹲在墙角,灰黄的脸上挂着感激的笑。

卸完车,父亲让我跟他到镇上去一趟。他送柴火,也把那些草穗拉来了。

到镇上的货站,卖了草穗。我看父亲脸色已冻得发白了,我说去吃碗馄饨,暖暖身子吧。父亲说不用,一会儿就到家了,他把卖草穗的18元钱全给了我,又从青棉袄里襟的小兜子里,掏出一个小布包,里面是21元钱,他叮嘱我一定要拿好,并告诉我这钱是悄悄地给我攒下的,不要跟别人说。

我的心苍凉而沉重,有说不出的酸楚,我把父亲送出小镇,过了白水桥,就是通往家乡的山路了。父亲站住了,他说:"照顾好自己,以后遇事要往前想,就总有奔头!"父亲说这话的时候并没有看我。说罢,他转过身,手牵着牛的缰绳往前走,父亲与黑牛并肩走在空旷的山路上。寒冬的风呼呼地刮动着,父亲只穿一件黑棉袄,外边没有皮袄大衣之类遮寒,他弓着身子,一只手牵着牛,一只手遮在额前挡风,吃力地往前走。我望着他一步步走远,后来我站在一块大石头上眺望,视线里那凄寒的背影,渐渐变成一个黑点儿,一会儿融进苍茫的暮色里了。

不想,这背影竟是父亲留给我的最后的记忆。父亲回去不到十天就去世。父亲死后不久,我的书就没有办法念下去了,我在生活的苦海中,上下漂浮,左右奔突挣扎,受尽了风霜浪打,可在漫长的求索旅途上,眼前总有个影子,耳边总有个声音对我说:"天生我材必有用。"是这影子这声音使我在任何艰难的境遇下,永不言弃,百折不挠,坚定地向着心中的目标远行。

生活没有辜负我,我终于实现了用文字铸造事业的梦想。

今天,父亲入梦,勾起了我点点滴滴的忆念。可父亲留给我的记忆仍旧是模糊的,他的笑容是模糊的,他的喜怒是模糊的,就连他的面庞似乎都是模糊的;而留在记忆中最深切的仍是那身着黑衣的、踉跄而凄寒的背影!

❦ 感恩心语 ❧

最后的背影,留给作者的是无限的思念与无限的力量,让作者永远感受到父亲对自己的深沉的爱和无限的牵挂。最后的背影,一定会激励着作者继续奋勇前行,去开创美好的未来!

自始至终的爱

吴鼎

他家祖孙八代都是面朝黄土背朝天的农民,他偶尔进城,看那高楼林立的城市、熙熙攘攘的人群,他知道了做一个城里人的悠闲和自得,但他想,那不是自己的生活。直到有一天,他发现自己的儿子是那么聪明,他突然意识到了,应该让自己最喜欢的儿子成为一个城里人,让他过上比自己好的日子。

要想把儿子培养成为一个城里人,最简单(当然也可能是最困难)的方式是让儿子上大学,一大家子人,只靠他和妻子种那二十来亩薄田,收入只够糊口。但是为了培养儿子,他四处举债,硬是把儿子送到了城里的重点中学读书。争气的儿子没有辜负他。

2000年,儿子终于考上了北京大学。这时,他已欠下了近十万元的债务。儿子在学校的一切活动他都全力支持,只是儿子提出要登山时,他犹豫了,但也只是犹豫,最后他还是答应了儿子,借钱寄给儿子作为登山的费用。因为,那是学校的一个集体活动,他不能让学校的老师和同学说儿子不愿参加集体的活动。

可是,儿子这一去就没有回来。当学校把他和妻子接到北京后,告诉他们,孩子们遭遇了雪崩……他悲痛欲绝,但他没有哭,他是个硬汉子,他要照顾好同样悲痛的妻子,劝说妻子节哀。

几位遇难学生的家属向校方提出了一些要求,家属们商量:学校是有责任的,我们要盯住校方,让他们满足我们的要求。大家一次次地向校方交涉,双方僵持着。学校分别找几个家长谈话,劝说他们后事处理完了,回去吧。

遇难学生家属的代表家长与大家商定:不满足我们的要求,绝不离开。可是,当学校宣布一切后事处理完毕后的第二天,他领着妻子,没有与任何人打招呼,便悄悄地离开了北京。

刚到家,北京的电话就打来了,是家属代表的声音:"你怎么能走呢?你怎么能偷偷地不辞而别呢?孩子们的事不能就这样完了,而且你儿子是最冤的一个,他不该死,他本来不是 A 组的,是 C 组的后勤,是临时换上冲顶的。你说学校没有责任吗……你难道不知道,我们坚持下去,他们就会答应我们的条件,你那些欠款一下子就可以还清了……你这样做是为什么?难道你不爱自己的儿子吗?"

他沉默着,只是听,"你到底为什么偷偷跑回去呢?你说话呀。"

电话里的声音吼叫着。

他哽咽着说:"你爱儿子,我也爱儿子,正是因为我太爱儿子了,我才这样做的。因为……因为孩子在学校表现得那么优秀,学校领导、老师和同学,上上下下对儿子印象那么好,我担心我们这样与学校僵下去,对儿子影响不好……"

对方什么话也没有再说,一会儿,电话挂断了。不久,那些家长们也离开了北京。遇难者家属与校方的冲突就这样解决了。这位家长就是北京大学山鹰社在西夏邦玛西峰遇难的学生之一张兴佰的父亲张清春——黑龙江省齐齐哈尔市梅里斯区腰店村的一位普通农民。

❦ 感恩心语 ❦

父爱没有时空的阻隔,没有名利的牵绊,质朴却又浓厚。文中那位深爱着儿子的父亲,在儿子生前死后,处处为儿子着想。父亲离开的道理是对的,因此得以感染其他家长。父亲如此深明大义,只源于对儿子自始至终的爱。

那盏叫父亲的灯

董丹

父亲在世时,每逢过年我就会得到一盏灯。

那不是寻常的灯。父亲从门外的雪地上捡回一个罐头瓶,然后将一瓢开水倒进瓶里,"啪"的一声,瓶底均匀地落下来,灯罩便诞生了,再用废棉花将它擦得亮亮的。灯的底座是木制的,有花纹,从底座中心钉透一根钉子,把半截红烛固定在上面。待到夜幕降临时,点燃蜡烛,再小心翼翼地落下灯罩。我提着这盏灯,觉得自己风光无限。

父亲给我做这盏灯总要花上很多工夫。就说做灯罩,总要捡回五六个瓶子才能做成一个。尽管如此,除夕夜父亲总能让我提上一盏称心如意的灯。没有月亮的除夕夜,这盏灯就是月亮了。我提着灯,怀揣一盒火柴东家走西家串,每到一家都将灯吹灭,听人家夸几句这灯有多好,然后再心满意足地点燃蜡烛去另一家。每每转回到家里时,蜡烛烧得只剩下一汪油了。那时父亲会笑吟吟地问:"把那些光全折腾没了吧?"

"全给丢在路上了。"我说,"剩下最亮的光赶紧提回家来了。""还真顾家啊。"父亲打趣着我,去看那汪蜡烛油上斜着的一束蓬勃芬芳的光。

父亲说过年要里里外外都是光明的，所以不仅我手中有灯，院子里也是有灯的。高高挂起的是红灯，灯笼穗长长的，风一吹，刷刷响。低处的是冰灯，放在大门口的木墩上。无论是高出屋脊的红灯，还是安闲地坐在低处的冰灯，都让人觉得温暖。但不管它们多么动人，也不如父亲送给我的灯美丽。因为有了年，就觉得日子是有盼头的；因为有了父亲，年也就显得有声有色；而如果再有了父亲送我的灯，年则妖娆迷人了。

我一年年地长大了，父亲不再送灯给我，我已经不是那个提着灯串来串去的小孩子了。我开始在灯下想心事。但每逢除夕，院子里照例要在高处挂起红灯，在低处摆上冰灯。

然而，父亲没能走到老年就去世了。父亲去世的当年我们没有点灯，别人家的院子里灯火辉煌，我们家却黑漆漆的。我坐在暗处想：点灯的时候父亲还不回来，看来他是迷路了。我多想提着父亲送我的灯到路上接他回来啊。爸爸，回家的路这么难找吗？从此之后，虽然照例要过年，但是我再也没有提着灯的福气了。

一进腊月，家里就忙年了。姐姐会来信说年忙到什么地步了，比如说被子拆洗完了，年干粮蒸完了，各种吃食也采买得差不多了，然后催我早点儿回家过年。所以，不管我身在哈尔滨、西安，还是北京，总是千里迢迢地冒着严寒往家奔，当然今年也不例外。腊月廿六我赶回家中，母亲知道这个日子我会回去的，因为腊月廿七那天，我们姐弟要"请"父亲回家过年。

我们去看父亲了。给他献过烟和酒，又烧了些纸钱，已经成家立业的弟弟叩头对父亲说："爸爸，我有自己的家了，今年过年去儿子家吧，我家住在……"弟弟把他家的住址门牌号重复了几遍，怕父亲记不住。我又补充说："离综合商场很近。"父亲生前喜欢到综合商场买皮蛋来下酒，那地方想必他是不会忘的。

父亲的房子上落着雪，有时从树林深处传来几声鸟鸣。我们一边召唤着父亲回家过年，一边离开墓地。因为母亲住在姐姐家，所以我们都到这儿来了。姐姐的孩子小虎刚过周岁，已经会走路了。一进门母亲就抱着小虎从里屋出来了，我点着小虎的脑门说："把你姥爷领回来过年了。"小虎乐了，他一乐大家也乐了。

可是，当晚小虎哭个不停。该到睡觉的时辰了，他就是不睡。母亲关了灯，千般万般地哄，他却仍然嘹亮地哭着。直到天亮时，他才稍稍老实点。姐夫说："可能咱爸跟到这儿来了，夜里稀罕小虎了。"说得跟真事似的，我们都信了。父亲没有看过他的外孙，而他生前又是极喜欢孩子的。我们从墓地回来，纷纷到了姐姐家，他怎么会路过女儿的家门而不入呢？而他一进门就看见了小虎，当然更舍不得离开了。

母亲决定把父亲送到弟弟家去。早饭后，母亲穿戴好，推着自行车，对父亲说："孩子也稀罕过了，跟我到儿子家去过年吧。"母亲哄孩子似的说："慢慢跟着走，街上热闹，可别东看西看的，把你丢了，我可就不管了。"母亲把父亲"送"走的当夜，小虎果然睡得很安稳。第二天早晨起来，他把屋子挨个走了一遍，一双黑莹莹的眼睛滴溜溜地转着，东看西看，仿佛在找什么，小虎是不是在想：姥爷到哪儿去了？

初三过后，父亲要被"送"回去了。我多希望永远也不送他回去。天那么冷，他又有风湿病，一个人往回走会是什么样的心情呢？

正月十五到了，多年前的这一天，在一个落雪的黄昏，我降临人世。那时天将要黑了，窗外还没有挂灯，父亲便送我一个乳名：迎灯。没想到我迎来了千盏万盏灯，却再也迎不来父亲送给我的那盏灯了。

走在冷寂的大街上，忽然发现一个苍老的卖灯人。那灯是六角形的，用玻璃做成的，玻璃上还贴着"福"字。我立刻想到了父亲，正月十五这一天，父亲的院子该有一盏灯的。我买下了一盏灯。天将黑时,将它送到了父亲的墓地。"嚓"地划根火柴,周围的夜色就颤动了一下,父亲的房子在夜色中显得华丽醒目,凄切动人。

这是我送给父亲的第一盏灯,那灯守着他,虽灭犹燃。

～◆ 感恩心语 ◆～

在我们成长的过程中,是父亲为我们撑起了一片天空。即使生活再怎么艰难,他仍然无怨无悔地抚育我们,给我们的生命点燃了一盏永不熄灭的灯。无论什么时候,父亲都活在我们的心中,照亮我们的人生之路。

父亲的爱

佚名

如果说:母爱如水,那么,父爱是山。如果说:母爱是涓涓小溪,那么,父爱就是滚滚流云。是啊,父亲的爱,就像大山一样,高大而坚定。父亲的爱,每一点、每一滴都值得我们细细品味。父亲的爱,和母亲的爱一样,都是世界上最伟大的爱。我也能常常体会到如山一般的父爱。

有一次,我正在吃早饭,天突然暗了下来,乌云笼罩着整个天空,紧接着打了个响雷,不一会,又哗啦啦地下起雨来。我变得满脸愁容:下大雨了,我该怎么上学去呀,非淋个落汤鸡不可。坐在一旁的爸爸好像看出了我的心思,对我说:"没关系,你快吃饭,摩托车虽然打不起火来了,但还有自行车呀。吃完饭,爸爸送你去上学。"吃完饭后,我们就坐在了车子上。我自己穿着雨衣,由于爸爸的雨衣在办公室里,就由我坐在车座子后面给他打着伞。一路上,雨伞大部分是在我的上面,只有一点点给爸爸挡着越来越大的雨滴。雨点一滴滴打在爸爸身上,而爸爸却说:"没关系。"我们终于到了学校。爸爸临走时,硬是把伞塞给了我。我说:"爸爸,没有伞,你怎么回去呀! 非淋湿了不可。"爸爸说:"不要紧,我喜欢淋雨。"我们推让了几回,最后伞还是落在我的手里。爸爸弯着腰,又大又冷的雨滴打在他身上,骑着自行车飞快地离去。我望着爸爸离去的身影,想:"父爱,就像大山一样宽厚!"

还有一次,爸爸骑着摩托车带我到胶南去看病。路上,天突然刮起了大风。我穿得很单薄,怎么能经得起这么大的狂风呢? 或许是爸爸也感觉到冷了,他停下车,并关切地问我:"冷吗?"我说:"不冷,一点也不冷。"

"要是冷就吭声,我把外套脱下来给你穿。"我知道,爸爸比我穿得还少,在这种时候,我怎么能向他要衣服穿呢? 于是,我就继续忍受着寒冷。过了一会儿,我坚持不住,打了个喷嚏。爸爸听见了,停下车,略带责备地对我说:"冷也不吭声,你看,都着凉了。"说着,就把自己的外套脱下来给我披上。我说:"爸爸,我真的不冷。"爸爸说:"没关系,我身体好。你看,大街上就我一个人穿着衬衣,多时髦!"我知道,爸爸这样说是为了不让我伤心。一件单薄的衣服,包含着多少父爱呀! 父亲的爱,是实实在在的,没有华丽的词语,没有亲昵的动作。父亲的爱,是沉甸甸的,不会直接表达,有时倒觉得是在惩罚。可父爱在我心中:印得最深,时效最长,感受最涩,受益最大。那是一座高高的山,做儿女的永远在山的庇护下。

～◆ 感恩心语 ◆～

在每一个孩子的心中,父亲都是一座大山,是这个世界上最坚实的依靠。因为有了父亲,再大的风雨我们也不怕。为了子女的成长,父亲总是默默地付出着。

父爱的补偿

佚名

母亲去世后,我怕父亲太孤单,便把他接到城里住一段时间。父亲不喜多话,来城里多时也没有结识到什么朋友,只是每天在家看看书,读读报。我中午在单位吃饭,晚上才回家吃,所以父亲每天的头等大事就是为我做一顿丰盛的晚餐。每天我一下班,父亲便会为我端上热气腾腾的饭菜,看着我狼吞虎咽地吃完。饭后,我有许多属于年轻人的节目,没有时间陪父亲聊天,我便劝他多出去走走。

父亲也很听我的话,每晚都出去散步。有一晚,他带回来一条长毛小狗,浑身脏兮兮的,眼角有一块疤,是条被人遗弃的流浪狗。父亲细心地照顾那只小狗,并为他取名"小美"。我笑父亲这名字取得太俗了,父亲也不理,天天"小美小美"地叫得很欢。

小美经过父亲的悉心照料,一天一天漂亮起来,毛发把眼睛旁边的小疤痕盖住了,便完全是一条神气的纯种西施犬。小美调皮可爱,每天变着法子向父亲撒娇,父亲大大的鞋子,是它最爱的小床。父亲把小美宠得不像话。他把它放在环保购物袋里,露出头来,然后带它买菜、逛街。即便是不允许带狗狗进入的电影院里,他也会教小美暂时屏气凝神地在袋子里埋头待上一会儿,等进去了,看见没有人监督着,便让小美露出头来透透气,还时不时地细心向小美解说电影里面的内容。小美也很乖,总是静静地陪父亲看完电影,从不捣乱。

我每天上班忙着工作,下班忙着玩,其实并没有多少时间来陪父亲。幸亏有了小美,可以让我心里的歉疚感因此减轻。但有时看到父亲只顾着与小美细细地呢喃,又会忍不住嫉妒。有一天当我看见他笨手笨脚地给小美缝制一件碎花绸缎衣服时,终于忍不住脱口而出:"爸爸,我小时候你可是连块花布手帕都没给我买过,你也从来没有带我去看过电影,你对小美比对我好多了!"父亲呆了呆,才回答:"以前,我太忙。"

有一晚,吃完饭后,父亲从衣兜里掏出两张电影票,有点不好意思地对我笑笑,说:"今晚,我买了两张电影票,我们仨一起去看场电影吧。"我那晚上正好没事,便问父亲去看什么电影,父亲高兴地答:"喜羊羊与灰太狼,你小时候最喜欢看动画片了……我排了好长的队才买到的。"我吃惊地看着兴奋得像孩子似的父亲和他脚下同样兴奋地活蹦乱跳的小美,不禁哑然失笑,父亲真是越活越像小孩子了。我也没耐心去看这些幼稚的电影,只胡乱推说还有一个工作计划没完成,要在家里赶工,让父亲自己去看。

父亲有些微的失望,但他还是强笑着,低头逗弄着小美,说:"那太好了,我和小美可以一人占一个座位了!"看着父亲和小美亲密离去的背影,我不禁哭笑不得。

几个月后,我开始谈一场新的恋爱。男友有时来我家,看到父亲便觉得有些拘束。父亲主动对我说,我还是回去吧,等将来你们有了更大一所房子,我再来陪你。我不同意父亲的话,但父亲很坚持,决定要回乡。

父亲走的时候,没带小美,说是让它陪我解解闷。然而父亲还是不舍,到家后便打来电话。他有点羞涩地说:"我能和小美说会儿话吗?"我把小美抱到电话旁。它听到父亲的声音便兴奋地叫着,绕着电话转来转去。起初我听不清父亲在说些什么,在小美不老实地乱动,按了"免提"后,父亲的话便清晰起来。父亲却不知道,依然在说着他不肯让我听见的悄悄话:"小美,将来等你嫁人了,不会忘了爸爸吧?如果爸爸有一天老得走不动了,你也不会嫌我吧?要是你有难处了,一定记得最先和爸爸说,知道吗?还有,你的那个男朋友,你要好好考察考察他,别像爸爸一样脾气坏,工作忙起来，连花手帕都不知道给女儿买，而且居然从来没有陪女儿去看过一场电影……"

我抱着小美，静静地听着父亲在电话那头絮絮叨叨，突然便流下眼泪来。原来，我那老去的父亲，他给小美的每一分爱，都是给他最爱的小女儿的补偿。

感恩心语

虽然没有说过什么，但是父亲却一直在默默地补偿我。为了支撑起家庭，抚育孩子，父亲操劳了一生。到了老年，父亲依旧在为我操心。人们都说母爱伟大，其实，父爱也同样伟大。

父亲的缝纫机

刘爱爱

当我看到新买的牛仔裤上出现一朵俗不可耐的绣花时，怒不可遏，歇斯底里地冲着他咆哮，然后夺门而出，丢下惶恐不安的他愣愣地呆在那里。

这是新款的牛仔裤，号称"乞丐服"，磨白和破损即是它的新意和亮点，价格自然不菲，昨天闺友们还对这条裤子赞不绝口，没想到今天就遭到父亲的"毒手"，他竟然磨灭了"乞丐"装的特色，将这条牛仔裤修补得不伦不类。

我的心不由得一阵紧缩，不仅为那条新款的牛仔裤，更是因为我与父亲之间遥不可及的距离。

父亲是个小裁缝，从我记忆时起，他的缝纫机就踏踏地响个不停。在别人穿着粗布旧衫的年代，父亲经常积攒起一些零碎布头，然后在昏暗的灯光下，踩踏着那台老式缝纫机，给女儿裁制出一件又一件花色各异的衣裳，温暖着我缤纷多彩的童年。

父亲是个热心人，给邻居衣服换个拉链，或是给裤角绞个边儿，无论多忙，他都应承下来，并且分文不收。父亲的手艺精巧得让人意外，别出心裁的花朵或领结扣在胸前，给人耳目一新的感觉，很多顾客纷纷慕名而来，生意也是越来越好。

我就是这个时候去店里帮忙的，父亲给别人测量尺寸的时候，我就在一边拿着本子记录着，给顾客开些票据，告诉他们取衣的时间。闲暇的时候，父亲用软尺量量我的身高与尺寸，然后拿出姐姐穿旧的牛仔裤，比照我的尺寸精剪细缝，再绣上几处蕾丝花边，看起来质朴中透出清新，惹得同学们羡慕不已。

后来，寄宿学校，每周回家一趟，即使衣服有磨损，我也等到周末，让父亲给我修补。在我狭小的生活空间里，没有任何一个人的修补技术胜过父亲！每次穿着父亲缝补的衣服，倍感温暖，偶尔，还能从衣服的口袋里掏出一些零花钱。我知道，那是父亲悄悄放进去的。

如果不是走出了乡村，我会一直以为父亲的手艺天下无双。

24 岁那年，我在繁华的都市里有了自己的工作，看着商场专卖店里款式各异花色繁多的服装，对父亲的崇拜突然间烟消云散。父亲厚茧层生的双手怎能抵得上服装设计师的大胆创新与奇思妙想？那台老式的缝纫机又怎能赶得上先进仪器的精确缝合与完美包装？突然间，内心里涌出一丝悲凉，为父亲，和他的那台老式缝纫机。

很快就到了假期，我穿着新潮的"乞丐"牛仔裤，拖着偌大的行李箱，回到了那个遥远的小山村。远远的，就看见父亲抬头张望的身影，他的肩上还拖着一条测量衣服的软皮尺。我大声呼喊着，向他招手。看到了我，父亲笑意盈盈，他粗笨地挤过人群，接过我手中的箱包，望着他最宠爱的女儿，看到我膝部磨洞的牛仔裤，父亲似乎愣了一下，雀跃的我丝毫没有注意到父亲皱起的眉头，还有飘散在风声的那一声叹息，便径自走远。

出乎意料的是，父亲竟然花了整个晚上的时间，以他陈旧的眼光，将裤子的磨损处一针一线地缝合起来，并且绣制一些浅色的花边，密密麻麻地交织在一起，如同他给我幼时缝制的旧衣旧裤。悠悠中，我似乎能听见父亲脚下缝纫机的"踏踏"声，也似乎看见父亲眉头那舒心的一展，轰然抖落了他彻夜不眠的疲倦。而他没有想到的是，费尽心思的修补却换来女儿的满面怒容，不知所措的他，只是怔怔地呆在原地。

我低头前行，心中思量着该怎样化解父亲的惊恐与惶惑。尽管我和父亲的那条鸿沟，随着年龄越来越深，但我应该告诉父亲一些，关于青春的张扬，关于流行的时尚，以及不断涌现的新潮服装。想到这里，我加快了脚步。

刚进家门，我无比清晰地看见，父亲坐在他的缝纫机前，低头弓腰，一手握着剪刀，一手托着牛仔裤，正在慢慢地、慢慢地，将他修补的花边与丝线，小心翼翼地拆散开来，零碎的线头散落一地，也分毫不差地落在我的心头。

～❀ 感恩心语 ❀～

小时候，我是那么崇拜父亲，因为父亲有一双巧手，把他的女儿打扮得漂漂亮亮。长大后，城市的时尚迷惑了我的眼睛，我在不知不觉之间忘记了自己曾经是怎样地崇拜父亲。然而，直到看见父亲在拆为我缝补的密密麻麻针线，我才突然意识到，不管我走到哪里，父亲都在一如既往地以自己的方式爱着我。

不敢老的父亲

汤小小

父亲比我大了整整50岁，老来得子，高兴得放了两大挂鞭炮，摆了10桌宴席，还开了那瓶存放了两年都没舍得喝的五粮液。

8岁时，父亲带我去学二胡，从家到少年宫，骑自行车足足要一个小时。等我放学了，他把我送过去，晚上9点再去接我。到家时，已经10点多了，我饭没吃，功课也没做，不得不继续奋战到深夜。于是，父亲决定买一辆摩托车，这样我就能在晚上11点之前上床睡觉。我妈说："你都这么大年纪了，能学会吗？"父亲握紧拳头，一边展示胳膊上的肌肉一边豪情万丈地说："穆桂英53岁还挂帅出征呢，我是个大老爷们，小小摩托车还征服不了？"他胳膊上的肌肉松垮垮的，看得我一个劲儿地捂着嘴偷笑。

我10岁时，父亲60岁，从单位光荣退休后的第二天，他就找个人多的街道，摆起了修鞋摊。收费低，活儿做得又好，常常忙得抽不出身吃饭。以前的同事闲逛到他的摊前，不解地调侃："老黄，退休工资还不够花呀？都这么大岁数了，还干这活。你这手艺什么时候学会的呀？"父亲一边抱着鞋飞针走线，一边爽朗地笑："这么年轻就闲着，还不得闲出病来。"看着他沟壑丛生的脸，我忽然感觉有点难为情。

我读高三那年，父亲执意在学校附近租间房子，学人家搞陪读，还不辞辛苦地把修鞋摊也搬了过来。我上课时，他在家做饭；我放学时，他急匆匆出摊。饭做早了会凉，但他总是把时间掐得很准，每次我都能吃到热腾腾的饭菜。可这样的话，他就只能饿着肚子干活，能吃饭时菜早已凉透。我帮他收摊，一个补鞋的中年妇女说："你孙子都这么大了呀，那你干吗还这么拼命？让儿子养着就好了。"我站在旁边，脸上火烧火燎的，命令他："以后不要再摆摊了，家里又不是穷得揭不开锅！"他把脸一沉，气呼呼地说："我还这么年轻，还能多挣点！"说这话时，他68岁，原本挺拔的腰身已经有些佝偻。

大学时,远离家乡,我和父亲难得见上一面,所有的交流都靠一根细细的电话线维系。他总是在电话里说:"想买啥就买啥,别太寒碜,我还年轻,养得起你。"

毕业后,我留在大城市发展,工作和生活的压力让自己离远方的父母越来越远,连电话都打得少了。偶尔打过去,父亲还是那一套话:"家里一切都好,我这么年轻,能有什么事儿啊? 在外面好好干,别瞎操心!"听他这样说,我就真的很少操心,连谈恋爱、买房子也心安理得地接受了父母的经济支援。此时的父亲已经快80岁了,我知道他已经不年轻,但是我却一直以为他至少身体健康、没病没灾。直到母亲的电话打过来,我才知道,原来有那么多的秘密,我一直不知道。

父亲病了,是脑出血。他一直有高血压,常年离不开降压药。他是在鞋摊前病倒的,中午的太阳火辣辣地烤着,年轻人都避之不及,何况一个年近八旬的老人? 父亲躺在床上,高大的身躯被岁月打磨得像一片瘦小的叶子,眼窝深陷,颧骨突出,头发白得如一团蓬松的棉花。而一周前,他还在电话里对我说:"我还年轻……"

看见我,父亲想要坐起来,并努力张大干瘪的嘴,做好了展示年轻的准备,但最终,只发出极低的声音:"我一直不敢老,怕我老了,你就没有父亲帮、没有父亲疼了,可我还是老了……"

原来,这些些年,父亲一直在用行动和语言激励自己、强逼自己时刻保持年轻状态,好给我挣足够多的钱,给我足够多的帮助,给我足够多的爱,也给我足够多的从容与坦然,让我不因有一个年迈的父亲而自卑自怜!

而我,居然根本不懂父亲的良苦用心,竟在他夸耀自己还年轻时,曾生出一丝厌恶与不满。如今,在父亲病床前,看着老如朽木的父亲,我终于忍不住泪流满面。

感恩心语

对于父亲的爱,对于父亲总是标榜自己还很年轻,我总是心安理得地享受着父亲的资助。父亲比我大整整五十岁,就是因为我还没有长大,所以他一直不敢老。他强撑着自己老迈的身躯,只是为了能够更多地帮助我。

"傻傻"的爸爸

佚名

尽管我的爸爸这样"傻",可在这个世上,他是我最爱的人。

丁玲玲现在读小学四年级,教她语文的老师,是刚毕业于师范学院的郝老师。一次,郝老师布置一篇题为"爸爸"的作文。

郝老师把交上来的作文浏览了一遍,发现同学们写的几乎是千篇一律,大都是"爸爸是最善良的人""爸爸是最疼爱我的"……然而批阅到丁玲玲的作文,其题目竟是《傻傻的爸爸》。玲玲是这样写的——

我的爸爸有些傻傻的,经常把几件事情同时做。前不久,他粉刷被我弄脏的墙壁时,同时又在煤气灶上烧开水。当听到水壶上汽笛的鸣叫声,他竟手忙脚乱地向厨房跑去,一不留神踢翻了地上的涂料桶,白色的涂料流得满地都是。事后爸爸轻抚着我的头说:"你看爸爸有多傻呀!"

爸爸做的傻事还不止这些。前天,他一早起床做好早饭,我们吃完早饭后,他慌慌张张给我背上书包,出门骑自行车驮我向学校疾驰而去。我以为爸爸给我报了辅导班呢。结果车到路口时,他突然掉头回来了。到家后,他轻拍我的后背,憨憨地笑着说:"瞧你这个傻爸爸,竟然忘了今天是星期六……"

郝老师看到这里,忍俊不禁笑出声来,丁玲玲真是一个调皮可爱的孩子。

郝老师继续往下读:这其实不算什么,据奶奶说,爸爸迄今为止做得最傻的一件事,是在夜班回来的路上,在垃圾房旁拾回了被亲生父母遗弃的我。为此,爸爸今年36岁了,还没有结婚成家。听奶奶说,我3岁时,有一位姑娘同意嫁给爸爸,不过提出的条件是把我送给别人,但是爸爸不同意,从那以后,爸爸再也没有提结婚的事了。

尽管我的爸爸这样"傻",可在这个世上,他是我最爱的人。我长大后,也要像爸爸那样,如果有小孩被遗弃了,我就把他接回家抚养,像我的爸爸一样给他家庭的温暖,所以我希望爸爸身体健康,耐心地等我长大,因为我长大以后,我们就变成一个大家庭了……

郝老师看到这里,被玲玲的作文所感动,眼眶里的泪水渐渐模糊了她的视线。

感恩心语

"傻"爸爸是一个善良的爸爸,为了我,他三十六岁了还没有结婚。而我,只是他从垃圾桶旁捡来的一个毫不相干的孩子。这就是我的傻爸爸,世界上最善良的爸爸。

第二章

慈母情深：
感恩母爱的永恒

妈妈，是世界上最亲切的词语；娘，是世界上最可爱的人；母爱，是世界上最伟大的爱。不同的词语，形容的却是相同的人，那就是生养我们的母亲。

时刻不忘母亲恩

佚名

小时候,男孩的家里很穷,经常吃不饱,于是母亲就将自己碗里的饭分给孩子吃。母亲说:"孩子,快吃吧,我不饿!"

男孩长身体的时候,勤劳的母亲经常用周日休息的时间去县郊农村河沟里捞些鱼给孩子吃。鱼很好吃,鱼汤也很鲜。孩子津津有味地吃鱼的时候,母亲就在一旁啃鱼骨头,用舌头舔舔骨头上的肉渍。孩子心疼,就把自己碗中的鱼肉夹给母亲吃。母亲不吃,又将鱼肉夹回孩子的碗里。母亲说:"孩子,快吃吧,我不爱吃鱼!"

上初中了,为了缴纳孩子的学费,当缝纫工的母亲就去居委会领些火柴盒半成品回家,晚上糊好,挣点钱给孩子交学费。一年冬天,男孩半夜醒来,看到母亲还躬着身子在油灯下糊火柴盒,就对母亲说:"睡吧,明早您还要上班呢。"母亲笑笑说:"孩子,快睡吧,我不困!"

高考那年,母亲请了假天天站在考场门口为参加高考的孩子助阵。时逢盛夏,烈日当头,母亲固执地在烈日下站着。考试终于结束了,母亲迎上去,递给男孩一杯用罐头瓶沏好的浓茶,叮嘱男孩喝了。茶浓,爱更浓。望着母亲干裂的嘴唇和满头的汗珠,男孩将手里的茶递了过去,让母亲喝。母亲说:"孩子,你喝吧,我不渴!"

男孩大学毕业后参加了工作,下了岗的母亲就在附近的农贸市场摆个小摊维持生活。身在外地的孩子知道后,就常常寄钱回来补贴母亲。母亲坚决不要,并将钱退回来。母亲说:"孩子,你用吧,我不缺钱!"

男孩留校任教两年,后来又考取了美国一所知名大学的博士生,毕业后留在了美国的一家科研机构工作,待遇相当丰厚。男孩想将母亲也接到国外享享福,却被母亲拒绝了。母亲说:"孩子,我不习惯!"

晚年,母亲患了重病,住进了医院,远在大洋彼岸的男孩乘飞机赶回来时,术后的母亲已是奄奄一息。望着被病魔折磨得死去活来的母亲,男孩悲痛欲绝,潸然泪下。母亲却说:"孩子,别哭,我不疼。"

母爱的伟大相信每个人都有自己的体会,几乎每个人心中都希望能有机会报答母亲的恩情,然而这个机会,却并非人人能够把握。

俗话说"树欲静而风不止,子欲养而亲不待",很多人了解这句话的道理,却没有把它放到心里。就像故事中的男孩,从小就看着母亲吃尽苦头只为自己的成长、发展能够顺利顺心,如果说小时候的男孩没有能力为母亲做一些事,那么只要记在心里,也算是一种感恩了。然而在他长大成人之后,在有能力为母亲做一些事情的时候,却没有尽到自己做子女的责任。可能他会说,他做了,但是母亲不需要。事实上,母亲真的不需要吗? 母亲只是希望他过得更好,无后顾之忧。其实,钱财和富贵并不是母亲最需要的,她最需要的不过是孩子的一声问候,能够经常看到孩子的笑脸。古人常说:"父母在,不远游。"就是这个道理,母亲为了孩子可以忍受孩子的远行,而又有几个孩子能够为了父母放弃外面的广阔世界而专心照顾父母呢? 这便是母爱的伟大之处。

❧ 感恩心语 ❧

即便你在外面的世界闯荡得多么成功,也要时刻记住母亲的恩情,经常抽时间回家看看,哪怕只是一天。时常买些小礼物送给母亲,母亲也是平凡的女人,也希望有惊喜,你的一点点心意,对她而言可能是一年的快乐源泉。每一天,让我们心怀对母亲的感恩之情,为她们祈福,祝福每个母亲都能够健康平安!

母爱是一剂药

罗西

　　舒仪要远嫁到福州来，她的妈妈是极力反对的："上海这么大？为什么非要嫁到乡下去？"女儿大了，女儿有自己的想法，也应该有自己的感情生活了。但是，妈妈的态度仍然强硬。

　　舒仪没有退路了，因为她不小心已经怀上了亲密爱人的孩子，她以为生米煮成熟饭，会让妈妈改变主意，给他们以祝福。但是，她错了，母亲有些不可理喻地勃然大怒："我最恨被人家要挟，你有种，就不要再回这个家，也不要认我这个妈！"

　　两年前的暮春，舒仪牵着丈夫的手，在上海浦东机场，他们办完了所有登机手续，但是舒仪仍执着地往安检门外张望着。她希望奇迹出现，那个奇迹就是妈妈的身影，她泪眼婆娑，心情复杂，广播里不断响起他俩的名字："请……到四号登机口登机！"

　　这一走，母女仿佛就成了陌路人。

　　多少次，她打电话回上海家里，独居的妈妈总是不肯接。舒仪曾一度认为，极端的母爱才导致了如此的病态。可是，她并不知道，妈妈伤心的梦里，全是女儿幼时清脆的笑声。多少次，母亲一个人在家，也想给女儿反拨一个电话过来，但是，她最终都只拨了区号就停了下来。母亲很早时候就与父亲离婚，所以，舒仪是妈妈一手带大的，可以说是相依为命。如今"身上掉下来的那块肉"已经不再属于妈妈了，她回忆起和女儿4岁时的一次对话，不禁会心一笑。

　　女儿问：妈妈，我是从哪里来的？

　　母亲答：你是妈妈身上掉下的一块肉啊。

　　女儿恍然大悟：难怪妈妈这么瘦！

　　屈指算着，女儿离开自己已经快800天了。去年7号台风前夕，母亲在中央台《新闻联播》后，又准时地坐在电视机前看天气预报。她每天都特别关注福州的天气，因为女儿在那里，她以这种特别的方式继续爱着女儿，关注着女儿。

　　就在这时，电话铃响起来了，一看来电显示，还是福州的。今天已经三次拒接了，这次不知道为何母亲居然把话筒拿了起来。电话那头是女婿的声音："妈，舒仪生病了，你可不可以过来看一下……"

　　母亲心一沉，几乎是撑着身体听完电话的。

　　第二天，母亲搭了第一班的飞机到了福州。机场，女婿接她的时候，她感叹一句："原来没有我想象的远。"

　　当她获知女儿在家里而不是医院里，她的犟脾气又来了："是不是你们骗我来的？"女婿只好坦白交代说，因为他和舒仪的女儿得了肺炎不治夭折，都已经一个月了，舒仪还是没有从悲痛的心境里走出来。

　　最近情况更是严重，丈夫她都不认识了……每次给她喂药，她都会极力地抗拒，有时甚至挥舞着菜刀，咆哮着："你们都是凶手，想害我女儿，给我滚……"

　　听到这里，母亲老泪纵横，不停地喊着："我的傻宝贝啊，我的傻宝贝……"当她步履蹒跚地跟着一行人刚进门，舒仪便举着刀迎了上来。危急之际，没有人敢上去，唯独六十多岁的老母亲，佝偻向前，哭喊着舒仪的乳名，舒仪无神的眼睛似乎闪亮了一下，扔下菜刀，坐在地上喃喃自语……

　　接着，老母亲一口一口地小心喂着已年过30岁的舒仪。"真乖，再吃一口！"舒仪的母亲含泪声声地劝慰着，而舒仪则幸福如小宝宝似的偎在她身旁，嬉皮笑脸的，那么轻松自在……

在场的人先是惊讶,之后都泪流满面。舒仪,她什么都忘了,唯一记得的,只有母亲。经过一段时间的治疗,加上母亲寸步不离的陪护,舒仪终于清醒过来了。当她喊出第一声"妈"的时候,在场的人无不动容,医生说,这是奇迹,母亲是她最好的药。

❧ 感恩心语 ❧

确实如此,母爱是这个世界上最好的一剂药,能够抚平伤痛、治愈创伤。母亲的爱,可以创造许多看似不可能的奇迹。

母亲的第 68 封信

佚名

在小芳的记忆中,母亲在她很小的时候就独自到美国做生意去了,她一直无法理解为何母亲忍心抛弃幼小的她远走他乡。小时候,每当想念母亲时,小芳总是哭喊着要祖父母带她去美国找母亲,而爷爷奶奶总是泪眼以对地说:"你妈妈在美国忙着工作,她也很想念小芳,但她有她的苦衷,不能陪你,原谅你可怜的母亲吧!总有一天你会了解的。"

这天,是小芳 20 岁生日,在爷爷奶奶为她庆生的欢乐气氛中,小芳却怀着忐忑不安的心情期盼邮差的到来。她知道,每年生日的这一天,母亲一定会从美国来信祝她生日快乐。

小芳仍焦急地等待时,她打开从小收集母亲来信的盒子,在成沓的信中抽出一封已经泛黄的信,这是她 6 岁上幼儿园那年母亲的来信:"上幼儿园以后,会有很多小朋友陪你玩,小芳要跟大家好好相处,要注意衣服整齐,头发指甲都要修剪干净。"另外一封是 18 岁考大学时的来信:"高考只要尽力就好,以后的发展还是要靠真才实学,才能在社会竞争中脱颖而出。"

在这一封封笔迹娟秀的信中,流露出母亲无尽的慈爱,仿佛千言万语,道不尽、说不完。在过去无数思念母亲的夜晚,她总是抱着这只百宝箱痛哭,母亲!您在哪里?你体会到小芳的寂寞与思念吗?为什么不来看你女儿?

邮差终于送来母亲的第六十八封信,如同以前一样,小芳焦急地打开它,祖父也紧张地跟在小芳后面,仿佛什么惊人的事情就要发生一样,而这封信比以前的几封更加陈旧发黄,小芳看了顿觉诧异,觉得有些不对劲。信上母亲的字不再那么工整有力,而是模糊扭曲地写着:"小芳,原谅妈妈不能来参加你最重要的 20 岁生日,事实上,每年的生日我都想来,但,要是你知道我在你 3 岁时就因胃癌死了,你就能体谅我为什么不能陪你一起成长,共度生日。

"原谅你可怜的母亲吧!我在知道自己已经回天乏术时,望着你口中呢喃喊着妈妈、妈妈,依偎在我怀中玩耍嬉戏的可爱模样,我真怨恨自己看不到唯一的心肝宝贝长大成人,这是我短暂的生命中最大的遗憾。

"我不怕死亡,但是想到身为一个母亲,我有这个责任,也是一种本能的渴望,想教导你很多很多关于成长过程中必须要知道的事情,来让你快快乐乐地长大成人,就如同其他的母亲一样,可恨的是,我已经没有尽这个母亲天职的机会了,因此,我只好在生命结束前的最后日子,想象着你在成长过程中可能面临的事情,以仅有的一些精神与力气,夜以继日,以泪洗面地连续写了六十八封家书给你,然后交给在美国的舅舅,按着你最重要的日子寄回给你,来倾诉我对你的思念与期许。虽然我早已魂飞九霄,但这些信是我们母女永恒的精神联系。

"此刻,望着你调皮地在玩扯这些写完的信,一阵鼻酸又涌了上来,年幼的你还不知道你的母亲只有几天的生命,不知道这些信是你未来 17 年要逐封看完的母亲最后的遗笔。你要知道我有多爱你,多舍不得留下你孤独一个人,我现在只能用细若游丝的力量,想象你现在 20 岁亭亭玉立的模样。这是最后一封绝笔信,我已无法写下去,然而,我对你的爱却超越生死,直到永远、永远。"

看到这里,小芳再也按捺不住心里的震惊与激动,抱着爷爷奶奶号啕大哭,信纸从小芳手中滑落,夹在信里一张泛黄的照片飞落在地上,照片中,母亲憔悴但慈祥地微笑着。照片背后是母亲模糊的笔迹,写着:"一九八七年,小芳生日快乐!"

⌘ 感恩心语 ⌘

母爱是人类情感世界中的一个奇迹,一个永恒的美神。正是因为有了它,才有了"人之初,性本善"的道行,才有了爱。让我们学会感恩,让这份心意不仅仅停留在对母亲的感激上,而是把它作为升华人格与素养的源泉,作为不断努力与向上的动力。

母亲的纽扣

一冰

他还记得,那年他过12岁生日时还在上学,老师自然没有理由为他放假。一大早,母亲就把他从被窝里拽出来,他躲闪着母亲冰凉的手,还想再赖一会儿床,就听母亲说:"你看这是什么?"

他睁开眼睛,面前是一件新衣服,并且正是他梦寐以求的那种军装式样,双排铜纽扣,肩上有三道蓝杠,这是在同学们中正"流行"的。他一下子兴奋起来,三下两下穿上衣服,连长寿面都吃得慌慌张张——他要去学校里跟同学们炫耀一下,他也有一件自己的新衣服了,而且是最"时髦"的!要知道,从小到大,他都是穿哥哥的旧衣服,补丁摞补丁呀。

果然如他所料,当他一走进教室,同学们的眼光都瞪直了,他们都没想到,一向灰头土脸的他也有这么光彩夺目的时候。

他在自己的座位上心情愉快地上完第一节课,课间时分,同学们都围拢在他的周围,翻看他的新衣服。有个同学忽然问:"咦,你的纽扣怎么跟我们的不一样呢?"他这才认真看起了自己的纽扣,还真的不一样,别人的纽扣是双排平直的,而他的纽扣却是斜的,两排成倒八字形。

同学们翻看他的衣服,忽然都笑了起来,原来他的白衣服被纽扣扣住的地方是一块黄色的旧布。他也明白了,一定是母亲买的一块布头,布头不够做衣服,只好在里面衬上一块别的布,为了怕别人看出来,纽扣只好歪到了一边;而为了让别人看不出来,母亲又别出心裁地把另一排纽扣也斜着钉,自然就成了倒八字形。

知道了真相,同学们"轰"地一下全笑了,眼里又恢复了往日讥诮的神色。那些目光激起了他心里的一团怒火。中午回到家,当着来客的面,他剪碎了自己的新衣服。母亲冲到他面前,高高扬起的手,终于没能落下来,他瞥到母亲的泪水在眼眶里打着转,转头跑了……

他分明感觉到,从那天起,母亲像是变了个人似的。父母做的是磨豆腐的生意,母亲平时都很少闲过,那以后就更是连喘口气的时间都不给自己留。他眼看着母亲消瘦下去,眼看着母亲倒下去……他很想对母亲说一句"对不起",可再也没机会说了。

但他继承了母亲的傲骨和勤奋,他努力地学习,使自己的生活发生了翻天覆地的变化,他拥有了很多很多的钱,把母亲的坟墓修葺了一遍又一遍。

有一天,他参加了一个服装展示会,那都是世界顶级的服装设计大师的作品。中间有一个男模特走上场,他的眼睛一下子直了,脑子里面嗡嗡乱响——那白色的衣服,倒八字的铜纽扣,里面是不是……他情不自禁地冲上了舞台,翻开那个男模特的衣服,里面衬的竟然也是一块黄布!

他跪在那男模特的面前放声痛哭。

当听他讲完了他的故事后,全场的人都沉默良久。最后,一位设计大师说:"其实,所有的母亲都是艺术家!"

❧ 感恩心语 ❧

母爱创造了绝美的艺术,那是美轮美奂的爱的艺术,是心血炼就的结晶。两排倒八字形的纽扣,充满了儿子的悔恨和对母亲的无限的愧疚。不要等到失去了才知道珍惜,爱你的父母,这是最纯正的道德。

我的妈妈,流泪的妈妈

徐芳

我是妈的大女儿,她管我管得严。她给我们整理了一些格言,也算是我们的家规:吃要有吃相,坐要有坐相;别人说话时要眼睛看着,别人吃东西时可别盯着看……

规定是规定,但这事得另说。我见过我的妹妹看着人家吃东西,一副馋得要流口水的模样,于是就很气愤地回家向她报告,她只当没听见。我再说,她就拉下了脸:"你是当姐姐的,要管好自己的妹妹。"

平常家里大事小事的,因为我是当姐姐的,挨打挨骂的概率比两个妹妹大了许多,除了自身的原因,还常常得替妹妹们受过。这让我很不服。我要辩解,她常常就是这句话:"你是姐姐……"以四两拨千斤的方式结束我的话,要我接受惩罚——也许是跪洗衣板,也许是站门板后,这要看她的心情。

后来我就拼着挨打的可能顶撞她,我不要做这个倒霉的姐姐了!

事情好像也没变得更糟,她只是在洗衣做饭的间隙里,对邻居抱怨:老大犟,这么大了还如何如何。也因为我是老大,所以关于"这么大了"的批判,也是永远的。

她并不打我,打我的是我爸。晚饭后,那是一个让人战战兢兢的时刻,我爸问话,上一句还是笑着说的,下一句手就拍到了桌子上,"砰"一下,然后我妈过来拉……但我相信,他们的目标是一致的,是我,是我,还是我,因为我是"榜样"。

我这个"榜样"不争气时就会号啕大哭,只有少数几次因为心里想着革命英雄堵枪眼拼刺刀的壮举,才能够拼命忍住。

在我读书的年代,大家都不想读书,读书无用论甚嚣尘上,可我爱读书,成绩一直都很好。考试成绩出来了,我向家长汇报,可他们并不在意,尤其是我妈,哼哼哈哈的,像是听到了又像是没听到(我想起来了,她从来就不表扬我)。有了多次这样的待遇之后,我以为他们并不关注我读书。我就自然地该干吗干吗,松松快快地上学放学、做家务。这种松快,终于让我付出了代价。

有一次数学考试后,有个"心态不好"的同学跑老师那里打听去了,他回来时路过我家窗前,正好让我看见。我隔着窗大声问他我几分,他说我100分。我又问几个100分的,他答就一个。我也和他一样认为这一定是我了。我妈在旁边也一声不吭。

可是第二天到学校才知道他弄错了,这个唯一的100分,并不属于我,也就是说我考砸了。回到家,我用最快的速度在我妈那里做了更正。我妈当时正在洗衣服,她还是一句话也不说,但抬手给了我一巴掌,肥皂和水火辣辣地甩了我一脸。我吓坏了,她又气又急的子,实在出乎我的意料。

这一巴掌确实让我醒过神来:考得好可以不管,但考得不好是一定要管的。

她从没有打过我两个妹妹。相反她倒是很经常搂抱着她俩,或者任凭她俩在她身上蹭来蹭去地撒娇。

很多不是问题的问题,此刻在我眼里都成了问题。

在无聊的岁月里,邻居家的大人们常常拿孩子逗乐,比如我大妹的胖或我小妹的瘦,而我长得据说不像我妈我爸。那像谁呢?有人就悄悄告诉我:"你是你爸你妈抱来的……"我立刻就哭开了,那一种伤心我至今还记得。我断然要求那个大人一定要带我去找我亲爸亲妈……

"你怎么就当真了呢?人家寻你开心都不知道!"她依然怪我,满是烦恼的样子。

寒暑假里,我们孩子可能的远行就是去祖父家或外公家短住,我从来没有想过家,不像两个妹妹。她们不出一两天就嚷嚷着想家,其实是想妈。

她依然看我什么都很挑剔。等我长到知道要漂亮的时候,有人客客气气地对她夸小姑娘(我)长得好,她却说还是老三好看。我是难看的吗?老三是好看,可我认为她就是不能这么说(当着我的面)。

孩子们长大就像飞一样,转眼间的事。这是老妈现今的语录,用来勉励我和妹妹——我们一晃也是当妈的人了。

我自己做了母亲,知道做母亲有多难之后,才开始理解她当年的独立苍茫、汗流满面有多不容易。不说洗尿布那会儿,就说给我们3个每天补袜子补鞋补衣服,哪天不是弄到深夜?还要做新的,织一家老小的毛衣,这也是长年不断的。面食点心的加工,每年过冬的200斤青菜、200斤雪里蕻,从到菜场排队买下搬回家开始,洗晒切腌哪一个环节能省略?

在我的记忆里,在冬天里她的手总是又红又肿。她的脚上也是长年裂着血口,脱尼龙袜子时她咬着牙,有时竟脱不下来,因为她的棉鞋破旧。我们的脚长得快,又费鞋,她的顶针绳线下总有要加急的活计。她常常刺破手指,就把指肚含在口里哑哑吮着,她不时皱眉的习惯大概是从这儿来的。

对我两个妹妹她其实是管束不过来,要我做"榜样",或者说杀鸡给猴看,也是出于无奈。我竟不知,唉……

我大病一场的那会儿,她把她的金银首饰卖了,不够,又去"献血"……可她依然与我少话,那回我几次想与她说点什么都没有说,是她眼眶里盈盈的泪光把我吓住了。

我想起来了,她是爱哭的,仿佛比我们更爱哭。看电影听戏时,年轻年老与我爸吵架时,我们不听话时,她的眼泪就汹涌而出,日子是她流着泪一天天过去的。

她如今老了,头发白了,腰粗了,人胖了,可依然爱哭。为了和我爸的事,为了死去的外公,为了自己的病,眼圈红着,久久的。我摸着她的头发,她会颤抖一下,像受了惊一样。

我还记得小妹那年得了急病,她背着小妹,小妹当时已经昏迷了,无知觉的身体直往下滑。妈只能弓着背走,我在后面用手托,而她的背竟被汗水湿透了,湿滑湿滑的。那条路平时空着手走也要四五十分钟,那天究竟走了多长时间,我不知道。就听医生说再晚半小时就来不及了。妈进了急救室,我被挡在外面,一直守到深夜。

可我还是禁不住怀疑,眼前这个脆弱的老妈,究竟是怎么把我们抚养长大的?她不再说我什么,而是什么都听我的了。有点盲目,她并不了解自己,就像当年的我。

我的妈妈,流泪的妈妈,你知道吗,我的良心、我的责任,或许还有所谓的能力、耐烦劲、平常心……一切的一切,那都是来自于你——

我亲爱的妈妈!

感恩心语

因为"我"是家中的长女,妈妈总是批评"我",从不表扬"我"。于是"我"对她充满了埋怨,直到"我"生病时才知道妈妈爱"我"。爱有时是一种管束。有了好的管束,才会养成好的习惯。

血色母爱

王帛 编译

罗莎琳是一位13岁的少女,由于幼年丧父,家境贫困,常受到许多人的歧视和欺侮。她性格孤僻,胆小羞怯。看到女儿性格日益封闭,母亲索菲娅心里很难受,总想做些什么让女儿快乐起来。

2002年2月下旬的一天,索菲娅因受到公司的表彰而被放了一个星期的假,她打算带女儿去阿尔卑斯山滑雪。滑雪俱乐部的老板佐勒先生看见她们母女俩都穿着银灰色的羽绒服,担心万一发生事故,救援人员难以发现她们的身影,就劝她们换服装,但由于换服装要交纳一笔费用,索菲娅谢绝了佐勒先生的好意。

滑雪者只能在固定的地段活动,不能擅自偏离路线,否则容易迷路或遭遇雪崩、棕熊等意外危险。母女俩滑雪技巧并不好,但她们依然很快乐地在雪地里滑行、打滚、唱歌,不知不觉偏离了安全雪道。当她们准备返回时才惊恐地发现,她们迷路了!

索菲娅开始心慌起来,她和罗莎琳大声呼喊救助,却不知较大的声响,能引起可怕的雪崩。突然,罗莎琳感觉雪地在轻微地颤抖,同时一种如汽车引擎般轰鸣的声音从雪坡某个地方越来越响地传来,索菲娅马上冲女儿大叫:"糟糕!我们碰上了该死的雪崩!"几分钟后,狂暴的雪崩将躲在岩石后的母女俩盖住了。

罗莎琳不知道自己昏迷了多久,等她醒过来时,发现眼前一片漆黑,她正要张嘴叫喊,大团的雪粒就挤进了她的口中,把她呛得剧烈地咳嗽起来。

因为担心雪水融化进肺部而导致呼吸衰竭,罗莎琳不敢张嘴叫喊,她只是拼命地用手指刨开自己身体四周的雪,以使自己有更多的活动空间。

随着空间的拓展,罗莎琳感觉呼吸顺畅了一些。接着,她开始呼喊母亲,但从口腔里发出的声音显得极其嘶哑和难听,然而,她还是听到了回音。原来,索菲娅就躺在离女儿不到一英尺远的地方。罗莎琳奋力向右挪动身体,然后,艰难地伸出右手朝声音传来的方向刨雪,终于,她握到了另一只冰冷的手!虽然母女俩都看不清彼此的脸和身体,但能够紧紧地依偎在一起感受到对方温热的呼吸,已使罗莎琳的心踏实了许多。

因为索菲娅和罗莎琳的身体并不能自如地活动,所以她们刨雪的进度很缓慢,罗莎琳的十个指头都僵硬麻木了,她还是没有看见一丝亮光,仿佛她们正待在黑暗地狱的最底层。就在罗莎琳快绝望时,她的左手突然触到了一个鸡蛋粗的坚硬东西,凭感觉,她想那应该是一棵长在雪地的小树。

罗莎琳把自己的发现告诉了母亲,索菲娅惊喜不已,她要女儿用力摇晃树干,如果树干能够摇动,那就说明大雪压得不是太深。罗莎琳照做了,树干能够摇动。

索菲娅又叫她握住树干使劲往上挺直身体,但罗莎琳这样做似乎很困难,已经严重不足的氧气使她稍微一用力就气喘不已、头疼欲裂。然而,罗莎琳知道这也许是她和母亲脱险的唯一途径了,如果再耽搁下去,她们不因缺氧而死,也会冻僵。她使出浑身力气一次次地尝试,终于随着一大片雪"哗啦啦"地掉下来,她看到了亮光。尽管是黑夜,但雪光仍然比较刺眼。罗莎琳艰难地站直身体后,赶紧将母亲从雪堆里刨出来,然后母女俩筋疲力尽地坐在雪地上大口大口地喘着粗气。

由于滑雪杆早就不知被扔到哪儿去了,留着雪橇只会增加行走的困难,索菲娅和罗莎琳松开绑带,将套在脚上的雪橇扔掉了。休息了一会儿后,她们决定徒步寻找回滑雪场俱乐部的路。但是，母女俩没有想到的是，因为缺乏野外生存技巧，她们辨识不了方向，她们这一走就是三十几个小时！白天，索菲娅发现一架直升机在山顶上空飞过，她立即和罗莎琳欣喜若狂地朝飞机挥手、叫喊，然而，由于她们穿的是和雪色差不多的银灰色的衣服，再加上直升机驾驶员担心飞得过低，螺旋桨的气流会引起新的雪崩，所以飞机飞得较高，救援人员没有发现索菲娅和罗莎琳。

又一个寒冷的黑夜降临了。母女俩跌跌撞撞地在深可没膝的雪堆里艰难地跋涉着，饥饿和寒冷的痛苦紧紧纠缠着她们。起初，她们还能够说话，但渐渐地，她们每说一句话就呼吸急促、心跳加快，为了保持体力，她们大部分时间只好沉默。困了，她们就相互依偎着在岩石旁打个盹，她们不敢睡着，害怕一睡熟就再也醒不来了。

再一次迎来白天的时候，母女俩又开始了跋涉。走着走着，体力不支的索菲娅一个趔趄栽倒在地上，脑袋碰着了一块埋在雪地里的石头，鲜血立即涌了出来，染红了身前的一小片雪。索菲娅抓起一把雪抹在受伤的额头上，然后在罗莎琳的搀扶下站起来。突然，她的目光似乎被脚下那一小片被鲜血染红的白雪吸引住了，她怔怔地看着，若有所思，而在极度的疲劳和饥饿中，罗莎琳伏在母亲的腿上进入了梦乡。

罗莎琳醒来的时候，发现自己躺在医院里。医生沉痛地告诉罗莎琳，真正救她的其实是她的母亲！索菲娅用岩石切片割断了自己的动脉，然后在血迹中爬了十几米的距离，目的是想让救援直升机在空中能够发现她们的位置，而救援人员正是因为看见了雪地上那道鲜红的长长的血迹才意识到下面有人……

❀ 感恩心语 ❀

如果你用心感受，就会发现总有一把安全伞一直在你的头顶；无论你在哪，它都会永远跟随着你，保护着你，那就是母亲啊！遇到挫折而灰心丧气时，只要抬头看看天空，她的影子仍然会注视着你，于是心中会顿生战胜一切困难的勇气。

超凡的母爱

佚名

这是一个不幸的女人，在一个风大雨大的夜晚，一辆车将她从斑马线上撞飞，肇事车又在茫茫夜色中逃逸。她又是幸运的，我们交警和医院、保险、社会保障等部门统筹协调，刚刚开通了"交通事故绿色生命通道"。这个"绿色通道"，让她在第一时间得到了最好的医疗救护，没有医疗费用的后顾之忧。

自从入院以来，她一直昏迷不醒。医生说她脑部神经受到损伤，也许永远也醒不了。她还有身孕，已经5个多月了。出于治疗上的需要，应该考虑引产。

可当她从神经外科转到妇产科病房时，医生却迟迟下不了决心实施这次手术，她腹中的胎儿不仅发育正常，而且一些生命指数高于同孕期胎儿，这简直是一个奇迹。

她的身世也是个谜。在事故现场，只遗落着她简单的行装。她是谁，她有着怎样的人生？她从哪里来要到哪里去？她的匆匆旅程是与谁相约？她腹中胎儿的父亲又是谁？这其中有着怎样的故事？只要她不清醒，这一切都将无从得知。更没人清楚，她在出事之前，日子是快乐还是忧伤？

她得到了妇产科护士最精心的护理，她们让她的身体始终干净清爽，散发着孕妇特有的芬芳。她们愿意与她共同呵护一个生命奇迹。

时光在她的昏睡中一天天地过去。后来她被推进了产房，后来医生骄傲地宣布："5斤重的男婴,健康极了!"那一刻有掌声响起。护士小姐把她的孩子抱来给她看,她们觉得虽然母亲是植物人,但是也应该让母子见见面。她们惊喜地发现她胸前潮湿一片,有乳汁分泌。她们小心翼翼地把婴儿的嘴贴上去。随着婴儿本能地吸吮,她脸上的肌肤竟然在微微颤动,那分明是在笑啊。多少次,每当护士把她的孩子抱来吃奶时,她的脸上都会出现这种幸福洋溢的表情,有时嘴里还会发出含混不清的音节,如一位快乐的母亲在对着婴儿呢喃细语。

神经科医生以此推论:她的大脑可能一直是有意识的、清楚的,只是神经中枢的连接出了问题,使她失去了语言与行动能力,无法表达自己的思想与感受。

她的身体早虚弱到了极点。母乳喂养,只能加速她的衰竭。可是,谁又能忍心剥夺她这样一位母亲的哺乳的权利?

3个月后,当孩子又一次吃饱之后,她终于平静安详地离开了这个世界。很多人都想领养她的孩子。几经权衡,我们还是选择了儿童福利院。福利院长大的孩子都姓"党",老院长说了,不会让这个孩子受到一丁点儿委屈,否则就对不起他妈妈。

依据有关的政策她的丧葬费只有几百元,用这点儿钱举办葬礼是不够体面的。我们交警队事故科的同事,凑了2000元钱,请护士小姐们给她买了几件新衣服。护士长却说:"不用了,我们都已经准备好了。那一天,我们医院所有已经做了母亲和将来要做母亲的人,都会去送她。"护士长还说,她住院时体重60.5公斤,分娩后体重43公斤,临终前的体重只有31.5公斤。她是在用自己的血肉孕育、哺育这个孩子。本来她生下他后,就可以"走"的,可是她怕自己的孩子没有奶吃,怕他觉得孤独,又坚持着在人生路上陪他走了一段。后来我们用这点儿钱给她买了块平价墓地。

没有她的名字,没有她的生平资料,所以墓碑上只有一行文字:"一个全身上下都闪烁着母爱光辉的女人。"

感恩心语

是母爱的力量,让成为植物人的妈妈顽强地和命运抗争,支撑着她人生的最后几个月,让她迎来了孩子的出生,呵护着孩子最初的3个月。这位伟大的母亲,在耗尽了最后的力量之后,安然离世。

这是一位"全身上下都闪烁着母爱光辉的女人",让人肃然起敬。

我交给你一个孩子

克里斯蒂娜

在古色古香的校门口,我遇到契肯老师。

"早上好!"

"蒂娜妮,早上好!"契肯老师热情地回答我,并拍了拍我的右肩。他准备到五楼有阳台的那间备课间去。我想再说一句:"再见,契肯老师!"可没有。

老师转过身,询问母亲有无交给他的信。

啊,正好,差点忘了。"老师,是妈妈给的,呶。"那是我们的约定。

半年前,我从5区学校回家时,发生了一件令社区居民和学生深感恐惧的事情。

我上了交通车,买了票。我坐下了,这时,邻座一位二十八九岁的男士向我打招呼:"漂亮的女孩子,到皇后区吗?"

这是一位看上去很帅的青年,我乐意他同我打招呼。你看,整辆车上,那么多女孩子,他只跟我打招呼呢!"嗯,回家。"

"你的头发很漂亮。真的!"

我抬头望了望他那张可爱的脸,他微笑着,笑的样子让我心动。我不好意思了,我说:"您,您赞美我,是不是有事求我啊?"

我在同学中是被看作很聪明、很上进的孩子,我想他一定需要我的帮助。

"啊哈,好聪明! 我——我是要求你的帮助。"

帅哥似的男人对我的理解力表示倍加欣赏。他伸出手来,无意识地捏住我的手,待车停下时,牵我下了车。

车并没到达我预定要下车的站点,可我忽视了。

我下车时,被一种乐于助人的心境给幻化了似的,当时就是如此。

命运是灰色的吧? 我真没料到,竟是一个魔窟等着我。我被他引进一辆轿车里,带到几百里以外的村庄。我想,那车是事先准备好的,不然,他的犯罪不会如此顺利。

那家伙有一个团伙儿,他们逼迫我吸毒。我不从,他们就打,狠狠地打,甚至用宽宽的牛皮鞭子狠抽。再不行,他们把我的头发揪起来,往水缸里一次一次地按,让我呛得直想去死。这是些恶魔呀! 世界那么美好,怎么会滋生出这伙儿野兽! 让我吸毒,是要达到完全控制我的目的,老师后来告诉我说。

命运又是蓝色的吧? 是蓝色,像天空那样的蓝色。谁也没想到,契肯老师跟踪了过来。他花了近两个月的时间,来往于伦敦和乡村的秘密地点。他没有报警,是因为他怕。怕什么? 怕那群野兽在闻到一点蛛丝马迹时,把我们给"撕"掉了(叫撕票)。

契肯潜入村民里去,装成一个疯老头,他慢慢地接近了那个魔窟,探清了里面跟我同厄运的有12个女孩。他竟然能钻进地窖里面,骗过看守把我救出来,契肯真是英雄!

老师这才报了警,端了那伙魔鬼的巢穴。揭露出来的罪孽,让世人震惊,他们已联系好了,不日就要把我们贩卖给印度的跨国毒枭。

父母不知怎样感谢契肯。政府要授予老师"孤胆罗宾汉奖章"。契肯却回答说:"我没做什么,只不过是我已失去一个女儿,不想再失去一个。"啊,多年前,契肯的孩子丽吉丝尔就是放学后失踪的,真是可怜的老师。

妈妈告诉我,契肯老师当天正好从皇后区回校,他发现了那家伙与我的事。引起他的注意,是因为我很像他失踪的女儿。不过,很快妈妈便排斥了这种想法——因为老师的女儿的年龄比我大得多。

老师,我想做您的女儿,是的,我没有其他办法来感谢您!

父母让我自己来做选择。因为他们也只有我一个孩子。不过,母亲说:"让蒂娜妮做契肯老师的孩子,是上帝的安排。"

可契肯不同意:"假如我只是因为蒂娜妮像我女儿,才救她,那么我不配做老师。"

这是件难办的事情。我想,假如我是一把琴,把我借给契肯老师,那该多好。

看到我们一家的感恩真情,老师说:"我可以要求你们做件事,仅一次,仅仅一次。"

妈妈说:"您说吧!"

"让克里斯蒂娜到我教的学校念书吧。就这要求。"

老师认真地说:"这可要孩子的母亲回答。"

母亲说:"这是个好主意。"

"那么,让蒂娜妮的母亲答复您吧。"父亲继续说。就是这个约定,需要今天答复他。

经过五个多月的严酷的戒毒和恢复期,我又能上学了。

以下是妈妈交给契肯的信:

契肯以及像契肯一样的老师:

——我看着孩子步出长巷，她既不跑也不跳，一副循规蹈矩的样子。我怔怔地望着伦敦塔下猩红的太阳而眼熟。

——我想告诉城市的每一座楼，每一块草坪，今天我交给你一个孩子，她还没有真正逃离恐惧和灾难。

——我把她交给校园，交给计程车、运货车、警察、乘务员，交给一切在马路上可以遇到的人——你们会小心待她吗？会伸一伸手帮助她吗？会严于律己像契肯一样保护她吗？我交出一个孩子，多年后你们能还我一个怎样的人？

——我交给世界和早晨一个孩子，你们会给她什么？

契肯老师把妈妈的信展开，贴在了校门边上的黑板上。契肯老师、路过此处而停步阅读它的老师和我都热泪盈眶。

❧ 感恩心语 ❧

"我交给你一个孩子。"这是母亲面对女儿成长后说得无奈而又充满希望的话。在这封信中，寄托了母亲浓浓的爱和深深的牵挂。

瓶水之爱

马德

一个不常出差的年轻人这次要出差，是去很远的地方，而且途中还要辗转好多个地方。

临行前，母亲在一旁为他整理行囊，不一会儿，便装了鼓鼓囊囊的一大包东西。他一边翻拣着背包一边露出不以为然的笑意，因为里边除了必要的物品之外可带可不带的东西实在是太多。他对母亲说："出远门，不需要拿这么多东西的。"于是，他把母亲装进去的东西又一件一件地拿了出来。他怕伤了母亲的心，每拿出一件的时候，都要简单地解释一下。

到后来，他翻出一瓶水，用很大的塑料瓶盛着的一瓶水，他随即把这瓶水也拿了出来。心想带这个实在没必要，火车站、码头，到处有卖水的地方，一两元一瓶的矿泉水，极便宜的。带一瓶水，多重啊。虽然他依旧是笑着解释不带的理由，但看得出来，他心里多少有些责备母亲在帮倒忙了。

在此之前，母亲一直静静地站在一边，任由儿子把她装进去的东西，再一件一件地拿出来。但当儿子拿出这瓶水的时候，母亲似乎并没有听儿子的解释，便抓起那个瓶子，重新塞进背包里，嘴里念叨着："这个你一定得带上，这个你一定得带上。"

母亲还未放妥当，谁知儿子又一次把水瓶扔出来。水瓶落在床上，发出一声闷响。"带这个干什么，这么重，谁愿意背！"看来他有些不耐烦了。

空气似乎凝滞了一会儿。最后还是母亲打破了这片刻的沉闷，她有些踌躇地走过去，把那瓶水又重新装进了包里，说："还是带上吧，重就重些，这次你去的地方远，妈怕你水土不服，特意为你装了一大瓶家乡的水。"

母亲接着说："在你很小的时候，第一次带你回东北的老家，你却闹起了肚子，那时候妈妈不懂，害得你闹肚子好长时间，人也瘦了许多，后来，听说这叫水土不服。老辈人讲，到了一个生地方后先喝几口家乡水，情况就好些，妈把这话牢牢地记在了心里。以后再带你回爷爷家，妈在大背包中，总是忘不了带上一大瓶家乡的水。别说，这一招还真管用。这回就为你准备了这瓶水，心想带上终归没有坏处的。"

这次儿子没再拒绝，泪眼模糊地看着母亲为他所做的一切。

我们或许并不是每时每刻都能意识到平淡的生活中其实蕴藏着许多爱的细节。它琐碎、细小,像一丝风,似一缕雾,淡淡的,藏在生活某个不起眼的环节上。或者说,它更像是一滴水,早已默默地渗透在生活的深处。可惜,活得很粗糙的我们,往往感受不到。就像这瓶水,我们更多的时候只把它简单地看成一瓶水,殊不知,在水的晶莹中,蕴含着母亲那玲珑剔透的爱心。

⌘ 感恩心语 ⌘

母亲对我们的爱,体现在细微之处、点滴之间,而这正是母爱的伟大之处。所以,请不要吝惜你的爱,怀着感恩的心去感受母爱,那才是人类最纯净的情感。

母亲的唠叨

佚名

母亲的唠叨是出了名的。

母亲曾自诩,她是一个很好的饲养员,她的责任就是把一家人喂养得饱饱的,尽可能地吃好。于是,母亲的话大多与吃有关。每天买菜前,母亲总要征求大家的意见:是吃鱼还是吃肉? 是要黄瓜还是要番茄? 好多时候不吃含碘的东西了,要不要买些海带? 菜买回来了,母亲紧接着又是一番询问:"鱼是要红烧还是清蒸? 黄瓜是要清炒还是凉拌?"一天如此,自感母亲的体贴入微,可一年 365 天天天如此,多少也有些烦了。尤其是有时我一个人在家,母亲会一天从单位里打来四五个电话,一会儿催我吃西瓜,一会儿又要我午睡片刻,惹得我对着电话不得不说:"妈,你少唠叨几句行不行?"

母亲的唠叨,不仅涉及吃的方面,在学习、生活上也同样频繁。记得有一次,我考试考得不好,母亲自然有话:"我看你这段日子就是不刻苦,花多少力气就有多少成绩……"母亲从我学习上的松松垮垮一直说到平时不做家务,按她的话说:"一切都是相同的,归根到底,你就是一个'懒'。"母亲自是为我好,想敲醒我,然而,听多了,尤其是在气头上,我却觉得好烦。我必须到外地去,不仅是为了学会独立地生活、做人,而且还包括躲避母亲的唠叨。

于是,有一天,我对母亲说:"妈,我想考到北京去。"

"什么?"她似乎没听清。

"我想考到北京去。"我又重复了一遍。

"北京? 非去不可吗?"母亲抬高了声音。

"这倒不是。"我开始寻找理由,"北京的气氛好,文化底气足。"

母亲沉默了。半晌,她似乎想通了:"好吧,你要去就去,我跟你一块儿去。我租间房子,打打工,烧饭给你吃,帮你洗洗衣服,还可以在北京玩玩。"母亲又开始唠叨了,而我忽然有种想落泪的感觉。一直都觉得母亲烦,嫌她唠叨,可是母亲的唠叨早已成为我生命中的一部分。从小到大,就是在这唠叨中,我开始牙牙学语,开始蹒跚走路,开始慢慢地长大。抬头,我看了看母亲,母亲真的老了,虽然比以前胖了,但皱纹却一天天地多了起来。有时一起出去逛街,没走多少路,母亲就会喊脚痛,走不动了。忽然间我想,从二十几岁到四十几岁,母亲就这样一直忙了整整 20 年,天天如此。或许母亲年纪越大越怕自己照顾我们不够多,不够周到,所以开始唠叨,一直唠叨。

今后,或许我还会嫌母亲烦,还会到北京去。但是,我想我永远都无法躲避母亲的唠叨。因为,它在我心中,在我生命里,像一张网,永远地包围着我,很沉,很累,然而却又那么令人眷恋。

⌘ 感恩心语 ⌘

母爱是一本我们终生无法读完的巨著;母爱是一片我们永远也飞不出的天空。我们走到任何地方,心总是紧贴着母亲,母亲永远是我们的最爱,母亲永远是我们的精神靠山。不要嫌弃母亲的唠叨,那是世界上最动听的声音,是一个母亲最真诚的爱。

母亲和那口老掉的井

谢云

入夏后,一个多月时间,持续艳阳,持续高温,滴雨未落。母亲从老家来信,说"天干得很",苞谷蔫了,树叶萎了,村前那条河,断流了,连屋后那口井,也快没水了。

那井,就在我家屋后,这些年来,一直被我深情眷念着,清澈、甘洌、幽深,仿佛将永远长流。我渐渐觉察,自己的许多作为,似乎都与那井有关。而现在,它居然就这样老了。

那一天,接到母亲来信的那一天,得知那口井老了的那一天,它的形容、情调、场景,竟又一次在记忆里清晰。那清洌的水,素色的青石板,紧挨着的穷人的家,屋顶上袅袅升起的一柱柱炊烟……我跟着那气息走了回去。在薄暮中,在柴烟弥漫的一天结束时。

井水没了,那口老井,或许真是老了。就像一丝涓细的泉流被堵塞,被淤埋,我忽然想不起下面该有什么内容。我只是莫名地想到母亲,在乡下奔波操劳的母亲。然而,父亲上次来我这里时说过:"你母亲这两年,又老了一大截,头发也白了许多。"

记忆中,母亲是有过一头茂盛的长发的。乌黑、柔软、油亮、光洁。那是她的骄傲,是她在乡村里的旗帜。母亲喜欢它们,疼惜它们。即使最困难的年头,她也把它们梳洗得一丝不苟,呵护得无微不至。我一直记得,小时候,再忙的时节,从田地里,或山坡上归来,洗脸或洗手后,母亲总要抚点水在头上,然后认真梳理,到一丝不乱了,再将它们精心编成两条粗大的辫子。

劳作或奔走,它们就在母亲肩上,在田边或地埂,在蜿蜒的村道上,一晃一晃地荡着秋千,像极了母亲当年的身影:活泼、轻盈、欢跳。

后来,父亲曾不止一次对我们说,你母亲每次洗头,都是蹲在井边,用一大盆水,将头发漂着,用皂角荚浸润。这让我总禁不住想象,在那些岁月里,这该是怎样一种风景:黑发披垂下来,该是多么闪亮的瀑布,而当它们飘扬,也该是微风柔柔拂过湖面的感觉吧。苦难的岁月,艰辛的生活,把母亲磨砺得那么粗糙,泼辣,强悍,唯有那一头黑黑的秀发,似乎远离了生活的困厄和挫折,一如既往地,在乡村里柔顺着、飘拂着。

然而,自几个妹妹依次出世后,母亲就不再蓄发了。她剪了便于梳洗的短发。早晨起来,只需用手蘸水,略微抿抿,再蓬松凌乱,也变得顺溜了。贫困,劳累,鸡鸭猪狗的忙乱,养儿育女的繁杂,使她早早告别了年轻和爱美的心境。像她的头发一样,母亲提前进入了枯涩的中年——而那时,母亲还不到30岁。

现在想来,母亲那时实在太操劳了。从我知事起,家里家外,大事小事,都得靠她奔波,操持。父亲一直体弱多病,几乎是母亲一个人,撑持着我们的家,撑持着那方遮风避雨的天空。她的一生,始终在为我们操劳、操心。起早贪黑,含辛茹苦。她像母鸡一样,护卫着她的鸡崽。孩子长大后,却像鸟儿一样飞走了,只有节假日才能回家看看。而母亲,仍像一只窝旁守候的老鸟。她牵挂的心,始终那样悬着,被我们牵扯着,放不下来。

儿子出世后,我常常在想,母亲究竟是什么?

想不出明确的答案。我只知道,那个在下雨的黄昏,在路的尽头,满眼焦灼,静等迟归孩子的人,是母亲;那个把叮咛缝进鞋垫,把牵挂装进行囊,把所有慈爱写在心底的人,是母亲;那个在孩子面前不流泪,在困难面前不低头,为孩子辛苦奔忙,毫无怨言的人,就是母亲——我只知道,这世上有一个最伟大而最平凡的女人,那就是母亲。而在我懂得爱人的时候,我最爱的人,便是母亲。在我仅有的文字里,写得最多,最富感情的,也便是母亲。我在远离她的地方,通过文字诉说,感叹,但母亲只是默默奔忙,像深井一样沉默。

自读大学后,我在家里待的时间,就一年比一年少,离家时,走得也一年比一年仓促。偶尔回家,母亲总是格外高兴,不知疲倦地在菜园、井边和灶台上忙活,为我们做饭,给我们炒菜。在母亲看来,或许这就是最快乐、幸福的事。记得前年春节,早早写信回家,告诉了母亲行期,却没料到,接连不断的事情跟在脚边,弄得我一时半会儿动不了身。待好不容易做完事,回到家中,差不多已是预约时间一周以后。刚进村口,就有乡邻告诉我,你妈天天到街上等你们,把垭口都望矮了。未能如期而归,母亲该是如何着急,这我能够想象。但当我带着风尘和一脸歉意,出现在母亲面前,她却只说了一句:"回来了就好。"我所有的歉意,凝为泪滴落下来。

也就是那时,猛然看见母亲头发中间,凛然生出一撮撮白发,像春天黛青的远山阴影里的一抹抹残雪。这不经意的发现,在我心里,不啻一次剧烈的山崩或海啸。

近年来,母亲常说,她眼涩了,手钝了,缝东西时,穿针都很困难了。而我记得,母亲的手脚,曾是全村里最快的,母亲的针线活,是全村最出色的。无论她缝制的衣服,还是衣服上打的补丁,都会惹得别人夸赞。小时候,每年春节前,母亲都要给我们几姐妹做鞋。那时,她的眼睛明亮如镜,她纳的鞋底,针脚又细又密,鞋帮和鞋底,都有好看的花纹。可是现在,她却连穿针引线,都感到困难了。

"本来想给孙娃做两双鞋的,眼睛看不清了。"母亲声音里,有些无奈和凄惶。

我听了,鼻子酸酸的,眼睛涩涩的,直想哭。为母亲的苍老,也为自己的粗心。虽然我早知道,南来北往人自老,白发取代青丝,是自然规律,谁也无法抗拒。但是,这些年来,我们一直忽略了母亲的变化。每次想到她,浮现眼前的,总是年少时看到她的样子:精神,精明,能干。数十年如一日,母亲一直辛苦奔波,劳累,一直为我们提供着温暖和关爱。那样的自然而然,让我们以为,她会一直如此。让我们一点儿也没觉察到,她会一年比一年老;她的皱纹,会一年比一年密;她的头发,会一年比一年白。也许,我是真的太大意了。连七岁的儿子都知道,世界上一去不复返的东西是时间,我怎么就没在意呢?

就像那口沉默在屋后的井。那井水,一直那么清澈,纯净,一直那么源源不断,让我们从没想到,它也会有枯竭的一天,也会有再不能让我们汲饮的一天。

记得,读过台湾诗人琼虹的一首诗,叫《妈妈》:"当我认识你,我十岁/你三十五。你是团团脸的妈妈/你的爱是满满的一盆洗澡水/暖暖的,几乎把我漂起来……等我把病治好/我三十五/你刚好六十/又看到你,团团脸的妈妈/好像一世,只是两照面/你在一端给/我在端取/这回你是泉流,我是池塘/你是落泪的泉流/我是幽静的池塘。"

或者,对我们而言,母亲就是那不停地供我们汲饮、滋润着我们心田的那口井。

感恩心语

在孩子的心中,妈妈是永远不老的,从记事时开始,妈妈是什么样子,好像在眼里就永远是什么样子了,只是在离开妈妈的温暖的家之后,对妈妈的变化才是稍微有些察觉的。

长大后,每次放假回家,才留意到母亲的面容,陡然间发现她的眼睛有眼袋了,眼角有皱纹了,青丝间夹杂些白发了,背有些驼了,走路已经不再像以前如风了,说话的声音舒缓了,语气也不那么浓烈了,眼神比从前更柔和了,笑容也更关爱了,跟孩子说话似乎也变得客气了。这个时候,我们的心会有阵阵疼痛,感觉妈妈有些老了,我们会心生歉意,以前从没有留意过。我们大意地认为时间能在妈妈身上忽略跳过。但是,就在我们忽略的间隙,母亲在村口的小路上把望子归来的剪影站成了一座雕塑;就在我们的忽略中,时光用一把锋利的刀在母亲的身上进行着无情的雕刻;就在我们忽略的瞬间,母亲已经由年轻变成了年老。

常回家看看吧,让我们给妈妈的目光中充满更多的爱。

阴晦的真相

泰小痴

还是在未谙世事的年龄,我便知道母亲与父亲是合不来的。他们很少说话,常将我关在房门外吵架。战事往往由母亲挑起,房门里边,她的声音大而持久,父亲只是唯唯诺诺地接上几句,像心虚的小学生。

在那时的我所能理解的范畴里,母亲便是胜者了。可他们走出来时,她丝毫没有胜利的满足,脸上甚至挂着眼泪。后来听到一个叫做"恶人先告状"的词语,一下便想起了母亲的眼泪。把父亲打败了,她却哭了,她真是恶人先告状!

初中时住校,一个星期回一次家。那天,父母亲一起来学校看我。午休时一家人上街,他们一左一右牵着我,任由我挑吃的、穿的、用的,买给我。我欣喜不已,那个中午始终沉浸在幸福里,梦想着那是今后一家人和谐生活的美好开始。

然而,再回家便不见了父亲。母亲在我犀利、疑惑的目光里,眼神闪烁,措辞生硬,倒是极力在说父亲的好。我大嚷:"我不想听这些。你都赶走他了,又为他讲话,这只能证明你心虚了,是因为你心里有别人吗?"一个十几岁的孩子,对母亲喊出的竟是心里认为最恶毒的辱人俚语,连我自己都吃惊不小。

母亲望着我,咬着下唇不再做声。

单亲家庭的孩子果真叛逆。我不与母亲多说话,逃学、早恋,一次次离家出走,一次次被母亲找回来。她问我到底想怎么样,我就理直气壮地拿"要去找爸爸"这样的话来刺她。每到这时,她便不说话,只是望着我,眼里写着的焦虑与失落,竟在我心里激起快感。

有一次,我偷偷拿了钱,逃了课与一群同学去郊区"踏青"。归家时是三天后,母亲的怒火如山洪暴发,她骂我,拿起缝纫机上的戒尺,一下接一下地抽打我的手掌。我站着,不缩手,不皱眉,不叫痛,也不哭,我昂着头,像一个坚强的"革命战士",她就不停地抽着。最终,她败于这场对峙,她哭了。她哭着朝我吼:"求求你叫声疼,只要你叫喊疼我就不打了!"

我高昂着头,不叫。

她一下跪倒在我面前,哭得不知所措。她说:"我只以为我悉心抚慰你,家庭的残缺应该不会拖累你。然而,为解脱自己,我却伤害了你,孩子……"

我听不懂她的话,也不想去深究,而是跑进房间,抱着父亲的相片喊"爸爸",哭得悲怆苍凉。许久,她走进来,将我抱在怀里,又为我清理红肿的手掌。我只感觉到掌心有什么东西在拍打着,温温润润的很舒服,是她的眼泪。

突然就想起一句话:打在儿身上,疼在娘心里。是谁说过的?我想着,搞不懂是为这句话还是为自己,鼻子酸了一下,就流泪了。

那一夜,母亲面带微笑,和我坐在餐桌旁吃晚饭,从那端辗转着往我碗里添菜。又坚持送我回房休息,却坐在床前久久不愿离去。待我一觉醒来,她已趴在床头睡去。我打量她,她睡得安详宁静,头上若隐若现的白发让人恍惚。

突然,我觉得自己不应该惹她伤心。

然而,十几岁的年纪,最做不来的是乖巧,最不懂得的是母爱的深沉和回报母亲。偶尔闪现的那些好念头,不过是雨后的彩虹,短暂且不可期待。次日清早,我仍提着书包目不斜视地穿过满桌的早餐,出门。

我的成绩一直不理想,连我自己都认命,她偏不信邪,不停地给我换家教。我们的经济状况并不好,她上完班,给一家电子厂加工零件,是往那种棱角分明的小玻璃珠子里穿银丝,要穿1000个才赚得1块钱。她每晚都守在灯管下,不厌其烦地干着。手指先是起茧,茧子再经磨破,那手指便没了样儿,皮肉血水一团糟。搽上酒精,用纱布缠住,仍穿。她给我请家教,专挑名校学子,人家开价从不还一分。

几年后,从当地一所三流大学毕业,我们的矛盾再次激化。我要随男友去南方,她不同意。我们谈话,决裂,再决裂。她问原因,我硬了心肠说:"这一生没有爸爸,找一个长得像爸爸的男孩子,便是最大的理想。"她低下头,不再言语。其实,真正的原因我实在是不忍说出口,早在两年前,父亲便与我有了联系。这次南下,与其说是去追随爱情,不如说是去寻一个失落太久的梦。

走的那天,母亲规劝,哀求,终于暴跳如雷。最后,无望地在我身后放声大哭:"你走出去就不要再回来,我不要你这不识好歹的东西!"我愣了片刻,头也不回地走掉。

离开母亲,很长一段时间里,心却被她的眼泪浸润着,缓不过气来。才发现自己其实是深爱着她的,只是孩提时印于脑海中的"恶人"形象根深蒂固。或许,还因为这些年里,我们之间冷漠的相处方式,将那一份最温馨的亲情深深封起。我是爱她的,我却不知。

没有母亲的异乡之夜,漫漫无尽头。我裹在被子里哭泣,不停地给母亲打电话,她再不似离别那日的浮躁,很平静。仿佛想明白了,我于她,已经是一只挣脱了绳索的风筝,即使她再眷恋,如今我飞了,她只能无望守候。

与父亲的相见,是在他的家里,一个与母亲有着相当年纪的女人,我叫她阿姨;一个高及我肩头的8岁男孩,他叫我姐姐。望着弟弟眉眼里那抹父亲的神韵,有妒忌自心底掠过。我在心里细细拍算:弟弟他8岁了。也就是说,父亲离开我时,弟弟就已经生根发芽了。

当然,事情过去了那么久,我也不是那个朝自己的母亲嚷"你心里有别人了"的傻小孩子,对于父亲现在的生活,我是不应有什么想法的。但不知为何,感受着他们的愉悦,一边为父亲高兴,一边却是失落,为母亲鸣不平。她与父亲,曾在同一屋檐下生活十几年,他们曾携手走过那么多个朝朝暮暮。而如今,他已拥有另一份天伦之乐,他撇她而去时她不到40岁,这些年里她却守着成天朝她讨要爸爸的女儿,低调、晦涩。

父亲意识到了,伸手过来握住我说:"你在怪我吗?"我想了想,微笑着说:"不会了,爸爸那个字于我,已在妈妈这些年的良苦用心下消磨殆尽。人都有抉择的权利与理由,我懂。就是妈妈,她都没有怪过你,我们祝福你。"那一刻,却是泪如雨下,归心似箭。

跨进家门,母亲坐在沙发上缝补着一件我小时候穿过的背心。叫了一声妈,她有片刻的停滞,手指大概是被针头刺到了,噙在嘴里飞快钻进厨房。我追到厨房喊"妈",母亲仍不理,背影在颤动!

我想起小时候看到过一篇文章,说的是猫头鹰这种动物,是吃母亲肉的。母亲生育了它,抚养了它,倾其一生,连同最后的一身血肉……如此,这么多年,我便是一只猫头鹰了!我吞噬母亲的血泪赖以成长,还要伤透她的心……我跪倒在母亲脚下。

母亲抹着眼泪将我扶起,只有几秒钟,她的神态便恢复得极其自然,就像我们并不是一对存在芥蒂多年的母女。

那天下午,我搬着小板凳挨着母亲坐在阳台,一份久违的温情在心间袅袅升起。我终于鼓足勇气,小心翼翼地跟她聊起爸爸。母亲却平静,全然没有常人对负心男人经久不灭的那种愤慨。我终于忍不住问:"可是妈妈,那时,你为什么不向我说明呢?"

母亲微微一笑:"我们已经不能给你一个完整的家,为什么还要将阴晦的真相压在你幼小的心灵里呢?"

感恩心语

母亲不想让"我"过早地面对那份无奈。为此,她愿意活在女儿的懵懂的积怨里,耐心去守望,而女儿,从此有了一颗恬静、懂爱、感恩的心灵。

那时候，你会接受我的手吗

黄蓓佳

女儿很小的时候，带她出门，总是伸一根食指让她紧紧牵住。那时的女儿多小啊，脑袋刚刚齐到我的大腿，走路深一脚浅一脚，趔趔趄趄，小小的胖手满把攥住我的食指，黏糊糊地抓着，不要命地抓着，那真是甩也甩不脱，割也割不掉。不知道那只小手哪来那么大的劲儿，我的一根食指对她来说还是庞然大物呢，她手指环过来捏也捏不拢呢，竟能把我的食指攥出湿漉漉的一层汗水。

稍大的时候领她上街，牵手已经不够了，牵手之后还要用她的胳膊勾住我的小臂，结结实实地，一步不落地，仿佛生怕稍不留意我就会从她的身旁逃之夭夭。我觉得姿势别扭，小臂被她勾拉得像要脱臼，甩动不灵也妨碍走路，我会冷不防地用劲，从她胳膊里抽出自己的手。她"嗷"的一声扑上来，仍然是不屈不挠地抓住，而且比刚才更小心更加用劲。

后来我就怕带她上街了，或者喝令她去牵爸爸的手。她牵爸爸的手也是一样全心全意，爸爸让她牵着会一脸陶醉，幸福的感觉从每一个毛孔里丝丝渗出。但是过不了多久，不知不觉间，她的身体又吊在我的小臂上了，她又把我的手不容置疑地握住了。

女儿现在已经十三四岁。十三四岁的女儿人高马大，我们俩并排走路，我穿高跟鞋比她高一个头尖，我不穿高跟鞋比她矮一个头尖。人高马大的女儿出门依旧牵我的手，但再不是满把攥住我的一根食指了，而是把我的食指中指无名指小指捏成一排，而后囊括进她的掌心。

我说不行，你太大了，你看街上有没有这么大的女孩子还牵妈妈手的？她"嗯"一声说，我想牵。我半开玩笑地试图甩脱她，一次，两次，三次，四次。她扭过头，用责备的目光望着我，然后暗里使劲，五指并拢抽紧，固执地不让我的手滑开。

她的劲多大啊！她的手还是柔柔的嫩嫩的小小的，可是传到她手里的劲道分明已经远远胜于我，我的指骨在她掌心里酥麻酥麻的，只要她再加一把劲我就会叫唤出声。我扭头无奈地看她，用眼神表示认输和投降。其实我真是喜欢那种指骨酥麻的感觉，在那样用劲地一握之间，包含着多少孩子对母亲的情感！

我真不知道女儿牵我的手要牵到什么时候，今生今世我们的手还能不能分开。我嘴里说着：不要，不要。可我心里默念着的却是：牵吧，牵吧，牵吧，我的孩子！妈妈牵女儿的手天经地义；女儿牵妈妈的手地久天长。于不经意的轻轻一牵中，是女儿对我的一份沉甸甸的依靠，沉甸甸的信任。她把她的手交到我手里，她就把她的一切都交给我了，她的衣食住行，她的学习，她的前途，她的生命，一切一切都交给我了。

可是妈妈老了之后，你还能这样紧紧地牵住妈妈的手吗，我的孩子？跟现在你把一切交给妈妈一样，那时候妈妈也该把一切都交给你了。从前你交给妈妈的是花朵儿一样的身体，诗一样梦一样的年华；以后妈妈却要回赠你一段枯萎皱缩的躯体，一个斑驳生锈的灵魂。我知道这不公平，可是我只能如此，岁月就是这样从我们身边流过去的呀！

到那时候，你会接受我这只手吗？我的孩子，我的女儿。

❧ 感恩心语

只要牵着母亲的手，我们就信心满怀，勇气倍增。母亲渐渐老去，我们仍然会牵着她的手，直到永远。

母爱,幸福的源泉

佚名

一直想写写自己的母亲,但不知从何写起。有过几次想写的冲动,无论从哪个角度去写,千言万语,却总也描绘不出母亲的点点滴滴。

我10岁那年,只记得母亲经常用木板车拉着父亲去县城看病,每次回家都会从父亲的衣兜里掏出给我买的扎头绳,看到各色的扎头绳,我高兴极了,根本不曾想过父亲的病情如何。

也就是这年7月的一天,和往常一样,母亲把父亲拉回家。我也和原来一样,高兴得跑着去问父亲要我的扎头绳。而这一次,看见父亲是躺在车子上,母亲按住了我将要掀开盖在父亲脸上的斗笠的手,母亲抱住我哭了,我知道父亲走了!

在母亲拉着父亲回家的路上,母亲怕父亲被颠簸得疼痛(其实父亲哪里还知道疼痛啊),把擦汗的毛巾折叠着放在父亲的头下。母亲说,父亲走时就给她留下我们兄妹仨人,别的什么也没留下。

母亲白天下地干活,晚上管理几分自留地,还要给我们缝补衣裳,做鞋子。母亲心灵手巧,全村妇人都来问母亲要鞋样。有一次,母亲浇了一夜的菜,那时是用一根长绳将水桶一桶一桶地从井里往上提,这一夜,也不知提了多少桶!天亮时,母亲才发现自己的胳膊早被磨出了血泡,难怪母亲感到疼痛!

母亲就是靠过着这样的日子来供我们兄妹仨人上学。母亲不识字,她一直有个心愿,想让我们兄妹都考上大学,脱离农业社的苦。我们仨人学习都很好,我的成绩最突出,每次都是班级的第一名,什么县里、区里的尖子竞赛,我都能考出好成绩。

我刚上初中时,由于母亲实在支撑不起家里的困境,我多次辍学,而老师们又多次抓着我不放。从那时起,我退了上,上了又退,最终在我上初三的那年,自己痛下了决心。

永远忘不了那天中午。看到伙伴们陆陆续续都去了学校,我扶着大门流泪,我是多么想上学啊!母亲把我叫到跟前,"妈对不起你,妈知道你学习好,将来会有出息,可你离考大学还要几年啊!你哥哥就快考了,你妹妹还小,妈实在供应不起了,你退学最合适,你可以编草帽,帮助妈妈供应你哥哥和妹妹呀!"我哭着不吱声。

母亲将我紧紧地揽在怀里:"月儿呀,下辈子再托生为人,一定要找个有钱的人家,找个有能耐的妈妈……"看到母亲那一串串眼泪,我放声哭了起来:"妈,来生我再做人,还做您的女儿,还找您做妈妈!我不上学了,我要退学帮妈妈!"这一次,我永远离开了我那渴望的学校大门。

直到现在,母亲还时常提起此事。母亲说,她这一生做的最大的错事,就是没有让我上完学。说真话,今天我有了自己很好的企业,上大学一月所挣的工资,也许我一天就拥有了,但我还是羡慕那些有知识有学历的人。而在我的内心深处,我没有一丁点怪过妈,母亲抚养我们太不容易,她付出的是别的母亲几倍的艰辛!

艰苦的日子同样过得那样快,我们兄妹都成了家,哥哥和妹妹没有辜负母亲的心愿,他们都考上了很好的大学,现在都生活在城市里。他们很多次都要接母亲去他们那里一起生活,可母亲总是说在城市呆不惯,仍恋着自己的老家。有一次,我给母亲买了一双皮鞋,母亲边试着鞋边问:"就买一双吗?"其实我懂妈的意思,而故意装作不明白:"对呀!您要是喜欢,过段时间我再给您买一双。""妈知道你手头不宽裕,把这双拿给你婆婆穿吧!我和她的鞋码一样大,她穿着也会合适的。""妈呀!婆婆正穿着呢!和你的这双一模一样。"我亲昵地揽着妈妈。妈笑了:"你这鬼丫头,妈都老了,还戏弄妈妈。"刚结婚的那年春节,我匆忙跑到母亲的家中,母亲又喜又生气:"出嫁的人了,什么都要以婆婆家为重,你应先去拜见公婆,过了春节再来看妈。不要让家人和邻居说你不懂道理。"就这样,每年的春节我看着婆婆家又炸又炖,一家人在一起欢欢笑笑,而我的母亲形单影只,寂寞,冷凄! 我总是在无人处流泪。

结了婚,我才更了解母亲的孤寂,多少次我劝母亲找个老伴,而母亲坚决不同意,她说,这么多年都熬过来了,她不能丢下父亲独自去享福! 我知道了母亲是多么的爱父亲呀!

是啊! 那样艰苦的年代,妈妈才39岁呀! 她一个人承担起了父母亲的全部责任!

那年的冬天,母亲的邻居打来电话:"秋月,快来看看你妈吧! 她病了。"我心急火燎,开着车飞快地来到母亲的家中,当我看见母亲已瘦的不成样子,蜷缩在床上时,我惊呆了!

母亲听见我来,无力地睁开眼睛。"妈,您病成这样,怎么不告诉我? 您想让女儿后悔一辈子吗?"我跪在母亲的床前,泣不成声。"我知道你忙呀! 八个人替不下一个你,只要你们仨过得好,我这点病算什么,妈还行,能照顾自己。"母亲用她粗糙无力的手握着我的小手。从此,我放下手中所有的事情,经常去看妈,还时常把她接到我的家中。

孩子没有,我们可以生,工作没有了,我们可以找,而母亲没有了会让我们心痛一生。不要说工作太忙,不要说有要事缠身,不要等老人走了,再说对不起,悔恨终生! 对于母亲,用感恩两个字,太轻太轻!

感恩心语

在我们成长的道路上,母爱一直陪伴着我们。面对母亲给予我们的,我们做得太多,也无法补偿那份恩情。千言万语,也无法描绘出母爱的伟大。其他东西没有了,我们可以再努力创造,但是母亲没有了,我们将追悔一生。因为,母爱是我们幸福的源泉。

圣诞节的母亲

约翰·杜尔

杜尔从小在芝加哥长大,寒冷的冬季让他想起一些圣诞节的情景。时间回到1925年,当时妈妈带着他和哥哥过着困苦的生活。

爸爸当时已经过世三年,留下坚强不服输的妈妈和两个孩子。

哥哥纳德比杜尔大4岁,已经上学了。妈妈必须带着杜尔去上班,她是一名清洁工,那是她唯一能找到的工作。那个时候的工作机会非常少,工资更是微薄。杜尔记得当时看着妈妈跪在地上不停地擦洗地板与墙壁,在严寒的天气里坐到四层楼高的窗台外面擦玻璃,而薪水一个钟头才25美分!

杜尔永远不会忘记1925年的圣诞夜。妈妈刚从诺赛德附近干完活,他们搭乘一辆街车回家。妈妈工作了9小时,总共赚了2美元25美分,另外雇主还送她一罐番茄酱当作圣诞礼物。杜尔还记得妈妈将他高高举起,放上街车后方的平台,然后从她仅有的钱币里找出5美分的铜板付了车费。他们握着彼此的双手,一起坐在冰冷的座位上,妈妈轻轻握住杜尔的手,但是她粗糙的双手割痛了他的手掌。

杜尔知道那天是圣诞夜,虽然他当时只有5岁,但是据他以前过圣诞节的经验,他的直觉告诉他,今天除了加点儿菜、到玛莎百货公司看橱窗内栩栩如生的娃娃、雪景,以及其他小孩兴奋的模样之外,别期待任何别的东西。

在回家的路上,杜尔心里有一股温暖的安全感,因为妈妈握着他的手,还有一个名为"善心兄弟"的慈善团体也送了一篮食物给他们。

街车路过一个十字路口，路旁的伟伯兹百货公司准备打烊了，最后一批顾客也纷纷离去了。杜尔和母亲坐在行驶的街车上，即使隔着冰冷的车厢与行车的嘈杂声，依旧能够感受到那些人欢乐的过节气氛，也能够听见他们愉悦的欢呼声。但是当他抬头看妈妈时，他感觉到她身上的痛苦。泪水从她干枯的脸庞上滑落，她紧握着杜尔的手，然后松开，再用她那粗糙龟裂的手，擦去脸上的泪水。他永远都不会忘记母亲那双手：肿胀的关节、扩张的血管以及粗糙的皮肤，那显示出她为他们做出的牺牲。

他们下了街车，踏上已经结冰的积雪街道，寒冷的空气刺痛了他们的脸。

妈妈大步向前走着，她没戴手套的一只手紧拉着杜尔，另一只则拿着一个购物纸袋，里面装着一罐番茄酱和她那套脏污的制服。

他们的公寓位于街区中段。理发师尼克每年圣诞节都会在他理发厅旁边的空地里贩卖圣诞树，往往圣诞夜还没到，圣诞树就已经销售一空，只留下满地枯黄或残破的断枝。他们经过那块空地时，妈妈松开了他的手，拾起一些废弃折断的松树枝。他们那两层楼的小公寓里没有炉子，只有厨房煮饭用的火炉。他和哥哥到附近的铁路边上去捡火车上掉落下来的煤炭，还有在隔壁巷子里找几个木制的水果箱以作为炉火的燃料。对他们而言将所有能够燃烧的东西带回家是很自然的事。

他们登上既肮脏又没铺地毯的木制楼梯回到了家里，他们打开进入客厅的大门，屋子里面冷得跟冰库一样，屋内好像比外面还要冷。

穿过客厅就是卧室，卧室在厨房旁边，里面也温暖不到哪儿去。厨房的门是关着的，这样好让浴室、厨房里面保持温暖。整间屋子除了两张床铺、一张破桌子和四把椅子之外，并无其他的家具，地上也没有铺设什么东西。

纳德将炉火生了起来，然后紧偎在火炉旁一边取暖一边专心阅读着过期的《男孩生活》杂志。妈妈帮杜尔脱下外衣，让他也坐在火炉旁，然后就去准备圣诞大餐。

这是一个与欢乐、施予、接受和爱有关的节日，所以他们并没做太多的交谈。除了拥有彼此的爱之外，其他圣诞该有的气氛都没有。他们面对着那小小的火炉，吃着火腿罐头、蔬菜和面包，炉火将他们的脸烤得发烫，他们的背部却被风吹得冰冷。

那时杜尔心里唯一盼望的就是晚上早点儿上床，因为房间里没有暖炉，所以冷得要命。

像平常一样，他们洗漱完毕，便回房间睡觉。杜尔像母亲腹中的胎儿一样蜷缩在两条被单之间，既没有脱袜子也没有摘掉帽子。一阵冷风灌入他的背部，因为他身上那件单薄的旧内衣有一颗纽扣掉了。至于能否收到圣诞礼物他也不抱太大的希望，所以很快就进入了梦乡。

杜尔被街上的声音吵醒几次，紧接着又睡着了。

天还没亮杜尔就醒过来。他没有听到送牛奶的人在巷子里走动的声音，也没有瓶子撞击的声音，他知道他还可以睡几个钟头。

但是当他把脸转到妈妈这边时，突然发现妈妈根本就没上床，他的脑子突然变得很清醒，想着妈妈是不是生病了？还是她终于觉得受够了，抛下他和哥哥走了？他躺在床上，越想越怕，却不敢去证实一下自己想象得是否正确。这时他听到从厨房传来一种吱吱轧轧的摩擦声音，那声音像机器一样有规律：停几秒钟，然后再继续发出声响，然后再度停下来。虽然杜尔非常害怕面对真相，但他知道还是要去看妈妈到底在干什么。

杜尔一进入漆黑的客厅，就看到厨房里微弱的灯光从半开的木门下流泄出来。他越靠近厨房，那种吱吱轧轧的摩擦声音就越响。他看到妈妈背对着他，呼吸时嘴里吐出白气，用一条毯子裹住头部与背部以抵挡寒冷的空气。

右边的地板上放着她最喜欢的扫把,可是扫帚上方的握柄已经被削掉了。她在破旧的木桌上工作着:他从未看过妈妈如此专一努力的态度。妈妈面前的东西似乎是一棵尚未成形的圣诞树。杜尔敬畏地看着她做出的物品。她用破损的菜刀在扫把的把手上挖出洞来,然后把她从空地上捡来的树枝塞入洞里,它马上就变成了杜尔生平所见过的最美丽的圣诞树。那些不规则的洞无法有效地支撑树枝,她就用一条绳子固定住。

这时杜尔看到她的脚边还有两条毛巾,上面放着玩具:一辆是掉了两个后轮的消防车;一辆是掉了很多个轮子的旧铁制火车,车顶的中段是弯曲的;一个玩具箱,里面的玩偶没有头;还有一个娃娃的头,但是没有身体。这些都是妈妈没睡觉出去捡回来的。此时杜尔心里的寒冷、痛苦与恐惧消失了,他的内心升起一股最温暖的爱。他静静停立在那里一动不动,眼泪流了下来。

杜尔悄悄转过身去,慢慢地走回房间,妈妈则继续进行她的工作。杜尔这些年来也收过一些精美的礼物,但是都无法跟这份礼物相比。杜尔永远不会忘记妈妈,以及1925年的圣诞节。

感恩心语

贫穷,没有让母爱消失在寒冷的风里,相反,却凸显出了母爱的执着甚至是执拗。这种执着让人刻骨铭心。

叫妈妈来听电话

叶倾城

我在等CALL机,突然过来一个男人,匆匆地,一手揩汗,一手抓话筒。瞥眼看见我,手在半空里顿一下,我示意他先打。

显然是打给家里,他用很重的乡音问:"哪个?"背忽然挺直,脚下不由自主立正,叫一声:"爸爸。"吭吭哧哧一会儿,挤出一句:"您老人家身体么样?"

再找不出话,在寸金寸光阴的长途电话里沉默半晌,他问:"爸爸,您叫妈妈来听电话吧?"小心翼翼地征求。

连我都替他松一口气。

叫一声"妈",他随即一泻千里,"家里么样?钱够不够用?小弟写信回来没有……"又"啊啊唔唔""好好好""是是是"个不休。许是母亲千叮万嘱,他些微不耐烦:"晓得了晓得了,不消说的,我这大的人了……"——中年男人的撒娇。我把头一偏,偷笑。

又问:"老头子怎么样?身体好不好?"发起急来,"要去医院哪……贵不贵?还不吃饭了?再贵也要看病呀……妈,你要带爸去看病,钱无所谓,我多赚点就是了,他养儿子白养的?……"顿顿,"妈,你一定要跟爸讲……"——他自己怎么不跟他说呢?

陡然大喝一句,"你野到哪里去了!"神色凌厉,口气几乎是凶神恶煞,"鬼话,我白天打电话你就不在家!期末成绩出来没?"是换了通话对象。

那端——报分,他不自觉地点头,态度和缓下来,"还行,莫骄傲啊。要什么东西,爸爸给你带……儿子,要这些有什么用……"恫吓着结束,"听大人话。回头我问你妈你的表现,不好,老子打人的。"——他可不就是他老子。

感恩心语

短短几句话,简单鲁直,看似无情,却句句扣人心弦,包容了:爱、尊敬、思念、殷切的希望,却都需要一座桥梁来联结——叫妈妈来听电话吧。

母爱与爱母

黄永达

如今的日子甜得流蜜，我和妻子合计一下，决定出国旅游一趟，辛辛苦苦几十年，也该风光风光了。可令我们犯愁的却是娇小的"莉莉"。我们出国旅游十多天，没人照顾"莉莉"。

请别误会，"莉莉"并非是我们的女儿，而是一只纯种的"松鼠狗"。它金黄色的绒毛闪闪发亮，晚上还摇头摆尾地钻进我们的被窝里。

此刻，妻子抱着小"莉莉"，抚摸着它的头说："我们出国十多天，没人照顾它，准饿死。"小家伙好像也知道我们此刻正在做"重大决策"似的变得格外乖顺听话。

妻子抱着"莉莉"走来走去，苦思冥想，突然惊喜地来到我的身旁，说："有办法！"我一边听着一边点头："这也是没有办法的办法。"

晚上，我们带上水果点心等东西，抱着小"莉莉"去探望母亲。

母亲独自一人住在河对面，由于我们工作忙，离得也算远，而母亲又习惯独居一处，因而我们一般都是逢年过节，左拎一包，右提一盒，回家探望老人家，连邻居见了也赞誉有加，我则免不了有点飘然自喜：口碑不错！

回到家里，母亲正在看电视节目，我把东西放下，便直截了当地向母亲说明来意："我们打算出国旅游十来天，这只小家伙就有劳您来照顾了。"

据说母亲小时候让狗咬过一次，从此以后就没养过狗。而这次为了出一趟国门，只好让老妈勉为其难了。

母亲听了十分爽快地说："行！这小东西就放在这里吧，保证一日三餐有肉吃！放心吧。"我们一边看电视，一边闲聊。老妈也一而再、再而三地提醒我们出外旅游时要注意安全，就好像小时候学校组织郊游的前夜一般，反复强调：药品、日常用具、御寒衣服都应带齐，尤其是必须把钱放好，放妥当！

突然间，母亲不说话了，双眼直勾勾地盯着电视画面。原来此刻正播放电视专题《古稀老人携母万里游》，讲的是哈尔滨的一位七十多岁的老头儿，骑着三轮车携带百岁老母亲，从北到南，游遍祖国的大好河山。

母亲看着看着，长长地吁了一口气，嘴角微微地颤动着。此刻，我看着电视，心里真不是滋味：古稀老人尚能携母走南闯北看风景，而我们今天却为了图自个快乐，居然让母亲去照顾"宠物"。

相比之下，我顿时感到无地自容，为人之子，亏你想得出来！母亲用手背擦了擦眼角，慢悠悠地站了起来，从衣柜的角落里掏出一只淡红色的小布袋，走到我面前，从袋子里拿出1000块钱，递给我说："这钱是你们平时给我的，我没花，你们把它带上，路上用！"

此刻，我又能说什么呢？母亲这1000块钱，就像鞭子一般一下一下地抽着我。我有的只是自责。我用眼睛狠狠地瞪了妻子一下，只见妻子也羞愧地低下了头，抱起"莉莉"轻声地说："我们走吧。"

母亲说："太晚了，把小东西放下，你们回去吧。"

妻子并没有把小"莉莉"放下，而是内疚地说："妈，不用了，我们再想法子安顿它。"

母亲觉得有点迷惑不解，她一边说一边把钱"强行"塞进我的口袋里。我拉着母亲的手，说："妈，这只狗我们另外设法安置。把您的身份证拿给我。"

母亲从枕头底下拿出自己的身份证，问道："你要身份证干吗？"拿起母亲的身份证一看，粗心的我这才留意到妈今年已经75岁了,我心里一酸,嗓音有点哽涩:"妈,给您办护照,我们一起出国旅游! 这钱我帮您保管,留着到了国外再花。"

"一起？我？一个老太太？"

我坚定地点点头:"我们一起出国旅游! 是我们三个人一起去!"这回轮到母亲半天说不出话来了,喃喃自语:"出国？出国旅游？"她的眼角流露出光彩……

感恩心语

一个成家立业的男人,有了事业、妻子和孩子后,往往会忽略自己的父母,而父母却依然默默地无私地为儿女奉献着。多抽出一些时间去陪陪父母,不要在他们离我们而去后,留下没有孝顺过他们的遗憾。

天底下最美的母亲

马德

那时候,我在张家口的一所偏僻的乡中学教书。每天上午,我总会看见一个跛脚的女人推着一辆自行车进来,斜穿过办公室与教室之间的过道,给食堂送豆腐。女人上身穿着一件发黄的军棉衣,腰间胡乱地捆着一根布绳,下面是一条黑棉裤和与时令并不匹配的胶鞋。头发蓬乱着,乱麻一般,人显得非常憔悴。她的脚跛得很厉害,深一脚浅一脚的,自行车推得也不平稳,我几次都担心她车后边的豆腐会掉下来。

有一天,我看学生交上来的随笔,一个叫王萧励的女生这样写道:

这个星期天回家,心里很不是滋味。父亲在炕上躺着,还是不能动弹,吃了那么多的药也不顶事。算起来他在炕上已经躺了3年了。弟弟还小,生活的重担都由母亲一个人担着,每次回来看到母亲忙前忙后的样子,我都想哭。

这学期开学的时候,我提出不想再上学了,想帮母亲干农活。躺在炕上的父亲眼眶里满蓄着泪水,不说话,母亲在炕上坐着也不做声。弟弟还小,在炕边玩,整个屋子里静静的。末了,母亲说:"上吧,再辛苦也把你供下来……"

春节的时候,我在这个村镇的街上闲逛,又遇到这个跛脚的女人。这次她正赶着一辆牛车,车上是些刚刚收到的废品,纸盒、易拉罐,还有些生铁。她坐在车前辕的一块硬纸片上,吆喝着牛,往公路的方向走去。正是大中午,街上没有一个人,整个村庄都笼罩在一片合家团圆的氛围里。而她,这个跛脚的女人还在为生计奔波,陪伴她的只有牛蹄声,这声音在空空的街道上有条不紊地响着。

我目送着那辆车上了公路,直到它消失在川流不息的车流中。我不知道她的下一个地方是哪个村庄,也不知道她今天的中午饭要熬到什么时候才吃,但我敢肯定她必须要继续奔波下去。

发现这个跛脚女人是王萧励母亲的那一次,萧励的随笔是这样写的:

有好些天了,母亲给学校送豆腐,我看到过母亲几次,但没敢和她说话。虚荣和自卑的心理占据着我的内心,我怕同学们因知道那就是我的母亲而笑话我。

母亲每次总是急匆匆地来,又急匆匆地去,也不知道她是顾不上看我,还是有意地回避我,总之,我的心里很矛盾,既想让母亲来看看自己,又怕同学们知道了会讥笑我。有时候,我真想骂自己一顿,古人说:"儿不嫌母丑,狗不嫌家贫。"自己现在连狗都不如。

这次考试,我考得很不好,在班里,我总抬不起头来,也怕看见老师们的目光。我总觉得自己很笨,比别人努力得多,却总是考不过别人。人们都说笨鸟先飞,但对我,却仍是无济于事。

每当考完一次试,我的内心就动摇一次,我这样的成绩很对不住含辛茹苦的母亲,也对不起躺在炕上的父亲。一次一次的失败几乎让我坚持不住了。

回家后,当我看到母亲忙碌的身影以及她坚毅的目光时,我已经到了嘴边的想退学的想法便不敢再说出来。我得坚持下去……

天气逐渐转暖的时候,王萧励的母亲来得更早。她常常是上第一节课,或者第一节课还没有上就来了,因为那时候我一般都是上第一节课。我有时只是从窗户里,看到她匆匆掠过的身影。

那时候,我也开始注意王萧励了,眼睛并不大却很有神的一个女孩子,规规矩矩地坐在那里听课,很认真。

有几次上课,我提问她,她的声音很轻,谨小慎微的样子,生怕自己说错了什么而引起别人的笑话。我常常鼓励她,尽管有时候她答非所问,我还是给予了极大的肯定。我知道,这样的学生,这样的孩子,此刻是多么需要别人尤其是师长的肯定。

6月份的一个下午,我在办公室看作业,又看到了王萧励的文章:

这一段时间感觉好了许多,我终于敢昂着头出入教室了。而且最要紧的是,我的成绩有了很大进步。我回去把我的成绩报告给父母后,母亲很高兴,一下子打开柜子,说是要为我淘米做一顿米糕吃,父亲眼中好像也泪水汪汪的。

那一天,我看着母亲舒展的眉头,真想过去拥抱母亲一下,是的,这个家过了多少天阴云密布的日子了,该高兴高兴了,但是我没有动。母亲说:"家里有我一个人就行了,你安心读书就是了。"我咬了咬嘴唇,差点哭了。

想想我以前的虚荣心,我就暗暗地恨自己。现在想来,我一定要找一个机会,在众多同学的面前把母亲介绍给大家。我要告诉他们,这就是我的母亲,天底下最坚强、最勤劳的母亲,也是天底下最美的母亲……

我知道,有许多像王萧励家一样的家庭,像王萧励一样的孩子,更有数不清的像王萧励母亲一样平凡、坚毅的母亲,她们在艰难的生活中苦苦挣扎,用牺牲自己的方式去支撑家庭,去供养孩子上学,不怕累,不言苦,一个人把泪水吞尽。

❧ 感恩心语 ❧

一位跛脚的母亲独自支撑着清贫的家庭,供孩子读书。她用自己的平凡、坚毅、勤劳、不怕累,不言苦,换来孩子的安心学习,她无愧于"天底下最美的母亲"的称号。

母亲是船也是岸

韩静霆

那年5月,我回到阔别多年的故乡,叩响了家门。隔门听到老人鞋子在地上拖沓的沉缓的声音,半晌才是苍老的问话。"谁呀?""我。"终于还是迟疑着。母亲,母亲,您辨不出您的儿子的声音啦?您猜不出是您放飞二十三载的鸟儿归巢吗?门,吱吱地开一条窄缝儿。哦,母亲!母亲的眼睛!

那双眼睛,迟滞地抬起来。老人的两眼因为灶火熏,做活计熬,又经常哭泣,还倒睫,干涩涩的。下眼睑垂着很大的泪囊。那眼睛打量着穿军装的儿子,疑惑,判断,凝固着。真是不认识啦。

"妈妈!"我唤一声"妈妈",母亲眼里的光立即颤抖起来,嘴唇抖动着细小的皱纹,她问自己:是谁?是静霆啊?眼里便全是泪了。

母爱就是这样,她是人间最无私的、最自私的、最崇高的、最真挚最热烈最柔情最慈祥最长久的。母亲无私地把生命的一半奉献给儿子，自私地渴望用情爱的红绳把儿子系在身边，母亲含辛茹苦地教养儿女，夸大儿女的微小的长处，甚至护短。她的爱一直延续到离开人世，一直化成儿女骨中的钙、血中的盐、汗中的碱。母亲定定地望着我。我在这一刹那间忽然想到了在张家口，在坝上，在长江流域，在鲁东，都看到过的"望儿山"，大概全世界无论哪儿都有"望儿山"，都有天天盼望游子远归的母亲变成化石。母亲还在呆呆地望着我。那双蒙眬的泪眼啊！

蓦然想到了一周后如何离开，儿子到底是有些自私。我害怕到时候必得说一个"走"字，碎了母亲的心。记得十年前我匆匆而归，匆匆而去。临走的那个拂晓，我在梦中惊醒，听见灶间有抽泣的声音。披衣起身，见老母亲一边佝偻着往灶里添火，一边垂泪。

"妈，才4点钟，还早啊，你怎么就忙着做饭？"

"你爱吃葱花儿饼，你爱吃。"

如果儿子爱吃猴头熊掌，母亲也会踏破深山去寻的啊！回到家的日子，母亲一会儿用大襟兜来青杏，一会儿去买爆米花，她还把40岁的军人当成孩子。我受不住那青杏，受不住那爆米花，更受不住母亲用泪和面的葱花饼，受不住离别的时刻。

母亲原来是个性情刚烈、脾气火暴的人。她14岁被卖做童养媳。生我的那年，父亲被诬坐监。母亲领着父亲前妻遗下的一男一女，忍痛把我用芦席一卷，丢弃在荒郊雪地里，多亏邻居大娘把我拾回，劝说母亲抚养。为了这个，我偷偷恨过母亲。孩提时遇有人逗我说："喂，你是哪儿来的？树上掉下来的吧？"我就恶狠狠地说："我是乱葬岗捡来的，她是后妈！"理解自己的母亲也需要时空，理解偏偏需要离别。印象里母亲似不大在意我的远行。我19岁那年离家远行，到北京读书。大学毕业正逢十年浩劫，我被遣到农场劳动。那个年月，我做牛拉犁，做马拉车，人不人鬼不鬼。清理阶级队伍的时候，人人自危。我足足三个月没给家写信。母亲来信了，歪歪斜斜的别字错字涂在纸上。

"静霆，是不是你犯错误了？是不是你当了反革命啊？你要是当了反革命，就回家吧。什么也不让你干，我养活你……"我的泪扑簌簌落在信纸上。母亲，母亲，您的怀抱是儿子最后的也是最可靠的窠！你的双眸永远是我生命之船停泊的港湾！记得后来我回了一次家，您说："人老啦，才知道舍不得儿子远走。"说着声泪俱下。

可是你总是得走，你总得离开母亲膝下，你是个军人。可是你到底还是不敢看母亲佝偻的背和含泪的眼。你没有看母亲的泪眼，可是你的心上永远有她老人家的目光。

那时候我懂得了：母亲的目光是可以珍藏的。儿子可以一直把母亲的目光带到远方。

我搀着母亲走进了昏暗的小屋。屋子里有一种说不出的气味使我感到亲切，感到自己变小了，又变成了孩子。年逾古稀的父亲呆呆地拥被坐着，无言无泪，无喜无悲。父亲患脑血栓，瘫痪失语了。我看见母亲用小勺给父亲喂水喂饭；看见她用矮小笨拙的身体，背负着父亲去解手；看见她把父亲的卧室收拾干净。母亲就这样默默地背负着家庭背负着生活的重担而极少在信里告诉我家庭负担的沉重。

我心里内疚。不孝顺，你这个不孝顺的儿子！

可是你还得走。

转眼便是离家的日子！我不知怎么对母亲说离去这层意思，只是磨蹭着收拾行装。我能感觉到母亲的目光贴在我的脊背上。离别大约是人生最痛苦的了。记得，上次我探家回归的时候，吉普车一动，我万万没想到年迈的母亲竟然顺着门外的土坡，跄跄跑起来，追汽车，她喊道："你的腿有毛病！冷天可要多穿点啊！"

后来，母亲寄给我二十几双毛毡与大绒的鞋垫，真不知母亲那双昏花的眼睛怎能看见那样小那样密的针脚。

后来,母亲又寄给我一条驼绒棉裤,膝与臀处,都缀着兔皮。她哪里知道北京的三九天也用不着穿这驼绒与兔皮的棉裤。它实在是太热了,只好搁在箱底。为了让妈妈的眼睛里有一丝欣慰,少几分担忧,我在回信中撒谎说——那条棉裤舒适至极,我穿着,整个冬天总是穿着。

谎言能报答母亲吗?可是天底下哪个儿女不对母亲说谎?

我对母亲撒谎说:我不久就会回来。我撒谎:您的儿媳妇和孙子都会来。我说也许中秋也许元旦也许春节一定会来……母亲默默地听着,一声不响。她的眼神却回答我:儿子,我——不——相——信!

我以为,最难的离别,当是游子同白发母亲的告别。见一回少一回啦,不是吗?临走那天,我实在不敢再看一眼母亲的白发和泪眼。我安排了许多同学和亲友来安抚母亲。车来了,我便逃之夭夭,匆匆忙忙跑出门,匆匆忙忙钻进吉普车。在车门关上的一瞬间,我,一个40岁的军人,竟呜呜地哭出了声。我忙把带泪的目光向车窗外伸展,可是——母亲没有出门来送她的儿子,她没有用眼泪来送行。

我不难想象老母亲此时此刻的心境。儿子从她身边离开了,她经不起这痛苦;一个军人告别家乡回军营去了,她必须承受这痛苦。哦,母亲,我知道,我还在您的眼睛里,您那盈满泪水的眼睛,永远是儿子泊船的港湾。可是您这个做军人的儿子,他那爱的小船,却必须远航到遥远的彼岸。

必须远航。是的,必须。

感恩心语

母亲已经老去,但在她的眼中,儿子是那只漂泊的小船,无论走多远,母亲永远是儿子最温馨的港湾。

母爱的对峙

肖潇

那年我9岁,同母亲住在川南那座叫茶子山的山脚下。父亲远在外省一家兵工厂上班,一年最多回家两次,住的时间也极短,因此他留给我的印象极平淡。

母亲长着一副高大结实的身板和一双像男人一样打着厚茧的手,这双手只有在托着我的脑袋瓜子送我上学或搂着我的后背抚我入睡的时候,我才能感觉到它不可抗拒的母性的温柔与细腻。除此之外,连我也很难认同母亲是个纯粹的女人,特别是她挥刀砍柴的动作犹如一个威猛无比的勇敢战将,砍刀闪着灼人的寒光在她的手中呼呼作响,粗如手臂的树枝如败兵一般在刀光剑影里哗哗倒地。那时的我虽然幼小,但已不欣赏母亲这种毫无女人味的挥刀动作。

在那个有雪的冬夜,在那个与狼对峙的冬夜,我对母亲的所有看法在那场惊心动魄的战斗后全然改写。

那是冬天的一个周末,我和母亲遇见了狼。

学校在离我家6里处的一个山坳里,我上学必须经过茶子山那个叫乌托岭的地方。乌托岭方圆二里无人烟,岭上长着并不高大的树木和一丛丛常青的灌木。每天上学放学,母亲把我送过乌托岭,再走过乌托岭把我接回来。接送我的时候,母亲身上总带着那把砍柴用的砍刀,这并非是怕遇到劫匪,而是乌托岭上有狼。

一个冬天的周末,下午放学后,我因玩耍而忘掉了时间,直到母亲找到学校,把我和几个同学从一个草垛里揪出来我才发现天色已晚。当我随母亲走到乌托岭的时候,月亮已经升在我们的头顶。

这是冬季里少有的一个月夜,银色的月光倾泻在丛林和乱石间,四周如积雪一般明晃晃的白。树木投射着昏暗的影子静静地伫立在山岭上,夜莺藏在林子深处一会儿便发出一声幽幽的啼叫,叫声久久地回荡在空旷的山野里,给原本应该美好的月夜平添了几分恐怖的气息。

我紧紧地拉着母亲的手,生怕在这个前不挨村后不着店的地方遇到从未亲眼目睹过的狼。

狼在这时候真的出现了。

在乌托岭上的那片开阔地,在如水的月光下,两对狼眼闪着荧荧的绿光仿佛四团忽明忽暗的磷火从一块石头上冒了出来。我和母亲几乎是在同时发现了那四团令人恐惧的绿光,母亲立即伸手捂住我的嘴,怕我叫出声来。我们站在原地,紧盯着两匹狼一前一后慢慢地向我们靠近。那是两只饥饿的狼,确切地说是一只母狼和一只尚幼的狼崽,在月光的映照下能明显地看出它们的肚子如两片风干的猪皮紧紧地贴在一起。母狼像一只硕大的狗,而狼崽却似小狗紧紧地跟随在母狼的身后。

母亲一把将我揽进怀里,我们都屏住了呼吸,眼看着一大一小两只狼大摇大摆地向我们逼近。在离我们6米开外的地方,母狼停了下来,冒着绿火的双眼直直地盯着我们。

母狼竖起了身上的毛,做出腾跃的姿势,随时准备扑向我们,用它锋利的牙齿一口咬断我们的喉咙。狼崽也慢慢地从母狼身后走了上来,和它母亲站成一排,做出与母亲相同的姿势,它是要将我们当作训练捕食的目标。

惨淡的月光,夜莺停止了啼叫。没有风,一切都在这个时候屏声静气,空气仿佛已经凝固,让人窒息得难受。

我的身体不由得颤抖起来,母亲用左手紧紧揽着我的肩,我侧着头,用畏惧的双眼盯着那两只将要进攻的狼。隔着厚厚的棉袄,我甚至能感觉到从母亲手心浸入我肩膀的汗的潮润。我的右耳紧贴着母亲的胸口,我能清晰地听见她心中不断擂动着的狂烈急速的鼓点。然而母亲的面部表情却极其稳重与镇静,她轻轻地将我的头朝外挪了挪,悄悄地伸出右手慢慢地从腋窝下抽出那把尺余长的砍刀。砍刀因常年的磨砺而闪烁着慑人的寒光,在抽出的一刹那,柔美的月光突地聚集在上面,随刀的移动,光在冰冷地翻滚跳跃。

杀气顿时凝聚在锋利的刀口之上。

也许是慑于砍刀逼人的寒光,两只狼迅速地朝后面退了几步,然后前腿趴下,身体弯成了弓状。我紧张地咬住了自己的嘴唇,我听母亲说过,那是母狼在进攻前的最后一个姿势。

母亲将刀高举在空中,一旦狼扑来,她会像砍柴一样毫不犹豫地横空劈下!

那是怎样的时刻啊!双方都在静默中作着战前的较量,我仿佛听见刀砍入狼体的“扑哧”的闷响,仿佛看见手起刀落时一股狼血喷面而来,仿佛一股浓浓的血腥在我的嗅觉深处弥漫开来。

母亲高举的右手在微微地颤抖着,颤抖的手使得刀不停地摇晃,刺目的寒光一道道飞弹而出。这种正常的自卫姿态居然成了一种对狼的挑衅,一种战斗的召唤。

母狼终于长嗥一声,突地腾空而起,身子在空中划了一道长长的弧线向我们直扑而来。在这紧急关头,母亲本能地将我朝后一拨,同时一刀斜砍下去。没想到狡猾的母狼却是虚晃一招,它安全地落在离母亲两米远的地方。刀没能砍中它,它在落地的一瞬间快速地朝后退了几米,又做出进攻的姿势。

就在母亲还未来得及重新挥刀的间隙,狼崽像是得到了母狼的旨意,紧跟着飞腾而出扑向母亲,母亲打了个趔趄,跌坐在地,狼崽正好压在了母亲的胸上。在狼崽张嘴咬向母亲脖子的一刹那,只见母亲伸出左臂,死死地扼住了狼崽的头部。由于狼崽太小,力气不及母亲,它被扼住的头怎么也动弹不得,四只脚不停地在母亲的胸上狂抓乱舞,棉袄内的棉花一会儿便一团团地被抓了出来。

母亲一边同狼崽挣扎，一边重新举起了刀。她几乎还来不及向狼崽的脖子上抹去，最可怕的一幕又发生了。

就在母亲同狼崽挣扎的当儿，母狼避开母亲手上砍刀射出的光芒，换了一个方向朝躲在母亲身后的我抓了过来。我惊恐地大叫一声倒在地上用双手抱住头紧紧地闭上了眼睛。我的头脑一片空白，只感觉到母狼有力的前爪已按在了我的胸上和肩上，狼口喷出的热热的腥味已经钻进了我的颈窝。

也就在这一刻，母亲忽然悲怆地大吼一声，将砍刀埋进了狼崽后颈的皮毛里，刀割进皮肉的刺痛让狼崽也发出了一声渴望救援的哀号。

母爱，在人与狼之间对峙，奇迹在这时发生了。

我突然感到母狼喷着腥味的口猛地离开了我的颈窝。它没有对我下口。我慢慢地睁开双眼，看到仍压着我双肩的母狼正侧着头用喷着绿火的眼睛紧盯着母亲和小狼崽。母亲和狼崽也用一种绝望的眼神盯着我和母狼。母亲手中的砍刀仍紧贴着狼崽的后颈，她没有用力割入，砍刀露出的部分，有一条像墨线一样的细细的东西缓慢地流动，那是狼崽的血！

母亲用愤怒恐惧而又绝望的眼神直视着母狼，她紧咬着牙，不断地喘着粗气，那种无以表达的神情却似最有力的警告直逼母狼：母狼一旦出口伤害我，母亲会毫不犹豫地割下狼崽的头！

动物与人的母性的较量在无边的旷野中又开始久久地持续起来。无论谁先动口或动手，迎来的都是失子的惨烈代价。

胜败皆悲的战斗。此时的月亮也钻进云朵躲了起来。

对峙足足持续了5分钟。

母狼伸长舌头，扭过头看了我一眼，然后轻轻地放开那只抓住我手臂的右爪，继而又将搂在我胸上的那只左脚也抽了回去，先前还高耸的狼毛慢慢地趴了下去，它站在我的面前，一边大口大口地喘气，一边用一种奇特的眼神望着母亲。

母亲的刀慢慢地从狼崽的脖子上滑了下来，她就着臂力将狼崽使劲往远处一抛，"扑"的一声将它抛到了几米外的草丛里。母狼撒腿奔了过去，对着狼崽一边闻一边舔。母亲也急忙转身，将已吓得不能站立的我扶了起来，揽入怀中，她又将砍刀紧握在手，预防狼的再一次攻击。

母狼没有做第二次进攻，它和狼崽伫立在原地呆呆地看着我们，然后张大嘴巴朝天一声长嗥，像一只温驯的家犬带着狼崽很快消失在幽暗的丛林中。

母亲将我背在背上，一只手托着我的屁股，一只手提着刀飞快地朝家跑去，刚迈进家门槛，她便腿一软摔倒在地昏了过去，手中的砍刀"咣当"一声摔出好几米远，而她那像男人般打满老茧的大手仍死死地搂着还趴在她背上的我……

❀ 感恩心语 ❀

母爱，在瞬间能迸发出无限勇敢的能量，无论是在人和动物身上，都会显示出无穷的威力。

感恩慈母心

若荷

母亲最近病了，病中的母亲依然坚持缝制着一件小夹衣，那是为她的外孙迎接幼小的生命里又一个岁月的交替而准备的。母亲患有严重的气管炎，病发的时候，最怕的就是那些横空曼舞的棉花屑，为避免吸入，母亲特意戴上了口罩，即使这样，也难免刚有好转的病情再次发作。我劝了好几次没有用,便站在一旁看着,帮她穿针引线,铺铺棉花。望着母亲艰难的呼吸和一双粗糙的手,折叠在记忆深处的一些往事浮现在眼前。

我是在一个寒风料峭的冬天参加工作的。那一年,天气特别的冷,晚上经过雨雪的肆虐,到了白天,门外的树木和屋瓦上的积水便凝成了冰挂。刚去的时候,我们白天上班,晚上大都不出门,瑟缩在四个人居住的屋子里。其实屋子里更冷,早上用过的暖水袋,晚上下班后再也打不开,它们早已冻成了冰坨。我从小体弱,便在那些个漫长的冬天里一再感冒发烧,寂寞病痛的时候,委屈的泪水默默流过。

一天,母亲托人给我捎来一个包裹,打开一看,是一件棉背心,黑色软绸的面料,月白色的里子,全都是用旧布料做成。黑色软绸的面儿,洗的已经有些泛白,月白色的里子,也已经打了好几个补丁,母亲还在唯一没有补丁的前襟处,缝了一个贴身的小口袋。那年我十六岁,正是爱美的年龄,和我同宿舍住着的,是一个随同父母从城市转业地方的女孩儿,她衣着鲜艳亮丽,一派城市女孩的装扮,在穿久了一袭灰蓝的日子里,她的装扮很是令人羡慕。她的追求时髦的思想也在潜移默化地影响着我,母亲做的那件棉背心我是不屑穿它的,嫌它老气,并带了一种很自卑的心理去看待它,一次也没有穿,就悄悄地把它扔进了箱底,一晃二十年。

女儿上初中时,学校离家远,往来需要骑自行车,冬季来临的时候,看到女儿的小脸被冷风浸的发紫,不由心疼起来,翻遍了衣柜也没有找到适合女儿穿的棉衣。一年的时间,女儿长了不少,往年的旧衣已经遮不住那幼芽般猛长的身体了。也曾想自己动手去做,只是苦于手拙,只怕剪坏了几块布料,况且时间紧迫,于是告诉母亲。母亲听了略一沉思,说:"也先不用做,如果急着穿呢,就把当年我给你做的那件找出来,先穿着。"我想也是啊,一阵翻箱倒柜,终于把它从层层旧衣下的箱底翻了出来。幸好我有保存旧物的习惯,棉背心还是和20年前一样,因为没有穿过,所以不很新,也没再旧,只是放的久了,散发着一缕淡淡的樟脑的气息,又因为经年压在箱底,原先厚墩墩的棉花,现在已显得薄了许多,晚上女儿放学回来,我试着让她穿了一下,还挺合适。令我惊讶的是,几乎和当年的我一样年龄的女儿,却没有表现出嫌弃它的意思,穿上那件棉背心,女儿竟然高兴地跳了起来,一个劲地说,整天穿红着绿的,都穿腻了。

一次回家,女儿依偎在母亲的怀里,一边抻着衣角,一边问:"姥姥,这件棉背心怎么这么软和啊?"母亲这时正在院子里晒太阳,温暖的阳光挥洒在母亲的身上,使母亲饱经风霜的脸上现出少有的红润,母亲抚摸着我女儿的头发,如同李奶奶述说革命家史一般,意味深长地说:"这件棉背心啊,可有它的来历!"

原来那件棉背心的面儿,是我姥姥的一件棉袄。姥姥去世得早,那是留给母亲的唯一财产,而棉背心的里儿,也不是月白色的,而是洁白的。当年我的母亲先后失去亲人,是本家的三姥姥收留了母亲,并送母亲读书。十八九岁的时候,和母亲同龄的姐妹们都找了婆家,母亲却立志求学。母亲性格倔强,早年受新思想的影响,坚决不缠小脚,曾备受长辈及乡人的白眼和奚落,前几年我回老家,大姶子还说起母亲的陈年往事。大姶子年长母亲三四岁,却赫然小脚伶仃着。

母亲的故事听来令人几多感伤,也令人破涕而笑。那件棉背心的里子,就是在母亲考上师范学校的时候,三姥姥送给母亲的一件大襟褂子。母亲把它穿了又穿,洗了又洗,直到破得不能再穿了。

破得不能穿了,母亲便把它们打个卷,放在衣柜的一角,偶尔,拿出来派个用场。我们姐妹小时候的衣裳,多数就是母亲用它们连缀而成,温暖着我们细小的身体。母亲说,不舍得扔掉是有两个原因:一是日子过得的确苦,二是因为每每看到它们,心中便有一种感恩。我参加工作那年冬天,天出奇的冷,母亲知道我棉衣单薄,我前脚走,母亲后脚就着手为我缝制了那件棉背心。可是我不知道,那时我的奶奶正在病中住院,那时我们家里经济还非常拮据,那时,母亲的手里捏着布票，衣袋里却再也拿不出多余的钱。

一行热泪从母亲的脸上滑落，母亲说，我就知道你从来没有穿过。其实，我也穿的，只是在天气冷得让人撑不住了的时候悄悄地穿在棉衣的里面。让母亲感到欣慰的是，她的如小鸟一般快乐的外孙女儿。竟然穿着那件棉背心愉快地度过了一个寒冷的冬季。

从此，一份内疚便深深地压进了我的心底，令我愧疚的是，当岁月的年轮从我身边碾过，并在我的眼角慢慢留下了浅浅皱纹的时候，那份深藏在心底的感动才如一湾温软的湖水在我心灵深处荡漾开来。

去年秋天，母亲去集市买回几块上好的布料，给她所有的孙辈儿女做了一件又一件新的棉背心，还建议我把那件旧棉背心表里以旧换新。母亲说，别看外面陈旧，里面的棉花可好着呢。我没有按母亲说的去做，只是小心拆洗了一下，把它重新连缀起来。初冬时节，欣然将它穿在颜色大红的毛衣外面，或配一条长裙，和女儿在街上比肩而行。那一刻，我仿佛找回了过去的青春岁月，浑身充满了活力与激情。最适宜的是穿着它做家务，轻装上阵，干净利落，女儿戏称我是维吾尔族妈妈，温暖的小屋到处晃动着我忙碌的身影。

如今，母亲已经退休，冬天来临的时候，仍然喜欢为我们做一件又一件的棉背心，在母亲的心里，那一件件棉背心，不仅是为我们遮风挡雨用来御寒的服饰，更是母亲丈量儿女生长的标尺，她能在那些密密麻麻的针脚里，触摸到儿女们成长的轨迹。而那些经了母亲一针一针缝制的棉背心穿在我们的身上，任你行走在怎样的寒冬里也不会冷，因为，母亲所给予我们的，是一颗让我们永远感恩的慈母心。

感恩心语

一件棉背心，虽然样子丑陋，但背后却写满了故事，里面更是凝聚了母亲的万千深情。碍于脸面，女儿不敢穿在外面，但是令人欣喜的是外孙女却高高兴兴地穿在身上。难道是长大了的我们有了太多的世故，远没有了孩提时代的纯真？

棉背心，虽然很不起眼，但是却是母亲送给我们的一片心意，是母亲记录我们成长的标尺。面对这份母爱，我们要有一颗感恩的心，用心去回报这深厚博大的爱。

母亲的直觉

子鱼

已是 6 年前的事了。

那一天，是冬季里一个寻常的日子，美国费城的一户人家却无端起火。瞬间火光冲天，正是所谓水火无情，浓烟滚滚，嗜血鬼样的火舌贪婪地舔噬着屋檐下的一切，满耳皆是烈焰下不堪忍受的木料发出的劈啪声。

救火车呼啸而来，警戒线外，是一个呼天抢地的母亲，乱发纷飞，不顾一切地要冲进火海。她叫科瑞斯，原来她刚从外面回来，而家里，有她出生仅 10 天的宝宝。

本以为不会有事，不过是去附近的超市买一些婴儿的尿片，走时，宝宝刚刚入睡，甜甜的睡态是那样沉醉。哪里想得到竟会起火。似乎，一切的悲剧总是在人们猝不及防的时候造访，否则，又怎称得上意外？

这场火实在太大了，尽管它最终被扑灭了，但是，一切都无可挽回。科瑞斯踩着不甘退却的火苗冲进婴儿室，只见床上空空的。小宝宝的尸骸遍寻不见——随之而来的人们残忍地告诉这位母亲，那团粉嫩的生命已经成了灰烬。

你有没有试过，心爱的东西被生生地掠夺？或者你就是一位母亲，那你就能体会科瑞斯全部的崩溃。我不知道，她最后是如何接受这个现实的，其中的煎熬与心碎，痛过千百次的烈火焚身。

直到 6 年后……

那是一个朋友的生日派对，科瑞斯看到一个女孩，第一眼，她就不由得呆住了：可爱的酒窝、美丽的黑发、似曾相识的眼神。一瞬间，强烈的直觉告诉她：眼前的女孩就是 6 年前在大火中"死去"的那个孩子。

科瑞斯急中生智，佯称小女孩的头发上粘了口香糖，然后借给她整理头发的机会拿到了 6 根头发。像福尔摩斯所做的那样，她找了一张干净的餐巾纸，小心翼翼地将头发包好，装在一个塑料袋里。因为她知道。做一个 DNA 检测，6 根头发足矣。

6 年的时间会怎样？沧海可变桑田，平地会起高楼，而对于一个婴儿来说，她的脱胎换骨又会是怎样的日新月异。所以，我们不能不惊叹于一个母亲的直觉——DNA 测试证明，小女孩果然是科瑞斯的女儿。

警方不得不对当年的那场火灾重新进行调查推断。曾被认为是电线短路造成的火灾，现在看来，是狡猾的犯罪分子将孩子偷走后故意制造的。案件很快就被侦破了，偷走孩子的竟然是科瑞斯的一个远房亲戚。火灾当天，她曾远道来访，并称自己怀孕了，但此后再未上门，直到在那个派对上再次露面。

科瑞斯也说出了久藏于心中的疑点：当我冲进女儿的房间后，床上什么也没有留下，但我发现，一扇窗户竟然是开着的，而当时是冬季——再狡猾的罪犯也终会留下蛛丝马迹，就算逃得过警探的眼睛，却逃不过一个母亲的心。失散 6 年的女儿终于回到了母亲的怀抱。

有一种说法，只要两个人互相思念，就会有一条看不见的线把他们连在一起，即使战争、疾病、误机、邮路不通……使他们阴差阳错地分离，但，这条线会越收越紧，而他们，终归有一天还会再见。

我也相信，世间确有一种爱，能创造这样的奇迹。

❧ 感恩心语 ❧

亲情就像风筝的线，无论你飞多远，那根长线都会牢牢地拴住你。即使母子分开，但亲情仍将彼此紧紧联系在一起，终有一天母子还会相聚，因为母爱无敌、真爱永恒。

母亲哭泣的那一天

杰拉德·莫尔

那是很久以前的一个昏暗的冬日。那天，我刚收到了一本心爱的体育杂志，一放学就兴冲冲地往家跑。家，暂时属于我一个人，爸爸上班，姐姐出门，妈妈新得到一个工作，也要过个把钟头才会回来。我径直闯进卧室，"啪"的一声打开了灯。

顿时，我被眼前的景象惊住了：母亲双手掩着脸埋在沙发里——她在哭泣！我还从未见她流过泪。我走过去，轻轻地抚摩她的肩膀。"妈妈，"我问道，"出什么事了？"

她深深地吸了口气，勉强露出一丝笑容。"没有，真的。没什么大不了的事。只是，我那个刚到手的工作就要丢掉了。我的打字速度跟不上。"

"可您才干了 3 天啊，"我说，"您一定会成功的。"我不由得重复起她的话来。在我学习上遇到困难，或者面临着某件大事时，她曾经上百次地这样鼓励我。

"不，"她伤心地说，"没有时间了，很简单，我不能胜任。因为我，办公室里的其他人不得不做双倍的工作。"

"一定是他们让您干得太多了。"我不服气,她只看到自己的无能,我却希望发现其中有不公。然而,她太正直,我无可奈何。

"我总是对自己说,我要学什么,没有不成功的,而且,大多数时候,这话也都兑现了。可这回我办不到了。"她沮丧地说道。

我说不出话。

我已经16岁了,可我仍然相信母亲是无所不能的。记得几年前我们卖了乡下的宅院搬进城里时,母亲决定开办一个日托幼儿园。她没受过这方面的教育,可这难不倒她,她参加了一个幼儿教育的电视课程,半年后就顺利结业,满载而归了。幼儿园很快就满员了,还有许多人办了预约登记。家长们夸她,孩子们则几乎不肯回家了。她赢得了人们的信任和爱戴。这一切在我看来都是自然而然、顺理成章的事。母亲能力很强,这不过是个小小的证明罢了。然而,幼儿园也好,双亲后来购置的小旅馆也好,挣的钱都供不起我和姐姐两人上大学。我正读高中,过两年就该上大学了。而姐姐则只剩3个月了,时间逼人。母亲绝望地寻找挣钱的机会。父亲再也不能多做了,除了每天上班,他还经管着大约30公顷的地。旅馆卖出几个月后,母亲拿回家一台旧打字机。机子有几个字母老是跳,键盘也磨得差不多了。晚饭间,我管这东西叫"废铜烂铁"。

"好点儿的我们买不起,"母亲说,"这个练手可以了。"从这天起,她每天晚上收拾了桌子,碗一洗,就躲进她那间缝纫小屋里练打字去了。缓慢的"嗒,嗒,嗒"声时常响至深夜。

圣诞节前夕,我听见她对父亲谈到电台有个不错的职位空缺。"这想来是个有意思的工作,"她说,"只是我这打字水平还够不上。"

"你想干,就该去试试。"父亲给她打气。

母亲成功了。她那高兴劲儿真叫我惊异和难忘,她简直不能自持了。

但到星期一晚上,第一天班上下来后,她的激动就悄然而逝了。她显得那样劳累不堪,一副筋疲力尽的样子。而我无动于衷,仿佛全然没有察觉。

第二天换上父亲做饭拾掇厨房了,母亲留在自己屋里继续练着。"妈妈的事都顺利吗?"我向父亲打听。

"打字上还有些困难,"他说,"她需要更多的练习。我想,如果我们大家多帮她干点活儿,对她会有好处的。"

"我已经做了一大堆事了。"我顶嘴道。

"这我知道,"父亲心平气和地回答,"不过,你还可以再多做一点儿。她去工作首先是为了你能上大学呀!"

我根本不想听这些,气恼地抓起电话约了个朋友出门去了。等我回到家,整个房子都黑了,只有母亲的房门下还透着一线光亮。那"嗒,嗒"的声音在我听来似乎更缓慢了。

第二天,就是母亲哭泣的那一天。我当时的惊骇和狼狈恰恰表明了自己平日太不知体谅和分担母亲的苦处了。此时,挨着她坐在沙发上,我才慢慢地开始明白起来。

"看来,我们每个人都是要经历几次失败的。"母亲说得很平静。但是,我能够感觉到她的苦痛,能够感觉到她的克制,她一直在努力强抑着感情的潮水。猛地,我内心里产生了某种变化,我伸出双臂抱住了母亲。

终于,她再也把持不住自己,一头靠在我的肩上抽泣起来。我紧紧抱住她不敢说话。此时此刻,我第一次理解到母亲的天性是这样敏感,她永远是我的母亲,然而她同时还是一个人,一个与我一样会有恐惧、痛苦和失败的人。我感到了她的苦楚,就像当我在她的怀抱里寻求慰藉时,她一定曾千百次地感受过我的苦闷一样。

这阵过后，母亲平静了些。她站起身，擦去眼泪望着我，说："好了，我的孩子，就这样了。我可以是个差劲的打字员，但我不是个寄生虫，我不愿做我不能胜任的工作，明天我就去问问，是不是可以在本周末就结束掉那里的工作，然后就离去。"

她这样做了。她的经理表示理解，并且说，和她高估了自己的打字水平一样，他也低估了这项工作的强度。他们相互理解地分了手。经理要付给她一周的工资，但她拒绝了。

时隔8天，她接受了一个纺织成品售货员的职位，工资只有电台的一半。"这是一项我能够胜任的工作。"她说。

然而，在那台绿色的旧打字机上，每晚的练习仍在继续，夜间，当我经过她的房门，再听见那里传出的"嗒嗒"声时，思想感情已完全不同于以前了。我知道，那里面，不仅仅是一位妇女在学习打字。

两年后，我跨进大学时，母亲已经到一个酬劳较高的办公室去工作，担负起比较重要的职责了。几年过去，我完成了学业，做了报社记者，而这时的母亲已在我们这个地方报社担任了半年的通讯员了。我学到许多东西，母亲在困境中也同样学到了很多。

母亲再也没有同我谈起过她哭泣的那个下午。然而，当我初试受挫，当我因为骄傲或沮丧想要放弃什么时，母亲当年一边卖成衣、一边学打字的情景便会浮现在眼前。由于看见了她一时的软弱，我不仅学会了尊重她的坚强，而且，自身的一些潜在力量也被激发和挖掘出来。

前不久，为给母亲庆祝62岁的生日，我帮着烧饭、洗刷。正忙着，母亲走来站到我身边。我忽然想到那天她搬回家来的旧打字机，便问道："那个老掉牙的家伙哪去了？"

"哦，还在我那儿，"她说，"这是个纪念，你知道……那天，你终于明白了，你的母亲也是一个人。当人们意识到别人也是人的时候，事情就变得简单多了。"

真没料到她竟知晓我那天的心理活动。我不禁为自己感到好笑了。"有时，"我又说，"我想您会把这台机子送给我。"

"我要送的。不过，有个条件。"

"什么条件？"

"你永远不要修理它。这台机子几乎派不上什么用场了。但是，正因为如此，它给了我们这个家庭最可贵的帮助。"我会心地笑了。"还有，"她说，"你想去拥抱别人，就去做吧，不要放弃。否则，这样的机会也许就永远失掉了。"

我一把将她抱住，心底里涌涨起深深的感激之情，为了此时，为了这么多年的岁月里，她所给予我的所有的欢乐时刻。"衷心地祝愿您生日愉快！"我说。

现在，那台绿色的旧打字机仍原样摆在我的办公室里。每当我苦思冥想地构思一个故事，几乎要打退堂鼓时，或者每逢我怜悯自己时，我就在打字机的滚轴上卷上一页纸，像母亲当年那样，吃力地一字一字地打起来。这时，我心里就会升起一种东西，一种回忆，不是对母亲的挫折，而是对她的勇气——自强不息——的回忆。

感恩心语

这是位勤劳的母亲，为了孩子能上大学，她努力工作赚钱；这又是位睿智的母亲，勇敢直视自己的弱点，她的这种自强不息，鼓舞着孩子，使孩子学会面对困难。

母亲啊，我多么想回报你的爱

佚名

今天姐姐来电话，说后天就是母亲的生日了。每年都想着，今年怎么就忘了呢？今年应该是母亲的68岁大寿。电话打过去,母亲竟然也忘记了。一再说生日不过了,你们不要乱花钱买东西,有空就过来吃顿饭,并且嘱咐我:"你身体不好,天气冷了,不要出来,好好养病。"

母亲生了我们兄妹三人,按母亲的话说,我是最让母亲放心的一个。除了小时候摔断了腿躺了两年,以后上学、工作、结婚生子,一切都很顺利。我是母亲的安慰。

然而,就在今年的国庆节后,我查出了左侧股骨头坏死,用上了双拐。怕母亲经不住打击,不敢把消息告诉她老人家,四处求医的过程中一直没敢回家。然而,母亲却像是有预感一样,远在北京的哥哥只是在电话里说了一句"小妹的腿不太好",她马上就问:"是股骨头坏死吗?"

那晚母亲的电话非常简短,跟我核实后就放下了。我知道,那夜父母亲肯定一夜未眠。

第二天匆匆赶回家,等我走到胡同口的时候,母亲已经站到楼下了。看到我的双拐,母亲的泪再也没能忍住。在我的一再安慰、解释、劝说和坚持下,母亲才没有跟我回来照顾我。

虽然如此,母亲的电话随时跟着我。替我买好了菜、买好了乌鸡、买好了补钙的大骨头。每次回家她都算计着我到家的时间,早早地在楼下张望。回来时她又算好时间,打电话确认我安全到家了才放心。

一次回家,母亲说哥哥来电话了,说我的病可以手术治疗,要在股骨的另一侧取一块骨头做成股骨头再移植上。母亲就很着急,说:"为什么让她受两次罪呢?在我的身上取一块骨头做股骨头给她吧。我老了,什么也不怕了,瘸了、瘫了都没事。"我的母亲呀,您对儿女那份无私的爱让我如何承受!

记忆中的母亲是坚强而又倔强的。当姑娘时,母亲是美丽又能干的。高挑的身材,两条又黑又亮的长辫子,是家里的顶梁柱,然而母亲却顺从了包办婚姻。虽然多年的婚姻生活有苦有甜,但是缺少了刘巧儿追求婚姻自主的幸福和甜蜜。当时,父亲一人在外地工作,母亲带着三个孩子在农村种地,生活得却并不比别人差,只三年就盖起了农村很少有的三间大瓦房。这当然得益于母亲的勤俭持家。1978年我摔伤了腿以后,全家迁居济南。当时母亲是有机会出去工作的,但是为了照顾我,她还是留在家里当了家庭妇女,以后也只是在街道上工作。但是母亲很要强,她带头承包了馒头组,每天早晨四点就赶去上班。后来,又带头承包了一个小商店。虽然母亲的收入不是很高,但是足以补贴有三个老人三个孩子的家庭。

孩子们都长大了,有了自己的家。母亲也老了,母亲患了高血压,腰明显地弯了,头发也花白了。母亲应该享福了,可是孩子们每一种不如意都让她挂在心上,怎么能安心享福呢?

每个周六,母亲都会站在阳台上盼着我们回去吃顿饭,但是在电话里却是:你们都忙,不用回来了,不用惦记着我。我怎么能让母亲期盼的目光失望呢?

去年,母亲的血压突然升高,昏迷不醒,医院下了病危通知书。这时,我才第一次真切地感受到我终究是会失去我的母亲。

上次回家和母亲唠家常,母亲告诉我,她去商场买了黄绸子布料,准备做"没了的时候"铺的黄褥子。还说现在的东西太贵了,到时候现买要花更多的钱呢。

我一边劝母亲不要多想,一边说着她才多大年纪的话。可是我的心里酸酸的,母亲已经开始为她的将来做准备了。

可是,母亲呀,我不敢想象没有了您我会怎样生活,我怎么可以没有您呢?您才68岁,未来的日子还应该很长,我需要您的陪伴,需要您的挂牵。虽然我早已经长大,可是,母亲,您是我心灵的港湾呀。只有在您的身边,我才会享受到平静安宁。

还有,母亲啊,女儿还没有机会报答您的养育之恩呢,求您给我更多的机会,让我尽情回报您的爱吧!

母亲,让我虔诚地为您祈祷吧:愿您拥有健康的身体,愿您拥有幸福的晚年。

在母亲眼中,儿女永远是长不大的孩子。孩子身上的些许病痛,都会让母亲为之牵肠挂肚,甚至宁愿自己承受痛苦的折磨,来换取孩子的一生平安。

母亲又是这个世界上最爱撒谎的人。心中明明希望孩子常回家看看,但是嘴边挂着的永远是"不用回来了,不用惦记着我"。母亲永远不会记得自己的生日,却时刻不忘儿女的点点滴滴。

这是怎样的母爱?感动天地的伟大母爱! 让我们多为自己的母亲考虑一点,多回家陪陪自己的母亲吧,让母亲在有生之年多享受一点天伦之乐。

母亲的胸怀

陈文阁

在"动物世界"节目中看到这样一幅情景:一只芦苇莺正卧在巢里孵蛋,也许是沉浸在即将做妈妈的幸福憧憬中吧,它显得那么温柔而兴奋。此时它并没注意到有一双眼睛正远远地透过树叶的缝隙在"偷窥"它。也许是一天或者几天没吃东西了吧,饥饿的芦苇莺四周看了看觉得宝贝们没有危险,于是便离巢去觅食了。这下,那双偷窥的眼睛终于露出了兴奋的光芒,它赶忙飞到芦苇莺的巢里,像芦苇莺一样,它仰起头,警觉地向四周看了看——此时我发现它嘴里竟衔了一枚蛋,只见它放下那枚蛋,然后竟将巢里的另一枚蛋挤出巢,落到树下。我正不解其意,解说员的解说令我又气又笑:原来那是一只大杜鹃,它将自己产下的蛋偷偷混在芦苇莺的巢里是为了让人家为自己孵蛋产子,真是个又懒又滑的家伙!

粗心的芦苇莺怎么也没想到自己短暂地离开竟造成了意想不到的后果。几十天后,大杜鹃的崽竟先破壳而出了。也是在芦苇莺离巢之际,这个出生没几天的家伙竟将其他的未破壳的"兄弟"挤出了巢! 这下它成了芦苇莺的"独生子",芦苇莺更加细心地呵护它。没几个月它竟然长得是母亲的几倍大了。看着芦苇莺殷勤地给它喂食,我的心里真是深深地为它感到悲哀:是它的母亲将你的一个孩子在未出生时杀死,又是它将你另外几个孩子在即将出生时杀死,而你现在却还在精心地喂养着它……后来,我看明白了:芦苇莺何尝没有发现它的"独生子"绝非亲生呢,随着"独生子"一天天长大,它怎能没有察觉呢,可是它亲身将那个"小杀手"孵出又喂养大,在感情上它没法不将"小杀手"当成自己的亲骨肉啊!

我的悲哀渐渐变成了感动。

看过这样一则报道:在日本关东军从东北仓皇撤退的废墟上,一个小女孩被遗落在了那里。当一个乡下大嫂发现那个小女孩时,小女孩已经哭哑了嗓子。大嫂亲切地问她话,谁知她竟惊恐地冒出了一连串的日语! 日本鬼子! 那一刻大嫂脑海里马上闪现的是一幅幅血腥残暴的烧杀抢掠的画面……

可是最终大嫂却将那个小女孩领回了家里。此时她已经是4个孩子的母亲了,一家8口人上有老下有小,本来就过着吃了上顿没下顿的日子,添一张嘴就意味着生活会更艰难。村里人知道她收留了一个日本人的孩子后非常气愤:杀人放火的日本鬼子的孽种,怎么还能养她! 家里人有死于关东军之手的,气势汹汹地找上门来要"讨还血债"。大嫂挺立在门口:"她和我的小女儿一样大,她不过是个孩子,你们要杀她除非先把我杀了……"那一刻,她像一只危急关头拼命护崽儿的母狮子……

不知经历了多少苦难,当年那个两岁的小女孩终于长大成人了,并且也做了母亲,而当年的大嫂已经是白发苍苍的老人了。可是当日本寻找在中国的遗孤的消息传到这个偏僻的乡村时,老人却告诉女儿:"你回日本去找你的亲人吧,他们不知道有多惦念你……"

女儿去日本前母女二人抱在一起痛哭失声:"妈妈,无论什么时候,您都是我的亲妈妈!"女儿泣不成声了。一声"好闺女",老人便再也说不出话了——是啊,她永远无法忘记她在废墟中见到的那个小女孩时那惊恐的眼神和祈求的目光,那是只有女儿见到妈妈时才可能有的目光啊,所以她才将小女孩领回了家。而自从小女孩踏进家门的那一天起,她宁愿让亲生的女儿挨饿也要让这个女儿吃饱,她对这个女儿比对亲生的还要好啊!我不知道芦苇莺和它精心喂养大的那个"独生子"后来的情况如何,但当初的农家大嫂、后来的中国老妈妈却和日本女儿演绎了真挚动人的跨海深情。不过我觉得两个故事有一点是相同的,那就是对母爱的诠释:母爱是世间最无私的情感,母亲的胸怀是世上最宽广的空间,可以包容一切,哪怕仇恨——无论人还是动物,莫不如此。

感恩心语

母爱,是人世间最让人动容的情感,它可以不计前嫌,可以不计得失,可以不计自己的、永无止境的付出,更可以不计自己唯一的生命。无论是人和动物,都有这样的共性。

童心与母爱

佚名

在我14岁的那年夏天,我和妈妈伴着几个比我小的孩子在一个海滨度假。

一天早晨,我们在海滨散步时遇见一位美貌的母亲。她身边带着两个孩子,一个是10岁的纳德,另一个是稍小一点的东尼。纳德正在听他妈妈给他读书。他是个文静的孩子,看上去像刚刚生过一场病,身体还没有完全恢复。东尼生得一双蓝色的眼睛,长着一头金黄色的卷发,像是一头小狮子,既活泼,又斯文。他能跑善跳,逗人喜欢,生人碰到他总要停下来跟他逗一逗,有的人还送他一些玩具。一天,游客们正坐在海滨的沙滩上,我弟弟突然对大家说,东尼是个被收养的孩子。大家一听这话,都惊讶地互相看了看。但我发现,东尼那张晒黑了的小脸上却流露出一种愉快的表情。

"这是真的,是吗,妈妈?"东尼大声说道。"妈妈和爸爸想再要一个孩子,所以,他们走进一个有许多孩子的大屋子里,他们看了那些孩子后说:'把那个孩子给我们吧。'那个孩子就是我!"

"我们去过许多那样的大屋子,"韦伯斯特夫人说,"最后我们看上了一个我们怎么也不能拒绝的孩子。"

"但是,那天他们没有把那个孩子给你们。"东尼说。他显然是在重述一个他已熟知的故事。"你们在回家的路上不停地说:'我希望我们能得到他……我希望我们能得到他。'"

"是的,几个星期以后,我们就得到了。"韦伯斯特夫人说。

东尼伸出手,拉着纳德,"来,我们再到水里去。"孩子们像海鸥似的冲到海边的浪花里。

"我真想不通",我妈妈说,"谁舍得抛弃这样一个可爱的孩子呢。"过了一会儿,她又补充道,"明明知道他是被人收养的,但他却丝毫不感到惊讶。"

"相反,"韦伯斯特夫人答道,"东尼感到极大的快乐。似乎觉得这样他的地位更荣耀。"

"你们确实很难把这事情告诉他。"我妈妈说。

"事实上,我们并没有告诉过他,"韦伯斯特夫人回答说,"我丈夫是个军队里的工程师,所以我们很少定居在什么地方,谁都以为东尼和纳德都是我们的儿子。但是,6个月前,在我丈夫死后,我和孩子们碰上了我一位多年不见的朋友。她盯着那个小的,然后问我,哪个是收养的呀,玛丽?"

"我用脚尖踩着她的脚,她立刻明白了过来,换了个话题,但孩子们都听见了。她刚一走开,两个孩子就拥到我的跟前,望着我,所以,我不得不告诉他们。于是,我就尽我的想象力,编了个收养东尼的故事……你们猜结果怎样?"我说:"什么也不会使东尼失去勇气。"

"对极了,"他妈妈微笑着应道,"东尼这孩子虽然比纳德小一些,但他很刚强。"

在韦伯斯特夫人和她的孩子们将要回家的前一天,我和妈妈在海滨的沙滩上又碰见那位母亲。这次她没有把两个孩子带来,我妈妈夸奖了她的孩子,还特别提到了纳德,说从来没有见过一个孩子对他的母亲有这样深的爱,文静的小纳德竟对他母亲如此地依赖和崇拜。不料夫人说道:"你也是一位能体谅人的母亲,我很愿意把事实告诉你:实际上东尼是我亲生的儿子,而纳德才真是我的养子。"

我妈妈屏住了呼吸。

"如果告诉他,他是我收养的,小纳德是受不了的。"韦伯斯特夫人说,"对于纳德来说,母亲意味着他的生命,意味着自尊心和一种强大的人生安全感。他和东尼不同,东尼这孩子很刚强,是一个能够自持的孩子,还从来没有什么事情使他沮丧过。"

去年夏天,我在旧金山一家旅馆的餐厅里吃午饭,临近我的餐桌旁坐着一位高个子男人,身着灰色的海军机长的制服。我仔细观察了那张英俊的脸庞和那双闪烁着智慧的眼睛,然后走到他跟前。我问:"你是安东尼·韦伯斯特先生吗?"

原来他就是。他回忆起童年时我们一起在海滨度过的那些夏日。我把他介绍给我丈夫,然后,他把纳德的情况简单地告诉了我们。纳德大学毕业后,成了一位卓有成就的化学家,但他只活到28岁就死了。

"母亲和实验室就是纳德那个世界里的一切,"东尼说,"妈妈曾把他带到新墨西哥去,让他疗养身体,但他又立即回到他的实验室里去了。他在临死之前半小时,还忙着观察他的那些试管。死的时候,妈妈把他紧紧搂在怀里。"

"你妈妈什么时候告诉你的,东尼?"

"你好像也知道?"

"是的,她早就告诉过我和我妈妈,但我们都一直保守着这个秘密"。

东尼眼睛里闪烁着晶莹的泪花,沉默了好大一会儿。"我很难想象,在我的一生中,我还能献给母亲比我已经献出的更加深切的爱。"他说,"现在我自己也有了一个孩子。我开始思索,在这20多年里,母亲为了不去伤害养子那颗天真无邪的童心,而把亲生儿子的位置让给他,她自己心里会是怎样一种滋味呢?"

❦❦ 感恩心语 ❦❦

为了养子脆弱的自尊心不受伤害,母亲谎称自己的亲生儿子是领养的。这个谎言中,充满了没有血缘却浓得化不开的母爱。

奇怪的面店

佚名

街道对面新开了一间小餐馆,专门卖牛肉面。老板娘的手艺不错,再加上价钱适宜,所以每到吃饭的时候,里面都挤满了人。奇怪的是,在这间干净简洁的餐馆里,墙上没有挂上价钱牌或是风景画,而是挂满了一张张陈旧的卡通画。在外面的招牌上,更挂上了一个巨大的米老鼠画像。远远望过去,这间餐馆简直像是一间儿童玩具店!

老板娘是一个清秀的女人，看起来很年轻，在乌黑的秀发下却是一张毫无生气的脸。时间一久，周围的人都有些奇怪：为什么这间店铺的装饰会如此奇怪？为什么老板娘的眼神会如此茫然？她又有怎样的过去呢？

一个下午，小杨到这间面馆吃午饭。他一边吃着热腾腾的面，一边环视着小店。小店非常干净，只有四周墙壁上那些陈旧的卡通画让人感到不协调。相信老板娘也肯定知道这一点，但她为什么还要挂出来呢？

他有些好奇地看着老板娘。此刻她正呆坐在椅子上，凝视着街道前来来往往的行人，眼神中似乎隐藏了许多的心事。望着老板娘茫然的神情，小杨问道："为什么要在餐馆里挂这些卡通画呢？"

也许是第一次有人问这种问题，她惊慌地抬起头，喃喃地说："给小孩看的。"脸上还露出一种痛苦的表情，低声说道："他会回来的，一定会回来的！"

原来，这个女人曾经有过一个幸福美满的家庭，丈夫是一个建筑公司的工程师，有一个活泼可爱的男孩。但就在五年前的一个下午，五岁大的儿子想到对面街上的牛肉面馆去吃一碗面。

当时她正在忙着，想儿子只是去对面而已，应该不会有事，于是就让他一人独自前往。但两个钟头过去了，她才发觉有些不对劲，儿子一向都很听话，怎么一碗面会吃这么长的时间呢？

于是她疾步跑到对面街上的牛肉面馆，才发现儿子竟没有来过，就这样神秘消失在短短的路途中。五年来她发疯般地寻找这个城市的每一个角落，却没有丝毫的消息；原本和睦的家庭也一夜间变得支离破碎。她终日生活在痛苦自责中，不能自拔。

望着儿子可爱的照片和那些保存至今的玩具，她突然想到了一个方法。

于是，过了一段时间之后，在最繁华的街道上，她开设了这家牛肉面馆，里面放满儿子喜欢的图画，并在招牌上挂上了一个巨型的米老鼠画像。在她的脑海中，她想，也许有一天，已经长高长大，甚至认不出来的儿子，会路过这间面馆，来吃一碗牛肉面。只要他一走进这间面馆，就会看到这些童年常玩的物品，也许就可以唤醒他童年的记忆，知道自己的亲生父母就在眼前。

在许多人的眼中，这个奇特的方法，只是一种不可能的幻想，但她却从这种幻想中建立起希望。抹去痛苦的泪水，她放弃了优越的生活，努力忙碌起来。

几年之后的某一天，小杨正好路过这条繁华的街道，猛然间看见那家挂着米老鼠的面馆已经改成了一间服装店。他有些好奇地询问起周围的人，他们都说在大约一年前，这间生意兴隆的面馆突然结束营业了。在结束营业的前一天，有人看见一个十来岁的男孩，在这间店铺前迟疑了许久。老板娘似乎认出了些什么，激动地冲上前去，抱着男孩哭喊起来。她终于找到了自己的儿子！

感恩心语

伟大的母爱感动人心。无论是否像一粒种子那么微小，在这颗爱子之心中的美好愿望只要顽强地生长，总有一天会长成一棵庇护子女的参天大树。在这棵参天大树下受庇护的子女，怎能不感恩伟大的母亲呢？

樱桃树下的母爱

檀小鱼 编译

蒂姆4岁那年，一向花天酒地的父亲向母亲提出了离婚。母亲带着他搬到了马洛斯镇定居。

马洛斯镇尽头有一个大型的化工厂，工厂附近有许多美丽的樱桃树，蒂姆一下就喜欢上了这里。

蒂姆在新的环境中生活得十分愉快。他喜欢拉琴,每天都要拿着心爱的小提琴来到院子里的樱桃树下演奏。

几年过去了,他的琴技日渐提高,悠扬的乐声是他们生活中最美妙的伴奏。

不幸还是再一次降临到了这对母子身上。化工厂发生了严重的毒气泄漏事故,距离化工厂最近的蒂姆家受到了严重的污染。蒂姆时常恶心、呕吐,最可怕的是他的听力开始逐渐下降,医生遗憾地表示蒂姆的听觉神经已严重损坏,仅保有极其微弱的听力。

母亲狠下心把蒂姆送到了聋哑学校,她知道要想让儿子早日从阴影里走出来,就必须尽快接受现实。医生提醒过,由于年纪小,蒂姆的语言能力会由于听力的丧失而日渐下降。因此,即使在家里,母亲也逼着蒂姆用手语和唇语跟她进行交流。在母亲的督促和带动下,蒂姆进步得很快,没多久就能跟聋哑学校的孩子们自如交流了。樱桃树下又出现了蒂姆歪着脑袋拉琴的小小身影。

看到儿子的变化,母亲很是欣慰。和以前一样,每次只要蒂姆开始在樱桃树下拉琴,她都会端坐在一边欣赏。不同的是,演奏结束后母亲不再是用语言去赞美,取而代之的是她也日渐熟练的手语和唇语,以及甜美的微笑和热情的拥抱。

可蒂姆的听力太有限,他很想听清那些美妙的旋律,但他听到的只有很轻的嗡嗡声。蒂姆很沮丧,心情一天比一天坏。

看儿子如此痛苦,母亲不禁也伤心地流下泪来。一天,母亲用手语对蒂姆"说"道:"孩子,尽管你不能完全听清楚自己的琴声,但你可以用心去感觉啊!"

母亲的话深深印在了蒂姆心里,从此他更刻苦地练琴,因为他要用心去捕获最美的声音。为了让蒂姆的琴技更快地提高,母亲还想出了一个妙招——镇上没有专业教师,母亲就用录音机录下蒂姆的琴声,然后再乘火车找城里的专家进行评点,为了避免有所遗漏,她还麻烦专家把评点意见一条条地写下来,好让蒂姆看得清楚。

可蒂姆发现,只要自己演奏较长的乐曲,有时明明超过了50分钟,磁带早到了该翻面的时候,可母亲还看着自己一动不动。蒂姆提醒母亲,母亲忙说抱歉,笑称自己是听得太入迷了。后来,只要录音,母亲都会戴上手表提醒自己,再也没出现过任何疏漏。

樱桃树几度花开花落,在法国的一次少年乐器演奏比赛上,蒂姆以其精湛的技艺和昂扬的激情震撼了在场所有的评委,当之无愧地获得了金奖。而人们在得知他几乎失聪时,更是觉得他的成功不可思议,许多人把他称为音乐天才。更幸运的是,蒂姆的听力问题也受到医学界的关注,经过巴黎多位知名专家的联合会诊,他们认为蒂姆的听觉神经没有完全萎缩,通过手术有恢复部分听力的可能。

手术很快实施了,手术的效果很理想,医生说再戴上人造耳蜗,蒂姆的听觉基本上就能与常人无异了。

那段时间,母亲一直陪伴在蒂姆身边。戴上人造耳蜗的这天,蒂姆表现得特别兴奋,他用手语告诉母亲:"从现在起,我要学习用口说话,您也不必再用手语和唇语跟我交流了。"他甚至激动地拉起了小提琴,用结结巴巴的声音说:"母亲,我能听见了。多么美的声音啊!"然后他又问道:"母亲,您最喜欢哪首曲子? 我现在就拉给您听好吗?"

但奇怪的是,母亲似乎根本没有听见他的话,她依然坐在那里含笑看着他,保持着沉默。蒂姆又结结巴巴地问:"母亲,您怎么不说话啊?"这时,护士小姐走了过来,她告诉蒂姆,他的母亲早已完全失聪。蒂姆睁大了眼睛,直到这时,他才知道了真相:原来,在那次毒气泄漏事故中损坏了听觉神经的不只是他,还有他的母亲,只是为了不让蒂姆更加绝望,母亲才一直将这个痛苦的秘密隐藏到现在。母亲的绝大部分时间都是和蒂姆用手语和唇语交流。因为很少开口,如今都不怎么会说话了。蒂姆想起年少时对母亲的种种误解,不由得抱着母亲痛哭起来。

蒂姆和母亲回到了家中,初春时节,在开满粉红花瓣的樱桃树下,伴着柔柔的和风,蒂姆再次为母亲拉起了小提琴。他知道,母亲一定听得到自己的琴声,因为她是用心去感受儿子的爱和梦想。虽然他当年在母亲那儿得到的只是无声的鼓励,但这其实是一个伟大的母亲奉献给儿子的最振聋发聩的喝彩!

感恩心语

在樱桃树下,母亲教会失聪的蒂姆手语和唇语,教会了蒂姆用心去感受琴声。母亲那无声的喝彩和鼓励,把蒂姆推向了成功。坚强是这位母亲的代名词,她的坚强使蒂姆奏出了生命的最强音符。

用生命诠释母爱

张馨雨

我的舅奶去世了,但谁也没想到舅奶会以这样一种方式离开人世!

舅奶去世那年73岁,70岁那年她右腿被摔残,得拄着双拐走路。

舅奶一生养了两个儿子三个女儿。舅爷去世后,三个女儿一致要求舅奶在三个女儿中选一家养老,女婿们也都是这个意见,因为他们都知道我的两个舅舅有点不孝。可是舅奶却坚持要在儿子家,他说自己有儿子,不能让外姓人养老,那样会让人笑话他的儿子。可是我的两个舅舅却不理解老人的这份苦心,为了推卸养老责任,两个舅舅反目成仇,打得不可开交。后来还是在家族长辈的调解下,才由我的二舅接回了舅奶。可是不到十天,我的大舅听说舅奶还有1万多元的存折,他就又坚决要求由他给舅奶养老。可是二舅也听说了这件事,所以坚决不同意让舅奶去大舅家。两人再次打得不可开交。最后又是长辈们出面调解,决定让舅奶自己选。结果舅奶选择了去孩子多、生活最困难的大舅家,并偷偷地给了二舅2000元钱,才算摆平了这事。

在大舅家,大舅对舅奶很不好,总是惦记着向舅奶要钱,舅奶不给,他就说难听的话,甚至不让舅奶吃饱饭。有一天,舅奶病了,发烧咳嗽。可大舅不仅不请医生给舅奶看病,反而说舅奶活这么大岁数,死了也不亏了,气得舅奶喘不上气来。

吃完了早饭,大舅到院子里要把两头牛套到车上出去拉东西,这时其中的一头公牛突然不知怎的,不听使唤,不管大舅怎么呵斥都不管用。大舅就用鞭子抽打公牛。公牛被打后,忽然掉过头来,发疯般向大舅顶来。大舅一闪躲过了,举起手中的鞭子刚要再去打牛,谁知那头公牛掉过头来再次向大舅猛冲过来。大舅躲闪不及,被牛刮倒在地。还没等起来,牛已再次掉过头来,向倒在地上的大舅冲过来。大舅一边向旁边滚,一边求救。舅奶听到大舅的呼唤声,急忙从床上起来,提起双拐,跌跌撞撞跑进院子,这时正好公牛向地上的大舅冲过来,眼看没救了,大舅一闭眼睛准备等死了。可是这时舅奶也恰好冲到了跟前,举起右手的拐杖迎着牛头用力打去,一拐正打在牛头上,拐杖被崩飞出5米多远,失去支撑的舅奶一跤跌倒在地。公牛被打了这一下,向后退了几步。大舅赶紧跳起来想去扶舅奶起来。可是那头公牛退后几步看清是舅奶打了它时,竟猛地又向舅奶冲了过来。舅奶见状,一只手推开大舅,并高喊:“儿子别过来!”一边举起左手的拐杖向牛迎头打去,那牛一声闷吼,一头将舅奶顶起,甩出5米多远。舅奶一口鲜血喷出半米多高,肠子冒了出来……这时大舅捡起了一条拐杖疯了一样冲向那牛。而牛在顶中了舅奶后,好像一瞬间失去了疯劲儿,躲闪着雨点般落在身上的拐杖,夺路向院外跑去。

众人来看地上的舅奶,都说舅奶已经死了,劝大舅准备后事。大舅趴在舅奶的身上放声大哭。这时奇迹出现了,肠子已流到外面的舅奶竟睁开眼来,看了看哭得泪人儿似的大舅,慢慢吃力地抬起手来，替大舅擦了一下眼泪，并艰难的笑了一下，说："老儿，你……没事……就……好了。别……哭，妈……没事儿……"说完又喷了一大口血。大舅大哭着说："妈，你没事儿，你不会有事儿的，不会有事儿的，快来人帮我套车，去医院，我要救我妈！救我妈呀！"很快有人去准备车了。大舅起身，脱下上衣，奋力一扯撕成两半，俯身想去给舅奶简单包扎一下伤口，可是当他俯身再看舅奶时，舅奶已永远停止了呼吸……

　　舅奶就这样去了。从此，每一个传统的祭祀日，大舅都会在舅奶的坟头泪流满面……

　　大舅不孝舅奶，可舅奶却不惜用生命去救大舅，是舅奶让我读懂了母爱的无私和博大。

❦⟡ 感恩心语 ⟡❧

　　人们说母爱无私、伟大、宽容，不是吗？母爱能原谅儿女的一切过错，能宽恕儿女的无情不孝。文中的舅奶是一个善解人意的母亲，她所做的一切，都是为了儿子。她宁愿委屈自己，住在贫穷的大儿子的家里，也是为了保护儿子那一点自尊心。儿子们是自私自利的，母亲尽管很伤心，但依然在最后紧要的关头救了儿子一命，而自己却永远地合上了眼。

远去了，母亲放飞的手

刘心武

　　从1950年到1959年，我8岁到17岁。家里平时就我和母亲两人。回忆那10年的生活，母亲在物质上和精神上对我的哺育，都是非同寻常的。

　　物质上，母亲自己极不重视穿着，对我亦然，有的穿就行了。用的，如家具，也十分粗陋。但在吃上，那可就非同小可了，母亲做得一手极地道的四川菜，且不说她能独自做出一桌宴席，令父亲的那些见过大世面的朋友交口称誉，就是她平日不停歇地制作的四川腊肠、腊肉等，也足以叫邻居们啧啧称奇。有人就对我发出警告："你将来离开了家，看你怎么吃得惯啊！"但是母亲几乎不给我买糖果之类的零食，偶尔看见我吃果丹皮、关东糖之类的零食，她总是要数落我一顿。母亲坚信，一个人只要吃好三顿正经饭，便可健康长寿，并且那话里话外，似乎还传递着这样的信念：人只有吃"正经饭"才行得正，吃零嘴意味着道德开始沦落——当然很多年后，我才能将所意会到的，整理为这样的文句。母亲在饮食上如此令邻居们吃惊，被一致地指责对我过于"娇惯"和"溺爱"。但还有令邻居们更吃惊的事，那就是我家是大院中有名的邮件大户。如果那几十种报刊都是我父亲订的，当然也不稀奇，但我父亲其实只订了一份《人民日报》，其余的竟都是为我订的。邻居大妈不解地问我母亲："你怎么那么舍得为儿子花钱啊？你看你，自己穿得这么破旧，家里连套沙发椅也不置！"母亲回答得很坦然："他喜欢啊！这个爱好，由着他吧！"

　　1959年，我被北京师范专科学校录取，勉勉强强地去报了到。我感到"不幸中的万幸"是这所学校就在市内，因此我觉得还可以大体上保持和上高中差不多的生活方式——晚上回家吃饭和睡觉。我满以为，母亲会纵容我"依然故我"地那样生活。但是她却给我准备了铺盖卷和箱子，显示出她丝毫没有犹豫过。母亲不仅把我"推"到了学校，而且，也不再为我负担那些报刊的订费，我只能充分地利用学校的阅览室和图书馆。

　　1960年春天，有一个星期六我回到家中，一进门就发现情况异常，仿佛在准备搬家似的……果不其然，父亲奉命调到张家口一所军事院校去任教，母亲也随他去。我呢？父亲和母亲都丝毫没有犹豫地认为，我应当留在北京。问题在于：北京的这个家，要不要给我留下？如果说几间屋都留下太多，那么，为什么不至少为我留下一间呢？但父亲却把房屋全退了。母亲呢，思想感情和父亲完全一致，就是认为在这种情况下，我应当开始完全独立的生活。父亲迁离北京后的那周的星期六下午，我忽然意识到我在北京除了集体宿舍的那张床铺铺位，再没有可以称为家的地方了！我爬上去，躺到那铺位上，呆呆地望着天花板上的一块污渍，没有流泪，却有一种透彻肺腑的痛苦，难以言说，也无人可诉。

1969年春天，我在北京一所中学任教。就是那个春天，我棉被的被套糟朽不堪了，那是母亲将我放飞时，亲手给我缝制的被子。它在为我忠实地服务了几年后，终于到了必须更换的极限。于是我给在张家口的母亲写信要一床被套，这对于我来说是自然到极点的事。母亲很快寄来了一床新被套，但同时我也就接到母亲的信，她那信上有几句话我觉得极为刺心："被套也还得向我要，好吧，这一回学雷锋，做好事，给你寄上一床……"睡在换上母亲所寄来的新被套里，我有一种悲凉感：母亲给儿子寄被套，怎么成了"学雷锋，做好事"，仿佛是"义务劳动"呢？现在我才醒悟，母亲那是很认真很严肃的话，就是告诉我，既已将我放飞，像换被套这类的事，就应自己设法解决。她是在提醒我，"自己的事要尽量自己独立解决"。母亲将我放飞以后，我离她那双给过我无数次爱抚的手，是越来越远了，但她所给予我的种种人生启示，竟然直到今天，仍然能从细小处，挖掘出珍贵的宝藏来……谁言寸草心，报得三春晖！

感恩心语

谁言寸草心，报得三春晖！是呀，母爱，是一生也难以用任何方式报答的，而且越是到了长大成人甚至是到了自己有了孩子之后，才越发体会得深刻。

内向的小男孩

佚名

这个男孩天生内向，直到迈入小学校门，仍然不善言辞。这本不是什么大问题，可是当老师提问时，他还是一声不吭。老师无奈之下将他的家长请到了学校进行询问，声称他们的儿子智力上有问题，甚至有意劝他退学。

男孩在那天放学后被父亲狠狠地责备了一通："除了养猫、养狗、捉老鼠之外，你什么都不会，什么心都不操，我看你以后怎么过！你这样不仅是对自己不负责任，也是我们全家的耻辱！"男孩委屈地流下了眼泪，但是很快，他又孤单地在后花园看起小虫。对于他来说，除了妈妈，这是唯一能给他安慰的东西——老师冷落他，同学讥笑他，父亲训斥他，连姐妹们都瞧不起他。

但值得一提的是，男孩子的妈妈很了不起，她毫不理会别人对男孩的奚落，她坚信儿子是最好的，只是他们没有发现儿子的优点和长处，所以她一直坚定不移地支持、护佑着儿子。以至于丈夫很不屑地对她说："你总是怜悯他，而不教育他，这样会害了他！"但是不管怎么样，母亲还是固执地安慰和鼓励着小儿子。

她从不反对儿子去花园中去聚精会神地欣赏花草鱼虫，因为她觉得孩子在这方面似乎很有天赋。比如他总能比其他孩子更快地辨认出各种不同的花草，总能回答出妈妈认为比较刁钻古怪的问题。对于妻子的做法，丈夫一直坚决反对，他并不认为这样有助于儿子的成长。但是幸好这位妈妈始终如一地坚持了下来，最后她培养出令全人类自豪的著名生物学家——达尔文。

感恩心语

达尔文是幸运的，因为他有一个信任他的母亲。虽然老师说达尔文智力有问题，父亲也不理解他，但是，母亲却依然坚定地站在他的身边。正是因为母亲的坚持，达尔文才有了后来的成就。所以说，亲情也需要坚持。

母爱的味道

文路可

艾薇儿的母亲塞娅是一个不善打扮的女人,她常用的香水像鸟屎一样难闻,她的那些衣服,每一件都极为夸张艳丽,让人不敢恭维。艾薇儿的好友露西也说她母亲身上穿的裙子,像是破破烂烂的彩条旗。为此艾薇儿并不喜欢母亲每天接她放学,因为她害怕听到同学们的议论和嘲笑。她也曾无数次地向母亲抗议,可母亲总是找出各种"巧合"的借口,让艾薇儿很无奈。

今天班上那个叫凯森的男孩,邀请艾薇儿明天放学后一起去看电影。艾薇儿欣喜不已,却不知道该如何阻止那样一身怪异打扮的母亲,明天依然"巧合"地出现在学校门口,和凯森碰个正着。

想了一晚上,第二天一早,艾薇儿向母亲吐露了自己的心声。见母亲还是坚持。艾薇儿说:"不,妈妈,我不想让我的那些朋友们笑话我,如果你不再喷那么难闻的香水,不再穿那样艳俗的衣服,也许我就不会那么丢人!"

听完,过了好一会儿,塞娅才讪讪地说:"好的,妈妈明白了。"艾薇儿知道自己伤了母亲的心,她想道歉,可想到放学后的约会,她还是咬咬牙,转身走了。

终于,等到下午的放学铃响了,艾薇儿刚刚走下台阶,还没来得及和凯森打招呼,突然,后面传来一阵巨响,接着是可怕的尖叫和奔跑声。"天哪,有人开枪杀人了!"后面跑来的一个女孩害怕得大声叫嚷着,接着是一浪接一浪的人潮向艾薇儿涌过来,艾薇儿的框架眼镜也被撞掉了,她被人群撞来撞去,根本不知道自己该往哪个方向跑。

突然,一股熟悉的味道向她飘过来,那种浓烈的鸟屎味——"哦,妈妈!"艾薇儿顺着这股特殊的香水味朝人群中望去,隐隐约约地,那里,有一面那样亲切的"彩条旗"。艾薇儿马上奋力地朝着"彩条旗"的方向跌跌撞撞地冲过去。很快,赶到的警方证实所谓的"枪击事件"只是个误会,但由于恐慌,很多学生都被挤倒踩伤了。幸运的是,艾薇儿因为找对了出口毫发无损。

晚上回到家,安顿好艾薇儿后,母亲对她说:"亲爱的,我今天要陪你父亲去参加一个重要的晚会,可能要晚点才能回来。""好的,"艾薇儿安心地躺下了。过了一会儿,艾薇儿想去厨房喝点水,路过客厅时,里面那个光彩照人的女人让她惊呆了!那个身着优雅长裙,身上散发着淡淡的薰衣草芬芳的女人真的是自己的母亲吗?

"亲爱的,好久没看你打扮得这样漂亮了。"父亲轻轻地赞叹着。"嘘!小声点,千万不要把艾薇儿吵醒了,我可不想让她看到我这副模样。"母亲小声地对父亲说。"其实,你为什么不对她说出实情呢?你抹那种味道的香水,穿那种颜色的衣服,只是为了让她能在人群中一眼就找到你呢?"父亲怜惜地对母亲说。"我可不想让她为了我不开心。"母亲轻轻地说。

艾薇儿愣住了!原来,这才是事情的真相。在很小的时候,艾薇儿就被诊断患有视神经萎缩,只有巨大的框架眼镜才能让她勉强看清一些东西,这也让她经常在学校闹一些笑话,惹来同学们的嘲笑。

不知不觉中,艾薇儿的眼睛已经湿润了,原来,母爱的味道不是那些高贵的薰衣草味或玫瑰香,而是那种在所有浓郁的香味中都能刺激她的鼻内嗅细胞的咖啡香味,它一直就在自己身边。

感恩心语

为了使女儿能够一眼就看到自己,母亲情愿打扮得怪异,而且还心甘情愿地用味道难闻的香水。但是,女儿却并不知道,这是母亲为她所作出的牺牲。母爱就是这么伟大,在付出的同时,为了减轻女儿的心理负担,母亲选择了隐瞒自己的付出。

母亲,是你让我成长

佚名

　　小时候,时常埋怨您管得太多,放学回家晚了要管,礼拜天到小河边捉鱼要管,和小伙伴玩耍要管,看电视近了要管,写作业趴在桌子上要管,好像这一切都是在妈妈的管辖中,看着弟弟一个人出去玩耍,自己觉得是不是不是亲生的才这样,于是就期盼着快快长大,能够早点脱离妈妈的约束,早点走上属于自己的生活。

　　后来上了大学,才知道,放学回家晚了,你总是在门口张望;礼拜天偷偷出去捉鱼了,都会把装鱼的器皿放在床下面,长久无人问津,某一日打扫卫生的时候才发现,器皿中传出一股腐败之味,看着鱼儿的尸体,莫名伤心了一阵;和同学们玩耍了,才发现自己的手臂经常闹得骨折或者脱臼,才知道自己自小就骨质疏松,下雨天一次摔倒就会让手臂骨折,除了减少运动别无他法。上大学了看着别人对体育项目的轻若游云,自己却在胆怯,也因此让自己养成了内向和自卑的性格,以为渐渐地就会忘记,却在新疆警察考试体检时听着医生说着所谓的轻微"畸形",让自己有想找个角落藏起来的冲动,再一次出现卑微的想法,走出医院泪水就止不住地往下流,打电话告诉母亲,既然如此当时为什么给我留下后遗症,我问你我的胳膊为什么和别人的不一样的时候,你为什么骗我说没什么不一样。

　　妈,你可知道,当和同学们谈论起童年的乐趣,你不知道我有多恨你,每次偷偷出去玩耍,回家了就是一顿暴揍,偶然瞥见你眼中的泪水,曾经也会诚惶诚恐。直到后来自己一个人面对社会才知道,曾经您一度想用您的羽翼把我包裹的严实,让我失去了去适应社会的机会,你可曾想过这样的小鸟如何能够在蓝天飞翔,如何经受生活的磨砺,社会的锻造,岁月的蹉跎。

　　为了早日脱离你的管辖,自大学毕业以后,就踏上西征的列车奔赴新疆,打着西部志愿者的名义,就这样匆匆往西。走着玄奘西行的轨迹,一路或绿树如茵,或广袤草原,或荒漠戈壁,或连绵雪山,这一路似乎度过了冬夏春秋,一世沧桑。初次参加工作,盲目地学习,说话欠考虑,让别人的嘲弄和戏耍,才觉得是不是自己太过笨拙,又或者没有经历过所以才会不适应。一次次撞到南墙不死心,一次次头破血流,才知道社会不是那么容易就可以融进去走出来的。看着城市中高楼林立,车水马龙,哪里才是自己的落脚地。

　　匆匆逃离了新疆,两年的志愿服务,学会了去接触社会,如何去应对世事的繁杂,如何面对那暗藏在社会中的钩心斗角。到了现在的工作岗位,从一名普通工人做起,从基层业务做起,才知道自己是有用的,还有那么多东西都是需要学习的,这些人不会因为你以前的性格或者其他而歧视你,师傅们不厌其烦的倾囊教授,让我在工作中不断地成长,一点点的融入到自己的工作中,一点点条理名目地做着各项工作。

　　在静下心来的时候,回想过往的种种,有欢乐也有哀愁,其实应该谢谢这些曾经经历过的种种,让我一点点地成长,感谢这些在我们生命的路途中给予我们帮助和支持的人们,感谢那些伤害我们的人,让我们逐渐成熟,感谢那些帮助我们的人,让我们在孤独单行的路上不再是形单影只。

　　每次假期回家,看到母亲脸上如水波荡漾的皱纹,那逐渐斑白的发丝,还有那逐渐佝偻的身躯,才知道您已逐渐地年华不在,我也逐渐地长大成人。一直以为如果不去刻意地关注,那么我就还是小孩子,您也依旧是我年少时候那个追逐我不断吆喝的妈妈,直到外婆的突然去世,我才知道,原来不是刻意回避,有些事情就不会发生。

　　一直想告诉您,妈妈,谢谢您,谢谢您让我不断成长,让我懂得您给予我的一切是我一辈子都偿还不完的。谢谢您妈妈,是您的不断鞭策,让我懂得感恩,懂得该如何继续我的生活,感谢您给予了我生命,感谢您给我绚丽多彩的人生,感谢您让我拥有了一颗拼搏、热忱、懂得感恩的心。

◆◇◆ 感恩心语 ◆◇◆

为了使我们健康成长,母亲总是唠唠叨叨地阻止我们做一些事情,教育我们正确的做法是什么。很多时候,我们觉得母亲很唠叨。长大之后才发现,原来那些唠叨都是母亲的爱,是它们伴随着我们一起成长。

留住她的温暖

佚名

在台湾,有一位六十多岁的妈妈,每天都给女儿打电话。她听到的总是语音信箱的留言:"对不起,我现在很忙,有事请留言哦!"那轻俏活泼的声音,让妈妈禁不住笑容满面。明知女儿不在电话那头,她仍会慈爱地回答:"好,你去忙,妈妈明天再打给你!"

而事实上,这声音的主人已在一年前因车祸去世。这句熟悉而亲切的留言,是母亲找到女儿的唯一方式。它像一把神奇的钥匙,可以随时开启一扇通向秘密花园的门。那里,盛开着有关女儿的所有温柔的记忆。

女儿走后,这个手机再也无人使用,可母亲仍然按时交纳着月租费。每天听着这句留言,她觉得女儿并未远走,还在从前的那家公司上班。

母亲仿佛就坐在女儿身边,微笑地看着她,看女儿灵巧的手指敲击着键盘,看女儿在会议室与同事侃侃而谈,看女儿将一份文件放进复印机……

在这甜蜜的遐想里,母亲挨过了漫漫的长夜,挨过了一寸一寸的疼痛。在茫茫复茫茫的海上,有时只需一句话,就能摆渡一颗柔软的心。

可是,有一天,当她又习惯性地拨打这个电话时,那个留言竟消失了!她听见的是对方已关机的提示音。惊慌失措的母亲,恍如失掉了整个世界。

她费尽周折,找到了女儿手机的客服电话。电话接通的一瞬,她泪眼蒙蒙,语不成句。对方听清她的问题后,耐心地向她做了解释。

原来,电信公司已通过短信告知客户,语音系统即将升级,请大家将旧的语音留言与欢迎词,转换到新的系统保存,否则会丢失。而这位母亲从未看过手机短信,所以在新系统上线一周后,她失去了这个珍贵的留言。

母亲彻底崩溃了:"这是我过世女儿的留言,以后,我该怎么办……"这位六十多岁的老人哽咽着,像个无助的孩子。

客服人员立即将此事通报给主任,主任又迅速汇报给公司资讯部门。工作人员花了一个月的时间,从数百万用户的上百万个旧的语音信箱中,找到了她女儿的录音。

他们马上开始研究,如何让原音重现。工作人员用原始的方式,使用公司内部的电话,打入她女儿的手机,取得了那句至关重要的留言,再从客服中心的录音系统中,将这句话转录出来,汇入新的语音系统。

日夜盼望的母亲,终于又听到那活泼轻俏的声音。这一瞬,她开心得笑起来:"听到了!听到了!"仿佛那个眉眼乖巧的女孩,又亲昵地偎在她的身旁,一伸手就可以抱到她。

为了永远不再遗失这条留言,公司人员将这段录音拷贝到光盘里,赠送给这位母亲。也许我们都是普通人,无法阻止地震、车祸、海啸的发生,可我们能够用持久的耐心和绵密的关怀,去缝合一位母亲破碎的心,留住她的温暖。

不管孩子走在哪里,母亲都能够以自己特殊的方式找到孩子,只因为那份爱。母爱是这个是世界上最深刻的感情,超越了生死,超越了琐碎的生活,超越了人世间的一切。只有母爱,能够达到这种至高无上的境界。

世间最温暖的地方

佚名

哈尔滨的四月乍暖还寒。看似冰消了,雪融了,外面阳光四溢,可太阳一落,走进房间,还是感到一丝丝凉意。

女儿放学回家,说的第一句话总是:"好冷啊,冻死我了。"对此我总是会投去怀疑的一瞥,因为在家我穿着睡衣睡裤而并未觉得冷。一日晚间,我躺在床上看书,女儿趁我不备,突然把两只脚丫伸进我的怀里。我猛的一个激灵,没想到她的脚还真是冰凉啊。女儿在一旁偷笑不止,而我却漫溯记忆的源头,在清清的河水中拾起一枚闪亮的贝壳,任它斑驳在记忆的河里,落地成金。

我的童年是在长白山脚下的一个小山村度过的。每到冬天,冰封雪飘之时,大人们就会拉着雪爬犁进山去拾柴。也许是对大山充满了好奇,也许就是想坐坐雪爬犁。在我六岁那年的冬天,软磨硬泡地让爸爸妈妈同意带我去山里了。

临行前,妈妈给我从头到脚裹了个严严实实。头上戴了一顶狗皮帽子,只留了两只眼睛。为了防止鞋里进雪,特意在我的脚脖上缠了许多军用绷带。我身子看起来团呼呼的,完全可以当球踢了。妈妈围着我转了三圈,又嘱咐了我许多注意的事项,最后认为万无一失,我们就出发了。

一路上,我坐在雪爬犁上,看着飞鸟从我的头上掠过,听着爬犁碾压积雪的"咯吱"、"咯吱"声,别提有多惬意了。到了山里,爸爸妈妈把雪爬犁停在路边,又嘱咐了一遍,让我就在附近的路上玩,千万不要到雪地里。看我点头答应,他们便去拾捡干柴了。

开始,我还能听话,在雪爬犁旁边的路上跑来跑去的玩,一会儿,就觉得没意思了。那雪地上的趾爪印到底是什么动物留下呢?在路旁小树上不停啼鸣的小鸟是不是能捉住呢?强烈的好奇心终于让我忘记了妈妈的嘱咐,我迈向了树林里的雪地。好深的雪啊!我好像一下子掉进一个深坑里,双腿都被深深的积雪埋住了。我用力地挣扎着,费了九牛二虎的劲儿才爬回到路上。可是我的鞋里却进了雪,我明显地感到了凉意。起初,我还能忍着,可是脚越来越痛,我终于大声哭着喊妈妈。

妈妈闻声,急忙深一脚浅一脚地跑过来。她把我抱起来放到雪爬犁上,快速的脱掉了我的鞋,将鞋里的雪倒掉。然后坐在我的旁边,握住我的两脚,一下子塞到她的怀里。那一瞬间,我感到妈妈的身体猛烈地一颤,一股强大的热流瞬间流遍了我的周身……

待我完全暖和过来后,妈妈把我送回了家,然后她又返了回去,从始至终,一句责怪我的话也没说。

时光虽然流逝了,却并未带走美好。那份温情,依然久久弥散在心头,余音绕梁一般。不必很努力的搜寻过往的时光,依旧可以重温曾经的幸福与感动,往昔的点点滴滴,便如泉涌般,喷涌着、流动着,又俨然一幅幅电影胶片,鲜活栩栩。

无论你身处世界的哪个角落,无论你生活在哪个季节,总有个人让你感到最温暖,那就是母亲。有母亲的地方,就是世间最温暖的地方。有母亲疼爱的人,是这个世界上最幸福的人。

母亲的夏天

王群

又到夏天了，我开始思念我的母亲。

母亲是位乡村小学老师。每年放了暑假，老师们终于可以放下书本，回家消夏避暑，静心消闲。而这时，母亲又要背起冰棍箱，在城乡之间来回奔波了。

母亲的夏天是忙碌的。每天半夜，母亲悄然起床，在冰棍箱里垫两层厚厚的棉被，外面又裹一层，然后牢牢地绑在自行车的后座上便进城了。以前的路况不比现在，四五十里的路程，最快也要耗费两个半小时。即便如此，母亲到达城里的冰库时，天还没有完全放亮，她总是排在队伍的最前面。等冰棍箱里装满了五六百支冰棍，就可以在回家的途中一路叫卖了。中午，卖完冰棍的母亲赶回家，喝上几碗凉好的稀粥，顾不得稍稍休息，又匆匆进城提第二次货了。到了晚饭时分，母亲才会拖着疲惫的身子出现在村头。

母亲的夏天比常人更为炎热。她整天驮着冰棍箱在太阳地里行走，夏天的骄阳似烧着的火球，她头顶上的毛巾湿了又干，干了又湿。我敢肯定，母亲在一个夏天流的汗水足以盛满身后的那只三尺见方的木箱。母亲热得不行，就拿出自带的水壶喝上一气，母亲再渴也舍不得吃箱子里的一根冰棍，虽然只有五分钱，那是需要卖掉四五根才可以赚回来的。母亲回家后照例要听广播里的天气预报，明天的气温越高，母亲显得越高兴。那样，她的冰棍会更好卖些。

母亲的夏天最害怕遇上雷雨。乡间的土路将变得泥泞不堪，骑在车上不停地打滑，只有下车推行。要是在回家的路上，那更麻烦，必须在冰库的工人下班之前赶回城里退掉。有时来不及了，母亲干脆就带回家，给左邻右舍的孩子每人分一根。于是，我们想吃冰棍时，就渴望着老天爷能帮忙下个及时雨。

夏天的母亲只有到了晚饭后，才有片刻的轻松和欢愉。在煤油灯下一分一分、一角一角地点数着零碎的纸币和硬币，数着她的汗水，数着她的辛劳。数着数着，母亲的脸上漾出了笑意，像看到庄稼丰收时的喜悦。

盛夏有近两个月的时间，而这两个月的时间却是母亲一年中经历得最漫长的时段。母亲每走过一个夏天，就变得黝黑一分，苍老一分。母亲伴着汗水走过每一个酷暑，母亲带着希望度过每一个夏天。秋季开学，她凑足了子女的书本、学杂费，又回到了三尺讲台。母亲的夏天是在为我们打工。

母亲的一生都在为我们打工。

感恩心语

为了养育子女，母亲操劳了一生。但是，她从来没有怨言。每一个夏天，母亲都顶着炎炎的烈日外出奔波，只是为了给我们凑够书本费、学杂费。在年复一年的夏日中，母亲明显地老去了。

眼泪打湿的花裙子

赵立雁

拥有一条美丽的花裙子，对于小时候的我来说，这是一种奢望。

第一次穿裙子是在10岁那年的夏天。现在还清楚地记得，穿上那条母亲一针一线缝制的黑裙子是怎样难以按捺的喜悦。我便不顾正午阳光的赤热，风儿一样穿梭于大街小巷，尽管路上没有一个人，只有狗吐着舌头无精打采地倚在墙角喘息，还有蝉的聒噪。

当我大汗淋漓、小脸通红地回到家时，看见母亲弯着腰在菜地里拔草，她顾不得拢一拢额前已被汗水粘住的发丝——母亲精心侍弄这块菜地，指望着用它换来油盐酱醋，连同我们的书杂费用。我沉浸在拥有了这条裙子的兴奋里，没有在意母亲的责怪，更没有觉出母亲那疲惫的、佝偻着的身子是怎样地刺目，是怎样地触痛我——这是我后来想到的。

但很快地，我便没有了当初穿上裙子时的心情。因为同学们穿的都是五颜六色的花裙子，一个个花枝招展，小公主似的，只有我的裙子黑乎乎的，怎么跑，怎么跳，都像个"小老人儿"，全没有了活泼的气息。同学们的眼光怪怪的，有的指手画脚，有的嗤嗤地笑。我涨红着脸，逃也似的跑回家，把裙子扔在母亲怀里，不管母亲满脸的惊愕，哭喊着要花裙子。

母亲抱着裙子的手有些发抖，黑瘦的脸上就有泪水浸湿了一片。我慌了，母亲从来没有哭过，她一定是生我的气了；我赶忙扑到母亲怀里，央求道："妈，你别哭了，我再也不要花裙子了。"母亲搂着我哽咽着说："惠儿，等把这茬菜卖了，妈一定给你做条花裙子。"

那一年，由于贫困，我没能穿上花裙子。那条黑裙子，母亲把它叠得整整齐齐地放在包袱里，宝贝似的锁了起来。

随着生活条件的好转，我终于有了一条又一条美丽的裙子，渐渐地就把黑裙子淡忘了，自然，还有黑裙子带给我的不愉快。后来，我发现商店的柜台上赫然摆挂着黑色的长裙、短裙，非常引人注目；大街小巷，姑娘们身着黑色裙装居然是那么端庄，那么飘逸。我不禁对黑色偏爱起来，蓦然想起母亲为我缝制的裙子，便求母亲拿出来，母亲不解地看了我一眼，开了锁，把它找了递给我。我捧着这小小的裙子，觉得它很重很重，难道是沧桑的往事使得它如此沉重吗？

母亲说，我何尝不想让你穿得漂亮些？那时候家里实在没有一分闲钱。给你做裙子的那块布是你外婆留给我的，看见它我就想起你外婆是怎样一分一厘地攒下了两块钱，买了这块布。本想你能高兴，却不料你嫌它丑。

我看着这条给过我短暂欢乐、凝结着外婆的汗水、洒满着母亲泪水的裙子，感觉它是那么亲切。我愧对母亲，由于我的无知，无端地伤害了母亲，她本想送给我一个清凉的夏天，我却不加掩饰地把母亲心中的美好砸得粉碎。那条裙子在母亲眼里胜过多少绫罗绸缎，她把最珍贵的东西毫不吝惜地给了我，我却幼稚地否定了它的价值。

如今，这条黑裙子挂在了我的衣橱里。看见它，我便想起那个夏天，母亲在烈日下挥汗如雨、辛勤劳作的情景；还有她在灯下一针一钱地把母爱注入细密的针脚，为我撑起一世荫凉。

❧ 感恩心语 ❧

为了满足孩子一个微不足道的心愿，母亲心甘情愿地付出自己的辛劳和汗水。然而，年幼无知的我却嫌弃黑色不好看，直到长大成人，我才知道那条黑色的裙子中饱含着外婆和母亲对我的爱。

迟来的歌，唱给一个人听

一朵依米

7岁以前，我和外婆还有她生活在一个大杂院里，她是文工团的独唱演员，长相甜美，嗓音如天籁。在舞台上的她热情得像一团火，在家的她冷漠得像一块冰。懂事的时候，我知道她是我的小姨。

她总有演出任务，空荡荡的屋子总是剩下我和外婆。

她每次离开都会对外婆说：过一阵子才会回来，看着司棋弹钢琴。然后转身离去。她总是将我渴盼的眼神,用华美的服饰和闪耀的耳环冷冷地熄灭在黑白相间的琴键上。

孤独的我会抱着一个脏兮兮的毛绒狗熊趴在窗台看她离去的背影,用稚嫩的声音说着:小姨,再见。

再见。但从不回头看我,粉色的风衣随风起舞,飘逸、柔美。声音被割裂在风中,成了一个破碎的符号。

7岁之后,她仍是每隔几天便要去外地演出,行前,总是欢快地哼着歌,一件一件地收拾自己的行李,常常拿起一件白色的礼服放进包里,又拽出来,拿过那件镶钻的黑色旗袍对着镜子朝自己比划,然后满意地放进行李箱里。那些化妆的眉笔、睫毛膏、口红,稀里哗啦地被她放进背包里。

回头,看见我畏怯地倚在门口,她蹲下身,轻轻地摸摸我的头说:小棋,记得听外婆的话,好好练琴,将来弹琴给小姨听。

我听话地点点头,小心翼翼地靠在她生疏的怀里,闻着她身上茉莉香水的味道。淡雅、清新、温和,我会微微闭起眼睛,享受这难得的祥和与温柔。这是她留给我童年最靓丽的记忆,也是我们仅有的微乎其微的交集。

上学后,我仍和外婆生活在那个孤独的6楼,难得长久看见她的身影。

我每日寂寞地弹着钢琴,嫉妒地看别的小朋友有爸爸和妈妈领着去公园。弹着弹着,我会蹭地从琴凳上跳下来,哭着说:外婆,我不弹了,为什么别人都有爸爸和妈妈,而我却没有。

外婆紧紧地抱着我,擦掉我一串又一串的眼泪说:棋棋,不哭。你不是还有外婆和小姨吗?我们都爱你啊!

外婆从不提我的爸爸和妈妈。

有时,她会呆呆地望着我,长叹。然后,背过身去,偷偷擦掉流下的泪。

时光流水般逝去,我渐渐变成一个心事重重的女孩,朋友们知道我是没有父母的孩子,他们都离开我了。至于怎么离开的,外婆和小姨都很避讳,我也就不再问。

读初中的时候,因为她在电视上频频出镜,成了这个城市的名人,于是,在学校的我也成了名人。

经常有隔壁班的女孩子好奇地围在教室的门口指着我说:那个司菲真的是她小姨吗?有胆大的凑近我说:嘿,司棋,你小姨真的是电视上那个长得特别漂亮,唱歌又特别好听的司菲吗?

我昂昂头,用眼尾扫了她们一眼,骄傲地说:当然。

有女孩子朗声说:别说,你和那个司菲长得蛮像的啊,都有一对大大的眼睛。

也有女孩子小声嘀咕:撒谎,你小姨长得那么白,而你却这么黑。你没有爸爸妈妈,你该不会是野孩子吧。

我狠狠地吐了她们一口,跑掉了。一路跑,一路流泪。心虚的我,觉得她们说的是真的。如果我不是野孩子,我怎么从来没有看过自己的爸爸和妈妈?如果我不是野孩子,为什么小姨对我不亲?

哭着跑回去的我,扑到外婆怀里,呜咽着自己的委屈。外婆用皱皱的手摩挲着我的头,轻轻地叹气:孩子,长大就好了,长大你就会知道一切的。

外婆,什么时候算长大?

上大学就算长大。

于是,那个心事满怀的女孩开始勤奋学习,盼望考上大学,好揭开自己的身世之谜。

学校要开家长会,有同学说:你可以让你小姨来给你开家长会啊,这样她们就不会认为你在撒谎了。

对啊,我怎么没想到呢。只是,她那么忙,能来参加我的家长会吗?

晚上，我做梦了。梦见她真来了，穿着她那件白色的晚礼服，漂亮得像仙女。她进屋，满屋的目光都对准她，连老师都兴奋地说：开完会，一定要让司菲给大家唱一首歌，让大家一饱耳福。她点点头同意了。之后，她坐在教室的后面，静静地听完老师对我的评价。会后，她真的就唱歌了，唱那首她最喜欢的《思念》。

她落落大方地走上讲台，说，让我把这首歌，献给司棋同学。愿她永远美丽、快乐。教室里想起了雷鸣般的掌声，同学们望向我的眼里写满了羡慕。

我咧着嘴笑醒了。坐起来，听见客厅里有她轻轻的脚步声，我揉着眼睛打开门，看见她又在往旅行箱里塞衣服和洗漱用具。原来她又要走了。

她回头瞥见我失望的眼神，漫不经心地问："怎么，睡不着了？"之后，仍然是那句话，在家记得练钢琴。

我终于鼓起勇气说："你回来能参加我的家长会吗？"

她没想到我会问她。正准备把旅行箱放到地上，手停了一下，问我："几号。"

我轻声说："下周，9 号。"

她没有看我，语气平静地说："好吧。"

我的小心房马上开出一朵一朵怒放的小花，下床飞快地趴在她的脸上亲了一口。我被自己的举动吓坏了，她也被我的举动吓坏了，呆呆地望着我，若有所思。

我逃也似的跑回屋，坐在床上心扑扑跳得很快，是的，我们从没有这么亲密过。第一次。

她是在 8 号晚上回来的，我等着她告诉我明天去参加家长会，忐忑着，期盼着，因而忽略了她给我买的又白又胖的狗熊玩具。

她什么也没说，似乎忘了约定。

迷糊中听见她对外婆说："明天市里有一场歌唱比赛，我要参加。整个上午都走不开，还是你去参加小棋的家长会吧。晚上，也不用等我回来吃饭，我在外面吃了。"

她失约了，她冷漠地忘记了我鼓起很大勇气给她的吻。毕竟我只是她的外甥女，而不是她的女儿。

在我初中毕业以前，她就像一个陀螺不停地运转。

如果唱歌是她心中的一棵大树，那么我和外婆就是那棵大树上面的两片干枯的树叶。她只记得不停地让大树迎风招展，飒爽英姿，而忘了有一片树叶，多么需要她的爱抚和关怀。

而那些安抚和关怀，我终于得到了，却是在她躺到医院病床上的时候。

在一次为子弟兵的慰问演出途中，她坐的车出了车祸，她伤得很重，小腿以下骨折。那一年她辗转去了很多医院，就为了能重新站起来。

她很听话，每天都做康复训练。她说："舞台就是我的生命，没有了舞台，我的生命也将不复存在。"当医生做出必须截肢的决定时，恐惧像阴云一样弥漫在她的脸上。

我那时已住在寄宿学校，中考在即，她执拗地要我请假回家，她怕有什么意外见不到我。我犹豫了一下，说真的，我对她没有什么感情，她留给我的总是一个冷漠的背影。可是，她是外婆唯一的女儿，是我除了外婆唯一的亲人。

我斗争了很久，决定回去看她，看那个总是不停在外面漂泊的女子，如今怎样叶落归根。见到她的时候，我以为自己看错了。她的脸上缠着一层又一层的纱布，只露着两个黑葡萄般的大眼睛。

现在这双大眼睛闪着迷茫恐慌的光。

她的小腿已经没有知觉。有那么一刻，我觉得自己走错了房间，认错了人。她不再是那个不停地调换旗袍艳光四射的司菲，也不再是那个拥有天籁之音的司菲。而只是一个喘着气的木偶，呆呆愣愣地等着命运的大手垂青，赋予她活着的权利。

手术很成功,她的命保住了。只是她从此都不能站起来了,要一辈子坐在轮椅上。

护理她的小护士说:"没见过这么热爱唱歌的演员,疼那样了,还坚持早晨起来吊嗓子。她真注意自己的形象啊!清晨,无论我查房多早,司姐姐都会把自己收拾得漂漂亮亮的,我从来没见过司姐姐邋遢的样子。病床上的她和电视上比没什么区别。"

她微微皱眉说:"怎么能和电视上比呢,电视上多光彩照人啊。"语气里溢满了失落,她终是留恋那流光溢彩的舞台。

无论怎样不舍,终是告别。她所在的文工团,给她办了内退的手续。她这算工伤,所有的待遇她都有。

她还是不开心,因为那些都不是她想要的,她要的只是站在舞台上。

领导扛不住她一次次的电话,终于同意她可以回来,不用出去演出,就在团里带一些小学员。她乐得像个孩子似的。一边喊外婆:"妈,妈,我又回去上班了。"一边搂着我狠劲地亲道:"小棋,我又可以唱歌了。"我们之间,似乎因为这场突如其来的灾祸有了改变。

上大学走的那天,她叫我到床前,表情凝重,没有看我。她摆弄手里的一张相片说:"这个人是我的亲姐姐。"

说着递给我,我看见相片里的女子和她很像,一样黑葡萄的大眼睛,一样尖尖的下巴。

我疑惑地望着她。

她说:"我们姐妹情深,可她死了。我们都在音乐学院求学,她学的是钢琴,我学的是声乐。她大四,我大一。姐姐的才华高于我。

"她有一个相恋四年的男友,她很爱他。只是,后来,我总去姐姐那里,一来二去,我爱上了姐姐的男朋友。

"于是,不该发生的事情发生了,我怀了你。姐姐受不了这个打击,认为所有的责任都在那个男人身上,她约男人出去喝酒,商量怎么解决这个问题,失去理智的她不能容忍自己挚爱的两个人对她的背叛,在酒里下了过量的安眠药。就这样,两个才华横溢的年轻人因为一段孽缘离开了人世,只剩下我独饮这杯苦酒。

"最初我是要打掉你的,但是大夫说:如果我流产,生命将不保,因为我的身体太弱了。无奈,我留下了你,因此,不该出生的你出生了。

"只是,每次面对你,我都会心如刀绞。是上帝用这种方式在惩罚我吗?面对你,我有的只是自责,每次面对你,我都会想起姐姐和他。是我的一时冲动害了他们。为了赎罪,我没有再交男朋友。

"对你,我始终爱不起来,因为你代表着我的罪孽。

"无奈,我离开那个城市,和外婆还有你生活在这里。最后又把你完全交给外婆。小棋,你会原谅妈妈吗?让你叫了这么多年的小姨。"

"死者已矣,生者还有什么看不开的。"我哭着扑到她怀里,叫出那声我梦里叫了无数次,期盼了很多年的称谓:妈妈。

其实,我早就怀疑她是我的妈妈,因为她箱子里有一张发黄的出生证明,替她泄露了埋藏在她心里长达18年的秘密。

18年的赎罪之旅折磨着她,也折磨着我。这一刻,我只想大声对所有的人说:"我也是有妈妈的孩子,我的妈妈就是美丽的司菲。"

春天的时候,她打电话给我说:她养的猫咪生了一群小猫咪。她留了一只,其余的送人了。她像一个新做妈妈的小女人叫那只猫——乖宝贝。电话里传来她甜腻腻的声音,隔着光阴的距离,我知道她对我的爱已经寄托在那只猫宝贝上了。

夏至的时候,我要去韩国留学,打电话告诉她,没等说完,她就撂了,我知道她有些不舍。怕她流泪,我没有再打。

直到出国的前一天,接到她用快递寄来的包裹,打开是一个U盘。放到电脑里,看到,当年的她在舞台上激情四射地演唱,那次比赛她获得了银奖。屏幕底下标注的日期正是当年我们学校开家长会的那天,我的心针刺般地疼了一下。当年我只以为她为了荣耀而一再忽略我,其实,她是为了躲避心里炼狱的挣扎。

看着看着,画面变了,是她坐在轮椅上,在阳台上,手里抱着那只猫,她修长的手指摩挲着它,她柔柔地叫它,小棋,声音里充满了宠溺,充满了纵容。

然后她抬头,似乎在望着镜头外面的我,深情地说:"小棋,接下来,妈妈要给你唱首歌,当年,我因为一首参赛的歌,而无法满足你小小的愿望。今天,妈妈,给你一个人唱,希望你原谅妈妈这些年对你的凉薄。"

于是,《思念》忧伤的旋律裹挟着幸福扑面袭来,于是,她流水一样质感的声音隔着屏幕穿过,于是,那迟来的爱广袤得像潮水一样将我淹没。在这样的氛围下,我的泪水开始肆意奔流。

感恩心语

因为一段孽缘,妈妈不敢面对我,因为她在逃避自己内心的罪恶感。因为自己的失误,妈妈失去了自己的亲姐姐和自己所爱的男人,然而,她也为此承受了很多痛苦。多年以来,在光鲜亮丽的背后,没有人知道她承受着怎样的压力。当我终于可以叫他一声妈妈的时候,我原谅了她的一切。

平安夜里的母亲

石小兵

那天夜里,他的母亲始终举着一块黑板。黑板上写的,不是他所得硬币的数目,而是一句简短的话:"我以一位母亲的身份恳求您听完这首歌,您的聆听和赞许,将是孩子继续活着的勇气!"

这个冬天的雪来得特别晚。当它扬着洁白的羽毛飞过这个寂寥小镇时,窗外街道上早已铺满了华丽的彩灯。

吉姆斜靠在雾气腾腾的窗上,隐约听到外面嘈杂的声响。他好奇地问:"妈妈,外面一定很多人吧?他们都在玩儿什么呢?"

每年圣诞节前后,吉姆都会提出这样的问题。吉姆是个盲童,从来都不曾看到过这个美丽的世界。母亲从狭窄的厨房里探出头来,故作从容地说:"没玩什么,他们都在街上散步呢!"其实,她多想告诉孩子,外面不但挂起了彩灯,还站满了红衣喜庆的圣诞老人。但她实在不忍心说出口,对于孩子来说,那是多么遥远的梦境。

吉姆今年已经十三岁了。他不但从未尝试过奔跑,就连摸索着进厨房帮忙都不可能。不过今天,他真想试一试。他想让母亲明白,他长大了,可以做一些力所能及的事了。

他站起身来,双手向前摊开,慢慢地,小心翼翼地朝着厨房的位置靠近。当他伸手抓住门沿,欣喜地迈出脚步时,母亲忽然在厨房里尖叫起来:"哦!孩子,你怎么能独自行动呢?要是摔倒了可怎么办?"

"妈妈,你不用担心,我已经长大了,我可以帮你分担家务了。不信,你把做好的牛排递给我,我一定能把它完整地送到餐桌上。"吉姆有些兴奋,导致说话的声音有些颤抖。

母亲不忍心拒绝他,到底将那块牛排递到了他的手里。吉姆高兴坏了,毕恭毕敬地捧着那个白盘。他暗暗告诉自己一定不能出任何差错,要知道,这可是人生里的第一个任务。

没有了双手的触探,吉姆很快被一把椅子给绊倒了。白盘落地碎裂的声音,像一根坚硬的刺,扎得他大哭起来。母亲从厨房里跑出来时,看到吉姆瘫坐在地上,手里紧握着一块破碎的瓷片。

吉姆沮丧极了,他感觉自己真是一无是处。母亲抚摩着他的头发:"孩子,你知道吗? 你最擅长的根本不是这些,而是唱歌!"

"唱歌?"吉姆收住哭声,惊疑地问。他对母亲的赞许有些不解,因为学校的许多同学都说过他五音不全。

"是的,唱歌。在你很小的时候,你就会唱圣诞节的颂歌了。每年圣诞节,只要你亮开嗓子,那些叔叔阿姨就会高兴得朝你口袋里扔硬币!"

吉姆不说话,他在回想颂歌的歌词。母亲继续说道:"你不知道,这几年一直有人问我,为何不带吉姆出来唱歌了? 我说,吉姆长大了,得看他的意愿。当然,今天也一样有人问我。如果你愿意的话,晚饭过后,咱们就可以一同出发。"

"没问题!"吉姆一下从地上爬起来,他感觉自己从来没有那么精神过。

晚饭过后,他主动要求母亲帮他换上最漂亮的衣服。而后,手捧录音机兴高采烈地准备出门。临行前,母亲特意从床底取出了一块小黑板,得意洋洋地说:"今天晚上,我可得用它好好记下,咱们吉姆得了多少硬币。"

敲第一扇门时,吉姆心里充满了恐惧。他一遍又一遍地把歌词默默温习。不一会儿,门内传来了中年男人的声音:"谁啊?"

吉姆不敢说话。母亲镇定地喊:"吉姆! 拥有全城最美音色的小伙儿! 他特意前来为您奉上圣诞节的祝福!"

中年男人开门了。吉姆迫不及待地唱了起来。他感觉自己唱得实在糟糕,根本不在一个调儿上。但中年男人却极为细致地听着,舍不得打断一句。最后,还不忘朝他的口袋里扔上两枚沉甸甸的硬币。

吉姆简直不敢相信这是事实。他从口袋里掏出硬币,惊呼:"先生,您这是给我的吗?"中年男人笑了:"你认为不对吗? 不过,对于这种天籁之音来说,它的确是挺少的。"

吉姆不知该说些什么。大颗大颗的热泪像此时的雪花,洒满了他的衣襟。他继续跟随母亲前行,敲开了一扇又一扇卷着风雪的门。

那是他人生中最为快乐的一天。没有任何一个人打断他的歌声,也没有任何一个人嘲笑他五音不全。他唱得很卖力,直到喉咙沙哑。当晚,他终于相信母亲的话,原来自己真是个有用的招人喜欢的孩子。

也许,他这一生都不会知道事情的真相。那天夜里,他的母亲始终举着一块黑板。黑板上写的,不是他所得硬币的数目,而是一句简短的话:"我以一位母亲的身份恳求您听完这首歌,您的聆听和赞许,将是孩子继续活着的勇气!"

感恩心语

在这个平安夜,吉姆找到了自信。原本,他的内心充满了自卑,他觉得自己一无是处。然而,是母亲坚持鼓励吉姆,并且举着一个写着请求的黑板,让人们体谅一个母亲的心情,支持和鼓励吉姆。

我的母亲独一无二

罗曼·加里

战斗打响的那一天,我母亲坐着出租汽车走了五个小时,来向我告别并用她的话祝愿我"空中百战百胜"。当时我正在法国南部的沙龙·戴省的空军学院任射击教导员。母亲在一群军人们的好奇的目光下，拄着手杖，叼着香烟，从那个扁鼻子的老式雷诺尔车里走出来。

我慢慢地走向母亲，在这个男子汉的圈子中，母亲的突然造访使我很窘；而在这块天地里，我经过千辛万苦才赢得了勇敢，甚至鲁莽、爱冒险的名声。母亲用一种大得足以使在场的每个人都听得见的嗓音宣布："你将成为第二个盖纳梅。你的母亲一贯正确！"

我听到了身后传来的哄堂大笑。母亲抓起手杖，对着大笑的人群做了一个威胁的手势，又发出了一个鼓舞人心的预言："你将会成为一名伟大的英雄、勇敢的将军、法兰西共和国的大使！这群乌合之众不认识你。"

当我用愤怒的耳语告诉她，她正在损坏我在空军士兵中的声誉时，她的嘴唇开始颤抖，目光里流露出了自尊心受了刺伤的样子。

"你的老母亲会害你吗！"她说。

这一招算灵了：我好不容易装出的铁石心肠被击破了。我用胳膊搂住她的肩膀，紧紧地抱着她，再也听不见身后的笑声了。在母亲对孩子的喃喃细语中，在她预示着未来的胜利、伟大的功绩、正义和爱开始降临时，我们俩又回到了一种我们自己的神奇的世界中。我满怀信心地抬起头，望着天空——如此空荡，如此宽阔的蓝天啊，足以让我在这里建立丰功伟绩。我想到了当我凯旋母亲身边的那一天。我盼望着那一天，这将给她那十几年的含辛茹苦、自我牺牲的生活带来何等重要的意义，何等大的安慰啊。

那年我刚十三岁，和母亲在法国东南部的耐斯城。每天早上我去上学，妈妈一人留在旅馆里。她在那儿租了一个售货柜，柜架子上摆着从附近的几个大商店借来的一些奢侈品和日常用品。她从每一件卖出的围巾、皮带、指甲刀或毛线衫中得到百分之十的佣金。白天，除了在我回家吃午饭时她休息两个小时，其余时间她都守在售货柜前，时刻注意找寻可能光临的顾客。我们母子俩就靠着这个赚钱不多、朝不保夕的小生意过日子。

母亲孤零零地居住在法国，没有丈夫，也没有朋友、亲戚。十多年来，她顽强地不息地干，挣来钱买面包、黄油，付房租，交学费，买衣服和鞋帽等。除此之外，她每天都能拿出点令人吃惊的东西。例如：午饭时，她面带幸福、自豪的微笑，把一盘牛排摆在我的面前，好像这盘肉象征着她战胜厄运的胜利。

她从来不吃这些肉，一再说自己是素食者，不能吃动物脂肪。然而有一天，我离开饭桌到厨房里找点水喝，发现母亲坐在凳子上，煎肉锅放在腿上，正仔细地用小块碎面包擦那给我煎牛排用的油锅。发现我时，她急忙将锅底藏在餐巾底下，可是已经来不及了：现在我明白了她成为素食者的真正原因。

母亲渴望我"成为一个某某大人物"。尽管我屡遭失败，她总是相信我会成功的。

"在学校里的情况如何？"她有时问我。

"数学得了零分。"母亲总是停顿一会儿。

"你的老师不了解你，"她坚决地说，"将来有一天他们会后悔的。你的名字将要用金字刻在他们那个鬼学校的墙上的，这一天会来到的。明天我就去学校，把这些话告诉他们。我还要给他们读读你最近写的几首诗。你将来会成为达农佐尔，成为维克多·雨果。他们根本不了解你！"

母亲干完活儿回来后，常常坐在椅子上，点上烟，两腿交叉着，脸上挂着会意的微笑望着我。然后她的目光越过我的肩膀，望向远方，憧憬着某种神秘而美好的前景，而这个前景她只在她的奇妙世界里才能看到。

"你会成为一名法国大使。"她说，更准确点，她深信不疑地声明。我一点也不明白这句话是什么意思。

"行啊。"我漫不经心地说。

"你还会有小汽车。"

母亲常常空着肚子,在结冰的气温下步行回家。

"但是目前还要忍耐。"她说。

我十六岁时,母亲成了耐斯市美尔蒙旅馆兼膳宿公寓的女经理。她每天早上六点起床,喝一杯茶后,拿着手杖,到布筏市场购货。她总是拎一包水果和鲜花回来,然后走进厨房,取出菜谱,会见商人,检查酒窖,算账,照应生意中的每一件细微小事。

从楼上的餐厅到楼下的厨房,她一天至少要上下二十趟。一天,她刚爬完这些可咒的楼梯就瘫在椅子上了,脸色苍白,嘴唇发灰。我们很幸运,马上就找来了医生。医生作出了诊断;她摄取了过多的胰岛素。直到这时我才知道母亲多年来一直对我隐瞒着的疾病——糖尿病。每天早上开始工作之前,她先给自己注射一剂胰岛素。

我完全惊呆了。我永远也忘不了她那苍白的面容,她的头疲劳地歪向一边,她痛苦地用手抓挠胸口。

她期待我成功,而在我实现她的期待之前,她可能就死了,她可能没来得及享受正义和儿子的爱就离开人间,这念头对我来说太荒唐了,荒唐得像是否定了人间最基本的常识。

只有对我的美好前途的憧憬支撑着她活下去。为了给她那荒唐的美梦至少加一点真实的色彩,我只能含羞忍辱,继续与时间竞争。

一九三八年我被征入空军。宣战的那天,母亲乘着雷诺尔车来向我告别。那天她拄着手杖,庄严地检阅了我们的空军武器装备。"所有飞机都有露天的飞机座舱,"母亲注意到,"记住,你的嗓子很娇气。"

我忍不住告诉她,如果卢浮瓦佛飞机只使我嗓子痛的话,我该庆幸我的好运气。她笑了,高傲地、几乎嘲讽地望了我一眼。"灾祸不会降临在你的头上的。"她完全平静地告诉我。

她显出了信心十足的样子,似乎早就知道了这些,好像她已经和命运女神签订好了合同,好像为了补偿她那历尽辛苦的生活,她已经得到了一定的保证,一定的承诺。

"是的,不会降在我头上的,妈妈。我答应您不会的。"

她犹豫了一下,脸上显出内心在进行着斗争。最后,她做出了点让步说:"大概,你腿上会负点轻伤的。"

德国进攻的前几个星期,我接到封电报说:"母病重! 速返!"第二天,很早我就到达了耐斯市,找到了圣·安东尼门诊所。母亲的头深深地陷在枕头里,消瘦深陷的脸颊上带着一丝痛苦、忧虑的表情。床头柜上架着一个一九三二年我赢得耐斯市乒乓球冠军时得的银质奖章。

"你身边需要一个女人。"她说。

"所有的男人都需要。"

"是的,"她说,"但是,对你来说,没有女人照料,你会比别人生活得更糟糕。唉,这都是我的过错。"

我们一起玩牌的时候,她不时将目光专注地盯着我,脸上还带着一丝狡黠的样子。我知道她又要编造点新花样了。但是,我不去猜她心里想着什么。我确信一个小花样正在她的脑子里酝酿。

我的假期要结束了。我真不知道如何描绘我们分别时的情景。我们俩都没讲话,但是我装出一副笑脸,不再哭泣了,或说些别的话。

"好啦,再见吧。"我微笑着亲吻了母亲。只有她才清楚,我作了多大努力才作出了这个微笑。因为,和我一样,她也在微笑。

"不要为我担心,我已经是一匹老战马了,一直支撑着活到今天,还能再继续一段时间。摘下你的帽子。"

我摘下了帽子,她用手指在我的前额上画了一个十字。说:"我给了你我对你的祝福。"我走向门口,又转过身来。我们互相望了许久,都在微笑,都没说话。我觉得很平静。她的勇气传给了我,并且从那时起一直留在我身上,甚至到现在。

巴黎失陷后,我被派到英国皇家空军。刚到英国就接到了母亲的信。这些信是由在瑞士的一个朋友秘密地转到伦敦,送到我手中的,封皮上写着:"由戴高乐将军转交"。

直到胜利前夕,这些无日期的信好像无休无止一直跟随着转战各国,源源不断地送到我手里。三年多来,母亲说话的气息通过信纸传到我的身上,我被一种比我自身强得多的意志控制着,支撑着——这是一根空间生命线,她用一颗比我自己更勇敢的心灵把她的勇气输入我的血液。

"我光荣,可爱的儿子,"母亲这样写道,"我们怀着无比爱慕和感激的心情,在报纸上读到了你的英雄事迹。在科隆、汉堡、不来梅的上空,你展开的双翅将使敌人丧魂落魄。"

我一下子就猜到她心里在想什么——每当英国皇家空军袭击一个目标的时候,我一定在参战。她能从每一次的炮火轰鸣中听出我的声音。每次交战我都被派去,因为我的出现会使敌人心惊胆战,不战自溃。每次英国战斗机打下一架德国飞机,她都很自然地把这份功劳归于我。布筏市场周围的小巷中传颂着我的功绩。毕竟她了解我,知道我得过一九三二年耐斯市乒乓球冠军。

她的来信越来越简短了,尽是用铅笔匆忙写出的。有时,一次来四五封信。她说她的身体很好,还在定时打胰岛素。

"我的光荣的儿子,我为你感到自豪……法兰西万岁!"信中从未流露出丝毫忧虑不安的痕迹,但是最近的几封信流露出一种新的悲伤的调子,"亲爱的孩子,我请求你不要过多地挂念我,不要为我而变得胆怯。要勇敢。记住,你不再需要我了,你现在是一个堂堂的男子汉了,你能够独立生活了。早点结婚。不要过多地怀念我。我身体很好,老罗沙夫医生对我很满意。他让我向你问好。要坚强。我请求你,勇敢点。你的母亲。"

我的心情很沉重,感到有点不对劲,可是信中没有说出了什么事。管他呢。我真正关心的只有一件事:她还活在世上,我还能见到她。我要与时间竞争,早点把荣誉带到她的身边,这个愿望在我心中一天比一天更强烈了。

同盟军在欧洲大陆登陆时,我从家乡寄来的信中感到一种快乐安宁的情绪,似乎母亲已经知道胜利即将来临。信中流露出一种特别的温情,还时常夹杂了一些我不能理解的歉意。

"我亲爱的儿子,我们已经分离了这么多年了,我希望你已经习惯了身边没有我这个老母亲了。话说回来,我毕竟不能永远活在世上。记住,我对你从未有过丝毫的怀疑。我希望你回家明白这一切之后,能原谅我。我不得不这样做。"

她做了什么事需要我的宽恕?我绞尽脑汁也想不出来。

巴黎快解放了,我准备坐飞机在法国南部跳伞,去执行一项与秘密抵抗组织联络的任务。我一路匆匆忙忙,急躁得浑身热血沸腾。除了想早点回到母亲身边,其他我什么都不想了。

现在我要回家了,胸前佩着醒目的绿黑两色的解放十字绶带,上面挂着战争十字勋章和五六枚我终生难忘的勋章,我的黑色战服的肩上还佩戴着军官肩章,帽子斜向一边戴着。由于我面部麻痹,脸上露出一种异常的刚毅。我写了一部小说,挎包里装着法文和英文版本。

这时候,我深深陶醉在希望、青春和确信中。

对我来说,再往下继续我的回忆是异常痛苦的。因此,我要尽快结束它。到达旅馆时,我发现没有一个人问候我,跟我打招呼。我询问的那些人说他们隐隐约约记得几年前有一个古怪的俄国老太太管理这个旅馆。但是他们从来没有见到过她。原来,我母亲在三年零六个月前就已经离开了人间了。但是她知道我需要她,需要她给我勇气,因此在她死前的几天中,她写了近二百五十封信,把这些信交给她在瑞士的朋友,请这个朋友定时寄给我。当我们在圣·安东尼门诊所最后一次见面时,我看到她眼中闪着天真狡黠的目光。毫无疑问,这些信就是她当时算计的新花样。

就这样,在母亲死后的三年半的时间里,我一直从她身上汲取着力量和勇气——这些使我能够继续战斗到胜利那一天所需要的力量和勇气。

～感恩心语～

母亲!是独一无二的,任何人都不可取代。母亲是我们的图标,帮我们走出人生困境;母亲好比是降落伞,在我们惊慌失措的时候带领着我们。我们拿什么来报答她呢?似乎我们能报答的就是好好活着,让她在有生之年能够看到儿女幸福地生活。似乎,她的要求并不高。儿女们,努力吧!

母亲有首永恒的歌

徐立新

那熟悉的歌曲,我曾听母亲在家里练习过无数遍,在外为别人唱过无数遍!那是首母亲为夫治病,供子成材,养活全家的门歌!在那个艰难的岁月里。

母亲美妙的歌喉在七里八乡是出了名的,因为,她到处唱门歌。每到春节,母亲就到外村挨家挨户地唱,唱发财的门歌,唱吉祥的门歌,唱祝福的门歌,唱完了,主人家一开心,就会掏出钱来答谢母亲。

小的时候,我的家里就非常穷,原因是父亲的一条腿有严重的病,无法和常人一样挣钱。因此,一年的收入就全指望着母亲"唱门歌"挣了。

刚开始,陪同母亲一道出去唱门歌的还有父亲。父亲背着鼓,母亲拿着锣,母亲唱,父亲和。每天凌晨四点多,他们就得起床出发,一天要跑十几个庄子,走上百里的路,晚上,常常都是披星戴月地赶回来。

后来,父亲的腿病加重了,无法长时间走路,母亲便只能一个人出去唱门歌了,父亲唯一能做的就是,等母亲在家的时候,陪她练歌。

唱门歌的日子是异常辛苦的,当别人家都在欢天喜地地过年,尽情地享受着团聚的喜悦时,母亲却不得不拿着锣,背着鼓,穿村走寨。而且,由于没了父亲的配合,母亲不得不学会一个人同时敲击锣和鼓,自己唱自己和的"双声道"。为此,母亲特意把自己关在屋子里,苦练了好一阵子。母亲是一个追求完美的人,总是想着要让唱出的歌最好听,敲击出来的音乐最和谐。

我记忆中的春节,总是雨雪天居多,每当这个时候,人们都躲在屋里,围着火炉,嗑着瓜子,打着麻将,而母亲却不得不站在门外,忍着寒冷,认认真真地唱着一首又一首门歌。除此之外,她还得随时忍受着主人家的白眼。有时,母亲刚一开口,主人就打住她:别唱了,吵死人,去去去! 随意拿几毛钱就打发了母亲。更有人家当听到母亲的锣鼓声,立即把门关了起来,任凭母亲怎么唱,就是不开门,佯装家里没有人……

但,所有的这些屈辱,母亲回来都从不和我们说。

然而,当我到了上学的年纪,我便开始坚决反对母亲再出去唱门歌,原因是,学校附近村里的同学都知道,母亲是唱门歌的,专朝人讨钱,是受人施舍、让人看不起的"戏子"! 我也因此受到了牵连和同学的嘲笑。我说,娘,咱不唱了,不想那几个钱。母亲没有责怪我,她只是叹了口气:"不唱,到哪弄钱给你上学?给你爹治腿?"

第二年的春节,母亲还是出去唱了,只是,她每天起得更早了,她去的地方很远很远,那里没有熟悉我的同学。

母亲就这样一直年年唱着,唱着。唱门歌的时候,她被野狗咬过,却舍不得花钱去医院治。她被歹徒抢过,却从不敢对别人说。她被一些不怀好意的人嘲笑、恫吓过,却从不曾放弃。她鞋子走坏了好多双,却从不说一声累。

……

母亲的苦难和坚持并没有赢得上苍的同情和怜悯。我11岁的那年,父亲因为腿疾的加重而永远地离开了我们。从此,没有人再陪母亲练歌了,也没有人和她了,母亲就一个人待在屋子里,对着镜子唱。常常是唱着、唱着,就号啕大哭,哭过后,继续早出晚归,穿村走寨。

这种状况持续了很久,一直到了我上班,能挣钱养活家了。

唱了十几年门歌的母亲终于可以停下来了。那陪伴她十多年的锣和鼓也终于被母亲小心翼翼地安放在柜子里了。

可是,一年后,不唱门歌的母亲耳朵却突然就聋了。聋了耳朵的母亲很可怜,她与别人交流起来非常费劲,别人需要大声和她说,她才能听得清楚。而且,由于她同时也听不见自己说话时的声音和语气,不知道及时纠正,久而久之,母亲说话的声音就变了味,每一句话,甚至是每一个字的发声都走了样,在外人听来十分的滑稽和别扭。

后来,我把母亲接到了城里和我一起住。由于平时我工作很忙,早出晚归,基本上没有时间和母亲交流,而女朋友又嫌和她说话费劲,也不愿意和母亲交流,母亲便显得很寂寞和孤独,每天她只是重复做着几件事,去菜市买菜,回家做饭。她仿佛进入了无声的世界。

有一年的国庆节,一家公司在城市广场上搞促销演出,母亲竟然跑上台去了,她要表演自己年轻时擅长的门歌。母亲唱歌的时候,台下笑声一片,所有的人都在鼓掌,大笑,母亲竟以为大家都很喜欢她的歌,完全不知道那是人们觉得她的发音滑稽可笑。在喝倒彩,在嘲笑。

唱完歌后的母亲,还在主持人不怀好意的怂恿下,拿着商家的产品,学着模特走起了秀。台下依然是一片喝倒彩声,有人竟戏称,母亲长相像电视剧《还珠格格》里的"容嬷嬷"。

当朋友告诉我这件事后,我气愤不已。晚上回到家里,我对母亲发起了火。我说,我的脸被你丢尽了,你知不知道自己是在被人耍?而母亲似乎不以为然,她兴奋地跑进屋里,拿出了一瓶洗发水,说:"因为我表演了,他们才肯免费把这送给我。"

母亲一脸的无辜,我就再也发不起火了。情动之下,我把母亲紧紧地抱在了怀里。我看见一行浑浊的老泪,顺着母亲的脸颊流下。

我结婚的时候,按当地的习俗,父母必须在婚礼上上台讲话,因为父亲不在了,这个任务自然就落在了母亲的头上。那天母亲上台显得特别高兴,她用沙哑变调的声音说:"俺今儿好高兴,死都瞑目了。"

然后,她就唱起了她年轻时和父亲常唱的那首门歌:"正月里啊,正月正,媳妇过门家业兴,家业兴啊,家业兴,招财进宝喜临门……"

那首歌,自从进城后,母亲就再也没有唱过,她怕唱了我会说她。但那天,她终于放开声唱了,而且是那么的尽情,那么的投入。

那熟悉的歌曲,我曾听母亲在家里练习过无数遍,在外为别人唱过无数遍!那是首母亲为夫治病,供子成材,养活全家的门歌!在那个艰难的岁月里。

母亲沉浸在自己的歌声里,像是又回到了从前,台下掌声雷动。

不知何时,妻子的眼泪已经悄悄滴落在洁白的婚纱上,我的眼圈也随之潮湿了起来。

感恩心语

母亲用歌声支撑起了全家人的生活。不管经受过怎样的挫折和打击,母亲始终坚持着,因为她知道家里有等待治病的父亲和正在上学的孩子。正是因为坚毅的母亲,我才能有了不一样的人生。每个母亲都有一首歌,每个母亲都在尽心竭力地唱着。

母爱的姿势

卢守义

阔别故乡整整 5 年,我终于又回到了让我无时无刻不再魂牵梦萦的边陲小城。

几年不见,母亲已明显衰老。挺拔的腰肢已经微驼,满头乌黑的头发似被霜打,可眼神不变——略显浑浊的眸子里依旧闪烁着善良慈爱的光芒……

入夜,母亲执意让长大成人的我像儿时那样,与她一起睡。我知道,这是她表达母爱的一种最直接的方式。半夜,我忽然被一阵阵剧烈的咳嗽声吵醒:只见母亲把双手垫在胸前俯卧在板床上,不住地咳嗽着……此情此景,令我年轻的心头一阵发烫,母亲这种特定的睡眠姿势,我很习惯,它陪伴我度过了从小学到初中,整整 9 年的时光。

小时候,我贪玩,不到月上中天断然不肯爬上板床的。所以,常迟到。就那时窘迫的家境而言,是买不起闹钟的。每当班主任赶到家中"兴师问罪"时,母亲总会那样真诚地作着检讨:"小孩子上学迟到,是我这当妈的提醒不周,以后不会了!"此后,每当我后半夜从酣梦中一觉醒来,总会看见母亲两眼注视着窗外的星空久久不敢入眠。我知道,她不敢入眠,是生怕儿子上学迟到啊!有天,母亲由于长期失眠昏倒后被送进医院,才知晓了内情——父亲怒不可遏地向母亲下了"禁令"。

母亲出院后,已不再半夜无眠地熬到天明了,但我不再迟到了。每天早晨母亲都会准时地把我喊醒。我曾不止一次地问母亲,为什么会这么准时?她不回答,直到后来我发现母亲的睡眠已经换了姿势,把双手压在胸前俯卧入睡。母亲的这种睡姿一直陪伴了我从小学到初中整整 9 年。后来,考入高中,升上大学之后,我在学校住宿,但每次回家,发现母亲依旧保持着这种深睡状态。长此以往,母亲竟形成了一种条件反射,所以报时十分准确。当时,我只觉得母亲很有智慧。此次故乡小住,再次看见这种情况已经懂得知识,见过世面的我,不禁泪眼婆娑。母亲的独特睡姿已经无法改变。这已经成了她一种生活习惯。然而,这种经年累月的睡姿,已经对母亲的身体健康带来了极大的潜在危害。

感恩心语

母爱,是世界上最博大无私的爱。人世间,有什么姿势能比母爱的姿势更感人,足可以使她们的子女享用一生。

第三章

真情永存：
感恩亲情的眷顾

纵观世间，亲情之重，无可置疑。生命的漫长，因亲情而短暂。心情的空虚，因亲情而变得充实。成长中的烦恼，因亲情迎刃而解。

手足情深

李红霞

在家乡辽河岸边的山坡上,雨雾中回荡着哥哥的呼唤,焦急的弟弟怎么也趟不过齐腰深的河水,雨越下越大,眼看淹没了整个山坡……哦,原来是个梦!弟弟下意识地看了一眼台历,又到了清明雨纷纷的时节,起床后点燃一炷香放在哥哥的遗像前。

哥哥和弟弟儿时不管走到哪里,都是手牵手一起玩耍,调皮的弟弟每次摔倒后,都是哥哥抱起来哄着一路背回家,这样快乐的童年只度过了七个年头。8岁那年,哥哥得了一场重感冒,赤脚医生打针时不小心打在他的坐骨神经上,从此落下残疾,11岁时才拄着双拐,拖着那条毫无知觉的腿和弟弟一起去读书。多少个日子,雪地里那夜读的身影,是兄弟俩刻苦努力的写照,回报他们的是镇里重点中学的两张录取通知书。

面朝黄土背朝天的父母,眼里噙着泪水为学费东奔西走。几天后哥哥也开始早出晚归,细心的弟弟跟在哥哥身后来到集市上。当看到哥哥坐在一位修鞋师傅的身旁,把双拐放在墙边,拿出那只钉鞋锤,弟弟明白了一切。这时的哥哥才只有16岁。开学了,哥哥拿出310元钱给弟弟说:"我这条腿读再多的书也没用,你去吧!哥想办法供你读书。"

靠着哥哥修鞋挣的钱,弟弟读完高中,却因2分之差高考落榜了。他不想再拖累哥哥,决定放弃复读,出去闯一闯,哥哥拄着双拐送了一程又一程。

在外打工的日子虽然孤苦,弟弟却没有放弃学习,经常拿着手电筒看书到深夜。他心里只有一个念头:农家娃考大学才是出路。当他知道读军校不用交学费时,有心回去参加高考,可一想到复读需要的费用,想到家里那几亩黄土地、两间土坯房、一头牛、苍老的父母、黑瘦的哥哥……尽管已回到了家里,却犹豫着讲不出口。哥哥拍着弟弟的肩膀说:"拿着吧,能帮你多少算多少!"看着那10元、50元、100元的钞票,他说:"哥,这是你买房子的钱啊!""没事,哥有手艺,再慢慢地挣。"泪眼模糊的弟弟,手里捧的仿佛不是钱而是一颗沉甸甸的爱心。这一年,弟弟很少回家。当他手捧着军校录取通知书时,兄弟俩所有的辛劳都融化在成功的喜悦里。

日复一日,年复一年,哥哥不管有多累,还是坚持每天修鞋。他最开心的就是收到弟弟的来信,望着信封上那漂亮的字体,哥哥满足了,那是他单腿路上用双拐架起的骄傲和自豪。尽管哥的回信总是错字连篇,弟弟却像老师一样,修改完了再寄回去,哥哥把寄回的每一封信保存好。兄弟俩就这样相互鼓励相互支持。

毕业分配在广州工作的弟弟,准备回去探家的信寄出两个多月未见回音,一种莫名的不安袭上心头。回到家里,面对哥哥那挂着黑纱的遗像,他惊呆了。父母告诉弟弟,就在两个月前,哥哥在他那间没有窗户的小屋里,因煤气中毒去世了,他走的时候手里还拿着弟弟的来信……

弟弟跪拜在哥哥的坟前,再也控制不住自己,趴在坟头号啕大哭:"哥啊!为了我的前途,你把买房子的钱都给了我,是你用生命换来我今天的成就!你看到了吗?跪在你面前的已不再是那个农家娃,如果有来生我们还做兄弟!哥你听到了吗……"

天空下起了小雨,那是无尽的哀思,更是悲伤的泪水。让它尽情地流吧,流出的是永恒的爱!让那潺潺东流的辽河水作证:这就是阴阳路隔不断的手足情!

感恩心语

有多少农村的孩子怀着大学梦,在家乡的土地上耕耘着,盼望着;有多少农村的孩子跳出了农门,欢欣着、鼓舞着;有多少拿到通知书的人在家乡的田垄上徘徊着……

残疾的哥哥靠钉鞋供养上高中的弟弟,那残缺的身体里爆发的生命力令人动容;意志坚强的弟弟没有让哥哥失望,他拿着军校录取通知书与哥哥抱成一团。此情此景,多么令人振奋! 在那贫穷的山村里,兄弟俩相依为命。然而,命运有时是残酷的,当哥哥不幸地离开人世时,弟弟成了孤单的大雁,独自在天空飞翔。

然而,那只凌空飞翔的大雁,冬天,他不会感到寒冷,因为哥哥曾温暖着他的心;夏天,他不会感到炎热,因为哥哥曾为他遮风挡雨。他只待那春风吹绿江南的时候,把喜讯告诉天堂里的哥哥;他只待秋天成熟的时候,把成功的果实献给那个遥远的山村,那个兄弟俩生活过的地方。只要生命还在继续,他就会带着哥哥的爱在蓝天里继续翱翔。

白衬衣 月牙印

方冠晴

事情起源于县里举行的一次中学生广播体操比赛。

那一年我 12 岁,在家乡中学念初一。哥哥 14 岁,与我同校,念初二。学校为了能在比赛中拿奖,在全校学生中进行了严格筛选,最终组建成一支 30 人的体操队。我和哥哥都很荣幸地成为了校体操队队员。于是,一连串的强化训练,直到农忙假临近时方宣告结束。

放秋季农忙假的前一天,校长召集体操队全体队员开会,他讲了三点:一、农忙假一结束,我们就要去县城参加比赛;二、假期中希望全体队员不忘练习,争取比赛时拿好的成绩;三、队员服装颜色必须统一,一律穿黑裤子白衬衫,没有的动员家里买。

前两点我和哥哥并不太意,但第三点对于我和哥哥来说就成了难题。黑裤子我和哥都有,不新也不旧,是去年过年时家里给做的。但白衬衫却没有,那是可望而不可即的奢侈品。

当我将校长的讲话精神向母亲作了转述时,母亲长长叹了一口气,说:"两件白衬衫起码得十块钱,要七八十斤谷去换,家里的粮本来就不够吃,我看你们就别参加什么体操队了,去跟校长说一声,叫他换两个人吧。"

哥哥听话地点点头。我可不依,搬出不下十条理由要买衬衫。母亲就是不答应。于是我又哭又闹,不达目的不罢休。父亲从田里收工回来,见我这样,给了我一巴掌,直骂我不懂事。衬衫没要到反而挨了骂,挨了打,我气得晚饭也不吃,待在房间里生闷气。

晚上,母亲端一碗饭进来,劝我别生气,劝我吃饭,劝着劝着她就流了泪,说不是她不想给我买白衬衫,实在是家里太穷,没新衣服穿不会死人,但如果将口粮卖了去给我买衣服,家里会饿死人的。我可不管这些,直说,一天不买白衬衫我就一天不吃饭,将节省下来的粮食换钱买衬衫总可以吧。母亲无声以对,流着泪出去了。她又叫哥哥进来劝我吃饭,我的回答仍是那句话,哥哥咬了咬牙,说:"你吃饭吧,我一定让你有白衬衫穿,你相信哥哥。"别的事我可以相信哥哥,但这件事我不信他,衬衫不是说说话就能有的。那顿晚饭,我没吃。

第二天早晨,不见了哥哥。吃早饭的时候,母亲问我哥哥到哪里去了。我说凭什么我要知道——我还在生闷气。母亲便满村子里寻。隔壁三叔说,我哥哥昨晚一个劲儿向他打听到渡河陶瓷厂挑缸卖的事——三叔过去做过这个生意,用谷到陶瓷厂换缸,然后挑着缸到较远的地方卖,可以赚点脚力钱。

母亲回家查看谷缸,果然里面的谷浅了一大截,料定是哥哥拿去换缸了。于是吃过早饭,父母惴惴不安地下田干活去了。

直到傍晚,父母收工回家时,还不见哥哥回来。父母亲真急了,我也沉不住气了,于是一家人出去找哥哥。到哪里去找呢？父母商量了好一阵子，后来就打着火把往渡河方向走。大概走出两里地，模模糊糊看见路旁有一个人影。"是光儿吧？"母亲惊喜参半地大叫着奔过去。我们用火把一照，果然是哥哥。他蹲在地上，双手抱着膝，沮丧地将脑袋放在膝盖上面，见了我们，脸上的神色竟然有些慌乱。母亲一把抱住他，喜极而泣："孩子，你怎么不回家，你蹲在这里干什么？"问了半天，哥哥才吞吞吐吐地说："我想挑缸卖，赚点钱买衬衫。可是，可是，我不小心，摔了一跤，缸摔碎了。"父母亲半天没吱声。后来父亲问："缸摔了就不回家了？你不怕将你妈急死？"哥哥哭着说："那缸是30斤谷换的，30斤谷被我弄没了，我，我不敢回家。"母亲将哥哥抱得更紧了，也哭了："傻孩子，你又不是故意的，没人怪你呀。"父亲上前将哥哥扶起来，用手在哥哥头顶上摩挲着。哥哥满面泪光地望着父亲，哽咽着说："爹，我今后一餐少吃一碗饭，我保证不会因为我连累大家挨饿。"母亲泣不成声，直说："傻孩子！傻孩子！"父亲也转过身去偷偷抹泪。

这天晚上哥哥真的就只吃一碗饭，无论父母怎么劝，他只是说"吃饱了"，再不加饭。母亲先是流泪，后来就扇自己的嘴巴，一边打自己的脸一边说："你没用！你该打！你拖累孩子受苦！"哥哥奔过去跪在母亲面前，捉住她的手，说："妈，别这样，我吃，我吃饭。"于是哥哥又吃了一碗，和着泪。

接下来的几天，哥哥天天去挑缸，他私下对我说："衬衫看来是买不到了，但我要将那30斤谷挣回来。"每天晚上回到家里，哥哥累得就像一摊泥，躺在床上一动也不动。每当这时，母亲就端盆水来为哥哥擦身体。哥哥的肩膀又红又肿，母亲用热毛巾为哥哥敷，一边敷一边流泪，总重复着一句话："受罪，孩子，明天别去了。"但第二天哥哥仍然去。母亲没办法，后来，她和父亲上工时将我和哥哥锁在屋里，但家里的大门是轴式门，哥哥从里面将门卸下来，照样去挑缸。

我也要跟哥哥去挑缸，也想挣点钱买白衬衫。但哥哥不带我去。他说，从家里到渡河陶瓷厂有15里路，得挑30斤的谷去；换了缸后，缸起码有60斤重，挑着走村串户，不知要走多少路；买缸的人也是用谷换，回来的时候肩上仍是压着担子，你吃得消？一天少说也要走五六十里地，光走路就有你哭的。我真不敢去，但又不信哥哥的话是真的，于是偷偷去问三叔，三叔说："那是大人干的活，而且是有力气的男人干的活。就是我，挑了两天也得歇一天，吃不消啊！"我说："可我哥只有十四岁，他已经挑了四天。"三叔摇着头，叹息说："这孩子，遭罪呀！"

第五天，也是我们假期的最后一天，哥哥回来得很早，一瘸一拐的。我惊问："你的脚怎么了？"他笑呵呵地说："没事，走路时沙子钻到鞋里去了，将脚打了个泡。"他高兴地告诉我，那30斤谷他全部挣回来了。说着话他从装谷的袋子里掏出一件白衬衫，在我面前抖动："怎么样？没用家里一分钱，没用家里一颗谷。彻彻底底，完完全全是我挣来的。"我羡慕地盯着那件白衬衫，说不清是该高兴还是该妒忌。哥哥笑眯眯地说："试试看，看合不合身。"我有些不相信自己的耳朵："你是说——给我。""当然！"哥哥骄傲地说，"我答应过你。怎么样，我说话算数吧？""可你呢？""我已经跟老师说了，我不参加体操队了，老师已换上了别人。这衬衫是为你买的。"是兴奋？是感激？是崇敬？我当时就流了泪。

晚上，我被母亲的抽泣声惊醒。睁开眼，就见母亲正在盘问哥哥。原来哥哥腿上有一个洞和一个月牙形的血印。母亲是在为哥哥擦身体时发现的。那洞还在往外渗着血。哥哥交代说，他今天卖缸时被一条狗咬了，那狗的主人便买下了那口缸，还给了一块五毛钱，让哥哥去治伤。"你怎么不告诉我？你怎么不到医院去？"母亲来了火，冲哥哥吼。哥哥低下头，半天，嗫嚅着说："本来那家人要带我去医院，但我寻思着，为弟弟买衬衫还差一块五毛钱，明天就要开学，再不挣足钱就来不及了。所以，所以我开口向他要了一块五毛钱。"

我震惊了。母亲震惊了。也不知过了多久，母亲回过神来，背起哥哥就往医院跑。

谢天谢地，哥哥的伤口很快就痊愈了，而且并没有感染狂犬病毒。这是我一生由衷的庆幸。

自此之后，我有了一件白衬衫，而哥哥的腿上有了一个月牙印。无论是看到那件白衬衫还是看到那个月牙印,我就会想到哥哥挑缸的那段历史,并为之深深感动。

∽ 感恩心语 ∽

一件白衬衫,是一段与贫穷抗争的历史;一个月牙印,是一世浓浓兄弟情的见证。这一衣一印影响了"我"的一生,使"我"懂得了亲情,学会了发愤。

妹妹的信

刘贤冰

我和弟弟离家读书后,妹妹就是家里唯一的"文化人"了。母亲没读过书,父亲读的书不足以将一封信写完整。总之,我们与家里的通信联系全靠妹妹。

"文化人"是我们送给妹妹的称呼,其实她只读到小学三年级。她是自己主动弃学的,家里拿不出足够的学费,学费当时大概也就几块钱吧。老师说,再不交齐学费就不要读书啦!第二天,妹妹就把一张破桌子和一把断了腿的椅子搬回了家,结果挨了母亲一顿骂。母亲骂她的话中有这样的内容:"今后你连给你哥写封信都不会!"母亲骂过之后也没别的办法,她确实拿不出那几块钱的学费来。

妹妹赌气不上学时,确实没认识到"写封信都不会"的严重性。但她马上就认识到了。一个小学三年级都没读完的农村女娃,要担负起与两个在外求学的哥哥通信的任务。当然,她还得干活。她干完活后晚上伏在煤油灯下写信,像个被老师罚抄作业的学生。实际上,给两个哥哥写信,成了妹妹辍学后特殊的"家庭作业"。

这些情况是我收到妹妹第一封信后才知道的。这封信很短,有很多错别字,她陈述了不再上学的理由:她在家里帮忙做事我们会安心些。她说得不对,我们并不安心,而是更加愧疚。

记得那封信的结尾是这样的:"今天就写到这里吧,我还要给小哥写一封信呢!"

后来我发现,妹妹每封信的结尾都要写上这句话。后来我还知道,她写给弟弟的信的结尾是这样的:"今天就写到这里,我还要给大哥写信呢!"回家后我问她:"你是不是每次要同时写两封信?"她想也没想便说:"不是啊,我写一封信都要好久的。"

原来,她认为既然是一封信,就应该多写一点字,可又实在不知道写什么,便有这个"通用式"的结尾。她有两个哥哥,便想到用这个似乎是顺手拈来的句子来凑字数。

母亲说,妹妹写信从不让人看。虽然家里谁也看不懂,妹妹还是把自己关在房间里认认真真地写,旁边摆上她三年级下学期发的课本,一副真正做学问的样子,所以后来我称她为家里的"文化人"。

信写完,她也不读给父母听,只是说:"都写上啦,都写上啦!"母亲对她说:"你不念,你哥还是要看的啊!"她说:"看就看呗!"

我们放假回家,她便提前给我们打招呼:"不要笑话我写的信啊,不然我就不写了。"

我们还是要说:"写得好写得好,错别字越来越少了。"

说真的,妹妹的信中,错别字的确是越来越少了。后来听说,她写信和发信也没原来那么害羞了。我们那儿发信,要走到十几里地远的小镇上去发。她出去发信时,不再将信揣在口袋里,而是大大方方地拿在手上,遇到熟人问,她还要将它扬起来,自豪地宣称:"给我哥发信去!"在她看来,这确实是件值得骄傲的事。在我们那小村子里,只有妹妹能够说这样的话,因为她有两个哥哥上了大学。

弟弟考上大学后,家里更困难了。妹妹来信的内容也有了变化。这样的句子开始频频出现在妹妹的信中:"哥,这次又让你失望了,家里还是没有钱寄你,怕你着急,先写一封信给你……"在穷困中长大的孩子心是比较硬的,可每当看到妹妹的信,看到信中的这些句子,我就忍不住要掉泪。

妹妹的来信虽然句子不太通顺,可我都能够读懂。但很长一段时间,我都没有考虑我的回信妹妹能否读懂。我上小学时写字是很规矩的,后来就越来越不规矩了。后来发现,我竟然一直在用那些龙飞凤舞的字,对付一个小学三年级没上完的学生!直到妹妹来信说:"哥,你写的字又有好多我不认识……"

此后,我给一些同学写信,怎么笔走龙蛇都没问题。但面对信笺,一旦记起是在给妹妹回信时,我马上就变成了一个端端正正的小学生。

❄ 感恩心语 ❄

小学三年级没上完的妹妹,成了在外求学的"我"和弟弟与家里沟通的桥梁。她担负起了给"我"和弟弟写信的任务。妹妹的信成了维系亲情、了解家事、抚慰思念的工具。一封封家信凝聚的是家人的关切与思念啊!

我身后的弟弟

佚名

弟弟史迪夫和我年龄相差5岁。我16岁时去纽约,当了一名体育新闻记者,而史迪夫后来成为芝加哥一所小学的教师。我俩的关系一向比较紧张,几年前他不再与我讲话,却从不对我解释其中的原委。我几次试着接近他,他都回避了。"你们是同胞兄弟,应该成为很好的朋友。"父母时常苦口婆心地劝告我们兄弟两个。

一天,我与父母通电话。电话那端妈妈的声音有些异常。她告诉我,史迪夫开始接受化疗了。"化疗!"我一时愕然,"为什么?"

三年前,史迪夫就被告知患了慢性肺炎,但不是恶性的。现在不知道什么原因,他的病情恶化了。

挂上电话,我茫然呆坐在电话旁边。我该不该打电话给史迪夫呢?虽然我俩关系比较紧张,但纵然相隔千山万水,兄弟之情依然真实而强烈。这是一种天然的、血浓于水的亲情。

我还在犹豫不决的时候,弟弟的电话打来了。

"我想和你谈谈,"电话那头的史迪夫对我说,"你不认为我们应该结束这种无聊的状态吗?"

"我试过,"我说,"是你不愿意和我讲话。"

"但你从未问过我是哪儿出了问题。"他向我叙述了两年前发生的一件事:那次我将爸爸介绍给芝加哥梭克斯棒球队的投球手索罗·罗格文,却忘了给史迪夫正式引见。说实话,我根本不记得这件事了。但是现在听弟弟说起,我赶忙向他道歉。

前嫌尽释,我们谈起他的病、他目前的治疗,还谈起许久没有谈过的他的工作。

史迪夫在贫民区的一所小学任教。他本来未曾想过要走从教这条路。大学毕业后的几年中,他也曾四处寻找其他工作,但别的工作要么根本引不起他的兴趣,要么专业不对口。慢慢地,他对与孩子们相处的工作发生了兴趣,后来甚至表现出宗教般的热情。

他真正关心自己的学生,他经常家访,向家长询问学生的衣食住行等细枝末节。他还带学生去他喜欢的地方玩,比如芝加哥植物园。

我一直为弟弟感到自豪,尽管他可能不相信。对史迪夫来说,作为一个不太引人注目的弟弟一定是件很痛苦的事。

史迪夫不得不一直生活在我的阴影下,正如年幼的弟弟们通常经历的那样。他不仅年龄小我很多,而且长得也矮小,还很害羞。而我却少有约束,喜好运动。童年时一场大病差点夺去他的一只眼睛,他从此再也离不开眼镜。这在体育运动中相当不方便,他的眼镜经常会滑落到地上,摔碎,被踩烂。我曾经教他投棒球,有时他也学,但多数情况下他都是很沮丧地将球杆扔在地上。

史迪夫的偶像是帕夫·努尔米,一名跑垒队员。他的床头上就贴着一张努尔米的照片。他曾告诉我,他崇拜努尔米,是因为"他真正奋力地争取,都七八十岁了,他仍然在跑,仍然在争取,仍然锲而不舍"。

我确信自己曾在闲谈中取笑过那位老田径明星,让史迪夫记恨了,在我有事请他帮忙时,他常常回我一句"没门儿"。一次,在棒球比赛中我扭伤了脚,只能挂着拐杖待在家里。我请史迪夫给我从附近买个热狗,他拒绝了。我只好付了25美分求他的朋友帮我买回来。

大约7年后,史迪夫在南伊利诺伊大学读一年级。他打电话跟父母说自己非常想家,想辍学。父母让我回电话。那天晚上,我和他谈了好大一会儿,劝他最好还是留在学校继续读书,并且告诉他其中的道理,之后我还给他写了信。

几天以后我收到了史迪夫的回信。"亲爱的伊拉,"他写道,"谢谢你给我写信,我由衷地感激你对我的善意劝告。我也知道辍学是堕落的开始。在需要帮助的时候有个倾诉的对象感觉真好。你无论何时想吃热狗,我会立即给你去买。爱你的史迪夫。"

现在与史迪夫谈起那个晚上,我觉得那时他就有了要弥补我们之间感情裂痕的决心。

随后几个月中,史迪夫多次住进医院接受化疗,我则穿梭于纽约与芝加哥之间。

有一次到医院陪他时,我们谈到了死亡这个话题。"我想我已经很幸运,"史迪夫说,"但是伊拉,我现在不想走。朱丽和我还有许多地方没有去,我想看到莎妮初中毕业,我……"他将头扭向了窗子一侧。

"我懂,"我说,"我懂。"

后来一次去芝加哥,我又向医生打听史迪夫的病情。"你弟弟现在根本没有免疫能力。"他直截了当地对我说。

"不会有奇迹发生吗?"

"但愿。"

与医生告别后,我去看史迪夫,父母、史迪夫的妻子朱丽和他们的女儿莎妮都在。要走的时候,我走向弟弟,将手按在他的肩上。

"我爱你,史迪夫。"我说。

"我也爱你,伊拉,非常爱。"他拽住我的衣服,将我拉向他身边,吻了我的面颊。我转向家人,挥手告别——径直走了出去。如果我说话,肯定会抑制不住自己的眼泪。

去机场的途中,我回想起刚刚说过的"我爱你",以前我们之间从未这样说过。多奇怪,为什么说这句话就那么难呢?而此刻我有了一种前所未有的成就感,我感到心满意足——我终于向弟弟道出了我的真实情感。当然,应该感谢史迪夫迈出了第一步,这本是我这个兄长该做的。

不久后,史迪夫出现严重反应,开始输氧。奇迹没有出现,最后的时刻还是来临了,那天是星期二。我握着史迪夫的手,又一次对他说我爱他,我俯下身轻轻地吻了他的前额,做了最后的告别。

在史迪夫的葬礼上,殡仪馆里挤满了人,男男女女,老老少少。史迪夫班上的学生都来了。一个学生对我说:"许多人都要来,但校长说,我们总不能全校出动吧!"

葬礼过后,朱丽给我看了学生们的信。信中讲述了史迪夫如何督促他们好好学习,如何建议他们处理好生活琐事和家庭关系。一个学生写道:"他不只是一位老师——他更是我的好朋友。每当我需要帮助时,他从未让我失望。"另一位学生听说史迪夫去世的消息后,取下了班上的旗子,折叠起来保存好,在葬礼上献给了朱丽。家里没有一个人想到,史迪夫对他的学生的影响会如此之大。我开始思考一个人的重要性究竟体现在什么地方。有些人大家都敬仰,但他们通常是在自我的追求中度过一生;而史迪夫这样的人,随时随地,每时每刻都在向别人献出自己的爱心和绵薄之力。他们没有纪念碑,没有以他们命名的街道,没有为他们举行的游行……

史迪夫走后一个月,我去了他的墓地。墓旁摆着一束鲜花,是几天前朱丽和莎妮放在那里的。我也给史迪夫带来了自己的礼物,摆放在他的墓前。那是我从一份体育杂志上剪下来的一张照片,照片上,帕夫·努尔米正急驰如飞……

～∽ 感恩心语 ∽～

生活在哥哥高大阴影下的弟弟受尽委屈,哥哥不了解他的感受,甚至漠视他的存在。但这个看起来很平凡的弟弟却影响了周围很多人,他真诚地、无私地爱着他的学生和亲人。终于,病榻上的一声"我爱你"拉近了兄弟俩的距离。这份失而复得的兄弟之情也在启发我们:不要因为自己的成功而遮蔽了身边质朴的、平凡的人们。他们的内心同样燃烧着如火的热情,同样渴望理解,渴望尊重。

一双双稚嫩的眼睛流淌出晶莹的泪花,那是对"我"弟弟的最大的尊敬。哥哥理解了弟弟,不仅理解了他质朴外表背后的那颗炽热的心,也理解了他从对别人的爱中所获得的价值和满足。

为妹妹唱歌

佚名

凯伦就像每一个好妈妈一样,当她发现自己再度怀孕了之后,就运用各种方法,准备让她那三岁的儿子米凯接受一个新的亲属。他们发现,将诞生的宝宝是个女孩。米凯于是日复一日,夜复一夜地,在妈妈的肚子上,唱歌给自己的小妹妹听。

不幸的是,米凯的小妹妹早产了。她的健康状况很糟,救护车将她送入医院里的初生婴儿加护病房。

日子过得很慢,小妹妹情况愈来愈恶化。儿科专家告诉父母:"希望很渺茫,你们要做最坏的打算。"凯伦和丈夫不得已联络好墓园,事先为小女儿找了一块墓地。

自从妹妹出生后,

米凯就一直嚷着要看自己的妹妹。他说:"我要唱歌给她听。"但是,加护病房是不允许小孩子进去的。但是凯伦下定决心,不顾一切反对,都要带米凯进去。如果他现在不去看他妹妹,可能就再也看不到妹妹活着的样子了。

她给他穿上一件超大号的旧西装,摇摇晃晃地走进了加护病房。

他看起来就像一只会走路的大衣箱,但是,护士长认出来他是个小孩子,就大声嚷着说:"马上把这个小孩子带走,小孩子不准进来。"

凯伦的母性权威突然显露出来,平常态度温和的她,眼光冷冷地逼视着护士长的脸,神色坚定不移。"他如果不给他妹妹唱歌,是绝不会离开的。"

凯伦把米凯抱到妹妹的床边。他注视着这个小婴儿,在生命战斗中战败的样子。然后开始唱起歌来。用他三岁纯真的声音,唱着:"You are my sunshine, my only sunshine, you make me happy when skies are gray"(你是我的阳光,我唯一的阳光,你让我开心,即使天空灰暗。)

突然,小女婴有反应了,心率变得平稳起来。"米凯,继续唱。"

"You never know, dear, how much I love you. Please don't take my sunshine away."(亲爱的,你

不知道,我有多爱你。求求你,不要拿走我的阳光。)

小妹妹原本艰涩勉强的呼吸,现在变得很平顺,像小猫呼吸似的呼呼作响。"米凯,继续唱。"

"The other night,dear,as I lay sleeping,I dreamed I held you in my arms."(亲爱的,当我晚上入眠,我就梦见我拥你入怀。)

米凯的小妹妹放松了,进入安眠。凯伦心中的阴霾一扫而空。"米凯,继续唱。"凯伦说。她看到,泪水也征服了护士长的脸。

"You are my sunshine,my only sunshine. Please don't take my sun shul away."(你是我的阳光,我唯一的阳光。求求你,不要拿走我的阳光。)

葬礼的计划取消了。隔天,小女婴已经完全好了,可以出院了! 所有的,都称此为"哥哥歌声的奇迹"。

❧ 感恩心语 ❧

亲情,是世上最伟大的感情。感恩亲情,才能战胜生活中的艰难险阻;感恩亲情,才能度过生活中的惊涛骇浪;学会感恩,亲情之花才会开得更加绚丽多彩,所以,永远不要放弃你所爱的亲人。

我们是亲人

连谏

我和美静的芥蒂,大约滋生在 14 年前。那时,爸爸从部队转业后留在青岛,我、美静和母亲留在山东乡下的平原小镇。我高考名落孙山,在小镇的加工厂百无聊赖地混日子,美静正读高中。

那年秋天的一个周末,父亲从青岛回来,家里充满了节日的气息。母亲扎着蓝底小碎花的围裙,在灶房里忙得团团转,我和美静听父亲讲青岛的新鲜事。晚饭后,父亲看着我和美静,忽然说公司有几个提前退休的名额,而且退休人员可以安排一个子女进公司。然后,父亲开始抽烟,老半天不说话,母亲有些无助地看看我再看看美静,又看看父亲。我知道他们内心有着多么大的难处,一个名额,两个女儿,取谁舍谁都令他们心不忍左右为难啊,可这是跳出农门的捷径。

这时,我忽然不敢看美静了。我想,她的内心,一定有隐约的不安和忐忑的希冀在微微跳跃,我也是的。末了,父亲突然对美静说:"我和你妈妈商量过了,把这个机会给姐姐吧。你看,你正在读高中,将来还可以通过考大学这个渠道进入城市生活,你姐姐已经没有了……"

父亲的话音未落,两颗大大的泪珠已滚下了美静的面颊,然后她起身,回到自己的房间,用重重地摔门声表达了她的愤怒。美静的哭声一直隐隐约约地起伏在暗蓝的夜里,我和父母坐在灯下,都不知道说什么好。最后,我嗫嚅着说:"要不……还是让美静去吧。"

我知道自己出让得多么不甘心,还好,我虚弱的推让被父亲坚决地否定了,因为美静可以通过考大学走出农村,而我,已经失去了这种可能。就这样,从决定了我们命运去向的晚上直到我离开小镇,美静没有再和我说过话。那一年,我 20 岁。

我给美静写过几封信,美静没有回。即使节假日回家,美静也是尽量避着我,或者我说话时她爱理不理的。父母看在眼里,却又不好说什么。毕竟,父母能够给的唯一机会,被我拿走了。

第一次参加高考,美静以失利告终,她哭得一塌糊涂,对家中所有的人都爱理不理。父母逼着她复读,好在她转年考中了青岛大学,离我工作的地方只有 10 站公交车的路程。每个月,美静来宿舍找我两次或是三次,来了便说:"我没生活费了。"拿到钱后便很快离开,一声谢或是客气的话都没有,似乎我们之间成了彻底的债权人与债务人,而不是亲人关系。我明白她要钱不是因为父母给她的生活费不够花,而是在用这种方式向我表明:这辈子,我是欠定了她的"情债"。

几年后,我结婚了,有女儿了。美静也毕业了,恋爱了,结婚了,她不再找我们。在同一座城市,除了回老家看父母相遇时我让女儿喊她阿姨之外,我们成了有着血缘关系却互无干系的陌路人。三年前,父母相继去世,我们生活在同一座城市,虽然相互知道彼此的地址,可是相互之间的联系却彻底地断了。

2003年春天的一个周末,我和老公带着女儿去儿童游乐场玩。在偌大的球堆里,我感觉有一束目光射在背上。转过头,我看见了那张在血缘里便打着熟悉烙印的脸——美静。她缓缓别过去的脸上,带着些许尴尬、疲倦和凄迷,怀里搂着小小的儿子。我的心,忽然地,酸得不像样子,泪水忍不住轻轻盈上来。只是,我不敢叫她的名字,怕她负气离开。自从父母去了,在这个世界上,我们是唯一的亲人。此时,一个强烈的欲望抓住了我的心:给彼此一个暖暖的拥抱。

我低头揩泪时,忽然听到了一声"姐姐"。很轻,很细微,很暖,是从心底里唤出来的。14年了,这声亲昵的"姐姐",我已是久违。我在球堆里爬到她身边,抓过她的手:"美静,这些年好吗?"美静的眼泪刷地就落下来了,然后我知道她在东部豪华社区有一套豪华的房子,心却是冷清的:两年前,她离婚了。

我揽过她,递过自己的肩,我们偎依在一起,轻轻说话,像是回到了少不更事的岁月。聊着聊着,美静歪头看着我说:"姐姐,很久了,没有一个肩让我感觉偎依得这样妥帖了。"

我们都没有再提起那些不快的往事。因为,在来到这个世界之时,父母便送给了我们一件最好的礼物:我们是亲人。

∽◦∽ 感恩心语 ∽◦∽

在茫茫人海中,我们寻寻觅觅,寻找那些最亲近的人。然而,他们就在我们身边,关键是我们是否珍惜过。姐妹之间的一次拥抱,终于化解了多年的隔阂。那拥抱带来的是内心的温暖,是浓浓的亲情。它是天然的情感,但总是容易忘怀,直到有一天,它失而复得。

平分生命

一叶

男孩的父母早逝,他与妹妹相依为命。他是她唯一的亲人。所以男孩爱妹妹胜过爱自己。

然而灾难再一次降临在这两个人身上。

妹妹染上了重病,需要输血,但医院的血液太昂贵。尽管医院已免去手术的费用,但男孩仍然没有钱支付任何其他费用。可是不输血又不行,不输血妹妹就会死去。

男孩作为妹妹唯一的亲人,血型与妹妹的相符。

因此,医生问男孩是否有勇气承受抽血时的疼痛。

男孩稍一犹豫,年仅10岁的他经过一番考虑,郑重而又严肃地点了点头,仿佛做出了一个极其重大的决定,脸上洋溢着勇敢与坚定的神情。

抽血时,男孩不发出一丝声响,只是冲邻床的妹妹微笑。

抽血后,男孩躺在床上一动不动,目不转睛地看着医生将血液注入妹妹体内。

一切手术完毕,男孩停止了微笑,用颤抖的声音问:"医生,我还能活多长时间?"

医生正想笑男孩的无知,但转念间又被男孩的勇敢震惊了:这个10岁男孩,他认为输血会失去生命。但他仍然肯输血给妹妹,在那一瞬间,男孩下定了死亡的决心,他为所做出的决定,付出了一生的勇气。

医生的手心渗出了汗,他握紧了男孩的手说:"放心吧,你不会死的。输血不会丢掉生命。"

男孩眼中放出了光彩:"真的? 那我还能活多少年?"医生微笑着,充满爱意,"你能活到100岁,小伙子,你很健康!"

男孩从床上跳到地上,高兴得手舞足蹈。

他在地上转了几圈后确认自己真的没事时,就又挽起刚才被抽血的胳膊,昂起头郑重其事地对医生说:"那就把我的血抽一半给妹妹吧,我们两个每人活50年!"

所有的人都被震撼了,这不是孩子无心的诺言,而是人类最无私最纯真的情感。

同别人平分生命,即使亲如父子,恩爱如夫妻,又有几人能如此快乐,如此坦诚,如此心甘情愿地说到并做到呢? 所有的人,是的,包括医生,包括护士,包括其他的病人,还包括在尘世间日益麻木并且冷漠的我们。

∽ 感恩心语 ∽

哥哥愿意给妹妹输血,甚至要用自己的生命去挽救妹妹,除了血浓于水的亲情,还因为他有着一颗纯洁善良的心。这份真挚动人的爱,在充满冷漠的世故人情中永远是最珍贵的!

我生命的桥梁

包利民

大哥生下来就是驼背,后背高高耸起,就像背着一个包袱。大哥比我大三岁,当我上小学的时候,个头就已经比他高了。大哥只上了四年的学就不念了,许多年以后我才明白其中的两个原因:一是大哥在学校里受不了别人歧视的目光,再就是那时我根本不曾意识到的家庭原因。

家在大山深处,母亲侍弄的那几亩薄地,一年到头填饱肚子都难。父亲便去山上的采石厂拉石头,我家的那头瘦驴几年来立下了大功。父亲对它更是精心喂养,宁可人饿肚子,也要把驴喂饱。可是有一天,父亲却自己拉着小板车回来了,车上躺着被滚下来的石头砸死的驴。父亲几天不吃不喝的,他的心里既悲伤又犯愁。几天后的早晨,父亲自己拉上小板车去山里了。大哥就是在这时辍学的,和父亲一同拉起了车。那时每天晚上回来,父亲和大哥累得连炕都几乎上不去,大哥的背也就更驼了。

一年零四个月后的一天,大哥自己拉着小板车回来了,车上躺着被砸折了腿的父亲。从此父亲成了残疾,再也不能去出力气干活了。那辆小板车前,只有大哥一个人瘦瘦的身影了。祸不单行,不久后,母亲由于过度的着急上火病倒了,从此一家的重担全落在了十四岁大哥的肩上。农时他便去地里干活,闲时便去山上拉石头。我不会忘记在毒毒的日头下,大哥在地里几乎是趴着锄草施肥,而在崎岖的山路上,大哥又是用尽全身的力气拉着那一车车重重的石头!

那时我已上学,我常想和大哥一起去干活,父亲也想让我不去念书,帮着大哥维持这个家。可大哥却不允许我不去上学,更不让我去跟他一起干活,他总是那一句话:"好好地念你的书吧!"

那年的暑假,大哥在我的强烈要求下终于同意我和他一起去拉石头。永远不会忘记那种感觉,太阳在头顶炙烤着,我和大哥拉着石头在山路上艰难地走着,汗水湿透了衣服,被太阳晒干,然后再湿透,肩膀火辣辣地疼。由于搬石头太多,手上磨起了泡,破了的地方被汗水灼得更痛。每走一步,我想到的都是那两年父亲和大哥是怎样一步一步地走过来的,我哭了,为了父亲和大哥。

那天晚上回到家,吃过饭后我和大哥躺在外屋的炕上谁都睡不着,浑身都散了架似的疼。大哥也在翻来覆去的,忽然他问我:"平躺着睡觉是不是很舒服?"我一愣,然后心里涌起一阵无法抑制的悲哀,大哥的驼背让他永远都不可能体会平躺着的感觉了。我没有回答他,只是轻轻叫了一声:"大哥!"黑暗中泪水悄悄滑落枕畔。

三年后我去了山外的镇上读初中，一个月回一次家，返校时带一些母亲准备的咸菜和干粮。进入初三后由于学习紧，我便基本上不回去了，此时大哥每月给我送一次钱，并带来一些家里的咸菜。大哥都是在每月的三号来镇上，他总是在校外很远处的那片林中等我，有时我让他去宿舍坐坐，他说什么也不肯。我知道他是怕同学们因此而取笑我，因为小时候，左邻右舍的孩子没少因为这笑我，甚至不和我在一起玩儿。我知道每次我见过大哥回校后，他并没有马上回山里，而是偷偷地在我们学校大门外徘徊好一阵，向校园里张望着。这是我的同学们无意间提起的，他们说有个罗锅在校门处转悠。我跑出去，可大哥早已没有了踪影。那二十里的山路，大哥水都不喝一口，就那样去匆匆地走着，每月一次，想起来就有要哭的冲动。

大哥上学时学习成绩非常好，在别人的嘲笑的目光中，他依然能专心学习，只是他不得不退学。我知道他渴望学习，所以每次都在我们学校外徘徊，他是在重温那短短的学生时代，遥望那在生命中早已远逝的梦想。

去县城读高中后，大哥承包了一块山坡，和母亲在那里栽果树，此时母亲已经能下地干活了。第一年秋天，大哥赔进去了所有的资本，那是他那几年流了多少汗水换回来的啊！可是大哥没有灰心，他让我从县城买回来一大堆种植果树方面的书籍资料，只有小学文化的他开始相信科学。第二年，老天不负众望，大哥尝到了成功的滋味。这么多年来，我第一次看见大哥笑得那么开心，笑出了满眼的泪水。每次从家返校，大哥都会对我重复那不变的一句话："好好念书，考个好大学，别惦记家里！"我知道这是大哥心里的希望。

当我收到大学的录取通知书后，最高兴的人是大哥。他拿着通知书一遍一遍地看着，然后就笑，逢人就说："谁说我们兄弟没出息？谁说我们兄弟没出息？"眼中已分明闪着泪光。那天大哥特意从小卖店买了两瓶好酒，我们父子三人都喝醉了，醉后我就和大哥相拥着睡去，朦胧中第一次感觉到大哥的身板是那么瘦小。

多年以后，我在一本杂志上看到一首题为《驼背上的歌谣》的诗："平坦的大地上/大哥的驼背就是一座山峰/驮着风风雨雨驮着滚烫的太阳/农业被一根扁担串起来/三个小时在水桶里摇荡/浇得季节青翠鲜艳/四畦稻田从驼峰走过/葱郁一片拔节的歌谣/八十担水弹响一百六十桶音符/躺着的是田垄，站着的是庄稼/大哥哟，你的驼背上/每个日子都直直地挺立。"想起远在千里之外的大哥，想起他依然在山上的果园中忙碌着，想起许多年来他为我付出的一切，我的泪又一次淌下来。大哥的驼背就是一张弓，为了把弟弟这支箭射得更远，他不惜把腰弯得更低；大哥的驼背更像一座桥梁，把我的生命通向美好的彼岸。远方的大哥啊，你那弯弯的身影已定格成我生命中最美的风景，常常唤起我心中对亲情的感动，无论风霜雨雪，无论岁月沧桑，永不改变！

✿ 感恩心语 ✿

弟弟的成长离不开哥哥的辛勤劳动。在弟弟拼搏的大浪中，哥哥就是那中流砥柱。所以，弟弟说哥哥是他"生命的桥梁"，有了这座桥梁，他才能通向成功的彼岸。

奶奶的药粒

周海亮

奶奶住到我家的时候，已经有些神志不清。通常奶奶在吃完午饭后都要小睡片刻。醒来，就一个人念叨，午饭呢，怎么还不吃午饭？弄得母亲不得不向偶来的客人解释。

奶奶会长时间地盯着床边的一角，然后一边挪动着身子，一边叫着爷爷的名字，你倒是向里坐一坐呀，一半屁股坐着，你累不累？

其实那时爷爷已经过世两年,奶奶的话,让每一个人毛骨悚然。

奶奶每天都要服药,她经常说,怎么这些药粒都不一样呢? 花那么多冤枉钱,干什么呢? 奶奶以为,世界上的药,都是治同一种病的。

奶奶吃药,需要别人提醒。即使这样,她也是嘴上说好,一会儿就会忘得一干二净。

那几年父亲的生意不好。我病休在家,也是天天吃药,家里日子捉襟见肘。

后来,姑姑从南京回来,说什么也要把奶奶接走。家里人拗不过,只好放行。

临走前,奶奶把我叫到身边。她一边笑着,一边从床角摸出了一个黑塑料袋,哆嗦着打开,里面竟装满了大大小小花花绿绿的药粒。

奶奶说:"这都是我每天吃药时,故意省下来的。我去你姑姑家了,你留着慢慢吃。别再让你爹买药给你吃了,家里没钱。"

奶奶以为她省下的药,可以治好我的病。

奶奶在我家住了三个多月,三个多月的时间里,奶奶为我省下了一百多粒廉价的药。可她并不知道,那些让她的生命得以维系的药粒,对她的孙子却毫无意义。

奶奶上车时,仍然朝我挤眉弄眼,只有我知道她的意思。

现在奶奶已经辞世。我常常想,假如奶奶不为我省下这一百多粒药,那么,她会不会活到现在?

∽ 感恩心语 ∾

祖母像一位和蔼的天使,在"我"成长过程中给予"我"无尽的关爱,在"我"有能力回报她时,她却突然离开了"我"。这份未了的情于是化成一份伤心、一份遗憾,悄悄地栖息在"我"的心田。

编织姐弟情

张学成

时令刚步入秋天,我便收到姐姐从重庆南桐矿区寄来的专为我编织的毛衣,毛衣是用细毛线编织的,瓦蓝色底,圆领口,中间有黑白相间的方格和波浪式横线图案。姐姐在包裹里面附有一张字条:

弟弟:

现寄来一件毛衣,不知你喜欢否?

姐姐

2006 年 10 月 20 日

怎么会不喜欢呢? 我在心里说。我衣橱里存放的,春秋冬季穿的,包括妻子、小女儿的毛衣,哪一件不是姐姐编织的? 尤其是我那可爱的小女儿,从生下到如今,她穿的毛衣毛裤全出自姐姐之手。

姐姐今年41岁了,只有初中文化。那年月,因为我家经济困难,姐姐初中毕业后便四处打工。我的父亲是一位普通的工人,母亲不但没有职业,还体弱多病。父亲微薄的收入仅够一家人糊口,母亲的病也只是偶尔治治,这种家庭状况使母亲47岁时就去世了。姐姐打工挣的钱虽说不多,但还是能让家里的经济状况宽松一点儿,姐姐还用这些钱买毛线为我和父亲编织毛衣。那时能穿上一件毛衣的人不多,姐姐给我编织的第一件毛衣是棕色的(说是毛衣,其实只有40%的毛)。那时姐姐编织毛衣的手艺很粗糙,编织的针脚松紧不一,而且也没有什么花色,但姐姐在毛衣编织好后,用黑色的细线在胸前编织了"友谊第一"几个变形体美术字,使粗糙的毛衣增添了一分美感。

我穿上毛衣去上学,让同学们羡慕得不得了。有一次课外活动打篮球时,我脱了外衣只穿着毛衣在运动场上奔跑,学校一位姓艾的女老师看见后,问我穿的毛衣是谁编织的,我自豪地说是我姐姐。艾老师特别喜欢毛衣胸前那四个变形体美术字。第二天,艾老师要我回家告诉姐姐,她想学织美术字,要姐姐教她,姐姐满口答应。姐姐还和艾老师成了很好的编织朋友。

我最喜欢看姐姐编织毛衣时的专注神情。那时候的居民住宅一般都是一长排平房,房门前的空地铺上水泥地,垒起石桌石凳,是人们休息聊天娱乐的好地方。我家住的那排平房共有12户人家,邻里关系融洽和谐,情同手足,大家坐在一起聊天的时候特别多。女人们坐在一起时,一般都是手里不停地编织毛衣,嘴里在说话聊天或开玩笑。那时候的娱乐方式挺少,黄昏时分,几个大小女人坐在一起编织毛衣,算是快乐的娱乐方式,也成了黄昏里的一道风景。我常常是作为旁观者坐在姐姐身旁的,金黄色的太阳余晖洒在姐姐青春健康的身上,姐姐手里的一卷毛线也变成了金线一样,姐姐脸上洋溢的是快乐与幸福的奏鸣。那种情景让我至今难忘!也许是因为母亲死得早的缘故,我对姐姐有一种情感上的依恋。姐姐对我这个兄弟更是百般呵护。我至今还收藏着姐姐给我编织的两件毛衣、一条长围巾,每次从衣橱里翻出来时,都会给姐姐的爱一种全新的注释。

姐姐23岁嫁为人妻,姐夫凌吉扬是重庆南桐煤矿一名老实的普通工人,文化和姐姐相当,对姐姐的爱情忠贞不渝。姐姐的日子过得很平淡,平时除了料理家务,唯一的爱好就是编织毛衣。

我常买些编织书寄给姐姐,每次去姐姐家也给她讲些有关图案色彩的搭配知识。姐姐对编织书中的图案说明不甚了解,甚至根本就读不懂,她编织图案时搭配颜色全凭经验,色彩搭配全是一种感觉。但正是这种感觉,使姐姐有了开朗的性格,对生活充满了信心。姐姐很好学,喜欢和矿区爱好编织的姐妹们交流编织经验,以采众家之长补己之短,甚至于如今的姐姐只要在街上看见别人穿在身上的毛衣图案,她就能悟出是如何编织的,因此姐姐编织的图案不断出新。

我结婚那年,姐姐为我编织了一张门帘。淡红色的底,底部是一枝梅花,褐色的枝,深红色的花朵,中黄色的花蕊,梅枝上是一对喜鹊闹梅,上方是大红色的双喜字。姐姐说,编织这张门帘她花了整整一个月时间,没有什么钱送给我,只有用这种方式来表达心意。我那学医的妻子很喜欢这张门帘,对此赞不绝口。姐姐听了赞美心里乐滋滋的,回南桐后又为我妻子编织了一套春秋季节穿的套裙。我女儿出生后,姐姐又包揽了她小侄女所有的毛衣毛裤,姐姐编织的童装一件比一件漂亮,有的妻子还舍不得拿给女儿穿。妻说,这些童装很艺术,很有收藏价值。我在这一件件漂亮的童装中看到了姐姐的情意,姐姐编织的是手足之情,这情分比毛衣本身更有价值。

妻子让我试穿姐姐寄来的毛衣,我穿在身上,心里立即涌起一种甜蜜感,急急伸手去拨通姐姐家的电话。大约一分钟后,电话那端的姐姐气喘吁吁地说:"我是你姐姐呀……毛衣你喜欢吗?合身吗?"

❀ 感恩心语 ❀

小时候,我们不知道珍惜那一件件花花绿绿的毛衣。长大后,我们能回忆起第一次穿上家人编织的毛衣时所引来的羡慕的目光。再后来,我们就能体会到,编织的人会因为给你带来了骄傲而同样感到心里美滋滋的。

对于姐姐来说,她只有一个目的,就是希望弟弟能喜欢。多么朴实、简单的愿望!只有拥有一颗质朴的心,才能创造出如此精美的礼物。她不是为了艺术,而是为了生活,那生活中的艺术饱含着深厚的爱。于是,她用勤劳的双手把生活打扮得如此美丽,她用智慧的头脑给亲人带来温暖。岁月可以夺去她曾经美丽的容颜,却夺不走她那颗火热的心。

一件精心编织的毛衣、围巾,无不渗透了生存的艰辛和对生活的热爱。当你穿上它、围上它时,你的心是暖的。姐姐就是用她粗糙的双手将她的爱心编织成了温暖的衣裳,感动着身边的每一个人。

两个生日

佚名

几年前,才十来岁的晶晶被诊断患上了白血病,必须接受骨髓移植才有治愈机会。在全家人无一配对成功的情况下,妈妈为了救女儿一命,冒着高龄产妇的危险,生下了大家期待已久的弟弟。

弟弟一出生,就背负了救姐姐的使命,也许这样对弟弟不公平,却是晶晶生存唯一的机会。所幸,皇天不负苦心人,弟弟的骨髓配对和姐姐完全相符,晶晶的心情既欢喜又担心;看着弟弟一天天长大,看着弟弟天真无邪的样子,她舍不得弟弟受苦,想自己承担所有的病痛。好几次,她甚至想要放弃骨髓移植。在妈妈的鼓励、坚持下,为了争取与家人长远相聚的机会,她才决定冒险尝试。

为了筹晶晶的医药费,妈妈将房子卖了;为了怕幼小的弟弟骨髓不足,弟弟进开刀房抽了两次骨髓。晶晶了解,全家人为了她付出很多;她也知道,自己只有这一次重生机会,一定要好好把握。

在注入弟弟的骨髓当天,晶晶泪汪汪地看着血袋里弟弟的骨髓,慢慢地输入自己体内,她握着管子哭喊着:"弟弟,姐姐对不起你。"她也一直为手术室里尚未醒来的弟弟担心:"上天保佑,弟弟一定不会有事。"后来,妈妈抱着弟弟来到无菌室窗前,隔着玻璃,晶晶对着对讲机直问:"弟弟,痛不痛?"弟弟早已忘了被针扎的疼痛,拿着奶瓶,在窗台上手舞足蹈地望着姐姐。

骨髓移植的过程十分艰辛,恶心、呕吐、食欲差、口腔黏膜破损……还要冒着血球低谷期被感染的危险,在无菌室里与外界隔绝一个月。为了早日步出无菌室,与家人相聚,晶晶努力照顾自己,学习预防感染的一切注意事项,努力吃高蛋白食物,好让血球数赶快回升。每天认真地记录着自己的血球变化,她知道,父母和弟弟以前给予的所有帮助,将来必须靠自己;只有自己的病早日好起来,才可以早日出无菌室,与家人团聚;只有照顾好自己,未来才可以照顾弟弟和家人。

移植手术成功了,让晶晶得以重生;不仅带给家人欢欣,也带给其他血癌病童和家属莫大的鼓励。出院回家后,为了让身体早点恢复,晶晶在家休息了一年。这一年中,没想到曾一起历经苦难的父母竟离异,家庭经济顿失支柱,母亲开始找工作,维持家计;晶晶必须担负照顾弟弟的责任,为了减轻母亲的压力,她努力学习自我照顾,也照顾好弟弟。她计划好好自习、准备复学,期望未来能成为小儿血液科医师,拯救更多的病童。

晶晶说:"我有两个生日:一个是出生的日子,也是母亲的受难日,另一个是接受弟弟骨髓的日子,是自己的重生日。"她发愿,要时刻记得感恩,为了父母、弟弟和帮助过她的人。

感恩心语

在这个故事里,我们看到血浓于水的亲情,也学习到进取和感恩。当我们的工作、情感遇到挫折时,我们可以告诉自己:勇敢面对生命中的风浪,人活着不仅为了自己,也为了更多需要自己、关爱自己、帮助自己的人。

爷爷的毡靴

普里什

我记得很清楚,爷爷那双毡靴已经穿了十来个年头。而在有我之前他还穿了多少年,我就说不上了。有好多次,他忽然间看看自己的脚说:"毡靴又穿破啦,得打个掌啦。"于是他从集上买来一小片毛毡,剪成靴掌,上上——结果毡靴又能穿了,跟崭新的一般。

好几个年头就这么过去了,我不禁思忖着:世间万物都有尽时,一切都会消亡,唯独爷爷的毡靴永世长存。

不料,爷爷的一双腿得了严重的酸痛病。爷爷从没闹过病,如今却不舒服起来,甚至还请了医生。

"你这是冷水引起的,"医生说,"你应该停止打鱼。"

"我全靠打鱼过日子呀,"爷爷回答道,"脚不沾水我可办不到。"

"不沾水办不到吗?"医生给他出了个主意,"那就在下水的时候把毡靴穿上吧。"

这个主意可帮了爷爷的大忙:腿痛病好啦。只是打这以后爷爷娇气起来了,定要穿上毡靴才下河,靴子当然就一个劲儿地尽在水底的石头子儿上打磨。这一来毡靴可损坏得厉害啦,不光是底子,就连底子往上拐弯儿的地方,也出现了裂纹。

我心想:世上万物总归有个尽头,毡靴也不可能给爷爷用个没完没了——这不,它快完啦。

人们纷纷指着毡靴,对爷爷说:"老爷子,也该叫你的这毡靴退休啦,该送给乌鸦造窝儿去啦。"才不是那么回事儿呢!爷爷为了不让雪钻进裂缝,把毡靴往水里浸了浸,再往冰天雪地里一放。大冷的天,不消说毡靴缝里的水一下子就上了冻,冰把缝子封得牢牢的。接着爷爷又把毡靴往水里浸了一遍,结果整个毡靴面子上全蒙了一层冰。瞧吧,这下子毡靴变得可暖和结实了:我亲自穿过爷爷的那毡靴,在一片冬天不封冻的水草滩里来回淌,啥事儿也没有……于是我重又产生了那种想法:说不定,爷爷的毡靴就是永远不会完结。

但是有一次,我爷爷不巧生了病。他非得出去上厕所不可,就在门道里穿上毡靴;可他回来的时候,忘了原样脱在门道里让它晾着,而是穿着冰冻的毡靴爬到了烫烫的炉台上。当然,糟糕的并不是毡靴化出的水从炉台上流下来淌进了牛奶桶——这算啥!倒霉的是,那双长生不老的毡靴这回可就寿终正寝啦。要知道,如果把瓶子装上水放到冰天雪地里,水就会变成冰,冰一胀,瓶子就得炸。毡靴缝子里的冰当然也一样,这时已经把毡毛胀得松散开来,冰一消融,毛也全成了渣儿……我那爷爷可倔啦,病刚好,又试着把毡靴冻了一次,甚至还穿了一阵子。可是不久春天就到了,放在门道里的毡靴化了开来,一下子散成了一摊儿。

爷爷愤愤地说:"嘿,是它该待在乌鸦窝里歇着的时候啦!"他一气之下,提起一只毡靴,从高高的河岸上扔到了一堆牛蒡草里,当时我正在那儿逮金翅雀之类的鸟儿。"干吗光把毡靴给乌鸦呢?"我说,"不管什么鸟儿,春天都喜欢往窝里叼些毛毛草草的。"我问爷爷这话的时候,他正挥动另一只毡靴准备扔。"真的,"爷爷表示同意,不只是鸟儿造窝需要毛,就是野兽啦,耗子啦,松鼠啦,也都这当儿。爷爷想起了我们认识的一位猎手,记得那人曾经向他提过毡靴的事儿,说早该拿给他当填药塞儿。结果第二只毡靴就送给那位猎手了。

转眼间,鸟儿活动的时节到了。各种各样的春禽纷纷落到河边的牛蒡草上,它们啄食牛蒡尖儿的时候,发现了爷爷的毡靴,造窝那会儿,它们从早到晚全来剥啄这只毡靴,把它啄成了碎片儿。一星期左右,整只毡靴竟给鸟儿们一片片全叼去筑了窝儿,然后各就各位,产卵、孵化,接着是雏鸟啁啾。在毡靴的温馨之中,鸟儿出生、成长;冷天即将来临时,便成群结队飞往暖和的地方。春日它们又都重新归来,在各自的树穴中的旧巢里,还会再次觅得爷爷那只毡靴的残余。那些筑在地上和树枝上的巢窠同样不会消逝:枝头的散落到地面,小耗子又会在地上发现它们,将毡靴的残毛搬进自己地下的窝中。

我一生中经常在莽林间漫游,每当有缘觅得一处以毡毛铺衬的小小鸟巢时,总要像儿时那般思忖着:世间万物终有尽时,一切都会消亡,唯独爷爷的毡靴永世长存。

感恩心语

永世长存的不仅仅是爷爷的毡靴,还有那种对人、对物、对自然的爱心。在作者的心中,这份爱和爷爷的毡靴一样,永世长存。

外婆的布鞋

刘玉恩

　　我翻箱倒柜地找衣服,结果衣服没找着,倒翻出了压在箱子里的外婆做的宽口布鞋。我愣愣地看着手中的布鞋,记忆就像开了闸门的洪水,奔涌而来。

　　外婆是旧社会出生的人,束过腰,裹过脚,还当过大户人家的小姐。不过新中国成立后,这一切成了过眼云烟。外婆没有怨言,心平气和地跟着外公过寻常百姓家的苦日子。外公过世得早,留下外婆一个人承担养家糊口的重任。外婆在家的时候,做得一手好针线。她纳的布鞋,不仅合脚、耐穿,而且样式也多,什么时候穿都不觉得难看。

　　于是,一双双布鞋就成了外婆家的米袋子、命根子。外婆没日没夜地纳鞋底,描鞋面。一针一线,一笔一画。刚开始的时候,一双布鞋还能换一斤米或一瓶酱油,可后来,别的鞋子多了起来,一双布鞋再也换不到一斤米了。外婆没有气馁,哪怕每纳一个鞋底舅舅身上只多一颗纽扣;哪怕每描一个鞋面妈妈头上只多半截红头绳,她都心甘情愿。

　　日子好起来以后,外婆再也不需要做布鞋换吃喝了,但她仍不肯闲下来。她说她这一辈子没什么能耐,就带大了几个人。带着孩子,她不会觉得心慌;纳着布鞋,她不会觉得人闲。就这样,我们兄弟姐妹十多个就都由外婆照顾。每天,外婆既要照顾我们吃喝拉撒,又要忙里偷闲为我们洗衣服,做布鞋。孩子们的布鞋尤其难做,大一点小一点都不行。鞋面也有讲究:男孩子的要宽口、大气一点;女孩子的则要尖细、秀气一点。夏天穿的则要鞋底薄鞋面透气,穿起来才会轻便凉快;冬天穿的则鞋底要厚鞋面要保暖,穿起来才会温暖舒适。

　　可是那时的我们不知道珍惜。不仅在学校跳绳打篮球时穿着布鞋,而且上山砍柴时也穿着布鞋。因此,我们的许多布鞋鞋面还是新的,鞋底却早就被磨破了。但外婆舍不得丢,拆下鞋面,再纳一双新鞋底,就又成了一双新布鞋。那时候我们就特别佩服外婆,把她想象成天上的神仙。每一次做新布鞋,一做就是十几双。大的孩子要,小的孩子也要。不过外婆从未让我们失望。她常常说,手心手背都是肉,哪一个能不同呢? 很多年以后,我才知道,在我们一齐穿上外婆的新布鞋时候,外婆会看在眼里,甜在心里。

　　我是穿着外婆的布鞋长大的。小的时候家里穷,买不到也买不起其他的鞋子,长大上学后,还是穿着外婆的布鞋。那时候穿布鞋是一种时尚,不仅学生们穿,老师也喜欢穿。伙伴们围在一起,不是像现在一样看你衣服是什么牌子,而是看谁的布鞋最漂亮。外婆的手艺为我赢得了许多骄傲。每天放学回家,我最大的乐趣就是将当天比赛的结果告诉外婆。但外婆总是笑着说,哪一双不是布鞋呢? 合脚、保暖就行。现在想来,外婆其实比我更快乐,只是她把快乐埋在心里,而我却把快乐写在脸上。

　　后来我进城念高中,外婆还是给我做布鞋。可一到城里,看到同学们都穿着五颜六色的运动鞋,我就慌了。我的布鞋一下子变得丑陋无比。每当同学们像发现新大陆似的盯着我的布鞋一个劲地看时,我就觉得浑身不舒服。特别是见到心仪的女孩,我更是觉得无地自容,积蓄了好几个星期的勇气、自信,一下子跑得无影无踪。一气之下,我把自己新的、旧的布鞋全都扔了,但回家又撒谎说布鞋穿完了。外婆一听,急坏了,一边责怪自己记性差,一边又赶忙张罗着为我做新布鞋。

　　上大学的那一年,外婆又为我做了一双新布鞋。她没到过城里,听说城里到处都是水泥地,就特意把鞋底纳得特别厚。她又担心鞋面太土,就索性拆了自己的灯心绒帽子给我做鞋面。可惜的是,那么好的一双布鞋,我却没敢把它穿出来。我知道,外婆多么希望我这个让她引以为荣的外孙能够穿着她做的布鞋,从乡下走向城里……

今天,当我想穿它的时候,它却成了外婆留给我的最后一双布鞋了。我想穿着它告诉外婆,她的布鞋最合脚,但我又舍不得。就这一双了,一生一世也只有这一双了,穿完了,就再也没有了。

感恩心语

当我们回到家,穿上一双亲人缝制的布鞋时,为什么会产生一种由衷的快乐呢? 大概这就是在繁忙的现代生活中,亲情给我们带来的轻松感和幸福感吧。

飞翔的雪鸥

基恩·利维莱

雪,越下越急。窗户木格的角落里,堆起了积雪。冬日的天空灰蒙蒙的一片。

忽然,一只小鸟扑腾着飞进院子,跌跌撞撞地落在雪里,嘴巴朝下栽倒在地上。接着它又挣扎着站起来,摇摇晃晃地走来走去,不时低头在地上啄一下。

男孩趴在窗台上,鼻子顶着玻璃,望着这只小鸟,心里想着:晚上能不能避开家里人悄悄溜出去呢? 院子里的那张长椅也落满了雪,应该把它倒扣过来呢……

妈妈在里面喊了他一声,男孩慢腾腾地穿过走廊向厨房走去。他走进暖洋洋的门厅,在餐桌旁坐下等早饭。妈妈连头都没有往起抬,便命令道:"去把手洗净。"男孩皱皱眉头,可还是进厨房在冷水里蘸蘸手,用力甩甩,又走回门厅。

像往常一样,妈妈又在做简短的饭前感恩祷告。男孩心不在焉地用指甲在旧桌上划来划去。祷告一结束,他就拿起勺子,伸进热气腾腾的鸡汤面条盆里。

他把饼干掰开,泡进汤里,勉强抬起眼皮望望对面坐着的妹妹。妹妹的目光一直跟随着他的脸转。难道她能看穿他的心思? 男孩有时真觉得这个哑巴妹妹能一眼把他望穿。

他吃完汤面,又一口气喝干他的牛奶:"我可以走了吗?"

妈妈抬起头,迷惑不解:"上哪儿?"

男孩不耐烦地盯着妈妈,觉得她早应该知道:"我想到池塘那边试试我的新冰鞋。"

妈妈瞥瞥身旁的妹妹,温和地说:"稍等几分钟,带上她。"

男孩一把推开椅子,高声叫道:"我一个人去,不带她!"

"求求你,本杰,你从来不给她一次机会,你也知道,她喜欢滑冰。照你的想法,因为她是个哑巴,你就可以不理睬她,但这回还是让她跟你去吧。"

一绺灰白的头发垂下来,挂在妈妈苍白的脸上,她疲倦地挥挥手:"妹妹的冰鞋在门厅的壁橱里。"

男孩愤愤地逼视着妈妈和妹妹,声嘶力竭地喊道:"我就是不带她!"

说完,他冲到壁橱前,抓起自己的大衣、连指手套和帽子,把门"砰"地在身后甩上,跑到车库,摘下冰鞋搭在肩上,跑进院子。

长椅仍然静静地躺在那儿。男孩走上前,把它掀了个底朝天,微笑着朝池塘跑去。

牧场的尽头,池塘在闪闪发光,像一只睁大的眼睛。男孩在盖满雪的马食槽上坐下,穿上冰鞋,把换下的鞋系在一起,搭在肩上,朝池塘走去。他立在池塘边,兴奋得发抖。

忽然,一只手扯了扯男孩的大衣,他一惊,低下头,发现了妹妹。她大衣的纽扣歪歪斜斜地扣着,围巾松松垮垮地搭在肩上,拖着两道鼻涕。

男孩把手伸进口袋,掏出一张揉成一团的纸巾,恶狠狠地给她擦掉鼻涕,又抓住她的手,粗暴地拉到马槽前。

他把妹妹按着坐下,盘算了一下,想把妹妹送回去,可又想,如果这样,会招来更多的麻烦。想到这里,男孩给妹妹穿上冰鞋,他狠心用力拉扯鞋带,抬起眼想看看妹妹脸上有没有疼痛的表情,但是没有,一丝变化也没有。尽管鞋带已经深深地勒进了她的肉里,可她还是静静地坐着,注视着哥哥,两只眼睛一动不动地看到他心底的最深处。

"妈妈为什么不生一个可爱的孩子,却生了个你?"男孩瞅着妹妹,好像她是一件累赘讨厌的物品,他甚至因为自己这样恨妹妹而恼恨起自己来。

对他来说,妹妹只不过是妈妈和他产生隔阂的一个原因,是妈妈和他之间的一个障碍。有时,他发现自己甚至记不住妹妹的名字,也许,是他有意忘掉了。他给妹妹系好鞋带,起身走开。

一阵不大的风刮来,吹透男孩的灯心绒长裤。他溜到池塘中间,开始滑行,裸露的脚踝在寒风中有种舒服的刺痛感。他能感到锋利的刀刃嗤嗤地擦过雪被下的冰面。寒气逼人,冷风吹在他的脸颊和耳朵上,把他冻得生疼。

男孩倒退着滑行,看到妹妹从后面跟了上来,他盯着以优美的姿势朝他滑来的妹妹,他也知道,自己永远滑不了这么漂亮。他承认,妹妹是一个极好的溜冰手。可是这个连话都不会讲的女孩,知不知道自己滑得那么漂亮? 也许,滑冰是她天生就有的一种才能。

妹妹的肢体动作不很协调,但她却滑得比谁都好。也许正是她的矮小和清瘦让他感到厌恶。这个脸色苍白、灰不溜秋的倒霉东西!

男孩看着妹妹轻巧地滑过池塘,像一瓣削下来的冰片。他打了个弯,朝前滑去。在停下来擦鼻涕时,他觉得有人在扯他的大衣襟,他一把摔开妹妹的手,朝另一个方向滑去。

他经常把同学叫到自己家玩,可妹妹总站在厨房的门后面,盯着他们一直看,直到他们再也不愿意来了。伙伴们说妹妹的目光让人觉得不自在。

她能看出来他什么时候高兴,什么时候生气。他高兴时,妹妹常常轻手轻脚地跟在他屁股后面,拉扯着他的后衣襟。但大多数时间,她总是一双眼睛跟着他转悠——一双在他毫无察觉时就看穿他心思的眼睛。

他抬起头,四下寻找她的身影,没有! 他滑到池塘中间,四下张望,发现妹妹在池塘的另一头,超出了安全区! 虽然没有标志,但他知道,那儿冰薄如纸。

一瞬间,男孩呆住了。可又一转念,一旦出事,很容易解释,他只要对妈妈说当时他不知道妹妹在那儿滑冰……从此,妈妈疲倦的神情就会从布满皱纹的脸上消失;从此,妹妹卧室里就再也不会传出一遍又一遍耐心和气的劝说;再不会有妹妹拒绝自个儿学着系鞋带时,妈妈脸上出现的那种无可奈何的神情;也再不会见到妈妈的眼泪……

男孩目不转睛,看着妹妹越滑越远。忽然,一只小鸟闯进了他的视线,那是一只笨拙的鸟。此刻,它显得非常纤弱,却飞得那么漂亮,它慢慢掠过池塘。男孩正要仔细瞧瞧,它却消失了,但在刹那间他还是看清了,它就是早晨在院子里见到的那只小精灵!

男孩的双腿开始加快蹬踩,冰刀发狂地凿在冰面上。妹妹不见了! 男孩十分焦急,双腿像着了火,他挥舞双臂,竭力想加快速度,但总觉得不够快。泪水从他的眼眶里涌了出来。妹妹不见了! 他竟然眼睁睁地看着她滑到薄薄的冰面上。

接着,他听到冰层巨大的断裂声,并且感觉到了冰面的震颤。男孩拼命滑到塌陷的冰窟边缘,小心地趴在冰上,一把抓住了妹妹大衣的后襟,冰凉的水立刻冻僵了他的手指,他紧紧攥住,用尽全身力气往上拉。

妹妹的头出现了,但大衣却从手里滑了出去,妹妹又向下沉去。绝望中,他把两只胳膊都伸进水里,疯了似的连摸带抓,终于又把大衣抓在了手里,这回,他把妹妹拽出了冰窟。

仿佛过了很长时间,他盯着妹妹发青的脸,默默祷告她的眼睛能很快睁开。妹妹终于慢慢睁开了眼睛。他的心一阵绞痛。

妹妹浑身发抖,男孩迅速地脱下她湿透了的衣服,把她瘦小的身体紧紧裹在自己的大衣里。他用冻僵的手脱下自己的滑冰短袜,套在妹妹的脚上,刺骨的寒气立刻顺着他的脚心爬了上来。冻僵的双手怎么也解不开鞋带,他把鞋子胡乱套上,抱起妹妹,朝岸上跑去。怀抱里的妹妹,身体僵硬。他注意到妹妹的嘴唇被划破了,在流血,就从口袋里掏出纸巾,为她擦干血迹。他低下头,想从妹妹的眼睛里找出什么,但仍然是什么也没有,没有痛苦,没有责备,什么也没有,只有眼泪。可从前,他未曾见妹妹哭过一次,尽管有的时候,妈妈在妹妹的面前哭得死去活来,她依然是无动于衷地呆坐着。可现在,她眼眶里涌出泪水,泪珠从脸上流了下来。男孩终于想起了她的名字——谢丽尔!她挣扎着往哥哥温暖的身上挤,男孩用尽力气把她紧紧搂抱在怀里,他注视着妹妹,轻轻呼唤着她的名字。终于,他发现妹妹的眼里流露出一丝柔情,她认出了自己的哥哥!

男孩加快了脚步,朝家里走去。

感恩心语

男孩很讨厌自己的哑巴妹妹,看到她滑到薄薄的冰面上时,不去阻止,反而想,妹妹要是出事,妈妈和他就解脱了。但当妹妹掉进冰窟时,他却奋力解救。亲情就是这样奇妙,当你认为自己不在意时,"血浓于水"的观念早就根植在你心中了。

大哥那个人

伊朵

大哥其实是我的大姐夫,他是一个孤儿,靠好心人的资助读完了大学,毕业时又靠我爸爸的关系进了一家不错的公司。虽然做了我家的上门女婿,但妈妈一直不喜欢他,看不起他。

大哥却一直觉得自己很幸福,说起大姐给他织的毛衣,谈起爸爸让他陪着下棋,都是乐滋滋的样子。

大哥在家里始终任劳任怨,对谁都是那种憨憨的微笑。我读高中时,大哥每天很早起来,生炉子,淘米,准备全家人的早餐。后来我上了大学,有一次在电话里撒娇,说是很想念家里的韭菜饺子,馋死了。其他人都不理会我,只有大哥问:"真想吃啊?"我说:"是啊,是啊。"两天后,大哥竟用保温瓶带着煮好的饺子,坐了三个多小时的车赶到我们学校。我感动得差点儿掉下泪来。

我结婚后,每次回娘家,都是大哥系着围裙忙里忙外,其他人则坐在客厅里嗑瓜子、看电视。

一个夜晚,外面电闪雷鸣狂风骤雨,女儿忽然发起了高烧,不巧老公出差了,我赶紧给妈妈打电话,让家里来人陪我去医院。大哥不一会儿就来了。半夜三更的也没车,大哥将我五岁的女儿裹在雨衣里抱着,急匆匆地往医院跑。

第二天清晨,女儿高烧已退,睡得很安稳。我从病房出来,看到大哥坐在走廊的长椅上,头歪向一边睡着了,身上还是湿漉漉的。隔了几天,女儿痊愈后我带着她回娘家。天气燥热,她闹着要吃西瓜。正好大哥在家,便出去买。可半个小时过去了,大哥还没回来。我们正着急时,邻居上门说,大哥在小区外面和一个卖西瓜的人吵架。等我和大姐赶去,看到大哥被人打了,腿一瘸一拐的,地上尽是半白半红的瓜瓤。大姐气呼呼地骂大哥:"不就是西瓜没熟透吗,也没必要较真啊。"大哥说:"孩子病刚好,怕吃坏了肚子。"我听了,眼泪悄悄地落下来。

妈妈不幸患脑血栓瘫痪在床。不巧的是,这一年我老公调往省城工作,我和女儿也跟着去了省城。从电话里得知,伺候在母亲身边的不是大姐,而是大哥。我心里深怀愧疚,堂堂七尺男儿,硬是被磨成了家庭妇男。

"五一"期间,我回了娘家,大姐不在,大哥正在给妈妈喂饭。我站在大哥身旁,看着他轻轻地吹散汤匙中的热气,将鸡蛋羹喂进妈妈嘴里。妈妈早已不能说话,她看着我,眼里滚动着泪珠。我想,她一定是后悔自己从前对大哥的态度了。站在院子里,我望着消瘦的大哥,问他:"这十几年,妈妈一直对你不好,你现在还对她这样好啊?"大哥说:"其实,我觉得这个家挺好,有爸爸妈妈,有妻子,还有妹妹。我从小父母早逝,你们都是我的亲人。"亲人?这些年来,我家又有谁把他当亲人了?妈妈的白眼,姐姐的专横,爸爸的旁若无人,他就像我家的仆人一般,没有任何地位,可他却过得那样知足。

接下来的一年,父亲病逝,大姐下岗,妈妈仍然要由人伺候,家里的事全都压在大哥的肩上。大姐很生气,在电话里将我骂了一顿,让我把妈妈接到省城去。而我这时面临着单位改制,很忙,老公出差,好几个月后才能回来,上小学的女儿还需要人照顾。还没等我想好解决办法,大姐就找车将妈妈送到我家来了。

我哭了,自己的亲娘,又能推给谁呢?可是工作怎么办?孩子上学怎么办?整整一夜,我无法入眠。不曾想,大哥第二天一早就来了,他手上有被抓挠的痕迹,不用说,那是大姐的杰作。大哥说:"二妹,你放心吧,你姐不要咱妈,我还要呢。"他走到妈妈的床前,用手捋着妈妈的白发说:"妈,回咱家吧,在这儿你不习惯的。"妈妈望着他,又流泪了。大哥轻声地说:"妈,您别伤心,我是您儿子啊,我会好好伺候您的。"他将妈妈从床上扶起,背到背上,一步一步地走出去。我的眼泪顿时狂流不止。

老公出差回来后,我们打算把妈妈接过来。电话打回去,没人接,往大哥公司打,人家居然说他下岗了。我们心急如焚地往家里赶。路过妈妈家附近的水果市场时,车慢下来。透过车窗,我看到了那终生难忘的情景:一个瘦弱的中年男子正给一位客人称苹果,鼻梁上架着一副旧眼镜,看秤时眼睛几乎要贴到秤杆上;他的旁边,一个中年妇女正在摆放水果;他们中间,一个头发花白的老太太坐在轮椅上,呆呆地看着路上的行人。

大哥不同意我们接走妈妈,而我不忍心将妈妈这个累赘再丢给家境不好的大哥。他的孩子面临着中考,光凭一个水果摊,既养老又养小的,怎么行?

老公递给大哥一支烟,给他点上,大哥狠狠地吸了一口,对我们说:"你们还是回去安心工作吧,妈在我们这儿很好。"大姐低着头不说话。大哥继续说:"人家都说一个女婿半个儿,而我呢,打心眼里想当这个家的儿子。从小我就想有个妈啊……"他抬手摘下眼镜,使劲儿擦眼泪。

第二天,我到眼镜店给大哥配了一副新眼镜。他戴着新眼镜,在水果摊前继续忙碌。我推着妈妈走到水果摊前,对大哥说:"还是我把妈妈接走吧!"大哥停下手里的活儿,脸色变得凝重起来。他蹲在妈妈跟前,将妈妈的手放在自己手上,轻轻地问:"妈,你是想走还是想留下来呢?你要是愿意留下来,就动一下你的手,好不好?"就在这一刹那,妈妈竟然奇迹般地动了一下她的食指,在场的人都惊呆了。"妈,你的手动了。妈,你愿意留下来?"惊喜之下的大哥,居然像孩子一样,伏在妈妈膝上哭了起来。

这个伏在老人膝上,哭着叫妈妈的人,他是我的姐夫,而我一直都叫他大哥。

感恩心语

称姐夫为大哥,这是对姐夫的一种亲昵的表达。大哥是个孤儿,他渴望兄弟姐妹,渴望爸爸妈妈,渴望在姐姐的家就像在他自己的家一样。经过漫长的磨合,他终于被接纳了,一声"妈妈"叫出了他内心的所有悲苦,也叫出了他一直期待的幸福。

奶奶的手

李美爱 佟晓莉 译

父亲在一家小公司工作,很辛苦地赚钱养家。为了替父亲分担一些辛苦,奶奶上山挖野菜,整理完再把它们卖掉,以此来贴补家用。这样,奶奶一整天都泡在山上,挖完野菜回来后,拣菜一直要拣到后半夜。然后,在东方渐渐露出鱼肚白的时候,奶奶就头顶菜筐,穿过山路,去市场卖野菜了。

"这位大姐,买点野菜吧。给你便宜点儿!"

尽管奶奶很辛苦地叫卖,但比起生意兴隆的日子,生意清淡的日子总是占大多数。

我很讨厌没有奶奶的房间,因为那会让我倍感孤单;也很讨厌奶奶挖山野菜,因为只要我一做完作业,就必须帮奶奶拣菜,而这个脏活儿常常把我的指尖染黑,无论用清水怎么洗,那种脏兮兮的黑色总是洗不掉,让我懊恼极了。

有一天,发生了一件让我措手不及的事儿。

"星期六之前,同学们一定要把家长带到学校来。记住了吗?"老师对我们说,"学校要求学生们带家长到学校,主要是为了商量小学升初中的有关事宜。"

别的同学当然无所谓,而我……能和我一起到学校的,只有奶奶一个人。

听到老师的话,我无奈地叹了一口气。

"唉……"

寒酸的衣服、微驼的背……最要命的,是奶奶指尖那脏兮兮的黑色!

不懂事的我,掩饰不住内心的焦虑,不知道该怎么办才好。

不管怎么样,我都不愿让老师看到奶奶指尖的颜色。我满脸不高兴地回到家,犹犹豫豫地说道:"嗯,奶奶……老师让家长明天到学校。"

虽然不得不说出学校的要求,但我心里却暗自嘀咕:唉,万一奶奶真的去了,可怎么办呢? 我心底备受煎熬,晚饭也没吃,盖上被子便蒙头大睡。

第二天下午,有同学告诉我,老师让我去教务室。还没进屋,我忽然间愣住了,几乎在一瞬间,我的眼睛里充满泪水!

我看见老师紧紧握住奶奶的手,站在那里。

"智英呀,你一定要努力学习,将来好好孝顺奶奶!"

听到老师的话,我再也忍不住,顷刻间眼泪夺眶而出!

老师的眼角发红,就那样握着奶奶的那双手。那是怎样的一双手啊:整个手掌肿得很大,红色的伤痕斑斑点点!

原来,奶奶很清楚孙女为自己的这双手感到羞愧,于是整个早晨,她老人家都在用漂白剂不停地洗手,还用铁屑抹布擦手,想去掉手上的黑色! 结果,手背上裂开了大大小小的口子,血从里面流了出来。

看到那一双手,我才懂得了奶奶那颗坚忍而善良的心!

感恩心语

奶奶的一双手,无论是又黑又脏,还是布满伤痕,那都是艰苦的生活留下的印记。为了孙女的自尊心,她的心中早已没有了自己。奶奶默默无言的爱,教育了虚荣的孙女,感化了她的心。

长嫂如母

陈伟民

大宝跟小根是同一天出生的,大宝是叔叔,小根是大宝的侄子。大宝娘生下大宝的那年已 45 岁了,小根娘生小根的那年才 25 岁。先是婆婆肚子疼,被村里人急忙用拖拉机送到乡卫生院。想不到拖拉机刚回到村里一会儿,儿媳妇又肚子疼了起来,于是村里的拖拉机又连忙将儿媳妇送到了乡卫生院。傍晚时辰,大宝娘生下了大宝,小根娘生下了小根。婆媳俩同一天同时生养孩子,这在全乡还是第一次,让乡里人觉得很有意思,也不可思议,很快就成了乡里的一大新闻。

大宝娘生下大宝后,由于年老奶水不足,大宝经常饿得哇哇地叫。小根娘正值年轻力壮的年龄,奶水十分充足,于是大宝就经常吃嫂子的奶。大宝从小就"嫌贫爱富","有奶便是娘",自从吃了嫂子的奶后,就再也不肯吃自己娘的奶了。

大宝不但吃嫂子的奶,还整天要嫂子抱他,晚上还要跟嫂子睡在一起。他从小就把嫂子当作自己的娘了。嫂子没有法,大宝是一个遗腹子,从小就没有了爹,只能把自己的儿子小根扔到一边,抱小叔子。这一抱,这一睡,一直到小叔子大宝长到五岁。

大宝 5 岁时还未怎么懂事,经常喊嫂子娘,嫂子也不感到害羞,娘就娘吧! 长嫂如母,这也是人之常情。直到大宝上小学后才晓得嫂子根本就不是自己的娘,但这时大宝的娘却已经因生病去世了,大宝也就真正成了一个无爹无娘的孩子。嫂子也就一直把大宝这个小叔子当作自己的亲生儿子一样疼爱,一样关心照顾。家里的生活条件十分困难,这也难怪,先是公公生病,花去了不少的钱,却没有把公公从阎王爷那里拉回来。后来是婆婆有病,又花去了很多钱,还是人财两空,还欠下了一屁股的债。俗话说,冷是冷的风,穷是穷的债。这样的家庭不贫穷才真怪呢! 不过,嫂子为了大宝的终生前途,只得省吃俭用供大宝上学。想不到祸不单行,接着,大宝的哥哥又不幸因病去世,家庭负担也就更重了。加之大宝和小根两人都在上中学,家里仅靠嫂子一个人干农活,嫂子没日没夜地在家里的责任田里劳动,人瘦得像一条虾。大宝看着,心里也就感到十分难过,他几次想辍学回家帮嫂子干农活,这样也好减轻家庭负担。可嫂子就是一千个不同意,她还抹着泪对大宝说:"大宝,嫂子虽然无用,不能让你和小根两个人吃饱穿暖,但一定要让你们都能上到学,这样我才能对得起九泉之下的公公婆婆和小根爹呀! 只要你们俩都给我争气,好好学习,将来都能考上大学,我就是苦死累死也心甘情愿。"

大宝 18 岁那年终于以优异的学习成绩考上了省城的一所重点大学,而小根却因学习成绩太差而名落孙山。

大宝考上大学后,因家里实在太穷,根本就拿不出五千多块钱的学杂费,大宝不想上大学了。嫂子说什么也不肯让他失去这次上大学的机会,于是就到村里每家每户门前跪千家,磕万家头。好不容易才借到了五千多块钱,大宝上大学的学杂费才终于有了着落。

大宝临走那天,嫂子含着泪水对他说:"大宝啊! 你一个人在外,千万要学会自己照顾好啊! 像我们这样生活困难的乡下人,不要图吃得好穿得好,只要吃饱穿暖就行了。你也千万别为家里操心,家里就是再穷,我也会想方设法让你吃饱穿暖的。还有,我们家祖祖辈辈都是种田的,没有一个当官的,如今大学毕业生国家不能包分配工作,一切都要靠自己去自谋职业,我家既没有任何后台,也没有钱来请客送礼,一切只有靠你自己去努力了。如果你的学习成绩好,自然就会有用人单位要你的。嫂子是一个粗人,这些道理你应该要比嫂子懂得多,我也就不想跟你多说了。"

大宝终于跨进了大学的大门。大学四年来,嫂子吃尽了千辛万苦,还饱受了中年失子的痛苦和悲伤。

原来,为了大宝的学杂费,大宝的侄子小根上山采石时,想不到在炸山时被炸死了。

嫂子听到儿子小根被炸死的消息后真是痛不欲生,可一想到正在上大学的小叔子时,她终于放弃了自杀的念头。她还将儿子被炸死的消息一直瞒着大宝,生怕影响到大宝的学习。

光阴荏苒,转眼间五年过去了,大宝大学毕业后在省城找到了一份工作,并结婚生子,有了一个幸福美满的家庭。他几次要把嫂子接到省城来住,可嫂子就是过不惯城里的生活,每次来省城只住个把月的时间就要回乡下去,她感到还是家乡好,那个小山村好。

想不到嫂子突然患上胃癌。当大宝把她接到省城到医院里检查时,却发现已经是胃癌晚期了。

在嫂子临死的那天,大宝含着泪水对奄奄一息的嫂子说:"嫂!让我给你唱一首歌,好吗?"

嫂子朝小叔子艰难地笑了笑,低声说:"唱吧!我已经有好些年没听到你唱歌了,你小时候就爱唱歌。"

"在那遥远的小山村,小呀小山村,我那亲爱的妈妈已白发鬓鬓……"大宝流着泪水唱着,唱着,发现嫂子含着微笑慢慢地闭上了双眼……

感恩心语

谁不盼望一直有妈妈的陪伴,这样他永远是母亲怀中的"宝",永远没有孤独和烦恼。但总有一些不幸的人,他们不能享受到完整的母爱。嫂子在"我"的生命中扮演了"母亲"的角色,弥补了"我"缺失的母爱。当唱给亲人的歌回荡在遥远的山村时,它寄托了"我"无限的哀思。这不仅仅是哀思,更是对爱的礼赞。

家人组成的圆

佚名

苏勤勤是个恋家的人,和朋友出门看个电影,也一定要打电话给爸爸妈妈报告,更别说参加什么在外过夜的活动,她是压根儿不会考虑的。偏偏在高考成绩发榜之后,决定了她离家多年的命运。

当年,苏勤勤的高中成绩并不是十分突出,她本想随便报个家附近的学校读读就算了,岂料,苏勤勤的爸爸硬是要她读医科,说什么有前途,将来的薪水和稳定性都比一般上班族高,而且越老越吃香。苏勤勤反正胸无大志,只是想混张文凭,就这样答应爸爸了,但当她发现这所学校是在离家很远的另一个城市之后,便后悔了。

苏勤勤嚷着要重考,爸爸却开始为苏勤勤整理行李,购买住宿要用的东西,苏勤勤气极了,转而求助于弟弟,因为她觉得爸爸最疼这个唯一的儿子,他去求爸爸的话,爸爸一定会答应的。谁知道"无情"的弟弟竟然说:"你搬走最好,这样我就可以用你的大房间了!"苏勤勤心中很是伤心,原来自己在这个家中这么没有地位,原来自己在这个家中是可有可无的!

苏勤勤虽然伤心,但她决定把这悲愤的情绪转为愤怒。所以,直到她被送进学校宿舍,苏勤勤都赌气不跟家人说话。

苏勤勤忘不了当父母将她的用具安顿好之后,准备离去的那一幕。她就像个被遗弃的小孩,强忍不舍,不敢多看他们一眼,生怕泪水会忍不住流下来。

直到苏勤勤看见父亲有说有笑地坐上车,驶离学校停车场后,苏勤勤才发现他们丝毫没有不舍之情,仿佛是她在自作多情。一气之下,原本悲伤难过的心情消失了,取而代之的又是气愤!

开学一个月后,苏勤勤因为没有生活费,必须返家一趟。她坐上汽车,不停地回想着以前和家人相处的情形。这一个多月来,由于学校宿舍的电话极难打通,而苏勤勤又故意赌气不打电话回家,所以已经很长一段时间没和家人说过话,心中的想念自是极深极浓。

回到家中,母亲并没有特别为苏勤勤做一顿温馨可口的菜肴,父亲建议出去用餐,一家四口坐在小餐馆中,感觉上并没有久别重逢的快乐,父亲还是问着同样的问题:"功课念的怎么样?"母亲就专管苏勤勤的生活起居,要她别和同学聊天聊太晚,而弟弟则不停地表示说羡慕姐姐,可以不用留在家中做家事、倒垃圾,令苏勤勤啼笑皆非。

"老妈最糊涂了,总是忘记你已经不住家里,吃饭老添四碗,切水果也切四等份,老爸也是,上次买珍珠奶茶回家还买四杯。"弟弟突然说。

苏勤勤听了一愣,连忙抬头看爸妈一眼,只见妈妈腼腆地一笑,眼圈却红了。

"头一次有小孩住到离家那么远的学校,你妈妈老以为你还在家。"爸爸说。

"你自己还不是一样!上次有人打电话来找勤勤,你还在那儿叫半天。"妈妈也回嘴给爸爸。

苏勤勤在眼眶中的泪水终于流下来,原来,她的家人不是不关心她,而是不擅长表达内心的情感。其实,大家都希望她留在家中,但为了苏勤勤的前途,只好将心中的不舍隐藏起来。

她想到:"家就是家里的所有人组成的圆,少了一个就缺一角,可是,我远走他乡求学,背负了家人这么多的期望,怎能不努力学习、回报父母呢?"

✥ 感恩心语 ✥

虽然表达方式不一样,但父母对子女的爱都是一样的。有时候,他们不太擅长表达自己的感情,身为子女的我们,也不要忘了珍惜他们的爱,别忘了常常跟他们说:"爸爸妈妈,我爱你们!"

藏在麦柜里的爱

佚名

那天午后,父亲让我帮他找辞典。掀开柜子,原来满满的书变成了散发着浓浓阳光气息的新麦。下意识地撩起麦子抓了抓,除了麦子还是麦子,别无他物。才突然醒悟:这不是外婆的麦柜,外婆已走了好多年了,已带着她麦柜里的东西永远地走了。

外婆离开我们有十多年了。可最近,我常在梦里见到她。还是瘦小的身躯,还是满脸慈爱的皱纹,还是那样清贫。

小时候,我是跟着外婆长大的。外婆的麦柜,宠养着我两瓣小小的馋嘴。

记忆中,当年的新麦一入柜,我就眼巴巴地瞅着柜子,两手摩挲着那把黑色的小锁,想象着里面是一把李子呢,还是几颗青杏,或者是一两个桃子。最开心的时刻,便是外婆把我骗到里屋后,才轻轻打开麦柜,变戏法地捏几枚水果放到我的小手上。看到我如获至宝地把它们藏在了小兜兜里,她笑脸成菊。虽然捂过的水果蔫巴巴的,生满了皱纹,可我还是吃得津津有味。吃完了还意犹未尽地舔舔嘴唇,撒娇地踮起脚尖,把小嘴俯在她耳旁问水果的来源,她总是抿着笑不回答。

可这样的好时候往往维持不了多久,水果们一下树,我的好日子也就到头了。而到这时,外婆常常忘了上锁,我便会趁着大人们不注意,悄悄掀开柜盖,两手细心地在麦子里搜寻着,但十有八九一无所获。偶有一次摸到一粒坏了半拉的小李子,也会高兴半天,假如运气好,还会找到一颗完好的,那简直是欣喜若狂了,掖在衣角里撒腿就跑。然后藏在角落里,细细吹去上面的麦尘,贪婪地用牙尖轻轻撕着吃。一颗小果子就吃去了大半个时辰。

儿时,总是翘首盼着收新麦的日子,收了新麦,肚里的小馋虫就可以享福了。

十二岁那年,突然发觉日子好过了,外婆的麦柜里似乎好东西源源不断了:除了水果外,竟然还有饼干、糖块、罐头之类的稀罕物。当时我兴奋到了极点,只顾着享受美味,却全然没有觉察到病魔正在悄悄地逼近外婆。

那天,外婆从西安检查回来后,身体非常虚弱,说话也是有气无力的。可我只简单问了几句,就将目光瞄向了她的麦柜,凭感觉,我知道里面肯定有货。天哪!这次竟然是香蕉!说实话,以前我甚至没听说过"香蕉"这种水果!可能是在麦子里捂的时间太长了,拿出来时已成了黑褐色,有的和麦粒烂成了一团。可当时谁会嫌弃这个呢,就和弟弟们一人抢了一根美滋滋地跑了。

现在想起来,如果当时我知道外婆得的是不治之症——癌,如果我知道香蕉是让外婆在不多的时日品尝的,我想我是不会动一根手指的。可是,我什么都不知道。更不能原谅的是,我还偷偷翻过麦柜。自外婆这次回来,柜子就再也没锁过。

就在那年暑假,外婆走了。当时我还在外地,得到消息,我疯狂地往家里赶。屋里人来人往乱成一团。我使劲拨开人群挤向外婆的灵柩。她安详地躺着,脸上看不出任何痛苦。我趴在外婆躺着的椅子上号啕大哭,泪水川流不息。

我曾有个愿望,等长大了,要好好孝敬外婆,给她买最好吃的东西。可是,如今我捧着一大堆美味,却只能供奉到她的坟前。

又是一年麦熟时,暖暖的麦子装满了柜子,手伸进去,阳光的味道便醉透了心。可是,搅来搅去,除了麦子还是麦子,再也不会摸到绵软的小果子了。麦柜里的爱随着外婆的去世永远藏在了我心里。偶尔,我还会抓抓麦子,奢望着再次抓到一枚半枚果子,再次抓住外婆的爱。

⌘ 感恩心语 ⌘

老人们的爱常常是掖着、藏着,细细地流淌,他们不求回报,只希望看到孩子们的笑脸。老人们最懂得孩子什么时候开心,什么时候失望。当外婆的麦柜逐渐成为我心灵中的记忆时,它里面藏着的已不再是果子,而是永不停息的爱。

离家时候

叶广芩

一九六八年的一个早晨,我要离家了。

黎明的光淡淡地笼罩着城东这座古老的院落,残旧的游廊带着大字报的印痕在晨光中显得黯淡沮丧,正如人的心境。老榆树在院中是一动不动的静,它是我儿时的伙伴,我在它的身上荡过秋千,捋过榆钱儿,那粗壮的枝干里收藏了我数不清的童趣和这个家族太多的故事。我抚摸着树干,默默地向它告别,老树枯干的枝,伞一样地伸张着,似乎在做着最后的努力,力图把我罩护在无叶的荫庇下。透过稀疏的枝,我看见了清冷的天空和那弯即将落下的残月。

一想到这棵树,这个家,这座城市已不属于我,内心便涌起一阵悲哀和战栗。

户口是前天注销的,派出所的民警将注销的蓝印平静而冷漠地朝我的名字盖下去的时候,我脑海里竟是一片空白,不知自己是否存在着了。盖这样的蓝章,在那个年代对于那个年轻的民警可能已司空见惯,在当时,居民死亡,地富遣返,知青上山下乡,用的都是同一个蓝章,没有丝毫区别,小小的章子决定了多少人的命运不得而知,这对上千万人口的大城市来说实在太正常,太微不足道,然而对我则意味着怀揣着这张巴掌大的户口卡片要离开生活了十几年的故乡,只身奔向大西北,奔向那片陌生的土地,在那里扎根。这是命运的安排,除此以外,我别无选择。

启程便在今日。母亲还没有起床,她在自己的房里躺着,其实起与不起对她已无实际意义,重病在身的她已经双目失明,连白天和晚上也分不清了。我六岁丧父,母亲系一家庭妇女,除了一颗疼爱儿女的心别无所长。为生计所难,早早白了头,更由于"文革",亲戚们都断了往来,家中只有我和妹妹与母亲相依为命,艰难度日。还有一个在地质勘探队工作的哥哥,长年在外,也顾不上家。

一九六七年的冬天,母亲忽感不适,我陪母亲去医院看病,医生放过母亲却拦住我,他们说我的母亲得了亚急性播散型红斑狼疮,生日已为数不多,一切需早做打算。巨大的打击令我喘不上气来,面色苍白地坐在医院的长椅上,说不出一句话。我努力使自己的眼圈不发红,那种令人窒息的忍耐超出了一个十几岁孩子的承受能力,但我一点办法也没有,在当时的家中,我是老大,我没有任何人可以依赖,甚至于连倾诉的对象也找不到。我心里发颤,迈不动步子,我说:"妈,你歇一歇。"母亲说:"歇歇也好。"她便在我身边坐着,静静地攥着我的手,什么也没问。那情景整个儿颠倒了,好像我是病人,她是家属。

从医院回来的下午,我在胡同口堵住了下学回家的妹妹,把她拉到空旷地方,将实情相告,小孩子一下吓傻了,睁着惊恐的大眼睛,眼巴巴地望着我,竟没有一丝泪花。半天她才回过神来,"哇"的一声哭起来,大声地问:"怎么办哪? 姐,咱们怎么办哪?"我也哭了,憋了大半天的泪终于肆无忌惮地流下来……

是的,怎么办呢,唯有隐瞒。我告诫妹妹,要哭,在外面哭够,回家再不许掉眼泪。一进家门,妹妹率先强装笑脸,哄着母亲说她得的是风湿,开春就会转好的。我佩服妹妹的干练与早熟,生活将这个十四岁的孩子推到了没有退路的地步,我这一走,更沉重的担子便由她承担了,那稚嫩的肩担得动吗!

回到屋里,看见桌上的半杯残茶。一夜工夫,茶水变浓变酽,泛着深重的褐色。堂屋的地上堆放着昨天晚上打好的行李,行李卷和木箱都用粗绳结结实实地捆着,仿佛它们一路要承受多少摔打,经历多少劫难似的。行李是哥哥捆的,家里只有他一个男的,所以这活儿非他莫属。本来,他应随地质队出发去赣南,为了"捆行李",他特意晚走两天。行李捆得很地道,不愧出自地质队员之手,随着大绳子吃吃地勒紧,他那为兄为长的一颗心也勒得紧紧的了。妹妹已经起来了,她说今天要送我去车站。我让她别送,她说不。我心里一阵酸涩,想掉泪,脸上却平静地交代由火车站回家的路线,塞给她两毛钱嘱咐她回来一定要坐车,千万别走丢了。我还想让她照顾身患绝症的母亲,话到嘴边却说不出口。把重病的母亲交给一个未成年的孩子,实在太残酷了。

哥哥去推平板三轮车,那也是昨天晚上借好的。他和妹妹把行李一件件往门口的车上抬。我来到母亲床前,站了许久才说:"妈,我走了。"母亲动了一下,脸依旧朝墙躺着,没有说话,我想母亲会说点什么,哪怕一声轻轻的啜泣,对我也是莫大的安慰啊……我等着,等着,母亲一直没有声响,我迟迟迈不动脚步,心几乎碎了。听不到母亲的最后嘱咐,我如何走出家门,如何迈开人生的第一步……

哥哥说:"走吧,时间来不及了。"被妹妹拖着,我向外走去,出门的时候我最后看了一眼古旧衰老的家,看了一眼母亲躺着的单薄背影,将这一切永远深深印在心底。

走出大门,妹妹悄悄对我说,她刚关门时,母亲让她告诉我:出门在外要好好儿的……我真想跑回去,跪在母亲床前大哭一场。

赶到火车站,天已大亮,哥哥将我的行李搬到车上就走了,说是三轮车的主人要赶着上班,不能耽搁了。下车时,他没拿正眼看我,我看见他的眼圈有些红,大约是不愿让我看见的缘故。

捆行李的绳头由行李架上垂下来,妹妹站在椅子上把它们塞了塞,我看见了外套下面她烂旧的小褂。我对她说:"你周三要带妈去医院验血,匣子底下我偷偷压了十块钱,是抓药用的。"妹妹说知道,又说那十块钱昨晚妈让哥哥打在我的行李里了,妈说出门在外,难保不遇上为难的事,总得有个支应才好。我怪她为什么不早说,她说妈不让。"妈还说,让你放心走,别老惦记家。你那不服软的脾气也得改一改,要不吃亏。在那边多干活,少说话,千万别写什么诗啊的,写东西最容易出事儿,这点是妈最不放心的,让你一定要答应……"我说我记着了,她说这些是妈今天早晨我还没起时就让她告诉我的。我的嗓子哽咽发涩,像堵了一块棉花,半句话也说不出来。知女莫如其母，后来的事实证明了母亲担忧的正确，参加工作只有半年的我，终于因为"诗的问题"被抓了辫子。打入另册以后我才体味到母亲那颗亲子爱子的心，但为时已晚，无法补救了。我至今不写诗，一句也不写，怕的是触动那再不愿提及的伤痛。为此我愧对母亲。

那天，在火车里，由于不断上人，车厢内变得很拥挤，妹妹突然说该给我买两个烧饼，路上当午饭。没容我拦，她已挤出车厢跑上站台，直奔卖烧饼的小车。我从车窗里看她摸了半天，掏出钱来，那钱正是我早晨给她的车钱。我大声阻止她，她没听见。这时车开动了，妹妹抬起头，先是惊愕地朝着移动的车窗观望，继而大叫一声，举着烧饼向我这边狂奔。我听到了她的哭声，也看到了她满面的泪痕……我再也支撑不住，趴在小桌上放声大哭起来。火车载着我和我那毫无掩饰的哭声，驶过卢沟桥，驶过保定，离家越来越远了……

在我离家的当天下午，哥哥去了赣南。半年后，妹妹插队去了陕北。母亲去世了。家乡一别二十七年。

❧ 感恩心语 ❧

动荡的年代、病重的母亲、年幼的妹妹……离家时候，心中充满的是对亲情的不舍、对未来的担忧、对家的眷恋。

为女儿感动

叶兆言

常在文章中看见"逆反心理"几个字。有人说它是一种生理现象，在 16 岁的女孩子身上尤其严重。在过去的一个月中，我充分领教了女儿的这种"逆反"。喊她干什么，她硬和你对着干；晚上很晚睡，早上睡懒觉；经常看无聊的电视，然后便大谈歌星。我不是个严厉的父亲，却是个唠唠叨叨的大人。女儿出国前的一个月，我们之间并不是很愉快，发生过的激烈争执，次数相当于她长到 16 岁的总和。老实说，我们都很失望。

我一次又一次失态，有一天，竟然动手打了她。一直到现在，我都不明白为什么会发生这样的战争。自从女儿出国安定下来，我一直在为她操心，起码自己觉得是这样。在父母的眼里，孩子永远长不大，我们不停地要求这样，要求那样。作为父亲，我不明白为什么只看到女儿的缺点。女儿会弹钢琴，一次又一次考上重点学校，这次又以出色的成绩，获得出国留学一年的机会。她毕竟只是个中学生，我不明白自己还希望她怎么样。我为她在异国他乡的遭遇烦神时，有个美国朋友来做客——他正翻译我的一部长篇小说——挺真诚地说："你的女儿英语很好！"在女儿出国前，一个来旅游的英国女孩，在我们家住了一个星期，女儿用英语整晚和她聊天，谈喜欢的流行音乐，谈男生女生，可是我对女儿的英语程度还不放心，老是和尚念经一样地让她再背些单词。我知道自己在女儿的眼里很可笑，很愚蠢，可她越是觉得我可笑愚蠢，我越要老生常谈。女儿出国前的 10 天，有机会去上海与曾经留过学的中学生联欢，她很希望我们全家一起去。我一口回绝了，理由是有稿子要赶。女儿很失望，她知道自己有一个很没有情调的父亲，所以都没想到坚持。

我总是让女儿再用点功，要她记日记，要她看一两本名著。在这一个月中，我完全失控，一看到她看报纸的娱乐版，把频道锁定在无聊的肥皂剧上，嗓门立刻大起来，动不动就把她弄得眼泪汪汪。有一天，她去买东西，丢了一个帽子，我竟然很生气地让她去找回来。我不是心疼帽子，而是认为她什么东西都不知爱惜，出国后会为此吃苦头。这是很无聊的大动肝火。我平时很宠女儿，因为无原则的放纵，妻子总说我把孩子给宠坏了。也许担心她出国后不能自理，也许担心她出国后会过于放纵，我突然失去了理智，变得连自己想起来都觉得可憎。不仅我不讲道理，女儿也变得非常蛮横。我们成天吵，吵得大家都伤心，不仅伤心，甚至寒心，以至于大家都希望她早日成行。终于到了8月9日，我们去上海机场送她，临上飞机，她悄悄塞给她的母亲一个小本子，上面密密麻麻的全是字。她的母亲已经在伤心流泪，看到小本子上的那些日记，更是泪如雨下。

我做梦也没想到女儿会留下如此美丽的日记。她希望我们在思念她的时候，就翻翻这小本子。作为父母，我们总觉得女儿不懂事，可日记上的内容，分明让我们明白，真正不懂事的，是一些自以为是的大人。其实，何止女儿有点逆反心理，扪心自问，我们自己的心态也早就失衡，变得不可理喻。我曾经一再感叹，觉得女儿没什么爱心，因为现实生活中，差不多都是父母在为她服务，帮她叠被子，帮她倒水，半夜里起来帮她捉蚊子，强迫她喝牛奶。也许因为这些本能的爱，我们的心理已经有些畸形，却忽视了一个最简单的事实，那就是女儿已长大，她不再需要婆婆妈妈的唠叨，需要的是另一种关爱，是理解。我不得不说自己深深地为女儿感动，女儿日记中表现出的那种爱、那种宽容、那种对父母的理解，让我无地自容。

征得了女儿的同意，我从她临行前的日记中，挑出三分之二的篇章，让读者阅读。我想，这些书信体的日记，不仅是写给我们看的，也适合其他的父母去看，它代表了一大批孩子的心声。这中间有委屈，有倾诉，有矫情，更有源源不断的真情实感，它有助于我们了解自己的孩子，消除两代人之间可能会有的那些隔膜。我过去总以为只有父母才是爱孩子的，其实孩子更爱我们。父母的爱有时可能很自私，因为自私，会走向反面，会泥沙俱下，充满杂质；而孩子的爱是一股清澈的泉水，透明、纯净、美好，更接近爱的本义。

❧ 感恩心语 ❧

女儿要出国了，不放心的父亲为了琐事与女儿发生了激烈的争执，直到看到女儿的日记，才知道女儿在不知不觉中长大了。父亲是爱女儿的，他总以为孩子长不大，其实，早应该放手，让孩子有更大的成长空间。

祖母的月光

牧毫

我祖母去世那天是农历正月十五，我记得那天的月色很好，虽然清冷，但有一种说不出的美丽圣洁，以至于后来我一直固执地认为，祖母在这一天去世是她精心挑选的。

无疑祖母很喜欢并熟悉这种月光。我小时候经常陪她坐在这种月光下。祖母不识字，她不会给我讲关于月亮的种种传说和故事，更多的时候是默默地坐着。偶尔，祖母嘴里哼出一段说不出名目的曲调来，和着冷月、微风。她的脸非常动人，岁月的艰辛似被月光洗去，只留下一份恬静、一份安详。我之所以后来一心想当摄影家同祖母在月光下的形象有着很大关系，因为每想到那个时刻，文字总显得那么苍白无力。

我不厌其烦地描述这段文字，是由于那天晚上我又一次看见祖母那熟悉的表情后，祖母就死了。她很从容地说完那句话就死了。从那以后，每到有月光的夜晚我就竖起耳朵，我总认为会听见祖母的声音。当然，祖母只是在临死前才清醒过来，在那一天的其余时间里，她大都处在一种癫狂的状态中。

在那天的大部分时间里，我都坐在祖母的床头。祖母在那一天最主要的事情是吃饭，关于这一点我在后面会谈到。夜晚来临，祖母又一次睁开眼睛的时候她看到了月光，她的眼神马上变了，瞪得溜圆，一脸惊慌，这种表情只有在一些极其恐怖的电影中才能看到。我顺着祖母的视线，却什么也发现不了，只是一片月光。祖母这时极力想向后挪动身子，她说："一地死人，一地死人……"

后来她又哭:"秋生,秋生,妈妈没有奶……"

秋生这个名字是根据她的声音推测的,因为我有个叔叔叫冬生,此刻,他正在大洋彼岸,可能在某个富商的鸡尾酒会上(在这里,我丝毫没有责怪他的意思,他是在那个年代逃荒偷渡过去的)。直到今天,我也不知道关于秋生的一切,甚至连我老爸也不知道。

其实秋生是谁并不重要,因为我祖母的死似乎同他没有多少关系。我当县委书记的爸爸虽然很忌讳这样谈到祖母的死,但我还是毫不羞愧地写下了这一行文字:我祖母是吃饭胀死的。在那一天里,她至少吃了十六碗饭,祖母在那一天吃完了她一生中最丰富的食物。祖母像个孩子,她说:"给我一碗饭。我要吃饭。"每一碗饭端上来,她都会以令我吃惊的速度吞下去。后来不给吃饭了,她就吃一切能抓到手的东西:棉絮、纸片……

我从来没有见过一个人这样吃东西,相信以后也不会看见。那一天我一家人都在同祖母搏斗,争夺的目标其实就是我们每天享用、极其平常的东西——大米饭。

最后一碗饭是我端给祖母的,那时她已处于回光返照的时刻,她很安宁地吃完了那碗饭。吃完后她像孩子一样,用手擦擦嘴巴,满足地笑了。

这时祖母脸上又出现了那种表情,我小时候很多次在月光中看到的那种表情,这时我听见她说:"又是春天了吧? 今年好,不用出去了,不然又要麻烦村长开路条。"

后来,她就死了。祖母死后的很长一段时间,我的食欲都非常旺盛,以至于到现在,我的体重还不能降下来,当然我也没有做过多的努力,我觉得这样挺好。

后来我时常想起祖母临死的那个晚上,有月光的时候,我总是竖起耳朵,想听到祖母临死前对我说的那句话,说完那句话她就死了。说那话时她已经没有力气,但我每个字都听得很清楚,说完那句话她就很满足地去了。

对了,我差一点就忘记写了,我祖母临死前最后一句话是——"胀死比饿死好"。

❀᎒᙭ 感恩心语 ᙭᙭᙭❀

人的愿望曾经那么质朴,就是为了吃个饱饭。那时候人只要能填饱肚子,就感到很幸福了。当祖母在月光下给我哼着小曲的时候,她充满了希望和爱。但她没有说出心底的秘密,直到她临终时,我们才从那句话中明白了祖母一辈子的艰辛。

变成短裤的长裤

佚名

有一家人,祖母、父亲、母亲、女儿祖孙三代幸福地生活在一起。父亲是工薪阶层,每天早出晚归,辛辛苦苦挣钱养家。一家四口过的虽然不是什么大富大贵的日子,却也相亲相爱、互相扶持,日子过得红红火火、热热闹闹的。

有一天,父亲忙碌工作了一天,正要下班回家,突然接到了大学同学的电话,说是毕业已经二十年了,组织全班同学开一个纪念会,叫他一定要参加。父亲痛快地答应了。

在回家的路上,父亲想到,许多同学都是二十年没见,这次出席同学会也不能太寒酸了,于是,特地在半路下车,在百货公司买了一条新长裤后才回家。

回家后,吃过晚饭,父亲拿出新长裤一试穿,发现裤长多了十公分。于是,他拿着长裤走到他母亲的房间,对躺在床上休息的老太太说:"妈,您看我这裤子买长了,您能不能帮我改改,缩短十公分?"

老母亲在床上支起身子,对儿子说:"行是行,可是我吃完饭觉得头晕,估计是血压又上来了,我刚吃完降压药,等我先躺一会儿再说吧。"听老母亲这么一说,儿子赶忙说:"您躺着好好休息吧,别起来了,我让媳妇儿改就好了。"说完,帮老母亲把被子掖好,轻手轻脚地关上了房门。

接着,他走到厨房,对正在刷碗的妻子说:"老婆,明天我得参加大学同学会,所以买了条新裤子,可是裤子买长了,你不忙的话就帮我把裤子修掉十公分吧。"

"你没看我正在忙吗?洗完碗还得扫地和洗一个星期积累的衣服,今晚估计没办法了。"

父亲一看妻子也不行,便走到女儿的房间,对正在梳头的女儿说:"闺女,爸爸买了条新裤子,长了十公分,你帮我改改吧?"

女儿说:"爸,你怎么不早说啊,我今晚有约会,马上就得出门,没办法帮你改裤子了。"

父亲一看这情形,没办法,只得叹息着说:"算了!明天穿旧裤子参加同学会也没关系!"

令他没想到的是,老母亲睡前心想:"平时儿子这么孝顺,我还是坚持坚持帮他改吧!"于是,她从床上爬起来,把儿子的长裤修短了十公分;稍晚,他老婆做完家事,心想:"老公平常很疼爱我,还是帮他修改吧!"于是,也替他把长裤修改了十公分;女儿约会完回来后,心想:"爸爸难得要我帮忙,我应该帮他修改裤子才对。"于是他把爸爸的长裤也修短了十公分。

第二天早上,家中三位女性都告诉他,裤子修好了。父亲心里纳闷,把裤子拿出来一试,大家不约而同大笑起来。原来,这条被三个人修改过的裤子现在已经缩短了三十公分,从长裤已经变成短裤了。父亲用手抹掉笑出来的眼泪,大声对大家宣布:"我今天一定要穿这条裤子参加同学会,让我的同学们知道,我的妈妈,我的老婆,还有我的女儿,对我有多好!"

❧ 感恩心语 ❧

没有水源,就没有生命;没有亲人,就没有我们;没有亲情,我们的世界将是孤独和黑暗的。虽然长裤变短裤,但从这个故事里透露出来的,是一家人浓浓的互相关爱与感恩之情,这股感恩之情,让我们的内心无比温暖。

生命的礼物

贝蓓

从我记事起,就在奶奶身边。

奶奶的白天和晚上是不同的。晚上她一边梳头,一边讲神奇的故事给我听。夜晚给她的声音镀上神秘色彩,我几乎认为她被故事里的神仙施了法术,她要是长了翅膀飞了可怎么办?于是我就拼命钻进她怀里,把腿也架在她身上,生怕她离开。她就会搂住我钻进被窝里,每天晚上,我都在她坚实的臂弯里,幸福地进入梦乡。

第二天,她成了白天的奶奶。个子高,身板儿壮,穿得干净整齐,浓密花白的头发绾在脑后,我就觉得安全了。

奶奶没念过多少书,但是有学校里学不来的善良心地。她喜欢动物,最多的时候同时养着二十六只鸡、两条狗和三只猫。我就是数小动物才学会的数数。可她唯独不养猪,因为不忍心年底拉去杀了。

奶奶带给我生命里好多记忆,最清楚的,就是七岁生日那年,她送给我的礼物。

那天早上她利索地收拾好一切,在小炕桌上放好米粥、圆胖的馒头和沾酱的青菜黄瓜。然后偷偷地走过来,掀掉我的被子,用温暖的大手抓住我的脚腕,猛地把我倒提起来,笑着说:"懒伢子,再睡就这样把你挂在门外边晒太阳。"我早就醒了,就等着她来提我,然后大笑着喊救命,奶奶也跟着大笑,我们都是快乐的孩子。

这时,外面传来了唢呐声,断断续续,凄凄惨惨,听得人害怕。我快速地穿好衣服,和奶奶出门去看。

门口的石阶上,坐着一个脏乞丐,头发长得盖住了脸,穿着破烂的裤子,身上裹着一条破毯子。他身边卧着一条棕色的大狗,那条狗看上去已经不行了,老得连牙都掉光了。听到开门声,狗艰难地睁开眼睛看了一眼我们。它一动,乞丐就爱抚地摸摸它的头,狗便安静了。

乞丐见出来了人,就轻轻地对奶奶说:"老姐姐,点个曲吧,我不要钱,就给狗换碗稀饭吃。"我吓得躲在奶奶身后。

"你等等。"奶奶说着,拉着我转身回了屋,用很快的速度,把一大块牛肉切得稀碎,煮进了粥里。我知道这是奶奶给我生日准备的,说好晚上要为我做一碗长长的牛肉面来着。

看着翻滚在锅里的牛肉粥,奶奶摸着我的头说:"伢子乖,明天给你补上。"其实我一点都不生气,只要奶奶在身边,天天都是生日。

牛肉粥煮得香喷喷的,奶奶端了稠稠的两大碗出去。一碗给乞丐,一碗放在狗嘴边。乞丐惊讶地看着我们,头发后面的眼睛闪着奇怪的光。

"这饭我不能白吃,您还是点首曲吧。"奶奶想了想说:"你会吹'生日快乐'歌吗?伢子今天7岁了。"

乞丐看似有些为难,奶奶也不急,先自己哼了一遍给他听,只一遍,乞丐就记住了。

唢呐吹出的生日快乐歌怎么听都不是味,再看那奄奄一息的狗,连嘴边的粥都没力气去吃了,我忍不住掉开了眼泪,"奶奶,大狗可真可怜,它会不会死呀?"

"都会死的,不管是人、树甚至房子都会塌。哭没有用,要趁它们还在的时候好好待它们,到时候土堆里面的外面的就都安心了。"我听不太明白,知道奶奶对我说的是对大人说的话,她把这话作为礼物送给了7岁的我,说等我长成大人后就会明白。

一年后,我就被做生意的父母接回城里了。那天父母给我穿上崭新的衣服和皮鞋,把我拖出了门。我不知道自己为什么要跟着两个陌生人走,我拼命扭着头使劲地哭着喊奶奶。

可她只能倚着院墙站着,抹着眼泪,那高大的身体好像撑不住了似的。

城里的日子并不好过,没有温暖的大手,没有神奇的故事,也没有奶奶院子里的鸡鸭猫狗。

直到奶奶去世,我都没有机会再回那个山坳里的小村庄,只能在梦里看到那个橙色的黄昏,奶奶站在院子里,边喊我边把和好的鸡食撒在她周围。接着,我跑进院子,扑在奶奶怀里,闻着她身上稻草燃尽后的味道,看着她围裙中间的大补丁上的一朵朵火红的花,多么的幸福啊!

多么快乐的梦境,可每次醒来时,枕头分明是湿的。我一直无法判断自己在奶奶生前待她够不够好,不知道土堆里的奶奶是否安心。

以后的所有生日,也都是在城里过的,虽然会收到大堆的礼物,可还是觉得索然无味。

怎么能比呢!再也找不到任何礼物有那样的分量了,那是奶奶送给我的生命的礼物!

感恩心语

在成长的过程中,有人会给我们金钱,它让我们衣食无忧;有人会传授给我们知识,它让我们的生活变得充实。而亲人给予我们的往往是教诲,教会我们如何做人,如何做事,如何保持一颗善良的心。这是比金钱和知识更贵重的礼物,是人生中最大的财富。

结巴远亲外公

佚名

很小的时候,家里穷,一年到头也很少有客人来,有钱客人就更罕见了,印象中有个远亲外公倒是三天两头来,他高高的个子,尖鼻梁,一双眼睛倒炯炯有神,可惜穿得比我们还要破烂,唯一让我记住他的原因就是每次他来都会从贴身的口袋里摸出一个脏兮兮的老式方手绢儿,那里装着我们只有过年才能吃到的花生糖。

那块手绢儿,不知是用的时间久了还是太脏了的缘故,我看不出是什么颜色,更别说上边的花样了。然而就是这样一块手绢儿,它让我们姐妹几个眼馋。每次,他刚进大门来不及坐下喝上一碗水,就急着给我们发糖:他麻利地摸出手绢儿,将食指放入口中轻轻舔一下,然后才一下一下打开,一边不忘结结巴巴地说:"吃……吃吧,可……可……可……甜了……"我们礼貌地双手接过糖,迫不及待地剥着糖纸时,我总能看到外公他那双浑浊的眼睛似乎含着泪,一下子变得清澈许多。后来大些才知道他是妈妈的一个远房叔叔,生下来就口吃,说话结结巴巴,父母也死得早,加上家里穷,一辈子竟不曾结婚,年轻能干活的时候,他的一个侄子还肯叫他生活在一个院子里,后来老了,不中用了,在一个早上,他侄子塞给他一双破被褥把他赶出院子,他就彻底无家可归了。妈妈说到这,声音也哽咽了,我刨根问底地问:"那外公住哪里?"妈妈想了想说:"他靠拾破烂生活。"其实,我也不知道他住在哪里。

我的结巴远亲外公,一如既往的常来我们家,对于到我家能吃上什么东西从没计较过,同样,到我家干活轻与重也不计较,闲时他替我家放牛,忙时也下地去。记得一次麦忙时,他早早来到我们家,跟着父母一起下了地,中午时分,父母回来了,却不见他,妈妈说:"你外公硬要在地里帮我们看麦子,却让我们回来睡个午觉。"农历四五月的天气,已经很热了,加上一上午的劳力活,我真不知道他是怎么挺过来的。晚上,他也不睡屋里,说是屋里热,就拿个破毯子躺到麦子场边上,怎么也劝不住。妈妈很是感动,对我们说:"你外公是个好人,你们要尊敬他!"从那以后,我们就更愿意亲近他了,觉得他待我家很亲!

后来,家里条件慢慢好点,也不再稀罕什么花生糖,竟不曾想起外公好久都没来过,后来又搬了新家,更记不起他来。偶尔的一天,外公这个已经差不多被遗忘干净的人到了我们新家,从他结结巴巴的话语中得知他是打听了许多村子里人才找到的。那天他坐在我家的客厅里,就像凳子上长了针似的,他总是坐不住。吃饭时端着家里新换的玻璃碗他怎么也吃不多,刚过了晌午,就吵着要走。妈妈劝他在家里多住几天,他说自己还有事。就在临出门前,他突然又从贴身口袋里摸出那个熟悉的手绢儿,照例掏出熟悉的花生糖,只是这次他没有亲自塞到我们姐妹几个手中,而是一股脑塞到妈妈手里:"你……分……给他……他……他们吃……吃……吃……吧……"然后就迈着大步走了,那个背影,时而清晰,时而模糊,却最终印在了脑海里。

没想,这次匆匆的见面成了永别,一个再普通不过的早上,妈妈哭了,我问她怎么了,她说:"你外公走了,可怜的人啊,连走都不愿找麻烦,那个撞了他的司机趁天黑跑了。"

就是这么一个人,有时我在想,每个人来到这个世界都是有价值的,但外公,无儿无女,父母也走得早,那又是为了啥?只是,到现在,我也不曾忘记他。

━━━◈ 感恩心语 ◈━━━

远亲外公的一生非常凄惨,然而,他却从来没有抱怨过。也许是因为记忆中的花生糖,也许是因为那块破旧的花手绢,也许是因为其他的什么原因,外公就这样留在了我的记忆深处。

死丫头,乖丫头

陈敏

她一直相信她和爷爷前生有某种宿怨。

她出生的消息传到爷爷耳朵时,爷爷先是一声沉闷的叹息:"唉,是个死丫头!"然后背着双手去了后街,三天后才回来。

"死丫头"的绰号像胎记一样伴了她一生。

在她一岁半时,母亲生了一个男孩。爷爷乐得不成样子,用掉了两颗门牙的嘴巴大声地说他看见老宅的整个屋顶都给映红了!真是满堂红啊!

弟弟就有了个响当当的绰号"满堂红"。

据说"满堂红"过周岁的时候,爷爷请了一村子人前来喝喜酒,宴席吃到月亮升上来时还没结束。

"满堂红"成了爷爷的心头肉。

奶奶去世早,爷爷是家里的总掌柜,家里家外的大权全都掌控在他一人手里,每月支出多少钱、每顿饭要下多少米,都必须由他决定。缺粮短顿的日子,爷爷下令母亲做两种馒头,一种白,一种黑,装在不同的两个竹笼里,高高地悬挂在他炕头的挂钩上。炕边靠着一根竹拐,弟弟哭了,他就用竹拐戳个白面馒头给弟弟吃。她有时也会跟上来要馒头,爷爷也会戳一个给她,但不是白的,而是来自另外一个笼子的黑面馒头。弟弟手持雪白的馒头在小伙伴中间炫耀,她握着黑馒头倚在门框上偷偷咽着,以免被伙伴们看见笑话。

弟弟7岁时,她8岁,都到了上学年龄。开学那天,爷爷带弟弟报名回来时还带回了一只羊。爷爷把家人召集到院子说:"死丫头迟早都是别人家的人,上学没用,弄只羊让她去放吧。"她哭闹,说要和弟弟一起去上学,爷爷坚硬的拳头就落在她的头上。爷爷总打她,每次下手都很重。以前她看见爷爷拳头的第一反应就是用两个小胳膊肘把头先护住,可这次她没有护头,任凭爷爷打。爷爷只打了一下就停住了,说:"你想上学可以,等把羊放大了再上。"她记住了爷爷的话,天天放羊,天天盼羊长大。一年后,羊长大了,她兴奋,以为能上学了,但那只羊却在开学的前一天生出了一只小羊羔。爷爷说:"情况变了,羊生羔子了,等羔子长大了,你再上学吧。"如是这般,她又等了一年。

十岁时,她略有点懂事,得知学校教一年级的那个女老师刚做了妈妈,需要营养补身子。她从鸡窝里偷了6颗鸡蛋,用荷叶包着送给女老师,并给老师说她想上学,但没钱,看能不能缓一学期再交学费。女老师鼻子一酸,用绵软的手抚摸了一下她的头说:"名都报过了,就到我们班来上吧,不用交钱。"她成了班上年龄最大的插班生,但学习成绩出奇好,一如她的个头,把其他同学远远地甩在了后头。

爷爷的拳头似乎从这天开始再也没碰过她的头。它不仅不再那么坚硬,而且一天天柔软起来,直到有一天,爷爷的手再也抬不动了。爷爷患了一种病,那是一种对黑夜极度恐惧的病。爷爷惧怕黑夜,他的病情会随着夜晚的降临而加剧。黑夜里,他大呼小叫的全是奶奶和已故人的名字,说他们用绳子捆绑了他。他举起手臂让人看那些已故的人勒在他手腕上的印痕,尽管别人什么都看不见。家人都觉得恐惧,天一黑都躲得远远的,留着他一人在黑暗中颤抖。

爷爷的脾气随着身体的变坏而变好了,语气也柔和了不少,尤其是夜晚,他希望他炕头的那盏油灯能为她多亮一会儿。但那时他们村子没通电,夜晚照明都得靠煤油灯,煤油时常限量供应,让油灯整夜亮着实在是一件奢侈的事,家人像当年否决她上学一样,否决了为爷爷晚上亮灯。

她每晚都会在母亲为爷爷熄灯后偷偷走进来,重新把那盏灯燃上。为节省用油,她用针尖把灯芯挑到最小限度,这样,那盏灯就会在少费油的状态下一直持续到天亮。她发现那盏灯是一剂良药,只要一直亮着,爷爷就不会在夜里闹腾。

爷爷的眼睛在如豆的灯光下明亮明亮的,像黑夜天空中的星星。他看她时的眼神不再让她像以往那样心生寒冷,而像她为他点燃的那盏灯光一样,温暖而柔和。他一贯坚硬的拳头变成了布满皱纹的手掌,总在她为他点灯时触摸一下她的手。她很不适应爷爷这一举动,他伸手的动作每次都把她吓一跳。

那年冬天她因成绩优异,代表学校去县城参加竞赛。回来的路上,她接到不好消息:爷爷快不行了!

她在雪地里飞一样往家跑。

爷爷房间里挤满了一屋子人。她拨开人群,扑向爷爷。

一声轻唤,爷爷睁开了他闭了很久的眼睛,涩巴巴地看了她最后一眼,嘴里含糊地喊了一声:死丫头,乖丫头。然后咽下了最后一口气。

父亲说:"死丫头,你爷爷为了等你,硬是撑了一天。"

那一刻,她眼泪如注,把爷爷以前打她都没流的眼泪全流了出来。

感恩心语

虽然爷爷一直叫她死丫头,但是在爷爷的心里,她却是贴心的乖丫头。中国几千年的封建传统使人们更加重视男孩子,然而,女孩子是一块温润的玉,能够暖透人心。在生命的最后时刻,爷爷惦记的是这个不合他的心意的死丫头,他深深牵挂着的乖丫头。

在人海里看见我的弟弟

罗勇

他像小时候一样依赖我,而我,再也没有像小时候那样半蹲下来,为他敞开怀抱,迎他入怀,给他依靠和承诺。

傍晚,开车从街心花园经过,正赶上红灯,一转眼,就看见弟弟站在街边,手扶栏杆,仰头看街对面的楼顶,霞光染红了他成熟的脸。我沿着他的目光看去,一幢高楼,几缕薄云,霞光从看不见的地方漫过来,湮没了世界。

我和弟弟相距不过3米远,他看不见茶色车玻璃后面的我,不知道他此生唯一的大哥正坐在车里看他。他的目光忧伤地越过来来往往的车流和人群,融了霞光里。我急着赶赴约定的酒楼,接待一个工作检查组,没想到要放下玻璃和他打个招呼,叫他一声乳名,听他叫我一声哥。我就那样注视着他,绿灯亮了,脚踏上油门,远离了我的弟弟。

已经很久没有听到弟弟叫我哥了,每次他打电话来,总是我先抢着说我很忙我很忙,有事就快说。他也就三言两语说事,没有称呼地说事,然后是我武断地挂电话。有时他没事也会打电话给我,让我无名火起,没事打什么电话,我没工夫和你瞎聊。弟弟轻轻地哦一声,就挂了。不知道他是否想叫我一声哥,或者他已经叫了,只是忙于应酬的我在嘈杂的人声里没有听到。

弟弟比我小五岁,他在上学之前从不叫我哥,只叫我的绰号"瘦猴",这让我耿耿于怀,总想方设法让他叫我哥,甚至不惜采用暴力手段胁迫他叫。在危急关头,他叫了,故意把那一声"哥"叫得怪怪的。只要我一松手,他跑远了,还是叫我"瘦猴"。搞得他的伙伴们以为我们家真的养了一只营养不良的人类祖先。

弟弟厌学,上学的第一天,站在教室外面不肯进教室,一把鼻涕一把泪,伤心极了,把一身新衣服哭得一塌糊涂,他的班主任拉他进教室,他咬伤了班主任的手,死死抱住一棵树不肯松手,哭声尖厉,穿云裂帛,吸引了无数的学生围观。弟弟在他开学的第一天就这样一鸣惊人了。他朝我奔跑的姿势义无反顾,冲出人群后便摔了跤,书包落到一边,他看也不看,一头扑进我怀里呜咽着叫我:"哥——我不读书!"

那是秋天,落叶满地,我半蹲着抱住我的弟弟,他的头在我怀里拱,我用手擦他的眼泪和鼻涕,然后抹在我的衣服上。他的眼泪和鼻涕来势汹涌,抹遍了我的衣服,后来我找不到东西擦了,就捡树叶给他擦脸。在树叶的碎裂声里,我的眼泪和树叶的碎末纷纷掉落。我找不到安慰他的话,一个劲说不哭不哭,心揪得紧紧的。在那个阳光明媚的秋天,我才知道这个一直叫我绰号让我讨厌的家伙会让我心痛,会让我手足无措,会让我泪流满面,很白痴地答应他要和我念一个班的要求。那时,他刚上一年级,我上五年级。

我上中学后离家很远,周末才可以回家,家门口是一道缓坡,有一个岔路口,每到周末,弟弟都和那只白狗一起守在路口等我。他看见我,边跑边喊:"妈,哥回来了。"他和那只狗跑成了一前一后、一黑一白的两条线。他拒绝那些终日陪伴他的伙伴们的邀约时理由十分充足:"我哥回来了。"他的脸仰着,两管鼻涕在天光之下异常醒目。他的目光充满骄傲,拉着我的手臂对伙伴们说:"我不和你们玩了。"

我那时身体不好,学校食堂饭菜很差,每个周末回家,母亲都要给我开小灶,弟弟不吃,站在旁边看着。母亲哄他饭菜里有药,哥哥身体不好,让哥吃。我听见弟弟的喉咙里液体滑落的咕咕声,他的眼睛亮极了,像秋夜的星星,一闪一闪,落进我的碗里。但他从不说想吃的话,更不会和我争。我假装吃不了,母亲才让他吃,他粉红的舌头舔完最后一粒米饭,骄傲地对母亲说,他吃过饭的碗比洗过的还干净,然后感慨:"药比饭好吃。"

弟弟有他的私藏,他拿出私藏的时间总在临睡之前。他光着身子,爬到床底下翻弄半天,爬出来,手就躲在背后,小声说:"哥,有好东西,我留着等你的,猜猜是什么?"有时候是几个核桃,有时是几个水果,最高档的一次是一瓶蜂蜜,确切地说是一只装过蜂蜜有少许残留的空瓶子。弟弟说有蜂蜜的时候声音就甜得滴出蜜来了。那天晚上,我们俩先是用筷子蘸蜂蜜,他舔一次,我舔一次,后来觉得舔不过瘾,就把瓶子敲碎了,小块的玻璃集中起来,我们俩小心地舔上面残留的蜂蜜,边舔边笑。"哥,甜吗?""甜!你甜吗?""甜啊!"弟弟用了一个惊世骇俗的形容,让我们俩笑了很久。他说:"都甜到屁眼里了!"

弟弟的不顺利从中学毕业就开始了,他一心想到部队服役,身体方面的原因使他不能如愿,后来找不到称心如意的工作,磕磕绊绊一直到现在。我们的疏远随着童年的远去日渐明晰。他总在走投无路时才给我打电话,哥,能帮帮我吗?他的声音里充满无奈,有时候甚至是小心翼翼地讨好。我无力改变他的一切,对他的要求心生恼恨:知道生活的艰难了吧,为什么当初不好好念书,为什么你自己不去努力?我置身于冗繁的公务之中,为我的生计奔波,没有时间静静地听他想说的话,没有时间去想一想电话那头高大的弟弟,他握着电话的神情是否像今天傍晚似的忧伤、失落。他像小时候一样依赖我,而我,再也没有像小时候那样半蹲下来,为他敞开怀抱,迎他入怀,给他依靠和承诺。或许他什么也不想要,只是想叫我一声哥,只想让我为他擦去眼泪,鼓励他上路。就像多年前的那个秋天,弟弟在我鼓励的目光里,一步一回头地走进了让他害怕的教室。

弟弟站在街边,像一块礁石,周围是流动的人海。他在想什么?是否想起了他的大哥?是否想起了那些藏在岁月皱褶里的往事?

我把车停在路边,想给人海里的弟弟打电话,号码按到一半,我的眼泪潸然而下。我合上手机,亲爱的弟弟啊,我突然想不起你的乳名。

感恩心语

生活的忙碌使我们渐渐地淡忘了亲情,忘记了那些曾经一起哭一起笑的日子。小时候,我们彼此依靠、打闹,但是心底里却隐藏着最深的感情。长大后,我却忙碌得忘记了你的乳名。不管什么时候,弟弟都当我是他最亲的哥哥,我恍然悔悟,亲情远远比金钱和事业更加重要。

第四章

甜蜜的爱：
感恩伴侣的真情

我们要感恩伴侣，因为伴侣给了我们生命的春天，给了我们爱情的滋润。快乐着我们的快乐，悲伤着我们的悲伤，与我们一起拥有，一起放弃。

谢谢你与我心手相牵

佚名

经过很长一段时间的思考，约翰终于决定在星期五那天向老板提出加薪的要求。在离家去上班前，他把这个想法告诉了妻子。他说，他认为公司应该给他加薪，因为他所付出的努力要比现在所得到的回报多得多。

在公司的一天整，他都为加薪的事忧虑，甚至一直处于高度紧张之中。快下班时，他终于鼓起勇气，推开了老板办公室的门，向老板提出了加薪的要求。让他惊喜的是，老板答应得非常爽快，并很歉意地说这是公司应该早就考虑的事，可是一直没有落实，希望他能原谅，最后还亲自将他送出了办公室。

这个结果让他非常高兴，他迫不及待地往家赶。当他兴高采烈地推开门时，却没有看到妻子，只看到了餐桌上摆放整齐的妻子一直都舍不得用的那套精美瓷餐具，还点上了红色的蜡烛。这让屋子里倍感温馨浪漫，像新婚的晚上。厨房里，只有节日时的欢宴才有的香味也不断地飘出来。他心想，这消息可真快，一定是公司里的哪位好事的同事给妻子打电话告了密。

他走进厨房，妻子正在忙着准备饭菜，他高兴地对妻子说："亲爱的，老板给我加薪了！"他热烈地拥抱着妻子，幸福地与妻子一起分享这莫大的欢乐。妻子听后，也非常高兴。饭菜都做好了，他在餐桌边坐了下来，开始享用妻子为他精心准备的美味佳肴。

就在妻子为他夹菜的偶然间，他发现盘子旁边放着一张充满柔情的便笺，上面认真地写道："祝贺你，亲爱的！我知道你一定会得到加薪的。这顿晚餐向你表达我对你深深的爱意！"看着妻子秀美的字体，他的心里顿时涌起一股暖流。

快乐始终包围着他们，吃完饭，妻子很勤快地去厨房收拾餐具了。他今天心情很好，很有兴致地坐在沙发上翻一本杂志，他突然发现里面夹着一张与餐桌上一模一样的卡片。于是，很好奇地拿了出来，只见上面写着："亲爱的，千万不要为没有加薪而感到烦恼！不管怎样，我都认为你应该得到加薪！就让这顿晚餐向你表达我对你那深深的爱意吧！"

他的眼睛渐渐湿润了……

感恩心语

在生命的旅途中，无论前方是泥泞或是坎坷，只要有你相伴，只要有爱相随，我们就有勇气跨过一道道难关，并且携手到达梦想的彼岸。让我们怀着感恩的心，为了与我们相濡以沫、互相扶持的爱人好好生活，努力拼搏吧！

平凡的婚礼

佚名

圣诞节前的一个夜晚，大片的雪花在空中飞舞，纽约市郊的一所教堂里，仍有灯光透出。

白发苍苍的老牧师已经在白天主持了三个婚礼，现在还剩下最后一对新人站在他面前。他们身后是寥寥无几的双方亲属。

新郎新娘着装朴素，一望而知属于生活并不富裕的那种阶层，然而他们气质高雅，可以看出都受过良好的教育。

老牧师已经累了,他希望早早结束这桩平凡的婚礼,以便早早上床休息。简洁的仪式很顺利地进行着,年轻的新郎新娘带着一脸庄严,甚至说还有一点儿悲戚,一言不发地受众人"摆布",与白天的三个婚礼那喜气洋洋的场面相比迥然不同。"显然他们也累了。"老牧师想到,他又戴上花镜,例行公事地开始了那句每个婚礼都不可或缺的问话:"莫里斯先生,您爱您的新娘吗?""……我不能肯定。"沉静的新郎迟疑着说出了这样一句话,家属们和老牧师都安静下来,他们显然对新郎的回答有些震惊。牧师注意到新娘也是一怔,但又旋即恢复了常态,依旧目不斜视地望着前方。

新郎自己打破了宁静:"我并不知道自己爱不爱她,我只知道她在全心全意地爱着我,而我则一直对她抱着一种无与伦比的依恋之情。从见到她的第一面起,我就知道我的余生要与她拴在一起了,我们必将在一起相携相挽着走过剩下的所有日子。小时候我是一个十分依赖父母的孩子,等我长大了,除了我的父母,我的那付情感又在她的身上发掘出来,即使我们有短暂的分离,但我的心是充实的,她的一颦一笑、一举一动都好像仍在我身边,我不能想象真要失去她我的生活会变成什么样子。我仍然清楚地记得我们大学刚毕业时同甘共苦的日子。在那些日子,我带着外出找工作未得的一身疲惫与沮丧回来时,她会端出仅剩的一块面包,并撒谎说她已吃过而让我独享;当然我也记得自己没钱给她买高档的服装和昂贵的首饰,她却穿着破旧的衣裳安之若素;她背着我出去给饭店端盘子洗碗,回家来却仍强撑笑颜骗我在富人家里找到了家教的清闲工作。我只知道我将因她为我所赐的一切恩惠而感激她,我只知道我将用我的后半辈子去为了她而努力奋斗,我只希望让她不再重新经历以前的那些艰苦日子,不必为了房租电费和明天的面包发愁,不必再去忍耐那些我们曾经为之忍气吞声过的呵斥与白眼。我不知道我的这种情感相比她的来说有没有资格叫做爱,我只知道对于她为我所倾注的爱来说,我的这些情感太渺小了。所以我说我只知道她爱我,并不知道我是否是在爱着她。"

所有的人都沉默着,端庄清秀的新娘眼里含着晶莹的泪,但她努力克制着不让它们掉出来,她抿着好看的嘴角,秀气的下巴痉挛着。

这次是牧师打破了沉寂,他将脸慢慢地转向新娘:"尊贵的小姐,请问,您爱莫里斯先生吗?""……我也不知道。"她清了一下喉,继续说下去,"我也只知道他爱我。虽然他不能给我买汽车、别墅和高档服饰,而我到目前为止的渴望仍只是过上衣食无忧的生活,但他在我心中仍是最能干最无可替代的。我们没有汽车代步,但我们背着背包郊游却让我感到快乐如在天堂;没有高档礼服,我们不能参加豪华的宴会和沙龙。但我们一起在陋室里和着舒缓的钢琴曲跳舞时,却让我觉得我们就是这个世界上最高贵的公主和王子;我们有时只能吃上面包和白开水,但我们点起蜡烛坐下来吃时,那种情调胜过了任何豪华的烛光晚餐。我知道现在我们仍然很穷,但我记得去年情人节时,他将一支红玫瑰递给我时的那副又得意又调皮的神情,可谁又知道,就为了买到花店里这最后一支处理的玫瑰,他捏着仅有的 50 美分在店外的寒风中整整站了两个小时。我们是很穷,但我们有纯真的感情在,我相信凭他的才干,我们终有一天会过上幸福的生活。我将为了让他成功而奉上自己的一切。我也不知道这是不是一种爱,我不知道用'爱'这个词来表达这种感情够不够。"

新娘说完已是泪流满面,教堂大厅再次静下来。老牧师这次没有说话,他越过众人的头顶望向大门,却又像在望着大门以外的什么地方。

屋外,雪不知何时已停了,大地一片银白。远处传来风琴伴奏的《神爱世人》的旋律,稚嫩的童声轻轻重复着最后一句,"让爱永埋心底,让爱永埋心底。"月亮从云中出来,将屑屑的银辉洒在这片圣洁的土地上……

感恩心语

当你走向婚礼殿堂的时候,把那些最动听最美的话,说给我吧,你看着我的眼神,有多么的期盼。

对,就是你想了好多天的誓言,有我和你在一起,承担风风雨雨,你,还会害怕吗?

此情可待成追忆

佚名

有些话，如果当时没有说出口，就会永远错过；有些事，如果只能隐藏的话，那就请选择隐藏在自己内心深处吧。

那一年，她刚在公司里崭露头角，工作做得风生水起，却突然在一次交通事故中受了伤。虽然不严重，但不能频繁走动，需要静养三个月。她家在外地，父母可谓鞭长莫及。

思来想去，她只好给他打了一个电话。他是她大学同窗，毕业后又都留在一个城市工作。他们是那种可以嬉笑怒骂的朋友，接到电话后，他几乎是一路狂奔而来的。看着她打了石膏的腿，他没有迟疑，马上从原来住的房子里搬出来，租了她隔壁的房间，照顾起她的衣食住行，承担起了她的康复任务。他叮嘱她："有事就敲墙，我马上过来。"

她行动不便，心情烦闷。他便从超市买来零食、影碟和时尚杂志，还有一副五子棋。他常常陪她坐在阳台上，一张围棋盘，黑白两色棋，渐渐地她便迷上了这种游戏。

有了五子棋，有他的陪伴，她的心情顿时明朗起来。她赢了，便欢呼雀跃、手舞足蹈；输了，她便耍赖。这时候，他便含笑看着她撒娇，嘴里说道："丫头，落棋无悔，哪有像你这样下棋的?"却任她把棋子移回原来的位置，重新再来。

他一直没有说过，其实他很喜欢她，从高中那会儿就开始了。他是个比较腼腆的男生，做了两年的同桌，考入了她报的大学，毕业后又追随她留在同一个城市……只是默默陪在她身边，在她需要的时候，以最快的速度赶过来。

有了他的悉心照料，她恢复得很快，渐渐能下地了，也能拄着双拐走几步了，能到隔壁房间里看他做菜煲汤了。看着那么一个大男人，弯着腰在厨房里为她洗菜熬汤，难免会心动。一次，她大大咧咧地开玩笑问他："你不会是喜欢上本姑娘了吧? 我可不想被你束缚了翅膀，我要等一个白马王子……"

三个月的时间倏然而过。她已经完全恢复正常了。他仍然住在她隔壁，晚上煲了养颜粥给她端过来，一边喝粥，一边下棋。她总是赢多输少，甚至有时候她自己也开始觉得她的棋艺高超了。

有一天，她带了新识的男朋友回来，她的男友可谓青年才俊，独自经营一家公司。她拍着他的肩，向男友介绍："我大学同学，好哥儿们。以后你胆敢欺负我，他肯定为我报仇……"

他搓了搓手，尴尬地笑了。半个月以后，他向她道别，说公司派他到分公司去开展业务，以后可能很少回来了。她怔了怔，感觉有些话要讲，却终究什么话也说不出来，这种感觉让她很吃惊。

事情就是这样，人离开之后，我们才会清晰地感觉到他的存在，这不，她就深刻地感受到了这种滋味。没有人听她说那些疯疯癫癫、不着边际的话了，没有人陪她下棋了。她和男友相处了几个月后，便因性格不合分手了。

一天晚上，她忽然想下棋，习惯性地敲敲墙壁，敲了三下，却是一片沉寂，没有回应。这才恍然，那个陪她下棋的人，早已不在此地了。呆呆地想了想，又跑到书房里打开电脑，进入五子棋游戏，屏幕上一样是方格棋盘，黑白两色棋子。

第一局，她输了。

第二局，还是她输了。

第三局，一不留神，对方又摆好了四个子。她急忙去点击屏幕上的"悔棋"，对方回复：落棋无悔。她不甘心，又点"悔棋"，对方仍然冷冰冰地回复：落棋无悔。

她的鼠标停在屏幕上,泪水悄悄地弥漫了双眼。

她终于明白,原来她的棋艺很差,只是他一次次地包容和原谅她的过失,一次次任由她悔棋。她翻出他的电话,电话打过去,却是"对不起,您拨打的号码已停用……",她不甘心,又找出他走的时候给她留的新公司的电话,一个睡意惺忪的声音不耐烦地回应她:"哦,是你啊,他临死前说你找他时,让我们转告你说他喜欢你……"

她的脑袋"嗡"的一声,眼泪夺眶而出,嘶声问道:"你说什么……他……"

"半年前出车祸死了,好了,我要睡觉了……"

感恩心语

感恩那些爱你的人吧,是他们让你知道了如何去爱一个人;感恩那些你爱的人吧,是他们让你知道了什么是珍惜。

爱眉小札

徐志摩

之一

眉,你救了我,我想你这回真的明白了,情感到了真挚而且热烈时,不自主地往极端方向走去,亦难怪昨夜一个人发狂似的想了一夜,我何尝成心和你生气,我更不会存一丝的怀疑,因为那就是怀疑我自己的生命,我只怪你太孩子气,看事情有时不认清亲疏的区别,又太顾虑,缺乏勇气。须知真爱不是罪(就怕爱而不真,做到真字的绝对意义那才做到爱字),在必要时我们得以身殉之,与烈士们爱国,宗教家殉道,同是一个意思。

你心上存有芥蒂时,还觉得"怕"时,那你的思想就没有完全叫爱染色,你的情没有到晶莹剔透的境界,那就好比一块光泽不纯的宝石,价值不是怎样高的。昨晚那个经验,现在事后想来,自有它的作用,你看我活着不能没有你,不单是身体,我要你的性灵。我要你身体完全的爱我,我也要你的性灵完全地化入我的,我要的是你的绝对的全部——因为我献给你的也是绝对全部,那才当得起一个爱字。在真的互恋里,眉,你可以尽量,尽兴地给,把你一切的所有全给你的恋人,再没有任何的保留,隐藏更不须说,这给,你要知道,并不是给,像你送人家一件袍子或者什么,非但不是给掉,这给是真的爱,因为在两情的交流中,给予爱再没有分界。实际是你给的愈多你愈富有,因为恋情不是像金子似的硬性,它是水流与水流的交抱,有如明月穿上了一件轻快的云衣,云彩更美,月色亦更艳了。眉,你懂得不是,我们买东西尚且要挑剔,怕上当,水果不要有蛀洞的,宝石不要有斑点的,布绸不要有皱纹的。爱是人生最伟大的一件事实,如何要得一个完全,一定得整个换整个,整个化入整个,像糖化在水里,才是理想的事业,有了那一天,这一生也就有了交代了。

眉,方才你说你愿意跟我死去,我才放心你爱我是有根了。事实不必有,决心不可不有,因为实际的事变谁都不能测料,到了临场要没有相当准备时,原来神圣的事业立刻就变成了丑陋的玩笑。

世间多的是没志气的人,所以只听见玩笑,真的能认真的能有几个人,我们不可不格外自勉。我不仅要爱的肉眼认识我的肉身,我要你的灵眼认识我的灵魂。

之二

眉,今儿下午我实在是饿慌了,压不住上冲的肝气,就这么说吧,倒叫你笑话酸劲儿大,我想想是觉着有些过分的不自持,但同时你当然也懂得我的意思。我盼望,聪明的眉呀,你知道我的心胸不能算不坦白，度量也不能说是过分的窄，我最恨是琐碎地方认真，但大家要分明，名分与了解有了就好办，否则就比如一盘不分疆界的棋，叫人无从下手了。

很多事情庸人自扰，头脑清明所以是不能少的。

你方才跳舞说一句话很使我自觉难为情，你说："我们还有什么客气？"难道我真的气度不宽，我得好好地反省才是。

眉，我没有怪你的地方，我只要你的思想与我的合并成一体，绝对的泯缝，那就不易见错儿了。

我们得互相体谅；在你我间的一切都得从一个爱字里流出。

我一定听你的话，你叫我几时回南我就回南，你叫我几时往北我就几时往北。

今天本想当人前对你说一句小小的怨语，可没有机会。我想说："小眉真对不起人，把人家万里路外叫了回来，可连一个清静谈话的机会都没给人家！"下星期西山去一定可以有机会了，我想着就起劲，你呢，眉？

我较深的思想一定得写成诗才能感动你，眉，有时我想就只你一个人真的懂我的诗，爱我的诗，真的我有时恨不得拿自己血管里的血写一首诗给你，叫你知道我爱你有怎样的深。

眉，我的诗魂的滋养全得靠你。你得抱着我的诗魂像抱亲孩子似的，他冷了你得给他穿，他饿了你得喂他食——有你的爱他就不愁饿不愁冻，有你的爱他就有命！

眉，你得引我的思想往更高更大更美处走，假如有一天我思想堕落或是衰败时就是你的羞耻，记着了，眉！

已经三点了，但我不对你说几句话我就别想睡。这时你大概早睡着了，明儿九时半能起吗？我怕还是问题。

你不快活时我最受罪。我应当是第一个有特权有义务给你慰安的人不是？下回无论你怎样受了谁的气时，只要我在你旁边看你一眼或是轻轻地对你说一两个小字，你就应得宽解，你永远不能对我说"Shut up"（当然你决不会说的，我是说笑话），叫我心里受刀伤。

我们男人，尤其是像我这样的痴子，真也是怪，我们的想头不知是哪样转的，比如说去秋那"一双海电"，为什么这一来就叫一万二千度的热顿时变成了冰。烧得着天的火立刻变成了灰，也许我是太痴了，人间绝对的事情本是少有的。All or Nothing 到如今还是我做人的标准。

眉，你真是孩子，你知道你的情感的转向来得多快，一会儿气得话都说不出，一会儿又嚷吃面包了！

今晚与你跳的那一个舞。在我是最 enjoy 不过了，我觉得从没有体验过那样浓艳的趣味——你要知道你偶尔唤我时我的心身就化了！

感恩心语

眉，是陆小曼，徐志摩的妻子，他深深爱着的人，他的全部，他的生命。《爱眉小札》是徐志摩热恋时的真情告白。

可惜，徐志摩只活了 36 载，在他还没有爱够的时候，就仓促地离去。

他的文章，多么充满深情啊，何止陆小曼，任何一个情致中的女子，都将会由冰融成水。

爱是不能替代的

莫非

在我最近的阅读中，有两个女人的爱情故事深深打动了我。

她们的命运是那么相似：都曾有过惊世骇俗的爱情；都不是丈夫的原配；都成了遗孀；都凭着

对另一扇翅膀的美好回忆,在人间单翅飞翔。

廖静文女士,徐悲鸿先生的遗孀。她揣着一个到了坟墓都不忍放下的故事:"悲鸿每次去开会的时候,回来都会带三块糖,两块给孩子,一块给我,就是这样。他去开会的那天,从早到晚他都在会场。他开了一天的会,晚上又去出席一个招待外宾的宴会。就在这个宴会上他突发脑溢血,就再也没有回来。他死了以后我在他的身上摸到了三块水果糖,就是他预备带回家给我和小孩吃的。"那是1953年的事,那时,一块糖给苦难人生带来的安慰是不容低估的。徐悲鸿去世之后,廖静文女士的生活中也曾有过异性的倾慕,但是,廖静文一看到客厅里挂着像油画那么大的徐悲鸿的画像,看到到处都是徐悲鸿的痕迹的家,她就明白了她永远不可能停止对徐悲鸿的思念,恰如徐悲鸿生前所说:"爱是不能替代的。"

章含之女士,乔冠华先生的遗孀。1967年春,章含之在一家小文具店邂逅了乔冠华。那时,她并不认识这个人,只是一种独特的气质,竟让她莫名其妙地留意起来,禁不住多看了他几眼。后来,他们迎着世俗的眼光毅然走到了一起。1983年,乔冠华撒手人寰。那年的圣诞夜,章含之应邀到朋友家用餐。餐毕,章含之独自一人踯躅在寒冷的街头,突然心头袭来一种孤苦无依的感觉。于是,她想去徐家汇教堂,打算到那里排解满心的苦闷。在淮海路上,她等着车,后面一家电器店正播放电视,不经意间一回头,竟看到了乔冠华的镜头! 她听到两个女人用上海话议论:"乔部长多帅!""乔部长多有派头!"顿时,章含之"整个人被提升了一截"。她明确地告诉自己说,她不需要神的帮助了。她要回家,回家坐在乔冠华生前最喜欢坐的那把旧躺椅里,用回忆驱寒,借往事疗伤。

我看到过许多别样的故事——伊人远去,孤独的人不堪冷寂,重觅了一条通向春天的道路。我衷心祝福那行走在路上的幸福的旅人。然而,如果一份情感的遗产,足以让继承它的人恒久地享有春天,那么。我们不更应该奉上自己的感动吗? 徐悲鸿留给廖静文的"糖",她一辈子都吃不完,所以,她拒绝了那个年轻的军官;乔冠华非凡的气质,让一个人膜拜一生,那份从骨子里透出的英气,足以傲煞神灵!

也许,你看到过太多相似的爱情故事,你听到过太多相似的情感表白,但是,你要知道,在这个世界上,绝没有雷同的爱!

爱是不能替代的,一如生活不能替代。

感恩心语

说起爱,有时,太过于沉重,它让你不能轻轻抬起头,看天空中自由飞翔的小鸟;它让你不能开心地露出轻松的笑容。

廖静文,章含之,还有许许多多的不为我们所知的人,血液里,汇聚着那么深重的情感,还有,那一生一世的守候。

情人节的故事

乔安·洛森

赖利和乔安是一对平凡的夫妻,住的是中等社区的普通房子。就像其他平凡的夫妻一样,他们努力挣钱维持家计,同时积极为孩子的未来打算。

人说做夫妻没有不闹别扭的,当然,他们也会为了婚姻生活的不如意而吵架拌嘴,相互责备。

但有一天,一件不寻常的事情发生了。

"你知道吗,乔安,我有个神奇衣柜,每次我一打开抽屉,里面就摆好了袜子和内衣。"赖利接着对乔安说，"谢谢你这些年来帮我整理衣物。"

乔安听了之后，拉下眼镜瞅着赖利问道："你想干什么？"

"我没别的意思，我只是想表达心中的谢意。"

乔安心想：反正这也不是赖利第一次说些莫名其妙的话，所以对这事也不特别在意。

"乔安，这个月开出的16张支票中，有15张的号码登记正确，刷新以前的记录哦。"

乔安停下手边的工作，一脸狐疑地望着赖利："你老是抱怨我把支票号码登记错误，今天怎么改变态度了？"

"没特别理由，谢谢你这么细心，注意到这些小事。"

乔安摇了摇头，继续拿针缝补衣物。"他到底哪里不对劲呀？"她不解地喃喃自语。

然而，乔安第二天在超市开支票时，不自觉地留意是否写对了支票号码。"我怎么突然会去注意那些无聊的支票号码呢？"她自己也觉得纳闷。

乔安最初试着不去在意赖利的改变，但他的"怪异言行"却有"变本加厉"的趋势。

"乔安，这顿晚餐好丰盛呀！真是辛苦你了，过去15年中，你为我和孩子至少煮了一万四千多次饭。"

"乔安，屋子看来真干净，你一定费了不少力气打扫吧？"

"乔安，谢谢，有你陪在身旁真好。"

乔安心中的疑虑渐增："他以前不是老爱讽刺我，批评我吗？"

不只是乔安觉得奇怪，连16岁的女儿雪莉也发现老爸有180度的大转变："妈，爸的脑袋坏了。我擦粉涂口红，穿得又邋里邋遢，他居然还说我打扮得很漂亮。这不像爸，他到底怎么了？"

即使妻女有百般的怀疑与不解，赖利仍是不时表达他的谢意或赞美。

数周过后，乔安渐渐习惯了老公"诡异的甜言蜜语"，有时还会压着嗓子回他一句"谢谢"。虽然她心中颇受感动，但表面仍是一副若无其事的模样。直到有一天，赖利走进厨房对她说："把锅铲放下，去休息吧，今晚的菜我来张罗就行了。"

许久没有动静，"谢谢你，赖利，真的很谢谢你。"

乔安现在自信心大增，情绪也不似往常般起伏不定，她有时嘴上还会哼哼歌，连走路的步伐都要轻快许多。她心想："我还挺喜欢赖利现在这个样子呢。"

也许故事到此应该结束，但后来又发生了另一件极不寻常的事——这次换乔安开口说话了。

"赖利，谢谢你多年来辛苦养活这个家，我想我从没向你表示过心里的感激。"

不管乔安后来如何逼问，赖利一直不肯解释当初为何会先改变，所以这个答案至今仍是个谜。但现在的我不想深究了。

没错，我就是乔安。

❦ 感恩心语 ❧

在热恋的时候，那个情人节，为你亲爱的她买一束玫瑰。然而，在婚后，日子变得琐碎而漫长时，你甚至都忘了，哪天是情人节。

在我背影守候

莎朗·维达

公车上的乘客不约而同地、同情地望着那位拄着白色拐杖、既美丽又年轻的小姐，小心翼翼地登上公车。她将车费递给了司机，往司机告诉她的空位走去，并伸出手试探着座位的方向。坐定后,这位美丽的小姐将她的公文包放在膝上,再把拐杖靠在腿边放好。

苏珊,34 岁,一年多前因医生的误诊,使得她的生活顿时陷入一片漆黑,没有了光明,只剩愤怒、挫折与自怜。一向充满自信、个性独立的苏珊,如今似乎被曲折的命运推向深渊。对周围的人来说,无助的她不免成为一种负担。"为什么是我?"苏珊埋怨着,她内心里有着吐不尽的憎恨。然而,不论她如何地伤心、叫骂或祈求,心里却非常明白,她的视力是不可能有再恢复的一天。

苏珊曾经乐观进取,如今取而代之的是消沉的意志。每天的生活只不过是重复上演挫折与疲惫。唯有她的先生马克是她仅有的支撑。

马克是位空军军官,不忍心看着苏珊自暴自弃,决心要帮助她重拾信心,再次成为一个独立的人。身为军人的马克,虽然明白该如何面对如此复杂的情境,但他知道这是她一生中从未经历过的最困难的挑战。

在经双方努力后,苏珊终于准备要重新上班,但问题是她的交通问题。以前,她总是搭公车上班,如今想起要自个儿搭公车,她不禁打了个冷战。于是马克自愿地开车接送苏珊上下班,即便他们工作的地方相距甚远,马克还是愿意这么做。最初,因为有马克的接送,让因失明而没有安全感的苏珊安心,也可以满足马克一心想保护苏珊的想法。只是,不久后,他发现这么做不仅增添彼此的负担且花费更多,不是长久之计。更重要的是,"苏珊必须慢慢地尝试自己搭公车。"马克对自己说。但,面对如此脆弱、易怒的苏珊,他不知道该如何开口,更无法想象苏珊会有怎样的反应!

正如马克猜测的,苏珊诧异地望着马克,无法相信从他口中说出的话,她痛苦地说:"我是瞎子啊!你要我怎么分辨东南西北?你是不是不要我了?!"

马克心碎了,但是他明白什么事是必定得做的,不论遇到再大的困难。因此,他向苏珊保证,一定会陪她一起搭公车,一直到她不再害怕为止。

之后,每天都可以看见穿着军服的马克,携着一只公文包,陪着苏珊上下班。整整两个星期就这么过去了。马克告诉苏珊该如何靠其他感官,尤其是听觉,来判断她身在何处,以及如何适应新环境。马克也帮苏珊与公车司机熟识,请司机多照顾他的爱妻,并且保留个位子给她。有马克的关怀,即便对生活上种种的不如意,苏珊脸上也渐渐有了笑容。

每天早上他们一同搭公车到苏珊工作的地方,马克再转搭出租车上班。虽然这样的方式较以前更费时、费力,但马克心里清楚,有一天苏珊一定可以自己搭公车,只是时间的问题而已。他相信苏珊能做得到。在他心中,苏珊曾是不畏挑战、从不轻言放弃的人,现在的她仍是一样,不会被失明打败。

终于,苏珊决定要放手一搏,尝试自己搭公车。星期一的早晨,苏珊准备好出门,她紧紧地抱住马克——这位在这些日子以来,一直是她乘车伙伴、她的丈夫和她的挚友的马克。苏珊的眼里转着感激的泪水,感谢马克诚挚、耐心及爱心的陪伴。苏珊向马克挥手道别,这是他们第一次"分道扬镳"。

星期一、星期二、星期三……日子一天天过去,苏珊独自搭公车上班进行得相当顺利。她做到了!

那是星期五早晨,苏珊仍是搭公车上班。每当她递给司机车费,准备下车时,她总是听到司机先生说:"我真羡慕你啊!"苏珊不确定司机是否是对着她说,毕竟,这世上没有人会羡慕一个在过去几年来为了寻找活着的勇气而挣扎的失明人。苏珊好奇地问道:"为什么你这么说?"

司机先生回答说:"能够和你一样受到如此无微不至的保护与照顾,一定是件很美好的事。"

苏珊不明白他的意思,于是又问:"你是说……"

"我是指,"司机先生回答道。"过去的一个星期以来,每天都有一位穿着军服的英俊男士,站在转角看着你走下公车、安全地穿越马路,直到你进了公司大楼为止。他还朝着你的背影给你一个致敬的吻,然后转身离开。你真是幸运的人。"

感动的泪水沿着苏珊的双颊流下。虽然看不见马克,但一直以来,她总觉得马克就在她的身旁陪伴着她。没错,她是幸运的,是非常幸运的,因为她得到了比恢复视力更令人感动的礼物。这礼物无须眼见为凭,因为她已经用心感到了。爱,让黑暗有了光明。

感恩心语

爱情的力量,到底有多大?它可以让绝望的心找到希望,它可以让黑夜变成光明。

如何爱你

莉莉安·凯

两位才气洋溢的诗人伊丽莎白·巴瑞特和罗伯特·勃朗宁,在英国文学史上留下许多不朽的诗作。最初,罗伯特与伊丽莎白素昧平生,对彼此的了解仅限于公开发表的诗作。当时两位都是著名的诗作家,各自拥有爱戴的读者,并且对对方的作品亦是赞赏有加。罗伯特视自己为伊丽莎白的诗迷,于1845年1月10日写给伊丽莎白的一封信中,将他的仰慕之情表露无遗,他说:

"亲爱的伊丽莎白,我打从内心里喜欢你的诗作,这不是一封一时兴起写给你的仰慕信,也不是突发奇想地认同你的才华。自从上周拜读你的诗作后,该如何向你表白我的感动,一直在我心里萦绕不去。拜读你的诗作时涌现的欢愉,让我决定摆脱默默欣赏的旧习,公开地向你表达我的喜悦与仰慕之情。更甚者,我应该像工匠们,看你作品时试着找出任何缺点,或是鼓励你,让你为自己感到骄傲。但这不是我写信的目的,我想告诉你,你已经成为我感觉的一部分,我的情感与你的诗作一起飞扬,我是真的从心底深处爱你的作品,也爱你。"

伊丽莎白当时39岁,体弱,少出门。再加上她父亲不准他的孩子们结婚,她与罗伯特所有的鱼雁往返都必须悄悄地进行。后人还将他们的信件集结成了两大册。伊丽莎白在其作品《从Portuguese的十四行诗》中,记录了他们自最初的接触开始,交往过程中的欢乐、缺憾、信心与爱。

1846年,伊丽莎白终于答应罗伯特的拜访。之后,他们每周秘密地会面一次,直至9月,她写道:"你触动我之深,远超乎我的想象。此后,我愿任你差遣。"

罗伯特与伊丽莎白仍继续见面,而且每天通信,或者每两天,虽然最初罗伯特遭伊丽莎白婉拒,但终究以信件、真诚赢得伊丽莎白的芳心,成为一对恋人。

罗伯特时常催促伊丽莎白嫁给他,与他一起搬往意大利。起初伊丽莎白不愿意离开,后来慢慢地软化。碍于伊丽莎白的父亲反对他们结婚的态度强硬,1846年9月12日,他们只好偷偷地结婚。

离开英国后,伊丽莎白从未再见到她的父亲,她的父亲也始终没有原谅她的行为,所有伊丽莎白写给她父亲的信皆原封不动地被退回。

如果不是伊丽莎白与罗伯特坚定的爱情,世人也无福欣赏他们如此美丽的诗作。

我如何爱你?让我细细数来

我爱你至灵魂之最尽头,最深处

我爱你如人类需求阳光之强烈

我爱你如人类追求权利之奋力

我爱你如圣水受洗后之纯净

我爱你用我孩时热情之信念

我爱你以将绝种的爱

我爱你以生命里的欢笑与泪水

死后,我爱你更深

～感恩心语～

一直想,爱情应该是美妙和快乐的。

应该像天空中自由翱翔的飞鸟,河里欢畅的游鱼。

如果两人彼此相爱,就让他们爱吧。

可是,我们所见到的爱情,好像都充满了荆棘和坎坷。

老天,是在考验我们,所以,相爱的人,一定要相信,只有历经风雨,才能见彩虹,只有过了这道坡,才会看到美丽鲜花绽放的山冈。

幸福,是来之不易的,所以,艰难得到,才会珍惜。

穿过我的黑发的你的手

歌子

那天的雨下得细密稠黏。当一位朋友说爱我时,我发现自己对他也有种依恋。

我心情复杂,但不想欺骗另一个男人,于是,我对丈夫泽讲了实话。

没有审判,沉默是全部的回答。

于是,我审判了自己。我打点出少量的我自己的东西,心绪纷乱地对这个家道了一声告别。

倔强孤僻的个性使我在生活的关口总是拒绝将手伸向任何一个亲戚朋友。我蜷缩在父母早年的一间旧房里,将自己那颗矛盾痛苦的心铺展开,一寸一寸地抚摩梳理,试图辨别出所有的真实与清澈。半夜时,我突然开始流鼻血,而我任它们滴答滴答地落在铺开的心上,殷红那些心事……

不知过了多久,泽出现在门口,宽大的身影昏暗了小屋的光线,我在阴影里掩饰自己的憔悴。他走过来,拉起我冰冷的双手,放在自己的手掌里,暖着。我只想放声大哭,却没让眼泪掉下来。

就像什么事也没发生,泽牵着我的手回家。然而,并不是真的什么事也没发生,我们不自觉地彼此沉默,友好而客气,像一对初识的朋友。泽一向沉稳,但这时的平静比爆发更使我不安和忧伤。

不久的一天,我一进家门,酒气扑面而来,泽不知在哪里喝得大醉。他歪在床边,床上摆满了我的照片,像秋天落下的树叶。我默不作声,打扫干净地板上的呕吐物,又去替他脱下皮鞋。想不到,他转过身,将我揽过去,抱在怀里轻轻摇晃,像摇着他难言的悲伤与无奈。刹那间,心中的沉重与痛楚使我闭上了眼睛,泪水夺眶而出,我像个死而复生的人突然醒悟了我是怎样地伤害了一个爱我的人,怎样打击了一个男人心中的信念与骄傲。

就在接下去的那个夏天,我病倒了,卧床数月,人像张照片,总是失去重心似的发飘。一个晚上,泽在我床边盯着我的脸,终于开口:"你会死吗?"说完,将脸埋在我散落在床上的长发里,半天没有起来。

在病中,我不想让未加修饰的蓬乱的长发使我看上去憔悴,便想剪掉蓄了多年的黑发。泽笑了,说:"别剪,以后我天天给你梳头。"后来,每当他笨拙的大手在我的发间游移时,我就在心中轻轻地唱歌,感到心里面最柔软的地方被照亮。

人世间,什么样的情义使我们承受不起? 什么样的永恒使我们刻骨铭心? 什么样的爱使我们不能不珍惜? 在我平凡的生命中,最终从被爱中学习了爱。

我生日那天,泽兴冲冲地捧回一束鲜花,花了一百多元钱。我笑他做了花商的"宰"客,他则满不在乎。而这花却以后来的事实证明了它的物有所值。它经过数月浓缩为一束标本花,干而不枯,褪色而不变色,星星草依然执着地淡香袅袅。我的敬意难以言状,这花不再鲜艳,却使我懂得了不朽。

我把这束奇妙的花从阳台上拿到卧房的书架上,它是我生命中的寓言,我将珍惜它,如同珍视那些覆盖我心灵的书籍。

泽后来因工作需要派到一个十分遥远的地方工作。他像个初恋的人,每周都写信来。我每每在地图前,望着有他的地方,恍如一个梦游的孩子回归他的身旁。常常,我泪流满面。

感恩心语

有时,爱一个人,爱得很疲惫。又不知何种不理智的行为,深深地伤害了一个人的心,反过来再说,有理智的爱情,还是爱情吗? 我们行走于大街上,不知什么时候,色彩缤纷的街景,迷失了我们的双眼。但是,我还没有忘记归家的路。亲爱的,一定要,等我回来。

爱的契约

艾尔克

我和玛吉结婚的时候,经济上很拮据,且不说买汽车和房子,就连玛吉的结婚戒指还是我分期付款购置的。可是如今却大不相同了,人们结婚不但讲排场摆阔气,而且还聘请婚姻顾问,签订夫妇契约,听说有些学校还要开设什么婚姻指导课呢!

我真希望我和玛吉也领受一下这方面的教益。这倒并不是说我们的夫妻生活不和睦。不,绝非如此。要知道,我们在婚前就有了一个共同点,瞧,这不是天生的一对? 然而我们结合的基础仅此而已。

我想,签订一份契约也许会使我们的家庭生活走上正轨。于是,我决定和玛吉谈谈。

"玛吉,"我说,"婚姻对人的一生至关重要,可是我们结婚的时候……"

"你在胡扯些什么?"她不由得一愣,手里的东西掉了下来。

"瞧,香蕉皮都掉在地上了。"我有意岔开她的问题,"垃圾桶都满了,要是你及时去倒,就不会有这种事了。"

"四个孩子,十间房子,你关心的却是香蕉皮。"她生气地说。

我从口袋里掏出一本名为《婚姻指南》的手册:"这本书是我从药房里买来的。"没等我说完,玛吉已拎起垃圾桶赌气地往外走去。没关系,结婚教会我最大的秘诀就是忍耐,忍耐就是成功。她回到屋里后,我接着说:"这里有一份夫妇契约的样本,是由一对名叫莫里森和罗莎的夫妇签订的,它适用于任何夫妇。"

玛吉显然对这话题感兴趣,"讲下去。"她催促道。

我打开书念道:"第一,分析每对夫妇过去的生活——是否有遗传病或精神病史,是否有吸毒嗜好和犯罪历史,是否有……"

"别说了,我不想再听下去。"她失望地说,"只有傻瓜才会和这种人结婚。"

"当然,"我解释说,"这并不是说莫里森和罗莎也有过这类事情。但是,了解情人的过去总要比蒙在鼓里一无所知好得多。这样蜜月结束后,即使碰上令人难堪的事情,你也不会感到束手无策了。"

"这些对我们来说已经为时过晚了。"

"怎么会为时过晚呢? 一切可以从头开始,要是我们现在也签订一份契约的话……"

"签订什么?"玛吉吃惊地问。

"签订契——约。"我故意拖长了音调。

"为什么?"玛吉疑惑地问。

"因为契约有着一种不可抗拒的约束力。另外,它还能合理地分配我们之间的责任和权利。"我停顿了一下,建议说,"让我们也签订一份契约吧!比如每逢单年由你决定到哪儿去度假,双年则由我说了算。"

"要是轮到我做主时,正碰上手头没钱,那我们不是只能待在家里了吗?"她反问。

"不错,但这只不过是一种特殊情况。"我说,"另外,契约也不是一成不变的,我们可以酌情处理嘛。"

"如果契约可以随意改变,那它还有什么用处呢?"玛吉反驳说。

"言之有理,"我说,"想不到你还知道这些基本常识。"

"如果你也懂得这些常识,就不会提出签订什么契约了。"

"要知道,女人经常喜欢谈论平等和自由,一张契约至少可以解决这方面的问题。"我辩解说。

"你不懂,亲爱的。"玛吉两眼紧盯着我的脸,激动地说,"平等对女人来说无关紧要,关键是男人是否值得她们爱。要是一个女人真心爱上了一个男人,她就会做一切事情来使他快活。这绝不是那张该死的契约所起的作用,而是她自己情愿这样做。"说完便转身走进隔壁的厨房。

没想到玛吉竟懂得这么多的道理。我终于认输了。

"要喝咖啡吗,亲爱的? 我刚煮了一壶。"玛吉探出半个身子温柔地问道。

"咖啡? 太好了。"我转过身来看见她嘴里咀嚼着什么,"你在吃什么?"

"油煎饼,想尝尝吗?"她笑着问。

我的天啊! 我和玛吉共同生活了十七年,难道她还不知道我讨厌油煎饼? 她自己也是一看到油煎饼就会呕吐的,这到底是怎么回事?

"玛吉,你喜欢吃油煎饼?"找不解地问。

"是啊,怎么啦?"她神秘地眨了眨眼。

"记得我们第一次约会,我给你要了杯咖啡,问你是否要油煎饼,你拒绝了,说是你不喜欢。"

"是的,你记得不错。"她爽快地说,"可是当时你口袋里只有五角钱,还是向别人借的。"

"可油煎饼只需要一角钱呀!"

"别打肿脸充胖子,那样你回家的车钱就没啦。"说着。她忍不住大笑起来。

这下我哑口无言了。"唉!"我窘迫她长叹了一声。

接着,玛吉诙谐地说:"莫里森和罗莎的契约可能是一纸空文,因为罗莎肯定不曾替莫里森考虑过是否有回家的车钱这类事。"她停顿了一下,意味深长地说,"爱的契约不是签订在纸上的,它只能体现在情人的相互体谅和关怀之中。"

这时我才恍然大悟,玛吉真是个好妻子,谁能像她那样体贴我啊! 我坐在她身边,贪婪地吃着热腾腾的油煎饼,嘿,味道还真不错哩!

"我以前不吃油煎饼,但我可以从头学起!"我说。

感恩心语

婚姻,或者爱情,不是一道方程式,按照一定的思维,一步一步去证明,它们,是一种难以言明的情感:完全是主动性的。代表词是:如果我愿意。是的,如果我愿意,如果我爱你,我愿为你付出我的一切,甚至我的生命。或者,在你心情不好的时候,煮上一杯我精心调制好的咖啡,是的,只要我愿意,只要,我非常非常地爱你。

夫妻

席慕蓉

在待产室里呻吟的她，终于哭了起来。

心里好害怕，好后悔。多希望这些不过是一场噩梦，梦醒了以后会发现自己仍然像平日一样的自由，仍然在漫山遍野地游荡，做自己爱做的事，而不是像现在这样，被困在一张有着金属栏杆的床上，被排山倒海的剧痛所折磨着，怎样也不肯停止，怎样也无法脱身。

她哭得很厉害，阵痛袭来时甚至喊叫了起来：

"我不要！我不要啊！"

是的，她不要这种命运，她不喜欢这种命运，心里发下重誓，希望这一切赶快过去，而没有下一次了，再也不要重复这种可怕的经验了。

孩子终于生下来了，在力竭后短暂的昏迷里，觉得有人抱住了她，那温柔的拥抱是她所熟悉的。是她的丈夫正在不断地低唤她，轻声安慰她，然后，突然之间，丈夫开始哭泣，并且在她耳边反复地说：

"再也不要生了！以后再也不要生了！"

自从相识以来，她从来没有看过丈夫哭，从来不知道，那样坚强的男子也会流泪。可是，现在，那个一直为她挡风挡雨的男子竟然抱着她痛哭了起来，大滴大滴的热泪滴在她额上。

在刹那之间，她忘却了一切痛苦和惊惶，心中竟然充满了一种炽热的欢喜。她的身体虽然像在烈日烤炙下寸寸碎裂的土地，但是，在那疼惜的泪水滴落之后，遍野在雾时竟然开出一大朵一大朵喜悦的花来。

黑暗的长夜已经过去，产房窗外是那初升的朝阳，耳旁有孩子嘹亮的啼声，身边有丈夫温柔的陪伴，那幸福的感觉是怎样狂猛地向她袭卷过来啊！

她发现，自己正在重复着一个同样的意念，在心里，她正在反复地对自己说：

"我一定要。一定还要再为他生一个孩子。"

她果然是这样做了，并且，无惧也无悔。

感恩心语

如果我爱你，那么，我就会为你献出我的一切，包括我的生命。

如果我爱你，那么，就让我们的生命延续下去，正如她所说：我一定要为你再生一个孩子。

并不是所有的欢笑都是幸福，也并不是所有的泪水都是痛苦。

我看到亲爱的你正在为我的痛而落下泪时，我真的，很幸福。

我，要和你永远在一起，如果有来生，如果有三生，还有三世。

和你抢巧克力的人

郭宇宽

印象中爷爷和奶奶是一对老小孩，按古人的说法，举案齐眉、相敬如宾方是恩爱夫妻。我就从没见过爷爷奶奶吃菜的时候像小说写的那样把最好吃的部分夹给对方，更没见过他们吃菜的时候彼此谦让过。小时候我曾固执地以为爷爷奶奶不恩爱……

爷爷是个懂礼貌但对饮食品位极为考究的人,如果一道菜不合他的口味,他绝不会表示一点不满意:非常礼貌地夹一点,作津津有味状。如果你劝他多吃一点,他会说饱了。奶奶教训他:"再吃一点,又剩那么多!"他甚至非常诚恳地拍拍肚子以示真的饱了。不过假如这时候有一道非常好吃的菜端上桌,爷爷立刻会伸出筷子。

当遇上特别好吃的东西他们甚至会当着我这个孙子的面抢着吃,并有理论支持:"抢着吃有味道!"

一次爷爷的老同学从美国寄来一盒巧克力,味道简直让人欲罢不能。不过巧克力盒子里整整齐齐14种口味、造型各异的巧克力,每一种只有两块。这可是一个大难题,3个人怎么分呢?试着把它们切开来?几乎每块里面都有果仁甚至液体的馅儿,想分成规则的3份是不可能的!我们达成共识——每天下午品尝两种口味。糖果是小孩的专利,我自然有优先权,爷爷奶奶总不好意思抢我那份儿。但接下来围绕如何分剩下的两块,爷爷奶奶展开了一番互不相让的谈判,最后决定用一种"公平"方式来解决:一人一块,第一天奶奶有优先挑选权,第二天就由爷爷优先挑选,以此类推。

奶奶精心挑了一块自己最满意的,爷爷小心翼翼地咬了一口剩下的那一块,做出非常陶醉和心满意足的样子,奶奶立刻有后悔的表情,最后只好两个人交换互咬一口,还不忘相互抱怨:"你咬了这么大一口""我还没有咬到呢,宽宽,你爷爷是个小气鬼。"那个星期的每天下午,围绕巧克力,老头儿老太太都会拌嘴半天……

后来我慢慢发现爷爷奶奶围绕食物的争执有时更像一种仪式,如同野蛮人如果面对丰盛的猎物一定要围着火堆跳舞来感谢上天的恩赐;或者像下象棋,嘴里喊着"将军!"好像势不两立,但其实彼此都很愉快。

上大学以后我很少回家了,在外书剑无成转眼已经8年。4年前,爷爷下雨天散步时不慎滑了一跤,摔断了股关节。因为年龄太大,装了人工关节,但有排异反应,只得卧床。由于缺乏活动,加上年龄不饶人,原本非常健康的身体每况愈下,这期间几次生病爷爷都挺了过来。爷爷躺在床上,奶奶每顿都把饭菜端到床头,变着花样劝他多吃一点,还有各式各样的点心和零食。2002年春节前,爷爷中风了,虽然抢救过来,但身体状况更差了,有时候甚至不认识人,加上抵抗力弱,引发了肺部感染,不时发低烧,只好住进医院全封闭的无菌特护病房,每天下午家属只有1个小时的探望时间,而且要穿上白大褂戴上口罩。医生说,97岁的老人,这次估计出不来了。

寒假,我每天陪奶奶去看爷爷并送饭,他经常处在昏睡的状态,喉咙被切开了,全身插满各种管子,连接着好几种仪器。偶尔醒来和我们打打招呼,接着又睡了过去。所有食物都要在家里用搅拌机打成糊状送到医院,护士按规定分量,隔两个小时用一根管子从喉咙灌下去。医生说,病人现在卧床,其实消耗量不大,有一些营养和维生素我们会在给他输液的时候配进去,家属主要准备一些基本的淀粉和蛋白质就可以了。这个道理其实谁都明白,像爷爷现在这样的状况,从喉咙里灌进去的不管是海参鱼翅,还是鸡蛋萝卜,对他而言,已经没有什么好吃和不好吃的区别了,而且单从营养上来说,常规意义上价格昂贵的饮食未见得就比便宜的高出多少。

可奶奶还是总把最好的东西做给爷爷吃,老鳖、乌鱼天天不断,恨不得把满汉全席打成糊给爷爷喂下去。护士小姐都问:"就数你们家送的糊糊最香,里面都放了什么呀?"二姑从大连回来过年,带来了一些海鲜。我看见奶奶在里面拣来拣去,挑出最大的鲍鱼和对虾,要做粥给爷爷吃。奶奶说:"这都是他最喜欢吃的。"

忽然间,我明白了一个道理:你和谁一辈子在一起吃饭,是一件比什么都重要的事情。

所谓爱,就是开心时,你从他嘴边抢一块巧克力;当他躺在病床上,你却想把世界上最好吃的东西都塞到他嘴里。

"所谓爱,就是开心时,你从他嘴边抢一块巧克力;当他躺在病床上,你却想把世界上最好吃的东西都塞到他嘴里。"你爱的那个人,其实就是和你一起吃饭,和你抢巧克力的人。爱,就是这样简单,就是这样充满生活的气息。

最深处的爱

菲菲

外婆得了老年痴呆症。

她变得谁都不认识了,外孙、孙女,甚至自己的女儿和儿子。

有一天她失踪了,我们全家都急得不行,四处寻找,最后终于在郊外看到她了,可她一个劲嘟囔为什么要带她回来,她要回她自己的家。

我们都十分痛心,原本那么疼爱我们的外婆不见了。

唯一庆幸的是她还记得外公的名字,有时她睡在床上,双眼无神地看着天花板,嘴里就喊着外公的名字。可她却不认得外公的人,就算外公站在她身边,她还会甩拐杖打外公。但我们知道外婆的心里还是有外公的,毕竟外公是她这辈子最爱的人。

后来,外婆的病情变得更不乐观了,需要住院。一开始,外婆死也不肯去医院。最后我们和她说外公在医院里等她,她才妥协了。一路上她还不住地问我们,医院到了没,她要见外公。其实那时外公就坐在她的旁边。

到医院后,外婆渐渐喜欢上了吃橙子,并且只要外公喂她。我们还以为她认识外公了。谁知她说:"我就要他喂,他喂的样子像老头子。"

外婆得病后,嘴里总爱自说自话,讲一些她和外公以前的事情。说得累了,便无声地比划着不同的姿势;抬起,放下,直到没有力气再比划,她才在外公那怜爱的眼神中静静地睡去……

慢慢地,外婆有点认识外公了,她开始做什么事都依赖外公。外公说什么,外婆都能很认真地去听、去做,仿佛一个刚懂事的小孩。

外公八十大寿,全家人说要好好庆祝一下,所以把外婆暂时从医院接回。面对那么多"不认识"的人,外婆显得很害怕,她不停地扯着外公的衣服,让外公赶客人们走。外公对她说,那是他的朋友,让她不要害怕,果然外婆就不声不响了,静静地坐着,吃着外公递来的橙子。

吃饭的时候,外婆不停地往自己的碗里夹菜,她面前的碟子已经堆得很高了,可还是不停地夹。然后,她把菜推到外公面前说:"老头子,我给你抢了好多,你赶紧吃,再不吃,别人就来抢了。"外公看看那个碟子,里面什么菜都有,杂乱无章,再看看外婆认真的脸庞,外公的眼里溢出了泪水。

最后,外婆还是离我们远去了。临别时,外婆一句话也没有说,只是静静地望着坐在床边的外公,那眼中的不舍和温情让晚辈们都禁不住失声痛哭。病魔切断了外婆和世界所有的联系,让她遗忘了生命中许多重要的人和事,唯一不能割断的是她和外公那一段刻骨铭心的爱情。

那一刻,我明白了,即使命运将生活剥离,使人们的生命如干涸贫瘠沙漠里的一株仙人掌,那最爱的人,也会为自己盛放一千朵鲜花,灿烂到永远。

爱一个人,到底有多深?我不知道,但是,爱你,是我一生的誓言,直到我生命的最后一刻。

失去的记忆,深陷在夜里,怀念黎明的甜蜜。错过了雨季,也要走下去,我在梦开始的地方等你。

让我来为你擦去,美容之后的泪滴,来不及诉说最美的话语。时间让爱更清晰,我们试着不哭泣,深爱着你,我要和你在一起。

一张生命的车票

佚名

现在,遥想 20 年前蓝光闪过的夜晚,仍隐隐感到恐怖和悲戚……

1976 年 7 月 28 日,是我们刚刚结婚后的第 4 天。我们本来已经计划好,利用婚假的剩余几天去北戴河、秦皇岛好好玩一玩,两张火车票已经买好,就放在床头柜上。这个建议是我提出来的,就在灾难降临的前一天提出来的。

我对他说:"我在唐山生活了 25 年,还没有迈出过唐山市的大门,我想去北戴河,可以吗?"他轻轻地抚摩了我的头,笑吟吟地说:"为什么不可以呢,今后只要我们能挣到钱,我每年都和你到外地玩一次,让你走遍全国。"我满意地笑了,说:"今年我们两个人,以后就是我们 3 个了。"他听了我的话,眼里闪着希望的光芒,轻轻挽着我的手臂,在屋里转了几圈。

吃过晚饭,我们在一起准备好了行囊,就甜甜地进入了梦乡。不知睡到什么时候,我做了一个梦,梦中我俩穿着鲜艳的泳衣,携手奔向蓝蓝的大海,在清凉的海水里上下起伏,随波逐浪。忽然间,一阵大浪向我们压来,并且伴随着震天动地的吼声……当我挣扎着睁开眼时,周围漆黑一片,仿佛整个天空都坍塌下来一般。这时我听到了一个痛苦的呻吟声,是他的,就在我耳边。恐惧一下子袭遍了我的全身。我听到了他扭曲的声音。"我……被……压住……了。"我几乎带着哭腔不知是问他还是问自己:"这是怎么了?房子塌了吗?难道是地震了吗?"我说对了,是地震,一场灾难性的地震发生了。我想坐起来,想弄清怎么了,可我刚刚一抬头就重重地撞在了上面坚硬的水泥板上,差点晕过去。我只好让手在他身上一直摸过去。在水泥板和他身体相交的地方,我摸到了黏黏的、掺杂着碎沙石颗粒的液体。血!从他身体里渗出的浓浓的热血。我哭了,几乎是号啕大哭。我紧张地问:"疼吗?"他说不疼。然后他用另一只没有压伤的手牢牢地抓住了我颤抖的手,关切地询问:"有没有……东西……压在你……身上?"我活动了一下身体,告诉他没有。他说那就不要哭了,他是顶天立地的男子汉,必与天斗与地斗,现在正是天地考验他的时候,他一定能战胜它们!我紧紧地贴在他身边,鼻子酸酸的:"都什么时候了,你还需要说笑话。"我们仰脸躺在床上,用两个人的 3 只手臂一起推那块水泥板,试图把它推开。然而失败了,水泥板像焊在那里一样,纹丝不动,只有几粒沙尘哗哗落下来。他鼓励我别怕,过一阵会有人来救我们的。我告诉他:"只要在你身边,我什么都不怕。"枕头下的手表"嗒嗒"地敲击着狭小的空间,我用手向另一侧摸去,幻想能摸到一丝光明,摸到一线生的希望。水泥板,还是水泥板;砖块……我几近绝望,生命的支柱一瞬间像房屋一样坍塌了。真的不甘心走向死亡啊,我们刚刚结婚还不足 4 天呐,蜜月还没有度完,我还没有生过孩子,女人做的事情还没有做完,今后的路还应该很长,对,还有北戴河、秦皇岛,还有那两张车票,就放在床头柜上。车票,使我产生了新的动力和勇气,于是继续摸索。床头柜——车票——我真的触摸到了一张硬纸板,真的是车票!我欣喜万分地把车票攥在手里,激动地摇着他的肩膀:"我找到了车票!"他也很高兴:"两张车票?"我心头一沉,一张,可另一张呢?另一张车票被水泥板牢牢地压住了,只露出极小的一角,我试图把它拉出来,却几次都未如愿。我无言以答,默默地流泪。他好像什么都知道了:"不要紧,我们可以……再买一张……"沉重的水泥板一端压在他身上,一端压在床头柜的车票上。不知什么时候,表的"嗒嗒"声停止了,我们不知道已经过了多少时间，也不知道外边的世界发生了怎样的变化，除了一张车票和一个他，我什么都没有，就连一点点的生的希望都在渐渐稀释、融化。肚子"咕咕"地叫个不停，嘴唇像干裂的土地，四肢瘫软无力，眼里闪着眩晕的亮星。

似乎他已经意识到了我的信念正在一点一点地崩溃，便开始向我讲述外部世界的故事：北戴河的海滨清爽怡人，海是湛蓝的，人是欢乐的；美丽的西双版纳聚居着很多少数民族，每年一度的泼水节异常热闹；橘子洲遍地生长着橘树，秋天的橘子水分充足，甘甜如蜜……他讲述的每一个情景都让我产生许多遐想，仿佛大海就在眼前，泼水节的水就泼在我的身上，橘子就在我的唇上滋润……一种无形的力量在我身体内涌动，一个生命的光环在眼前扩散，越来越大，越来越亮。他用生命的余晖，为我点燃一支希望的蜡烛，这支蜡烛一直照耀着我走出地狱之门，重返光明的人间。7月31日清晨（这是后来才知道的），压在我们头顶的水泥板被掀开了，一道阳光瞬间泻在脸上，我仿佛一下子从梦里醒来，竟意外地喊出了声音：我们活了！当我急急地附在他身边时，映入眼帘的一幕突然间让我变傻了：他的右半部身体完全被砸成了肉泥，殷红的血凝固在废墟的石堆里。他只看了我一眼，嘴角渗出一丝浅浅的笑纹，就闭上了双眼。

他以最顽强的精神、最坚韧的毅力和最深切的爱恋，陪伴和激励我度过了最艰难、最黑暗的3个昼夜，然后，他才安心地走了。我的身体复原不久，我也离开了唐山——那座令我悲痛城市。随身带走的，只有一张车票。20年过去了，20年的岁月里我没有去过北戴河、秦皇岛，甚至没有离开过现在生活的城市。没有他的陪伴，我将不会再去任何一个地方。我是一个唯物主义者，知道人不可能再有来世，可我又总是在想：如果真的能有来世，该多好，我们重将成为眷属，携手走遍天涯海角。那张车票我至今还完好无损地保存着，我相信，定将有一天，它会带我跳上隆隆作响的列车，驶向他的身边。

那蜿蜒盘旋的长城、古色古香的江南小镇、含情脉脉的西湖，无不牵动着无数游者的心。但不是每个人都那么幸运，能够如愿以偿地去他们向往的美丽的地方。

❧ 感恩心语 ❧

一个苹果可以鼓励一群人走出沙漠；一句问候可以鼓励一个人走过最艰难的病榻岁月；一张与丈夫约定去旅游的车票可以鼓励妻子从地震的废墟中活下来，这就是亲情的力量。爱是地震的废墟所掩埋不了的，那一张从废墟中带出的车票便是对爱最好的证明。

爱情无言

雪小婵

我的外婆18岁就嫁给了我外公，一顶花轿把外婆抬了过来，而之前，外婆曾有个心仪的男子，只不过，那个男子去当兵了，去之前，曾对我外婆说，你等我，我回来后娶你。但外婆的父母是不等的，于是外婆只有嫁给外公。

他们结婚前从没有见过面，两个人几乎是在陌生的情况下结了婚，然后一天天过下去。

所以争吵是在所难免的。在母亲的记忆中，她的父母几乎是在争吵中度过了一天又一天。

在很小的时候，我就常常听外婆提起那个当兵的男人，几乎是她对爱情全部美好的想象。她对我说起过他的英俊、善良、多情。还有，他还会唱很多民歌给她听，但最后，传来的消息却是让人伤心的。有人说他在打仗中阵亡了，有人说他去了台湾娶了一个有钱的女人。反正一句话，我外婆的初恋情人已经是不可能回来娶她了。

此时，她已和外公过了三十多年，他们在一起谈心的时候极少，外公总是吸着一袋烟，从来不说一句话，而外婆手里总是有针线，给我们做着棉衣或者绣个肚兜。

后来，我渐渐长大了，我对母亲说，这样的婚姻多可悲啊，母亲却说我太小，根本不知道爱情是怎么一回事。我笑着说，反正我外公和外婆永远不可能有爱情，他们才不知道爱情是怎么一回事呢。

有一天我带着照相机去了外婆家，我是去拍几张准备参加摄影比赛的。最后，剩下三张没有什么可照的。我忽然心血来潮想给外公外婆照相，因为他们一生一张合影也没有照过。这一发现让我大吃一惊。

他们居然很不好意思，拘谨、羞涩超出了我的想象，他们的椅子离得很远，我为他们搬到一起，外婆的脸居然红了。

外公说，玉兰，坐过来一点。

我目瞪口呆地看着外婆，而外婆的表情更是惊讶，因为没有人知道外婆叫这个名字的。平时外公喊她的时候就是一个字——哎。后来外婆说，这是她的小名，知道的人极少，我母亲也不知道，所以，让外公忽然叫出来。震动可想而知。

那年，外公外婆已经70岁了。

照片洗出来以后，我差点流了泪，两个不安的老人很局促，像是被别人发现了秘密，而那眼神流露出来的东西我却看懂了，那里面只有两个字：爱情。

外婆终于病倒了，而倔强的外公不听别人的劝告，始终在外婆身边守着，一天又一天，外公几乎坚持不住了，但他还是坚持自己照看外婆。外婆昏迷过去的时候，外公就把那张满脸皱纹的脸，贴近外婆的耳朵，我们听不懂他说什么，但是外婆的名字总是若隐若现地飘进我们的耳朵里。

外婆走的时候外公流了泪，他一边抚摸着外婆的脸一边说：玉兰，你慢走啊，你等等我啊——在场的人无不动容，而我，终于知道有些爱情是不必用嘴每天说出来的。

外婆走后三年，外公辞世，去的时候，很安详。

❧ 感恩心语 ❧

现在年轻人，不管结没结婚，都管彼此叫"亲爱的"，或是"老公，老婆"，爱得好像轰轰烈烈，可是，等你再见到他们的时候，也许，已经是另一个他们了，成了陌路。叫得再甜，未必恒久。

我们常常能听到老年人那声"喂"，叫得简单，一辈子，就这么一个名。

"喂，你过来。"

"喂，吃饭。"

简简单单的一声"喂"，就道出了一生所有的幸福和快乐。

最美味的早餐

佚名

记忆中很多年，家里每天的早餐都是一样的：鸡蛋面条。从来没有更换过。鸡蛋就是普通鸡蛋，面条是外面买的成把的挂面。不粗不细的那种。

母亲似乎只会做这一种早餐，葱花爆锅，放入水，水开了以后放入挂面，再打进去整鸡蛋，鸡蛋不多不少，一人一个。小时候，不太会分辨是否喜欢，只知道大人做什么吃什么，所以每天早上，一家人便吃着这千篇一律的早餐。我还曾以为所有人家的早餐都是这样的。

直到中学住校，无意发现学校略为简陋的小食堂里，竟然有稀饭、咸菜、油条、油饼——其实也并不是很多，却已经丰盛到让我吃惊，一下子就颠覆了我10多年来对早餐的概念。从此，我早餐时的渴望彻底被唤醒,周末再回家,母亲煮的面条,吃在口中,再无味道。

中学后,我开始拒绝吃母亲做的早餐,理由是天天早上吃,吃够了。然后跟母亲要了钱去外面吃,当然也知道了街上的早餐五花八门,其丰盛程度,远远胜过学校食堂。以后就很少再吃母亲做的早餐,除非是自己懒,不想出去,才勉强吃几口。

后来读了大学,放假回去,发现早上母亲竟然还是在做鸡蛋面条,同样的做法,同样的程序,同样的面条,和父亲一人一碗,碗里卧着荷包蛋,上面漂着几粒小葱花。

那天早上我用微波炉热了牛奶,打开前一天从超市买的夹心面包,坐在他们旁边,边吃边跟他们开玩笑:"妈,真服了你了,几十年如一日……"又跟父亲说:"爸,这么多年,你没吃烦啊?"

"吃烦了能怎样?你妈就会做这一样。"父亲笑着说,"你妈当姑娘时娇气得很,什么饭都不会做,就这鸡蛋面条,还是结婚前临时抱佛脚,你姥姥现教的呢。"父亲说着,挑起面条低下头吃起来——我倒没觉出他吃烦的样子。

母亲拿筷子戳了我一下:"小白眼儿狼,你就吃这个长大的,现在反倒一口不吃了,鸡蛋面条怎么了?你也长到了一米八,也健康结实。"

母亲说的倒是事实。我喝了一口牛奶说:"如果每天喝牛奶,没准我都去 NBA 打球了……"

说笑着,父母已经将鸡蛋面条吃完,收拾碗筷了。

从此好像就再也没吃过母亲做的鸡蛋面条早餐,大学毕业后,我成了家。妻子也是家里的独生女,在家时更娇气,甚至连鸡蛋面条也不会做,我们的一日三餐,要么在外面吃,要么叫外卖……直到过了一年多,终于外面的饭都吃烦了,两个人才开始学着做饭。学习做饭其实不难,很快,各自有了几样拿手菜。我们分了工,早餐我负责,中餐都在单位吃,晚餐,自然交给妻子。渐渐明白生活就是这柴米油盐。柴米油盐的光阴里,我们的孩子一天天长大,父母也相继退休,慢慢苍老。母亲66岁那年,身体出现状况,去医院检查,肺癌晚期,3个月后离开了人世。母亲一走,父亲格外孤单,快70岁的老人了,我实在不想他一个人生活,妻也建议将父亲接过来,和我们一起住。于是母亲去世一个月后,我们将父亲接到了家里。

父亲搬过来后,为了让他吃好,每天早晨,我变着花样做早餐,各种稀饭小菜、花卷、粽子,甚至还学会了做馅饼……但父亲对这些饭菜却似乎并不太热衷,比起从前,饭量减了许多。我问他是否饭菜不可口,父亲摇头,解释说:"年纪大了,饭量自然就小了。"

我以为父亲说的是真话,直到几个月后的那天早上。那天是周末,我和妻习惯地有点儿贪睡,起床时,已经快9点钟了。父亲已经下楼活动回来了,他没有打扰我们,坐在沙发上看报纸。想起没有给父亲做早餐,我赶紧跑进厨房,边洗菜边探出头问:"爸,饿了吧?"

父亲摇摇头:"不饿,我刚吃过了。"我有点儿疑惑,问父亲是否在外面吃的。父亲有点儿不好意思地说:"我出去买了把挂面,自己煮了一碗,还放了个鸡蛋,知道你们不爱吃,也没给你们煮。"

我拉开厨房的抽屉,果然有一把已经拆开的挂面。我走出来,坐在父亲身边:"爸,您吃了大半辈子妈做的鸡蛋面条,还没吃够啊?"

父亲放下报纸,摘下老花镜看着我:"傻孩子,怎么会吃够呢?一辈子都吃不够,天底下所有的早餐,都没你妈做的鸡蛋面好吃。"父亲深深叹口气,"只是你爸,没这福气了。"

父亲说着,眼睛潮湿了,我想说些什么,却忽然哽咽。

同一种早餐,父亲和母亲,从20来岁就开始吃,日复一日,一直吃了40多年。她一直做,他就一直吃,从来不说厌烦,从来不要求更换。原来,在父亲心里,那是天底下最美味的早餐。我在此刻才明白,这也许是一起生活了40多年,从没有说过爱的父母,对爱情最好的诠释。

爱是什么?是在没有了一个人的早上,另一个人,如此深深地怀念她曾做过的、一成不变的早餐。

父母的爱情平淡无奇,也许,只在那一碗几十年如一日的早餐中。直到母亲离去,我才意识到父母之间的爱情是那么浓厚,那么刻骨铭心,虽然他们一生之中从来没有说过爱。生活,就是柴米油盐的琐碎,在这些琐碎的事情中,爱越来越浓郁。

那个虫咬的苹果叫爱情

佚名

他和她是大学同学,也是恋人,是让同学们很羡慕的一对儿。他们很相爱,那时候他很穷,手上也没几个钱,她最喜欢吃苹果,他就跑上市场上给她买虫咬的苹果,被虫咬的苹果很便宜。苹果上布满虫子咬过的小窟窿,像长满了可爱的小眼睛。他也想买好的,但好的太贵了。当他把让虫咬过的苹果送到她眼前的时候,她很生气,认为他也太小气了,买这么孬的苹果,让她在同学面前没有面子。

他笑着说:"带虫眼的苹果没打农药。"说着,就拿起把水果刀把那些虫眼全部仔细地挖掉。然后,他开始削苹果皮,削得很认真很执着。她看得愣住了,因为他竟然能把苹果皮削的很长,薄得像面片,一直削到最后都没断开。

当他把一个削好的苹果给她时,根本就看不出来苹果让虫咬过,苹果都像脱了一层外衣一样。后来,她渐渐地迷恋上了让他削苹果,因她喜欢看到他削苹果的样子,像是在制作一件艺术品。一次学校搞文艺活动,他给同学们表演了削苹果。当他把一条薄薄长长的苹果皮拉开的时候,全场的同学都愣住了。

同学们向他提出疑问,为什么能把一个苹果削这么好?他简短地回答:"用心和爱去削。"全场的同学立即爆出热烈的掌声。

后来,他们大学毕业了。俩人为了留在这座美丽的城市里,拼命找工作,很快都找到了适合的工作。那时候他在为事业拼搏,很累很繁忙,他陪她的时间自然就少了,只有晚上才有机会在租来的小屋里。晚上,他总是一头就躺在了床上,很疲惫的样子。她让他削个苹果,他苦苦地笑着说:"我明天还要上班呢!睡吧!"她感觉他不怎么爱她了,就常常回忆起大学的时光,回忆起他给她苹果的情景。她有了一种空空荡荡的感觉,怪怪的。

他很快在公司里发展起来,每天都有很多的业务,日子过得忙忙碌碌。有时他也出差,去很远的城市,一连几天不回来。

他不在的日子,她有点寂寞和失落。这个时候,她的上司走进了她。上司是一个成熟稳健的中年男人,他的魅力把她吸引了。上司常常给她很多的苹果,都是非常好的那种,没有虫眼,皮很光滑,也不需要削。她感动了,终于在一次偶然的机会,她出轨了。事后,她感觉自己对不起他,懊悔不已,恨自己不该这么冲动。

他出差回来了,她把自己的不忠告诉了他。她想好了,他要是不肯原谅她,就和他分手,因她不想再欺骗他的感情。他知道了这件事情,沉默了半晌说:"我给你削个苹果吧!"他拿起了一个满是虫眼的苹果开始削,先仔细地把虫眼一个个挖去,然后开始削皮。她看着他削苹果,想到了初恋,想到了校园,想到了和他在一起的美好日子。更让她想不到的是,他给苹果削皮依然那么熟练那么专注,当他把一个削好的苹果递给她时,说:"我们不能为苹果有了一个小小的虫眼,就把它扔掉,那样,就太可惜了啊!一个果实毕竟经历了开花、授粉,才有了这个果实,不容易啊!我们尽快削掉虫眼,依然可以吃啊!"

她流泪了,她知道,这个带虫眼的苹果就是他们的爱情啊!

感恩心语

在这个世界上,没有十全十美的事情,包括爱情。爱情就像一个经历了漫长的过程才结出的果实一样,只要把上面的瑕疵去掉,仍然是美味的食物。面对有瑕疵的爱情,我们要用爱和心去对待。

坟前留着一盆四叶草

佚名

女孩和男孩,相恋于高中。毕业后考上了同一所大学,女孩家里都挺喜欢男孩,双方家长说好,大学毕业后找到了工作就结婚。男孩和女孩从来都没有吵过架,但是也不像别的情侣,那么的浪漫。他们的爱没有别人那么轰轰烈烈。他们是一对很普通的情侣,但是同学,朋友们都很羡慕他们两个。

上了大学后,女孩和男孩为了体验生活,都跑去做兼职,两个人早出晚归。有时候朋友们都在那里捉弄他们两个说:"哟,小两口还没结婚就开始打拼了。是不是为孩子挣奶粉钱去了。"女孩和男孩都只是笑笑,也没有跟她们闹。女孩很内向,不过挺喜欢笑。

女孩经常对男孩说:"真的想早点毕业,那我们就能结婚了,那我就能给你生个宝宝。我喜欢孩子。"男孩每次一听就说:"生一个哪够,给我生一支篮球队。"每次一这样说,女孩都会掐男孩说:"你以为我是猪啊。"

每次出去,男孩都会牵着女孩的手。从来都不会和别的情侣那样,牵着手臂。女孩好奇地问:"为什么每次都是牵手,我牵你手臂怎么都不给。"男孩笑了笑说:"牵着手臂干吗。我要拉着你的手,带你走下去。免得你走丢了。"虽然是普普通通的话,但是女孩明白是什么意思。女孩和男孩白天要兼职和上课,只有晚上才有时间出去。两个人最喜欢就是去看花,女孩喜欢和男孩最喜欢植物。女孩喜欢四叶草,她说过:"四叶草,第四片叶子是幸福,男孩就是那第四片叶子。"四叶草出现的机会是有十万分之一,一般都只是三片叶子。

男孩和女孩约定,存钱以后要开一个植物园,在里面种满所有喜欢的植物。平时男孩和女孩还爱去海边玩,因为在海边,男孩和女孩的心感觉到无限的自由,什么烦恼都会消失。

时间一天天地过去了。女孩身体出现了问题,身体一天比一天弱,腹部出现疼痛。有时候疼痛难忍,连睡觉都不行。因为一般痛的时候都是晚上,女孩没有告诉男孩,以为是普通的病,不想让男孩担心。晚上就一个人盖着被子咬着牙忍着痛,又不敢出声,怕吵到舍友睡觉。

这天晚上,舍友们出去玩,很晚才回来。回到宿舍,带了吃的回来,叫女孩起来吃。但是舍友发现女孩在发抖。出了汗,一副很难受的样子,舍友们急了问怎么了。女孩这次比之前疼,说不出话了。一个舍友跑去男宿舍找男孩,一个打了120。舍友把女孩扶了起来。没一会,男孩赶来了。坐到女孩身边问:"你怎么了。"女孩吃力地说:"痛。"两手紧紧按着腹部。男孩抱起女孩就往外面跑,舍友,同学,朋友都跟着。有的去找校医还没回来。男孩抱着女孩跑到了学校门口时,救护车到了。男孩和女孩一起上了救护车。别的人坐出租车去。在车上,男孩一直拉着女孩的手。医生给女孩吃了止痛药。女孩勉强地对着男孩笑说:"别担心,我没事。"男孩说:"我知道,不会有事的。"到了医院,医生对女孩进行了检查。男孩帮女孩办理住院手续去了。医生告诉男孩,现在还不确定病因,得等明天检查,不过估计是胃癌。男孩心绷紧了,很久都没缓过神来。

第二天,检查报告出来了。男孩去拿报告,来到医生办公室。医生把检查报告给了男孩,男孩一看,胃癌。医生告诉男孩,女孩胃癌晚期,已经救不了。最多就三个月,好好珍惜。男孩拿着检

查报告,蹲在一个没人的地方,哭了起来。觉得似乎什么都没有,天塌了下来

男孩洗了一个脸,回病房。女孩问男孩:"怎这么久,医生怎么说。"男孩说:"医生说没什么大问题,一些小毛病,不过还要住院。""那怎么你的眼睛有些红,你哭了?"女孩问着。"没有,刚刚外面风大,沙子进眼睛了。你先休息,我去给你弄吃的,下午你爸爸妈妈来看你。"男孩说完就走了,女孩觉得男孩有事情瞒着自己,在医院里,哪里来的风大,沙子进眼睛。

这段时间,女孩发现男孩都变得好忙。白天都不陪在自己身边,晚上,男孩又一副很累的样子。女孩不放心男孩,但是每次问男孩男孩都说没事。这天女孩找医生去了,问自己到底什么病。医生把一切都告诉了女孩。女孩回到了病房,一个人发呆。原来男孩真的一直瞒着自己。女孩想着,男孩现在每天都这么忙,到底在忙什么,会不会是喜欢上别人了。女孩不愿再想下去,一个人在被窝里面哭。

终于在一个晚上,女孩忍不住了问:"你这段时间为什么白天都不来陪我。"男孩说:"这段时间学校比较忙。"女孩定定地看着男孩说:"你还要骗我到什么时候,他们都说你这段时间都没去学校。你去干什么了,是不是因为我得了胃癌,你喜欢上别人了。"男孩一听,看着女孩:"你知道自己的病了?""如果我今天不去问医生,你还想骗我到什么时候。"女孩哭着说。男孩沉默了,没有再说话,眼泪也掉了下来。女孩用力地推了一下男孩"你说啊你,你怎么不说。你是不是喜欢上别人了。"女孩从来都没有这样过。男孩说:"不是。"男孩想去抱着女孩,女孩把男孩推开了。"那你说,你去干什么。"女孩很激动,医生护士都进来了。女孩父母也在一边,劝女孩别那么激动。男孩依旧沉默,女孩面对男孩的沉默,更加的心痛:"你走。我现在不想看到你。"男孩看着女孩。自己擦了一下眼泪,出去了,一句话都没说。

就这样,男孩好几天都没有来。女孩看着病房那盆男孩买的四叶草。心里又开始后悔当时叫男孩走,女孩问过男孩朋友,男孩虽然没有来医院,但是依旧和来医院看女孩的时间一样,一到这个时间,就回宿舍睡觉去了。女孩想,或许,男孩并不是喜欢上别人了,自己错怪了他。

这天,男孩手里拿着钱。这是男孩辛苦一个月的工资。男孩拿着这些工资,跑去了戒指店,挑选了戒指。然后高兴得去医院,来到女孩的病房,女孩正在看着那盆四叶草。男孩进去了,女孩回过头来,看着男孩:"你怎么都不来看我,你不要我了?"男孩傻笑着:"哪里有,你不是生气嘛,所以我避难去。""哦,你避难去,让我一个人在这里难受。"女孩说着。"没有,怎么舍得。给你看样东西。"男孩从口袋里拿出戒指,拿到女孩面前:"嫁给我好不好。"女孩看着男孩,眼泪早就掉了下来:"你这些日子早出晚归,不去学校,就是为了这个戒指。"女孩边哭边问着。"嗯。嫁给我好吗?"男孩点点头。女孩拍打着男孩的胸口:"你怎么那么傻。"男孩也流眼泪了,男孩抱着女孩:"不傻。为了你,值得。"来查看病房的护士站在门口看着这个场景,也感动了。两个人紧紧地抱着:"我们说过,毕业后要结婚,要生宝宝,还要弄一个植物园。我相信我们可以完成我们的约定。"

女孩出院了,男孩和女孩回到了家,休学了。回家后,男孩搬到女孩家住,陪女孩。女孩身体一天比一天弱,疼痛加剧。男孩在女孩家里种了不少植物,都是女孩最喜欢的。平时就陪着女孩浇浇花草。有时候,还会拿起那些小孩子的相片来看,说以后要生男生女之类的话题。但是,每当夜里一关灯,睡觉的时候,男孩总会蹲在角落里发呆,而女孩在床上流泪。

又一个月过去了,女孩说话都觉得累。女孩这天告诉男孩,想男孩再陪自己去看一次海。男孩答应了。男孩用轮椅推着女孩,和女孩看海。男孩和女孩的家长,朋友都站在一边。女孩说:"我想你再抱着我,让我躺在你的怀里。"男孩抱起女孩,坐在沙滩上。女孩舒服地躺在男孩的怀里。"你看,这海多美。"男孩说着。男孩一直说话。女孩已经闭上了眼睛,因为止痛药,女孩没有痛苦的走,而是安静地躺在男孩的怀里走了,女孩父母,在一边哭着。男孩看到女孩闭上了眼睛流着眼泪说:"你还不能睡,我们还没有举行婚礼,我们还有宝宝,我们的约定还没有完成。你怎么可

以睡着了。"男孩失声痛哭了起来。在海边玩耍的人都看着这一幕,许多情侣都掉了眼泪。放在家里阳台的蒲公英,一阵风吹来,全都飞走了。

女孩的后事都办完了,女孩妈妈给一封信给男孩,是女孩留下的:

亲爱的,当你看到这封信,说明我已经离开了你。我知道,你会恨我离开你,怨我无法完成我们的约定,我的身体情况一天比一天差了,我想,我已经没有多少日子了。所以写下了这封信。谢谢你给我爱,你让我感觉的很幸福,我没有遗憾地离开,唯一遗憾,就是没能让你牵着我的手,带我走下去。你知道吗? 当我看到你拿出戒指那一刻,我感觉到自己多么的幸福,多么的感动。你为了我付出很多很多,但是老天不给我们机会在一起,一辈子。如果有来世,我真的希望你能再爱我一次。我走了,你也该放下我,去重新寻找你的幸福,不要停留在我身上。你记得我和爱上别人不矛盾。如果说,我有什么心愿,那我想告诉,我希望以后你能带着你的孩子来我的坟前看看我。好了,我很累,我写不下去那么多了。我爱你

男孩边看边流泪,一个人坐在地上。

四年后,女孩坟前来了三个人。一个男孩,一个女孩,男孩手里还抱着一个婴儿。不是别人,正是女孩所爱的男孩。男孩按照女孩心愿,完成了。男孩结婚了,有了孩子。他带着自己的孩子,还有妻子来看女孩来了。男孩把孩子抱到女孩头像那里:"看到了吗? 这是我的孩子,你的心愿,我完成了,我现在很幸福。"

男孩和妻子带着孩子走了,女孩坟前留着了一盆四叶草。

感恩心语

为了完成爱人的心愿,我们要努力使自己幸福。因为爱一个人,就是让他幸福。女孩走了,但是她永远活在男孩的心里。为了使女孩心安,男孩结婚生子,完成了他们共同的心愿。这样的一盆四叶草,种在每一个人的心里。

原来马桶是需要清洗的

伊莲

有位男性朋友,某天跟我说,他终于在离婚后发现,原来马桶是要经常刷洗的。原来照顾一对子女,竟然要花费如此多的心力。而且要失去自由! 我问他:"你前妻现在过得好吗?"

他说:"她在离开我后,嫁给一个老外,过得很幸福。"我接着又问:"她没回来看过孩子吗?"他平静地说:"没有。"

"她不爱小孩吗? 自己生的哦!"我不解。这位朋友开始喝着酒,对我娓娓道来,他与前妻间的种种。妻子是个不错的女人,虽然婚前爱玩,但是婚后一改从前,过着非常居家的生活。

第一个孩子出生后,他经常早出晚归,说是为了生意交际应酬。妻子体谅男人在外工作的辛劳,并无怨言。第二个孩子出生了,他更是经常晚归,甚至在外过夜。妻子希望他能多一些时间陪她陪孩子,而他总是以事业为借口,依然我行我素。婆婆是个保守具有古老思想的女人,婆婆总认为儿子的种种,皆是妻子做得不好的缘故,于是对妻子的态度非常冷淡。结婚八年,妻子终于对他下达最后通牒。妻子对他说:"结婚八年了,你为这个家付出了什么? 为我做了什么?"他醉醺醺地说:"我每天辛苦赚钱给你们,为了生活打拼,这些还不够吗?"妻子说:"你认为这样就够了吗? 一个女人要的就只是这样吗?"他不满的表示:"不然你还要什么? 让你不愁吃穿,生活无忧,天天待在家里,想做什么就做什么,有几个女人比你过的好?"妻子痛心地说:"结婚这些年来,你根本看不到我的付出,看不到我的苦。你不知道为何你的孩子忽然间长大懂事,你把一切看成是那么的自然。"他不满的表示:"我

没付出？没照顾你？给你钱花的是谁？孩子会长大不是靠我辛苦赚钱抚养的吗！"

妻子漠然无语，她知道这一刻该觉醒了。终于，她提出离婚，无条件的离婚，不要小孩不要钱，只想离开这个浪费她生命的男人，让她不快乐的男人。

故事说到这里，我这位男性朋友低着头不说话了。我想是他喝太多了吧？拍了拍他的背……

"你知道吗？从离婚后，我一直想为孩子及自己，找个可以代替他母亲的人。但是，我喜欢的，孩子都不喜欢。"我问他："是不是孩子第一眼不喜欢的，你就不要了？"他点点头……

他开始自言自语了，"我到现在才知道，原来孩子不会自己长大，我母亲其实是很不可理喻的。原来家事是如此繁重，原来带着两个小孩根本哪里也去不得，原来马桶会那么干净是有原因的。"他开始痛哭……我则陷入沉思中。我知道有些男人是永远学不会去爱一个女人的，有些男人需要女人，只是因为他们缺乏一个保姆，只是缺乏一个佣人，或者是需要一个传宗接代的工具。

我的那位男性朋友一直不能相信，原来马桶是需要清洗的。到后来自己蹲在厕所洗马桶时，才发现有一个女人曾经对他如此重要！

其实我们在生活当中要学会赞赏别人，这相当于给人一种鼓励。当一个男人用赞赏的口气对你说：你真迷人！我想大多数的女人都会心花怒放，人是需要赞赏的，尤其是婚后的女人，更应该实时地赞赏她，让她对生活充满一定的自信和快乐感，这样才少了许多的抱怨和唠叨。而一个男人也是需要用赞赏的眼光鼓励的，这样才能激起男人的奋斗责任感。见过很多不幸的婚姻，就是因为相互的鄙视和瞧不起才导致最终沦为陌生人。幸福的婚姻是一门学问，一门充满赞赏的学问，而你我却往往毁于生活的琐事，再也不在乎对方的感觉，用暴力或是漠视来虐待对方，才使婚姻越走越远。

很多不幸的婚姻来源于一种枷锁，这种枷锁被一种虚假的责任所笼罩，相互的漠视和忽略导致一定程度的审美疲劳。当你忘记了赞赏，当对方再也引不起你的兴趣，那么，不幸婚姻的信号开始出现，而挽回这种局面的主要手段就是学会发现对方的闪光点，然后用一种赞赏的眼光去看待婚姻，这样才能重新引起内心的激情。赞赏是一种态度，对于生活美好向往的态度，当你也在努力地提高自己，当别人以一种赞赏的态度来对待你，怎么会达不到内心的满足和幸福感呢？

❧ 感恩心语 ❧

很多时候，我们因为习惯而忽视了一些重要的东西，例如，妻子的付出。男人在外拼搏的确很辛苦，但是他却没有想到整日待在家里的妻子更加辛苦。假如因此而失去一个好女人、好妻子、好母亲，岂不是太遗憾了吗？

穷人的爱情

罗西

一穷二白的一对学生恋人，却爱得流光溢彩。

大二时，全班只有他们两个买不起电脑。夜里，同学们都在上网玩游戏，而海就拉着郁闷的云说："我们去公共教室做个游戏。"那时阶梯教室人特别多，已经没有座位了。云在门口探一下头，又缩回来，海拍拍她的头，大步流星地走上讲台，拿起粉笔在黑板上写了两个大字：有课。只见教室里一片忙乱，正上自习的人嘟囔着纷纷站起来收拾书包走出教室。起初愣在门口的云到这时终于明白了男朋友所谓的"游戏"，情不自禁地笑了，她发现海经常让人"情不自禁"，这是一个很好玩的男孩，干净、孩子气，她喜欢。

看着即刻被清空的教室，海回头冲着女友一乐，说："怎么着，这招灵吧！"

可是话音刚落，就又有一个人进来了，海冲他一努嘴，说有课。那人说："知道呀。我就是来上课的老师,你们是商贸系的吧,我是来代课的。"

"原来还真有课呀,闪人吧!"这样的喜剧真人秀,云看得瞠目结舌,笑得前仰后合,她挽着海的手臂:"算了,我们去看江,不用买门票的。"

闽江的水,在人海中显得雍容华贵,特别是在两岸灯光的烘托映照下。他们站在桥上凭栏远眺,有些清冷。海把云的手收到自己的怀里,云只好侧过身来,两个人就这样额头相碰。云说:"有钱人谈恋爱,都爱去什么咖啡厅,听说靠窗可以看到江的座位还要预订。你看,我们不也一样可以看到江吗?"

海把她搂得更紧:"谢谢!"他一时感动得居然说不出话来,他心里明白,女友是在委婉地安慰自己。

记得他第一次带这个从西北乡下来的女孩去麦当劳买甜筒,他们两人分别站在不同队列排队,看谁先买到谁就负责埋单。结果,先轮到了云,她迫不及待地说:"给我两个滚筒!"没想到那个缺心眼的服务员居然对云大声地纠正说:"不是滚筒,是甜筒!"

云有些无地自容,但是,看见男朋友冲过来,怜惜地抱着自己的时候,她又从心底里涌出骄傲来。更糟的是,最后掏遍口袋里的钱,仍然少1元,当然,有海在,没有解决不了的问题!

平常开销都是他们做家教挣来的钱,云还有一个弟弟上高一,每个月她还要寄100元回去给弟弟。海也是来自山区的,因为爸爸一辈子都没有出过大山,所以给儿子起了个带"海"的名字。而云的名字则是她妈妈起的,妈妈羡慕云可以飞得那么高,那么美。这对同样出身贫寒的恋人,就这样一路分享着彼此的温暖与憧憬。

风越来越大,海说:"我背你回去。"然后就不容置疑地蹲下,要云爬上来。

云有些惊喜又有些羞涩:"不要啦!人家看见了多不好。"但是,她的手已经抓到了海的肩膀。

"你可以再胖一些!"海站起来这样说着,心满意足地背着她走,云咬着他的耳朵说:"你是不是口袋里没有坐车的钱了?"

海笑了:"我是你永远的巴士,不好吗?"

云没有回答,她在擦泪。男生有多少钱是他的家世,花多少钱则是他的态度。记得有一次他们在街头,因为学费的问题都有些愁眉不展,但是,当海看见有人卖茉莉做的手链时,他依然毫不犹豫地为她买了一串,虽然只是一元钱,但那可是海一顿早餐的费用。

"我没有钱,但是有体力,还有心。"这是海最悲壮的语言。经常在阳光灿烂的操场上,他一句话不说,就突然举起云来转圈,在云张牙舞爪地求饶时,他说:"幸福不就一个'晕'字吗?"男人一般喜欢用物质表示爱意,但是,海则用心。他说她不仅有漂亮的眼睛,还有美丽的眼神,因为她居然会看走眼,看上他这样的穷小子。

他们最初的爱情发生地是火车站。那是第一学年春节期间,云本来不想回老家,突然听说妈妈病了,才临时买了黑市的票,一个人到火车站。火车站广场人山人海,大家都奋力向前冲。看到火车的时候,她傻眼了,要上车的人实在太多太多,她再怎么挤,永远都是最后一个。她机械地挤着,急得都快哭了。这时有人喊她的名字,云还没反应过来,那人已经把她抱了起来,往一个窗口里塞,然后大叫:"爬进去!快爬进去!"

在他的帮助下,云挣扎着上了火车。趴在窗前准备接行李时,才看清那个抱自己的男生,哦,是同学海……后来,海在信里告诉云说,他早已经盯上了云,本以为那个春节两个人可以一起在学校过,想不到她临时变了卦,当他发现云背着行囊匆匆走出去时,他就尾随而来……

很快,他们都大学毕业了,分别在福州找到了不错的单位,然后继续他们的爱情。一天,云正在公司的宿舍里学习打毛衣,她要给海一个惊喜,要为他织一件毛衣。突然来了电话,是海用手机打的:"请下楼,有人想见你!"云明知道海出差了,不知道他又有什么魔术要表演,云便兴冲冲地跑下去,海正在一辆白色汽车旁笑着。

"人呢?"云有些心虚地问。海马上躬身打开车门,从里面走出三个人:父亲、母亲、弟弟!云冲过去,抱住两年没有见到过的亲人:"你们是怎么来的?"

他们异口同声说:"海带来的!"

原来,海并不是什么穷人的孩子,他父亲是福建石狮一家民营服装企业的老板,他一直不想沾父亲的光,而父母也支持他自己闯出一片天地,所以大学四年,他们也都是让海自食其力,想不到,他演得太像,都乐不思蜀了。

"因为有你相伴,所以穷也开心。"这是海的内心表白。

因为父母催婚,他这才被逼露出原形,心想,这次的惊喜,一定会让云终生难忘。他便背着她亲自去甘肃接来她的家人,来看南方的海,然后在双方父母的见证下,正式向云求婚……云撒娇地捶打着亲爱的海:"你骗人!"

"以后再也不敢了。"海扶着吃惊过度的女友,心疼地保证。

在海的石狮老家,父母为这对有情人举行了盛大的订婚仪式。在海给云戴上钻戒的时候,云也从包里掏出一件凝聚着自己心血的毛背心,虽然有些简单甚至粗糙,但是她说:"这是我织的,我是北方的女孩,对温暖特别敏感,所以我想表达的也是一种温暖情怀。"

海当着众贵宾的面,抱起幸福的云,旋转。是的,幸福不就一个"晕"字吗?

∽ 感恩心语 ∼

在很多人的眼里,爱情就是建立在金钱基础上的。可是,金钱总有用得完、不够用的时候,那么到了这个时候,爱情应该怎么办呢?所以,没有钱的爱情有没有钱的活法。说不定,在你的身边也隐藏着一个富人呢。

婚姻里幸福的本质

佚名

我和小萌相识在 2007 年,第一眼见到他,我就被小萌那充满阳光的笑容所征服。都说男追女,隔层纱,女追男,隔座山,可相隔就相隔了吧,我相信精诚所至,金为石开,喜欢小萌就是这样没有理由,没有原因,喜欢就是喜欢了,一喜欢就是这么多年,直到现在,还是这样固执地喜欢着。

也许当时的小萌,内心并没有把我当女朋友对待,有时我打给他电话,听不出电话那头他有什么喜悦的口气,有时走在街上,看到别的女孩子幸福地偎依在男朋友的身边享受男朋友无微不至的呵护时,看见人家男朋友细心地帮女朋友擦去嘴角的汤汁时,不由想起小萌,小萌从来没有这样对过我,如果小萌也是这样对我,我该是天底下最幸福的女孩了,真的,我这个人很容易满足,我不物质,从不期望太多,只要小萌对我好,我就别无所求了。

我将小萌的相片当成我的手机屏保,手机彩铃、来电铃声都换成小萌最爱的歌。我向朋友们骄傲地介绍小萌,大声地说这就是我的男朋友。我喜欢听朋友们夸小萌帅气,和朋友们在一起,我喜欢絮絮叨叨地说起小萌的一切,说着小萌对我的好,将芝麻大的好,夸成西瓜这么大。小萌喜欢的一切,我都开始喜欢,喜欢小萌爱听的歌,喜欢小萌最欣赏的颜色。两人不在一起时,我就翻看手机里小萌的相片,小萌的笑容多么阳光灿烂啊,而我看着看着,则看到泪流满面,我和小萌初见面时,他就是这样笑着的,我是多么眷恋他的笑容啊,而为什么渐渐的,小萌对我的笑容越来越少了呢?我心里很清楚小萌对我的感情有几分几两,可我假装不知道,我努力微笑,让别人认为我很幸福。我一如往常,小女人一样为小萌做着一切他喜欢的事情,只要小萌开心,只要能和小萌在一起就是幸福的,我想,只要自己坚持不懈,总有一天会打动小萌的心。虽然现在小萌看来,我不够温柔,不够可爱,不够惹人疼爱。有的时候,我也会很累,我不知道该怎样去做,才能让小萌感觉到我对他的好。我每天一睁眼,就开始想起小萌,深夜临睡前,都在心中默念着小萌的名字才能入睡,有时想到伤心处,干脆含着眼泪进入梦乡。我也不是没有想过和小萌分手,可每每下定决心时,却发现分手更刺心入骨,我做不到离开小萌。

两个人的世界站着三个人有点挤

2009 年的一天,我无意中得知小萌在网上认识了一个女孩子阿苗,而我知道时,小萌和阿苗交往已经一年了,我加了阿苗为好友,在网上问阿苗:"知道我是谁吗?"阿苗显然有所准备,回答道:"知道,你是小萌的女朋友。"我问阿苗:"原来你知道小萌是我的男朋友,那为什么还和他来往?"阿苗满不在乎地说:"其实我和小萌没啥,我只是没有当过第三者,想尝尝当第三者是什么滋味而已。"居然会有这种想法,简直不可思议,那如果没杀过人,又想尝尝杀人的滋味,那就要去杀一个人试试?阿苗的做法,和杀人也没啥区别,而且是凌迟的杀法,每次想到阿苗插在我和小萌之间,我的心就如同被刀一片片刮过,那么痛,那么伤。

也许阿苗的年纪还小,有着很自我的性格,也许因为很多的原因,小萌还是和阿苗分开了,虽然不知道究竟是什么原因,但小萌那几天明显沉默与黯然,在这世上,除非为一个女人,还有什么事情能让一个男子心情低落成这样,在小萌的心中,阿苗还是有着一些分量的。

但小萌没有和阿苗断了联系,小萌将阿苗带回了他家,到了小萌家,阿苗挑衅地给我打电话,说:"你知道我在哪里吗?那我告诉你吧,我就在你老公的家里……"听阿苗这般猖狂,我都快疯了,我打电话给小萌的母亲,小萌的母亲证实了阿苗确实来过她家,而且小萌的父母都不喜欢阿苗,要小萌和阿苗赶紧断了联系,不要继续来往。小萌也没料到阿苗会给我打这样的骚扰电话,没等我见到他,就回了老家,这期间我一直无法联系上小萌,过了几天,小萌从老家回来了,但他还是不肯和我见面,我去找他,他又不在,终于有一天,我在网上看见了小萌也在上网,我问:"为什么不和我见面?"小萌说:"我没有脸见你,见了面,也不知道该对你说什么好。"我问清楚小萌在哪个网吧后,赶了过去,小萌已经站在网吧门口,见到数日未见的小萌,恍若隔世,我以为快要失去的时候,他终于出现了,我不管别人会怎么看,扑进小萌的怀里大哭起来,一边哭一边说:"我以为以后再也见不到你了,为什么要这样对我,难道我对你没有她对你好吗?"小萌抱住了我,替我擦去伤心的眼泪,我们又和好了,我以为小萌从此会改,和阿苗断了联系,可是我想错了,那只是我一厢情愿的想法,那时我在外租房子住,小萌也有房子的钥匙,平时中午下班我都在单位休息,从不回去的,可那一天,不知道为什么,突然有种很强烈的念头,我回到了家里,而回到家时,眼前的一幕让我快崩溃了,小萌正和阿苗在亲热,阿苗见我回来,还若无其事地对着我微笑,我哭着将小萌和阿苗赶出门,锁上门,背依着房门痛哭起来,为什么我付出我的全部,换回来的却是一次次的伤害与漠视?我多么希望小萌能用一颗真心和我相处,这一次,小萌终于和阿苗断了联系,但小萌却说我也有错,因为我管他太严,让他喘不过气来。

执着不放手终于做了他的新娘

母亲见我爱小萌爱的这般辛苦,就劝我放弃小萌,朋友们也劝我:"你这又何苦呢?这么执拗地在一棵树上吊死,也不管这棵树适不适合你。"可我还是忍了下来,只有自己的心清楚我有多么离不开小萌。当然我还是尝试过离开小萌,在下定决心的那一晚,小萌睡着了,我轻轻地从小萌的臂弯里起身,贪婪地看着小萌熟睡的样子,眼泪哗哗地流了出来,小萌怀里的气息是那样的让我迷恋,我多希望时间能够在这一刻定格,我们就是一对幸福的小夫妻。我很想自私地拥有小萌的这份恬静,一直这样下去,可我不知道,当小萌醒来,明天的他是否会被别人也这样的拥有?为什么小萌不能和我一样,彼此完整真诚地拥有着对方呢?我哭泣着,又轻轻地伏在小萌的臂弯里,享受着这个既让我幸福，又止不住地流泪的时刻。但我一次又一次鼓起勇气，又一次一次被自己打败，我还是和小萌在一起，继续这样走下去。

我和小萌也不小了，小萌的父母让我和小萌结婚，说实话我期待这一天已经很久了，不知有多少个深夜，我都在想象着我和小萌结婚的那一天，那是一座幸福的殿堂，是再多物质都无法代替的幸福，听到结婚这个词，小萌有点犹豫，看得出他当时还没有考虑结婚，也许还没玩够吧，也许是没考虑好我来做他的新娘，但最终小萌还是同意结婚了，我们开心地筹备婚礼。

做了小萌的新娘，我幸福到有点恍惚，爱情一路的颠簸与坎坷终于过去，我们的爱情终于驶入婚姻的港湾里，而这是我最想要的。我在2010年结婚这天的日记中写道：四月初六，我嫁给了你。从此你便是我爱情的定义。当朋友问我为什么结婚了，我觉得这问题很好笑，没有什么原因，如果有，那唯一的原因就是爱，是因为想要和你在一起，所以才结婚。不论从前，还是未来，我都会这样说。在我穿上婚纱，盘起留了多年长发的那一刻起，在你手捧花束微笑着向我走来的那一刻起，在你为我撑起红雨伞挽起我的手走向婚车的那一刻起……那一刻，你我相依，你就是我爱情的意义。那一刻我很感动，因为我看到了爱情婚姻里幸福的本质。

希望别再提起那个令我伤心的名字

婚后，小萌确实像变了一个人似的，对我一心一意，对我体贴对我好，但小夫妻之间哪里有不吵架的，有时和小萌吵嘴，小萌明知阿苗是我心中的一根刺，偏要拨弄起那根刺，又提起阿苗的名字，说阿苗比我好，说他的脑子里还会想起阿苗，说那时还不如和阿苗结婚呢，有时候小萌更是故意气我，说他要去找阿苗，小萌明知这句话能气坏我，所以他故意挑起这个话题说。

从婚前到婚后，因为不在同一个城市工作，所以我和小萌一直分居两地，除了月末能够相聚几天之外，其他的时间，都在各自的城市里生活与工作。每天下班后，我一个人回到冷清清的家里，想着小萌，想他在那个城市里工作顺不顺心，生活得好不好，又想他今后会不会和阿苗再有联系，我真的很怕，很害怕有一天小萌和阿苗恢复联系，而那时，我又该怎么面对我的婚姻，每个做妻子的，都不会愿意让自己的老公心里想着另外一个人，我只希望小萌能够明白我的心，不要怪我还没有放下这个心疾。

有时和小萌吵了嘴，我打电话把苦恼说给妈妈听，妈妈说："两个人在一起，不要老想着面子，两个人过日子，面子重要，还是两个人在一起的生活重要？不管男人在外怎样，他还是希望可以看到干干净净的你和干干净净的家在等他。决定和什么人在一起了，就不要去埋怨苦日子，既然你选择了他，就不要去埋怨他。生命无常，要好好珍惜每一天，珍惜自己的家庭……"

过来人，所讲的经验字字是金，我想我和小萌的婚姻也会按照这样的条理走下去吧，一直走完我们的一生，不管过去怎样，过好现在与未来的每一天吧！

感恩心语

爱是没有理由的，甚至显得有些莫名其妙。我是一个非常坚定的女孩，虽然恋情几经波折，但是却从来没有放弃。也许，正是因为我的坚持，我才能够如愿以偿地成为小萌的新娘。不管过去的事情是怎样的，既然选择了，我就要无怨无悔地面对生活。

让我陪你走到最后

佚名

黄的灯光弥漫着整条街，街上人甚是稀少。几片枯叶时而被风吹下枝头，在空中打转儿，对枝头就像恋人分别时恋恋不舍。从远处飘来一曲《其实很寂寞》，让灯光少了许多暖意。

在不远的地方坐着一对恋人。女孩儿依偎在男孩儿怀里,轻闭着眼睛。尽管秋风萧瑟,但对于他们,却生活在春天里。虽然风刮着树叶莎莎作响,但他们的谈话却是那样清楚。

"琪儿,现在还冷吗?"男孩儿脱下身上的外衣轻轻地披在女孩儿身上,又用手将她那洁白而温柔的小手握住。

女孩儿依然闭着眼睛,轻声道:"不冷了,我感到很温暖。"她紧握着那双温暖而有力的大手。那双手给她温暖,给她一切。有了那双手,她觉得好安全,好幸福。这种感觉已经不止一次让她流泪了。

昏黄的灯光倾泻在她幸福的脸颊上,一颗晶莹的泪珠掉了下来。

男孩儿轻轻擦干她脸颊上的泪水,紧紧地将她搂着在怀里。他吻着她的额头。她想说什么,但嘴唇颤抖了几下,什么也没有说。因为什么都不必说了。

落叶潇潇,昏黄的灯光仍旧昏黄。

女孩儿睁开眼睛,眼角挂着两滴泪珠。她静静地看着男孩的脸。

突然,她把目光从那张熟悉的脸上移开,转向那昏黄的路灯。她放开男孩的手。"我们还是分手吧!"那声音很轻很细很微,好像无意间的自语,怕被别人听见。泪水再次不听她的控制,悄悄地流下来,掉在了那双温暖的大手上。

她不敢面对那双眼睛,她怕。虽然这话声很小,但对于把全部的注意力都放在她身上的他来说,那声音足够让全世界的人听见。

但他什么都没有说,也没有生气。他再次紧紧地把那只小手握住,紧紧地将她拥入怀中。女孩儿想挣脱那双大手,想推开那温暖的宽厚的胸膛,但那熟悉的感觉让她没有勇气作出这个动作。

"琪儿!"他又吻了一下她的额头。"琪儿,以后不准再说这样的话了,好吗?无论怎么样,我都要和你在一起。"女孩儿再也忍不住,小声地哭了起来。

"可是……可是我们没有未来!"她无奈,她更伤心了。她仍然不敢看他的眼睛。她怕。她怕这幸福,她怕这关切的眼神,她更怕会失去了他。

但是……她已经想好了,如果他真的离开了自己,她也不会伤心,更加不会恨他,她一定会祝福他。她已经感受到了他给她的爱。因为在自己孤独的时候,他已经给了她快乐和幸福。

他知道该怎么做。他该知道该用怎样的温柔的语气给她打电话,该用怎样的汉字给她发怎样的信息能让她开心……

"他懂了她,不,他已经完全懂了她。"我心里说道。

"医生说……医生说我……"她没有再说,而是突然停了下来,用眼角的余光看着他的眼睛。她想知道什么,想确定什么,但她仍然怕。

男孩儿知道她要说什么,但是他没有说"我知道你想说什么","你什么都不用说了"之类的话。他知道她此时要什么。他温柔地看了她一眼。她赶快把头转了过去。

"医生说我的时间不多了。我多想和你共度一百年,可是我们在一起还不到一年。我不想离开这个世界,不想离开你,真的不想!"她知道他会给她快乐和幸福,也一定会给她幸福和快乐。但是,对于她,这幸福是短暂的,是可怕的,是没有签约的合同,是她,不,是所有女孩儿都希望得到的。

他的眼泪在眼眶里转了几圈又被他收了回去,他不让那多情的泪水流下来,尤其是现在,在她的面前。虽然如此,他的感情变化还是被她感觉到了。

灯光仍然那样的昏黄,树叶不时地从枝头飘下来。

"琪儿,不哭。琪儿不怕,好吗?我会永远陪在你的身边,永远陪着我的琪儿。"他再次擦去她脸上的泪水。"我相信我的琪儿一定会好的,一定会。"他的眼神充满了鼓励,坚定更不容怀疑。

她幸福地笑了。那是很甜很甜的微笑。

"可是我不能给你幸福，也不能给你快乐。和我在一起，你不会有快乐，也不会有幸福！"她竟然会说出这样她最不想说、也最不敢说的话。她目不转睛地看着他，连她都不知道是哪儿来的勇气让她敢这样看着他。女孩儿看到他的眼神好美，好温暖，他眼里的世界好美。风还在吹，但似乎比刚才小了很多。虽然灯光仍然昏黄，但带着淡淡的温暖。

他把那双小手握得更紧。"琪儿，你永远是我的快乐，是我的幸福。是你给我的世界带来了色彩，因为你的出现，我的世界变得五彩缤纷。琪儿，是你给我带来了快乐和幸福。不信你看，"他指着他的眼睛，"你看我的世界里有小鸟，有鲜花，有蝴蝶，有你最喜欢的风筝，还有你最喜欢喝的奶酪……"他的声音在颤抖，但他努力控制着，"如果你陪在我的身边，我就会很快乐。我能在你需要的时候陪你，那是我最大的幸福。无论你能陪我多久，就让我也陪你走到最后吧。"不经意间，他滚烫的热泪滴在了她的小手上，在灯光下晶莹剔透。她的衣襟早已被自己的泪水打湿了。

"勇，谢谢你。我爱你，永远爱你，永远。"她紧紧抱住他。

两人牵着手，消失在温暖的灯光中……

感恩心语

虽然很多人都经历过爱情，但是大多数人都不懂得爱情。对于爱情，人们众说纷纭，有人说爱就是放手；有人说爱就是让自己的爱人得到幸福；也有人说爱就是占有……其实，爱是使双方都了无遗憾。

陪你一起到老

佚名

爱一个人一辈子，不是承诺永远对他好，而是明知他不会给你任何承诺，还是愿意陪着他一起老。

——锦瑟

世界上最遥远的距离，不是生与死，而是我就站在你面前，你却不知道我爱你；世界上最遥远的距离，不是我就站在你面前你却不知道我爱你，而是明明知道彼此相爱，却又不能在一起；世界上最遥远的距离，不是明明知道彼此相爱却又不能在一起，而是明明无法抵挡这种思念，却还得故意装做丝毫没有把你放在心里；世界上最遥远的距离，不是明明无法抵挡这种思念却还得故意装做丝毫没有把你放在心里，而是面对爱你的人，用冷漠的心，掘了一条无法跨越的沟渠。

——泰戈尔

这是锦瑟喜欢的诗，在"篇篇情"播着老歌的夜里，她知道了它，心里漾出一股模糊的哀伤，她所不能领悟的痛楚就这样在心中植根，一直到她爱上一个人，才从记忆中翻阅出这种心疼，没有眼泪，只有叹息。

锦瑟纯粹的快乐是四个月，一生的心疼用去60天，交集里是三个人的日子：锦瑟、仔仔、还有小猪。小猪有太可爱的名字，却是个极招人喜欢的男孩子，长得很帅，大眼睛里的是藏不住的真挚、纯真和深情。锦瑟号称班中头号色女，怎么会放过认识小猪的机会？小猪用三秒钟的时间作考虑，达成了锦瑟求"偶"的心愿——如果说认识锦瑟是被小猪拖下水的，仔仔理所当然是这次"买一送一"的牺牲品。

然而锦瑟是偏心的，她会认真地坐在两个人面前仔细地看，然后一本正经地告诉他们，小猪比较帅。再然后三个人的表情会很有趣：小猪摸着脑袋兀自脸红，仔仔一脸"你不要直说嘛"的"沮丧"，而肇事者锦瑟就大笑着乘机吃豆腐:捏捏仔仔的脸,摸摸小猪的头,比较害羞的居然是两个男生!

可是锦瑟爱上了一个人啊,从那一刻起,便注定了她的心疼。

她爱他,因为发觉自己会因为他心痛而心疼;他心痛,因为爱着一个不爱他的女子。

锦瑟不懂爱情了,它生来就是要伤害每个人的吗?他的笑容里有只有锦瑟看得懂的忧郁,他把它藏的很好。可锦瑟藏不住她的哀伤,她的眼睛依然明亮,但已经不纯粹。

无法纯粹了。仔仔这样漂亮的男生为什么还要不知足地喜欢漂亮的 Jassy,锦瑟这样自卑的女子为什么更要接受出彩的仔仔的自卑?痛得20岁都不到的锦瑟和仔仔都已经戴上了面具,微笑背后是破碎的、细密的哀伤。

小猪尴尬着、焦急着,他不会安慰人,而且,他不能。安慰若是有用,便是让爱着的心死去。

学校里有演唱比赛,热闹、忙碌,该是可以散心的地方。小猪急忙把锦瑟拖去看比赛,一边喝可乐,一边用望远镜看美眉和帅哥,锦瑟在那时是轻松的,因为有可爱的小猪陪着。

单纯的小猪。他忘记了在这样的比赛里必然有人唱情歌。

"我知道你很难过,感情的付出不是真心就会有结果……把爱剪碎了随风吹向大海,越伤得深,就越明白爱要放得开……"

锦瑟说她的眼睛不舒服,小猪没有多问。

仔仔也在某个角落里,不远。锦瑟想起打电话问仔仔去不去听演唱时那个声音:"也许……你有小猪陪就行了……来了再说。"声音还是很温柔,但是……"世界上最遥远……面对爱你的人……无法跨越的沟渠。"蓦然间一阵疼让锦瑟头晕目眩,他不能爱,她也不能爱,隔在他们之间的是触手可及的伤痛和遥不可及的幸福。

然后锦瑟听到了她一辈子也忘不了的歌:"我只是难过不能陪你一起老,再也没有机会看到你的笑,记住你的好却让痛苦更翻搅,回忆在心里绕啊绕,我多么的想逃;我只是难过不能陪你一起老,每天都能够看到你的笑,少了个依靠,伤心没人可以抱,眼泪擦都擦不掉,你知道。希望你知道,我是真心的祝福,只要你过的好,快乐就好。"

小猪看她,眼睛透明而明亮,锦瑟奇怪为什么自己没有喜欢上这个纯粹的、帅气的男孩。她是被一种相似的气质吸引,和她一样的、阳光灿烂下的忧郁。她不会忘记有风的日子里被她发现的仔仔隐藏在长发下的那双深邃的目光。她说:我们都是受伤的孩子,我们都是残缺的苹果。仔仔笑的时候,眼睛清澈,柔如彩虹。

两个孩子可以相互扶持,却无法相爱。

于是,锦瑟把头放在小猪肩上,泪如泉涌。

锦瑟病了。锥心刺骨的疼痛在头上和心里漾开来,锦瑟怕自己会死掉。看着点滴瓶里的透明液体一滴一滴渗入血液渗入生命,锦瑟随着那样的节奏,念着:仔——仔,仔——仔,仔……她想,这便是爱一个人到极点了。那一夜半梦半醒、迷迷糊糊之间,锦瑟流干了所有的泪。

只是孩子啊,孩子不懂得真正的爱情。在年轻的时候爱过一次,受伤,长大,青春是这样的纯粹,连痛都是干净透明的。

锦瑟、仔仔、小猪走过20岁了。

4月1日,是三个家伙约定的纪念日。

剪去了长发的仔仔和小猪一样西装革履,这是锦瑟一直用来"嘲笑"的话题。一本正经帮人家作分析而不是抚弄着头发装深沉讲笑话的仔仔!这简直比小猪与别人唇枪舌剑还好笑。但的确是真的,大家用不曾想象过的方式生活得很好,只除了为了赶稿几夜不眠时锦瑟恐怖的样子会让人感叹生活的艰辛。快30了的锦瑟居然还大喝珍珠奶茶,并且中奖似的宣布:"我要公费去 Casablanca 旅行了!"

很浪漫的地方,适合找个人把锦瑟嫁掉,两个男生,不,两个男人有阴险的想法。

"你再不嫁别说认识我们,一直和老女人混在一起,别人一定以为我们不正常……"

玩笑,让人开怀的玩笑。4月1日的约会也许正因为他们都认为痛苦是一个大大大玩笑吧。

送锦瑟去机场的那天,她拥抱了小猪和仔仔。

"十年前我就想抱你了。"锦瑟对仔仔说。他看她,她的眼睛纯粹而清澈。

锦瑟努力的工作,她要一个月赚8000元以上,她不告诉别人为什么。

小猪叫她不要只顾着工作:"你不年轻了,怎么不找个归宿呢? 你的爱真的用完了?"

"我要赶在变老之前完成一个理想,因为我用比十年前深得多的感情爱上一个人。"

在锦瑟快35岁的那个情人节,她买了一幢新房子,可以装下她一生的幸福。她最新的文字里有这样的话:时间可以疗伤,淡去一切,唯有爱似酒,越酿越醇厚。

东京爱情故事一样的场景:锦瑟与仔仔在街头相遇,她的笑纯粹而清澈。是20岁的他们吗? 不,老了,锦瑟和仔仔老了,50岁的锦瑟写下一个故事:女人用5年的时间赚到足够的钱,在男人附近买下房子,每天看他出门回家,看他从风度翩翩到已生华发,看镜中的自己长出皱纹。这是对爱情最好的回报,和心爱的人一起老。

❧ 感恩心语 ❧

很多时候,我们爱一个人,但是却无法拥有他。于是,我们默默地守着自己的爱,在角落中,看着他一天天变老。以这样的方式一起变老是爱的极致。锦瑟用自己的一生诠释了自己对仔仔的爱,这种爱始终在锦瑟的心间从来没有变过。

我用"装傻"来保卫爱情

佚名

我老公是个非常沉默寡言的人,但有时候他也会妙语连珠、一语惊人。记得我们刚结婚后的第三天,他就指着马路上来来往往川流不息的车龙,装着漫不经心地对我说,"你看一家人出去,只要看看谁在开车,就知道这家是谁在做主!"后来,我们周围有几家熟人朋友先后离婚了,我老公又说:"你发现没有,这离婚的几家,都是老公一边坐,老婆在开车呢!"

我觉得我老公这明明就是在敲山震虎,即便我只勉强算得上半个女强人,我还是索性决定夹起尾巴做人,免得夜长梦多。

那么什么又叫作"夹起尾巴"呢? 即当我们全家外出的时候,尽管用的是我的车,尽管我的开车技术世界一流,但我绝对不去抢那个方向盘。有时在路上,当我老公迷了路,开着车像没头苍蝇似的在大街小巷乱蹦乱窜时,虽然我心头万丈怒火,想破口大骂,虽然我明明知道该往东走而不是往西走,但我也绝对要咬住自己的舌头,压住自己的怒气,还要把车窗也摇下来,探出头去跟他一样东张西望。

总之一句话,装傻!

不仅我这半个女强人要装傻,连那些最聪明的、真正的女强人也一样会装傻。我的好朋友小青,从当初一名家庭主妇做到如今三家连锁冰淇淋店老板,而老公在小青这整个发达过程之中,只从一个中级工程师升到高级工程师,也就是从四万五的年薪升到五万块。但小青告诉我,她抓住她老公之心的最伟大的绝密武器是:在他面前哭穷。"你还哭穷? 他信吗?""信! 哪里有不信的!"小青如是说,"我每次哭穷时,都是要真的哭! 眼泪一来,钱也就来了。上次他升高工,我一哭一诉,他马上就把加薪的那五千块给我了,爽得很!"

我心想，不管是你爽、他爽还是你们一起觉得爽，他们那个婚姻都一定是"西线无战事"。果然，十年看下来，他们夫妻阵营固若金汤、百邪不侵。

现代婚姻，你作为一个女人如果太弱，并且是表里一致里里外外都弱，就会被男人瞧你不起，找个第三者来，还会与那个第三者联手，回过头来理直气壮地狠狠踩你一脚。但是如果你表里一致的强，像只母夜叉一样的强，老公绝对怕死了你，谁愿意与一只"母夜叉"朝夕相处，一有机会就溜到温柔乡去了。

现代女人在对付男人上，最需要的就是表里不一，即内强外弱。"内强"是心理上的独立、事业上的进取、品性上的忠诚。一句话，即便明天没有了老公，自己一个人照样有碗好饭吃！那么"外弱"的意思则是需要向男人洒眼泪的时候，就得有眼泪；需要给男人提鞋的时候，就要去提鞋；需要讨好男人的时候，就要舍得用花言巧语。

～感恩心语～

幸福的生活需要用心去品，用行动去证明，而不是斤斤计较。只有大智若愚地对待爱情、生活，才能使家庭更幸福。

婚姻似杯水，爱情如风筝

春暖花开

有一对母女，母亲快五十了，女儿二十八。不同的是年龄，相同的却是母女俩都离了婚。虽然两人对待丈夫和家庭的态度不同，但结果却是相同的——都是丈夫离她们而去。

父亲做生意赚了大钱，而且生意越做越大。俗话说："男人有钱就变坏"，母亲担心男人禁不住花花世界的诱惑，想起朋友曾经说的"要想拴住男人的爱就要管住他的钱袋"，母亲就开始对丈夫管得死死的，紧紧盯住他。一有什么风吹草动，就如临大敌，兴师动众，走在街上，如果发现做丈夫的偶尔看了别的女人一眼，就开始了没完没了的盘查拷问。

一次在父亲的公司，母亲看到丈夫和一位女同事谈笑风生，马上面如土色，开始胡搅蛮缠，大肆吵闹，如此这般，弄得父亲疲于应付，更是心烦意乱。

一天，父亲生病了，母亲倒了杯开水，不小心倒得多了，端着满满的水走路时，极怕洒出来，没想到，越是小心越是紧张，结果，绊了一脚，不仅烫了手还打碎了杯子。

父亲长久的积怨终于在那一刻化作一腔怒火，大发雷霆地吼她，母亲亦不甘示弱，反唇相讥。于是，两人唇枪舌剑，闹得不可开交，丈夫最终忍无可忍，弃她而去。

太过于紧张，太在乎，太死心眼，往往会事与愿违，越是爱他，害怕失去他，就越要给他空间。因为这样才不会令他窒息，如果死死看住他，早晚有一天他会离你而去。

女儿10岁时父母离异，父母失败的婚姻没有给她带来启示，反而让她走向了另一个极端。

女儿长大后也结了婚，丈夫是个性格外向乐观、热情奔放的人。为了吸取母亲的教训，她从不过问丈夫的交际和工作。即便丈夫跟她说起，她也从不搭腔，她认为母亲就是太爱管父亲，所以把父亲给逼走了。儿子出生后，她把所有的精力都倾注到儿子身上，就在这个时候，丈夫回家渐渐晚了。她毫无怨言地在客厅里等他，开着灯热好菜等他……丈夫开始彻夜不归，虽然她心里很不是滋味，但她还是忍着没问丈夫……这样过了一年，丈夫提出要跟她离婚。

"为什么？"她极其惊讶了。

"不为什么？我觉得我俩没有感情。"丈夫很自然地说。

她不懂，为什么自己从不管着丈夫，他也会对自己感到烦厌呢？她感到极其失落。

一天,她带着儿子来到郊外公园放风筝,几个小孩围了过来。儿子不断地放着线,风筝在天空中越飞越高,孩童们大声欢呼雀跃。风筝努力地往上飞,边飘边摇曳着,像一道美丽的风景线。她抬头仰望着,不时地为儿子欢呼几句:放高点,再放高点……因为极力想让风筝飞得更高,儿子手里的线就拼命地放松……风筝飞得越高风力也就越大,不一会线"绷"的一声断了,风筝最后栽在湖里。

望着掉下来的风筝,儿子哭了,她的心猛地一阵颤抖,突然想到了自己曾经的婚姻。因为太过于放纵对方,给对方太多的自由,他才会飞得越来越高,飞得越来越远,直到断了线,霎时,她泪如雨下。

❧ 感恩心语 ❧

原来婚姻就如一杯水,不能倒得太满,倒得太满就会溢出;爱情就像放风筝,不能放得太高,放得太高就会断线。要想维持婚姻的幸福,就要用心把握好一个度。

一个约定,用尽一生

佚名

小的时候,明亮温暖的下午,她会站在他家的窗下,高声喊着他的名字。然后他会从窗口探出小小的脑袋来回答她:"等一下,3分钟!"

但她通常会等5分钟以上,因为他会躲在窗帘后面,看着她在开满花的树下一朵一朵地数着树上的梨花。当他看到分不清哪个是花,哪个是她的时候,才会慢吞吞地下楼去。她看到他,会说:你又迟到了。然后,他们就开始玩办家家,她是妈妈,他是爸爸,却没有孩子。

她把掉下来的花瓣撕成细细的条,给自己的小丈夫做菜吃。

上中学的时候,她和他约定每天早晨7:00在巷口的早餐铺见面。她总是很准时地坐在最里边的位置,叫来两根油条。7:10分以后,他拖着黑色的书包出现在有些寒冷的阳光里。懒散的表情。脸上有时隐隐可见没擦干净的牙膏沫。她看到他,会说:你又迟到了。然后他坐下来开始吃早餐。她把他脏脏的书包放在自己的腿上。

她把粗大的油条撕成细细的条,给他配着热腾腾的豆浆喝。

高中毕业典礼那一天,他们去了一家婚纱店。她指着一套婚纱对他说,她好喜欢那套婚纱。他看那套婚纱,它不是白色,而是深蓝色的。蓝得有些诡异,有些忧郁,就像新娘一个人站在教堂里,月光掉在她如花的脸上时,眼中落下的一滴泪。

然后他轻声告诉她:"等你嫁给我的那一天,我把它买给你。"

大学他们分居两地,当她打电话询问他的信什么时候会到的,他常常回答她大概3天以后。而她接到信的时候,已经过了7天。于是她会在回信里包上新鲜的玫瑰花瓣,然后写道:你又迟到了。

她把日记撕成细细的条,夹在信里寄过去。她想如果他细心地把那些碎条拼起来,就可以读到她在深夜对他的思念。

毕业以后,他们有了各自的工作。有一天他说要来看她,于是朴素的她第一次化了妆,匆匆赶去车站。她看着空荡荡的铁道,觉得那是些寂寞的钢轨,当火车从它身上走过,发出绝望的哭声。

火车比预定时间晚了一个小时。她看到他变得比以往更加英俊,只是眼中少了一分懒散。接着她又看到他的身边有一个笑颜如花的女子,他介绍那是他的未婚妻。

她只是说了一句:你又迟到了。

那天晚上,她把他写过的信撕成了细细的条,让一团温柔的火苗轻轻舔舐着它们的身躯。

他结婚那天,也邀请了她。她看到新娘是如此的美丽,穿着一套洁白的婚纱。那婚纱白得十分刺目,像是在讥讽她的等待。没有人发觉她在晕眩。

第二天她就搬去了一个小城市,没有人知道她在哪里,她决心要从这个世界里蒸发,从他的生活里蒸发。

他像大多数都市里小有成就的男人一样,经历了事业上的成功、失败、离婚、再婚、再离婚、再结婚、丧妻。在他的生命里路过了许许多多的女人,她们有些爱他,有些被他爱,有些伤害了他,有些被他深深的伤害。匆匆而来,又匆匆而去。当他恍惚记起曾经那个站在开满鲜花的树下一朵一朵数梨花的小女孩时,自己已经是七旬的老人了。

他寻访到了她的讯息,他认为自己应该带一点见面礼给她。后来,有人告诉他,她一直都没有结婚,她似乎在等待一个约定,只是这个约定的期限不知是在何时。于是,他知道自己该买些什么了。

他花了很长时间去寻找一件深蓝色的婚纱,他的确找到了很多件,只是没有一件像当年那套一样,有着孤独新娘在月光下的第一滴眼泪感觉的深蓝色婚纱。终于,他从香港一位收集了很多套婚纱的太太手里买下了那样一件婚纱。

那位太太听过他们之间的故事后坚持不收钱,但他,还是付给了太太55元钱,那刚好是他们结下等她嫁给他他会买这套婚纱送她的约定之时,直到现在已经有55年。

他带着那套深蓝色的婚纱,匆忙赶到医院。他从不知道自己70多岁的身体居然可以跑得这样快。但是时间是最作弄人的东西,在他怀抱那堆深蓝色的轻纱踏进病房的那一刻,她停止了呼吸。

他觉得这一幕是那么似曾相识,只不过不同的是,她不能再对他说一句:你又迟到了。她一直都在等待约定的期限,尽管他总是迟到。

但她从没想过,那最后一个约定的期限,就是她一生的时间。

꧁ **感恩心语** ꧂

只是一个约定,就使她用去了一生的时间去守候。当离开的他终于回到原地找她的时候,她却已然离去。他又迟到了,他这一生都在迟到,所以就注定了她这一生都在等待。

那棵会开花的树

佚名

小时候,江承宇家离我家很近,属于同一个社区,我们读同一所幼儿园。我的妈妈与江承宇的爸爸是大学同学,他的父母和我的父母经常约好轮流来接我们两个,所以我和他曾经无数次手牵着手走在放学的路上,另一只手里拿着同一口味的冰激凌。

幼年时候的江承宇长得很好看,白皙的皮肤微卷的棕发,一双水汪汪的细长眼,睫毛浓密而上卷,漂亮得如同女孩子。我和他手牵着手走在街上的时候经常会有大人停下来笑着说,你看这姐妹俩长得多像。这个时候江承宇的脸就会"唰"地一下红起来,我总是看着他腼腆而窘迫的样子咯咯地笑个不停,并手舞足蹈地叫他:姐姐,姐姐。

长大以后的我曾经无限甜蜜地回首当时的日子——小时候的我们长得很像,并且曾经手牵着手走在大街上吃冰激凌,这是否可以理解为缘分的一种?

小学的时候我与江承宇同班,这对我来说很幸运,因为他搬了家却没有转学,这样我才有机会跟他继续在一起。当然，这只是我个人的想法。江承宇对于我的存在很不以为然，他似乎对我这个小时候曾经追着他叫姐姐的女孩子没什么特别的感情。许多时候我很想对他说，承宇，其实我和你也算是青梅竹马啊，可是你为什么从来不在班上跟我说话呢？

江承宇坐在我斜前方的位置上。上课的时候我总是侧着身子用手支着下巴偷偷地看他的背影，默默而长久。不知从什么时候起，他已经不再是小时候那个害羞而腼腆、如同女孩子一样的江承宇了。他现在是我们班的班长，我总能看到他拿着记事本眉飞色舞地跟班主任讨论班级的大小事务，很认真的样子。江承宇是我们学校的天才少年。我经常看见他气宇轩昂地站在讲台上写满满一黑板的粉笔字，他可以无师自通地用 N 种方法解一道数学应用题；老师看他的时候总笑得眯起眼睛，说江承宇同学是我们学校的骄傲；省里市里大大小小的竞赛，他总是无往不利地拿回一张又一张的奖状；全校女生眼睛闪亮地看着熠熠生辉的江承宇，仿佛他是征服了怪兽的王子……

我想我永远都不能吸引那么多目光。长大以后，在江承宇开朗干练起来的同时，我却变得很安静，我的成绩平稳地排在中游，在课堂上极少回答问题，默默无闻，就连病了几天没上课也不会有人注意到。小时候曾经有人说我和江承宇长得很像，我想现在绝对不会再有人这样说了。现在的我只是个平凡的女孩，可是江承宇却一天比一天俊朗起来，他穿着最普通的白衬衫也永远是人群中最耀眼的一个。

中学的时候，我仍然很幸运地与江承宇念同一所学校。他顺理成章地考进重点班，我则顺理成章地进普通班。不能跟他同班我有些遗憾，斜前方再也没有那个熟悉的背影可以让我默默而专注地长久凝望。江承宇这个人离我的生命越来越远，我有些难过，可是我什么也做不了。

我喜欢看小说和漫画，偶尔也读些散文和诗集。江承宇的妈妈和我妈妈互通电话时，我总听见妈妈叹着气说，我们家叶凝什么时候能像你们承宇那样就好了，她只喜欢看那些没有用的书。这个时候我就会走到妈妈身边搂着她的脖子笑着说，妈妈你又说我坏话是不是？像江承宇那样的人，一所学校里能有几个？天知道我多想把话筒抢过来跟江承宇说话。我已经很久没有见到他了，我有那么多话想对他说，可是那些波涛汹涌的话我却一直没有机会说出口。

我的好朋友微微是个很八卦的家伙，学校里发生什么事她总会第一时间告诉我。一个阳光明媚的午后，她在教室走廊的窗边伸手指着操场上的一个男生给我看，凝儿，他就是重点班里的白马王子，成绩超好，人长得也帅，可惜的是他现在跟他们班的林湘湘在一起了。哎，这么好的男生我们却没有机会了。顺着微微指的方向，我看到了江承宇。沉默许久，我对微微轻描淡写地说："是吗？"

于是微微在我耳边喋喋不休起来："林湘湘你知道是哪个吗？就是在校庆晚会上当司仪的那个。"

我怎么会不知道林湘湘呢？她跟江承宇一样，永远是人群中最耀眼的人。当我们穿着校服上衣和牛仔裤黑压压地成群结队的时候，林湘湘总是穿着呢子短裙和坡跟长靴横穿校园，好似一道美丽的风景。每当我坐在教室里听到高跟鞋撞击地板发出响彻整条走廊的声音时，我就会情不自禁地想象林湘湘与江承宇并肩走在街上的样子，我也会在心里问：他们会不会手牵手吃同一口味的冰激凌呢？

如果不是妈妈带我去参加她的同学聚会，我想我永远不会有足够的勇气跟江承宇聊天。

那天那些家长包下了整层酒店，我们一群互不相识的孩子坐一桌。整桌子人中我只认识江承宇一个，他坐在我对面温和地看着我。吃过饭后，我们坐在酒店大厅中央的喷泉旁边不着边际地闲聊，他现在已经很健谈了，说话的时候总有一种自信而温和的神情。这是长大后我跟他第一次单独在一起，我装作不经意间问："江承宇，你还记得我们小时候的事吗？"

他露出干净清澈的笑容，说："我当然记得了，还怕你会忘呢，我们可是青梅竹马哦。"他邪邪地朝我眨眼睛,漫不经心地开着玩笑。

他怎又会知道这样明显的玩笑我也会当真。我转头深吸一口气,继续说:"对了,听说你跟你们班的林湘湘在一起了,是真的吗?"

他睁大了眼睛看我,长长的睫毛忽闪着,他说:"叶凝,你什么时候开始这么关心我了?"

"那你们到底有没有在一起?"我紧追不舍。

他口气淡淡地说:"别人随便传的,没有的事儿。"

我低下头,释然的笑容在我微红的脸上瞬间绽放。

那天晚上江承宇的爸爸送我和妈妈回家。在车上我妈妈狠狠地把江承宇夸了一顿,说他又懂事又聪明又英俊。我抬眼看江承宇,他正看着我偷偷地笑,四目相对的瞬间,我的心急剧下沉又快速上升,摇曳不已。这时江承宇的爸爸开玩笑说,那以后把我家承宇给你家叶凝好不好?

江伯伯当然不知道他的一句戏言已经让我幸福得快要死掉了。他接着对我说:"叶凝,你说好不好? 我家承宇合不合你心意啊?"

车上的人都异口同声地笑出声来,除了我。我用极不自然的虚假笑容竭力隐藏着波涛汹涌的心情。承宇,你可知道,能跟你在一起是我只在梦中才敢想象的事情。

我的生日在春末夏初,每年这个时候空气中总会弥漫微凉而暧昧的味道。我在电话旁静坐了一个小时之后,终于鼓足勇气打电话给他。

"江承宇吗? 我是叶凝。这周六你有时间吗? 好,我在街角的漫画书店等你。"

放下电话的时候,我大口大口地喘着气,手心也渗出丝丝汗来。

我穿着小姨从美国买给我的绒布长裙在镜子前照了又照,乐此不疲地把头发梳起来又散开。我甚至买了一支唇彩来配那条裙子,流光溢彩的水粉色。我想让他看到我最美的样子,心中充盈着梦想与期盼的女孩子是不是可以像盛放的莲花一样美?

周六,我终于以最美丽的样子出现在街角的漫画书店里。那里的老板认识我,他对我说:"叶凝你今天真漂亮。"

可是,漂亮又有什么用呢? 江承宇并没有来。

我从阳光明媚的午后等到暮色四合。他,还是没有来。

我失落地走在回家的路上,却看见马路对面的江承宇,他身边的女孩是林湘湘。我心中所有有关幸福的想象瞬间崩塌,我颓然地站在川流不息的马路上忘记了该往哪里走。

江承宇又一次站在我们班门口等我,我装作没看见,径直从他面前走过去。他追上来焦急地问:"叶凝你生气了是吗? 我打电话给你你一直都不接,你听我说,对不起,我不知道那天是你生日,我没办法,因为……"

我终于忍无可忍地打断他:"江承宇,求求你别再说下去了。我真的不知道应该怎么面对你,请你离我远一点好不好?"眼泪无声地落下,我本来不想哭的。

"你为什么生这么大的气呢……"

我抬头望着他英俊的面容,用平静的声音说:"我很喜欢席慕蓉的一首诗,名字叫作《一棵开花的树》。你可以找来看看,或许会明白我现在为什么会这么悲伤。"

那天之后,江承宇没有再找过我。我想,我和他未曾开始的故事也许只能这样走到结局。

可每当我想起他的时候,记忆中总会飘着茉莉花开的味道,淡淡的幽香,仍然动人心魄。很多个微熏的午后,阳光暖暖地洒满房间,我总会想起他长而微卷的睫毛和干净清澈的笑容。

一年之后的春末夏初,我17岁生日的时候,江承宇站在我家楼下大声地喊我的名字。妈妈把他叫上楼来。

英俊的江承宇穿着白衬衫微笑着站在我家门口大声地对我说,叶凝,那首诗我已经会背了。

说话的时候,有两颗晶莹的泪珠挂在他眼角……

一个男孩和一个女孩两小无猜,一起成长。女孩默默地爱着男孩,男孩却丝毫不知道。女孩就这样静静地等待,然而却最终没有等到男孩的欣赏。不过,幸运的是,他最终读懂了席慕蓉的《一颗开花的树》。

苦涩的香菇爱情

佚名

男人和女人结婚的时候,家里没钱摆酒,于是跑到杭州去,告诉亲朋好友乡邻们,他们旅行结婚了。

杭州的亲戚管吃管住,热情周到,男人和女人都没觉得生分,可男人还是说,苦了你了。女人淡淡地笑,轻轻地摇头,你脑子活,跟了你,不会吃苦的。

两个人游玩了5天,最后一天到虎跑。喝了用泉水沏的地道龙井茶,男人想,最后一天了,还剩些钱,让女人吃点好的吧。

于是两个人到附近的小饭馆吃饭,点了三菜一汤。其中一道菜,是从未吃过的香菇肉片。

1982年的香菇,是少见的菜肴之一,贵。男人坚信贵的就是好的,好不容易带女人下一趟馆子,应该吃点好的。离开饭店的时候,女人问男人:"你很爱吃香菇?"男人说:"是,你呢?"

女人微微一愣,幸福地回答:"我也是。"

日子静默流淌,男人和女人平凡生活,日子很穷,也很苦。第二年,女人生孩子的时候,差点难产死了。男人说,以后就这一个孩子吧,说什么也不能再生了。孩子出生,小日子过得更紧巴了。女人的母亲来看她,带了很多鸡蛋和山核桃,边掏边愤愤地说:"叫你不要嫁他不要嫁他你偏不听,让孩子受苦。"

女人有泪往肚里流,说:"妈,他对我好着呢,也活络,会有好日子的。"晚上等母亲回去了,看着为自己敲核桃取肉的男人,她的泪,却再也忍不住,潸然落下。

贫穷的日子里,却还没忘记香菇。男人生日,女人生日,孩子生日,春节,中秋……凡是有些意义的日子,女人尽量找些香菇,没有鲜的可买,就买干的。她记得刚结婚的时候,在杭州,男人跟她下馆子,点了一道他爱吃的香菇肉片。他爱吃的,就要尽量做给他吃,不管日子多苦。

第十年的时候,男人和朋友承包一个市政园林的建设,妇人给工地上的工人做饭。女人厨艺很好,但最为拿手的,是香菇炖鸡、香菇肉片、青菜香菇和爆炒香菇,都做得炉火纯青。别人夸奖的时候,女人在心里轻轻地笑,都是为男人学的。

渐有了些钱,男人却开始赌博。女人半夜都等不到他回家,就出去找他,找到的时候,一声不吭地看他,然后两个人一起回家,大吵一架。

不断地伤感情,但感情坚韧,于是又和好。

终于有了最凶的一次,在他们结婚的第十三年。男人偷了女人藏好的钱,女人发现了,冲到他打牌的地方,女人把他的牌全扔了。男人追着要打女人,女人带着孩子回了娘家,躲在邻居家的二楼。孩子问她:"爸怎么了? 我要回家。"

女人哭着说:"爸爸不要我们了,以后你跟妈妈过。"

接下来的六个月,女人就真的没回自己的家,住在娘家。亲戚们都来劝她,她只给他们一个背影,谁的话都不听。她是真的伤心了。有一次,孩子跑回来说:"妈妈,妈妈,我们回家吧,奶奶说,爸爸生病了。"

挂念，流泪。不回去，就是不回去。脾气是倔强的。况且男人没来接，怎么回去？

快过年了。女人的母亲说，要不你就离婚，要不你就回去，还能怎么样？把她拖了回去，男人不在家，屋里一片狼藉。把亲家叫来，说，我们坐下来好好谈谈。

这么多年来，两家的老人，从来没有一起长谈过，因为当初他们都不同意这门婚事，但是又干涉不了，只能放任自流。

谈到中午，女人做好了饭菜，男人也回来了。饭桌上气氛凝重，吃得小心翼翼。突然男人的母亲惊奇地问男人："哎？你以前不是说香菇很臭吗？什么时候学会吃的？"男人不好意思地抓抓头，说："结婚的时候在杭州，没什么好菜，点了个香菇肉片，小英喜欢吃，也经常做，就喜欢上了。"

小英是女人的名字。

女人的母亲回过头问她："你喜欢吃香菇？什么时候的事情？你也说香菇很臭的啊。"

女人慢慢说："他点了那么贵的菜，我不想浪费，勉强吞下去的。他说他爱吃，我就经常买给他吃，后来，吃多了，发现香菇真的很香。"

说这些话的时候，女人微笑着，可是，温热的眼泪却一直顺着脸颊流下来，滴进饭碗里。原来两个人都傻了这么多年啊，为了爱的人，要忍受不喜欢吃的香菇。慢慢熟悉了香菇的味道，却在琐碎的生活里，忘记了最初的、包容、无尽的爱。

2004年春天，男人和女人再游杭州，最后一天下馆子，点了四菜一汤，全都是带香菇的菜。我，作为他们的女儿，听他们怀念1982年的一份香菇肉片。最后他们说，倘使时间遗忘了爱，那么我们带着女儿来温习。

我想这是最普通却是最经典的爱情故事。

～◆～ 感恩心语 ～◆～

为了爱情，他们习惯了香菇的味道。然而，在婚后的生活中，他们却渐渐地忘记了彼此包容。爱，就是一种习惯，习惯彼此之间的喜好。婚姻，就是建立在很多共同的生活习惯上。

一碗爱情的绿豆粥

李静

他会熬粥，会熬很香甜的绿豆粥。

她不会熬粥，每次熬粥不是熬干了就是熬糊了。她胃不好，而且身体容易上火，经常喝绿豆粥能暖胃还能降火气。当她知道他会熬粥时，不禁对他产生了好感。

恋爱时，他一口口地喂她喝粥，她觉得他熬的粥香滑可口，粥里还包含着浓情蜜意，她认为世界上没有比他熬的粥更可口的食物了。

后来，他们结婚了。她只是一名保险业务员，收入并不稳定。他也只是一个中学教师，每月都是固定数量的工资。一到月头，他就把工资全部交给她，她会给他一些钱作为零用。她知道他真的爱她，每天她回家，他都会把饭做好，有时会熬她最喜欢喝的绿豆粥。他们虽然挣钱不多，但是日子过得甜甜蜜蜜。

她的工作一直不太顺，有时候几个月都拉不到一笔保险，只有少数的时候会拉到一两个客户，收到微薄的提成，能让她高兴好长时间。他不忘记送她一碗绿豆粥，外加一句贴心的话："你身体不好，别太累了！"

直到她遇见了子权，才让她时来运转。子权是一家上市公司的总经理，她是在翻遍了黄页本才找到了子权的电话，一遍一遍地打，最后他答应了解一下她推销的险种，约在一家咖啡厅见面。子权不凡的谈吐给她留下了深刻的印象，而她的美丽也像一幅美丽的画留在了子权的脑海。子权答应了购买她的保险，但条件是晚上陪他去参加一个商务酒会。

她没有参加酒会的衣服，子权给她买来了。她没有搭配的首饰，子权给她借来了。甚至，子权还送给她一瓶玫瑰花香的香水……那个晚上，她成了酒会上的焦点，美丽、大方、自信的她自然赢得了不少成功男士的青睐。她借机向他们兜售保险，不知道是他们为她的魅力所打动，还是为照顾子权的面子，总之，她签了好几笔单子，她知道这个月她一定能摘到那面销售业绩小红旗。

她把衣服和首饰还给子权，向他道谢。可子权却说要谢的是她，因为他找到了一个最佳的事业伙伴，他欣赏她的自信和从容，希望她能成为总经理助理，帮他打理公司业务。为了表示诚意，子权请她吃饭，地点定在一家大酒店。

这是她第一次吃冰糖燕窝，感觉软润滑爽，甘洌清甜。子权说燕窝除了美容养颜，还有去暑降火的作用。结账时，她被账单吓了一跳，而子权却潇洒地掏出信用卡。

她没有去子权的公司，但子权的博学才干以及一个男人的魅力却使她的爱发生了转移。虽然她知道他们没有结果，因为子权是个有家的男人，可是她却爱上了他，也许燕窝的味道要比绿豆粥更对胃口。

她决定和他离婚。那天晚上，她几次话到嘴边又咽下。他看见了她的犹豫，想做一碗绿豆粥给她，他不知道在什么样的心情下听完她离婚的理由，等他眼角渗出泪水时，绿豆粥已经熬好了！他端来为她做的最后一碗绿豆粥，她喝在嘴里竟然有咸咸的味道。

他们终于离婚了，她感到一丝轻松的同时，心里却有一抹疼痛。因为她以为她足够理智地选择了那段爱情，却放弃了这段婚姻，她以为找到了真爱，为自己的感情负了责任，但她却没有因为得到了这份爱情而感到幸福和愉悦。她想得更多的是他一口一口地喂她喝绿豆粥的情形，每每想到这儿，她的心里就倍感煎熬。自从他们分开后，她再也没吃过绿豆粥。

她还是忍不住做起了绿豆粥，她一边流泪，一边学着他淘米、浸泡、搅拌、点油，可是熬粥的时间太长，她失去了等待的耐心，最后没有掌握好火候，还是把粥熬糊了。原来，一碗粥，需要一份恒久的耐心，并在适当的时候关火，才能熬出香气四溢的味道。

她终于理解了他的那份真情，也知道了她想要在婚姻中得到什么，却可能永远也得不到了。

感恩心语

很多时候，爱情与金钱总是难以两全其美，然而，假如你不是一个物质欲望很强烈的人，你也许会更爱喝爱人用心熬制成的绿豆粥。即使冰糖燕窝再怎么美好，也是用钱买来的，钱能买了很多物质上的满足，却买不来爱情。

玫瑰丝巾

卫宣利

他是在朋友的生日 Party 上遇到的她，27 岁的成熟女子，优雅、干练，颈间一条飘逸的玫瑰丝巾，伴着她轻盈的步履飞舞如蝶，更衬得她仪态万方，风情无限。

他的目光越过人群追随着她，那一抹灵动飘逸的玫瑰红，引燃了一颗激情四溢的心。

从此开始有许多"巧合"：她常去的咖啡店，总能碰到他；她不小心丢掉的钥匙，会碰巧让他捡了去；她去看电影，散了场还兀自抹眼泪，也是他递过来一方洁白的手帕……两个人便这样慢慢熟悉起来。她盈盈地笑，如花一样，开在他的掌心。

很奇怪,她那样风情万种的女子,却不喜欢耳环项链手镯之类的饰品,唯独丝巾,却是无论春秋冬夏,从不离身。真丝的、羊绒的、薄的、厚的、长的、方的,或打个漂亮的蝴蝶结,或随意绕在颈间,每一种姿态,都让他心醉神迷。

是在无意间,他发现了她丝巾背后的秘密。

那日两人一起去郊游,晴朗朗的天,突然就变了,席地而起的狂风,如一双强硬的手,毫不留情地揭去她颈间的玫瑰丝巾。她慌忙跟过去追,那一抹浅红,早已随风飘远。他握着她的手,嗔怪她,不过一条丝巾而已,回头买条新的给你。眼睛望向她裸露的脖颈,却惊异地发现:她的脖颈上,竟布满了紫红色的疤痕。道道疤痕交织扭曲,像一条条蜿蜒的蚯蚓,在她的颈间恣意爬行,狰狞、可怕。

他猛地怔住了。

她尴尬地笑,说:"小时候,冬天烤火,不小心从凳子上跌下来,碰翻了火炉……"

他也只是一怔,很快便坦然笑道,瑕不掩瑜,以后,不要再系丝巾了,我更喜欢真实的你。

他果然再不准她系丝巾,坦然牵她的手出入各种场合。他不止一次对她说,爱一个人,就是坦然接受她的一切,包括缺点和瑕疵。

她从此就收了那些千娇百媚的丝巾,裸露着颈上的疤痕。那些疤痕引来各种各样的目光。很多人惊问:"呀,你的脖子,怎么回事?"问一次,她都要把原因重复一遍。她的骄傲和自尊,就这样一点点被蚕食。当爱恋的欢喜终于被一次次的尴尬淹没时,她提出了分手。

她重新系上玫瑰丝巾,依然是笑眸流转,风情万种,心却愈加成熟淡定。

半年后,朋友介绍新的男朋友,是个干净儒雅的男人。男人的目光在她飞扬的玫瑰丝巾间辗转停留,亦有疑问:"怎么你老是系着丝巾呢?"

她便大方地解了丝巾给他看。面对着那些蜿蜒的伤痕,他微微叹息,忍不住拥她入怀,伸手在颈间轻轻抚摸,手指一寸一寸,满是疼惜和怜爱。然后,他轻轻帮她系上玫瑰丝巾,在颈间斜着打一个优雅的结。那个结系得翩然舒展,如一只展翅欲飞的蝶,栖息在她的肩头。

那以后,他给她买了各种各样的丝巾,亲手给她系上。他说,最美的花,总是开在伤口之上的。

她的心,被柔柔地濡湿了。

原来,比坦然接受更深情的爱,是尊重。

❧ 感恩心语 ❧

爱一个人就要尊重她,站在她的立场上考虑她的感受。尊重,远远比坦然接受更加重要。在经历了自尊的考验之后,她最终等来了自己的真爱。

白糖水般的爱情甜在心里

佚名

医生单独把她叫出病房,把他的病情告诉她时,她就如听到了晴天霹雳,那湛蓝的天空一下子变得灰暗灰暗的,挤走了最后的一丝阳光,仿佛那倾盆大雨即将来临。她不敢相信年纪轻轻的他会患上这种令人恐惧的疾病,但医生却是明白无误地告诉她,他只有一个月的时间了,还是好好地待他吧。

她哭得梨花满面,那病魔正在肆无忌惮地掠夺她的幸福,或许一个月后那丝曾经的温柔和幸福就会化作一缕清风伴随着他走进另一个世界。但医生接下来的话却给了她些许希望。医生说,一种进口的特效药可以延长他的生命,但也只有半年时间,而且这种特效药很贵。就像落水的人抓住了眼前唯一的游泳圈一样，她忽然觉得阴霾的天空里有一道曙光出现，她是一个乐观主义者，为了那多半年的幸福也是值得投入的，而半年后或许他的病情会好转。

她努力装出笑脸走进病房，想让等待消息的他放心。可一见到他那张熟悉的面庞，不争气的眼泪就不由自主地流了下来。他连忙走上前，装着笑脸一把搂住她："生死有命，这又有什么好哭的。"仿佛患了重病的是她而不是他。她只是在他的怀里剧烈地抽搐着，说："医生向我推荐了一种特效药，治好你的病有很大希望。"本以为他会反对，说这样把钱用在他身上纯粹是浪费，但人都是怕死的，他只是轻轻地点了点头，那本来浑浊的眼里也透出一丝光芒。

就这样，他们去配了几瓶特效药。药真的很贵。一瓶药就是她一个月的工资，而且只能喝几天。但她却盘算过了，家里的那些存款，刚好能买上半年这种药，要是真的能把他的病治好，她就是砸锅卖铁也是心甘情愿的。

药是一种装在小瓶中的液体，无色透明的。他按照医嘱喝了一小口，露出孩子般天真的笑容："好甜啊，就像是白糖水。"她却是笑不起来，本来他们的生活就如这白糖水一样甘甜无比，现在却变得如同咸碱水，那么的苦涩又那么难以下咽。她擦了擦眼角的泪水，转身从衣柜里找出那张他们曾经为之兴奋的存折。他把家里的一切收入都交给她打理，说是钱赚多了去买一套更大一点的房子。她抹着眼泪把存折递给他："咱们的房子以后再说，得先把你的病给治好。"他调皮地笑笑："会的，病能好的，钱也可以再赚嘛。"他的笑亲切自然，可却像一把刀子扎在她的心头，疼痛无比。

以后的日子里，她总是监督着他按时服药。看着他把药喝下去，她的心里有些欣慰，毕竟这是她的希望所在。她也会在药吃光时及时到医院去买药，可每当这时，他总是拉住她，说还是让他去吧，顺便可以去外面散散心。她想想也是，反正存折也交给了他，就让他自己去取钱买药吧。不过，每次他买来药，他总是容不得她细看，就先拧开瓶子喝上一口，说是出去这么久口渴了，就喝口药水解解渴吧。本来，她都会被他的这种冷幽默逗笑，可现在她无论如何也笑不起来，她只是盼着他的病情能有好转，除此之外，再没有可关心的了。

日子就这样一天天地过去，就在刚过了一个月的时候，他的病情突然恶化，来不及抢救便离开了人世。病床前的她悲天怆地号啕大哭，为他的这么早离去。忽然她意识到什么，便从他的身边拿起那瓶刚吃了不久的药水直奔医生处。悲伤的她并没有失去理智，她想这医生还说这种药能让他有半年的生命，那样她也可以多感受一些他的音容笑貌，而现在这医生的诺言却使她失去了半年的快乐，她得向医生讨个公道。

当她愤然站在医生面前时，见惯了风浪的医生却显得极为平静，接过她手里的药一看，便极为肯定地说："这个药瓶是旧的，打开已好长时间了。"的确，瓶子外面的标签上有好些污迹，一眼便可以看出是个旧瓶子。

处理完他的后事回到家，她抱着他的枕头大哭起来，为他这么脆弱的生命。可忽然，她却感觉到枕头下面有些异样。掀开一看，是一张存折和一张纸条。存折上的钱还是当初她交给他的老数目，钱根本没有取过，而纸条上的字却更让她极度悲伤。纸条上写着：我知道我的病是治不了的，喝那种进口药也是浪费钱，还不如多留点钱给你，所以每次我出去买药只是在空药瓶里装满了白糖水……

字条中的字透露出他在世时的调皮，一如当年时的样子，可现在他却不在了。想到这里，她拧开瓶盖，喝了一口，果然，里面是白糖水，甜甜的，一直甜到她的心里，恰如他对她的温柔。

感恩心语

为了替她以后的生活着想，他不仅没有用进口的特效药，而且还一直隐藏着这个真相。在即将离开人世的时候，也许，她是他最深的牵挂。他愿意给她多留一些钱，以便她将来的生活少一些艰辛。这就是爱，他们都在义无反顾地为彼此付出着。

我懂了婆婆的爱情

忆湖

初次踏进夫家,及至后来成为此家屋檐下的媳妇,我就一直在听一本传奇,有关丈夫的家庭的,有关他的母亲的传奇。断断续续,一知半解。

我的婆婆,据说当年的漂亮能干盖过当地的女人,我却一直没有见过。因为她已经被这个家族彻底地鄙弃,甚至她自己的兄弟也从此与她一刀两断。因为她红杏出墙,因为她刻薄寡恩。

婆婆席卷家里所有的财产跟了另一个男人。说是席卷,其实家里已经没有了多少财产,只是一直以来这个家的财政都是由她所掌管。此前两年,她借口家里要扩大再生产要公公签下了许多借条,而实际上她把所有的钱都转到了自己的账上。然后与一个男人跑了,那是她在牌桌上认识的。

那年,老公正值高考,姐姐已经十八岁。婆婆也快四十了,她走时什么也没要,包括子女,她甚至从来就没有征求过他们姐弟的意见。就这样义无反顾。

婆婆的离去让这个家庭成为当时最受眼球关注的焦点,此事在当时极大地满足了闲人的猎奇心理,先是离婚的风波,然后是被抛弃的男人的侄子痛殴第三者,后来发展成群殴。那阵子村子里着实热闹了一回,以致后来姐弟俩走过的地方会有人在背后指指点点:"喏,就是他们的娘,什么都不要,跟野男人跑了。"

我断断续续地听公公、姐姐,还有当地人说过这些,说起我婆婆时他们的那副不屑、不齿的表情,令我脸热心跳。有老人恨恨地断言:这种人定会晚景凄凉,到头来她还是要靠子女养老的。并断言婆婆将来一定会无耻地以生育之恩来纠缠我们。

我们结婚,生小孩,都没有通知她,她就像不存在一样。这么多年来,她也不曾打扰过我们。婆婆先是抛弃了这个家庭,然后这个家庭带着仇恨也把她放逐了。

不时有消息传来,我们隐约知道婆婆的状况。婆婆中意的男人也和结发妻子离婚了,境况也不好,然后和婆婆生活在一起。原来婆婆在家只要洗洗衣服,打打麻将,现在两口子种了五六亩田,还养了鱼,住在一个很偏远的村子里。后两年,又听说婆婆眼睛不行了,天天吃药,所得收入几乎全部用来治病,还是两个人在一起。有人偶尔看见两人还一起携手看夕阳,只是都老了,步履蹒跚。

婆婆没有如人们所料想的一样在晚景凄凉的时候来求靠儿女,也没有如人们所断定的那样,那个男人会在困难的时候抛弃她。

去年公公去世,求她来见最后一面,她也是断然拒绝。于是她的刻薄寡恩再次在村子里成为新闻。

当年我初进夫家时是全盘接受了夫家人的观点的,认为她太过绝情,沉湎于一时的快乐而失去了做人的原则与起码的道德尊严,我认为这种女人是不洁的。

多年过去了,当我由一个少女成长为一个成熟的女人,终于学会不动声色地看待一切,尤其是感情纠葛。身边的朋友亲戚,也不乏结婚、离婚、再婚的人,尤其是弟弟的婚变令我心力交瘁……突然有一天我开始有些理解起婆婆来了。

婆婆的那个男人,也许给了她此生再不能及的爱情,这爱情可以让她抛弃整个世界,可以让她疯魔,可以让她付出最大的代价也在所不惜。因为光阴流转,失去他将是一辈子的痛,因为终于发现这个世界有一颗心灵与自己是零距离,因为与他在一起时,自己能做一个最纯粹的女人。

这些是我那个身为农村妇女的婆婆所无法描绘的,可是她的死心塌地,她的刻薄寡恩,她愿意为他荆钗布裙,都足以说明她是真正地遭遇爱情了,刻骨铭心的爱情。

我们只看到她的绝情而对她恨之入骨,却很少去探究她的内心,有果必有因,有因必有果,很多事情不是能单纯地以是非来判别的。

为了爱情,可以抛弃整个世界,这却是真的。我未谋面的婆婆就这么做了。

感恩心语

很多时候,爱情在人们的心中汹涌澎湃,但是,却没有人能够说出来。虽然我未曾谋面的婆婆从来也没有诉说过自己的爱情,但是,能够让她断然离去的,肯定是那无人能及的深爱。爱情,对待所有人都是平等的。

葡萄架下的爱情

佚名

我租住在小楼的二楼。一楼的主人不知是谁,竟有雅兴在楼前种了几株葡萄。每次经过葡萄架下,那葱葱郁郁的绿色总能让我眼前一亮。在荆门这座城市里,这确实是难得一见的景色。

一日回来,又经过葡萄架下,看着渐已成形的果实,我忍不住伸手去触摸,却忽然心里一动,回头看见了她。她在我身后,穿一件淡绿色长裙,虽怒目,但有一种惊艳的美。我怔了一下,不知如何解释,尴尬一笑,上了二楼。回头,仍见她在葡萄架下,伫立不动。

八月末的一天夜里,暴雨如注,狂风大作。一声惊雷,我在屋内竟毫无来由地念起楼下女孩种的葡萄,未及披衣便冲下楼去。

葡萄的枝叶被暴雨冲击得七零八落,她瘦弱的身影,无助地奔忙于葡萄架间。我上前帮她。风雨太大,我们谁也无暇注意到彼此的表情,却有心息相通的感觉,于黑暗中涌流。

经过这一夜,我们很自然的相爱,不久就结了婚。我搬到了一楼和她住到一起,以便更好的照应葡萄。葡萄一年比一年长得好,一如我们那随岁月流逝而愈发丰盈的爱。

后来,我为了买一套真正属于自己的房子,又兼了一份工作,陪她的时间越来越少,更不用说伺候葡萄了。她只好一个人除虫、浇水、施肥。

我终于在市区买了一套两室一厅的房子,在二楼。拿到新房的钥匙后,我遗憾地对她说,那儿不允许随便栽种植物,不过小区绿化还不错,我安慰她。

走之前,她一连数晚流连于葡萄架下,并再三叮嘱新来的房客善待它们。这可是正宗的大青颗呢,她重复了又重复。

有了房子,我还想买车,于是我比以前更忙碌了。她独自抽空去看那些葡萄,葡萄虽还活着,叶上已爬满了小虫。青果刚刚长出,便有小孩子偷偷摘去,零落的枝头,终于让她有一天失去眷顾它们的兴趣了。

第二年夏天,我们离婚了。离婚的那个夏天,我突然间记起当初的葡萄,于是便开着车,赶了过去。

空空的葡萄架下,只有疯长的杂草。房客告诉我,去年冬天给葡萄下架时,大概塑料膜没封好,冻死了。唉,真可惜,房客叹着气说。

我呆站着,想起那年暴雨的夏天,想起去年寒冷的日子,想起曾经的硕果累累和眼前的一片荒芜。想起,如果我们能够在去年冬天一起来看看这些葡萄,为它们封好塑料膜,那么葡萄当然是可以熬过冬天了。而我和她又何尝熬不过这个夏天呢?

感恩心语

随着生活变得越来越忙碌,我渐渐地忽视了她,而她,也渐渐地失去了照顾葡萄的耐心和兴致。在那些相濡以沫的日子里,我们同甘共苦,共同应对生活的风风雨雨。然而,生活变得越来越好,爱情却荒芜了。很多时候,感情与物质是不成正比的。

365枚硬币，一枚一枚是情和爱

佚名

她和公司的老板吵了架，气呼呼地走在雨中，高跟鞋敲在石板路上，溅起了水花，像极了此刻她的心情。而他，来自冰城哈尔滨，刚刚大学毕业，是来扬州觅一份工作。踌躇满志的他，四五天过去了，竟然无一收获，高昂的心顷刻间下沉，满心满脸的沮丧，一个人流浪在街头。

她手中把玩的那枚一元硬币，突然脱了手，叮叮当当滚落在他的脚下。他弯下腰，捡起了硬币递到她的面前，说，"嗨，怎么这么不小心，是不是钱多得花不了了。"这时她却呵呵地笑了，不是因为他给她捡起了硬币，而是因为，他刚才弯腰时一辆摩托车溅了他一脸的泥巴。

就这样，他们相逢并且相爱。她带着他游览扬州城，古朴的扬州让他迷恋。她也异常开心，快乐得像一只飞翔的小鸟。

然而，扬州也只是他的驿站。一天，他跟她说，"我要去深圳发展了，在那里才能证明自己。"她哭了，紧紧地拥着他问，"什么时候回来，还回来吗？"他抚着她的长发，吻着她的前额，有大颗的眼泪落在她的脸上，说："一年之后就会回来。"她说，"我会等你的。"她给了他曾经捡起过的那枚硬币，他攥在手里，出了汗。

他离开后，她便买了一个储钱罐，从离开的第一天，她便每天向里面丢一枚一元的硬币来表达对他的思念和爱。他没跟她留下任何联系方式，也不曾联系过她。她很失望，但是依然坚信，一年之后他会回来。周围的同事都劝她，忘记这段感情吧，这样的情爱实在不值得留恋和珍惜。可是，傻傻的她，还是每天都向储钱罐里丢一枚一元的硬币。

就这样过了一年，她一直这样等他回来。在她丢进第365枚硬币的时候，她终于接到了他的电话："我回来了。"她兴奋得落了泪。

见面的时候，她兴奋地说，"你可回来了，我等了你整整365天。"说着，她便拿出了储钱罐说，"从你走的第一天我就开始每天丢进去，我始终坚信第365枚硬币丢进去的那天你就会回来。"

她摔碎了储钱罐，硬币散了一地。她一枚一枚放在他的掌心，他突然就落了泪。他手捧着硬币，多得都往下掉，他知道她对他的爱就像手中的硬币多得都往下掉了。他把她抱在怀里，深情地说："丫头，我不会再离开你了。"

其实，她不知道，当初他去深圳其实是不想再回来了，而且他在深圳发展得很好，一位老板的女儿看上了他。这次回来是要向她说明白，并且告别的。可是，当他看到这365枚硬币的时候，他决定不走了。365枚硬币，一枚一枚是情和爱，只有她才能给他。

～感恩心语～

这365枚硬币，一枚是情一枚是爱，只有最真心的爱人，才能给你。面对物质的诱惑，面对一帆风顺的未来，他毫不犹豫地选择了真爱。这就是爱情，总是让人怦然心动。

一间有爱情的阁楼

安宁

谈恋爱的时候，他住集体宿舍，她大老远地坐车来看他，只能在他的床上，在室友吆五喝六的划拳声中，用笔和眼神在这小小的方寸之地上默默交流，倒也觉得有无限的幸福和温情，在紧握的掌心里,畅通无阻地穿行。

有一次,他们坐在床上看窗外流转的灯火,见那美丽皎洁的月光下,一扇扇透着温暖光芒的窗子,她便不觉伤感起来,不知这个城市里的哪一扇门和窗,是为她和他这样收入不高的打工一族准备的。

正出神时,一旁的他递过来一张纸,纸上画了一座绿树环绕、鲜花满园的别墅。她知道他的意思,是让她放心,总会有一天,他会给她一座漂亮的房子。她却只是笑了笑,拿起笔在一间小小的阁楼上画一个圈,又在这狭小局促的阁楼里,画了两颗紧紧偎着的心,含笑递给他。他看了,当着嘈杂宿舍里来往的人,一把将她搂在怀里,低声向她呢喃:宝贝放心,我不管多苦多累,都会给你一间能遮风避雨的房子。

以后的日子里,两个人便拼命地工作,为在这个寸土寸金的城市里有个温暖栖息的小家,而节衣缩食地攒钱。有时候她在饭菜或衣服首饰上对自己苛刻,被女伴们撞见了,就会遭受她们一通不轻不重的嘲讽,说她有这样好的头脑,不如省下来算计个有车有房的老公,说不定连她这个穷男友也能接济一下呢!这样的冷嘲热讽,她每每听了,都是无声地咽下去,并不说与他听。也不是没有羡慕过那些因为嫁了有钱的老公,而无须自己费力拼搏的姐妹们。也有富贵子弟看上她的天生丽质,百般地追求。但是想起那个有月亮的晚上两个人的誓言,这样的诱惑和躁动,对于她便都无足轻重、不值一提了。

等他们终于攒够了一笔钱,可以买一间像他住的集体宿舍那样的房子时,他却在看房回来的路上,触动了商机,说不如先把这笔钱拿出来,在繁华地带盘个小店做生意,做得好怕是一两年便可挣出一笔买更大房子的钱。她听了没吱声,抬头看看远处居民楼上那些温暖柔和的灯光,想着自己小小的梦想又要晚两年方能实现,不免有些失落;但看看身边兴奋得不知所措的他,还是轻扬起下巴,给了他一个鼓励的微笑。

接下来的两年里,她依旧过着节俭的日子。而他,辞了职后自己经营一家音像店,竟是如鱼得水,生意很快红火起来,一年后便连本带息全部收回,而且将店面扩大了一倍。她有时候坐车过来帮他打理,看他忙得一天见不着踪影,便将一些话悄悄咽回去,不再给他添烦。临走还会把自己刚发的工资,偷偷放进他的抽屉里,以便助他将生意做得更大。

偶尔他会陪她在站牌下等车,和她谈起自己的宏伟志向,说要把这个城市一半的音像店都兼并了,让她做人见人羡的老板娘。她听了只是握握他的手,看车过来了,与他说再见,一直等车开启,看不见他了,才会拿出已是发暗的纸来,对着上面那个被圈起来的小小的阁楼,看得流下泪来。

转眼又是一年,他的店面扩展得更大了,但效益却在日渐降低。他的才智终于在经营如此大的店面上,失了效。又过了半年,竟是入不敷出。最后,他的全部资金,只够经营一家十几平方米的音像店。

她过来安慰他,说只不过是一切从头再来;人,终究还是远比钱财更重要得多。他听了,却依然伤心。又说早知道这样,当初用钱置购一座上等的房子就好了,也不至于像如今,钱财散尽,连个安身之处都没有得到。

她默然无声,伸手从兜里拿出一张纸来给他看。他看见那座被他描绘得富丽堂皇的别墅里,轻轻圈起来的小小的阁楼,还有里面两颗亲密相偎着的心,突然间明白,这些年来她想要的,亦是他应该给她的,只不过是一间有爱情的阁楼。

感恩心语

在穷困潦倒时,是誓言在支撑着,在幸福甜蜜时,是誓言在召唤着。无论发生什么事,她都记得那间爱情的阁楼,是他曾经向她许诺的。有这个许诺,她觉得什么都不重要了,只要两个人在一起。

用什么尺子量爱情

安宁

她一直对母亲把一颗心都掏出来给父亲的活法,颇有微词。

她不怎么喜欢父亲,年过半百的人了,还像个孩子似的任性顽固。脾气暴躁不说,对母亲讨好他做的一切事,向来都要横挑鼻子竖挑眼地发几句评论。每每这样,母亲都温顺地站在一旁,洗耳恭听着,眼里竟是含着笑的。

她当然看不过去,总会像儿时那样,英勇无畏地站到他们中间去,怒目直视着父亲。做父亲的,倒是有几分怯她,但也抹不下面子求饶,或是说几句温柔的玩笑话,将这场小小的争吵敷衍过去,他总是愤愤地"哼!"一声,转身就往门外走。

接下来,便是最让她气愤不过的场面。母亲不顾一切地追上去,拉住父亲的胳膊,当着她的面,几乎低声下气般地求他:"又疯跑到哪儿去? 说好了中午给你和真儿做喜欢吃的红烧鱼,怎么又给忘了?"父亲倒是不再往外迈步,却也不会低头看母亲一眼,而是背着手又气哼哼地钻到书房里去,半天也不出来,直到母亲忙活完了,又亲自把他拉出来为止。

她一点都不明白,为什么母亲会这么纵容着父亲。她觉得父亲的坏毛病几乎都是母亲一点点惯出来的,因为父亲知道有人永远会跟在身后为他叠被洗衣收拾书桌,把他将要穿的衣服整整齐齐地摆在面前,甚至母亲偶尔出门不回家,都会为他提前做好了饭,温在锅里。

她几次三番地"教育"母亲,不要"助纣为虐",否则哪一天等她这个女儿嫁出去了,就没有人保护她了。母亲每次都眯眼笑望着她,不言语,一副很知足很幸福的恬淡模样。这样的神情让她知道,如此多的口舌,又白费了,下次母亲照样是又要去哄生了气的父亲的。

所以她在自己找男友的时候,便格外地留了心,凡是男孩子身上有一丁点父亲影子的,一律不合格。这样挑来挑去的,便一晃过了 28 岁,浪费掉了青春里最美好的时光,连一向对她的婚姻不管不问的父亲都生了气,亲自在家设宴,帮她考察一个老战友介绍过来见面的优秀军官。

军官言行举止确实都很得体,事业上也是百里挑一的出色。却在最后与父亲下象棋时,犯了她心目中完美爱人的大忌,竟在未来岳父面前逞英雄,连个小卒都不肯让。父亲当然也是不肯相让。看着这样两个臭味相投的军人,她微微一笑,便在心里将他视为不合格了。

这一次,父亲真的发了火,说你自己都不完美,有什么资格苛求别人? 即便是有完美的人,被你心里那把尺度刻错了的尺子一量,也甭想再完美了!

她一赌气,搬到姨妈家去住。晚上躺在被窝里向姨妈控诉父亲的劣行,没想到姨妈却是微微叹一口气,说:你不知道当年多少姐妹嫉妒你母亲找了这么一位好丈夫呢。你父亲和他的顶头上司都看上了你母亲,而且当时又是你父亲提拔上尉的考察期。结果他却是宁肯不当上尉,也要把你母亲抢过来呢。他的不肯让,不仅感动了你母亲,还赢得了那位领导的赞赏。

有一年他执行任务,一失足从山崖上摔了下来,全身没一块好骨头,在送往手术室的路上,怕你母亲担心,他还咬紧了牙,非得让别人给你母亲谎报了平安,才肯进手术室呢。其实,在大事上,为了你母亲,他是坚决不肯对别人忍让半步的。你母亲,其实亦是如此。否则,当年嫁给你父亲的,就是我,而不是她了。

她竟是觉得有些陌生,像在听别人的故事,故事里痴恋着的男女主人公,为了彼此,既会忍让,亦会执拗地坚守,不让别人一兵一卒。让与不让,其实都是为了能够一生厮守。

在父亲"没好气"地打电话来请她回去的那一刻,她才终于明白,原来一辈子的幸福,不在于是否有一个完美的爱人,而是,两颗心,在让与不让组合成的圆里,能否用自己的爱与温柔,宽容地将对方的棱角,环住,永不松手。

感恩心语

其实,能够维系爱情的就是宽容了。在爱情中,不能太过苛刻,没有人是十全十美的。在爱情中,我们需要的是发现对方的优点,发现对方的好处。只有这样,才能使得爱情有滋有味。

唐莉莉的第五十二款零食

7号同学

唐莉莉失恋了,她在一个大雨天被相恋了三年的男朋友甩了,她还提着亲手给男朋友做的蛋糕。可是在这个大雨天,她和她的蛋糕都被雨淋得一塌糊涂。

她在第一时间想到了零食。因为唐莉莉是属于连喝水都会胖的类型,为了和男朋友在一起,她那么努力地控制着自己,才让自己拒绝了超市那可爱的零食的诱惑。于是,她扔掉了那个已经变成了糊糊的蛋糕,拖着已经湿透了的身体走进了附近的超市。

她挑中的第一款零食是一盒叫作"好多鱼"的小饼干:一个男人一直偷笑着站在她的身边,唐莉莉此时心情并不是很妙,她瞪了他一眼后就不再答理他。她买了整整10盒,足够她吃一个星期。

唐莉莉在第二个星期又走进了这个超市,她买11包乐事薯片,因为超市只剩那么多了。她又看见了那个男人。

第三个星期,唐莉莉买了奥利奥黑白配,那个男人依旧在那里,她猜他是这里的工作人员,可是他并没有穿工作服。

直到第五个星期,在唐莉莉把手伸向旺仔小馒头的时候,男人终于走过来搭话了。他说,你吃那么多高热量的零食不怕变肥也会上火的。

唐莉莉本来想说他多管闲事的,可是她想起自己的体重真的是重了一公斤,而脸上也不知道在什么时候冒出了几颗小痘痘,她就没好意思反驳他。这一次,她只拿了3包,还是小包装的。然后她听到了男人有些小心翼翼的声音:"你是失恋了吗?"

噢,还没有介绍,唐莉莉小姐,淘宝网上的某家茶叶店铺的掌柜。此刻她心里像缠绕着一团团五颜六色的毛线,纠结着。

看着唐莉莉都快要哭出来还带着愤怒的脸,那个说他叫顾连理的男人有些慌张了。他告诉唐莉莉,其实前段日子他也是失恋了,然后他吃了很多零食,导致高血糖住院了。"不能为了一个已经不爱自己的人毁坏自己的生活。"最后,顾连理说为了表达歉意要请唐莉莉去吃饭,可是,现在已经是下午时分了,于是他们准备去喝下午茶。

唐莉莉在蛋糕店向顾连理哭诉了自己是怎么样怎么样对男朋友好的,最后他还是投向了别人的怀抱……顾连理边听着,边往嘴巴里送进一块块小蛋糕和泡芙。唐莉莉有些目瞪口呆,她从来没有见过这么爱吃甜食的男人,比女孩子还夸张。他们总共吃了8块小蛋糕,还有10个泡芙,可是唐莉莉只吃了1/4。

"你该喝点茶,你吃那么多甜食。"唐莉莉发自内心给了顾连理一个小贴士。

在第十个星期,唐莉莉已经拒绝了膨化食品的诱惑,脸上的痘痘也已经消失了。她在超市选了第10款零食——腌制的玫瑰花之后,她发现顾连理并不在,她感到有些不自然。

唐莉莉回到家的时候,她的阿里旺旺在不停地响着,她的不愉快全被冲散了,她边打开电脑边回复信息。这是一个爱吃甜食的男人,他最近的血压有些高了,听人家说喝茶可以调节,但是他又怕苦,请唐莉莉介绍什么茶不苦。唐莉莉给他推荐了店里的云南普洱茶,买家很爽快地拍下了。不知道怎么的,突然想起了顾连理,他也是一个爱吃甜食的男人,多么奇妙的一件事啊,在淘宝网那么多的店铺中,他居然挑中了自己。

唐莉莉和那个买茶叶的男人熟悉了起来,他们互加了 MSN,QQ,他的昵称都是狐狸。唐莉莉再有新货就会通知他。渐渐的,他们也会聊些别的事情,比如说感情。

唐莉莉还是会经常去那家超市买零食,但是每个星期她会买两款,由顾连理推荐。他还是那样,总是漫不经心地和唐莉莉搭上几句话,唐莉莉也才知道原来他并不是超市的员工,而是老板的儿子。唐莉莉好几次都想问他,他是不是向她买茶的那个人,可是话到嘴边又咽下了。唐莉莉总觉得顾连理的笑容多了很多。甚至有一天下午,她接到了顾连理的电话,他在电话那头很大声地喊唐莉莉过来吃蛋糕。唐莉莉出门的时候,往嘴巴里放了一颗八珍杨梅,酸酸甜甜的,多么像恋爱的感觉啊!

她从没有见过这么爱吃蛋糕的男人,他给唐莉莉带了很多很多的蛋糕,吃到唐莉莉反胃。可是他却看着她笑个不停,脸上洋溢着幸福,而她有些慌张—

唐莉莉在 MSN 上问狐狸,为什么你喜欢吃甜食呢?

那边很快就来了消息:喜欢就是喜欢啊,没有什么原因的。

他们并没有在这个话题上停留太久,很快他们就聊开了。直到她困得直打哈欠,在说了晚安之后,在唐莉莉关掉 MSN 的前一秒,狐狸突然发来了信息。

其实,我好像喜欢上你了。

她的睡意突然就消失了,她愣了很久,还是没有回复他。

如果狐狸就是顾连理,那么他喜欢的是 MSN 上的自己,这样说就是不喜欢本人咯!到底他喜欢的是不是自己呢?

毫无疑问,他的话给唐莉莉带来困扰了,她一整夜没有睡好,在床上翻来覆去。第二天起床的时候,她的牙齿疼得不得了,脸上肿了个大包。

唐莉莉有好几天没有再吃零食了,她也好几天没有在 MSN 上遇到狐狸先生,其实,她的心里还是有悄悄的失落感的。唐莉莉想去超市,虽然她的牙齿已经看了医生吃了药不疼了,但她的脸还是肿肿的。但是这依旧阻止不了唐莉莉。她戴着口罩便前往超市。可是她在超市溜了一圈又一圈,也没有看到顾连理,反而有很多人像看病人一样看着她,仿佛她得了猪流感。

唐莉莉带着失望回到了家,MSN 上有狐狸的留言:我们见面吧。唐莉莉的心像是被悬在了半空中,她一定要找顾连理问问清楚。已经过了四天了,她终于看到顾连理了。

唐莉莉的第 52 款零食是一盒叫勇气果子的糖,她刚把它放进嘴巴里,又马上吐了出来,那糖酸得她牙齿都软了,而酸过之后,竟然是诱人的香甜。

对了,顾连理就是那只聪明的狐狸。早在他念高三时,就悄悄地注意到了这个爱吃零食的高一学妹,只是唐莉莉并不知道,他们原来在同一个校园里,有那么多次的擦肩而过,她却完全对他不认识。他暗恋她很久,终于在自家店里等来了这个刚刚失恋的女孩子,他怎么能不偷笑呢。

感恩心语

怦然心动,是每个爱情里男女都会感受到的事情。虽然唐莉莉失去了自己爱的人,但她最终还是收获到了爱情。别人是你眼里的风景,而你却是别人眼里最美的风景,不要忽视身边的人。

王子啊，我来替你养白马

静女棋书

一开始，倪小陌打死也不相信乔北是王子。

乔北是倪小陌的女友的老公的同事的表弟。据说，该男有车有房有财有貌，是标准的"四有新人"。

可是，很多时候，"据说"离"胡说"只有一步之遥。在和形形色色的男人相过亲之后，倪小陌深深地明白了这个道理。

所以，即使女友说得眉飞色舞，一脸恨不相逢未嫁时的遗憾，倪小陌的心里也没有惊起一丝一毫的小波澜。

默默地对付完两只鸡腿，倪小陌甩甩头说："据说金字塔是火星人建的，奥巴马其实是中国人，你相信吗？"

女友说："你别不正经，我说真的，不信明天拿照片给你看。"

倪小陌急忙摆手道："别，自从有 PS，黄渤可以变成黄晓明，宋祖德可以变成宋祖英，你拿照片给我看，这不是侮辱我智商吗？"

女友打击她说："知道你为什么成了剩女吗？你就是吃了高智商的亏。又说，这次你一定要把智商放低一点儿，把情商提高一点儿，不要馅饼砸到头上了，还傻得不知道用嘴接着。"

三天后，媒婆女友牵线搭桥，让倪小陌和乔北见面。

乔北出现时，倪小陌很没出息地呆掉了。

乔北是从宝马车里钻出来的。BMW，这三个字母在某部电影里被理解成"别摸我"，之前倪小陌觉得这种理解太有才了，但此时她觉得太没品位了。BMW，这分明就是"白马王子"的拼音缩写嘛。

王子乔北身材高挑，五官俊朗，穿一身阿玛尼休闲装，由远及近款款走来。刹那间，倪小陌就明白了什么叫"玉树临风"。

接下来，就像很多虚无缥缈的爱情小说里描写得那样，王子和灰姑娘在咖啡馆里落了座，眉来眼去相谈甚欢。

唯一的败笔是，开宝马穿阿玛尼的王子居然一直在哭穷喊冤。一会儿说自己经营的小公司不景气，只赔不赚，一会儿说越是处在困难时期，老妈越是托亲戚逼着他相亲，简直是乱上添乱。

这些话，与爱情小说里的对白相差太远，与咖啡馆里悠扬的萨克斯曲子也极不协调。

倪小陌知道乔北在撒谎。

哭穷，扮可怜，以此来考验女人的真心，这是有钱人惯常玩弄的把戏。据说，英国有个身价不菲的富翁，为了考验女友，在长达 5 年的时间里，每次约会都要扮作灰头土脸的清洁工，直至他觉得女友确实对自己痴心一片，这才露出庐山真面目。

王子乔北也不能免俗。

倪小陌不怪他。她只是觉得他太笨，如果真的想装穷，他就不应该把实情告诉介绍人，更不应该开着宝马赴约，而应该骑一辆锈迹斑驳的破自行车——

乔北继续演戏，倪小陌继续陪他演戏。

他对她真是苛刻，从不接她上下班，只请她在路边小店吃五块钱一碗的拉面，至于送玫瑰买首饰，更是想都别想。

但倪小陌并不灰心,在乔北的感情大考验中,她有信心过五关斩六将,取得最后的胜利。从小到大,她从不怕考试,英语六级考出来了,注册会计师考出来了,这世上还有什么考试能够难倒她?

她相信,只要她对乔北足够好,用不了多久他就会缴械投降。

乔北果然很快就缴械了,他居然在倪小陌面前落了泪。

那是他们相识之后的第5个星期,乔北正在家里吃泡面,倪小陌不请自到。虽然她觉得乔北的戏演得太过火了,居然拿泡面当道具,但看见他难以下咽的样子,她还是有些心疼。倪小陌转身下楼,再回来,手里拎着满满一兜子菜。半个小时以后,倪小陌就像变戏法一样,给乔北做出了几盘活色生香的美味佳肴。

乔北坐下来,风卷残云,狼吞虎咽。吃得差不多了,才想起来应该夸一夸倪小陌的手艺。一抬头,却发现倪小陌正在帮他打扫卫生。她将长发束成利落的马尾,将衬衣袖子高高地挽起来,低头,弯腰,两条修长的腿微微弯着。那样子很家常很温馨,一下子就将乔北心中最柔软的地方击中。

乔北起身拿了一瓶红酒,喊倪小陌,声音是从未有过的温柔。

然后他就醉了,哭了。

乔北一哭,倪小陌激动得手足无措。据说,男人只在两个女人面前落泪,一个是他的母亲,另一个是他的恋人。他在她面前落泪,是不是就意味着他已经默认了他们的关系?

然而,掉完眼泪,他说,合作伙伴携款跑了,他穷得只剩下一辆宝马了。他还让她离开,他说他没有资本去爱一个女人。

满以为他会流露真情,不成想,即使喝醉了他都不忘演戏。这一刻,倪小陌的心里犹如秋风扫过,泛起了阵阵凉意。迟疑片刻,她终于决定离开。

离开乔北以后,倪小陌一下子变得现实起来,她觉得与其绞尽脑汁与王子周旋,倒不如找个平常的男人安安稳稳过日子。有了这样的指导思想,倪小陌轻而易举就物色到了新男友。毕竟,这世上稀缺的是钻石,而普通的石头遍地都是。

还别说,倪小陌找到的这块“石头”虽然普通,对她却是死心塌地,动不动就冒着倾家荡产的危险,送她大把的蓝色妖姬,还请她去西餐厅玩情调。遇到这样对自己倾尽全力的男人,按理说,倪小陌应该心花怒放,可是,不知为什么她就是不高兴。

他送花,她说:何必这样浪漫兮兮的,浪漫就是慢慢地浪费,人家开宝马的都不会这么浪费。他请她吃西餐,她说:何必打肿脸充胖子,人家开宝马的都去小店里吃饭。张口宝马,闭口宝马,重复的次数太多了,沉默的石头也会变成疯狂的石头。“倪小陌,有本事你去找开宝马的啊!”石头男怒吼。

开宝马的男人,倪小陌只认识乔北一个。乔北依然跟倪小陌哭穷,依然跟她演戏。倪小陌决定跟他飙一下演技,既然他扮演落难的王子,那么她就扮演拯救他的天使。为了拯救他摇摇欲坠的小公司,她奉献出了自己所有的积蓄,还免费做了他的会计、秘书、业务员兼保姆。她还精心护养着他的宝马车,让它面貌整洁,油量充足,载着他在这个城市鱼一样穿梭。

乔北感动得眼圈泛红。这年头的女孩子哪个不是“向钱看”,能遇到倪小陌这样与他同甘共苦对他不离不弃的女孩,乔北觉得自己真是三生有幸。他说:“倪小陌,你放心,我一定会给你更好的生活。”

乔北不知道,倪小陌曾经也是个“向钱看”的女孩,更不知道,他的实际生活曾经多么戏剧性地被倪小陌理解成真心大考验。直至后来,她帮他打扫卫生,看见了一大沓银行的催款单,她才明白他不是装穷,他是真穷。

这年头什么都有山寨版,连王子也不例外。受到打击的倪小陌决定痛改前非,再也不相信王子和灰姑娘的爱情鬼话，她只想找个普通男人过普通生活。可是后来她发现，山寨王子乔北已经在她心里扎了根，怎么拔都拔不出来。最终"向钱看"的倪小陌不得不向爱投降。

倪小陌觉得，这世上的王子分为两种：一种是衣轻马肥正得意的，一种是西风瘦马落了难的。女孩子遇到前者那是幸运，遇到后者也不能放弃。既然爱他，替他养养白马又何妨。

∽ 感恩心语 ∾

女人一旦陷入了爱情，什么王子、大款，都会一一跑去。钱？谁不喜欢。只是为了钱而丢掉爱情的人，着实令人觉得悲哀。如果两个人真心相爱，过段苦日子又如何？

30 秒即一生的爱

佚名

男人和女人吃完晚饭，然后男人搭上车直奔机场。他要去一个遥远的城市出差，飞机是不等到人的。可是他们的晚饭精致且丰富，一点儿也没有马虎，全是女人的拿手好菜。女人用了大半个下午的时间，让桌子上摆满海鲜。

男人像鲨鱼般喜欢海鲜，可这个男人的风格，却一点儿也不像鲨鱼，他举止优雅，是一个优秀的男人。

男人是在傍晚登上飞机的。他对女人说，当他走出机场的时候，时间会很晚，所以他今天晚上就不给女人打电话了，等到第二天清晨再打。女人说："好。"她站在窗口向男人挥手。接下来的半个月，男人将在一个陌生的城市里度过。

很晚了，女人早已熟睡。忽然电话的铃声她吵醒，她看了看床头的钟表，已是凌晨。女人爬起来，来到客厅，接起电话。她听到了男人的声音。

男人开口就挺突兀："你还好吗？"

女人有些惊讶："还好，我已经睡下了。不是说早晨再打电话吗？"

男人好像不放心，又追问一句："你没事吧？"

女人有些好笑，这男人太婆婆妈妈了，虽然知道他是关心自己的："我当然没事，睡得正香。你怎么了？"

男人说："跟你说一声，我已经到了。你不用担心。有事别忘了给我打电话。"然后他跟女人道了晚安，急急地将电话挂断。

女人拿着电话，愣了足足一分钟。她想今晚的男人有些不对劲。哪里不对劲呢？一时却又说不出来。

半个月后，男人从那座城市回来，仍然神采奕奕。可是他的肚子上，多出一块伤疤。

女人问："怎么回事？"

他回答："没事，一点小伤。"

女人急了，追问不休。

男人就笑了："告诉你，你可不要生气。那天我下了飞机在街上走，肚子突然很痛。那是从来没有过的绞痛，让我几乎晕厥。于是我一下子想到了海鲜，想到可能是食物中毒。你知道，在我们这个海滨小城，每年都有人因为吃海鲜而送命。于是我给你打电话，我想假如真的是因为那些海鲜，那么，此时的你一定也会有感觉。假如你没接电话，或者虽然接了，但身体有什么不适，我就会直接把电话打到120急救中心，让他们马上赶到咱们家。后来听你口气感觉一切都很正常我就没再惊动你，放心地挂了电话。"

"感觉都那么不舒服了,你还不赶快想个办法先救自己?"女人问,"哪有那么多心思想东想西的。"

男人深情地望着女人:"再紧迫,我也要先给你打个电话。你知道,食物中毒这样的事是马虎不得的。时间就是生命。"

女人想起来了,那天,电话固执地响了好久,她才懒懒地起来接听。虽然她和男人只是聊了简短的几句,可是这几句话,用去了大约半分钟的时间,男人其实正在忍受着巨大的疼痛。他在确信女人没有任何问题后,排除了食物中毒的可能,才挂断了电话,才开始向路人求救或者求助于当地的120急救中心。假如那天他们真的是食物中毒,那么,即使远在几千公里之外,男人也会把医护人员送到她的身边。只不过,男人会因此耽误30秒钟。或者说,在可能的生死关头,男人把自己的30秒,毫不犹豫地送给了女人。而这30秒,男人肯定深知,极有可能就是生与死的距离。

女人不说话了,她已经说不出什么话来。

男人轻松地笑了笑说:"还好,只是虚惊一场,什么可怕的事情都没有发生。"他又指了指肚皮上的那块伤疤,调皮地眨了下眼睛,"这是急性阑尾炎留下的纪念。"

女人笑不出来,只是那泪却流了满面。

感恩心语

不是所有爱情都是惊天动地的,像这种平淡的、沉默的爱也是值得去信任的爱。当一个男人能够不顾自己的生命来爱护你,那这个人一定值得你去守护。

陪着你慢慢地走

温秀

他的左手扶着她的肩,右手紧紧拽着她的一只胳膊。

她的双手总是握成半拳的姿势,两只僵硬的胳膊扭曲着悬在空中。她的双脚也变了形,走一步,身体便会剧烈地摇一摇,远远望去,好似一个巨大的不倒翁。

他搀扶着她,一步一步地挪动。她每迈出一步,他仿佛都要使出全身的力气。或许是长期低头弯腰的缘故,他瘦长的身体显得有些佝偻。经常有人远远地对着他们的背影叹息:原先是多么漂亮的一个女人呀,一场大病把人折磨成了这样,可惜呀!也有人嘀咕:那男的肯定撑不久,总有一天会撒手,毕竟,他还那么年轻……

然而,从春到秋,自夏至冬,无论风霜雪雨,每天清晨,他们都会出现在这条沿江大道上。日子久了,人们渐渐习惯看到他们,就好像看到路边任何一根电线杆。偶尔有熟人同他打招呼,他便会扬起脸,爽朗地笑着大声说:"好多了,好多了,今天又多走了两步呢!"

那天早上,他像往常一样扶着她走在沿江大道上,看不出任何征兆,台风突然夹着暴雨席卷而来,呼啦啦的风声哗哗的雨声和咣当的物体坠地声响成一片。"轰"的一声巨响,他们身后的河坝决了一道口子,浑黄的河水咆哮着冲到马路上。

风雨中,他挥着双手拦车,可是没有一辆车肯停下来。他扯开嗓子呼救,但路上只有偶尔狂奔而过的人,没有人听见他的声音。

路上的水一点一点往上涨,很快便没过了他们的小腿、大腿、腰和胸口。他们像两片叶子,在水中漂浮。

他不再徒劳地叫喊,而是拽着她的手,慢慢地在水里挪动。一个小时以后,他们被武警发现了。他一手抱着一棵香樟树的枝丫,一手紧紧地拽着她。被救起时他已经昏迷,人们无法把她的手从他的手心里抽出。直到他苏醒过来，看到她傻笑的脸，他的手指一抖，两只紧扣的手才松开。

如果晚五分钟发现他们，洪水漫过他们的头顶，他们必死无疑。有人说他蠢，只要一松手，他就可以脱离危险。闻讯赶来的朋友甚至愤愤不平地数落他：你已经服侍她整整七年了，再搭上性命，值得吗？

采访抗洪现场的记者恰好看到了这一幕，便悄悄把镜头对准了他。面对朋友的嗔怒，他嗫嚅道："那时，哪还有心思去想值不值得？我只晓得，要像平常那样搜牢她的手，陪着她慢慢地走。"

他说这些话的时候，她只是"嘿嘿"地笑着，嘴角流出的涎水如同一串珠子溅落在他的手腕上。他顾不上理会朋友，急忙用毛巾给她擦拭嘴角。她吃力地抬起右手，用握不拢的手指扯起毛巾，笨拙地拭着他手腕上的口水，又傻笑着把毛巾往他脸上蹭。他立即半蹲下来，把头伸到她手边，任由她用沾着口水的毛巾胡乱地擦着他的脸。在后来播出的电视画面上，人们看到他始终微笑着注视她，眼里蓄满怜恤和体贴。他一脸平静，看不到一丝劫后余生的惊惧。

他和她依然在每个清晨出现。他们艰难挪动的每一步都让我坚信，世间真有这样一种爱：可以分担你一生的愁，不用海誓山盟，却能在暴雨狂风中，陪着你慢慢地走……

～∽感恩心语∽～

世间真有这样一种爱：可以分担你一生的愁，不用海誓山盟，却能在暴雨狂风中，陪着你慢慢地走……看到这句话时，忍不住泪流满面。现如今，有多少人能够做到？

爱是一杯白开水

虹莲

他们刚刚结婚一年，结婚之后有许多争吵也有许多甜蜜。有一天她问他："你说，爱的佳境是什么？"他想了想，说："是生死吧。你想想，一个人可以为另一个人去死，还不是爱的最高境界吗？"

她摇头，开始的时候她也这么想，因为爱情最壮烈的时候总会和生死联系在一起的，但是，我们都是红尘中的俗人，有俗人的快乐和爱情，当然也就有平常人的爱和恨，有多少爱情是需要生生死死的呢。

"那你说是什么？"男人问。

女人笑了："是习惯，当你习惯了一个人生活中的细节，就会爱上他，爱情是一个人对另一个人习惯的认同。爱到最高境界就是认同了他或她的习惯。"她说结婚多年后早已经习惯了他的鼾声，而她结婚之前，是有一点动静也不能入睡的，可是后来却变得没有他的鼾声却再也睡不着。而他也习惯了她的小性、撒娇，甚至无理取闹、无事生非。

他们吃完饭总是男人洗碗，他说是要保护爱妻的玉手，而她也习惯了给他泡一杯茶，给他倒洗脚水，他也知道她是爱干净的，所以，每天必要洗脚。他洗脚比洗脸还要认真，因为她怕闻到脚的臭味。在结婚以前，他妈妈怎么喊他也不去洗，踢了足球还那么臭着，可是因为她，他从来没有臭着脚在沙发上看电视。因为她的爱干净，他们也吵过架，他进门就乱扔东西，而她却是一边唠叨一边收拾，后来她习惯了他的乱扔，他也习惯了她的唠叨。

男人想，真的是这么回事啊。她有个毛病，就是爱照镜子，但凡有机会她就会照镜子，有一次菜都烧煳了。但他不怪她，因为他觉得她照镜子的样子挺好看的。这就是爱吧。

而她说："你总是出去喝酒，喝得醉醺醺地回来，即使不喜欢，可是也习惯了，因为爱你，所以不再和你吵闹。"爱情的哲学有时候就这么简单，就在生活的点滴里，若不能习惯所有的习惯，那只说明还没有爱他。若习惯了自己的爱人，甚至是他的坏习惯，那说明已经深深地爱着他了。比如他衣服上的烟草味，比如他干净的衬衣，如果这些都爱，那么不要再问"爱是什么"这样愚蠢的问题了。

❧ 感恩心语 ❧

爱，有时候就这么简单、朴素。它像一杯在我们身边的白开水，触手可摸。喝了，让人觉得凉爽舒服。

用行动来爱

佚名

分手的时候她说："让我们做一辈子的朋友吧。"女人总是要求，分开了也希望他能在自己看得见的某个地方。所以提出这样的苛求，分手还是朋友。而男人只是用行动来爱。

他答应了，每个星期会打电话给她，约她出来吃顿饭。她有时候会带男友赴约，试探他的表情。即使爱情退潮只剩下一些零星的小沙砾也要看那人脸上的神情，失落或是伤感。她有时候会问他有没有女朋友，他总是笑而不答，她期待他说没有，在没有女朋友的旧情人面前，她永远是唯一，乐意享受这种殊荣。寂寞的时候，没有人陪的时候，只要一个电话，他就会出现在她面前。

她不知道他心中所想，只要看见前任男友和现任男友和睦共处，会很自豪。骄傲的时候也有些茫然，他们毕竟没有在一起了，手指相碰的概率是十万分之一。

已经结束了吧。每次吃完饭他都送她回家，不去牵她手，他知道她的手是冰冷的，她明白再也不会有他来温暖她。他也不送她到家门口，停个几分钟，然后再离开。

很多次，女人会想起以前恋爱的事情，爱情在时，连暴风雨都变得温馨；男人则回忆她坐在他的面前，细长的手指划动着桌面侃侃而谈，她想念他对自己寂寞的笑然后敞开臂膀，让她飞扑进去的那种暖意；他则眷恋每次吃冰淇淋时总会满嘴都是巧克力汁的她，哈根达斯的甜腻亦比不上爱的滋味。

她依然保留他家的钥匙，有时候会去帮常年出差的他清扫房间。从前翻过的抽屉她没有再动过，只是擦拭，清洁桌椅和碗盆。他说请清洁公司就好了。可她坚持，为他打扫房间。有时候会想想是不是因为心中充满了负罪感，想为他做一点事？在他的家里，感觉一些昔日的甜蜜？

最近去打扫的一次，他已经飞回来，在睡觉，西装外衣脱在客厅里，一地都是。她一件一件地捡起来，放进洗衣机里。

裤袋里的皮夹"啪"的掉在地上，那里夹着一张照片。是她笑盈盈地在他怀里。而照片的背后写着三个字：一辈子。

女人总是要求，即使抛弃了这个男子，也希望他能在自己看得见的某个地方，永远守护着自己。而男人只是用行动来爱。

❧ 感恩心语 ❧

比起女人来，男人显得更加沉默。他们不愿意为自己辩解，只是用行动默默地付出。所以，我们要珍惜深爱我们的男人，因为他们的爱是一生一世的承诺。

第五章

春风化雨：
感恩老师的教诲

感恩老师，给予我们翱翔苍穹的翅膀，从懵懂顽童到天之骄子，伴随着每位老师的春风化雨。一段师爱，就是一段心灵深处的洗礼；一段师爱，就是一段刻骨铭心的记忆。

难忘师恩

佚名

在取这个题目之前，我斟酌了很久，其实他对于我来说并没有什么恩，甚至曾经对我侮辱过，但是在我眼中，我该感谢他，是他让我振作起来的。

求学路漫漫，这么些年来教过我的老师也已经不在百位之下了。对我有影响的老师其实并不是很多，他们大多只在提高我文化水平上贡献大一些。在做人方面我多是受周围的人的影响。曾经有人做过这样一个测验，测试对象是众多的成功人士，测试者问他们在哪里获得最受益的教育，结果受测试者几乎都回答是幼儿园。他们说自己在幼儿园学会了许多做人的最基本的原则。最使我受益的教育并不是在幼儿园获得的，因为我没有经历过幼儿园阶段，如果说学前班不算做是幼儿园阶段的话。学前班我们都学一些阿拉伯数字还有一些字母之类的，老师是不会像幼儿园的阿姨一般给我们讲故事教我们做游戏的。

学前班和一年级是在村小学读的，一所危房，每到下雨的时候我们便不得不停了课挪桌子以防淋水。就是在那样的环境下，我在那里度过了我求学生涯中难忘的两年。由于农村条件不好，我的学前班老师和一年级的老师都是同一个人，如果不是因为其他的某些原因，那么二年级也将会是他教我的。二年级之后我就到了乡上的小学读书，从此再也不用看丑陋的他。他长得有些矮胖，50多岁的年纪，特别喜欢喝酒。他一直在这所破学校教书，一切都显得风平浪静的样子，在他的教学生涯里没有犯过重大的错误也没有取得过很大的教学成绩。他的懒是众所周知的，他想休息的时候就给学生放假。大家都不是很喜欢他的，但是由于没有老师愿意来这个鸟不拉屎的地方任教也就只能任由他这么误人子弟了。由于我们这里穷得没有老师愿意来这边教学，一所学校就他一个老师，于是他一个人包揽了两个年级（最多的时候有三个）的所有的课程。可以说他的教学任务是很重的，他的教学质量确实是不敢恭维，能力毕竟是有限的。就是这样的一个老师，他却给了我一生最难忘的教育。

刚刚踏入学校的那会儿，我贪玩的脾性还没有改变，在课堂上我没能够好好地听课。第一天上课老师教我们阿拉伯数字"1"的写法，在此之前从没有握过笔杆子的我怎么也写不好，回家父亲叫我展示所学的时候写出来的"1"也像是一条蜿蜒的小蛇，看着有点像是幼儿的图画。记得有一次中午最后一节课老师让我们默写拼音字母，写不出来就不让回家吃饭，结果到最后偌大的教室就剩下我和另外一个女生。我们是怎么也写不出来，最后都饿得哭了。老师拿我们自然也是没辙的，不得不放过我们，最后我是饿着肚子哭着回家的。

和我一起上学的小伙伴们的学习成绩都还是可以的，我在他们中间都感觉有些自卑了，还好他们不会因为我的成绩糟糕而嘲笑我。我的邻居姐姐每次期中期末考试都是能够拿回来一两张奖状的，我看着贴在墙上的橙黄色的奖状甚是羡慕。有一次看着看着我居然说出一句令我自己也感到吃惊的话来，我说这没有什么了不起的，我也可以拿。可是就这一句话并不足以激起我对学习的热爱，何况当时的那句话还有些言不由衷。

在那之后我的成绩还是没有什么起色，我对学习的兴趣还是提不起来。母亲、爷爷他们都是没读过多少书的，读过高中的父亲又是常年在外，在家里谁也不会来管我，我玩累了才会学一点。不懂得读书的我成绩是一塌糊涂的，那时候真有点抬不起头的感觉。一次课堂上，老师在讲桌上改试卷，我们在下面自习。坐在讲桌附近的我觉得无聊便和同学在下面玩起来，老师看见了很生气。如果我成绩好的话，他或许不会怎么样，他是喜欢学习成绩好的学生的，可是在那时候我的成绩几乎可以在班上倒着数。他气急了把我的试卷揉成团朝我扔过来,嘴里说了一句我这辈子都不会忘记的话,他说我一辈子都将是蠢蛋一个。他是当着全班人的面说的,这对我是多么大的伤害。我不知道他是出于何种目的,羞辱还是激将?以后我没有问过他。也许他早已经把这件事情忘记了,但是我却永远不会忘记。从此以后我暗下决心要把成绩搞好,我要在他教学年内让他知道我并不是个蠢蛋。

我凭着一股想要证明自己的勇气,开始认真听讲努力完成作业。课程不很多,经过一段时间的努力我就把老师讲过的知识全部掌握了。很快就迎来了一次单元考,我认真地对待,没想到居然取得了好成绩。看到我这么大的进步,他完全不敢相信,背地里找到我问是不是抄的,我当然否认了。我知道一次的成绩不足以证明自己,我需要不断地证明给他看,也兑现我在邻居姐姐家夸下的海口。接下来又迎来了一次语文比赛,我在比赛中再次获得好成绩。老师不得不对我刮目相看了。

在接下来的求学路上我的成绩都是很不错的,甚至成了他的所教过的引以为傲的学生。在这以后我曾于回家路上多次路过他的教室,但是我没有进去,我不知道该如何面对他,我想他也是不知道该如何面对我。我这样曾经被他看不起的学生在崛起以后跑去看他会不会让他觉得有些尴尬,为他从前对我的漠视和羞辱感到难堪。在那以后我们之间也没有说过一句话。现在他或许已经认不出我了,但是他会记得曾经教过我这么一个值得他骄傲的并值得他一辈子去骄傲的学生。现在他退休回家抱孙子去了,我也有好些年没有见过他了。

我真的是该感谢他的,是他使我找回了自尊,是他让我有了今天的成就。就我今天能够写下这样的文字来作为纪念,也都是该感谢他的,要没有他的激将,或许我是要做一辈子蠢蛋的。

感恩心语

感谢那些曾经"伤害"过你的师长吧,他们原本是用心的,而正是他们的用心,逼出了你的自尊,你的骄傲。苍茫天地间,无愧于己,无伤于人,傲然挺立人世间,让所有的一切都为你欢唱。

不能忘记的老师

韦君宜

人不能忘记真正影响过自己的人。

我写过好几位教过我的老师,包括大学的,中学的,小学的。田聪是影响我最大的老师,他是南开的,但是南开却不记得他,那些有功于校的老教师名单里没有他。

他是在我进高中一年级时,到南开教书的,教国文。人很矮,又年轻。第一次进教室,我们这群女孩子起立敬礼之后,有人就轻轻地说:"田先生,您是……"他毫不踌躇地拿起粉笔,就在黑板上写了"田聪,燕京大学文学学士"几个字作为自我介绍,接着就讲课了。

他出的第一个作文题是《一九三一年的中国大水灾》。我刚刚学发议论,刚做好交上去,"九一八"就爆发了。他又出了第二个题,没有具体题目,要我们想想,"写最近的大事"。于是我写了一篇《日祸记闻》(我找了报纸,费了很大劲),田先生只点点头说:"写听来的事,也就这样了。"他要求的当然比这高。

我们有南开中学自编的国文课本,同时允许教师另外编选。田先生就开始给我们讲上海左翼的作品:丁玲主编的《北斗》,周起应(周扬)编的《文学月报》,然后开始介绍鲁迅,介绍鲁迅所推荐的苏联作品《毁灭》,还有《士敏土》、《新俄学生日记》等等。他讲到这些书,不是完全当文学作品来讲的。讲到茅盾的《幻灭》、《动摇》、《追求》三部曲时,他说:"现在的女孩子做人应当像章秋柳、孙舞阳那样开放些。当然，不必像那样浪漫了。"

我是个十分老实的学生，看了左翼的书，一下子还不能吃进去。有的同学就开始写开放的文章了，记得比我高一班的姚念媛，按着丁玲《莎菲女士的日记》的路子，写了一篇《丽嘉日记》。我们班的杨纫琪写了篇《论三个摩登女性》，都受到田先生赞赏，后来发表在南开女中月刊上。我的国文课（包括作文）一向在班上算优秀的，可是到了这时，我明白自己是落后，不如人了。

田先生越讲越深，他给我们讲了什么是现实主义，什么是浪漫主义。我才16岁，实在听不大懂，可是我仔细听，记下来，不懂也记下来。半懂不懂的读后感都记在笔记本上了，交给田先生。他看了，没有往我的本子上批什么，只是在发本子的时候告诉我："写 note 不要这样写法。"还告诉我，读了高尔基，再读托尔斯泰，读契诃夫吧。田先生对于我，是当作一个好孩子的吧。他在我的一篇作文上批过"妙极，何不写点小说"。可是他没有跟我说过一句学业之外的话。

在教书中间，他和南中的另外两位进步教师万曼、戴南冠共同创办了一个小文学刊物，叫《四月》，同学们差不多都买来看了。我看了几遍，终于明白田先生写的文章和我相差一大截。我是孩子，孩子写得再好也是孩子，我必须学会像田先生那样用成人的头脑来思考。

到高中二年级，田先生教二年甲组，我被分到乙组，不能常听田先生的课了，但是甲组许多情况还是知道的。田先生常叫她们把教室里的课桌搬开，废除先生讲学生听的方式，把椅子搬成一组一组的，大家分组讨论，教室里显得格外生动有趣。后来她们班的毛同学当选了女中校刊的主编，把校刊办得活跃起来了。开始时是谈文学，谈得很像那么一回事，估计是田先生指导的。到后来她们越谈越厉害，先对学校的一些措施写文章批评，后对天津市内的（当然是国民党统治下的）政治形势嬉笑怒骂，直至写文章响应市内工厂的罢工，鼓动工人们"起来啊，起来"。闹得学校当局再也忍不住了（再这么下去，学校也没法存在了），把毛同学等三个活跃分子开除了。同时，学校当局认为是田聪等三个教师在背后煽动的，把三个教师解了聘。

我看不出来田先生在这里边起了什么作用，只是对他的离职惋惜不已。

对田先生教给的左翼文学我刚刚尝到一点味儿，只知看看而已，还没想到自己动手干。但是已经不用田先生告诉怎么找书了，会自己去找书看，会自己去订阅杂志了。

已被开除的先进分子毛跟我谈起田先生，她说："作为教书的教师，他是个好教师。可是，要作为朋友，他并不怎么样。"那时候我还不懂田先生怎么又成了她的"朋友"。后来过了很久，我才明白她那时已经是一个地下组织的成员了，田先生么，该是她的"朋友"，即同志，实际上女中的活动就是她们地下组织的活动，并不是个别教师煽动的，学校当局也没有弄清。我太幼稚，没有资格要求田先生做我的"朋友"，但是我由一个什么也不懂的女孩成为知道一点文学和社会生活的青年，的确得感谢田先生，他是我的好老师。

我一直怀着感激的心情想着田先生。后来只在一个讲教学的刊物上见过田先生的名字，在河南一个文学刊物上见过万曼先生的名字，再就没有消息了。我总在猜测，他们几位大概进入了文学界了。想起他们，我老是以为他们不会湮没无闻的，常想着将来能再见。

后来，一直过了二十多年，国家经过了天翻地覆的变化，我也已经成了中年人，被调进了作家协会。对于文学知道还不算多，该接受的教训倒学会了不少。从前对于文学那股热劲也消磨得差不多了。有一天，在作家协会的《文艺学习》编辑部里，忽然听说有一个姓田的先生来了，在公共会客室正等着我。我进门先是一怔，但是马上就认出了是田先生。他很客气地说知道我在这里，他来的目的是想请我到他们学校去作一次报告，就是讲一次文学课。

原来这几十年他还在教书，在石油勘探学校里教文学。没有想到，他怎么会在石油学校去教文学？要知道我现在已经属于文艺界了，而人们都知道文艺界里的气氛，我怎么敢到圈外去乱吹，讲文学？

"田先生，我……我……"我简直说不上来。只好吞吞吐吐回答："我怎么能到您那里去讲文学？您还是我老师。"

田先生却痛快地说："怎么不能啊！青出于蓝嘛。"

我没法，只能说："我没有学好，给老师丢丑……而且……而且您看，我肚子这么大了。"那时我正怀着孕，他没有勉强。这次会见，就这么简单地结束。我一面谈着话，一面心里就猜，田先生大概这些年还保持着他年轻时对于文艺界的美好幻想。而且看见《文艺学习》刊物上我的名字，就以为我已经踏进了那个美好幻想里，所以来找我，叫我千言万语也说不清。但是我敬仰的田先生，领着我们敲开左翼文学大门的先生，怎么能湮没呢？他的功劳怎么没人提起呢？

后来我曾经想请田先生参加作协举办的文学活动，但是迟迟没有找到合适的题目。后来呢，又过了一阵，文艺界内的气氛越来越紧张了。田先生忽然给我来了一封信，说他一向佩服诗人艾青，想必我会认识艾青，请我给介绍介绍。那些天，正好是艾青同志倒霉挨骂的时候，我刚刚参加过批判艾青的内部会议。还在艾青同志屋里听他诉过苦，这怎么答复啊？属于"外行"的田先生，哪里会明白这些内情，我这个做学生的，又怎好贸然把这些话告诉田先生。紧接着是批判《武训传》，批俞平伯、批胡风，直到批右派，我自己也被送下乡，刊物也关门了。田先生幸喜与诸事无关，就不必多谈了。

我竟然无法答报师恩，竟然无法告诉他："田先生，你落后了，做学生的要来告诉你文学是怎么回事了。"这是胡扯，他不是落后，我想他还是和从前一样，把左翼文学园地看作一块纯洁光明的花园，这对于他来说，其实是幸福的。他仍然是忠于自己事业的老教师，并没有人掐着他的脖子叫他怎样讲文学。当然，紧接着文艺界这些不幸，这样关心文学事业的田先生，不会一直听不见看不见。不幸的是我，不能再和他细谈。

我默默不能赞一辞，竟眼看着我本以为应当光华四射的老师终于湮没。我胡思乱想，整夜睡不着，有时想，真不如那时候田先生不教我，不让我知道什么左翼文学，早没有这位先生多好。有时候又想起16岁的时候，这位影响我最深的先生，我怎能忘掉。

现在我来提笔怀念田先生，是没有什么可顾虑的时候了，可是算一算他该已八十几岁，谁知道还在不在人世啊。

❧ 感恩心语 ❧

细碎的回忆遥远而真实，平实的语言朴素而感人。一位老师就因为那样宽广的胸怀、真诚的关爱、出众的才华，镌刻在了一个学生人生的纪念碑上，永难忘记。感谢他们，正是这些可敬的老师，在一点一滴、一步一步地呵护我们行走，走向远方。

好老师的生命之歌

老歌

坚持着、坚持着，把孩子们带进知识的世界

郑青刚执教鞭两年，却跟学生结下了深厚的感情。他所在的安徽省霍邱县姚李镇长岗小学，多半孩子的父母去了城里打工，缺少亲情的关爱，郑青就充当了家长的角色，帮助孩子们解决心理问题，给他们送去汩汩暖意。他的课也成了县里常组织教师观摩的示范课。然而，2005年的暑假却改变了他的生活。那时，因为平时晕倒的次数越来越多，郑青到安徽省立医院做了检查，确诊结果竟是慢性粒细胞白血病！医生让他立即住院。白血病，这个以前只是听说过的绝症突降自己头上，29岁的郑青怎么也无法相信这是真的。郑青夫妇俩每月工资加起来才1000多元，而治疗费用

需50万元,郑青在医院仅住了一个星期就被迫回家保守治疗。

面对随时可能降临的不测,郑青决定一边治疗,一边返回讲台继续给孩子们上课,他深深体会到,只有在讲台上才能让日渐枯萎的生命焕发活力。2005年9月,他婉拒医生和家人静养的忠告,坚持上岗。同学们看到郑老师又回来给他们上课了,都高兴得不得了,每天郑青一踏进课堂,同学们都报以雷鸣般的掌声。郑青乐观风趣,讲课时喜欢打比方、做手势,有时也手舞足蹈,声音依然洪亮,与大家保持良好的互动。郑青老师重回课堂深深地打动了附近好几个庄的乡亲们,有的家长托人把孩子转到他班上,一些以前跟随打工父母在外地就读的孩子也回老家进了这个班,由此导致全校生源急剧上升。学校领导怕他劳累加重病情,要求郑青在家休息发全额工资,但郑青坚决不同意。他对校长说,孩子们挺喜欢我讲课,让我再坚持一段时间吧。他把"坚持着、坚持着,把孩子带进知识的世界"这个手书条幅挂在了自己床头。

44封生命绝唱,饱含好老师的深情

郑青边打针边上课坚持了整整一学期,怕流鼻血吓着孩子,他总是带着大口罩上课,半年中四次栽倒在讲台上。校长陈道喜说,郑青简直就是超人,他得病回来上岗以后,班里学生的成绩平均提高30%以上,跃居全县前列,同事都说他了不起,创造了奇迹,孩子们也欢欣振奋,这样的好老师怎么就会得病呢,苍天不公啊!

2006年元旦那天,长岗小学五年级的44名同学决定凑钱买点儿礼物,去看望郑老师。同学们带了两条自抓的大草鱼、腊肉咸货,还凑了22块钱。但到底用这22块钱买什么,大家议论纷纷。最终决定一半钱买猪骨头、鸭血、菠菜等补血食品,另一半钱给老师买本《钢铁是怎样炼成的》,鼓舞老师与病魔做顽强抗争。当孩子们冻得流着鼻涕,搓手跺脚齐刷刷出现在郑青病榻前时,他艰难地翻身起床,一把圈住孩子们。郑青强忍住泪水批评孩子们乱花钱还耽误了宝贵的学习时间,他深情地安慰孩子们,老师的意志会像保尔一样坚不可摧!

此时,郑青患病后免疫力锐减,小病不断,一次感冒都可能夺去他脆弱的生命,他已经十多次与死神擦肩而过。而他最留恋的是自己才站了两年的讲台。在2006年春节前,郑青开始做一件在他看来是一生中具有伟大意义的交代工程:总结出每个学生的特点,开出有针对性的教育方案,给44名学生每人写一封包蕴无限留念、解读生命真谛的书信,每封信分三部分:沟通劝导、优缺点和改正措施。作为学期结束前的礼物,打算一旦自己倒下后交给下一任老师,让下一任老师做到心中有数,因材施教。

虽然一封信仅短短的几百字,可郑青一坐下来就倍感吃力,大脑和手都不听使唤,特别是连续化疗,严重损害了他的记忆力。如果一晚连写3封信就得熬到第二天凌晨。半个月时间里,郑青用泣血般的大爱写就44封信,他用一颗从容真诚的心与孩子们像老朋友般掏心窝子地交流。他告诉妻子,哪天我走了,就从枕头下把信拿出来交给接任的老师。

如获新生,要把毕生精力献教育

郑青的故事感动了周围的人们,辐射到全国。好老师我们需要你! 一时间,爱如潮水滚滚涌来。广西南宁一个女孩为郑青的事迹感染,在"情人节"发起声势浩大的义卖玫瑰募捐活动,帮助郑老师筹措医药费,有400名志愿者加入。此时郑青的病体再也坚持不住了,5月初被家人强迫送进安徽省立医院治疗,而首次住院费要交30万元,还要再付给"中华骨髓库"3万余元的相关费用,郑家为此愁肠百结焦急万分。

至5月中旬,各界救助款达20多万元,加上妻子王道琴从霍邱县医保中心预支可报销的大病救助7万元,勉强得以先入院治疗,再想办法筹措余款。更令人振奋的是,在北京红十字会造血干细胞移植捐献中心找到了与郑青配型相符的造血干细胞捐献者。面对社会的关爱,病榻上的郑青感慨道:"如果有幸获得新生,我将把毕生的精力献给教育事业!"

距病房100多公里以外的学校里,一群孩子正期盼着他们亲爱的老师能早日归来。在郑青住的四面是玻璃的病房里,玻璃窗上密集地贴满了20多张学生们的合影照片,他说那一张张清纯熟悉的笑脸,会反射给他无穷的力量,忍受住病痛的折磨。一个平凡的乡村教师如此挚爱自己的学生,令所有在场的医护人员无不为之动容。

5月23日,家住江苏省宿迁市的中华骨髓库志愿者王迎春捐献60毫升型号匹配的造血干细胞,由南京专车急送至合肥输入郑青体内。

到8月中旬,郑青已度过新血和体内器官产生排斥的最危险期和感染期,病情初步稳定下来。他精神明显好转,脸上现出红润,已能够支撑着坐起来看看教育类报刊,看看学生的来信了。不过,医生提醒说,要经过3~5年时间的不断检查和防治才能真正恢复健康。

好老师郑青,所有的人都在默默为你祝福:战胜病魔,重返课堂!

感恩心语

面对飞来横祸,郑青老师并没有像一般人那样陷入痛苦、悲观、绝望的深渊,而是坦然面对,让自己的最后时光放射出更耀眼的光芒。于是,他以超人般的毅力与病魔作斗争,坚持站在那三尺讲台,把自己的爱和智慧奉献给天使般的孩子们。他需要多大的勇气和毅力,作为健康人的我们难以想象。超人之所以能成为超人就是因为他们做到了平凡人所做不到的事情。郑青老师是超人。他感动了学生,感动了同事,感动了医生,感动了社会上有爱心的人。他身上体现出的是对教育事业的孜孜追求,对生命的高度负责。

我的老师

冰心

我永远忘不掉的,是T女士,我的老师。

我从小住在偏僻的乡村里,没有机会进小学,所以只在家塾里读书,国文读得很多,历史地理也还将就得过,吟诗作文都学会了,且还能写一两千字的文章。只是算术很落后,翻来覆去,只做到加减乘除,因为塾师自己的算学程度,也只到此为止。

十二岁到了北平,我居然考上了一个中学,因为考试的时候,校长只出一个"学而后知不足"的论说题目。这题目是我在家里做过的,当时下笔千言,一挥而就。校长先生大为惊奇赞赏,一下子便让我和中学一年级学生同班上课。上课两星期以后,别的功课我都能应付自如,作文还升了一班,只是算术把我难坏了。中学的算术是从代数做起的,我的算学底子太坏,脚跟站不牢,昏头眩脑,踏着云雾似的上课。T女士便在这云雾之中,飘进了我的生命中来。她是我们的代数和历史教员,那时也不过二十多岁罢。"螓首蛾眉,齿如编贝"这八个字,就恰恰的可以形容她。她是北方人,皮肤很白嫩,身材窈窕,又很容易红脸,难为情或是生气,就立刻连耳带颈都红了起来。我最怕是她红脸的时候。

同学中敬爱她的,当然不止我一人,因为她是我们的女教师中间最美丽、最和平、最善诱导的一位。她的态度严肃而又和蔼,讲述时简单又清晰。她善用譬喻,我们每每因着譬喻的有趣,而连带的牢记了原理。

第一个月考,我的历史得了九十九分,而代数却只得了五十二分,不及格!当下课我自己躲在屋角流泪的时候,觉得有只温暖的手,抚着我的肩膀,抬头却见T女士挟着课本,站在我的身旁。我赶紧擦了眼泪,站了起来。她温和地问我道:"你为什么哭?难道是我的分打错了?"我说:"不是的，我是气我自己的数学底子太差。你出的十道题目，我只明白一半。"她就款款温柔地坐下，仔细问我的过去。知道了我的家塾教育以后，她就恳切地对我说："这不能怪你。你中间跳过了一大段！我看你还聪明，补习一定不难；以后你每天晚一点回家，我替你补习算术罢。"

这当然是她对我格外的爱护，因为算术不合格，很有留级的可能；而且她很忙，每天抽出一个钟头给我，是额外的恩惠。我当时连忙答允，又再三地道谢。回家去同母亲一说，母亲尤其感激，又仔细地询问 T 女士的一切，她觉得 T 女士是一位很好的老师。

从此我每天下课后，就到她的办公室，补习一个钟头的算术，把高小三年的课本，在半年以内赶完了。T 女士逢人便称道我的神速聪明。但她不知道我每天回家后，用功直到半夜，因着习题的繁难，我曾流过许多焦急的眼泪，在眼泪模糊之中，灯影下往往涌现着 T 女士美丽慈和的脸，我就仿佛得了灵感似的。擦去眼泪，又赶紧往下做。那时我住在母亲的套间里，冬天的夜里，烧热了砖炕，点起一盏煤油灯，盘着两腿坐在炕桌边上，读书习算。到了夜深，母亲往往叫人送冰糖葫芦或是赛梨的萝卜，来给我消夜。直到现在，每逢看见孩子做算术，我就会看见 T 女士的笑脸，脚下觉得热烘烘的，嘴里也充满了萝卜的清甜气味！

算术补习完毕，一切难题，迎刃而解，代数同几何，我全是不费工夫地做着；我成了同学们崇拜的中心，有什么难题，他们都来请教我。因着 T 女士的关系，我对于算学真是心神贯注，竟有几个困难的习题，是在夜中苦想，梦里做出来的。我补完数学以后，母亲觉得对于 T 女士应有一点表示，她自己跑到福隆公司，买了一件很贵重的衣料，叫我送去。T 女士却把礼物退了回来，她对我母亲说："我不是常替学生补习的，我不能要报酬。我因为觉得令郎别样功课都很好，只有数学差些，退一班未免太委屈他。他这样的赶，没有赶出毛病来，我已经是很高兴的了。"母亲不敢勉强她，只得作罢。有一天我在东安市场，碰见 T 女士也在那里买东西。看见摊上挂着的挖空的红萝卜里面种着新麦秧，她不住地夸赞那东西的巧雅，颜色的鲜明，可是因为手里东西太多，不能再拿，割爱了。等她走后，我不曾还价，赶紧买了一只萝卜，挑在手里回家。第二天一早又挑着那只红萝卜，按着狂跳的心，到她办公室去叩门。她正预备上课，开门看见我和我的礼物，不觉嫣然地笑了，立刻接了过去，挂在灯上，一面说："谢谢你，你真是细心。"我红着脸出来，三步两跳跑到教室里，嘴角不自觉地唱着歌，那一整天我颇觉得有些飘飘然之感。

因为补习算术，我和她对面坐的时候很多，我做着算术题，她也低头改卷子。在我抬头凝思的时候，往往注意到她如云的头发，雪白的脖子，很长的低垂的睫毛，和穿在她身上匀称大方的灰布衫，青裙子，心里渐渐生了说不出的敬慕和爱恋。在我偷看她的时候，有时她的眼光正和我的相接，出神地露着润白的牙齿向我一笑，我就要红起脸，低下头，心里乱半天，又喜欢，又难过，自己莫名其妙。

我从中学毕业的那一年，T 女士也离开了那学校，到别地方做事去了，但我们仍常有见面的机会。每次看见我，她总有勉励安慰的话，也常有些事要我帮忙，如翻译些短篇文字之类，我总是谨慎从事，宁可将大学里功课挪后，不肯耽误她的事情。

她做着很好的事业，很大的事业，至死未结婚。六年以前，以牙疾死于上海，追悼哀殓她的，有几万人。我是从波士顿到纽约的火车上，得到了这个消息，车窗外飞掠而去的一大片的枫林秋叶，尽消失了艳红的颜色。我忽然流下泪来，这是母亲死后第一次的流泪。

感恩心语

漫漫求学路上，总会有恩师给我们以有力的扶持和帮助。回首顾望，往往心存感激，慨叹万千……

称作恩师，是因为没有他们，就没有我们的现在，没有他们在我们蹒跚学路时的循循善诱，就没有我们如今阔步向前的刚毅与坚强。

打出来的师生情

佚名

写下这个题目的时候，突然想起"不打不成交"这句话。之所以如此，也许是因为打的过程本就是心灵的撞击，是一种情感的宣泄和暴露，只不过采取了一种特别的方式而已。

十几年的学生生活经历过很多老师，虽然至今仍可以随便说出某位老师的性情与形象，但随着时间的推移，有些记忆也许会慢慢模糊和淡忘；然而，我却相信：我与于老师的师生情是永远也不会淡忘的，因为我们的感情是打出来的。

1984 年暑假过后，我升入初中二年级，于老师成为我们的语文老师兼班主任。新的教室新的老师新的课本，都让我兴奋不已，同时也憋足了劲，要做学习上的佼佼者。老师的每一项作业甚至每一句话都去认真地对待，然而却在无意中留了一个空白。

记得那是于老师给我们上的第一节课，下课的时候留了一个作业：把课后的生词注释背下来并写到笔记本上。老师走后，我把那几个词语的注释反复读了几遍，觉得背过了，就放下书，心里想：等中午就可以写到笔记本上了。然后就准备上下一节课了。

午饭过后，正准备坐下来把作业整理完成的时候，好朋友晓红过来二话没说，就把我拉到音乐老师的办公室，请老师教我们唱她找来的新歌。新歌很快学会了，上课的时间也快到了，我们急急忙忙跑回教室准备上课，作业的事早就被唱歌的兴奋赶得无影无踪了。

第二天第一节就是语文课，于老师走上讲台的第一句话就是："把昨天写的解词拿出来摆在桌子上，我来检查一下。"糟了，我忘记写了！这时，我脑子一片混乱：怎么办？怎么办？现补是来不及了！我心里像是在敲鼓，脸红一阵白一阵，低头也不是，抬头也不妥，慌乱中，于老师已经站在了我面前。"你的作业呢？"于老师的声音不高我却是被吓了一跳，怯怯地说："忘记写了。""什么？忘记写了？站起来！"声音明显带有愠怒。我站起来，同时看了老师一眼：她真的生气了。"为什么忘记写了？全班同学可只有你忘记了呀，你怎么解释？"老师的声音一句高过一句，本来有点喧哗的教室也慢慢静下来了，空气似乎有点儿紧张。我突然感到有几十双眼睛在看着我，甚至仿佛听到有个声音在低语："她怎么会没完成作业？"是啊，我怎么没完成作业呢，这可是生平第一次呀！羞与悔让我不知所措，老师的问话也做不出任何反应。

可能是我的无语更加激怒了于老师，更尖锐的声音又传入我的耳朵："怎么了？跑到老师办公室唱歌的时候不是声音挺大的吗？现在怎么不开口了呀？"也许是老师的气愤让我震惊，也许是她提到唱歌的事让我懊恼，也许是一种本能的反击行为，总之，我好像突然陡增了胆量，仿佛在一瞬间，心里不再敲鼓，头也抬起来了，眼睛直直地看着于老师大声说："我是忘记写了，可我背过了。"

老师好像一愣，空气仿佛凝固一般，整个教室鸦雀无声，可怕的沉默持续了十几秒钟，老师的声音更加气愤了："我只要求你背过了吗？""没有。"我的声音也不示弱。"忘记老师的作业还有理由吗？"我仍然直直地看着于老师，片刻的沉默之后，却开始反问："已经背过了，为什么还要写？""这是作业，你没有理由不完成。""我又不是故意不写的，我保证考试的时候错不了不就行了吗？"

"啪"的一声，我的话音刚落，一记响亮的巴掌打到了我的脸上，我本能地用手捂住脸，同时也用愤怒的眼睛看着她，教室里静得能听到绣花针落地的声音。

我俩对视着，我突然抓起桌上的课本用力地摔在了地上，然后一把推开于老师拔腿就跑出了教室，一口气跑到宿舍，趴在床上就放声大哭，羞、悔、气一股脑儿袭来，这是我生平第一次在同学面前出丑,悔不该跟晓红去唱歌,更气恼老师的小题大做。我不知哭了多久,被同学叫醒的时候已经是吃午饭的时间了。

他们告诉我,我跑出教室后,教室里只有于老师时断时续的讲课声,那是他们上的最安静的一节课了。其实于老师的课是很精彩的,我想是我的反叛搅乱了她的情绪,心里隐隐的有了些许歉意。然而,同时也在心里固执地产生了一个想法:我将不再进于老师的课堂了。这个想法致使我在以后的两天里每到语文课就拿着课本回到宿舍,自己学习,不懂的地方利用课余时间请教同学,同时也详细地询问课堂上的所有事情。

第三天下午是作文课,午休之后我就直接留在了宿舍,心里却在揣摩:这是新学期的第一节作文课,不知老师会讲什么内容,也不知会要求写什么作文,这作文课落下了不知能不能补上。我开始有些后悔自己的固执,坐立不安起来。大约半节课的时间,于老师突然站在了宿舍的门口,笑吟吟地看着我,我立刻变得慌乱而不知所措。"怎么?还在生老师的气呀?你的气性可比我大多了呢!"语气亲切而温和。"我……没有……不是……"我支支吾吾,无从作答。

于老师走进来拉着我坐到床上,和我进行了一次终生难忘的谈话。她说我是她从教书以来遇到的第一个顶撞她的学生,当我反问她的时候她竟有些不知所措,这两天里,她也在反复想我的问题,或许硬性要求学生完成作业并不是一件好事,可能会挫伤学生的学习积极性,这是一个值得考虑的问题。她还向我道歉,说无论如何都不该动手打我,问我能原谅她吗?

那几天她因事心情不好急躁易怒。她又告诉我,人应该有个性,但要使在点子上,遇事应该据理力争,却不应该刚愎自用,承认错误和宽恕他人都是一种品质,随着年龄的增长,就会明白的。我用力地点头,泪水早已打湿了衣襟,我知道,这是悔恨与歉意的泪,是幸福与希望的泪,我有多么向往课堂,只有我自己最清楚。我抬起头看着于老师,想真诚地对她说声对不起,不知是因为哽咽着难以讲话,还是因为难为情,我的嘴张了又张,就是没有说出口。老师笑了,拿来毛巾帮我擦干了眼泪,轻拍着我肩:"什么也别说了,到教室写作文去吧,今天的作文是自拟题目,自选内容,我相信你会写出一篇好作文的。"我努力地点头,跟着于老师回到了教室。

于老师的课越上越精彩,我和于老师的关系也越来越亲密,我时常会成为她家的小客人,也时常会成为她办公室的捣蛋鬼。大家都非常喜欢她,不仅因为她的课上得好,更因为她从不给大家规定硬性作业,她布置的作业都是分层次的,对不同程度的同学有不同的要求,现在想来,于老师应该是素质教育的第一人了,这在当时那个作业如山的年代里,该是另类了吧。于老师两年来的教诲成为我一生抹不去的记忆。于老师很快成为县里的名教师,在我们初中毕业的时候,于老师被选调到县里的一所重点中学任教了,我也考入师范学校,但和于老师的交往却从没有间断过。收到于老师的信特别高兴,她每次都告诉我一些做人的道理和处世的态度,这常常成为我在同学中炫耀的资本。

时至今日,我们仍然保持着联系,一个电话或是一封邮件都让我们彼此感到愉悦和欣喜,我相信这浓浓的师生情会成为我人生中永远温馨的乐章。

感恩心语

老师是一个温暖的称呼,让人想起,心里都有一股暖流经过。老师一直以人类最崇高的感情——爱,来教育和呵护他的学生成长。他骂你,是因为你不听话;他气你,是因为你不争气;他打你,是因为你不好好学习……老师管你都是证明了他在乎你,希望你好,一个对学生不管不问的老师不是好老师。

老师打学生,这是在素质教育的今天无法想象的事情,曾经在很多师生之间真实地发生着,而且那"打出来"的师生之情似乎更真、更纯、更亲密无间。

感念老师

阎连科

　　有一天，不知从何处来的一只小鸟落在我书房外的窗台上，我正在写作，没有介意它的存在，于是它就渴求地望着我，几声啁啾，待我抬起头来，它却抖抖羽毛，扬飞而去。一切都如一次神谕的暗示，都如羊皮书上留下的一行不可解读的文字。几天之后，一场雨后，当阳光透窗而入时，我看见书房外的窗台裂缝里，横卧着一支羽毛，从羽毛的下面，小心翼翼地长出了一滴嫩黄幼小的苗芽。

　　我把这滴苗芽移栽到了楼下的草地。后来，它竟长成了一棵小树。

　　我读小学五年级的时候，遇到了一位老师，他瘦小，干净，讲略带方言的普通话，无论是板书，还是毛笔，再或钢笔的书写，都有魏体的风骨。是那种魏、柳相糅合的风派。他不光字好，课也讲得甚好，在我那时的感受中，他的学问不仅在学校，在镇上，乃至在全县都是盖着世的。

　　每年过年的时候，村里许多的体面人家，都要请他书写对联。年前的几日几夜，他写对联能写得手腕酸痛。为写对联熬至三更五更，甚或通宵，并不是件稀奇的事，和农人在麦季里连夜在场上打麦一样。

　　从小学升至初中，他还是我的语文老师。课本上有篇文章，题目好像是《列宁祭》，作者千真万确是斯大林。是斯大林写给列宁的一篇祭文，很长，三大段，数千字，是我那时学过的课文中最长的文章。老师用三个课时讲完课文以后，让我们模仿课文写篇作文，我便种瓜得瓜地写了作文，很长，三大段，数千字，是我那时写过的作文中最长的作文。

　　过完周末，新一节的语文课上，老师把批改后的作文分发下来，我的作文后面有这样一行醒目的红笔批语："你的思路开了，但长并不等于好文章。"然而，在之后不久的一次学校组织的全校优秀作文展示中，文好、字好的，都被语文老师推荐上去，挂在校园的墙壁上招示展出，就像旗帜在旗杆上招展飘扬一样——这其中有我那篇最长的作文。

　　后来，我的作文写得都很长，因为我"开了思路"。现在，我在努力把文章写短，因为我终于明白，"长并不等于好文章"。

　　前些时候，我回家乡电视台做有关我的人生与写作的电视节目，主持人突然播放片花，片花中有三个人在讲我的过去，讲我过去的学习，读书和劳作。他们分别是我的母亲、战友和我的老师。当我看见这位30年前教过我四年语文的张梦庚老师出现在电视屏幕上时，我猛然哭了，眼泪夺眶而出。

　　他已经老了，七十多岁，但依然是瘦削、干净、讲略带方言的普通话。

　　而我，也已是人至中年。

　　从家乡做完节目回到北京，天气酷热，但我楼下的那片草地却还依然旺茂。草地中的那棵小榆树又长高了许多，在风中摇来摆去，正有几只小鸟在栖枝而歌。

❦ 感恩心语 ❦

　　我们的一生遇到的老师有很多他们都是那样的兢兢业业，日夜为自己的学生操劳，因此我们应该在任何时候都怀着一颗感恩的心。即使是过了很多年以后，我们的心里还都应该记住他们。有人说，师恩如山，因为高山巍巍，使人崇敬；我还要说，师恩似海，因为大海浩瀚，无法估量。

嵌在心灵深处的一课

胡子宏

自从两岁那年一场重病夺去了我健康的左腿后,小儿麻痹症就开始成为我生活的羁绊。等终于能够靠拐杖支撑起自己的身体走路时,我又发现,身体的不适倒在其次,我一斜一歪的姿势常常引起同学们对我有意无意地歧视。

我一天天地成长起来,我的皮肤白皙,我的双眸清澈明亮,我的笑容妩媚动人。这些都是同学们说的,可对于一个女孩子来说,有什么比缺乏健全的双腿更让人痛苦的呢?我不敢穿裙子,不敢大步地走,甚至在雨天路滑时,我还要重拾早在上小学时就扔掉的拐杖。我怎么能比得上那些四肢健全的同学们呢?

好在我是一个勤奋的女孩,我的成绩在班里乃至全年级都是第一名。但这并不能消除我的自卑和别人对我的歧视。我心灵深处常常沮丧到极点,直到初三时,一节英语课改变了我几乎一生的心情。

那节课其实是很普通的一课,当时我任班里的学习委员,每篇课文我都要预习,凭自己的勤奋,我早已将老师即将讲解的新课熟读许多遍了。可是那篇课文是讲一匹骆驼——偏偏是一匹瘸骆驼,那个 Lame(瘸子)的单词使我的心狂跳不已。我仿佛看到:自己高高的身躯偏偏摊上一条瘸瘸的左腿,就像瘸骆驼。我不敢想象:王老师在领全班同学读那个英语单词时,定会有许多同学把目光投向我这个"瘸骆驼"。我的心惊跳着,晚上睡觉前都淌出了痛苦的泪水。

令我胆战心惊的英语课终于来临了。预备铃刚刚响过,王老师就来到教室,镇定地站在讲台上,未等班长喊"起立",王老师就说:"同学们,今天要讲新课。糟了,我忘记带备课本了,还有五分钟,来得及。学习委员和课代表,麻烦你们到我宿舍好吗?把我的备课本拿来……"

我和课代表王颖出了教室,去王老师的宿舍,王老师的宿舍很乱,我们找了好大一会儿,才在一堆书本中找到了他的备课本。

在回教室的路上,我的心怦怦地跳起来。"Lame(瘸子)",等会儿,王老师肯定要读这个单词了,那么多的同学肯定得嘲笑我。王颖拿着课本,一言不发,我们又回到教室。

王老师说了句谢谢,我们就回到座位上。我的脸火辣辣的,心狂跳不已。我记不起王老师讲了些什么,我的心在念叨着:"Lame(瘸子),我是瘸子。"

王老师和同学们一遍遍地读单词,除此,教室里没有其他的声音,没有我事先想象的哄笑。我慢慢地抬起头,打量着周围的同学,大家都在专心致志地跟王老师读单词,其他什么都没发生。慢慢地,我也张开口跟王老师朗读单词了。

终于我发现,王老师没有读"Lame",每一次他都跳过这个单词,似有意又似无意。

终于,难挨的一课结束了。王老师布置了作业,像平常一样,叮嘱我和课代表及时把同学们的作业送到他的办公室。

第二天晨读课时,我的心又开始忐忑不安,晨读课上同学们都要说英语,还会有"Lame"。可是,那天晨读课,教室里静悄悄的,同学们没有一个人读英语单词和课文,没有一个人读"Lame"。

再上英语课的时候,我常常偷偷凝视王老师,他那么英俊、高大,他还那么善良,尤其是他没有读"Lame"。从此,我的英语成绩牢牢地在年级中排在第一名,我又开始穿裙子、跳猴皮筋了。不仅如此,我每科成绩都更加出色,甚至,在一节体育课上,我的掷铅球成绩排到了女生的第七位。

五年后,我考上了北京那所众所周知的大学。

又过了五年,在一次同学聚会上,我和丈夫遇到了也是夫妻成双的王颖。这时,我已是一所专科学校的英语教师,丈夫高大英俊,是一家化工厂的工程师。谈笑间,我们回忆起少年往事,不由得谈到了王老师,我又想到了那个"Lame"单词。王颖说:"你知道吗,那节课是王老师事先安排好的,他对我讲过,你的肢体残疾了,但关键是你的心灵也受到了打击,那个单词肯定会影响你的情绪。在我们去宿舍取备课本的10分钟里,王老师领着同学们学了'Lame',而且共同约定领读单词时不再读'Lame',第二天晨读时也不要读英语课文……"

啊,原来如此,我的泪水哗哗地淌出来。"Lame——Lame——",那节课的情景在我头脑中过了个遍。命运这厮,曾一度扼杀了我的活泼,我的健康,尤其是,它也一度扼杀了我健康的奋斗精神,折断我理想的翅膀。是王老师,是那节课,那节使我终生难忘的英语课,使我在征服命运时没有跌倒,使我寻回了自信心,远离了歧视和自卑的阴影。

那节课,嵌在生命深处,王老师教给我的不仅仅是知识,也赐给了我战胜不幸命运的人格力量。

❧ 感恩心语 ❧

难以想象,那位美丽的天使,拥有多么细致的心思,才关注到这样一个易碎的心灵,何其费心的布置,才有了故事完美的结局。原本不幸的一个孩子,最终拥抱了灿烂的太阳;过去怯懦的一个灵魂,却因为老师的关爱绽放出绚丽的花瓣,像每个健康的孩子一样,迎着阳光雨露,骄傲地成长。大恩不言谢,大爱本无言。一切,都是那么的完美,只因有爱,让这原本残缺的开始,有了美好的结局。

老师的宽容

武箭

秋叶流金,夕阳正好。十几年了,这里依然故我啊。他站在高处的山路上,俯视着脚下的那片田野村庄。

既然景物依然,那么老师的住处应该也没有多少改变吧。他一头想,一头挟裹着仆仆风尘,在记忆的探索下缓缓地沿路而行。

到了,就是这里了。他站住,想起了老师的那句话:"孩子,不用敲门,我的门永远都在为你敞开。"

"老师,还记得我吗?我是陈有志,小名碎娃。这个大名还是我第一天上学时您给起的,您说有志向才能成功。记起来了吧?"他一边说一边从衣兜里摸出个精美的盒子,"今天是教师节,我来看看您老。知道您从不收礼,可这并不是礼,而是我该还给您的东西。"

他轻轻地打开盒盖,里面明黄的缎子上面躺着一支破旧老式的钢笔。

"老师,还记得十多年前您被人偷走的那支钢笔吗?我必须向您承认,当年的那个小偷,就是我。即使是现在我也很难说清当时的真正动机,可能是因为从没见过钢笔的好奇,但也许是出于真正的喜欢,总之,我趁着课间休息从您的讲桌上偷走了它。结果刚一上课,您就发现它不翼而飞了。另一个老师非常气愤,说那支钢笔是您已故爱人留下的唯一纪念,并立刻提出要搜查教室里所有的学生。同学们一听全都炸了,您是大家心目中最爱戴的老师啊,居然有人偷了您的东西,而且还是对您来说最宝贵的,同学们简直义愤填膺,为了证明自己的清白从而揪出真正的小偷,他们纷纷举手赞成搜查。

"老师,您是不是已经注意到了那个躲在角落中的我? 是否发现了我正在瑟瑟发抖的肩? 是不是看到了我窝在课桌旁那颗独自低下去的头? 老师,您知道吗? 在那一刻,恐惧已活埋了我,我出冷汗、气闷、发抖,并一度意识恍惚地开始想象,想象被搜出钢笔后惨遭同学唾骂的情景,预测被您揪住耳朵向我老爸告状后所要承受的皮肉苦难,最后,我终于明白这恐惧的真正根源了:我已成了个地地道道的贼娃子! 一个根本不能被善良质朴的村人所容的贼! 我甚至会从此成为家族的耻辱,只能背着一身的贼名在这村里被人人喊打地生活了! 这是一个多么可怕的未来!

"也许您已记不清下面的情景了,可对于我,它始终历历在目,且终生难忘。

"您当时摆了摆手,阻止了将要发生的一切,然后平静地说您不想以这种方式得到答案,您说只希望那个拿走钢笔的孩子能好好地爱护它,认真地使用它。并且终有一天会明白自己的错误,承认自己的错误。你说,孩子,不用敲门,我的门永远都在为你敞开。希望有那么一天,你会走到我的面前,勇敢地说出真相。

"老师,您知道吗? 您的宽容给了我怎样一道勇气的阳光? 您的宽容给了我怎样一个成功的未来? 老师,您知道吗? 那天放学后,我躺在家里,一边听着窗外的瓢泼大雨,一边回忆着您的眼神与话语,并且很快就打定主意:天一亮就上门向您认错,再归还这支笔。可谁也没有想到,那天夜里……"

他说到这里,突然哽咽住了,眼泪点湿了脚下的黄土,他不理脸上的湿,重又振作起来说:"老师,我听了您的话,我很爱护地使用着它,并且让它陪着我一直上到了大学毕业。现在,我无论如何也该将它归还给您了,对不起,老师,您能原谅我吗? 希望您能接受这份迟来的道歉。"

他缓慢而慎重地关上笔盒,将那支被他保存了十几年的钢笔轻轻放在了老师的面前。

那里,荒草正疯,竖起的石碑上依稀刻着一行这样的墓志铭:在这里,长眠着一个勇敢无畏的人,他在一夜的洪水中奋力救出了14个住校的学生,而唯一没能救出的那个人,就是他自己。

❧ 感恩心语 ❧

一场迟来的告白,一首忏悔的悲歌。时光流逝,天人永隔,孤坟前,是灵魂与灵魂的对话,倾诉着内心的愧疚,诉说着心的感激,站在天堂的灵魂,应该可以露出欣慰的笑容吧!

什么是最重要的

彭倚云

一

"嗨! 布罗克,等一等。"我在柏定顿车站对他喊道,"恕我直言,你肯定是去牛津面试的。"

"你怎么知道?"

"你在柏定顿车站,穿着最好的西装,手里拿着毕业论文,还能到哪里去? 何况,伦敦大学的高材生布罗克·戴维斯先生除了牛津和剑桥的研究院,是不会报考别的研究院的。"

"谢谢你的恭维。那么你到哪儿去呢?"

"我也去牛津面试。"

"你? 这副样子?"他吃了一惊。

我知道,在他看来,我这个中国姑娘打扮得太随便了,尤其是去牛津大学接受全世界最著名的行为治疗专家阿加尔教授的面试,显得不成体统。我穿着一眼就看得出来是从中华人民共和国的百货公司购买的白衬衣和蓝裙子，头发编成两条垂到腰际的长辫子，不施脂粉，也未戴首饰。装毕业论文的麂皮夹子是全身最值钱的玩意儿，但配上平淡的装束简直像偷来的。

"你怎么穿成这样？"坐在火车上，布罗克忍不住问道。

"没关系。我这身服装是从家里带来的，自己觉得挺好。你认为太朴素了吗？"

"我是说，那天你去伯明翰大学面试时穿的衣服为什么今天不穿上？"

"我告诉你吧，布罗克，就因为我借来的那身打扮，伯明翰大学不接收我。他们说，有条件穿法国时装、戴真钻石的女孩子不可能成为优秀的心理医生。因为这样的女孩无法理解人间的苦难，而心理医生如果不理解人间的苦难，就不知道应该怎样用心理治疗解除病人的痛苦。"

布罗克叹了一口气，沉默了。也许，他想告诉我，我没有弄懂英国的等级观念——伯明翰是重工业区，那儿的医生需要接触的多半是最下层的产业工人及其家属，因此伯明翰大学希望他们的学生朴素，能吃苦。而牛津是英国乃至世界最有名的贵族大学，巴黎时装、真钻石首饰和高级系列化妆品在牛津女学生里是极平常的东西。我这副样子怎么可能博得牛津大学的老师良好的第一印象呢？

我和布罗克在牛津大学遇见了迎接我们的两位研究生——英国小伙彼得和姑娘达芙妮。

二

阿加尔教授办公室的门没有关牢，因此整个走廊都可以听见教授震耳的咆哮："你以为你可以说服我吗？"

"当然不一定，因为我还没有出生时，你已经是心理医生了。"我毫不示弱地响亮地答道，"只有实验本身能说服你或者我，但是如果没有人来做这些实验，那就永远不会有人知道我与你谁对谁错。"

"就凭你那个实验方案？我马上可以指出它不下十处的错误。"

"这只能表明实验方案还不成熟。要是你接受我当你的学生，你自己可以把这个方案改得尽善尽美。"

"你想要我指导一个反对我的理论的研究生吗？"

"我是这样想的。"我笑起来，"可是经过这两个小时的争吵，我知道牛津大学是不会录取我了。"

"最后我问你，"阿加尔教授的声音还没有从争论中恢复平静，"为什么你要选择行为治疗这一科目？为什么要选择我做你的导师？"

"因为你在那本书里曾写道：'行为治疗的目的是为了给予在心灵上备受痛苦的人一个能回到正常生活的机会。从而享受正常人应有的幸福和权利。'老实说，你书里的其他的话我不一定赞成，可这句话我能给予全心全意的赞同。"

"为什么？"

"因为我知道不能做正常人的痛苦，也曾看见许多人失去了正常生活的权利而痛不欲生。我觉得行为治疗能让心灵畸形的人重新做正常的人，不再忍受精神折磨。在这一方面，我完全赞同你的看法。也许咱们的分歧只在于怎样才能更好地进行这种治疗。"

"谢谢你。你可以走了，彭小姐。"

"谢谢你，阿加尔教授。再见！"

三

我们应达芙妮之邀来到她家里。

"你除了牛津，还报考了别的学校吗？"我问布罗克。

"剑桥和伦敦。"布罗克沉思了片刻,"我不想离开英国,又不想去比伦敦大学低级的学校。"

"你为什么心事重重?"

"对不起,"布罗克苦笑一下,"在目前的情况下我不能不担忧。"

"你不是说,你的面试不错吗?"

"但阿加尔教授表示非常冷淡。"

"他是有名的冷面人,"达芙妮竭力宽慰布罗克,"只有对病人才有好的态度。我们都说,阿加尔教授的笑是留给病人的。"

"你还报考了哪些学校?"彼得问我。

"我也记不清了,大概有近20所吧。"

"怎么那么多?"

"咳!我是广种薄收,一点儿没有选择性的。凡是有行为治疗科目的学校我都报了。为的是碰运气,看看哪里能给我奖学金。"

"如果没有奖学金呢?"达芙妮的话音里明显地流露出一股瞧不起人的调子,"你就不念了吧?"

"那还用说。我自己可付不起几千镑的学费!"

"我从来没有为钱念过书。"达芙妮高傲地说,"我来牛津是因为它有名气。""那是因为你有钱。"

彼得反驳道:"彭小姐,阿加尔教授的学生全有奖学金,你放心。牛津医学院的里弗斯奖学金是指定给他的研究生的。当然,要当他的学生很难。他四五年才收一名研究生,总是挑了又挑。"

"既然奖学金对你这么重要,为什么你还要顶撞阿加尔教授呢?"

"哦,彼得,"我笑了,而且察觉自己笑得很温柔,"如果你并不爱一个姑娘,你能够为了钱对她说你爱她吗?"

"很难。"彼得承认。

"在科学上,违心地赞成自己不同意的理论,那就更难。倘若体在爱情上欺骗,受骗的只是一个姑娘,可在科学上欺骗,为了钱而不坚持正确的论点,受害的将是成千上万的病人。我想,假设我这样做了,我的一生都会受到良心的谴责。"

四

大厅里挤满了人,宣布名单的秘书几乎看不见,只听到他的声音:"作为阿加尔教授的博士研究生的机会,以及里弗斯1985～1988年奖学金,在经过委员会讨论以及征求了阿加尔教授本人的意见之后,决定给予从伦敦大学毕业的心理医生彭倚云小姐。"

"你看,我的孩子。"阿加尔教授当着众人对我说,"你骂了我两个小时,我还是决定要你,你知道为什么吗?我相信你来这里不单是想当我的学生,而且是为了把你自己的论点告诉我,好让我看出我的理论的反面。我觉得,你是怕我因为太有名了,所以看不到自己理论的反面,以致误人误己。你这样做是对的。没有你昨天和我吵的那一架,我真的看不到这样的可能性。我要你做我的研究生,让你尽情地在我的支持下反对我的理论。要是事实证明你是错的,我当然会高兴;要是我们都对,我更高兴;要是你是对的,我是错的,哈!你想不到我将会多高兴。你还没有出生,我就是一个心理学家,可我希望到我死的时候,你能成为比我更好的心理学家。只有这样,世界才有希望!"阿加尔教授发现了彼得,转脸对他说:"你要请她喝一杯庆祝吗?不!请这位中国姑娘在牛津喝第一杯酒的权利应该归我。这样吧,你可以请她喝第二杯。"

我深受感动,我终于可以挽着阿加尔教授的手臂走进牛津大学研究院的大门了。那么,什么是最重要的呢？达芙妮、布罗克不知道，也许还有很多人也不知道。

～◆◇◆ 感恩心语 ◆◇◆～

古希腊先哲亚里士多德有言："吾爱吾师，吾更爱真理。"为人师者，不会怪罪维护真理的学生。你有反驳、纠正他的勇气，他非但不会讨厌、责怪你，反倒会为自己有这样一个了不起的学生而感到欣慰呢。

最重要的一堂课

佚名

在我还是一个学生的时候，我其实不喜欢念书。进了大学的门槛，远在家乡几千里以外的地方，没有升学的压力，简直如鱼得水一般。我参加各种社团、比赛、竞选、推销、家教、恋爱、看通宵录像、喝酒、吃饭、蹦迪，跟天堂神仙过着差不多的日子。

渐渐地混到大四，最后的一个学期竟然还安排了一门课。最后的一课是和工作无关的，那还有什么好学的呢？

所以我去上课的时候，已经是最后的一堂课了，也是我上大学的最后一学期里的第一次上课，第一次看见那个据说是很威严的老师，姓纪。

"嗯，我们很多人好像还是初次见面啊，先认识一下吧。我叫纪先城，负责你们这个学期的'信息管理系统'。希望大家能认真学习。"

大家都笑了，这是本学期的最后一堂课，不是为了这两个学分到手，谁会来上这个课？

大家拿出笔记本或白纸，按惯例，最后一节课是划重点，也就是露题，三年半就是这么过来的，我们很清楚这一点。

"你们好像在等待着什么？"

没有人说话。的确，我们是在等待，等待下周的考试题目。等待题后的两个学分，等待顺利地毕业。

"和你们讲会儿话吧！"老头停了一下，"我23岁大学毕业的时候，记得当年我们上最后的一堂课，每个人都格外地认真，生怕露过一个字，错过一句话。我们很用心地做笔记，拼命地多学一点东西，因为大家都知道，毕业以后就再也没有这样的机会学习啦。下课铃声响了，我们还是舍不得走，恳求老师再讲一会，后来我们还是下课了，我又在教室里坐了好久才离开。

"你们不同，你们好多人好像连书都没有带来。最后的一节课，我连你们的名字都叫不出来，也许是我的记性太差，我只知道你们有63人选了我的课。

"我已经60岁了，你们是我的最后一届学生，教完你们，我就该退休啦。这并不是我不为难你们的理由，我也相信你们都是聪明的孩子，你们不会因为我的这两个学分毕不了业，但是我希望你们今天不是为了这两个学分而来到这个教室的。"

教室里安静极了，没有人说话，我们的脑袋低了下去。

"上完这节课，你们中的大多数人将再也没有机会坐在教室里了。你们将拥有崭新的生活，你们也将告别你们的学生生涯。你们慢慢就明白了，一心一意的学习是一件多么愉快的事情。

"35年前的一天下午，我的老师曾经这样告诉我：'读书，只是为了造就完美的人格。'当你心甘情愿地沉入到学习中去，你就会发现它的妙处。可惜今天的大学生大多体会不到。"他长长地叹了一口气。

突然，有人开始低声啜泣，慢慢的哭声变大了，越来越多的人参与其中。

"好了好了,最后一课了,我们一起上好它吧。"

接下来的 55 分钟里,纪老师向我们讲述了"管理信息系统"的历史、现状、发展、趋势、应用领域、核心理论……他的语言是深入浅出的,他的描述是生动活泼的,他的教授是全心全意的,而我,也是第一次主动地、心甘情愿地听课。

毫无疑问,我开始后悔,我已经不能计算我究竟错过了多少同样美妙的课程,浪费了多少同样幸福的时刻。而现在,竟已经是最后一堂课。

毕业后,我一直在不断地学习,考了无数的资格证书,现在已经是一家外企的人事经理。由于我的优秀表现,公司还决定资助我继续深造。

老师还好吧? 我不知道。甚至我的母校,我也好久没有去了。可是总也忘不了,有那么一位老师,在我毕业的时候,给我上了一生中最重要的一堂课。

感恩心语

作为学生,在并不短暂的求学路上,有过多少最后一课,经历了多少师生的别离。这期间,有多少人认真对待这点滴的知识,智慧的结晶。

我们相信,很多人的青春,将在这最后的一课后重新启程,沿着教授的足迹,一路高唱。

点石成金

张桐

小时候,我特别淘气,父母为我操碎了心。那些痛心疾首的告诫被我左耳进右耳出。球场和足球对我的吸引力远胜于教室和书本。这样不知不觉就晃到了高三,一个"伟大"的变化开始了:对女同学渐渐有了兴趣。

我喜欢我们班一个叫赵小纯的女同学。她漂亮文静,成绩好,从不在男生面前发嗲。别看我们男生有时也跟那些女生眉来眼去,内心深处是瞧不起她们的。

我变得郁郁寡欢。因为我配不上她,人家成绩那么好。很快就传来了赵小纯即将被学校保送进南开大学的消息,可以想象我有多么绝望。这时离高考不到 100 天了,我仍旧这么不开心地"晃"着,让父母心急如焚!

一天下午,上自习课。我在语文练习本上信笔涂抹我纯洁的单相思和无望的忧伤,我肯定那是自我背起书包上学以来写得最好最动情的一篇作文,我还傻头傻脑地提到了赵小纯的名字。还没有写完,有同学鬼打慌了一般来喊我出去踢足球,我揉了揉酸叽叽的鼻子就去了操场,练习本就随手塞进了抽屉。晚自习时,我找不到练习本了,一问,小组长搜去交给科代表,科代表又交给了语文老师。我脑子"嗡"的一下,完了完了,一切都完了。

我提心吊胆,不知道后面有什么在等着我,我猜想语文老师会把我的"杰作"交给教导主任,教导主任会拿着这篇情书绘声绘色地念给全班同学——啊,如果是那样的话,我一定去自杀!

第三天,当我惶惶不可终日时,练习本发下来了,语文老师甚至没多看我一眼。下课了,我抓起本子跑到教室外的小树林里,翻开,还在! 错别字、病句用红笔改过了,下面还有一段批语,是语文老师熟悉的笔迹:"文章写得不错,有真情实感,如果你能在大学里把它亲手交给那位女同学就好了!"末尾那个惊叹号像个炸弹在我心里"砰"地炸开,就在那一刻,"晃"了 18 年的我醒了,那种感觉非常强烈,"刷"的一下,从头到脚,仿佛脱胎换骨。

我开始拼命了,为了一个目标,为了考上赵小纯即将就读的南开!

"浪子回头,浪子回头了哇!"老爸老妈高兴得热泪盈眶,老师们惊喜之余也投来赞赏的目光。

我发现那些原来叫我头疼不已的习题并不是太难,我甚至还在解题的过程中感受到了种种从未体验过的乐趣,原来我也是可以这样优秀的呀! 这发现让我欣喜。

随着考期的临近,我的成绩几乎是直线上升,老师们已经把我划入了有把握考进重点大学给学校增光添彩的优生之列,并额外地给我"开小灶"。看着仍在"大灶"上抢勺的昔日狐朋狗友,我心里有一种异样的感觉。当时的我说不出来,现在我知道了,人和人就是如此拉开了距离,人生的轨迹就此画出了不同角度的抛物线。而那个女同学赵小纯已成了远方一个隐隐约约的召唤,变得越来越模糊了,也许男人就是这样见异思迁吧。

结局是相当圆满的,我冲进了南开。但我再也没有向任何人提起这件事,虽然它在我的人生旅途中如此重要,但以我青春少年的羞涩和自尊,还是打算把它埋在心底。我也没有去找赵小纯,她似乎和我的旧生活一起被深深地锁进了记忆里。

我只是安安心心地读书,毕业后又考研,之后又到南方工作。一晃就过了10年,我已结婚生子,家庭美满,事业有成。

1998年春节,我回家乡过年。几个高中同学打电话说要开个同学会,在那里,我又碰到了赵小纯,还有她清纯可爱的女儿。小女孩像极了少年时代的赵小纯,勾起我无限感慨,我也就毫不顾忌地讲了那件事。听得大家一惊一诧,最后齐声欢呼。

那位恩重如山的语文老师已于两年前病逝了,但我永远感激他在人生关键处给予我的指点。他保护并承认了我的初恋,还有他并不认为恋情萌动的孩子就不纯洁,就不可点石成金。这经历让我学会了善待,善待生命,善待心灵,哪怕是一个幼小孩子的心灵。

～∞ 感恩心语 ∞～

有些俗套的故事情节,却是"初恋"的所有结局中最完美的那一个。老师的一次善待、一次尊重、一次保密,唤醒了孩子混沌、懵懂的心,成就了一个人光明的未来。

回首往事,我们是不是也遇到过这样善解人意的老师,是不是也在人生关键处得到过值得永远感激的指点。

你们都是最优秀的

珍妮丝·康纳利

我开始教学生涯的第一天,先上的几节课还顺利。于是我断言,当教师是件容易的事。接着,轮到了我那天的最后一节课给7班上课。

当我朝教室走去时,我听见了桌椅乒乒乓乓的撞击声。我走进教室,见一个男孩将另一个男孩按在地板上。

"听着,你这低能儿。"被压在底下者嚷道,"我又没骂你妹妹!"

"不许你碰她! 你听到我的话了吗?"骑在上面那男孩威胁道。

我用黑板擦在讲桌上拍了拍,叫他们停止打斗,刹那间,14双眼睛刷地一下集中到我脸上。我意识到自己没什么震慑力。那两个男孩悻悻地爬起来,慢条斯理地走到自己座位上。这时,走廊对面教室的老师把头伸进门来,呵斥我的学生。我感到无能为力,被冷落在一边。

我尽力地讲授我备好的课,但遇到的却是一片谨慎戒备的面孔。下课后,我拦住了打架的那个男孩。他叫马克。"太太,甭浪费时间喽!"他对我说,"我们是低能儿。"说罢便优哉游哉地溜出了教室。

我一听顿时瞠目结舌,颓然跌坐到椅子上,开始怀疑我究竟是否该当教师。像这样尴尬地收场,难道是解决问题的办法吗？我对自己说,我姑且忍耐一年——待翌年夏天结婚后,我将去做更有收益的事情。

"他们让你为难了,是不是?"先前进来干涉的那位同事问。

我点点头。

"别犯愁,"他说,"我在暑期补习班教过其中许多人。他们中的大部分都将毕不了业。我劝你不要把时间浪费在那帮孩子身上。"

"你的意思是……"

"他们生活在田间的小棚屋里,他们是随季节流动的摘棉工的孩子,只有在心血来潮时,他们才会来上学。昨天摘蚕豆时,挨揍的那男孩招惹了马克的妹妹,哥哥便来报复。今天吃午饭时,非叫他们闭嘴不可。"

"你只需让他们有点儿事做,保持安静就行了。如果他们惹麻烦,就打发他们来见我。"

当我收拾东西回家时,总也忘不了马克说"我们是低能儿"时脸上的表情。低能儿! 这字眼在我脑海里反复出现。我琢磨了许久,认为必须采取点儿戏剧性的行动。

次日下午,我请求那位同事别再进我教室来,我要按照自己的方式来管束这些孩子。我返回教室,逐个打量着学生们。然后,我走到黑板跟前,写上"丝妮珍"。

"这是我的名字,"我说,"你们能告诉我它是什么吗?"

孩子们说我的名字挺古怪的,他们以前从没见过这样的名字,于是,我又走近黑板,这次我写的是"珍妮丝"。几个学生当即脱口念出声来,随后蛮有兴趣地说那就是我。

"你们说得对,我的名字叫珍妮丝。"我说,"我刚上学时,老把自己的名字写错。我不会拼读词语,数字在我脑海里浮游不定。我被人称作'低能儿'。对了我是个'低能儿'。我至今依然能听见那些可怕的声音,感到羞惭不已。"

"那你是如何成为老师的?"有个学生问。

"因为我恨那外号。我脑子一点儿也不笨,我最爱学习,所以才会在今天给你们上课。倘若你们喜欢'低能儿'这贬称,那么你们尽可以走,换个班好了。这间教室里没有低能儿!"

"我不会迁就你们。"我继续说,"你们要加倍努力,直到你们赶上来。你们将会以优异的成绩毕业,我还希望你们当中有人接着读大学哩。这可不是开玩笑,而是许诺。在这间教室里,我再也不想听到'低能儿'这词儿了。因为,你们都是最优秀的! 你们明白了吗?"

这时,我发现他们似乎坐得端正些了。

我们确实非常努力。时隔不久,我便看到了希望。尤其是马克,相当聪明。我听他在走廊内对另一个男孩说:"这本书真好,我们原先从没看过小人书。"他手里拿着一本《杀死模仿鸟》。

几个月眨眼就过去了,孩子们的进步令人吃惊。有一天,马克说:"人家认为我们笨,还不是因为我们讲话不合规范。"这正是我期待已久的时刻。从此,我们可以专心学习语法了,因为他们需要它。

眼看6月日益临近,我心头好难过,他们要学的东西实在太多了。我的学生都知道我即将结婚,离开这个州。每逢我提起这事,7班的学生们便明显躁动不安起来。我为他们喜欢我而高兴,但是我就要离开这所学校了,他们会生我的气吗?

我最后一天去上课时,一走进大楼,校长即招呼我:"请你跟我来,好吗?"他面无表情地说:"你教室里出了点儿蹊跷事。"他径自直视前方,带着我穿过走廊。我暗自纳闷儿:这次又是怎么啦?

嗬! 7班的教室外边,14名同学整齐地站成两排,个个笑逐颜开。"安德逊小姐,"马克不无自豪地说,"2班送给您玫瑰,3班送给您胸花——然而,我们更爱您。"他示意我进门,我凝神往里头瞧去。好绚烂缤纷啊！教室的每个角落都摆着花枝，学生们的课桌上放着花束，我的讲桌铺了一块大大的花"毯"。我分外惊讶！他们是怎么办成这事的？要知道，他们大多来自贫困家庭，为了吃饱穿暖得靠学校补助。

此情此景，使我不由得哭泣起来，他们也失声跟着我哭了起来。

后来，我才弄清楚他们办这事的经过。马克周末在当地花店干活时，看到了别的几个班为我订的鲜花，遂向同学们提到它。这个自尊心极强的孩子，再不能忍受"穷光蛋"这类带侮辱性的称呼。为此，他央求花店老板将店里不新鲜的花统统给他。尔后，他又打电话到殡仪馆，解释说他们班需要花为即将离任的老师送行。对方颇受感动，同意把每次葬礼后省下的花束给他。

那远不是他们给我的唯一礼物。两年后，14名同学全都毕业了，其中还有6人获得了大学奖学金。

20年后，我在一所著名的大学任教，距我当年从教时那地方不太远。我获悉，马克跟他的大学情人喜结良缘，并成为一位成功的企业家。更凑巧的是，3年前，马克的儿子进了由我执教的优秀生英文班。

每当我回忆起那一天被学生顶撞，自己居然想放弃这一职业，去做"更有收益"的事情时，我就禁不住哑然失笑。

ᏊᏊᏊᏊ 感恩心语 ᏊᏊᏊᏊ

自信是人生重要的元素，它能令我们散发出光彩照人的魅力。老师常常赐予我们自信的力量，我们便靠着这种神奇的力量而不断前行。

老师窗内的灯光

韩少华

我曾在深山间和陌巷里夜行。夜色中，有时候连星光也不见。无论是山林深处，还是小巷子的尽头，只要能瞥见一点灯光，哪怕它是昏黄的，微弱的，也都会立时给我以光明、温暖、振奋。

如果说，人生也如远行，那么，在我蒙昧的和困惑的时日里，让我最难忘的就是我的一位师长的窗内的灯光。记得那是抗战胜利，美国"救济物资"满天飞的时候，有人得了件美制花衬衫，就套在身上，招摇过市。这种物资一度被弄到我当时就读的北京市虎坊桥小学里来，我就曾在我的国语老师崔书府先生宿舍里，看见旧茶几底板上，放着一听加利福尼亚产的牛奶粉。当时我望望形容消瘦的崔老师，不觉也想到他还真的需要一点滋补呢……

有一次，我写了一篇作文，里面抄袭了冰心先生《寄小读者》里面的几个句子。作文本发下来，得了个漂亮的好成绩，我虽很得意，却又有点儿不安。偷眼看看那几处抄袭的地方，竟无一处不加了一串串长长的红圈！得意从我心里跑光了，剩下的只有不安。直到回家吃罢晚饭，一直觉得坐卧难稳。我穿过后园，从角门溜到街上，衣袋里自然揣着那有点像赃物的作文簿。一路小跑，来到校门前一推，"咿呀"了一声，好，门没有上闩。我侧身进了校门，悄悄踏过满院由古槐树冠上洒落的浓重的阴影，曲曲折折地终于来到了一座小小的院落里。那就是住校老师们的宿舍了。

透过浓黑的树影，我看到了那样一点亮光——昏黄，微弱从一扇小小的窗棂内浸了出来。我知道，崔老师就在那窗内的一盏油灯前做他的事情——当时，停电是常事，油灯自然不能少。我迎着那点灯光，半自疑半自勉地，登上那门前的青石台阶，终于举手敲了敲那扇雨淋日晒以致裂了缝的房门——

笃、笃、笃……

"进来。"老师的声音低而弱。

等我肃立在老师那张旧三屉桌旁,又忙不迭深深鞠了一躬之后,我感觉得出老师是在边打量我,边放下手里的笔,随之缓缓地问道:"这么晚了,不在家里复习功课,跑到学校里做什么来了?"

我低着头没敢吭声,只从衣袋里掏出那本作文簿,双手送到了老师的案头。

两束温和而又严肃的目光落到了我的脸上。我的头低得更深了,只好嗫嗫嚅嚅地说:"这篇作文,里头有我抄袭人家的话,您还给画了红圈儿,我骗、骗……"

老师没等我说完,一笑,轻轻撑着木椅的扶手,慢慢起身到靠后墙那架线装的铅印的书丛中,随手一抽,取出一本封面微微泛黄的小书。等老师把书拿到灯下,我不禁侧目看了一眼,那竟是一本冰心的《寄小读者》。

还能说什么呢,老师都知道了,可为什么……

"怎么,你是不是想:抄名家的句子,是谓之'剽窃',为什么还给打红圈?"

我仿佛觉出老师憔悴的面容上流露出几分微妙的笑意,心里略微松快了些,只得点了点头。

老师真的轻轻笑出声,好像并不急于了却那桩作文簿上的公案,却抽出一支"哈德门"牌香烟,默默地点燃了,吸着。直到第一口淡淡的烟消融在淡淡的灯影里的时候,他才忽而意识到了什么,看看我,又看看他那铺垫单薄的独卧板铺,粲然一笑,训教里不无怜爱地说:"总站着干什么?那边坐!"

我只得从命,两眼却不敢望到脚下那块方砖之外的地方去。

又一缕烟痕,大约已在灯影里消散了,老师才用他那低而弱的语声说:"我问你,你自幼开口学话是跟谁学的?"

"跟……跟我的奶妈妈。"我怯生生地答道。

"奶妈妈?哦,奶母也是母亲。"老师手中的香烟只举着,烟袅袅上升,"孩子从母亲那里学说话,能算剽窃吗?""可……可我这是写作文呀!""可你也是孩子呀!"老师望着我,缓缓归了座,见我已略抬起头,就眯细了一双不免含着倦意的眼睛,看着我,又看看案头那本作文簿,接说:"口头上学说话,要模仿;笔头上学作文,就不要模仿了吗?一边吃奶,一边学话,只要你日后不忘记母亲的恩情也就算是个好孩子了……"

这时候,不知我从哪里来了一股子勇气,竟抬眼直望着自己的老师,更斗胆抢过话头,问道:"那……那作文呢?"

"学童习文,得人一字之教,必当终身奉为'一字之师'。你仿了谁的文章,自己心里老老实实地认人家做老师,不就很好了吗?模仿无罪。学生效仿老师,何谈'剽窃'?"

我的心,着着实实地定了下来,却又着着实实地激动起来。也许是一股孩子气的执拗吧,我竟反诘起自己的老师:"那您也别给我打红圈呀!"

老师却默然微笑,掐灭手中的香烟,向椅背微靠了靠,眼光由严肃转为温和,只望着那本作文簿,缓声轻语着:"从你这通篇文章看,你那几处抄引,上下也还可以贯串下来,不生硬,就足见你并不是图省力硬搬的了。要知道,模仿既然无过错可言,那么聪明的模仿,难道不该略加奖励吗——我给你加的也只不过是单圈罢了……你看这里!"

老师说着,顺手翻开我的作文簿,指着结尾一段。那确实是我绞得脑筋生疼之后才落笔的,果然得到了老师给重重加上的双圈——当时,老师也有些激动了,苍白的脸颊,微漾起红晕,竟然轻声朗读起我那几行稚拙的文章来……读罢,老师微侧过脸来,嘴角含着一丝狡黠的笑意说:"这几句么,我看,就是你从自己心里掏出来的了。这样的文章,哪怕它还嫩气得很,也值得给它加上双圈!"

我双手接过作文簿,正要告辞,忽见一个人,不打招呼,推门而入。他好像是那位新调来的"讲育员"，平时总是近视眼镜，毛哔叽中山服，面色更是红润光鲜；现在，他披着件外衣，拖着双旧鞋，手里拿个搪瓷盖杯，对崔老师笑笑说："开水，你这里……"

"有。"崔老师起身，从茶几上拿起暖水瓶给他斟了大半杯，又指了指茶几底板上的"加利福尼亚"，笑眯眯地看了来人一眼，"这个，还要吗？"

"呃……那就麻烦你了。"

等老师把那位不速之客打发得含笑而去后，我望着老师憔悴的面容，禁不住脱口问道："您为什么不留着自己喝？您看您……"

老师默默地，没有就座；高高的身影印在身后那灰白的墙壁上，轮廓分明，凝然不动。只听他用低而弱的语声，缓缓地说道："还是母亲的奶最养人……"

我好像没有听懂，又好像不是完全不懂。仰望着灯影里的老师，仰望着他那苍白的脸色，憔悴的面容，又瞥了瞥那听被弃置在底板上的奶粉盒，我好像懂了许多，又好像还有许多、许多没有懂……

半年以后，我告别了母校，升入了当时的北平二中。当我拿着入中学后的第一本作文簿，匆匆跑回母校的时候，我心中是揣着几分沾沾自喜的得意劲儿的，因为，那簿子里画着许多单的乃至双的红圈。可我刚登上那小屋前的青石台阶的时候，门上一把微锈的铁锁，让我一下子愣在了那小小的窗前……听一位住校老师说，崔老师因患肺结核，住进了红十字会办的一所慈善医院。

临离去之前，我从残破的窗纸漏孔中向老师的小屋里望了望——迎着我的视线，昂然站在案头的，是那盏油灯：灯罩上蒙着灰尘，灯盏里的油，已几乎熬干了……

时光过去了近四十年。在这人生的长途中，我确曾经历过荒山的凶险和陋巷的幽曲，而无论是黄昏，还是深夜，只要我发现了远处的一点灯光，就会猛地想起我的老师窗内的那盏灯，那熬干自己的生命，也更给人以启迪、给人以振奋、给人以光明和希望的，永不会在我心头熄灭的灯！

❧ 感恩心语 ❧

启迪的话，可能听过很多，但震撼，却远远没有如豆的灯盏给予得多。时光飞驰，带不走过去的思念，片言只语，也足以让人受益终生。

世事万千，浮华散尽，渗透到心中的教导，却永不褪色。

校长的右手

乔迁

校长被砍掉一只手。

校长被二虎砍掉了一只手。

校长是因为二虎不让自己的孩子小虎上学被二虎砍掉了一只手，而且是右手。

校长写字用右手。校长写钢笔字、粉笔字、毛笔字都用右手。校长永远地失去了右手。

村是小村，窝在山坳里。地是薄地，一年打下的粮食将够吃。但山坳里有野菜，有水灵灵土生土长墨绿墨绿的野菜。村人不吃，总吃就不喜欢吃了。可城里人喜欢吃，城里人喜欢吃是因为野菜是真正野生的，不是那种在大棚里种出来的野菜。城里人说这里的野菜是真正的绿色食品，绿色食品对人体健康有益，城里人都喜欢健康。村人挖野菜，家家户户都挖，漫山遍野地挖，然后翻过山送进城里，把野菜卖给城里人，也把健康卖给城里人。村人捏着城里人给的票子，粗糙的脸舒展地笑，望着满山的绿色，发家致富的希望在村人的心里就火似的升起。村人开始一窝蜂地挖野菜。老人挖，老人蹒跚着腿脚挖；年轻人挖，年轻人弯着腰挖；孩子也挖，孩子被大人们拽着去挖。

孩子被大人们从学校里拽到了山里,学校里上课的孩子越来越少了,山里挖野菜的孩子越来越多了。

校长看了看课堂里已是屈指可数的学生,站在空旷的操场上望了望山里挖野菜的学生,校长的心里比那野菜还苦。

校长走进山里对挖野菜的村人说:让孩子上学吧!

村人手不停地说:等等吧,等秋天吧。

校长说:不能等,孩子上学是不能等的。再说,不让孩子上学国家也是不允许的。

村人就笑:明白,咱都明白。二虎家都雇人挖野菜了,还没让孩子上学呢!

校长就不多说了,去找二虎。二虎家的孩子不上学,别人家的孩子就不会上学。

二虎弯着腰挖野菜,二虎手里的刀又快又沉,刀落下去就有一片野菜从根处被割断了。孩子跟在二虎的身后,拽着一个大土篮,把二虎割断了的野菜捡到篮子里。

校长走过来,孩子抬起头,低低地叫了一声校长。孩子黑黑的脸上两只明亮的眼睛无助地望着他。孩子的目光让校长心里一酸,校长大踏步地走过去,把孩子手里的土篮扯掉,拉着孩子站在了二虎的面前。校长对二虎说:让孩子上学吧!

二虎直起身,扭了一下僵硬的腰:等等吧,秋天吧。

校长说:不行。校长口气很坚决。校长说:一个孩子能帮你多少,让孩子跟我回学校吧。

二虎看看孩子说:我这累死累活的还不都是为了他,他不出点力怎么行。上学嘛,等一等不要紧的,这野菜可是不能等的,过了季节就完了。

校长说:孩子上学怎么能等呢?上学是他的权利,也是你的义务,学上好了,他就可以走出这山里,去看外面的大世界,我们不能让孩子眼里只有野菜呀……

二虎打断了校长的话:你说的我不明白,我就知道他将来要娶媳妇盖房子,这些,不挖野菜钱哪儿来。

校长气愤地说:你这是无知,你就让孩子也在这山里挖一辈子野菜吗?你再看看这山,叫你们糟蹋成什么样了,再这么挖下去,这里就完了。校长想多说点什么,二虎已冷下脸说:完什么?你不就是想让孩子上学吗!二虎伸手来拽孩子。

校长往后带了一下孩子,二虎就抓了空。校长颤抖着声音对二虎说:愚昧!上学是孩子的权利,他必须上学。

二虎冷冷地望着校长:孩子是我的孩子,我想让他做什么就做什么。二虎抓住了孩子的一只胳膊,往回拽没拽过来,孩子的另一只胳膊被牢牢地抓在校长的手里。二虎说:你放手。

校长脸色苍白,他说:我不放手,孩子必须回学校上课。

二虎就恼了,瞪着校长说:他是我养的,我让他干啥他就得干啥。你放手,你不放手我就砍了。二虎扬了扬手中的刀。

校长望了一眼闪着寒光的刀,说:我不会撒手的,我要把他带回学校上课。

二虎的脸恼成了酱紫色,对校长吼道:你以为我不敢砍你呀。二虎晃了晃手中的刀。

校长不看刀。

二虎的刀就落了下来,落在了校长拽着孩子的手上。

校长的手被砍掉了。

村人都愣住了,二虎也愣住了。

校长对村民们说:让孩子们上学吧。

孩子们都回到了学校。

孩子们听校长用嘶哑的声音讲课。

孩子们看校长用左手在黑板上写字,字写得歪歪扭扭的,没有原先右手写得好看,横横竖竖的像巴苦巴苦的山野菜。

❧ 感恩心语 ❧

这些知识与梦想的布道者,即使不被理解、不被支持,即使四处碰壁、身体满载伤痛,他们对教育的信仰依然,恪守不变,这样的灵魂、这样的伟大,让我们敬佩。

校长坚定的面容、坚毅的声音、坚韧的精神,这是源于信仰的力量,源于对教育的忠贞。因为有了力量,沉睡的愚昧的大地方才被唤醒,生命方有了活力。

矩子老师的金钱课

詹蒙

我们对金钱挣得很多,想得很多,但真正懂得它的定义的人并不多。

我第一次到日本留学的时候才20岁,那时候我几乎身无分文,靠打工一分一分地赚来学费和生活费,住房是最狭小破旧的,很少买一件新衣,为了省钱我将头发一直留至腰际而不去理发店。我所有的生活用品要么来自几十日元的旧货市场,要么是从垃圾堆里捡来的。

我去日本语学校上的第一节课是早上8点30分开始的,因为大家都刚到这个国家心绪不定,与其说关心上课还不如说更关心打工。当大家都乱哄哄地挤在狭小的走廊过道里大声议论的时候,从走廊的另一端飘然走过来一位女士,四十多岁的年纪,身材中等,稍稍有一些丰满,白纱裙,一双白色的高跟鞋,头发刚刚吹过,涂了橘红色的唇膏,描了淡青的眼线,还有一点点腮红轻轻地抹入鬓角……当她带着淡淡的丁香花的香气从我的面前走过时,我顿时觉得某一根神经被她拨动起来,我们都安静下来了。

"我叫渡边矩子,NORIKO。"她在黑板上大大地写了自己的名字,一面重复着她名字的日语发音。我悄悄地重复着,心中有一种幸福的甜蜜。

我们班的同学年龄国籍参差不齐,显然给她的教学增加了难度,特别当对象是非汉语圈的学生时,彼此沟通就需要很多时间,为了照顾这些"后进生",自然引起一些来自中国、韩国这些汉字国学生的不满,这是一般日本老师首先遇到的难题。

而矩子老师身上仿佛有一种超然的力量让人不由自主地服从她。她的语言非常优雅,总是用敬语,敬语在她那里的使用已经成为一种自然,甚至像长在身体上的一部分那样。

最让我们暗自不解的是,矩子老师总是自己掏腰包为我们买来许许多多与日本文化有关的东西。如果课堂上有人提起"和服纸人",那么第二天她就会买了样品送给我们,并且给我们细细地讲述;她请我们去看日本传统的歌舞,去喝最好的玄麦茶;每逢中国的传统节日,她总不忘带给我们每一位华人留学生一张漂亮的日本明信片,让我们在课堂上写好,由她出钱寄到国外我们的家中。

每逢同学生日,她总会自己出钱请我们二十几位学生去高级酒店吃自助餐,临行时还不忘赠送生日礼物及生日蛋糕。我们从传闻中听说她家里非常有钱,她的丈夫是日本有名的商业巨头。即便如此,我们仍然感到她的举动只是出于一个字——爱,尽管这种"爱"并非总能被理解。

果然,不到半年,我们陆续听到了关于她的非议和讥笑,同行们说她"过分","用钱买来友情与快乐"。这些话通过校长传到了矩子老师的耳朵里,她淡然地笑笑,什么也不说,什么也不解释。

然而,最终还是有人深深地伤害了她的心,那是一位来自台湾的叫李雄一的男生,当时21岁,他傲慢地拒绝了矩子老师带给我们的一张日本著名女钢琴家中村宏子的音乐票,在课堂上大声质问她:"你以为花钱就可以买来好感和情谊吗?"当时矩子老师脸上那优雅的微笑愣住了,她一下子涨红了脸,几乎快掉下眼泪了。她默默地退回到讲台收起自己的讲义,一个人先回到了教员休息室。

后来,有的学生说看到矩子老师在教员休息室呆坐了一上午,连午饭也没有吃。矩子老师走后,有来自大陆的学生对那个台湾男生发起了攻击,说他伤害了老师的感情。然而那位男生大声地回击,意思说你们贫穷的大陆人看得起她的这种小恩小惠,这是一种侮辱。那以后的几天我们一直都没有见到矩子老师,听说她生病了。

一个星期后,正好是矩子老师的生日。为了答谢矩子老师平日对我们的爱,同学们策划如何给她庆贺生日。大家想租一个便宜的店,然而一谈价都吓得噤若寒蝉,想找一个学生寓所,可是我们这帮穷学生的居所都过于狭小,最多只能装四五个人,再多就要撑破了。商量来商量去,决定斗胆打电话给矩子老师,向她提出一个建议,可不可以借她贵舍一用给她庆贺生日,谁知电话中的她像少女般一下子欣喜若狂,立即同意了。

她生日是在8月15日,正是日本"御盆节日"的第三天,炎热无比。我到百货店转了许多回,想给她挑选一件生日礼物,然而因价格太贵实在无法出手,最后还是从房东的花园里偷剪了一捧鲜花用报纸包好上了路。我们二十几个学生走到她家门口时,所有学生都惊呆了——她家是占地有几百平方米的豪宅,外形是纯欧式风范,庭院是日式+欧式风格的,既有小桥流水、红伞青石,也有天使塑像、镂花长椅。门厅、客厅和书房异常宽敞明亮,家居点缀雅而不俗,恰到好处。我们这些穷学生有些被震住了,望着身着浅蓝色夏装和服的矩子老师,谁也不能言语。

她在充满阳光的入口处微笑着招呼我们,那种微笑比起课堂上的庄重更多了一些母性。当我把报纸包着的花束"惭愧"地献给她的时候,她高兴地"哇"了一声,然后马上除去了报纸,把它们插进了一个纯白色的玻璃瓶中。我们带来的"简陋"礼物被一一打开,每一次她都是一声赞叹,一声惊喜。那种感叹是由衷的。

保姆问她怎样准备午餐,她说不用你准备,我们大家一起包饺子好不好?大家欣然同意。她不是很灵巧地向我们学着擀面皮,忙出了一身面粉。一锅饺子出来,大家早已打破了拘束,笑成一片。席间她频频举杯,最后当每个人都有些微微醉意时,她站了起来,停顿了一下,用一种温柔谦卑的声音说:"我以往的行为如有不检点,伤害过大家的地方,我要为此抱歉。我的本意并非如此。"

气氛突然停顿了下来,她那种受到伤害却依旧温婉大度的声音令我们心碎,大家彼此望着,什么都说不出来。

"我并非像谣传中那么有钱或那么势利,希望用钱收买快乐。钱是我先生事业的回报,不是我的。我一个人身兼三份职,我一面教日语也兼职教钢琴,还到大学里任教,每日工作十个小时以上。我赚的钱不是自己花,因为我觉得钱不光是赚来自己享受就完了,应该把它用到更有意义的事情上去。我热爱教留学生日语这份工作,因为它可以传播日本文化,也可以交流学习他国的文化。每当我听到来自异国的学生介绍自己故乡的民俗文化时,我高兴得直想交学费,也许这是我个人的想法,所以……"

还没等她说完,大家七嘴八舌地将她的话打断。在大家热情洋溢的话语里,最后她终于化解了心头最后一块阴云,和大家一一碰杯,和李雄一目光相遇时,她的眼神清澈,略带一些忧伤,仿佛是她伤害了他似的。

我们每个人都得到过矩子老师关于金钱的恩惠:班中一位来自广东的男同学因为要举行一次个人画展资金短缺,矩子老师闻讯资助300万日元使这次画展能够成功举行。因为这次画展,那位同学后来被日本某著名大学破格录取,现在是旅日画家兼日本某大学艺术系讲师。

　　我结婚时收到矩子老师从东京寄来的一套意大利瓷器，我一直珍惜地保存它多年，直到后来我决定回国定居把它暂时寄存在朋友家里，至今仍未索回，它已成为我心中的一个遗憾。

　　从日本语学校毕业后大家各奔东西，然而，这期间谁都没有同矩子老师断了联系。后来日本泡沫经济破灭，矩子老师的丈夫在一次又一次经济衰退中失去了所有的产业，最后负债累累，只好出售豪宅。

　　我们毕业6年后再去看望矩子老师的时候，她已搬进了在东京目里区的一套普通二室一厅的公寓里，没有了仆人，没有了昔日的荣华，虽然她的脸上有了一些岁月的沧桑，然而依旧可爱可亲，魅力不减。

　　岁月流逝，她从前的学生们都增加了一份自信与成熟，再次相见彼此更加亲切更加了解。当时我们几乎都在自己的事业中小有所成，大家畅谈起过去的种种轶事，倍感温馨。

　　当时有一位同学忽然想起问她为何一直没有去过中国，她笑着答道："以前是因为没有时间，现在是因为没有钱。"大家听了，谁也没有言语，在那相当微妙的沉默一瞬间，我的泪水悄然滑落。

　　后来，她一直在工作着，勤奋地工作着，谁也看不出她生活中发生了如此巨大的变化。直到在她50岁生日的那一天，她收到了一张去中国八日豪华游的礼券。那礼券后面附着一封短信，上面写着我们所有在世界各地的她从前学生们的名字。信上这样写着：

　　亲爱的矩子老师，祝您生日快乐。我们这二十几位学生8年前曾经为您庆祝过生日。8年后我们很高兴还能在世界各地为您祝贺生日。您是我们的师长，是母亲，是我们昏暗贫苦留学生活中的亮点与光泽，是您使我们在日本冰冷的物质社会里感受到真正的温暖，让我们感觉到了无私的爱以及金钱的真正意义。您是我们的日文老师，也是我们人生的老师，是您让我们懂得了一个朴素的真理：金钱，也可以充满爱与温暖，关键在于拥有它时该用何种心态去对待，失去了又该如何坦然地面对生活。

∽感恩心语∾

　　那些贫穷的来自世界各地的学生在异国他乡得到了如家中母亲般细心地呵护，在冷漠的商业社会感受到雪中送炭的温暖。矩子老师用她的真诚，为我们的人生上了最重要的一课。

未报的师恩

朱应召

　　在我的心中，埋藏着一段关于师生之间的往事，我一直不愿提起，因为它是我心中一个永远的痛。之所以今天提起它来，是要告知那些莘莘学子，在自己成长为栋梁之后，不要忘了及时对自己的恩师表达心中的感恩之情。不然的话，也许会为时已晚。

　　我是一个来自贫困家庭的子弟，为了供我和弟弟妹妹上学，父母操劳了大半生，但却仍然无法负担日益繁重的开支。我不忍看他们如此辛苦，就提出辍学出外打工，挣钱补贴家用。父母虽不同意，但看着日益贫困的家最后不得不答应了。当我流着泪把这个决定告诉自己白发苍苍的班主任闫欣时，他说我是一个考大学的苗子，这样放弃太可惜，就亲自到我家说服我父母，并承诺说他可以资助我。就这样，我又有了读书的机会。

　　幸未失学的我格外珍惜这来之不易的机会，每天都苦学到深夜。闫老师看在眼里，疼在心上，经常在夜深人静的时候到班里赶我回宿舍睡觉，有时还为我带一点吃的。看我过意不去，他就说："老师爱喝酒，这是我吃剩下的一点下酒菜，你不要觉得不好意思。"

　　我知道，闫老师爱喝酒是真的。无论日子多苦，他都喜欢买一瓶廉价的酒，每天吃饭时喝二两。那种酒才两块多钱一瓶,但他却喝得很惬意。他也经常对我们说:"等你们考上大学了,给老师买一瓶好酒喝,就是对我最大的报答了。"

然而不久,我却有一种老师为我戒了酒的心理感应。因为很久,我没见他从校门外的小卖部里拎着酒哼着小曲回家了。那时我就发誓:一旦考上大学,参加工作挣到钱,第一件事就是要为他买几瓶家乡能买到的最好的酒,让他痛痛快快地喝个够。在这种精神动力的支配下,我学习格外刻苦,最终以优异的成绩考入了一所著名的学府。得知这个消息,闫老师高兴极了,逢人就夸我是一个好孩子,并且亲自到我家送去了100块钱,让我买一身好衣裳穿体面点去报到,说不能让大城市的人小瞧了咱穷乡村的孩子。就这样,带着闫老师的殷切期望,我告别贫瘠的家乡,去大学深造。

一晃,四年过去了,我毕业分配到了广州工作。为了站稳脚跟,买房结婚,我不得不努力工作,拼命攒钱,一连三年没有回过家乡,更没有实践当初给闫老师买好酒的诺言。去年春节前夕,实在抑制不住自己想家的心情,我才买了一张返乡的车票。

下车来到村口,还没进家门,迎头就碰上了急匆匆出门的父亲。他一见我就说:"你可回来了。快,闫老师病了,你快跟我看看去!"

来不及放下行李,我就跟着父亲来到镇上,父亲说:"闫老师爱喝酒,你就给他买两瓶酒去——也不知他还能不能喝!"我的心里更加难受,赶紧到商店里买了四瓶酒,提着就跌跌撞撞地冲了出去。

来到镇东头的医院,发现这里已经聚了很多当年的同学。向他们打听,这才知道闫老师因积劳成疾,患了癌症,此刻已危在旦夕了。

当我提着酒,来到闫老师病床前的时候,他刚刚从昏迷中醒过来。见到我,他露出了和往昔一样慈祥的笑容。他用微弱的声音说:"召仔,你回来了?你在外面的几年,我常和你爹念叨你呢,不知你过得怎么样……"

我眼里含着泪,把手里的酒提起来给他看:"老师,我在外面过得不错,但千不该万不该,忘了请您喝我的谢师酒啊!瞧,我为您买了几瓶酒,等您病好了,好好喝吧!"

见到酒,他眼里闪过一丝喜悦的光芒。我哽咽着说:"老师,等您病好了,我再为您买几箱,让你痛痛快快地喝个饱!""有你这句话,我比喝一百箱都高兴啊!"但遗憾的是,闫老师的病最终没能好起来,没多久,他就因病情恶化医治无效去世了。得知这个消息,我不禁悲从心来:闫老师啊闫老师,您为何这样匆匆,连我为您买的酒都没喝就走了,是不是您嫌我回来晚了。如果时光能够倒流,我情愿抛掉一切,从头再来,只要能够让您喝上我亲手为您斟的满满一杯酒。

感恩心语

大爱无言,真爱无怨。是恩师的白发告诉了我们,爱是春晖融雪,爱是雪中送炭;爱是沙海绿洲,爱是生命之源。是恩师的背影告诉了我们,爱是一种给予,爱是一种奉献;爱是一种感恩,爱是一种怀念!

理解的幸福

叶广芩

1956年,我7岁。

7岁的我感到家里发生了什么大事。

我从外面玩回来,母亲见到我,哭了。母亲说:"你父亲死了。"

我一下蒙了。我已记不清当时的自己是什么反应，没有哭是肯定的。从那时我才知道，悲痛至极的人是哭不出来的。

父亲突发心脏病，倒在彭城陶瓷研究所他的工作岗位上。

母亲那年47岁。

母亲是个没有主意的家庭妇女，她不识字，她最大的活动范围就是从娘家到婆家，从婆家到娘家。临此大事，她只知道哭。当时母亲身边有四个孩子，最大的15岁，最小的3岁。弱息孤儿唯指父亲，今生机已绝，待哺何来！

我怕母亲一时想不开，走绝路，就时刻跟着她，为此甚至夜里不敢熟睡，半夜母亲只要稍有动静，我便哗地一下坐起来。这些，我从没对母亲说起过，母亲至死也不知道，她那些无数凄凉的不眠之夜，有多少是她的女儿暗中和她一起度过的。

人的长大是突然间的事。

经此变故，我稚嫩的肩开始分担家庭的忧愁。

就在这一年，我带着一身重孝走进了北京方家胡同小学。这是一所老学校，在有名的国子监南边，著名文学家老舍先生曾经担任过校长。我进学校时，绝不知道什么老舍，我连当时的校长是谁也不知道，我只知道我的班主任马玉琴，是一个梳着短发的美丽女人。

在课堂上，她常常给我们讲她的家，讲她的孩子大光、二光，这使她和我们一下拉得很近。在学校，我整天也不讲一句话，也不跟同学们玩，课间休息的时候就一个人或在教室里默默地坐着，或站在操场旁边望着天边发呆。同学们也不理我，开学两个月了，大家还叫不上我的名字。我最怕同学们谈论有关父亲的话题，只要谁一提到他爸爸如何如何，我的眼圈马上就会红。我的忧郁、孤独、敏感很快引起了马老师的注意。有一天课间操以后，她向我走来，我的不合群在这个班里可能是太明显了。

马老师靠在我的旁边低声问我："你在给谁戴孝？"

我说："父亲。"

马老师什么也没说，她把我搂进她的怀里。我的脸紧紧贴着我的老师，我感觉到了由她身上散发出来的温热和那好闻的气息。我想掉眼泪，但是我不想让别人看见我的泪，我就强忍着，喉咙像堵了一大块棉花，只是抽搐，发哽。老师什么也没问，老师很体谅我。

一年级期末，我被评上了三好学生。

为了生活，母亲不得不进了家街道小厂糊纸盒，每月可以挣18块钱，这就为我增添了一个任务，即每天下午放学后将3岁的妹妹从幼儿园接回家。

有一天临到我做值日，扫完教室天已经很晚了，我匆匆赶到幼儿园，小班教室里已经没人了，我以为是母亲将她接走了，就心安理得地回家了。

到家一看，门锁着，母亲加班，我才感觉到了不妙，赶紧转身朝幼儿园跑。从我们家到幼儿园足有公共汽车四站的路程，直跑得我两眼发黑，进了幼儿园差点没一头栽倒在地上。进了小班的门，我才看见坐在门背后的妹妹，她一个人一声不吭地坐在那儿等我，阿姨把她交给了看门的老头，自己下班了，那个老头又把这事忘了。看到孤单的小妹一个人害怕地缩在墙角，我为自己的粗心感到内疚，我说："你为什么不使劲哭哇？"妹妹噙着眼泪说："你会来接我的。"

那天我蹲下来，让妹妹趴到我的背上，我要背着她回家，我发誓不让她走一步路，以补偿我的过失。我背着她走过一条又一条胡同，妹妹几次要下来我都不允，这使她感到了较我更甚的不安，她开始讨好我，在我的背上为我唱她那天新学的儿歌，我还记得那儿歌：

洋娃娃和小熊跳舞，

跳呀跳呀一二一。

小熊小熊点点头呀，

小洋娃娃笑嘻嘻。

路灯亮了，天上有寒星在闪烁，胡同里没有一个人，有葱花炝锅的香味飘出。我背着妹妹一步一步地走，我们的影子映在路上，一会儿变长，一会儿变短。两行清冷的泪顺着我的脸颊流下，淌进嘴里，那味道又苦又涩。妹妹还在奶声奶气地唱：

洋娃娃和小熊跳舞，

跳呀跳呀一二一……

是第几遍地重复了，不知道。那是为我而唱的，送给我的歌。这首歌或许现在还在为孩子们所传唱，但我已听不得它，那欢快的旋律让我有种强装欢笑的误解，一听见它，我的心就会缩紧，就会发颤。

以后，到我值日的日子，我都感到紧张和恐惧，生怕把妹妹一个人又留在那空旷的教室。每每还没到下午下课，我就把笤帚抢在手里，拢在脚底下，以便一下课就能及时进入清理工作。有好几次，老师刚说完"下课"，班长的"起立"还没有出口，我的笤帚就已经挥动起来。

这天，做完值日马老师留下了我，问我为什么要这么匆忙。当时我急得直发抖，要哭了，只会说："晚了，晚了！"老师问什么晚了，我说："接我妹妹晚了。"马老师说："是这么回事呀，别着急，我用自行车把你带过去。"那天，我是坐在马老师的车后座上去幼儿园的。马老师免去了我放学后的值日，改为负责课间教室的地面清洁。

恩若救急，一芥千金。我真想对老师从心底说一声谢谢！是平平淡淡的生活，是太一般的小事，但对于我却是一种心的感动，是一曲纯洁的生命乐章，是一片珍贵的温馨。

忘不了，怎么能忘呢？如今，我也到了老师当年的年龄，多少童年的往事都已淡化得如烟如缕，唯有零星碎片在记忆中闪光……

感恩心语

是平平淡淡的生活，是太一般的小事，但展现的是心与心的理解和贴心贴肺的关怀。忧郁的眼神、孤独的身影、敏感的神经，全被包裹在老师无言而又充满理解与温暖的怀抱里，温热好闻的气息让一切感伤与委屈化为泪水，氤氲双眼，滋润心田。

我的男老师

特里·米勒·沙隆

他的名字叫雷·瑞哈特。他班上的学生，自然是把他称作"瑞哈特先生"。开学的第一天，我，一个腼腆害羞的 10 岁小男孩，一见这位老师牛蛙般的大眼，顿时如遭雷击，脚下的球鞋瑟瑟发抖。一位男老师对我来说还是新鲜事儿，也是我不喜欢的事。

一天早上，他说："选你在班上最好的朋友，然后把你的课桌挨着他的旁边放。"

什么？我们面面相觑。

一个女孩举手："你是让我们把自己的课桌放在我们最好的朋友旁边？"

"我是这个意思。这样方便你们互相帮助。"

教室里一片嗡嗡声。别的老师总是把交情好的分开。显然，新来的这位不懂规矩。

每当我抱怨新教师的奇思怪想的时候，母亲总是安慰我说："特里，他只是个男的罢了。他只是个人，和别人一样。"

但事实证明母亲错了。在我的生活中，他绝对是一个与众不同的人。

就在第二天,我正冲着作业本上的数学题犯愁。瑞哈特先生在我的课桌前停了下来:"有问题?"

我默然地点点头。

"你找你的同桌帮忙了吗?"我还没来得及摇头,他就轻声地提议道:"你为什么不呢?"

我的朋友瞅了一眼我的本子,说:"你怎么弄的,到底动脑筋想过没有,弄得这么乱。"她用她的橡皮擦把我本子上乱七八糟地涂鸦和深浅斑驳的橡皮痕迹清理干净。"这样!"她说,"干干净净地从头开始,就大不一样了!"确实如此,而且如果不是我朋友的建议的话,我绝对想不到。

在班会时瑞哈特先生也与别的教师不同。他不会刻意地在自己周围划出"我是大人"的分界线。我们可以和他谈心,就好像他和我们一般大小,毫无拘束。轮到他说话时,他谈话的口气就好像我们都已经是成年人了。他兴趣盎然地倾听我们的意见,提出自己的非强制性的建议。

在那一年,我的心里充满了对核战争的恐惧。每当进行防空演习的时候,我们就躲在课桌底下蜷作一团。朋友家里都修建了用作空袭避难的地下室。在我们的房子里,我们在壁橱里放了一个木箱,以防万一。我和朋友们不厌其烦地讨论"当我们被袭击的时候",我们会在哪里?我们会在做什么?

一天在操场上,瑞哈特先生信步走过来,我想知道他的想法。

他毫不犹豫地说:"因为生命无常,我们应该由衷地庆祝活着的每一分钟。"他抬头环视着四周操场上的孩子们,玩格子戏的燕子,跳绳的孩子,还有的孩子在踢毽子。又仿佛是自言自语地补充说:"一定要做你最喜欢做的事情。"对我而言这显然是他的肺腑之言。

我对十五年级的体育课简直是恨之入骨。我没办法协调有序地挪动两条过长的双腿跑步,我对球都无可奈何,无论是接、打、还是扔。在那几年里,我参加体育运动只是因为不得已。

在学校昏暗的半地下室里有一个快餐厅和体操队,在雨天是用来活动的大房间。瑞哈特先生就利用这个地下室上他的体育课:跳舞。运动就是运动。一想到换个法子的折磨,我的手心就紧张得出汗。"要勇敢!"上课第一天瑞哈特先生在我的耳边低声说。

我们跳华尔兹,学习渡尔卡舞,但大多数时候我们都跳四步舞。我们的教师负责喊口令,放录音,示范表演,手把手地教,身兼数职。我惊讶地发现每一个人,甚至班上的跑步健将,最棒的玩球好手,比起我的毛手毛脚来说只能说是不相上下,甚至是有过之而无不及。这样一来,跳舞对我来说就不是那么难以忍受了。整个冬天只看见我们昂首挺胸地合着《铃儿响丁当》的曲子舞步翩翩,厨房里飘来阵阵意大利面条的香气,混合着消毒水的味道。冷硬的寒风拍打着地下室地面上的半扇窗户。

当我和瑞哈特先生搭档的时候,他轻声地在我的耳旁数着节拍。等到舞曲结束,他轻声说:"你跳得很棒。别忘了我说的话。"真是太有趣了,我已经忘记了这也是运动之一。

作为社会实践的一部分,我们要成双成对地在班级面前汇报演出。"要有创意。"瑞哈特先生鼓励我们说,"使它成为一种乐趣。"

我的朋友和我,两个同样害羞、拘谨、羞于登台的人选择了《圣弗朗西斯科》这首曲子作为伴奏音乐。我们抓紧在课间休息时间练习,在午餐时间练习,放学后继续练习。就这样练习了好几个星期,直到舞技纯熟,自然流畅。

尽管我已经对所有的舞步了如指掌,但临到表演那天早上,站在舞台上,就像有人掐住了我的脖子一样快喘不过气来了。我凝望着站在房间最后面的瑞哈特先生,他微微一笑,点点头,好像没有看出我的声音因为惊恐而尖细痉挛。

"棒极啦!"当我们跳完后鞠躬谢幕的时候,他喊道,像打雷一样劈里啪啦地拼命鼓掌。无疑他的掌声更多的是献给我们的自信,而非我们的舞技。但在那一刻,我的骄傲与沐浴在观众奉献的花雨中百老汇的明星比起来也毫不逊色。

"你意外吗?"当天课后我们问瑞哈特先生。

"一点儿也不。"他摇摇头,"你们很勇敢。就像我期待你们的那样。"

"我不勇敢。"我坦白说,"我想哭或者甩手不干或者干脆跑出教室。"

"是的。但是无论如何你没有那么做,这就叫勇敢。不是你怎么想,而是你怎么做。"

啊!他的话像箭一样射中了我的心,我的眼睛倏地一下亮了,恍然大悟。这是我生命中几次最振聋发聩的"啊"的经历之一。

那天晚上吃牛排的时候,母亲问:"今天你在学校里学了些什么?"我毫不迟疑地回答:"真正的勇敢。"

但是我心知肚明,当我离开瑞哈特先生的班级时,用来武装自己的知识是任何测验也无法考查的:团结,乐趣,尊重,勇敢。在我的一生留下了不可磨灭的印记。

❧ 感恩心语 ❧

瑞哈特先生的教诲,恐怕是一生中最美好的回忆吧。瑞哈特先生把人类应该拥有的最美好的美德都教给了我们,"我"刚上他的课的时候,还只是一个怯弱胆小、自卑、羞涩的小男生,离开他的时候已经学会了团结、乐趣、尊重和勇敢,得到了一生都受用不尽的宝贵财富。

老先生和我

刘帅

A面:我

其实,我是凭真本事考进这所重点高中的,而且还超过了录取线好几分。可固执的老爸偏要把我调到他认识并且信得过的一个老先生班里,还美其名曰:"给保险柜再加把锁"。听听,给保险柜加锁,整个一多余。我撇撇嘴,可还是得跟他去见我未来的班主任。

那天,老爸像押犯人似的把我解到老先生家。一进门,他就拍着我的头,说:"快叫赵老师。"我恭恭敬敬地照做了。"你这位赵老师可是高级物理教师。"哎哟,我当时就头皮发麻了。说实话,我喜欢的是文科,也铁定了心跟数理化说再见。可这回进了物理老师掌权的班级,甭说,以后的日子肯定不好过。但初见赵老师,我觉得他不像教物理的,文绉绉的,倒像是语文老师,慈眉善目的,使我顿生一种亲切感。

"听说你的作文得过很多奖。"赵老师知道的还不少嘛。可没等我回话,老爸的一只大手就拍到我后背上了:"哈哈,那是他小子运气好,碰上了。赵老师,在您班里,可别老让他在语文上下功夫,理科也得抓抓紧。我这孩子……"又来了,说真的,我特烦老爸这样。他曾亲口跟赵老师说他小时候也挺爱好文学的,可"十年动乱"迫使他放弃所有理想。现在,他又来干涉我的兴趣爱好,真搞不懂他是怎么想的,等以后我当了爹,一定要给孩子选择兴趣爱好的自由。不过现在,我跟老爸之间的代沟是填不平了。

就这么着,我靠关系进了老爸心目中的"重点班"。学校里有一种有趣的现象:班主任是教哪科的,本班同学的这一学科成绩就必在年级排行榜首位,绝不会低于第二名。我们班的班主任是教物理的,同学们自然学得特别卖力,课间、午间有许多人抱着一本本"题库"往办公室跑。可即使是这样,也丝毫没有提高我对物理的兴趣。第一次月考,我就让老先生大跌眼镜:49分。

一天中午,课代表传老先生口谕请我去面谈。我站起来,整整衣服,心想:他大不了说全班就我一个不及格,还离60分差一大截。进门,老先生正冲门坐着,他对面放了一张椅子,桌子上放着两杯刚沏的茶,热气腾腾的。见我来了,他一指椅子:"坐吧。"咦?我觉得气氛有点不大对,跟我往常受训不同。坐下以后,我就琢磨:这是什么等级的批评呀,弄得这么正式?

老先生大概看出了我的不解,他说:"别紧张,这次请你来,只是随便聊聊,不涉及你这次的成绩。"这倒挺稀奇的,我还没见识过这种谈话呢!"我像你这么大的时候,也算是学校里的'一支笔'了,组织了许多文学评论小组,自己写稿、评稿,我们还经常去看电影,听交响乐,节假日里一群好友还相约去远游,那时候,郊外真是一眼望不到边的绿色呀!我们在草地上打滚、唱歌,尽情抒发心中的喜悦。"

"哇!比我们现在可幸福多了!我们是泡在题海里长大的。整天为了考试奔忙,都快把我们变成'考试机器'了。可我们真正学到的又有什么,研究一辆小车的行进速度,一会儿快,一会儿慢,或是把一个木块沿斜面推上推下。这些东西,以后根本用不上。我们应该学的,是如何动手解决实际问题,现在的教育,恰恰不能满足我们的渴望。"我越说越激动,拿起茶杯猛喝一口。

老先生笑眯眯地看着我:"我也与你有同感。但是目前选拔人才的衡量标准有限,难免产生一些尴尬。像我们这样的老师,正是充当了'尴尬人'的角色。也是明知不妥又偏要去做了。"没想到老先生也对当前的教育存在看法,而且还是站在我这边的。那天谈话结束,我就下决心认真听听物理课了。

老先生的风度不错,课上得也好,只是我习惯了物理课半听不听的听讲方式,有时听着听着就会想到别处去。那天,老先生站在讲台前,用右肘撑在讲桌上,整个身子的重量几乎都压在了右半边,我发现,有时耳朵里不听他说话,单是看他转身蹙眉,微晃着脑袋,就有点私塾先生的味道了。要是再拿一板尺,简直就是《三味书屋》里的先生。这么儒雅的老师教物理,真是太富戏剧性了。上午十点的阳光照进教室,屋里半明半暗,而老先生正处于明暗交会之处。阳光照在他的镜框上,折出七色的光芒,他在讲台上不时地说些什么,身旁细尘在晨光中飞舞。在我眼里,这是幅无声的风景,平和、恬淡,像花园里一株古木周围飞着五彩蝶。"叭",不是彩蝶落下,是班长起立叫"老师再见"的声音。

时光飞逝,期中考试过去了一个多月。一天,老先生没来,我们上自习。第二天,有人来代课,据说一直要教到我们这学期末。我第一次因为物理课换了老师而若有所失。紧接着,我们就猜测老先生的去向。很多人猜他病了,理由很简单:老先生瘦得厉害而且不停地抽烟。听他说以前开过刀,只是不知道这次……

终于,有消息传出:老先生胃出血,住院了。

我们当然要去看他。

好几十人同时探望一位病人在医院里也称得上壮观了。我们一大帮子人涌进病房,惹得邻屋的人也伸着脖子出来看,以为这屋里住了一位大人物。一进门,靠窗的床上正坐着我们的老先生。又是在阳光下,午后暖暖的阳光裹着老先生,他的镜框上闪烁着金光。只是他脸色苍白,没有了往日的神采奕奕,让人看了心里直难受。不知怎么,我想起了那日阳光里的先生,那幅平和的风景。可现在,他四周没有纷飞的彩蝶,只有医院的来苏水味,怪怪的,如同我心里的感受。

不久,一位女同学发现了我,说:"王越,你哭什么呀?"

B面:老先生

一直就有托我的熟人,把他们的朋友的朋友的孩子送到我的班级里念书,还不是冲着我物理高级教师的牌子?说真的,我是真不想收这些人。有本事,你自己考去!托关系进来的,多半是自己不太爱学却被父母逼着来的。这些学生,我是不大喜欢的。

可今年开学前,又有人找上门来,这回的孩子是自己考进来的,但他父母不放心年轻的班主任,于是就交到我手上了。听说,这孩子作文得过许多奖。谁知道呢,介绍的人总是往好里说,而真正的好孩子也用不着家长这么操心,把他搁哪都能学。

那天,是爷俩一块儿来的,我当然要先问问孩子的情况。可还没等我核实作文奖的事,他的爸爸就在一旁插话了,反正尽是让我严加管教的话。这些家长,我看多了,自己受了"文革"的苦,拼命要把自己未得到的让孩子得到。唉,可怜天下父母心呐!

没过多长时间,语文老师和数学老师都找上我了。语文老师给我看他的作文,说这孩子挺有灵气,文章写得不错,好好培养,很有可能成才。数学老师给我看他的考卷,二分之一以上是空白。他说,赵老师,你得帮我管管。我被冷热两股火烧着,决定先压一压,看他月考的成绩再说。不过,这小子这回没争气,考了全班倒数第一。我准备找他谈谈。刚开始是想训他一顿的,可后来一想,对于这个孩子,也许其他温和的办法更好些。于是,我就跟他谈我年轻时做学生的生活。谈话很成功,从那以后,我发现这孩子对物理也开始上心了。

到底是年龄不饶人哪!这两年,身上的毛病越来越多,成天不是这疼就是那疼。那天好端端的,忽然就开始反胃了。原本打算去开点药的,可到了医院就身不由己了。唉,我是放心不下学校里的一班孩子们呀,我这一病,谁知道他们会怎么样呢?

万万没想到,同学们来看我了。全班人一个都没少,我那个高兴啊,可是独独王越哭了。这个敢在我课上开小差的孩子,怎么在今天,当着大家的面,流泪了呢?

❦ 感恩心语 ❦

并没有想象中的惊天动地,但学生已学会感恩,在老师的心里,这就足矣。传授如何做人比传授知识更为重要。因为知识教人聪明,而高尚的人格则塑造灵魂。于是,在潜移默化中,影响并成就了孩子。于是,在孩子的眼睛里,兀自闪烁着感动的泪花。

有温度的梦想

马德

珍道尔老师离开学校经商的那一年,向所有不愿让他离去的孩子们许下一个诺言,他要帮助每个孩子都实现一个梦想。

同学们都觉得这是一个好玩的想法,于是各自写下自己的愿望,有的想要一个漂亮的文具盒,有的想要一个能飘出飞烟的玩具房子,有的想要一个足够结实的网球拍,有的想要一把上好的小提琴……

11岁的埃文一口气郑重地写下了自己的一串梦想:25岁之前,游览非洲的乞力马扎罗山,到澳洲看大堡礁,登上中国的长城;35岁之前,乘船穿越苏伊士运河,看埃及的金字塔,再到意大利看比萨斜塔;40岁之前,到日本看樱花,拍摄富士山的雪景。

同学们都认为埃文的愿望不够现实,而且也难为了珍道尔老师。有的同学劝埃文收回自己的愿望,重新写下一个切实可行的目标,因为即便是老师有心帮助他实现这些愿望,然而对于一条腿有残疾的埃文来说,去这些地方,会有多大困难是可想而知的。

一年以后,同学们陆续收到了珍道尔老师的礼物:文具盒、玩具房子、小提琴,甚至是其他贵重的东西,唯独埃文什么也没有收到,哪怕是老师的一封安慰信。大家都劝埃文不要伤心,因为那样一个庞大的旅行计划,对于谁来说都是不可实现的。

十年以后,少年时的伙伴们有的还在上学,有的早已走上社会,许多人已经搬到了遥远的地方,各奔东西了。埃文也长成了一个大小伙子,他经营着一家杂货铺,生活并不宽裕,但尚可维持生计。一次同学博杰来看他,带来珍道尔老师的一些消息,据博杰讲:珍道尔老师的生意很不景气,已经面临破产的边缘,说完后,两人不禁唏嘘感叹。那次,埃文没有向博杰提到他从前的梦想,或许他早把自己的梦想忘了。

有一天,埃文正整理着杂货铺,一个人推门进来。开始的时候,埃文并没在意,以为只是一个普通顾客,便问对方需要些什么。对方摘下眼镜,轻拍埃文的肩膀,说,你不认识我了吗? 埃文定睛一看,又惊又喜:是珍道尔老师。看上去,老师苍老了许多,不过精神还可以,老师说,如果你没有忘记从前的旅行计划,那么现在开始我们的旅行计划吧! 由于埃文此前已经知道老师经济上的窘迫情况,便推说自己现在不想去旅游了,只想平平淡淡地在家里过安闲的日子。

然而,珍道尔还是坚持领着自己的学生,去了位于坦桑尼亚的乞力马扎罗山,随后他们又到了澳大利亚观看了大碉堡,最后登上了中国的长城。在感受了大自然的雄奇和壮美之后,埃文觉得,这次旅行给他的最大感受是,他可以像其他的正常人一样,去游览名山大川,去做自己喜欢做的事情。自己虽然有一条腿残疾,但并不意味着丧失了人生的一切快乐。旅行回来,埃文在市中心租下了一个更大的铺面,扩大经营;又在郊外买下了几块地皮,等待有合适的机会,用来发展地产。不满于现状的他,为自己定下了一个详细的发展计划,他要靠自己的努力去完成人生所有的梦想。

埃文53岁的时候,已经是一个大财团的总裁了。那天他专程去拜访了他的老师珍道尔,他问老师,为什么在那样艰难的情况下,还要努力帮助一个腿有残疾的孩子完成一个或许并不可能完成的梦想呢?

坐在沙发深处的珍道尔老师,已经是白发苍苍。他说:"生意惨淡的那几年,因为一时无法从困境中摆脱出来,我也就无暇去顾及你的梦想了,并且,当时也并不觉得这样做有什么不妥当的地方。然而几年之后,当我在出差的路上听到一个让我慨叹和震惊的故事,我改变了自己的想法。故事很简单:有几个在野外滑雪的孩子迷了路,在恶劣的天气里他们很快冻僵了,当被人发现送到医院之后,大多数孩子已经不治而亡,只有一个孩子奇迹般地活了下来。那个孩子回忆说,当时他快冻僵的时候,他心里一直有一个念头支撑着他,他不能死,因为还有一个梦想等着他去实现,他要为病中的妈妈去实现这个梦想,并准备和妈妈一起去分享梦想带来的快乐。就是因为这样一个梦想,给了他温暖,也给了生命一种激发和振奋,就像一床棉被,一味药,一束光亮,他坚持了下来。"

讲完故事后,珍道尔老师接着说:"那个故事给了我很深的感触,那一天我第一次真实地触摸到梦想对人生产生的不同寻常的意义。是的,不瞒你说,那一年我带着你旅游,是背负着债务去的,我不想因为生意的惨淡,而让你因此放弃了人生的梦想。"

听完珍道尔老师的一席话,埃文已是泪眼模糊,他说:"谢谢您了,只是,您完全可以等到手头宽裕的时候再帮助我。"

"不,孩子!"珍道尔老师说,"我必须及早让你知道,梦想不可能等人一辈子,而沸腾的人生是从给梦想升温开始的。"

实际上,在这次与老师的长谈之前,埃文已经体会到了梦想给他的人生带来的变化,不同的是,那一天,他从中触摸到了另一种东西,那就是爱的温暖。

感恩心语

珍道尔老师是一个有着崇高师德的人,他离开学校时给孩子们许下的诺言,本来可以当成一个美好的玩笑,但他牢牢记住,一个一个地实现。甚至在他生意不顺、背负债务的时候,他仍然带着埃文漫游世界。伟大的老师,他的信守承诺让学生触摸到了爱的温度,体会到了梦想带来的美妙人生。

感恩老师吧,为他们的善良,为他们的承诺,为他们所树立的人生榜样!

恩师的三句话

孙君飞

一

我上小学时，从老家到学校的道路还是狭窄崎岖的土路。天空晴朗的时候，我们几个小伙伴自然愿意高高兴兴地去上学，但到了雨天，尤其是秋雨连绵的日子，我们害怕那条泥泞打滑而又硌脚磨趾的土路，因为我们不止一次摔倒在路边的壕沟里，放学回到家里的第一件事就是揉搓胀痛起泡的双脚。

我尤其不愿意在雨天去上学。那时我家拮据得连一双雨鞋都买不起，我是赤着双脚走路的。脚被槐树刺和酸枣刺扎伤过几次以后，我再也不想读书了，抱着被父母打死也不去的决心躲在家里，任凭小伙伴们催了一次又一次。父亲终于火了，一路责骂着将我拖到班主任的房间，让老师狠狠地教训我。班主任问明情况，不但没有责怪我，反而平静地给我讲了一些名人克服困难、积极进取的故事，末了他把自己的一双新雨鞋送给我穿，在帮我擦干眼角的泪后，他讲了一句："你是个刻苦用功的好学生，以后要记着——道路越泥泞，人的脚印就越深刻，越清晰。"这句话使我明白了不少东西，从此我不再害怕泥泞的土路，当然也就渐渐明白了走过坎坷路后给我带来的深刻思索。

二

初中二年级时，我喜欢上了一位邻村的女孩子。我认为她是世界上最优秀最美丽的女孩子。我一首接一首地给她写诗，每逢她的生日还别具匠心地给她绘制贺卡，买一些精美的小礼物送给她。我们是同班同学，我养成了一个习惯，无论有事没事都要看着她的身影，努力倾听她的声音。当然，这些事情都是在无人知晓的情况下完成的。曾经无意中听到一个同学说，在重新排座位时我和她有可能坐前后桌，这个小道消息让我激动得好几个夜晚都没有休息好，后来不知道是什么原因，老师把我们的座位调得比谁都远。在期中考试之前，父母对我千叮咛万嘱咐，希望我不要让他们失望；各科老师也对我寄予厚望，因为我的成绩一直不错，只是后来有些不够稳定。我说服了自己，也说服了别人，声称自己不会有问题。

考试成绩揭晓的那天，是我最震惊最痛苦的一天，父母的奚落、老师的批评、同学的猜疑让我无处可逃。已到中年的语文老师将我叫到她的家里，像妈妈一样与我谈心，她说她早已觉察到我的变化了，只是相信我自己能够理智地解决这个"美丽的错误"。"你一定要明白，人生是一个又一个驿站连接在一起的，不要因为过早留恋一个站点而失去了更好的风景。"这句话不啻当头棒喝，使我清醒了许多。当我考上县一中的时候，我给这位慈母般的老师写了一封信，说我永远也忘不了她的教诲。

三

上到了高中，在父母眼里我已经是一个像模像样的小大人了，应该有自己独立的认识和判断力，这样的孩子还会迷失自我吗？我也相信自己已经长大了。不知道从什么时候起，校园里掀起了一股"偶像崇拜"风，我和一些同学不约而同地成为盲目、偏执而又疯狂的"追星族"。我竟然像女同学一样四处收集、购买有关某位影帝的粘贴画，将厚厚的两个笔记本都贴满了；提起这位影帝的身高、体重、血型、星座和爱好，我如数家珍，对父母的生日我却记不起来，收藏在家里的有关报道影帝的刊物，以及他的唱碟、影碟堆得比学习资料还要高，这些东西都是我牺牲了不少个人基本的消费而偷偷买（换）来的，我就差没有跑到香港讨要他的亲笔签名了；我模仿影帝的声音唱歌、说话,将发型也弄得跟他的不相上下,服装学不来,就在细节上做文章;我自认为所崇拜的偶像是最牛气的,谁如果说影帝半句坏话,我就跟他急,曾经因为争执得面红耳赤而恶语伤人,甚至拳脚相向。

这种"追星"现象引起了学校政教主任的关注。一天,政教主任将我叫到他的办公室,他所说的一席话深深打动了我,他说:"崇拜偶像并没有什么错,老师也有过自己崇拜的英雄。但是,如果只是因为明星美丽的外表而达到了盲目、狂热崇拜的地步,就显得十分异常和令人担忧了。君飞,千万不要因为一颗星而忽略了满天的星光! 你的人生靠你自己创造。"我记住了政教主任的这句话。是的,重复或模仿都是愚蠢的,关键是我应该学会创造属于自己的辉煌未来。

人生至贵是箴言,恩师的三句教导让我在成长的路上如醍醐灌顶,也必将让我铭记一生。

✧ 感恩心语 ✧

让我们谨记那些温暖过我们的话,谨记那些给过我们爱的恩师吧! 让那些感动人们的人和事伴我们风雨同行。

老师的旧书

佚名

每当看到发黄的旧书,都会把我的思绪牵回到中学时代,那段往事曾让我流过泪。

一天下午,我因去新华书店买一本海涅诗集上课迟到了。那节是语文课。我很害怕敲门,但还是敲了。出乎意料的是我并没有挨罚,语文老师只是默默地注视了我几秒钟,然后便让我回到座位上。他讲得非常生动,同学们听得很专注。我由于读海涅诗集心切,看时机已到,便迅速地翻开诗集,读完《异国》读《春天》,读完《春天》读《水妖》……

"看的什么书? 让我看看行吗?"不知什么时候语文老师站在了我身边。

"完了!"我心里想。

我颓丧地把书递上去,等待着他把书毁掉,因为他从来都是把没收的书在同学面前撕得粉碎。

"海涅诗集! 喜欢吗?"他温和地问我。

"喜欢!"我大胆地回答。

"真的喜欢?"

"真的喜欢!"我感觉到他可能不会毁掉我的书,因为我看出他也喜欢这本书。

"喜欢? 喜欢还在课堂上看? 对不起,你心痛去吧!"说完,他便把书撕得粉碎,扔进纸篓里。

我顿时流泪了,仇恨的目光透过泪水,狠狠地盯着他的背影。下课时,他走到我身边悄悄地说:"放学和我一起走,我记得咱们是同路,对吗?"

放学后,我想逃,可他在校门口等我呢,我只好规规矩矩地和他一起走。

到了他家,他对他的女儿说:"去把我那两本书拿来送给这个哥哥。"我感到非常惊讶,莫非他不批评我了?

不一会儿,他的女儿极不情愿地拿出了两本旧书放在桌子上,看着她的父亲,又瞪了我一眼,便走开了。

他拿出那本褪了色的书,轻轻地抚了抚,又看了一会,然后递给我:"赔你两本旧的吧,也是海涅的,虽然旧了些,但我相信这发黄的纸里一样会有透明的光辉。"他的表情很沉重。这时我才意识到了我上课时的错误,我不想接受,可他那诚恳而威严的目光让我不得不接受。

回到家里,我随意翻了一下这两本书,发现其中一本里面夹着一张纸条,上面歪歪斜斜地写着:"大哥哥,希望你能向你的同学们转告,以后不要在课堂上看课外书。我爸每撕学生一本书,都要把自己的藏书还给学生一本,这是我家最后两本藏书了,是我爷爷去世时留给我爸爸的,爸爸很喜欢,希望你能珍惜。"

我的眼泪止不住地往外流,我慢慢地翻开灰暗的封皮,扉页的右一角清清楚楚地写着:1960.3.25购,从那以后,同学们再也没有在课堂上看课外书了。

这件事已经过去很久了,而那书里透明的光辉却一直在照耀着我。

感恩心语

薄薄的两本已经褪色的旧书,凝结了老师太多的寄托与希望。

师爱,便是以这样一种表达方式走进了学生的心扉。表面的冷酷无情,伤心过后的彻悟,都是以老师的奉献支撑起整个故事。

美丽的歧视

胡子宏

高考落榜,对于一个正值青春花季的年轻人,无疑是一个打击。八年前,我的同学大伟就正处于这种境地,而我则考上了京城的一所大学。

当我进入大学三年级时,有一日,大伟忽然在校园里寻到了我,原来,他也是北京某名牌大学的一员了。

"祝贺你。"我说。

"是该祝贺。你知道吗?两年前我一直认为自己完了,没什么出息了,可父母对我抱有很大希望,我被迫去复读。你知道'被迫'是一种什么滋味吗?在复读班,我的成绩是倒数第五……"

"可你现在……"我迷惑了。

"你接着听我说。有一次那个教英语的张老师让我在课堂上背单词。那会儿我正在读一本武侠小说。张老师很生气,说:'大伟,你真是没出息,你不仅糟蹋爹娘的钱还耗费自己的青春。如果你能考上大学,全世界就没有文盲了。'我当时仿佛要炸开了,我噌地跳离座位,跨到讲台上指着老师说:'你不要瞧不起人,我此生必定要上大学。'说着我把那本武侠小说撕得粉碎。你知道,第一次高考我分数差了一百多分,可第二年我差17分,今年高考,我竟超了八十多分……我真想找到张老师,告诉他:我不是孬种……"

三年后,我回到母校,班主任告诉我:教英语的张老师得了骨癌。我去看他,他兴致很高,其间,我忍不住提起了大伟的事……

张老师突然老泪横流。过了一会儿,他让老伴取来了一张旧照片,照片上,一位书生正在巴黎的埃菲尔铁塔下微笑。

张老师说:"18年前,他是我教的那个班里最聪明也是最不用功的学生。有一次,我在课堂上讲:'像你这样的学生,如果能考上大学,我头朝地向下转三圈……'"

"后来呢?"我问。

"后来同大伟一样,"张老师言语哽咽着说,"对有的学生,一般的鼓励是没有用的,关键是要用锋利的刀子去做他们心灵的手术——你相信吗?很多时候,别人的歧视能使我们激发出心底最坚强的力量。"

两个月后,张老师离开了人世。

又过了四年,我出差至京,意外地在大街上遇到大伟,读博士的他正携女友在悠闲地购物。我给大伟讲了张老师的那席话……

在熙熙攘攘的人群中,大伟突然泪流满面。

在那以后的时光里,我一直回味着大伟所遭遇的满含爱意却又非常残酷的歧视。我感到,那"歧视"蕴含着一种催人奋进的力量。对大伟和那位埃菲尔铁塔下留影的学生而言,在他们的人生征途中,张老师的"歧视"肯定是最宝贵最美丽的。

感恩心语

"对有的学生,一般的鼓励是没有用的,关键是要用锋利的刀子去做他们心灵的手术。"这是怎样诚挚的心灵? 这是怎样苦心?

故意披上面纱,用激将法冷对学生的恩师,默默背负着学生多少的误解与怨恨,看似残酷、无情的歧视,却深深地抵达了孩子那颗荒芜的心,似一把利剪除去那一片杂草,让蔫黄的芽苗开花结果;歧视,顿时散发出美丽的光芒。

我最喜欢的老师

大卫·欧文

休斯先生是五年级的科学常识老师。记得第一天上课,他给我们讲解的是一种名叫"猫猬兽"的动物。他说这种动物一般在夜间活动,在冰河时期便灭绝了,因为不能适应环境的变迁。他一面仔细讲解,一面让我们传看一个颅骨。我们全都认真地做了笔记,然后是随堂测验。

当他把卷子发下来的时候,我惊呆了,因为卷面上居然划着一个醒目的红叉叉——我得的是0分! 我不得不怀疑是老师弄错了吧。休斯先生在课堂上说的话,我全都认真地记了笔记。不过我很快地了解到,这次测验,全班同学得的都是0分。这是怎么回事呢?

休斯先生解释道:"原因很简单,关于'猫猬兽'的一切,都是假的。这种动物从来就没有存在过。因此,你们做的笔记,全部是错误的信息。难道你们根据错误的信息得出的错误答案,我还应该给分?"

不用说,我们全班同学都快气死了,一片指责。这算什么测验? 休斯先生是什么老师?

休斯先生接着说:"你们本该早就发现这个错误的。在大家传看'猫猬兽'的颅骨(实际上是猫的颅骨)时,我不是说过这种动物灭绝了,没有留下任何能够证明其存在的证据吗? 在形容这种动物的特征时,我故意说它的目光在夜间是如何敏锐,皮毛的颜色又是如何的光亮等等,但这些我怎么可能知道。我还给它起了个特别怪的名字,可是你们竟毫无理由地相信了。"他又说:"这次测验的成绩我都会全部登载在你们的成绩册上。"

休斯先生希望我们能从这次测试中吸取教训,并牢记他的告诫,任何老师和课本都不可能是绝对正确的。事实上,每个人都会犯错误。他告诉我们不要让自己的脑子呈睡眠状态,还要求我们一旦发现他或课本有什么错就立刻指出来。

以后对我来说,休斯先生的每一堂课都是一次历险。至今,我还能清楚地记得几堂科学常识课的细节来。一天,他对我们说他的"大众"牌汽车是一个有生命的生物体。我们花了整整两天的时间搜集证据,准备驳斥他的断言。当我们向他证明我们了解什么是生物,而且还敢于坚持真理的时候,他的脸上才露出了赞许的笑容。

自那以后,我们总是带着怀疑的精神走进每一间教室学习。其他老师不喜欢受到学生的挑战和质疑,因此也惹出过不少风波。比如,在历史老师就某一事件侃侃而谈的时候,突然会有个同学嘀咕,冒出"猫猬兽"三个字来。当然,并不是所有的人都可以接受休斯先生的做法中所包含的哲理。有一次,我把休斯先生的方法告诉一位小学老师。他听了吓坏了,说:"他怎么可以如此轻率呢?"我立刻正视着那位老师的眼睛,并告诉他:"老师,您错了。"

感恩心语

一位好的老师常常是一种力量的象征,让人不由自主地产生尊敬的感觉。而休斯先生以他特殊的教学方法和高尚的人格魅力,让课堂成为游乐园,让沉闷的学习成为有趣的游戏,赢得了学生的爱戴。这样一位亦师亦友的长辈,他教育学生的,是一生受用不尽的最宝贵的财富。

天使的翅膀

佚名

很久很久以前,有一个小男孩非常自卑,因为他背上有两道明显的伤痕。这两道伤痕,就像是两道暗红色的裂痕,从他的颈部一直延伸到腰部,上面布满了扭曲鲜红的肌肉。所以,这个小男孩非常讨厌自己,非常害怕换衣服,尤其是上体育课。当其他的同学都很高兴地脱下又黏又不舒服的校服,换上轻松的裤头背心的时候,小男孩只会一个人偷偷地躲在角落里,背部紧贴住墙壁,用最快的速度换上衣服,生怕别人发现他有这么可怕的缺陷。

可是,时间长了,他背上的疤痕还是被同学们发现了。"好可怕呀!""你是怪物!""你的背上好恐怖!""不跟你玩了!"……天真的同学们无心的话语最伤人。小男孩哭着跑出教室,从此再也不敢在教室里换衣服,再也不上体育课了。

这件事发生以后,小男孩的妈妈特地牵着他的手找到班主任。小男孩的班主任是一位40岁、很慈祥的女教师,她仔细地听着妈妈说起小男孩的故事。

"这孩子刚出生的时候就得了重病,当时本来想要放弃的,可是又不忍心。这么可爱的小生命好不容易诞生了,我们怎么可以轻而易举地把他丢掉呢?"

妈妈说着说着,眼睛不觉地就红了,"所以,我跟丈夫决定把孩子救活。幸好当时有位很高明的大夫,愿意尝试用手术的方式来抢救这孩子的生命。经过好几次手术,好不容易把他的命保下来了,可是他的背部却留下了两道清晰的疤痕……"

妈妈转过头吩咐小男孩,"来,把背部掀给老师看……"

小男孩迟疑了一下,还是脱下了上衣,让老师看清楚这两道恐怖的痕迹,也曾经是他生命奋战的证明。老师惊讶地看着这两道疤,有点心疼地问:"还会痛吗?"

小男孩摇摇头,"不会了……"

妈妈双眼泛红,"这个孩子真的很乖,上天让他生下来已经很残酷了,现在又给他这两道疤。老师,请您多照顾他,好不好?"

老师点点头,轻轻摸着小男孩的头,"我知道,我一定会想办法的……"

此时老师心里不断地思考,要限制小朋友不准取笑小男孩,只能治标,不能治本,小男孩一定还会继续自卑下去的……一定要想个好办法。

突然,她脑海灵光一闪,她摸了摸小男孩的头,对他说:"明天的体育课,你一定要跟大家一起换衣服噢……"

"可是……他们又会笑我……说……说我是怪物……人家不是怪物……"

小男孩眼睛里头,晶莹的泪水滚来滚去。

"放心,老师有法子,没有人会笑你。"

"真的?"

"真的！相不相信老师？"

"相信……"

"那勾勾手。"老师伸出了手指，小男孩也毫不犹豫地伸出了他小小的指头。

"我相信老师……"

第二天的体育课到了，小男孩怯生生地躲在角落里脱下了他的上衣。这时，所有的小朋友又发出了诧异和厌恶的声音。

"好恶心呀！"

"他的背上生了两只大虫。"

小男孩的双眼禁不住湿润了，泪水不听话地流了下来。

就在这个时候，老师出其不意地出现了，几个同学马上跑到老师身边，比划着小男孩的背。"老师你看……他的背好可怕，好像两只大虫……"

老师慢慢地走向小男孩，然后露出诧异的表情。"这不是虫哦……老师以前听过一个故事，好想现在就讲给你们听啊！"同学们最爱听故事了，连忙围了过来。

老师指着小男孩背上那两道明显的疤痕，绘声绘色地说道："这是一个传说，每个小朋友都是天上的小天使变成的，有的天使变成小孩时，很快就把他们美丽的翅膀脱下来了，有的小天使动作比较慢，来不及脱下他的翅膀！这个时候，那个天使变成的小孩子，就会在背上留下两道疤痕噢。"

"哇……那这就是天使的翅膀呀！"同学们指着小男孩的背部纷纷地发出惊叹。

"对呀！"老师的脸上露出神秘的微笑，"大家要不要检查一下对方，看还有没有人的翅膀像他一样，没有完全掉下来的？"

所有小朋友听到老师这样说，马上七手八脚地检查对方的背，可是，没有人像小男孩一样，有这么清楚的痕迹。

"老师，我这里有一点点伤痕，是不是？"一个戴眼镜的小孩兴奋地举手。

"老师，他才不是，我这里也有红红的，我才是天使……"

小朋友争相承认自己的背上有疤，完全忘记取笑小男孩的事情。

小男孩呆呆地站着，原本流泪的双眼此时此刻停止了流泪。

突然，一个小女孩天真地说："老师，我们可不可以抚摸一下小天使的翅膀？"

"这要问问小天使肯不肯啊？"老师微笑着向小男孩眨了眨眼睛。

小男孩鼓起勇气，羞怯地说："好！"

女孩轻轻地摸了摸他背上的疤痕，高兴地叫了起来："啊，好棒！我摸到天使的翅膀了！"女孩这么一喊，所有的小朋友都拼命地跟着喊："我也要摸摸小天使的翅膀！"

一节体育课，一幅奇特的景象，教室里几十个小朋友排成长长的一排队伍，等着摸小男孩的背。小男孩背对着大家，听着每个人的赞叹声，羡慕的啧啧声，还有抚摸时，那种奇特的麻痒感觉。他的心里，不再难过，小男孩的脸上，泪痕还没干，却已经露出了久违的笑容。一旁的老师，偷偷地对小男孩做出胜利的手势，小男孩忍不住，格格地笑了起来。

后来，小男孩渐渐长大，他深深地感谢这位让他拥有信心的老师。高中时他还参加全市的游泳比赛，得了亚军。他勇敢地选择了游泳，因为他相信，他背上的那两道疤痕，是被老师的爱心所祝福的"天使的翅膀"。

感恩心语

其实，善良的老师才是真正的天使，她用一个善意的谎言驱散了小男孩心里的阴霾，融化了成长的坚冰，弥合了生命的创伤。

难忘的一躬

佚名

上初三的时候,人气最高的是语文老师孙老师。他不但讲课讲得有特色,待人处世也是无可挑剔。最叫人难忘的是每堂课上班长喊起立之后,他总要鞠躬还礼后才正式上课。

孙老师最讲信用,答应我们什么事情,他总会做到。对学生来说,孙老师就是我们学习做人的一本活教材。孙老师所说、所做的,几乎成了我们的行动指南。

中考前几天的一个下午,第三节课是语文辅导课。

上课铃打响,进来的却不是孙老师,而是我们的班主任李老师。

"同学们,孙老师有点事情,不能来上课了。不过他让我转告大家,放学前,他一定赶回来,把大家的课补上去。"

那时我们还小,谁也没有去想孙老师会有什么事,也没有人想问,但大家都认为,孙老师到时候一定会来上课。

放学的铃声响了,孙老师还是没有来。

大家谁也没有动,因为同学们都相信,孙老师一定会来。时间一分一秒地过去,教室外站满了接孩子的家长。一刻钟过去了,不少家长走进教室领孩子,但没有同学走。

"孙老师说了,他一定会回来的。"

校长过来了,他轻声地告诉大家,一个小时以前,孙老师的家属出了车祸,正在医院抢救。孙老师可能不会回来了,大家可以回家了。

不少家长再次走进教室领孩子,但依然没有人动,同学们还是认为,孙老师说过他会回来,就一定会回来,他一定会回来的。

当教室里正因家长劝孩子回家而出现骚动时,孙老师的身影出现了。他来不及擦掉额头的汗水,就向依然在教室外的家长深深地鞠了一躬,连连说了几个"对不起,请原谅"。然后他走进教室,又向我们深深地鞠了一躬:"对不起,让大家久等了,今天就不必起立了,我们直接上课。"

教室内外静得出奇。

孙老师平静地讲完了准备的课程,再次向同学们深深地鞠了一躬:"谢谢大家的支持。我还有点事,有什么不明白,明天继续。"

然后,对着教室外的家长们又是深鞠一躬:"给你们添麻烦了,请多原谅。"

不一会儿,他的身影消失在全体同学和家长的目光中。

中考后我们才知道,孙老师的家属在那一次车祸中去世了。

同学们泣不成声。

那个下午,孙老师的鞠躬一直深深地印在我们的记忆里。成为一名教师以后,孙老师那几个抱歉的鞠躬一直作为我衡量自己对待学生和做人做事的准则,并成为我人生中的一笔最宝贵的财富。

感恩心语

难忘的一鞠躬,成为学生做人做事的准则,于是我们的内心深处有种歉意的感觉。

孙老师做人的态度,已在学生心中,埋下了深深的种子,期待发芽,不远的将来就会绽放出高尚的道德之花。

最美的眼神

马德

一所重点中学百年校庆时，恰逢德高望重的教师雏老80寿辰。雏老师极富传奇色彩，他所教过的学生，许多已经成为蜚声海外的教授、学者以及活跃在时代前沿的IT精英。是什么原因使雏老师桃李满天下呢？学校决定在百年校庆之际，把这个谜底揭开。

于是，学校给雏老教过的学生发出一份问卷，雏老师的哪些方面最让他们满意。五花八门的答案很快反馈了回来，有人认为是他渊博的学识；有人认为是他风趣的谈吐；有人认为是他循循善诱的教学方式；有人认为是他兢兢业业的工作作风；有的学生说喜欢他营造的课堂氛围；有的学生干脆说，雏老师的翩翩风度是他们最满意的。

然而，学校对这些答案并不满意。在学校看来这些闪光之处，也可能是其他老师所具有的，并没有代表性。仓促之中，学校在众多的学生中，选出100位最有成就的人。学校认为这100位学生的成功，肯定或多或少受到了雏老师的影响。为了得出较为一致的答案，这次的问题很简单：你认为，雏老师的哪一方面对你的人生影响最大。

答案很快就以传真、电话、电子邮件的形式反馈了回来。出乎预料的是，这次的答案居然惊人的一致。几乎所有的学生都认为，雏老师给他们人生影响最大的，是他的眼神。

这下轮到组织者为难了，本来他们打算通过这种问卷的形式，揭秘雏老师，同时把得到的答案，作为学校的传家宝流传下去；然而"眼神"这个答案非但没能起到揭秘的效果，反而使事情更加扑朔迷离了。

百年校庆的日子很快到来了。庆祝大会隆重地举行，校长讲完话后，便是各界名流的致辞。一位知名的教授上台，先向端坐在中央的雏老师深深地鞠了一躬，然后说："今天我有幸能站在这里，与大家共聚一堂，首先得感谢雏老师。我刚上这所中学的时候，成绩非常差，说实话，那时我已经丧失了信心和勇气。正是雏老师，把我从困难中拯救了出来。以前母校做了一次问卷调查，问雏老师对我们影响最大的是什么，我的回答就是他那会说话的眼神。是的，那时候，同学看不起我，父母对我也失去了信心。然而雏老师的眼神中流动着鼓励和肯定，像一股股暖流，温暖着我自卑和沮丧的心。我就是从他的眼神中得到前进的信心和力量，一步一步走到现在的……"另一位学者致辞的时候，笑着说："上中学的时候，我最讨厌老师的偏袒，比如偏袒成绩好的，偏袒女生。因为讨厌老师，导致我很厌学。雏老师公正无私的心底，像一方晴朗的天空，清澈、洁净、透明，从他的眼神中流露出来的是种公正的力量，使我的心也变得晴朗起来……"

后来上台的学生中，大凡雏老师教过的，无一例外地谈到了雏老师的眼神。有的认为，雏老师的眼神在严肃中传递着爱意；有人认为雏老师的眼神在安静中透着温和；有的同学认为雏老师的眼神中蕴满父亲般的慈祥；有的同学认为雏老师的眼神就是一条汩汩流淌的河流，在不断地荡涤着人的心灵……

事实上，大会开到这里已经非常成功了。没有想到的是，就在最后，有一位五十多岁的教师在事先没被邀请的情况下，走上了大会的主席台。他说："我也是雏老师的一名学生，而且在一所中学也教了二十九年的书。我一直有一个心愿，就是想让自己也像雏老师一样，把最美的眼神传递给学生。开始的时候，我总不能做好，后来我渐渐发现，能够传递这样美的眼神的人，需要的并不多，那就是你必须有一个满浸着人间大爱的灵魂。这样的一个人，才会生长出最人性的枝蔓，才会漫溢出爱的芳香。"

他讲完之后,台下顿时响起了潮水般的掌声。在对人的影响上,爱的浇灌和人性的感召,永远胜于其他形式。那一天,学校得到了他们最想要的答案。

感恩心语

眼神,这无质无形的东西,却因为"一个满浸着人间大爱的灵魂"而变得充满丰富的内涵。对自卑、沮丧学生的鼓励和肯定,对叛逆学生的公正无私,在严肃中传递着爱意;在安静中透着温和;蕴满父亲般的慈祥;像一条汩汩流淌的河流,在不断地荡涤着人的心灵……让所有的学生充满了尊敬和感激,让教师这个普通的职业充满了神圣与永恒。

第六章

情义无价：
感恩朋友的友谊

　　感恩朋友，给予我们高山流水的情谊，从管鲍之交到桃园结义，伴随着人性之间的完美特质。友情如细雨，绵绵惬意；友情如春风，唤醒大地。

朋友是上天赐予的礼物

佚名

王琪这段时间因感冒一直在咳嗽,连续输了几天液都还没好。工作一忙,更咳得厉害。正巧下周四过生日,又逢这周六晚上放假,于是他决定请朋友一起吃饭,不过从十岁起,王琪就没有正式地过过生日,他不愿意让朋友破费买礼物,于是他决定把生日会办成庆祝宴,大家一起开心地玩就好了。

周五晚上,王琪还在邀请最后一个朋友:"小张,(咳……)明天晚上我们一起出去吃饭(咳,咳……王琪在电话里咳个不停)……嗯,好的,那明天下班来我办公室集合"。

通知完所有朋友后,王琪早早入睡。第二天上午,一个叫刘强的同事打电话给他:"王琪啊,你现在在办公室没有啊?"

"嗯,在,我现在在办公室。"王琪接了电话,回答说。

"那好,我马上过来,有人托我给你送个东西。"

王琪心里想:不会是朋友送的生日礼物吧!

过了几分钟,刘强出现了,他递给了王琪一包东西,并说道"这是小张送给你的……"王琪接过来一看,是三包999感冒颗粒,顿时,心中融入一股暖意。他按下了小张的电话,那首《朋友》的铃声让他非常的感动。电话接通了,王琪真诚地说了声"谢谢你"。眼睛有点潮湿,在家的时候习惯了父母的照顾,自己都忘记如何照顾自己,在病痛中却意外地得到了朋友的照顾,大家工作都这样忙,还这样有心地关心他的身体,让他更觉得朋友的珍贵。感动就这样包围着王琪,有生以来,他过了一个完美的生日。

～◆感恩心语◆～

如果拥有了一份纯真的友谊请珍惜它,在我们最脆弱,最需要帮助的时候,他们将是黑暗中的星星,给你明亮,为你指引道路。

不可逾越的友情

彭小娟

初秋,我抱着修身养性的心情,把没商没量就复发了的疾病,想通过祖国博大精深的中医彻底地根治,同时,也可以长远地防患于未然。在通过核磁共振进一步确诊后,住院的当天上午,主治医生就开出了一系列中医治疗方案。中午时分,好朋友顺子率领几个"鬼们"来到病房看望我,问寒问暖地喧闹一阵后,午饭就只有用盒饭打发她们了。"鬼们"还说盒饭真的很好吃。

她们走后,顺子没有去上班,留下来照料我。平日里,她文静的外表里有着大大咧咧的个性,总会把一些别人认为索然无味的事情,说得头头是道,津津有味。有时,她站在你的办公桌前,一边不停地眉飞色舞地说话、一边把玩你桌上的纸笔或人民币样的那些东西,说着说着,她会毫无意识地把它们折得稀里哗啦,撕得粉身碎骨,使你听完她讲的故事后,满脸绽放的笑容还不曾来得及收起,望着桌上的碎片已欲哭无泪了。

她把我搀扶到推拿室,医生说:"是哪里不舒服?"我按医生要求的姿势卧倒,并指了指腰部,医生随即就按压起穴位来。顺子把头靠在我的耳边,又开始了七嘴八舌的闲聊了。我一边闭目一边点头听着。医生按完一个部位后，又问："你哪里还疼？"我已全然听不见医生的说话了，没有答应。一个小时下来，顺子在我耳边说了60分钟的白话，以至于医生做完推拿后，我都没有反应了，走时叮嘱了我一句："下次做治疗时不要再说话了。"她是这样让你在不知不觉中忘了痛苦和烦恼。

顺子是一个极能把她所喜欢的朋友们凝聚在一起使大家都没有性别感的开心果，平常的日子里还老是以小自居，可每到关键的时刻，她都会知冷知热地站在你的身旁照料你，并让你这般忘我地开心，仿佛所有的不快乐在她说话时就已跑到身外的天边去了。

顺子明天就要去省城开会了，还说这次带上她妈妈去看一个患了胸腺癌晚期的老朋友。友情的珍贵是经得起时间考验的，人性的美好在这对母女身上一点一滴地体现着。

没有顺子的日子，"鬼们"继续在中午休息时常来看我。那天，还没到上午11点钟，她们就三五成群大摇大摆地来了。这时，我刚刚做完治疗，躺在病床上休息，"鬼们"给了我一个意外的惊喜，送来了一束七彩的鲜花。我问她们吃过午饭没有，"鬼们"说没有，想和我一起在病房里吃。为了谢谢她们看我，我说："咱们就到院外那家新开业的乡里人家去吃吧。"她们考虑到我行走时的不便和疼痛，说不去，可我坚持着要去尝一尝，"鬼们"便依了我。

洁白的病房里还谈得上安静和舒适，虽然这家中医院位于老街，历史悠久，但比起西医院那里的环境可优美多了。

"小鬼"扶我起身，牵着我的手缓步走出病房，"二鬼"背着我粉红色大大的时尚手提包，还有"四鬼"拿着我随身要添加的衣服，我们一群人招摇过市地经过推拿室和医生办的窗前时，只听见背包的"二鬼"在那里得意忘形地放声唱起了刀郎的"2002年的第一场雪，比以往来的是否更晚一些……"，那嘶哑的嗓音掠过窗前，震撼了所有医护人员和推拿师们的耳朵，他们一齐看着这群不明身份的人，投来了一种莫名羡慕的目光。

那时，我面带欣慰的微笑，一种不因岁月而逝的友情，已让我享受其中了。在"小鬼"的牵引下，我们一步一步走下了三楼的阶梯，向那家新开的餐馆走去。

这用十年筑成的友情，已渐渐堆积成一种生死之交的姊妹情，那些"鬼们"说过，就是50岁了，我们还要在歌厅里天真无邪地那样癫狂。

暖暖的秋天里，这前世修来的缘分，让我们在漫长的人生路上，那颗心永远都不会老去。

❦ 感恩心语

朋友，是能够和你同喜同悲的人，是能够和你共度危难的人……在你患病之时，身边始终围绕着这么多的亲密朋友，心中会只有幸福，而忘记了病痛。

友情，需要我们用心去呵护，用爱去滋养，用真诚的话语去浇灌，用坦荡的行动去爱抚……我们的友情就会随着时间的流逝日益散发出醉人的芬芳，与我们的人生同样绵长。

一个关于友情的故事

佚名

那是发生在越南的一个孤儿院里的故事。由于飞机的狂轰滥炸，一颗炸弹被扔进了这个孤儿院，几个孩子和一位工作人员被炸死了，还有几个孩子受了伤。其中有一个小女孩流了许多血，伤得很重！

幸运的是，不久后一个医疗小组来到了这里，小组只有两个人，一个女医生，一个女护士。

女医生很快地进行了急救，但在那个小女孩那里出了一点问题，因为小女孩流了很多血，需要输血，但是她们带来的不多的医疗用品中没有可供使用的血浆。于是，医生决定就地取材，她给在场的所有的人验了血,终于发现有几个孩子的血型和这个小女孩是一样的。可是,问题又出现了,因为那个医生和护士都只会说一点点的越南语和英语,而在场的孤儿院的工作人员和孩子们只听得懂越南语。

于是,女医生尽量用自己会的越南语加上一大堆的手势告诉那几个孩子:"你们的朋友伤得很重,她需要血,需要你们给她输血!"终于,孩子们点了点头,好像听懂了,但眼里却藏着一丝恐惧!

孩子们没有人吭声,没有人举手表示自己愿意献血。女医生没有料到会是这样的结局!一下子愣住了,为什么他们不肯献血来救自己的朋友呢?难道刚才对他们说的话他们没有听懂吗?

忽然,一只小手慢慢地举了起来,但是刚刚举到一半却又放下了,好一会儿又举了起来,再也没有放下了!

医生很高兴,马上把那个小男孩带到临时的手术室,让他躺在床上。小男孩僵直地躺在床上,看着针管慢慢地插入自己的细小的胳膊,看着自己的血液一点点地被抽走!眼泪不知不觉地就顺着脸颊流了下来。医生紧张地问是不是针管弄疼了他,他摇了摇头。但是眼泪还是没有止住。医生开始有一点慌了,因为她总觉得有什么地方肯定弄错了,但是到底在哪里呢?针管是不可能弄伤这个孩子的呀!

关键时候,一个越南的护士赶到了这个孤儿院。女医生把情况告诉了越南护士。越南护士忙低下身子,和床上的孩子交谈了一下,不久后,孩子竟然破涕为笑。

原来,那些孩子都误解了女医生的话,以为她要抽光一个人的血去救那个小女孩。一想到不久以后就要死了,所以小男孩才哭了出来!医生终于明白为什么刚才没有人自愿出来献血了!但是她又有一件事不明白了,"既然以为献过血之后就要死了,为什么他还自愿出来献血呢?"医生问越南护士。

于是越南护士用越南语问了一下小男孩,小男孩不假思索地回答了。回答很简单,只有几个字,但却感动了在场所有的人。

他说:"因为她是我最好的朋友!"

❧ 感恩心语 ❧

小男孩为了友情不惜牺牲自己的生命的行为,令我们感动,也令我们汗颜。

当我们越来越看重自己的利益,而无视他人利益的时候;当我们越来越漠视朋友的存在,以自我为中心的时候;当我们越来越成熟,而无视纯真正在远离自己的时候;当我们越来越喜欢在虚拟的空间中结交朋友,而不愿意注视一下身边需要帮助的朋友的时候;当我们的玩友很多,心灵却莫名其妙地越来越孤独的时候,友情正在离我们越来越远。

时代在前进,人的内心空间却越来越窄小,窄小的除了自己装不下其他人。这不仅是友谊的悲哀,也是整个人类的悲哀,让我们从自己做起,珍惜生命中宝贵的友谊吧。

妈妈的老朋友

佚名

暑假期间,小敏的妈妈有一位昔日好友从国外回来,她们约在市中心的一间咖啡屋中见面。夏日的午后,酷热难当,妈妈拉着小敏的手,走在人潮滚滚的街道上,觉得整个城市似乎要燃烧起来。小敏的小手,不时地被逆向行走的人冲撞得从妈妈手中松脱。然而,很快地,她又会拉上妈妈的手。她们就在商家的吆喝声里和别人的讨价还价声中,断断续续地聊着。

小敏问妈妈要和什么人见面,妈妈说:"她是我大学毕业后留在学校当助教时的同事,从很远的英国回来。"小敏侧着头天真地问:"是不是从很远的地方回来的人,都要约着见面,请他们喝咖啡?"

"那倒不一定啦!妈妈那时同她感情最好,一起做助教时,她很照顾妈妈。"女儿锲而不舍地接着问:"大人也还要人家照顾吗?她怎么照顾你?是不是像我们班的安小莹照顾我一样,教你做功课?"安小莹是小敏的同班同学。妈妈听了不由得笑了起来,说:"大概差不多吧。人再大,也需要别人照顾呀,对不对?像爷爷生病了,也要我们照顾的,对不对?"

"那你那时候生病了吗?"

"生病倒没有。不过,那年,有一段时间,妈妈的心情很不好,觉得自己很讨人嫌,人缘很差。就在那年元旦前几天,我发现王阿姨偷偷地在我办公桌上送了张她自己做的贺卡,上面写着:'你开开心心的样子很招我们喜欢,祝你新年愉快。'妈妈看了好感动。这张卡片改变了当时妈妈恶劣的心情。更重要的是,给了我很大的鼓励,使我觉得自己并不那么讨厌!"

小敏听了,若有所思,低头不语。

妈妈和朋友见了面,开心地谈着往事,探问着彼此的现况。小敏在一旁安静地听着,不像往常般叽叽喳喳抢着说,他们几乎忘了小敏的存在。一会儿工夫后,小敏要求到三楼文具部去看看。十分钟后,她红着脸,气喘吁吁地上楼来,跟妈妈悄悄地说:"先借给我一百块钱好吗?我想买一个东西,回去再从储钱罐里拿钱还你。"

妈妈和同学谈得高兴,不暇细想,知道小敏不会乱花,便掏出钱包把钱给了她。没过多久,小敏又上来了,面对妈妈的朋友,恭敬地立正,双手捧上一盒包装精美的礼物,一本正经地说:"王阿姨,您从那么远的地方回来,我送您一个礼物。"王阿姨大吃了一惊,有点手足无措地说:"那怎么行!我怎么能收你的礼物!我从英国回来,没带礼物给你,已经很不好意思了,而且,我是大人,你是小孩儿……"

女儿认真地打断王阿姨说:"我妈妈说您是她最好的朋友,谢谢您以前那么照顾我妈。"听她这么说,妈妈只觉得有一股暖流从心底升起,眼睛霎时又湿又热,她万万没想到小敏会这么做。王阿姨的眼睛也陡然红了起来,嘴唇微颤,却是一句话也说不出来,只紧紧搂过小敏,喃喃说道:"谢谢啊!谢谢!"

这回轮到小敏觉得不好意思了。她伏在王阿姨肩上,尴尬地提醒说:"王阿姨,您想不想看这是什么礼物呢?"王阿姨拆开礼物,原来是挂了个毛茸茸小白兔的钥匙圈。小敏老气横秋地说:"会照顾别人的人一定会很温柔的,所以,我选小白兔,白白软软的,您喜欢吗?"王阿姨感动地说:"当然喜欢了,好可爱的礼物。我回英国去,就把所有的钥匙都挂上,每打开一扇门,就想一次你。真的谢谢你啊!"

小敏高兴得又蹦又跳地下楼去了,留下两个女人在飘着咖啡香的屋,感受着比咖啡还要香醇的情谊。

感恩心语

赠人玫瑰,手留余香;一句温暖的话,就像往别人的身上洒香水,自己也会沾到两三滴。妈妈因为朋友的一句话而心怀感恩,女儿因为妈妈的话,将这份感恩化为实际行动。动人的感恩之情在两代人之间暖暖地传递。

当死神撞击友情

侠名

2002年初春,暖洋洋的阳光映衬着湛蓝的天空,沁人的海风拂过脸颊,这是一个钓鱼的绝好天气。尼克·帕莱特向 62 岁的老朋友彼得·多保问道:"还没钓到什么鱼?"长满络腮胡子的多保冲他的年轻搭档笑笑,得意地甩上一条鲭鱼作为回答。尽管比他的老伙计小 20 岁,帕莱特和多保已成了忘年交。最近发生的一些悲剧使两人友情愈加深厚。年初,与他们俩都颇有交情的一位朋友在飞机失事中罹难。之后不久,多保的妻子在与癌症抗争了 4 年之后撒手人寰。尽管多保的两个儿子对父亲关怀得无微不至,帕莱特还是感受到了这位老人心中的苦痛。帕莱特在心中默默地祈祷着,希望此刻的好天气能使自己的老朋友心情渐渐好起来。

多保说:"我去岛顶看看情况怎么样。"于是,他拖着渔具向小岛的高处走去,从那儿他能看见海面的整体情况,但他的鞋子被一块突出的岩石钩住。他一使劲儿,竟踉踉跄跄地栽落下来。也就在这时,帕莱特听到身后传来一声尖叫,他没来得及转头弄清发生了什么,就感觉肩膀被撞了一下,人随之被推到了一边。是多保在坠落的瞬间把帕莱特推到了一边以免朋友被自己牵连。帕莱特惊恐地目睹着这一切:多保的身体先是摔到了陡峭的岩石上,随后是沉闷而又惊心的撞击声,是多保的头撞在了一块石头上。最后多保从 200 英尺高的崖顶坠入了汹涌的大海!"彼得!"看着多保像木头一样漂浮在海面上,帕莱特疯狂地叫喊着。一瞬间,无数念头交集在这个年轻人的脑中:他还活着吗,我该做些什么? 我要冒险跳下去吗? 友情很快战胜了恐惧与犹豫。帕莱特后退两步,纵身跃入了波涛翻滚的大海。帕莱特扑打着海浪,拼命地游到多保身边。此时,多保的头部已严重受伤,头盖骨已经露了出来,殷红的鲜血正从嘴角渗出,他的眼睛也因受伤而几乎睁不开了。"彼得!"帕莱特不停地呼喊着,试图使他苏醒过来,"坚持住,彼得,我们马上离开这儿!"帕莱特用右手紧紧抓住多保的衣领,然后左手划动,拼命地游向小岛的方向。

他知道他们没有多少时间,14 年的海上经历使他谙熟大海的各种情况。尽管他们目前的体温还是正常的,但由于没有防水衣、帽子、手套、鞋和救生设备,不用 10 分钟他们的体温就会降低,随后,他的力气将会耗尽,多保和他就会溺水或撞礁而死。两个人在海浪中时沉时浮,就像处在失控的电梯当中。帕莱特抓住下一个海浪冲过来的时机试图在光秃秃的岩石上找到一个凸起的地方,结果他失败了,海水又把他们卷回大海。当海浪又一次将他们推向高处,帕莱特设法抓住了岩石。当海水退去的时候,他们两个人成功地留在了一块岩石上。"我们成功了!"帕莱特兴奋地喊道。不幸的是,刚过了一小会儿,海水又涌了上来,直到没过他们的头顶。这次他再也抓不住了,他们又从岩石上滚了下来。帕莱特的左胳膊拼命地划水,尽量接近岩石,他抓着多保衣领的右胳膊已经开始酸痛,渐渐失去知觉。他们在海水中至少已经停留了 5 分钟,撑不了更长的时间了。

帕莱特从来没有觉得如此的孤单,如此的绝望。他的妻子知道他们钓鱼的地方,但还要很久她才会意识到情况不妙而去报警。200 英尺高的崖顶上也许会有行人走过,但只有站在多保摔落的那块岩石上才可以看见他们。他感觉死神正向他们步步紧逼。难道要扔掉挚友,独自逃生?不,绝对不行! 多保的妻子刚刚去世两个月,他们的孩子绝对不能再失去父亲了!

我也绝对不能失去多保! 帕莱特打定主意,要与多保共存亡。潮水又一次涌来,将他们冲向小岛。帕莱特再一次成功地抓住了一块岩石。帕莱特努力平复自己紧张、绝望的心情,苦苦思索着求生的办法。他记起来海浪是有一定规律可循的:大概 7 个中等规模的海浪过后,会有 3 个较大的海浪伴随而来。他必须在岩石上找到很好的落脚点,否则,过不了多久,他们就会被较大的海浪吞下去。帕莱特向远处的大海眺望,他看到了巨大的海浪。难道我们生命的最后时刻已经来临了吗?

巨大的海浪呼啸而来,把他们推向更高处。帕莱特借机拼命抓住岩石中一条细的裂缝,他把左手伸进去,然后握紧拳头来支撑。现在他仅凭一只胳膊支撑着两个人的体重,而且湿透的衣服变得越来越重。帕莱特的脚不停地搜寻,终于找到了一个支点。又一个海浪打过来,狠狠地冲击着他们。这一次他抓得很牢固,没有被卷下去。但帕莱特的力气已经快要耗尽了。"彼得,你要帮助我,"他喊道,"我一个人撑不下去了,我的胳膊失去知觉了。"帕莱特希望多保的腿能帮上忙,他用脚搜寻着其他的落脚点。"在那儿!"他兴奋地喊道,"那儿有一个洞,你正好可以把左脚放进去。"苏醒过来的多保努力地把脚向上挪了几英寸,在帕莱特的帮助下把脚放到了那个洞中。由于多了个支撑点,帕莱特的右胳膊得到了舒缓。他看了一眼多保血肉模糊的脸,意识到他的朋友几乎看不到东西,于是告诉他:"彼得,你只要把重心放到那只脚上就可以了。"休息片刻,帕莱特拖着多保艰难前进,在他们一点一点的前进过程中,可以支撑的地方越来越多,岩石也变得越来越粗糙。然而帕莱特仍然感到恐惧,因为他们随时都有可能被巨大的海浪重新卷回海中。他的手一直紧紧抓着多保的衣领,生怕不小心失手丢掉朋友的性命而前功尽弃。

当帕莱特拖着多保回到岸边时,他感觉似乎经历了一个世纪的漫长时间,想起刚才在汹涌的海浪中与死神搏斗的情景,仍心有余悸。多保看起来情况更严重了,在鲜血的映衬下,他的脸苍白如纸。帕莱特把他前额绽开的皮肤轻轻地抚平,遮住露出的头骨。他用多保来时戴的那顶帽子轻轻地盖住鲜血不断涌出的伤口,然后把他的身体舒展开,使他舒服一点儿。"彼得,不要把帽子拿开。我必须去寻求援助,你一定不要乱动。"帕莱特不想离开多保,现在多保处于半昏迷状态,有可能再掉进海里,但是帕莱特没有选择的余地。他开始攀登陡峭的悬崖,这200英尺高的悬崖是对他生命极限的又一次挑战,稍不留神,他就将坠入大海,丢掉性命。锋利的礁石磨得他的手臂、大腿伤痕累累,不断溢出的鲜血染红了礁石。帕莱特忍住伤痛,努力登攀,心中牵挂的只有朋友的安危。

地方银行职员黛比·库珀的房子就建在崖顶。帕莱特磕磕碰碰地走进房间后就瘫倒在地上。"我需要一辆救护车,"浑身是血的帕莱特低声说道,"不是为了我,是为了我的朋友。"半小时后,多保被成功地救回悬崖顶部。

在救护车里,帕莱特躺在多保的身边,尽管寒冷、疼痛及乏力的感觉一齐袭来,他还是抑制不住心中的喜悦,因为他们之间的深厚友情终于战胜了死神。

一年之后,彼得·多保的身体完全康复了,但尼克·帕莱特的胳膊和腿严重受伤,留下终生残疾。鉴于帕莱特在抢救朋友的过程中勇敢、无私的表现,2003年3月英国政府授予他"勇敢"勋章。

感恩心语

一个惊心动魄的历险故事,一曲感天动地的友情颂歌。

一对忘年交在生命、友情之间做出了最坚定无悔的抉择。死神走了,一个伟大的友情诞生了。多保康复了,帕莱特成了英国人民的骄傲。

"患难见真情",朋友间必须患难相济,那才能算得上是真正的友谊,友谊之树才会万古长青。

最温暖的拥抱

于筱筑

我一直说不准房东塞尔玛的年岁到底有多大。但是从她最小的儿子都已30出头来推断,我估计她最少也已经年过六旬。尽管她脖子上的皮肤已经皱得比老树皮还老,但她的双眼却炯炯有神。

我和塞尔玛是通过一个学姐认识的。当时我刚到法国,一下飞机,学姐就把我接到了塞尔玛家里。

当时塞尔玛正坐在旧式法兰绒沙发上晒太阳,看到我们便很亲切地过来拿行李,微笑着对我说:"欢迎"。然后带我上楼看房间,告诉我她几个儿女都不在身边,说要我把这当成家,我感动得差点热泪盈眶。

可是一个星期后我就想搬走了,因为我实在无法忍受塞尔玛的独断和自私。她把家里的电话用一个大盒子锁起来,限制我每天洗澡不得超过五分钟,更有甚者是她还限制我炒菜,理由仅仅是因为她不喜欢油烟。我只能跟着她一起土豆土豆再土豆。而且可能因为寂寞,她居然在家里养了三只猫、两只狗。尽管我极力收拾,但还是满屋子的猫屎狗屎。

我气愤极了,但我还是没有搬出去。相比8欧元一斤的西红柿和15欧元一斤的苹果,一个月的房租40法郎,打着灯笼也找不到这么好的事了。

人在屋檐下不得不低头,我每天都这样安慰自己。可是事态并没有像我期待的那样走向平和。每天晚上我打工到12点才能回来,她又多了一条禁令:不许我开灯。

当我那天晚上一脚踏上一坨猫屎时,我发出了一声尖叫。接着穿着睡裙的塞尔玛便从卧室里冲出来,大声指责我影响了她休息。

我委屈极了,翻来覆去睡不着。可是第二天一大早,她就开始用她那个破破烂烂的录音机放迪斯科。

一个星期六,我向塞尔玛借了她小儿子那台旧电脑,却发现显卡有些问题,于是我特意叫了一些学计算机的同胞来帮我修,可是塞尔玛一直站在门边,不肯出去。晚上我跟塞尔玛说,我要打电话。她却突然对我说,他们有没有换走我电脑里的硬件?

我呆了,她竟然这样不相信我。所有的委屈一下子爆发了,我对着她大叫:"塞尔玛,中国人绝对不会做这种事!"然后我在给妈妈的电话里号啕大哭,泪如雨下。塞尔玛一直看着我,然后递给我一块毛巾,我看都不看她。

她叫我,她跟我说对不起,她说她误会了,中国人很优秀。我看着她撅着嘴,像个做错事的小孩。我止住了哭,但我还是拒绝了她的拥抱。我说,请叫我乔安娜,因为我实在不忍心听她用我的母语把我的名字叫威廉小猪。然后我破涕为笑。

那个晚上,塞尔玛破天荒让我下了厨房,她尝了我煮的面之后,赞不绝口。她说以后准许我下厨房,可以开灯。她的笑让我如沐春风,以为今后的日子可以和平相处了。

可是第二天,我在浴室里多待了一会儿,她又来敲门。

我郁闷极了,一个人跑出去。附近的圣坦尼斯拉广场天空蔚蓝,一切都保留着中世纪的风格。教堂里做弥撒时悠远的钟声,天空飞过的鸟群,带给人无与伦比的宁静。

可就在我回家的时候,被飞驰而过的摩托车挂倒了。我的腿疼极了,我挣扎着爬起来,却惊慌失措,下意识地就拨通了塞尔玛的电话。有那么一瞬间,脑子里闪过一个念头——我想她也许不会理我。可是不一会儿,我就看到了塞尔玛急急赶来的身影。

羞愧于自己的自私和小心眼,躺在病床上的我难受极了。虽然只是骨折,可是我没有办医疗保险,这在法国是要付一笔极其昂贵的医药费的。坐在旁边的学姐一直在安慰我,说医药费没关系,大家会想办法的。

我问她,塞尔玛呢?

她摇摇头,笑着问我,你不是不喜欢她吗?

可是关键时候,还是她把我送到医院的呀。

出院手续是学姐给我办的。我正不知道该如何报答的时候,她却说要带我去广场见一个人。

春光明媚的圣坦尼斯拉,阳光正好,生命正好。我突然看见空旷的广场那一边,塞尔玛穿着鲜红色的衣服在跳舞。她的身后是那个破破烂烂的录音机,而她的面前,是一沓零钞和一张纸牌,纸牌上面赫然写着几个大字:帮帮我的中国女儿。

霎时,我的灵魂被击中了。学姐轻轻地告诉我,出院手续其实是塞尔玛帮我办的。她一直严厉地要求她身边的孩子,而正是由于她严厉的教育和在生活上的一丝不苟,她的三个孩子一个已经是巴黎市的高级法官,另外两个都是议员,深受市民爱戴。

难怪她只要我那么低的房租,难怪她要我把这儿当家,难怪她会在关键的时刻为我筹钱,原来她一直是以法兰西的习惯来要求我,原来她真的是把我当成了自己的亲生女儿来对待。

塞尔玛,我朝她飞奔过去。我要和她来一个深深的拥抱。

感恩心语

在春光明媚的广场上,中国留学生看到法国老太太穿着鲜红色的衣服在为自己而舞时,她被打动了,也终于明白了为什么与老太太之间有那么多的矛盾:法国老太太塞尔玛正因为把自己当成了亲生女儿才会严格要求她。

这段异国之间的莫逆之交,得来是很不容易的。因为除了年龄上的差异之外,双方有太多的文化差异。于是,在中国留学生与法国老太太之间,产生了无数的矛盾与误解,然而最后促使她们跨越鸿沟的是对方的爱与尊重,以及发自内心深处的感恩之心。

朋友应该做的事

T·苏珊·艾尔

杰克把建议书扔到我书桌上——当他瞪着眼睛看着我时,眉毛蹙成了一条直线。

"怎么了?"我问。

他用一根手指戳着建议书:"下一次,你想要做某些改动的时候,得先问问我。"说完就掉转身走了,把我独自留在那里生闷气。

他怎么敢这样对待我,我想。我不过是改动了一个长句子,纠正了语法上的错误——这些都是我认为我有责任做的。

并不是没有人警告过我会发生这样的事情。我的前任——那些在我之前在这个职位上工作的女人们,称呼他的字眼都是我无法张口重复的。在我上班的第一天,一位同事就把我拉到一边,低声告诉我:"他本人要对另两位秘书离开公司的事情负责。"

几个星期过去了,我越来越轻视杰克。我一向信奉这样一个原则:当敌人打你的左脸时,把你的右脸也凑上去,并且爱你的敌人。可是,这个原则根本不适用于杰克。他很快会把侮辱人的话掷在转向他的任何一张脸上。我为他的行为祈祷,可是说心里话,我真想随他去,不理他。

一天,他又做了一件令我十分难堪的事,我独自流了很多眼泪,然后就像一阵风似的冲进他的办公室。我准备如果需要的话就立即辞职,但必须得让这个男人知道我的想法。我推开门,杰克抬起眼睛匆匆地扫视了我一眼。

"什么事?"他生硬地问。

我突然知道我必须得做什么了。毕竟,他是应该知道原因的。

我在他对面的一把椅子上坐下来。"杰克,你对待我的态度是错误的。从来没有人用那种态度对我说话。作为一名专业人员,这是错误的,而我允许这种情况继续下去也是错误的。"我说。

杰克不安地、有些僵硬地笑了笑,同时把身体向后斜靠在椅背上。我把眼睛闭上一秒钟,上帝保佑我,我在心里默默地祈祷着。

"我想向你做出承诺:我将会是你的朋友。"我说,"我将会用尊重和友善来对待你,因为这是你应该受到的待遇。你应该得到那样的对待，而每个人都应该得到同样的对待。"我轻轻地从椅子里站起来，然后轻轻地把门在身后关上。

那个星期余下的时间里，杰克一直都避免见到我。建议书、说明书和信件都在我吃午餐的时候出现在我的书桌上，而我修改过的文件都被取走了。一天，我买了一些饼干带到办公室里，留了一些放在杰克的书桌上。另一天，我在杰克的书桌上留下了一张字条，上面写着："希望你今天愉快。"

接下来的几个星期里，杰克又重新在我面前出现了。他的态度依然冷淡，但却不再随意发脾气了。在休息室里，同事们把我逼至一隅。

"看看你对杰克的影响。"他们说，"你一定狠狠责备了他一通。"

我摇了摇头。"我和杰克现在成为朋友了。"我真诚地说，我拒绝谈论他。其后，每一次在大厅里看见杰克，我都会先向他露出微笑。

因为，那是朋友应该做的事情。

在我们之间的那次"谈话"过去一年之后，我被查出患了乳腺癌。当时我只有32岁，有着三个漂亮聪明的孩子，我很害怕。很快癌细胞转移到了我的淋巴腺，有统计数字表明，患病到这种程度的病人不会活很长时间了。手术之后，我与那些一心想找到合适的话来说的朋友们聊天。没有人知道应该说什么，许多人说话语无伦次、颠三倒四，还有一些人忍不住哭泣。我尽量鼓励他们。我固守着希望。

住院的最后一天，门口出现了一个身影，原来是杰克。他正笨拙地站在那里，我微笑着朝他招了招手。他走到我的床边，没有说话，只是把一个小包裹放在我身边，里面是一些植物的球茎。

"郁金香。"他说。

我微笑着，一时之间没有明白他的意思。

他清了清喉咙："你回到家里之后，把它们种到泥土里，到明年春天，它们就会发芽了。"他的脚在地上蹭来蹭去，"我只是想让你知道，当它们发芽的时候，你会看到它们。"

我的眼睛里升起一团泪雾，我向他伸出手去。"谢谢你！"我轻声说。

杰克握住我的手，粗声粗气地回答："不用谢。你现在还看不出来，不过，到明年春天，你将会看到我为你选择的颜色。"他转过身，没说再见就离开了病房。

现在，那些每年春天都能看到的红色和白色的郁金香已经让我看了十多年。今年9月，医生就要宣布我的病已经被治愈了。我也已经看到了我的孩子们从中学里毕了业，走进了大学的校门。

在我最希望听到鼓励的话的时候，一个沉默寡言的男人说了出来。

毕竟，那是朋友应该做的事情。

感恩心语

奥斯特洛夫斯基曾说过："真正的朋友应该说真话，不管那话多么尖锐。"咱们中国有句古训——忠言逆耳。或许你十分讨厌逆耳忠言，但是别忘了，只有真正的朋友才会对你袒露自己的胸怀。就像"我"，只有真正将杰克当朋友才会去指出他的错误，而不像其他同事，只会在他的背后谈论他。同样的，也只有真正的朋友才会在你生命的低谷向你伸出援手，给你战胜困难的勇气和力量。真正的朋友就应该真诚互动，彼此信任，为朋友做应该做的事情。

所以，当你的朋友直言你的过错时，不要抱怨，心怀感激为拥有这样一位真正的朋友感到高兴吧。同时也请你不要忘了，找到朋友的唯一办法是让自己先成为别人的朋友！

唤起那一份柔情

黎敏

那是一个很普通的傍晚。

在宿舍里,玲玲的收音机开得很响,正在收听每日的"歌曲点播"节目。我们六个女孩围坐在公用桌旁吃晚饭,除了偶尔某两个人之间有几句简单的对话外,就只有轻轻的咀嚼和勺子碰击饭盒的声音了。

上高中两年来,我们一直是这样相处的:虽然我们也曾为一丁点儿小事互相爆发过嘴巴之战,至于背后的闲言碎语更是在所难免。但在大多数时候,我们互不干扰,相处得还算平静。大家早晚见面时总是很客气,那种客气劲儿,令人难说上半句知心话,难开口请对方帮助自己做点儿什么。那是一种怎样的客气啊!

这种冷冰冰的气氛,周而复始,令人打不起精神。

突然,所有的人都停住了正在进行的动作。

"XX 一中 2 号宿舍 302 室的玲玲同学,今天是你 17 岁的生日,你们宿舍全体同学为你点播了乐曲《美丽岁月》,并祝你生日快乐。"

主持人的声音清晰而甜美,我们听得面面相觑。

"哎呀!"玲玲快乐地跳起来,并顺手搂住了身旁的宿舍长:"肯定是你提议的,你真好!我最喜欢这支曲子了!谢谢你们……我只随口说了我的生日,你们真记住了,还给我点歌……"她太激动了。"快,亲爱的朋友们,分享我的生日蛋糕!"

苍天作证,宿舍长根本没向我们提议过给电台写信为玲玲祝贺生日!无疑,是我们当中的某个人以全宿舍同学的名义做的……可那又会是谁呢?

宿舍长没有否认,但她笑得很不自然。

肯定不是我!那么是小丽?阿华?还是阿文?

以我们平素的为人,看不出谁会这么有心。

当优雅纯洁的《美丽岁月》响起来的时候,当玲玲满是笑意地把切好的蛋糕分到我们手中的时候,当飘曳的烛光映出一张张年轻的、沉思的脸的时候,一种朦胧的柔情,一种强烈的渴盼与周围人亲密无间的热望在我心头悄然萌生了。

我们宿舍同学之间的关系奇迹般地好起来。首先,我原谅了我认为过去伤害过我的阿文,也不再有意对小丽、阿华敬而远之。不久的一个周末,玲玲和阿文应邀到宿舍长家做客。而有一天晚上,阿文钻进我的被子里:"那回是我……对不起。"我们越来越懂得相互关心相互扶助了。学习时我们常在一起讨论,考完试我们一起到郊外游玩。从内心而言,我也相信每个人都是热情的真诚的,因为我们从严冬走过。

很快,我们就要毕业了。最后一次,我们宿舍全体共进晚餐。

"有一件事……"宿舍长突然说,"玲玲的生日,那时我没有给她点过音乐,谁……"

"不是我。""不是我。"

"是你吗?""嗯,不是……"

玲玲微笑着,她显得美丽、幸福、心满意足。我们都明白了。

这是永恒的生活一课,玲玲给我的教益我将终生难忘。那就是:在人生的道路上,做一个能唤起每个人对友人、对生活柔情与热爱的人。

人与人之间需要沟通，心与心之间需要交流。有时，为了那份矜持，为了那份客气，便人为地形成了人与人之间的那层隔膜，挡在对友情充满渴望的人中间，让本应贴近的一颗颗心离得很远，但却迟迟没有人愿意去撕破。直到有一天，一个很普通的傍晚，一次"生日点歌"事件，打破了这种局面，在已经共同生活了两年的宿舍中，飘荡起一种朦胧的柔情，一种强烈渴盼与他人亲密接触、渴望与他人进行心贴心的交流的热望在有些矜持、有些客气的同宿舍的女孩们心底激荡。长时间以来形成的心与心之间的高墙，被真情瞬间崩摧。

一诺千金

秦文君

我做女孩时曾遇上一个男生开口问我借钱，而且张口就是借两元钱，在当时，这相当于我两个月的零花钱。我有些犹豫，因为人人都知道那男生家很贫穷，他母亲仿佛是个职业孕妇，每年都为他生一个弟弟或妹妹。她留给大家的形象不外乎两种：一是腹部隆起行走蹒跚；另一种是刚生产完毕，额上扎着布条抱着新生婴儿坐在家门口晒太阳。

我的为难令那男生很难堪，他低下头，说那钱有急用，又说保证五天内归还。我不知道怎么来拒绝他，只得把钱借给了他。

时间一天一天过去，到了第五天，男生竟没来上学。整个白天，我都在心里责怪他，骂他不守信用，恍恍惚惚地总想哭上一通。

夜里快要睡觉时忽然听到窗外有人叫我。打开窗，只见窗外站着那个男生，他的脸上淌着汗，手紧紧攥着拳头，哑着喉咙说："看我变戏法！"他把拳头搁在窗台上，然后突然松开，手心里像开了花似的展开了两元钱的纸币。

我惊喜地叫起来，他也快活地笑了，仿佛我们共同办成了一件事，让一块悬着的石头落了地。他反复说："我是从旱桥奔过来的。"

后来，从那男生的获奖作文中知道，他当时借钱是急着给患低血糖的母亲买葡萄糖，为了如期归还借款，他天天夜里到北站附近的旱桥下帮菜农推菜。到了第五天拂晓他终于攒足了两元钱，乏极了，就倒在桥洞中睡着了，没料到竟酣睡了一个白天和黄昏。醒来后他就开始狂奔，所有的路人都猜不透这个少年为何十万火急地穿行在夜色中。

那是我和那男生的唯一的一次交往，但它给我留下的震撼却是绵长深切的。以后再看到"优秀、守信用"这类的字眼，总会想起他，因为他身上奔腾着一种感人的一诺千金的严谨。

据说那个男生后来果然成就了一番事业。也许他早已遗忘了我们相处的这一段故事，可我总觉得那是他走向成功的源头。

一诺千金看来只是一种作风，一种实在，一种牢靠，可它的内涵涉及对世界是否郑重。诚挚、严谨的人，做人做事自然磊落、落地生根，一言既出，驷马难追。那种准则的含义已超出了本身，而带着光彩的人类理想和精神、正气在其中。

然而处在大千世界，有着太多随意许诺却从不兑现的人。那种人较之于一诺千金的人似乎活得轻松。可惜，这种情景不会长久，一个人失信多了，他的诺言也会被当成戏言，大打折扣，全面降价。且不说别人会怎样看轻他，就是他自己，那种无聊、倦怠都会渐渐袭上心。人一沾上那种潦倒的气味，做人的光彩就会大为逊色。

去年秋天的一个傍晚，天降大雨，那是场罕见的倾盆大雨，我打着伞去车站接一个朋友，我们曾约定,风雨无阻。我在车站久等也没见朋友露面,倒是看到一个少年,没带伞,抱着肩瑟瑟地站在车牌边守候。我把伞伸过去,他感激地说谢谢,告诉我说,他也是在这儿等一个朋友。车一辆一辆开过,雨在伞边上形成一道道雨帘,天地间白茫茫的,怎么也不见我们所盼望的人。我对少年说,他们也许不会来了,可少年固执地摇摇头。又来了一辆车,突然,车上跳下一个少年,无比欢欣地叫了一声。伞下的少年一下蹿了出去,两个人热烈地击掌问候,那份快乐是如此坦荡无愧,相互的欣赏流淌在那一击中,让目睹那画面的我感到一种灵魂的升华。

我终于未能等到我的那份欣喜。当我失望而归,却在到家后接到朋友的电话。她说雨实在太大,所以……我想说,当时约定时为何要说风雨无阻,区区风雨又何足畏惧。不过,我什么也没说,只是轻轻地挂断了电话。因为对于并不怎么看重诺言的人,她会找出一千条为自己开脱的理由,而我,更爱腾出时间想想那两个相会暴雨中的少年。

∽ 感恩心语 ∼

在现代社会中,有一种精神正被越来越多的人所看重,那就是诚信。诚信是一种人格魅力,是一种美德,它代表着一个人的整体素质与风格面貌。那种言必行的作风,是一种负责任的表现。拥有诚信才能让友谊长存。

珍惜友情,感恩朋友
佚名

有一个女孩,在25岁时一种罕见的疾病顷刻间让她变成了一个偏瘫患者,生活顿时陷入了伸手不见五指的黑夜之中。

在生病后的第四年,与她相依为命的父亲又不幸去世了,男友成了她唯一的亲人。她哭倒在男友的怀里,说:“我唯一的亲人也离开我了!”男友轻轻拍拍她的背说:“不要紧,你还有我。”

男友成了她生命的全部,爱情充塞了她整个心。

然而,就在她用不灵便的手写着爱情的真意时,男友的身边开始有了莺莺燕燕,并提出要与她分手。现在她还有什么? 她觉得自己的生命已经再也无法撑下去了。

就在这时,邻居叩响了她的房门。面对他们的安慰,她激动得像个孩子。邻居一个劲儿地说:“你一个人生活也不怕,你还有我们,你可以拿我们当家人啊!”

夜里,远方的一位朋友打来电话,谈了三个小时。他反复告诉她:“谁说你一无所有? 你还有我这个朋友。”

就这样,在生命中最无助的时刻,她听到了无数声“你还有我”,是朋友温暖了她生命中这个最艰难的寒冬。

∽ 感恩心语 ∼

友情是如此可贵,它不仅是平日的问候和关怀,更是寒冷中的阳光,雪中送来的热炭,朋友是我们的拐杖,它能够支撑我们走过泥泞,无论生命怎样坎坷,无论生活多么艰辛,只要有朋友,我们就可以勇敢地向前走,我们就能够重新站起来,继续寻找生活中的幸福和快乐。

举手之劳的友谊
罗西

如果有患难见真情的知己,如果有一辈子忠诚的友谊,那当然值得庆幸,可是,还有许多萍水相逢或者举手之劳的友谊,为什么不积少成多地加以享用或者珍惜?爱情多为可遇不可求,而友情则俯拾即是,如果爱情是住在星星里的话,那么友情应该就是住在坊间的每一盏灯火里。我们经常严格地像筛选爱情一样去面对友情,结果错失了许多好人、贵人、有意思的人,甚至是可爱的坏人。

爱情是排他的,而友谊应该是兼容的,愈多愈好;爱情是奇花异葩,而友情则是满眼看到的绿色。母亲曾教导我们说,乞丐和王子都可以是你的朋友。我是记得这一句话出门的,因为这一辈子我是离不开人类的。

记得是在读初中时,我们班里有个外号叫"阿长"的同学,很奇怪不知不觉中,他成了千夫所指的坏人,几乎大家都拒绝和他说话。而我成了他唯一的救星,是他可以依赖的朋友,甚至是兄弟。而事实上,我什么都没有做,没有付出什么,只是去厕所的时候,顺便也让他"跟"着,在教室里正常地叫他的大名,放学路上与他点头打招呼……没有刻意的感情投资,没有努力的感情培育,只是把他当作一个普通的同学,如果有什么不同之举,那就是没有把他当"坏人"。结果,我成了他一辈子感念、感谢与感动的朋友,在他后来的人生旅程里,每一次的荣耀、喜事或者壮举,都要与我分享,我居然是他的恩人!这样的结果,是我始料未及的。

武则天有个亲戚叫武三思,他曾说过一句可以留传至今的话:对我好的人就是好人,对我坏的人就是坏人。我只是曾经没有把那位同学当作坏人,结果我就成了他心目中一辈子的好人。这是多么划算的一件美事。

王朔的小说里有个人物说:朋友只有两种,一是可以睡的,二是不可以睡的。在一位老板眼里,只有"有用的人"与"无用的人"。在我家小狗眼里,只有熟悉的人与陌生的人。显然,世界如果是这样区分的话,我们会流失许多机会与友谊相遇。

有一次去香港旅游,在参观某庙宇时,同行有位信基督教的朋友,只见他也很恭敬地站在菩萨神像前,深深地鞠了躬。过去碰到这样的人,他们一般是拒绝进去的,我便好奇地问他,为什么?他淡淡地笑着说:"只要是慈爱的、善的神,都值得尊敬。事实上,不同的人,可以为我们打开不同的窗口。我们很难有黑白分明的奢侈。"

我还有许多内向或者所谓长相特别困难的朋友。这类所谓"社交弱势族群"一般是不会主动与你打交道的,所以我们常常会误会他们的无措、木讷、冷淡与回避。而一旦你打开了对方的心灵,他们往往会是你最真诚、忠诚和执着的朋友。也许与你接触不多,但是,他一定常常让你会心一笑,且很温暖。

而我更多的朋友可能是旅途里的一面之交,是同行、是保姆、是邮差、是"的士"司机、是送水员……五湖四海皆兄弟。

而每天几乎都要碰头的菜市场小商贩,更是我如鱼得水的"社交主角",有卖豆腐的小妹、有卖鱼的大伯、有卖青菜的少妇,还有卖海鲜的姐妹,当然还有卖肉的大哥,至于水果店,我更是常客。

每次挑苹果或者枇杷等水果时,相貌一般满脸雀斑的老板娘总是热心地给我良心的建议:"有斑点、造型不匀称的最甜了,不要只挑好看的!"她说的是真理,她和她丈夫都把我当亲人看,绝对真诚,如果哪一天货不好,她就会把我拉到一边耳语:"今天不好,明天来!"

每次去农贸市场,他们这些大小老板都会欢欣鼓舞、奔走相告,有位工商局的朋友,曾问我:"你怎么有那么好的人缘?而且是在那个地方。"

我知道他好奇的是后面那句话,我很耐心通俗地说了好多理由,一我喜欢被人喜欢,所以我喜欢他们;二与他们好,对自己也好,东西有品质保证,他们不会骗我,价格也比别人便宜……

我又是怎么成了他们认为"高攀"的朋友呢?我一般固定找一家买一类东西,不三心二意朝三暮四,也不讨价还价甚至不问价格,如果有多找给我钱我主动退回,微笑,跟他们聊天气,不摆消费者的臭架子……就这么简单,我成了他们的朋友、明星,这是多么容易的一件事,举手之劳。

真心的人是快乐幸福的。真诚待人,其实是最爱自己的。

心理学博士杰克博格说,人类内心深处一直渴求被了解,正如花朵需求阳光照射一样。友善的人际关系,其实就是从了解开始一点一滴建立起来的。有了这样的认识及准备后,我们就可以把世界上的人分为两类:初次见面就非常喜欢、投缘的人;另外一种是经过了解之后才发现他原来是一个这么可爱的人。

我们经常傲慢地从内心就开始拒绝了解你身边经过的或者面对的人,理解是从了解开始的,所以,很多时候,你的善意就是从微笑或者简单的一个问候开始的。朋友不一定非要轰轰烈烈才真,像与小商贩这样简朴、平凡甚至短命的友情,也许不中看,但是中用,其实也很美的。

因为人类都有缺点与不足之处,所以我们必须互相帮助。而最简单的帮助,就是把他当朋友一样去对待,其实也不难,有颗真挚的热心足矣!

❧ 感恩心语 ❧

也许,很多友情在生命中匆匆而过,但是拥有它们的时光却是那么美好。一个个美好片段的连接,足以构成美好的生活。

获得友情其实很简单,一颗真心,一份善意,一个眼神,一声问候……没有偏见,没有成见,只要真心对待别人,别人就会真心对待你。一个微笑,一声问候……举手之劳,但你收获的却是友情!

一双鞋承载的友情

张坤

这已是多年前的事了,但是当我再想起时,心里仍充满了感激。在那个被高考的恐惧充斥的初春,我远离了那些挑灯夜读的同学,一个人在痛苦的边缘徘徊。

母亲的病仍然没有好转。医生已经找过我好多次,催我快点想办法凑钱。手术在既没有住院保证金又没有红包的前提下,对我们来说,是一个可怕的决定。

"不用担心,好好上学。"这句话不下十次从母亲那毫无血色的嘴唇间挤出,我不敢再听。

母亲苍白得像医院四面的墙壁,让人心惊。

我卖掉堆在课桌上像小山一样的课本,开始了人生的第一步。

在一个工地,我被工头无情地赶走。背后响起的那句话,让我终生难忘。

"笨得像猪一样,干什么吃的!"

我知道了和灰砌墙不是单纯的物质与物质的叠加。我看着被砖头砸起的紫色的血泡,嘴角竟有些咸咸的东西滑过。

失落,抑或是消沉,我徘徊在熙熙攘攘的街上。

"哟!我以为你从地球上消失了呢!"一个尖尖的声音在耳边响起。

我抬头一看,一张熟悉的脸庞,却怎么也想不起名字来。

"真是贵人多忘事,连我小霸王都想不起来了!"

我眼前出现了上初中时的一幕幕场景。他的霸道、无赖,所做的损人不利己的事还历历在目。听说他初中毕业后不务正业,被劳教了。没想到多年后,会在这样的境况下见到他。此时,他一身笔挺的西服,我一身的狼狈,很有些戏剧性。

说实话,我对他仍旧心存鄙夷。直到今天,我还是下意识地与他保持着距离,本想几句寒暄之后逃之夭夭,却没想被他一句话触到了心灵的脆弱。

"还在上学吧?是不是家里出事了?"

我苦笑着点点头。

"我知道你瞧不起我,那时我不懂事,办了一些傻事,可是现在的我起码能养活自己!"

我不知道他是在表白他的自食其力,还是在讽刺我现在的潦倒。我仍是笑笑,笑得有些勉强。

"告诉我什么事!说不定我能帮帮你。"

脑子里的伤心事再次翻涌起来。没办法,在这种境况下,有人愿意听我说话,就已经不错了。

于是,我打开话匣子,说出了这几个月发生的事。

"你怎么不早说!"他有些生气,"你妈手术需要多少钱?"

"两万吧。"我真的不知道如果要做手术,会不会仅仅是这个数。

他一把拉起我的手。"走!跟我回家拿钱去!"

我有些不知所措。"不!不!我不能用你的钱!"

话一出,我竟不知道说这话是什么意思。是心里边觉得他的钱不干净?还是一个曾经的好学生在他面前残留的自尊作怪?还是觉得困扰许久的问题突然间可以解决而有些不知所措?

幸好,他没有多想,反问道:"那你想怎么办?"

"我……我还能怎么办?学是没法上了,即使考上大学了,也交不起学费呀!找点活干吧。至少,不用从家里往学校里倒钱。"

"我再问你一句,你真的不需要?"我有些犹豫,但还是摇了摇头。

"我知道你脸皮薄。你看这样行不行?钱算我借给你的。你给我干活,慢慢还。"

我有些难以决定,但在这样的情况下,我别无选择。即使有,相比而言,这种选择是最好的。

我打好借条,背着母亲支付了住院费、押金等费用。医生加大了药物剂量,为做手术准备着。

我开始了为刘炎打工的生活。到了今天,再叫他小霸王,我有些难以启齿。

正式打工后,才知道刘炎在做运动鞋的生意。

我的工作是在下午放学后,负责将给经销商的货送去,并记录好每天的出货情况。这是一份辛苦的工作,每天要跑十几个经销商,还要在晚饭前赶去医院。我没有告诉母亲打工的事。为了尽快还清刘炎的借款,我只有这样。虽然刘炎并没有给我设定一个期限,只是说什么时候手头宽松了再还。但是,我不想欠人家太多。

接触的鞋多了,也就对它有了更多的了解。一双鞋单看外表,真看不出有什么差别,但鞋里面的讲究可大了。除了用料外,大到整体形状,小到一个小小的气孔,都是经过科学实验的。

刘炎有时在空闲时,深有感触地说:"真后悔当初没好好上学。现在这年头,没科学、没文化,连做鞋都没人要!你当初还想退学,傻瓜一个!"说完,哈哈笑起来。

我勉强一笑,陷入了沉思。

我与鞋打了三个月的交道,我并没有还刘炎多少钱。毕竟刘炎给我安排的工作,只是照顾我的自尊而已。

母亲顺利地做完了手术,恢复得很快。

高考临近,刘炎不再让我去干活,而是让我安心备考。

学校开始封闭,我一周只能去一趟医院。

母亲见我来了,硬撑着坐起来,我忙上前一步把她扶起。

"儿子,今天你的一个同学来过了,姓刘。他拿来这些吃的,还有一双鞋。唉,都怪我。生病、住院,琐碎事多,都顾不上管你了,鞋都破成这样了,当妈妈的竟没注意到。"说这话时,母亲眼里含着泪。

"你这同学人真不错,说送你一双鞋,让你好好考试。他还说,穿上新鞋,应个好彩头,能考出好成绩。你看,这年轻人,年纪不大,还挺讲究。"说着,母亲哈哈地笑起来。

我想附和着母亲笑笑,但眼里的泪水却夺眶而出。

✿感恩心语✿

在交朋友时,我们往往会按照自己的标准,把身边的人分类。有的可交,有的不可交。我们自己给自己限定了一个圈子,不让自己走出来。

所以,我们不能想象一个富翁与一个乞丐的友谊,就像我们不能想象一个贵族会与一个平民发生友谊一样。一个优等生与一个差生的友谊,在学生时代,同样是不可想象的。

但是,世上没有绝对的事情,我们的标准有时候也未必永远适用。所以,我们常常会发觉我们把自己封闭在一个人为的笼子里,错失了许多本来应该看到的美丽风景。

我们应该懂得,世上没有绝对的事物,不要随便把人拒绝在友情的门外。世界在不断变化,我们也要看到其他人身上的变化。

不要忽视朋友的帮助

杰克·麦尔顿

约翰尼和杰克是在同一个医院里出生的,杰克听母亲说,约翰尼出生时的哭声无比响亮,引得医院里很多人都赶来围观,大出风头。比他晚出生两小时的杰克却只会像小猫一样哼叫。

杰克和约翰尼两家是邻居,他们的父亲是高尔夫球场上的老搭档。每天,杰克都和约翰尼一起去上学,他们穿着相同,背同样的书包,但在学校里他们俩的表现却不一样。约翰尼是个聪明的学生,很快就能学会老师教的知识,包括枯燥的拉丁文。老师对他十分满意。杰克正好相反,从小学到中学,他一直是老师眼中无足轻重的学生。

除了学习之外,约翰尼在其他方面也很优秀,他是学校里淘气学生的精神领袖。学校里发生的一些淘气事件几乎都是约翰尼一手策划的,但他却不露痕迹,从来没有引起过老师和校长的怀疑。

母亲经常用约翰尼当作榜样教育杰克,指责杰克不会写作业,不会洗衬衣的领口。母亲说得对,但杰克却无法容忍总是与约翰尼相比。作为报复,杰克就向一些淘气学生挑战,在受到打击时又坚决拒绝约翰尼的保护。看到约翰尼眼里流露出不解与痛苦的神情,杰克总能体会到一种快感。

中学毕业后,约翰尼家搬到曼彻斯特去了,因为他父亲所在的公司在那里设了一家分公司。他们再次见面是在8年以后。

在这8年里,杰克读完了大学,在一家广告公司做代理。这时他听父亲谈论过约翰尼,说他进了一家大银行。杰克没有在意,因为他与约翰尼已经很久没有联系了。他也注意到父母谈论约翰尼时没有再把他们相比。

后来,杰克工作的那家广告公司因经营不善而破产了,他并没有丝毫的恐惧,他自信已经学会了如何掌握命运,也相信自己已经发现了经营广告的窍门,他决定自己创办一家广告公司。

当杰克把这个重大决定告诉父亲和母亲时,他们只是微笑,既不表示支持也不表示反对。杰克补充说绝不会接受他们的一镑援助,他要白手起家。父亲脸上的笑容消失了,淡淡说了一句:

"努力干吧,孩子。"

接下来的日子漫长而劳累。杰克四处寻找肯为他贷款的银行,但他四处碰壁。他没有资产可供抵押,没有独立经营的资历。他对于未来公司发展的设想往往只会博得银行经理的一笑,然后像他父亲一样拍拍他的肩膀说:"努力干吧,年轻人。"却不肯为他提供贷款。

就在杰克心灰意冷准备放弃梦想的时候,约翰尼出现了。有一天,杰克突然接到本地一家银行的请柬,邀请杰克去参加酒会,在去酒会的路上他一直迷惑不解:"银行为什么要请他这样一个几乎是乞讨者的人呢?"

在酒店门口,杰克看到约翰尼张着双臂向他跑来,他一下子全明白了,是约翰尼请了他。这家银行是他所在银行的分行。

久别重逢,杰克也很高兴,但他心中却有一个顽固的声音告诉自己:"不要接受他的帮助。"

整个晚上,约翰尼只字未提杰克需要贷款的事。他们不断地回忆8年以前那一大段时光里共同的生活经历。他们在酒会上旁若无人地大笑,以至引来很多名流绅士的注目。后来他们干脆偷偷溜出去找了一家小酒馆开怀痛饮,那一夜杰克喝得酩酊大醉,因为他已经决心放弃广告公司,准备从小职员干起。

和衣睡了一夜,第二天起床时杰克发现内衣口袋里多了一张贷款支票,贷款数额足够杰克去实现他的梦想。并有一封短信,是约翰尼写的,他说本地银行经理跟他说了杰克的计划,他认为完全可行,因此决定支持杰克。他希望杰克能拿出当年向淘气同学挑战的勇气和干劲去实现它。最后他解释说,他已是总经理助理,他是用职位来为杰克担保的。

约翰尼对杰克的支持又一次证明了他的聪明,不过现在杰克已经能够坦然地接受了。以后,杰克和约翰尼经常通电话,请教他一些业务方面的问题。每次放下电话,看着雇员们忙碌工作的身影,杰克都会想:"我终于认识到了,朋友的才干和智慧是我们共同的财富。"

感恩心语

当我们垂垂老矣,我们回忆着老朋友,回想着一起走过的路,朋友给我们带来了多大的帮助啊!哪怕那时我们在钱财上一贫如洗,但因为我们的记忆里充满友情的温暖,我们依然会露出会心的微笑,因为我们在精神上是那么富有。我们终于懂得:财富不是朋友,而朋友是财富,一笔巨大的财富!

为朋友唱一首感恩之歌,感谢他们的帮助,感谢他们为我们带来了巨大的财富!

朋友是碗阳春面

陈文芬

那时我算是一名文学爱好者吧,喜欢看看书报杂志,喜欢读三毛的书、席慕蓉的诗。兴趣来时,就信手诌几句风花雪月的诗自我陶醉一下。很多青年类杂志都刊有征友启事,我找了几个志趣相投的结交了笔友,衡阳的路丛就是其中的一个。

在热情友好的鸿雁往来中,我们以年轻人特有的坦诚畅所欲言,纯洁的友谊如潺潺的溪水,在我们的笔下轻轻流淌。我们还互赠了各自最靓的生活照片,彼此都感到平淡的人生因有了这样的朋友而变得如此快乐和美好。

这样你来我往地通信大约持续了半年。一天,路丛来信说:"阿芬,你们永州离我们衡阳只有四个小时,我好想去看你那里的永州八景,好想看看你,好不好?"

"没问题!我随时都恭候你的大驾光临。"我满心欢喜地答应了。

一个星期后,可爱的路丛就真的从衡阳风尘仆仆地赶来了。"有朋自远方来,不亦乐乎?"我抽空陪路丛兴致勃勃地观赏了永州八景。

到了中午吃饭的时候,我带路丛进了一个饭店,很热情地问他:

"哎,你喜欢吃什么? 别客气!"

路丛歪头看了我一下,微笑道:"你喜欢吃什么? 你先说。"

"还是你先说吧。"我有点不好意思。

"女士优先嘛,还是你先说。"路丛依然是一脸的笑嘻嘻。

我想到自己为数不多的几张钞票,违心地说:"我,我喜欢吃阳春面。"

"太巧了,我也一样!"路丛居然很兴奋的样子,还反客为主地大叫:

"店家,来两碗阳春面。"

我颇难为情地低下头,唉,谁让我囊中羞涩呢。

路丛看起来是心满意足地走了,而我心里却总有些过意不去。

又通了几年的信,我们渐渐走进了一个崭新的时代,我们的工作和生活受到了时代大潮前所未有的冲击,我们都下海了,拖家带口地为生活而紧张地忙碌着,信写的渐渐稀少了。

有一天,我写信告诉路丛:"我做了点小生意,我近日会到衡阳去进货。"

路丛热情回信:"一定要来我处,我娶了一个东北婆娘,会做正宗的北方拉面。"

由于各种原因,衡阳之行我拖了大半年才去成,路丛仍是一脸灿烂地迎接了我。我对着他大呼小叫:

"快快快,去你家,我要好好尝尝我嫂子给我做的东北拉面!"

"还是去饭店吧,我请你吃点好的。"

"不,你说过去你家的。"

"哦,忘了告诉你,我离婚了,就在这个月,谁叫你不早点来的,你真是没口福。"路丛假装不在意的样子让我有些心酸。

"对不起,对不起。"我望着路丛小心地说着,像是道歉。

"没关系,我们去吃饭吧。"

"哎,你喜欢吃什么? 别客气呀。"这鬼家伙,还记得我当初的话。

我低头正沉思。

"你不会又说你喜欢吃阳春面吧?"路丛还是坏笑着看我。"我知道你可能是不喜欢吃阳春面的。"

"路丛,我……"我欲言又止。

"不要说了,朋友,可以理解的,心照不宣嘛,所以那时我也喜欢吃阳春面。"

我含泪又含笑地频频点头。

有时想想,朋友就是那碗阳春面。虽然平淡,但吃下去,让你贴心贴肝,有种真实的满足感。

感恩心语

虽然人们都说平平淡淡的友情很可贵,但也许心里一直在渴望一种轰轰烈烈的友情。只是随着年纪越来越大,越来越成熟,便越来越认识到阳春面那样的友谊的价值。阳春面虽然便宜,却能让人于平易中感受到生活的踏实感;大鱼大肉,贵则贵矣,却不是人们每顿都必备的食品。

平淡的友谊的价值,不是一开始就会得到人们的认可,他需要一个认识的过程。只要心中还记得那碗阳春面,你就会懂得它的味道不是其他食品可以代替的,你就会体味到它的价值,从而更加珍惜。

用一生注释友谊

佚名

一

在一所美术学院,三十多年前有两位教作品欣赏课的中年教师。一位教西洋画欣赏课,姓吕。此人修饰得也很有"西方风度",整日里西装笔挺,皮鞋锃亮,头发也总是油光闪闪。另一位是教国画欣赏课的,姓唐。此人的风度也颇国粹,穿的是长衫、布鞋,头发不多而胡子颇长。

学生在背后戏称两个人为"西洋吕"、"国粹唐"。

两个人都对自己的专攻很痴情,很虔诚,因之对"异学"就格外地不能"容忍",拒绝同化。于是,两个人的互相攻击也就从不间断。

例如西洋吕在讲课时特别强调西洋画的造型真实度,随后就将自己给妻子画的一张油画素描挂在黑板上。他的夫人(一位西方式的大美人),学生都见过。再看这张画,简直和真人一样,当即就爆发出一阵喝彩声。西洋吕很得意,下面的话就开始带刺儿:"连造型真实都达不到的艺术,是否可以称之为艺术,总是让人怀疑。"下一节课,国粹唐将自己用国画手法画的自己的老父(一位老年美髯公)挂在黑板上,学生又感受到了另一种特殊神韵,又是一片喝彩声。下面,国粹唐的话也开始带刺儿:"专追求造型真实,不追求真实之上的神韵,不叫艺术。学这一套,不如去学照相!"

但也就是在这种"对攻"而谁也不作妥协的过程中,双方都发现了对方的可贵人格——对本职本业的忠诚,不媚俗。西洋吕已是教授,国粹唐没有职称。西洋吕在做评委的时候,力排众议,力主将国粹唐定为教授。别人不解,提及了他们往日的不合,西洋吕说:"我同意的是定他为国画教授,并没有说他可以做西洋画教授!"

学校分房子,此时两个人还都住在学校一座废园中的平房内,作为分房委员会副主任的国粹唐,断然把他也有资格分到的一套楼房分给西洋吕,理由是:"搞西洋画的,生活环境也应该洋一点嘛!我搞国画,面对竹篱茅舍才有创作冲动嘛!"

这种时候,他们并没有意识到他们的友谊已经形成,并可以接受重大的考验。

二

"文革"结束的前一年,吕氏夫妇重新回到了学校,享受了平反、补发工资的待遇。

就在这一年,唐氏的老伴患了重病。她本人是家庭妇女,不享受公费医疗,而所需的住院费又十分昂贵。

巧就巧在唐氏本人正去外地给一个刚出生的外孙贺喜,只留下一个小女儿陪着老伴。吕氏夫妇闻讯赶来了,将唐妻送入医院,一打听住院费、医疗费,粗估需要四千元。这在当时,可是天文数字。

吕妻将唐家的小女儿搂在怀里很严肃地说:"孩子,你得答应,今天的事,永远不要告诉你父亲。你要做不到,我家就不代付住院费了。因为你父亲知道了,将来他是一定要偿还的。而他,又绝对没有偿还能力,这样就等于救了你母亲,却又折磨了你父亲。因此,你必须答应我们!"

一心想救母亲的女儿,点了点头。

吕家将这事做得很周全,他们不但拿出了自己一大半补发的工资,付了全部住院费,还"买通"了医院,要他们开一张三四百元的收据,以便将来取信于国粹唐。

然而,手术很不成功,这女人死去了。

国粹唐匆忙赶回的时候,离妻子咽气只有十几分钟。

丧事办完之后,唐氏来谢吕氏夫妇,并说所欠的"那几百元钱"将每月从工资中省一些,半年付足。吕氏夫妇没有做任何说明,此后他们每月从唐氏手中接过几十元钱的时候,也没有什么表示。

三

"文革"结束,两位教授尚不足离休年龄,又来上课了。

课上,虽然彼此之间不再"有意地"进行"攻击",难免在一不留神之中说些带刺儿的话。对方了解到了,只是一笑,亲昵地说一声"这老东西"也就作罢。

两个人在校内分别办过画展,规格很高,参观者中不乏名人。但两个人都不看重这些,他们更看重的是对方的态度。西洋吕办画展时,国粹唐做了展委会主任。他每日都穿着一件崭新的长衫,胸前佩戴着"展委会成员"的红布条,毕恭毕敬地站在展厅门口接待参观者。国粹唐办画展,西洋吕也如此。

在这期间,国粹唐的儿女结婚,由西洋吕主持。西洋吕的小儿子结婚,也是由国粹唐操办的。

两个家庭的假日旅游,更是形影不离。遇到爬山时,搀扶西洋吕夫妇的常常是唐家的儿子儿媳、女儿女婿;而吕家的晚辈人,都去抢着搀扶国粹唐。面对好景致,两个人都说可以入画,西洋吕当然又把西洋画的表现力标榜一番,国粹唐则大大强调国画的特殊神韵。于是两个人又小吵一番,最终又以互相嘟哝一句"你这老东西就是改不掉偏见"作罢。

又一件不幸的事发生了。

四

几乎就在西洋吕离休后的第一年,他被检查出得了肺癌,住了小半年医院。由于手术时发现已严重扩散,他知道自己的死期近了。

弥留之际,他吃力地伸出手,一手拉起妻子的手,一手拉起国粹唐的手,对国粹唐说:"我这个家,往后缺了个一家之主,你来代我当吧……"

国粹唐跺着脚说:"这还用你嘱咐!?"

西洋吕微笑着闭上了眼睛。

此后,国粹唐每下了班(因为他是系主任,直到65岁才离休),总是先到吕夫人那里坐一坐,闲谈半个小时,再回到自己的家。每年中秋、元旦、春节,他一家人都和吕家人一起度过,他和吕夫人被混坐的两家子女围在中间。

他第一次卖画得了较高的酬金,就用之于出版西洋吕的画册。每年清明扫墓,无论是给唐氏的老伴扫墓,还是给西洋吕扫墓,两家的晚辈一个都不能缺。

两家的晚辈很现代。由于友谊很深,他们把这两位老人的感情看在眼里,于是商量把两位老人"归在一起",校领导也愿意促成。

双方子女先是来到唐氏面前,恳求这件事。唐氏当即就沉默了。

双方子女又来到吕夫人面前,做了同样的恳求。吕夫人也没有说话,只是落了泪。

中秋赏月的这天,两家人又聚到吕家。在这种场合,照例先把西洋吕和唐氏老伴的遗像挂在墙上。

但是这一次,唐老头沉下脸,一拍桌子说:"都给我向你们的爹娘跪下!"晚辈们不解,都看吕夫人。吕夫人也沉下脸说:"你们的父亲、伯伯要你们跪,你们就跪吧。"

晚辈们都跪下了。

唐老头很生气地说:"你们这些混账东西,说的是人话吗? 我是谁? 不错,我是你们的爹、大伯,是眼下的两家之主。但我首先是吕老弟的莫逆之交!生死朋友!你们让我跟吕老弟的夫人成两口子,睡到一个房里去,你们这样想比骂我是老混账、老畜生还刺我的心!我做这一切,都是代吕老弟撑起这个家。你们让我生二心,你们抬起头来看看我吕老弟的眼睛,他能不寒心吗?"

吕夫人也对晚辈说:"我真不理解你们年轻人,怎么一想就想到那样的事情上头去了呢?你们抬头看看你们唐伯母的像,她能满意你们的做法吗?现在,无论是我和你们唐伯父坐在一起闲谈,还是我们两个人出门散步,都不是两个人,而是四个人,包括我家老吕和唐家大嫂。你们要把他们俩赶开,我们能不伤心吗?"

最后,这场风波总算过去了。

此后,两家人还是那样亲密。

现在,两位老人都已年近八旬,好在身体还好。每到黄昏时刻,在操场的四周,都可看到两位拄杖的老人在并肩散步,有时还互相搀扶着……

感恩心语

夕阳下,两个年近八旬的老人的苍苍白发见证了一段颇具历史感的友情,那是穿越一生的友情。

有什么能够经受得住几十年的风风雨雨的侵蚀而不被改变呢?几十年的时光,足以使坚硬的石头被水滴穿。几十年的时光,足以使天地易容,容颜失色。友情在时光的流逝中,却能如陈年老酒一样,愈久愈香。然而,"西洋吕"与"国粹唐"之间的友谊的独特之处,在于他们看似势不两立,各自秉承不同的学术立场,在学术观点上互不相让,但却能做到尊重对方的立场选择。这才是真正的大家风范,也是友谊的至高境界。

益友增添生命光彩

席慕蓉

我觉得朋友是快乐人生中的重要环节,一辈子如能得到几个知心的朋友实在是极大的幸福。人因为年龄和经历可以分成好几个不同的时期,每个时期都可能有不同的益友和损友。如果有一个朋友能陪你一起度过好几个不同的阶段,那更是你的幸运,非常值得珍惜的一份幸运。

我就有几个这样的朋友,在十几岁的时候就已认得,在不同的时期里还常能互通讯息。有一次,一个像这样的、快20年没见面的朋友要来看我,虽然我们彼此都知道20年来大家在做些什么,可是到底是20年没见面了。听说他要来,我好早以前就开始兴奋了。那天早上接到他的电话,要我去龙潭的电信局接他,我和先生开车去,心里竟然紧张和害怕起来,我怕他变得太多,变得太老,我就会觉得伤心。可是又知道,20年实在够长,够把一个人变老变丑。一直到车子开到龙潭那个小小的电信局前,我的心还是忐忑不安。当我看到穿着灰色风衣的他走了出来,身旁是他的女伴,他的面容虽然和年轻时不太一样了,可是却很好看,有一种不凡的风采,当他微笑地和我打招呼时,我有一种如释重负的欢欣的感觉。20年的时间让我的朋友变得成熟,变得不凡,我真替他高兴。

回家以后,我给他看我的油画素描,然后再向我的先生、他的女伴诉说我们同学时期的种种不可思议的经历。我们的理想、我们的青春、我们的种种可笑又可怜的挣扎,在那两三个钟头里,我们几乎处在一种狂热的状态中。

一直到下午带孩子们去吃冰淇淋,坐在咖啡座上我才觉得累了,一句话也不想再多讲,我告诉朋友:"我好累,已经不想说话,我已经说够了。"

我的先生和朋友都很高兴地看着我。他们叫的咖啡很香，孩子们兴高采烈地吃着冰淇淋，屋子里有一种黄昏时细致的温暖的光泽，我非常满足，就再没有说一句话，直到和他们挥手再见。那种安宁、满足的情绪一直充满我心。

直到今天，每次想起那一场会面，我心里的满足感仍会回来。以后我们也断断续续见过两三次面，但不知道是时间不对还是地点不对，总不能再造成第一次的那种气氛。也许因为我有过第一次的经验，对以后几次的会晤有较高的期望，因此总觉得失望，心里有点儿懊恼。

感恩心语

朋友是一生的事，许多时候一些人一些事对我们的影响是一辈子的，在对待朋友的时候，我们就需要慎重考虑什么样的人是对自己有害，什么样的朋友又是对自己有益。这种利害得失并不是指你能从他的身上得到多少，或者他能为你付出多少，而是指以品格和道德、以感情的真挚和患难与共作为标准的。他能引导你分辨这个世界的对错是非，对你的每一份帮助都是如此的热心和无私以至在你们的记忆之中更多的是一种感动。这样的朋友就可以称之为益友，一生之中能拥有几个甚至一个这样的知己，对于你都是一种幸运，因为他的存在，你的生命多了许多的快乐与光彩。

起死回生的友情

方冠晴

这栋楼房是 20 世纪 50 年代建造的，楼高四层，式样陈旧，设施简陋。

半个世纪的风吹雨打，加上年久失修，墙体已经裂了缝，给人摇摇欲坠的感觉。

市政府已经将这栋楼列为拆迁的对象，但楼里的居民迟迟不肯搬出去。因为这栋楼里的居民都是穷人，家里都没有什么积蓄，光靠政府发的拆迁费，买不起新的房子。

张星和侯晓就是在这栋楼里长大的。张星家住在一楼，侯晓家住在二楼。两个人在同一所小学读书，都读五年级。

张星和侯晓在学校里是要好的同学，回到家里是要好的伙伴。两个人经常在一起学习，在一块儿玩耍，上学放学，同进同出，友谊深厚。但是，夏天发生的一件事情改变了这一切。

张星和侯晓的父母都在菜市场以摆摊卖菜为生。那天，两家的大人为了争夺摊位发生了口角，到最后，竟大打出手，侯晓爸爸的头被张星的爸爸打破了，到医院缝了三针。张星妈妈的脸也被侯晓的妈妈抓破了一大片，进医院住了好几天。虽然经过居委会的调解，但两家大人的心里都积了怨气，从此成了仇人，即使是在楼道里碰着了，也谁都不看对方一眼。

大人间的恩怨起初并没有改变张星和侯晓之间的关系，两个人放了学，还是一块儿玩耍。但是，张星的妈妈出院那天，看到张星与侯晓在一块儿，就气不打一处来，扇了张星一个耳光，骂张星不知好歹，要他今后不准搭理侯晓。侯晓的父母也是粗鲁的人，听到张星的妈妈在骂孩子，也跑出来，将自己的孩子揍了一顿，不准侯晓再与张星往来。

两家的大人都以打自己的孩子来出气，指桑骂槐，险些又发生纠纷。这样一来，张星和侯晓虽然在学校仍是好朋友，但回到家里便不敢相互串门，更不敢在一起玩耍了。

不久，暑假到了，两个人虽然住在同一栋楼内，但迫于父母的压力，仍是不敢待在一起。可是，两个人毕竟有着深厚的友谊，不能待在一起，两个人都觉得别扭。特别是张星，他的学习成绩不够好，平时做课外作业时遇到难题，都是找侯晓帮助。现在，他不敢去找侯晓，有些作业就不能完成。

两个人都很伤脑筋。后来还是侯晓想出了一个办法：两个人虽然不能串门说话，但同一栋楼内的水管是相通的，两个人可以利用敲自来水管来传递信息。他俩约定了暗号，一次敲两下，表示需要帮助,一次敲三下,表示想约对方出去玩。

这办法还真行,两个人试了好几次,一个人在自己家里用铁条敲击自己家的自来水管,声音就可以通过水管传过去,另一个人就能在自己家里隐隐听到"当当"的敲击声。于是,两个人按照约定的暗号,或者躲到一起做作业,或者避开父母到一起玩耍。就这样,两个人都好开心,自来水管成了他俩的联络媒介,他俩又能在一起了。

然而,就在暑假快要结束的时候,发生了一件极为可怕的事情。那天傍晚,侯晓和父母一起,推着板车,正准备去郊外运菜。几个人刚走出家门不远,就听身后"轰"的一声巨响,他们惊恐地回过头来,发现他们居住的那栋楼房在一瞬间倒塌了,灰尘弥漫,直扬到了半空中。

所有的人都惊呆了。可他们突然醒过神来,知道发生了什么,知道还有许多居民待在家里没能出来。人们立即冲过去,一边呼唤着他们认识的人的名字,一边搬运那些残砖破瓦,希望能将埋在里面的人救出来。

警察来了,消防队来了,周围的居民也来了。但空间的限制,容不下太多的人。人们只能轮流上去搬动砖块寻找废墟下的人。周围不时传来一阵阵痛苦的呼喊和哭泣声。

整整忙碌了一夜,才清理了不到五分之一的部分,挖出了两个人,但早已是血肉模糊,死了多时了。侯晓一直在救援的队伍里面,他心急如焚,拼命地翻动砖块——因为,直到现在,他还没有见到好朋友张星。他知道,张星一家被埋在了最底层,生死未卜。

第二天,人们又整整忙碌了一天一夜,又找到了两个人的尸体。这时,楼房倒塌的原因也有了一些眉目。原来是住在三楼的一家住户,想在受力墙上开一扇门。结果,砸墙开门时,上面的重量失去支撑,再加上这栋楼年久失修,哪经得起这一番折腾。结果上面的重量压了下来,又砸坏了下面的墙,整栋楼房就坍塌了。

到了第三天,还没有救出一个活着的人,救援人员停止了人工清理,他们决定改用机械来清理废墟。

侯晓伤心极了,因为,张星和张星的家人还没有被找到。但是,看到一个个被找到的都是血肉模糊的尸体,他也绝望了。他不得不相信事实:他,不可能再与张星在一起玩耍了。

当推土机开进现场时,已是第三天的下午。许多人围着废墟哭泣,侯晓也一样。

一想到永远失去了张星这个最要好的朋友,他就抑制不住自己的悲伤,他伏在一堆残砖碎瓦上号啕大哭。然后,他捡起一根铁条,一下又一下地敲击着露在废墟外面的自来水管。这是他与张星传递友谊的媒介,他俩以前就是利用这种敲击传递自己要说的话,度过了许多美好的日子。

侯晓明明知道张星已不可能再听到他想要表达的意思。但是,他还是"当当当"地敲着,那是他与张星的暗号,意思是"我想同你玩"。敲完水管,他又像过去一样,将耳朵贴在水管上,聆听对方的动静。他知道对方永远不会有动静了,但他仍忍不住要这样做,他只是想以这种熟悉的动作来怀念他与张星之间的深厚的友谊。

然而,让他意想不到的是,当他将耳朵贴上水管的时候,他分明听到水管的回音,"当当""当当"……那是他与张星之间的暗号,意思分明是"我需要帮助"。

巨大的欣喜让侯晓一下子跳了起来。他拼命冲着开推土机的司机大嚷大叫:"停下来!停下来!下面还有人活着!你开过去会轧死他们的!"

推土机停了下来,救援的人们也围了过来。大家对这个小孩子的话将信将疑,难道真的还会有人活着?如果有,那简直是奇迹。

奇迹真的出现了。当侯晓再次敲击水管时,一个警察将耳朵贴近了水管,他也隐隐约约听到了回应,"当当""当当"……下面还有人活着!

人工救援重新开始,大家又去搬运砖瓦,寻找活着的人。这天夜里,大家终于在废墟的最底层找到了张星和他的爸爸妈妈，三个人都还活着。倒塌的房屋在他们的身边形成了一个大三角空间，张星的爸爸受了轻伤，张星的妈妈伤势较重，而张星居然没有受伤。

三个人被救上来时，身体虚弱，嗓子都嘶哑了。人们赶紧把他们送往医院。后来张星才说，被埋在废墟里面，他和爸爸一直在喊救命，但因为埋得太深，再加上外面的人一直在吵吵嚷嚷地进行救援，没人能听到他们的声音。渐渐地，他们的嗓子喊哑了，再也喊不出声音了。他们绝望了，以为不可能活着出来了。但是，就在他们悲痛绝望的时候，他听到了"当当当"敲击水管的声音，他心中又惊又喜，他知道这是侯晓和他之间的联络信号。于是，他马上用砖块敲头上的水管。

"当当当"、"当当当"，这敲击水管的声音，竟然挽救了一家三口人的生命；"当当当"、"当当当"，这敲击水管的声音，就是他们纯真深厚的友谊和爱心的象征。当张星和侯晓的故事在这座城市的大街小巷传开时，所有的人都为之动容，感慨不已。侯晓的父母还主动到医院去看望张星一家人，两家人激动得热泪盈眶，重新和好了。自此以后，这座城市的人们见了面最爱说的一句话就是："我家的水管与你家是连着的，一敲就知道了……"

感恩心语

人生得一知己，死而无憾。这是因为真挚的友情难以寻觅，一旦拥有则千金不换。《起死回生的友情》正是记叙了一段生死不渝的真挚友情。曾经有人把友情比作人生的一座花园：真诚是土壤，关爱是春露，理解交流是温暖友谊的缕缕阳光。这篇文章所写的友情正好印证了这句话。

我们这一代人的友谊

肖复兴

亚里士多德曾经将友谊分为三种：一种是出自利益或用处考虑的友谊；一种是出自快乐的友谊；一种是最完美的友谊，即有相似美德的好人之间的友谊。

同时，亚里士多德特别强调：友谊是一种美德，或伴随美德；友谊是生活中最必要的东西。

我们这一代人在那个时代所建立起的友谊，当然会随着时间的变迁，在不断地发生着变化，会逐渐退化为亚里士多德说的前两种友谊。但我可以说，我们这一代大多数人，或者说我们这一代中优秀者在艰辛而动荡的历史中建立起来的友谊，则是亚里士多德所说的第三种友谊。因为我相信虽然经历了波折、阵痛、跌宕，乃至贫穷与欺骗之后，这一代依然重视精神和道德的力量。这就是这一代友谊的持久和力量的根本原因所在。

可以说，没有比这一代人更重视友谊的。

我这样说也许有些绝对，因为每一个时代的人都会拥有值得他们自己骄傲的友谊。但我毕竟是这一代人，我确实为我们这一代的友谊这样偏执而真切地感受着，并感动着。我的周围有许多这样在艰苦的插队的日子里建立起来的友谊，一直绵延至今，温暖着我的生活与心灵，让我格外珍惜。就像艾青诗中所写的那样："我们这个时代的友情，多么可贵又多么艰辛，像火灾后留下的照片，像地震后拣起的瓷碗，像沉船露出海面的桅杆……"

因此，即使平常的日子再忙，逢年过节，我们这些朋友都要聚一聚。虽然我们并不常见常联系，甚至连如现代年轻人煲粥一样打个电话或寄一张时髦的贺卡都不经常，而只是靠逢年过节这样仅仅少数几次的见面来维持友谊，但那友谊是极其牢靠的。这是我们这一代友谊特殊的地方。这在可以轻易地找到一个朋友也可以轻易地抛弃一个朋友的当今，就越发显得特殊而难能可贵。这种友谊讲究的不是实用，而是耐用。它有着时间作为铺垫，便厚重得犹如年轮积累的大树而枝叶参天。如果说那个悲凉的时代曾经让我们失去了一些什么，但也让我们得到了一些什么，那么，我们得到的最可宝贵的东西之一就是友谊。友谊和爱情从来都是在苦难土壤中开放的两朵美丽的花，只是爱情需要天天在一起的耳鬓厮磨，友谊只需哪怕再遥远的心的呼唤就可以了。那么，这样的友谊之花就开得坚固而长久。

去年春节，我们聚会的时候，得知一个当年在一起插队的朋友患了癌症，大家立刻倾囊相助。许多朋友是下岗的呀，但他们都毫不犹豫地拿出所有的钱，那钱上带有他们的体温、血汗、辛酸和心意。看着这情景，我有一种说不出的感动。我知道这就是友谊的力量，是我们这一代人独特的友谊。

我想起有一年的春节，是27年前1973年的春节，由于我是赶在春节前夕回北大荒去的，家中只剩下孤苦伶仃的父母。我的三个留京的朋友在春节这一天买了面、白菜和肉馅，跑到我家陪伴两位老人包了一顿饺子过春节，帮助我弥补着闪失而尽一份情意。这大概是我的父母吃的唯一一次滋味最特殊的大年饺子了。就在吃完这顿饺子后不久，我的父亲一个跟头倒在天安门广场前的花园里，脑溢血去世了。如果他没有吃过这一顿饺子，无论是父亲还是我都该是多么的遗憾而永远无法补偿。那顿饺子的滋味，常让我想象着。除了内疚，我知道这里面还有的就是友谊的滋味，是我们这一代永远无法忘怀的友谊。

我还想起有一个冬天的夜晚，开始只是我们少数几个人的聚会，商量给当中一位朋友的孩子尽一点心意。因为他们的孩子在北大荒落生的时候，条件太艰苦简陋，落下了小儿麻痹，瘫痪至今。如今孩子快20岁了，我们想为孩子凑钱买一台电脑，让他学会一门本事，将来好立足这个越发冷漠的世界，让他知道在这个世界上他不是孤独无助的，他的身边永远有我们这些人给予他的友谊。谁想，一下子来那么多曾经在一起插队的朋友，当中还有下岗的人，纷纷掏出准备好的钱。一位朋友还特意带来了他弟弟的一份钱和一份心意。后来，当这个孩子用这台电脑设计出自己构思的贺卡，并打出他写给我们这些叔叔阿姨的信时，我看到许多朋友的眼睛湿润了。我知道这就是友谊的营养，滋润着我们的下一代，同时也滋润着我们自己的心灵。

现在，常有人说我们这一代太爱怀旧，有的说是优点，有的说是缺点。我们这一代怎么能不爱怀旧呢？那个逝去的悲凉时代，已经让我们彻底地失去了青春乃至一切，只剩下了这种美好的友谊，怎么能不常常念及而感怀呢？况且它又是那样温暖着、慰藉着我们在艰辛中曾经破碎的心，在忙碌而物欲横流中已经粗糙的心。这是亚里士多德所说的第三种友谊，不带势利，而伴随美德；不随时世变迁，而常青常绿。

以感情而言，我以为爱情的本质是悲剧性的，真正的爱情在世界上极其稀少甚至是不存在的，所以千万年来人们在艺术中才永无止境地讴歌和幻想它；而友谊却是存在于我们身边的，是对爱情悲剧性一种醒目而嘹亮的反弹。爱情和人的激情是连在一起的；而友谊则是"一种均匀和普遍的热力"。这是蒙田说的，他说得没错。从某种意义上讲，真正如亚里士多德所说的那种第三种友谊不会如爱情鲜花般灿烂，只是在艰辛日子里靠均匀的热力走出来的脚下的泡，而不是与生俱来或描上去的美人痣。

我们已经彻底地失去了青春乃至一切，哪怕我们两手空空，只剩下了这种美好的友情，就已经足以慰藉我们的一生了。我们这个时代的友情因此才会从遥远的历史中走来，伴随我们的命运持久而到永远。

感恩心语

一代人有一代人对友谊的理解。像艾青诗中所写的那种友谊："我们这个时代的友情，多么可贵又多么艰辛，像火灾后留下的照片，像地震后拣起的瓷碗，像沉船露出海面的桅杆"，我们也许理解不了。因为那是另一个时代给他们的友谊烙上的印痕。但是，有些东西却是不可改变的，那就是对友谊的执着追求。

可以依靠的人

佚名

萨克雷高烧不退,透视后发现胸部有一个拳头大小的阴影,医生怀疑是肿瘤。

同事们纷纷去医院探视。回来的人说:"有一个女的,名叫德丽丝,特地从纽约赶到加州来看萨克雷,不知是萨克雷的什么人。"又有人说:"那个叫德丽丝的可真够意思,一天到晚守在萨克雷的病床前,喂水喂药端便盆,看样子跟萨克雷可不是一般关系呀。"

就这样,去医院探视的人几乎每天都能带来一些关于德丽丝的花絮,不是说她头碰头给萨克雷试体温,就是说她背着人默默流泪。更有人讲了一件令人不可思议的奇事,说萨克雷和德丽丝一人拿着一把叉子敲饭盒玩。德丽丝敲几下,萨克雷就敲几下,敲着敲着,两个人就神经兮兮地又哭又笑。心细的人还发现,对于德丽丝和萨克雷之间所发生的一切,萨克雷的妻子居然没有表现出一丝一毫的醋意。于是,就有人毫不掩饰地羡慕起萨克雷的艳福来。

十几天后,萨克雷的病得到了确诊,肿瘤的说法被排除,不久,萨克雷就喜气洋洋地回来上班了。有人问起了德丽丝的事。

萨克雷说:"德丽丝是我以前的邻居。大地震的时候,德丽丝被埋在了废墟下面,大块的楼板在上面一层层压着,德丽丝在下面哭。邻居们找来木棒铁棍撬开楼板,可说什么也撬不动,就只能等着用吊车。德丽丝在下面哭得嗓子都哑了——她怕呀,她父母的尸体就在她的身边。

天黑了,人们纷纷谣传大地要塌陷,于是就都抢着去占铁轨。只有我没动。我家就我一个人活着出来了,我把德丽丝看成了可依靠的人,就像德丽丝依靠我一样。我对着楼板的空隙冲下面喊:'德丽丝,天黑了,我在上面跟你做伴,你不要怕呀。现在,咱俩一人找一块砖头,你在下面敲,我在上面敲,你敲几下,我就敲几下——好,开始吧。'她敲一下,我便也敲一下,她敲了几下,我便也敲了几下,渐渐地,下面的声音弱了,断了,我也迷迷瞪瞪地睡去。不知过了多长时间,下面的敲击声又突然响起,我慌忙捡起一块砖头,回应那求救般的声音,德丽丝颤颤地喊着我的名字,激动得哭起来。第二天,吊车来了,德丽丝得救了——那一年,德丽丝11岁,我19岁。"

女同事们鼻子有些酸,男同事们一声不吭地抽烟。在这一份洁白无瑕的生死情谊面前,人们为自己心中无端飘落下来的尘埃而感到汗颜。也就在这短短一瞬间,大家倏然明白了,生活本身比所有挖空心思的浪漫猜想都更迷人。

感恩心语

不知你是否听说过,这个世界最安全的地方是母亲的怀抱与父亲的背。其实,在我们的生命里,除了父亲、母亲是我们可以依靠的人外,还有我们的朋友,他们同样能给我们亲人一样的依靠。他们的双手,也如同母亲的怀抱与父亲的背一样充满安全感,他们总会在你最需要的时候伸出来,帮助你走出困境。

生命力的奇迹

佚名

有一天,电话铃突然响了,一个噩耗传来,斯库拉的一位工作顾问斯坦里的心脏已经停止跳动22分钟。

22分钟！这是一段什么样的时间啊？他的大脑供氧早已停止。医生尽一切努力为他做人工呼吸,终于获得了成功。但他却陷入了死一般的昏迷状态。当他被移至综合治疗室时,他已经开始能够独立呼吸了。但是除此之外没有任何迹象表明他能恢复神志。

神经外科医生告诉斯坦里的妻子:"他没有希望了。呼吸可能会持续,但是今后他只能是个植物人。他现在还睁着眼睛,但是即使他死的时候,可能还这样睁着眼睛……"

斯库拉接到电话通知后赶往医院,一路上反复地想:"怎么办？我能对他说些什么？他处于昏睡状态,我能说些什么话呢？"

斯库拉想起在神学院的时候,教授曾经这样教导过他:"濒临死亡的人,对一切刺激可能都没有反应。碰到这种情况,你要不断地呼唤他们的生命,千万不要给患者的内心带去消极的念头。"

斯库拉跨入了斯坦里的病房,他的妻子比利正站在床边流泪。原来那么乐观开朗的斯坦里如同雕像一样一动不动,不管怎么看都像一个死人。眼睛仍然大大地睁着,但没有一点儿活着的征兆和反应。

斯库拉握住斯坦里的手,然后凑近他的耳边,轻轻地说起来:"斯坦里,我知道你不能说话,我也知道你不会回答我。但是你的内心深处在倾听着我的声音,对吗？我是斯库拉,朋友们都在惦念着你。现在,斯坦里,我有个好消息要告诉你,你受到了严重心脏病的袭击,现在已处于昏睡状态,但是你就要好了,你能活下去。你可能要长期坚持下去,可能痛苦难熬,但是,斯坦里,你会成功的！"

就在这时,发生了斯库拉一生中最受感动的事情。猛然间,从斯坦里睁着的眼睛里流出一滴泪水！他全部理解了！脸上虽没有丝毫微笑,嘴唇连一丝颤动都没有,但是从他眼中确确实实流出一滴泪水来！医生感到震惊,比利也呆住了……

一年之后,斯坦里已经能用语言表达自己的意思了,听别人说话也完全没有问题了,身体的正常机能都恢复了。现在他已经能走,能说,能哭,又充满活力地生活了,这是一个真正的奇迹。

感恩心语

陷入死一般的昏迷状态,呼吸可能会持续,被医生判断为"今后他只能是个植物人"的斯坦里在朋友斯库拉的心灵呼唤和激励下渐渐恢复知觉,从死亡线上重新走回来。一年之后,斯坦里的身体的正常机能都得到恢复,已经能走,能说,能哭,又充满活力地生活了。这是一个真正的奇迹,是生命力的奇迹,更是友情创造的奇迹。

冬天友情不结冰

蔡会

"失去的东西永远是最好的。"当我真正读懂这句话,你已离我而去,远在异地他乡。

永远记得那个飘雪的冬天。中考第二次模拟成绩下来的时候,外面正纷纷扬扬飘着漫天大雪。阳台上同学们欣喜地伸手迎接这冬天的精灵,而接二连三的惨败已将我打击得苦不堪言。我心情沮丧地坐在冰冷且空荡的教室,直到你走来,轻轻地对我说:"一起去看雪,好吗？"我不禁想起了因风而起的柳絮,想起了充满希望的春天。我想,如果不是我的成绩由前几名一下子滑出升学保证线好远,如果不是我由一只骄傲的白天鹅一下子变回丑小鸭,我是永远也走不进你的世界的。原来你的才华,都被平日漠然的外表掩饰;你的灵气,都被你差得不能再差的成绩所遮盖。

中考愈行愈近,而我的信心与勇气却被匀速下溜的成绩一点点腐蚀。我不会再和你一起到阳台上看夕阳,听你讲一些我在书本上永远也学不到的东西。因为我要用自己最后的力气挣扎,而你却假装没有看到我对你越来越冷漠的态度,依旧真诚地鼓励我,一如既往地相信我。距中考还有一个月,学校开始"规劝"一些没有希望的人回家,其中有你。那天晚上,你一个人默默地收拾课桌,当你提着沉沉的书包走出教室,直到把身影融进茫茫夜色中时,埋头演算的我竟没有想到去送你。后来听说,你跟人去了南方。南下打工,似乎是求学无路招工无门的人的唯一出路。但我不知道一个只有16岁的女孩子独自远离家乡,在人海茫茫的大都市真能淘出金子吗? 但随之即来的残酷的中考很快将冬天里飘雪的故事冲淡了。

中考结束了,当我从考场上筋疲力尽地走出后,竟接到你的电话。你告诉我中考三天你同样心情激动、紧张不安,因为你唯一的朋友在考场上,你还说我一定会如愿的,因为我有实力……听着话筒里从一个遥远陌生的城市传来的似曾相识的声音,我突然第一次感受到那种远隔千里、有缘无分的忧伤和惆怅。我一直没有珍惜过你,直到一切都无可挽回,我才突然发现我最需要也最适合我的朋友就是你。在我孤独无助时你满腔热情地走向我,悲观绝望时你替我排遣失落。我以为时间可以冲淡一切,你只是我生命里的匆匆过客。我会忘了你,像轻易忘掉许多以为会刻骨铭心的事一样。可是我错了,岁月的河流冲洗不掉你曾经精心呵护的友情。所以,每当冬日再次来临,雪花再次飘落,独自坐在座位上的我会强烈地幻想有一双手轻轻地搭在我肩上,有一个声音在说:去看看雪吧。然而逝去的永远不会再回来。因此,因凄冷而发出的孤独寂寞会愈发清晰,因愧疚和期盼而修饰的思念会愈发强烈。

本来我们相处的那短短几个月应该是我生命中最冷的日子,但却因为你,而有了一生中最温暖的回忆。想起了你说过的一句话:友情是一种相互吸引的感情,因为它可遇而不可求。想起了那首你爱听的《昔日重现》:往昔幸福时光不再久长,不知去向何方,昔日重现歌声,犹如旧爱激荡心房。

再回首,你已远走;再回首,恍然如梦;再回首,懂得了要好好珍惜现在的拥有。而今天,现在,当洋洋洒洒的雪花再次飘落凄清的夜空,我在家乡的方向等你;当缠缠绵绵的夜雨敲打寂寞的窗口,我在难眠的夜晚想你。

一转身便离去的你,却让我一生都不能忘记。如果一路风尘是你的步履,那么一路平安便是我的祝福。友谊是一个恒等式,它的两边是同样纯洁同样美丽的两颗心。只要真心地付出,永远没有亏欠之分。冬天来了,春天近了,请让北归的雁子告诉我南方的你的消息,因为我想知道:你在他乡还好吗? 因为我想证明,冬天是个结冰的季节,而真挚的友情,永远不会被冻结。

感恩心语

人生的冬季到来时,谁还会让别人取暖呢? 世界上不乏锦上添花的人,也有落井下石的人,但是有几个人会雪中送炭呢? 看过太多的人情冷漠,体会了太多人间的世态炎凉,于是,对周围人的信心也随着天气降温。然而,即使是漫漫人生冬季,也会因为温暖的友情的缘故而冰消雪融。

隔海相望的友情

周明

梁实秋先生1987年10月3日在台湾病逝的消息,震惊了大陆文坛。这不仅由于梁先生是一位有影响的作家,更由于他的那颗始终不渝的"北京心"。他原拟次年回大陆,走北京,探亲访友。他离开北京将近40年了。40年,是一个多么漫长的岁月! 北京时常在他的梦中,北京时刻在他的心中。

在北京，我曾有幸接触过梁先生的长女梁文茜，她是一位出色的律师。1949年后，海峡两岸信息隔断，父女天各一方，思念情深，痛苦异常。后来，情况稍有松动，1971年夏天，父女二人便急切相约在美国会面，那是一场感人的情景。梁文茜给父亲捎去了北京东城内务部街梁先生故居四台院里枣树上的大红枣。先生爱不释手，老泪纵横。事后梁实秋先生将这颗红枣带回台湾，浸泡于玻璃杯中，供奉案头，足见其思乡之情深！我还见到一帧梁先生在他台湾寓所的照片，昂首站在一幅北京故居图画之前，遥望着远方。他在遥望着哪里呢？——自然是北京。他多么想早早地返回故都，再好好地看看北京，看看那座他日思夜梦的故园，看看许许多多他苦苦思念的老朋友。

他的突然去世，不仅使台北的亲友们，也使远在北京的亲友们十分悲痛，十分惋惜。

冰心便是这感到痛惜者中的一位。这位当时已是87岁高龄的老人，竟在短短的一个月时间里连续写了两篇悼念文字。一篇是《悼念梁实秋先生》，发表在《人民日报》；一篇是《忆实秋》，刊登在上海《文汇报》。看得出，两篇文章冰心均是和泪而作。

冰心老人第二篇文章完稿时，我正好去看望她，成为这篇文章的第一个读者。我被这两位文学前辈的友情深深感动。也许是冰心老人刚刚完成这篇悼念文字，许多往事涌上心头，她给我讲述了她和梁实秋先生的相遇、相交到相知的漫长故事。

原来，梁实秋是冰心丈夫吴文藻在清华学校的同班同学。

1923年，在赴美留学的途中，梁实秋与冰心在"杰克逊总统号"客轮的甲板上不期而遇，介绍人是作家许地山。当时，两人寒暄一阵之后，梁实秋问冰心："您到美国修习什么？"

冰心答曰："文学。您修习什么？"她反问。

梁实秋答："文学批评。"

就在这之前，冰心的新诗《繁星》、《春水》在北京《晨报副刊》发表后，风靡一时。梁实秋在《创造周报》上刚好写过一篇文章《繁星与春水》。那时两人尚未谋面，不想碰巧在船上相遇。在海船上摇晃了十几天，许地山、顾一樵（顾毓琇）、梁实秋、冰心几个都不晕船，便兴致勃勃地在船上办了一份文学壁报叫《海啸》，张贴在客舱入口处，招来了不少旅客观看。后来他们选了14篇作品，送给国内的《小说月报》，作为一个《海啸》专辑发表。其中有冰心的诗三首：《多愁》、《惆怅》、《纸船》。

到美国后，冰心进了威尔斯利女子大学。一年之后，梁实秋转到哈佛大学。因为同在波士顿地区，相距约一个多小时火车的路程，他们常常见面。每月一次的"湖社"讨论会期间，他们还常常一起泛舟于美丽的诺伦华加湖。当时波士顿一带的中国留学生在当地的"美术剧院"演出了《琵琶记》，剧本是顾一樵改写的，由梁实秋译成英文，用英文演出。梁实秋饰蔡中郎，顾一樵演宰相，冰心扮宰相之女。演出在当地颇为轰动。后来，许地山从英国给顾一樵写信说："实秋真有福，先在舞台上做了娇婿，"冰心也调侃梁实秋说："朱门一入深似海，从此秋郎是路人。"说到此，冰心老人说："这些青年时代留学生之间彼此戏谑的话，我本是从来不说的，如今许地山和梁实秋都已先后作古，我也老了，回忆起来觉得这都是一种令人回味的幽默和友情。"

冰心老人说："梁实秋很重感情，很恋家。"在"杰克逊总统号"轮船上时，他就对冰心说："我在上海上船以前，同我的女朋友话别时，曾大哭了一场。"这个女朋友就是他后来的夫人程季淑女士。

1926年，梁实秋与冰心先后回国。冰心同吴文藻先生结婚后，就住在任教的母校——燕京大学校园内。梁实秋回国后在北京编《自由评论》，冰心替他写过"一句话"的诗，也译过斯诺夫人海伦的长诗《古老的北京》。这些诗作她都没有留底稿，还是细心的梁实秋好多年后捡出底稿寄还给她。

冰心还清楚地记得，1929年她和吴文藻结婚不久，有天梁实秋和闻一多到了他们燕南园的新居,进门后先是楼上楼下走了一遭,环视一番,忽然两人同时站起,笑着说:"我们出去一会儿就来。"不料,他们回来时,手里拿着一包香烟,嬉笑说:"你们屋子内外一切布置都不错,就是缺少待客的烟和茶。"因为冰心夫妇都不抽烟,招待他们喝的是白开水。冰心说:"亏得他们的提醒,此后我们随时都在茶几上准备了待客的烟和茶。"

大约在1930年,梁实秋应青岛大学之邀去了青岛,一住4年。梁实秋知道冰心从小随从在海军服役的父亲在烟台海边长大,喜欢海,和海洋有不解之缘,便几次写信约冰心去青岛。信中告诉冰心,他怎样陪同太太带着孩子到海边捉螃蟹、掘沙土、捡水母、听灯塔呜呜叫、看海船冒烟在天边逝去……用这些话吸引冰心到青岛去。冰心也真的动了心,打算去,可惜后来因病未能成行。倒是吴文藻由于去山东邹平开会之便,到梁实秋处盘桓了几天。

他们接触频繁乃是在上世纪40年代初的大后方。当时冰心一家借住在重庆郊外的歌乐山,梁实秋因为夫人程季淑病居北平,就在北碚和吴景超、龚业雅夫妇同住一所建在半山上的小屋。歌乐山在重庆附近算是风景秀美的地方,冰心的居处也是在一个小小的山头上。房子,可以说是座洋房,不过墙是泥抹的,窗户很小很小,里面黑糊糊的,光线不好,也很潮湿,倒是门外的几十棵松树增添了风光。

抗战胜利后,冰心和吴文藻到了日本。梁实秋先是回北平,后于1949年6月到了台湾。先在编译馆任职,后任师大教授。这期间他们也常互相通信。冰心在她日本高岛屋的寓所里,还特意挂着梁实秋送她的一幅字。

冰心得知梁实秋不幸逝世的消息后,十分难过。消息是梁先生在北京的女儿梁文茜当日告知冰心的。冰心感慨万端,她说:"梁实秋是著名作家和翻译家,是文藻的同班同学,也是我们的好朋友。他原籍浙江,出生在北京,对北京很有感情。我们希望他回来,听说他也想回来,就在他做出归计之前,突然逝世了。我和实秋阔别几十年,我在祖国的北京,他在宝岛台湾,隔海相望,虽说不得相见,可彼此心里都有对方。我也常常想念他,想起我们的以往。实秋身体一直很好,不像我那么多病。想不到他'走'到了我的前头,这真太使人难过和遗憾了!实秋是我一生知己,一生知己哪!"

感恩心语

"君子之变淡如水",文章描述的梁实秋与冰心之间的交往有一种非常淡然的味道,但在字里行间所表现出来的那份友情却是浓浓的。如水清淡的交往,却有着如酒浓烈的感情,也许这就是文人君子之间做朋友的方式吧。

"作对"的朋友

吴楠

"同事是和你一个屋檐下的竞争对手,不是整日耳鬓厮磨的朋友!"家人的千叮万嘱,在第一天上班的电梯里就得到了验证。

那天早晨,狭小的电梯里已经挤了十三个人,每个人都敛声屏气。在电梯门缓缓闭合时,我看见一个小心翼翼地捧着一摞成衣模型的女子努力地向电梯奔来。"请等我一下!"所有的人都看见了也听见了,却没有一个人伸出手按电梯按钮。我忍不住探过身,在门即将合上的一瞬间用手挡了一下,设有保护装置的电梯门马上弹开了。几秒钟后,那名女子站在电梯里感激地对我说"谢谢"。

我们都在七楼走出电梯,并一前一后拐进"天魅"制衣公司。我忙伸出手:"您好,我是新来的阿楠,请多关照!"她惊讶地扬起眉毛:"欢迎你啊!"说完,转身走进设计部的落地玻璃门。当经理将我引进设计部一介绍时,我才知道这名修眉细眼的女子叫阿鸿,慢慢也了解到电梯里大家熟视无睹的原因——谁也不想因为陌生人而迟到。

"天魅"的每一个人都全力以赴地埋头设计,对我这个新人偶尔的指点——"领口的处理可以查手册"或者"这个口袋设计不太贴身"——已经是天大的帮助了。让我想不通的是,阿鸿也常常让我难堪。我用打印机打效果图时,恰巧她路过,她竟然神经质地尖叫一声:"阿楠,你好浪费!这张纸明明能打印两张图,而你却只打印一张。你只要调一下页面设置就可以避免浪费。"安静的办公室里,阿鸿的声音显得特别刺耳。我又气又急,刚来就给同事留下大手大脚的印象是多么糟糕的事情啊!还有一次,我的高跟鞋坏了,只好穿着平跟鞋挤在电梯里,恰巧阿鸿也在。我正想和她打招呼,她却先声夺人:"天啊,你居然穿平跟鞋来上班!"电梯里所有人的目光都集中在我的脚上。我郁闷极了,经她这么一嚷,恐怕整幢大厦的人都知道"天魅"公司有一名仪容不整的女员工了吧!

在周一的经理级会议上,我和阿鸿做记录。第一次参加限制级会议的我,紧张地将泡好的咖啡放在每位上司面前。"阿楠,这是展会,应该泡茶!"该死的阿鸿尽量压低声音但还是让所有的经理都听见了。我手忙脚乱地重新泡茶,忙乱中又将董事长面前的咖啡撞翻了。虽然没有人再责怪我,我想自己的前程已经毁在阿鸿的嘴上。那一刻,我恨极了她,把她当作我最大的敌人。

当经理宣布公司要从基层提拔总设计师助理时,我盯着阿鸿,对自己说一定要让她输得心服口服,不敢再嘲弄我。这次选拔非常严格,除了考查设计本领,制作样品衣,还要测试公关能力,联系到愿意批量生产的厂家。设计部里再没有询问和探讨,只有鼠标清脆的点击声和翻阅资料的哗哗声。可阿鸿仍不忘"奚落"我:"阿楠,你这个细节早已过时了!"我把牙咬得咯咯响。

我针对白领女士设计了秋季的中长款上装,命名为"温暖"。样品衣制作出来了,模特也已经请好,偏偏在联系生产厂家上出现了问题。我抱着样品衣走遍全城的工厂,每一次对方看了我的设计均表示满意,但一听说我是新人即刻委婉拒绝。我心灰意冷,但每一次打算放弃时,阿鸿的声音就会萦绕在耳边,我暗暗发誓:"一定要打败她!"

样品展示的前一天,我终于找到了愿意合作的厂家。当时已近黄昏,合同一时无法拟出,我们便约定第二天早晨八点签合同,然后我赶赴九点召开的公司选拔展示会现场。

第二天偏偏赶上堵车,刚刚签完合同的我坐在出租车里急得直冒汗。眼看就到九点,我拉开车门,努力向公司冲去。九点一刻,我气喘吁吁地推开展示厅的门,心里直犯嘀咕,上司们会怎么看待一个不懂节约不懂仪容不懂泡茶又在这么重要的场合迟到的女员工呢?令我惊讶的是,选拔会居然还没开始。大厅里众人皆在,似乎只为等我一人。董事长对我挥挥手:"快去叫模特换装,我们这就开始!"

在更衣室里,我从模特口中得知,选拔会按时开始时,阿鸿突然站起来,大声说:"阿楠还没来,我希望公司不要因为几分钟而放弃一个人才!"会场立刻议论声一片,谁不希望减少一个竞争对手呢!董事会的董事们商量了一下,问阿鸿:"如果吴小姐不来,你打算怎么办?"阿鸿斩钉截铁地说:"阿楠一定会来,如果不来,我愿承担一切责任。"

那天,我红着眼圈给大家介绍我的设计主题,目光一直没有离开阿鸿。介绍完后,我看见她很卖力地为我鼓掌。从那刻起,我知道自己一直在误解她,虽然她平时毫不留情地指出我的缺点,并用她的大嗓门把我的缺点暴露在众人面前,但是,关键时刻,她却在真心地帮助我、提携我。结果出乎意料,原本只有一名助理位置,最后却破格提了两个:阿鸿和我。事后,董事长微笑着对我们说:"在今后的竞争中,希望你们的友谊会更加牢固!"

原来,朋友不是整天腻在一起的人,也不是总说你好话的人。有些人让你觉得可能总是和你"作对",可是,偏偏是这样的人,才是愿意为你按下人生的电梯按钮,和你一起上升的朋友!

感恩心语

生活中,我们总是被尘埃迷住双眼,辨不清是非曲直。当有人直陈我们的缺点时,我们嫉恨他;当有人与我们展开竞争时,我们厌恶他。"我"和阿鸿的友谊,就是在一次次的"作对"中开始的。

其实,真正把我们当成朋友的也许正是这样一些人。他们不会在我们面前花言巧语,然而,却会真正为我们着想。

我的伙伴请不要孤单

扬扬

小的时候他很黑,村里人都叫他大黑。大黑比我小一岁,两个月前还是个结实的大小伙子,开着一家百货商店,日子有声有色,令我们这些漂在外还至今无所事事的人很是羡慕。

有媳妇儿,有事业,有房子,真慨叹当初不如就留在家里务农。

可是,大黑突然间的死了,医院说是心肌梗死。他媳妇不止一遍地对大家说:那天晚上,大黑说他胃痛,我给他揉胃,过不久他就浑身冒冷汗,20几分钟后他就死了。

认识大黑的时候我们也不知道自己几岁,只记得他姐姐用小手牵着他,我用小手牵着弟弟,我们一起去小河边上和稀泥,我们一起去初春的冰面上过家家,然后不小心掉进冰窟窿后纷纷狼狈地逃回家;只记得他姐姐牵着大黑,我牵着弟弟一同去学前班,流着鼻涕数手中的玉米粒,当我们都能顺利数到100的时候,就在家里的房前屋后数着数,数得鸡飞狗跳,数得大人烦躁。

我们的童年是在初一的时候结束的,他不再读书了,他已经开始步入社会了。从此,我们有了各自的人生,我们之间开始有了分界线:我们在学校里养尊处优安生做学生,他在家里汗流浃背努力做农民。

我们没有了以后的亲密,见面就只用点头和寒暄来问候,我们没有说更多的话,我们都无意识的促成这样一个事实:经历改变或者是塑造了世界观,当两种人开始分隔就不再会有共同的语言。

前段时间还见他挥动刀斧砍碎冰冻的排骨,如今却阴阳两隔。

听到他离开的消息时我哭了,泪光中我看到了儿时大黑被冻得瑟瑟发抖的样子,看到了他冬夏都皲裂的小手,哭泣时被姐姐搂在怀里的小脸,还有长成大小伙子时黝黑高大的身躯,时常挂着的笑容……

时光匆匆流转到2个月后,我们开始渐渐习惯缺失了这个黝黑的小伙伴的世界,事实上我们早就失去了他。

如今,当年在一起的其他同龄伙伴也都已结婚生子,他们的孩子也许会延续上辈人的伙伴情谊……人生不断地在变向前,而路过的一切都将成为记忆,有些深刻的怀念永远不会变,就比如儿时那一起数数的玩伴。

感恩心语

生命就是这么无常,也许,前一刻还朝夕相伴的人顷刻间就会阴阳两隔。不过,在精神上,我早就已经远离了大黑,虽然我们曾经是很好的伙伴。每个人都有自己的人生轨迹,而大黑则永远地活在我的记忆深处。

又想起你，莲

佚名

望着窗外飘着的鹅毛大雪，纷纷扬扬，已经好久没看到下这样的雪了，是那种有着六角花瓣的大雪花。看着看着，往事又浮现在眼前……

那是上初中时的一天下午，很早就放学了，也是这样的鹅毛大雪。我和莲一道回家，一路我们说笑着，我们常这样，总有说不完的话。几天前，她用了几天放学回家在路上的时间，给我讲了《梦的衣裳》。

这天，我开始给她讲我刚看的小说《倚天屠龙记》。我是急性子，看小说有个习惯：先看开头的一百多页，然后看结尾的一百多页，最后看中间的，还得挑精彩的、我爱看的情节看。即使我们只有十几分钟的路途，但也讲不完的。

到我家门口了，连开头的一百多页还没讲完，于是她不让我进屋，就站在我家的大门口讲。我也正在兴头上，就听了她的话，任雪花洒在我们身上，全然不顾。我眉飞色舞地讲着，她聚精会神地听着。姐姐透过窗户看到了我们，探出头来招呼我们进屋说。我没有停下来，只是冲她摆摆手，示意她进屋，不用管我们。

当我们意犹未尽、恋恋不舍说分手的时候，我们的头上、身上、鞋子上都落了厚厚的一层雪花。雪花依旧在飘舞，我目送她走远，那种感觉真的很美！

莲是我初中时期的同窗、好朋友。

那时，我们都是班里的尖子生。最让我佩服的是她的作文，每次都被老师当范文来读，想到这儿，又翻出她的信件和贺卡，熟悉的字迹映入眼帘：

"千里之外一声真挚的问候，你可曾听到？挑了又挑，选了又选，终于挑到了这张，我想你一定会喜欢的，因为我喜欢，而我们之间总有种不约而同的默契。想你，在大雪飘飘的傍晚，想我们的神侃。真希望时光倒流，乾坤逆转，回到那段无忧的过去，重温那份畅快的感觉，月，想你，即使时光不再，你是我永远的朋友！"

这些是写在她1992年末寄给我的贺卡上的。

多年来，只要一想起她，我就自卑。当初我们初中毕业，一起报考，她毅然选择了重点高中，当时她还央求我一起报考重点。而我因为家境贫寒，想早些减轻家里的负担而背着父母报了中专。眼看着莲意气风发地走进了重点高中的大门，而我却底气不足似的进了中专的校门，真有些不甘。莲高中毕业后，考取了国家重点大学——中国计量学院，而我则走上了工作岗位。其实，莲家庭条件也不好，父亲靠上山挖药材卖些钱供她和两个弟弟读书。我参加工作后，第一个月发工资时，拿出了三十元钱（我当时的工资也只有一百四十多元）寄给了生活窘迫的她。她在后来的信中常提起此事，提的更多的是我们在雪中讲故事的情景，我们都对此记忆深刻。

可能是莲的命不太好，母亲没有等到莲孝养就离开了人世。听说她母亲因劳累过度突然不省人事，被邻居发现后送到医院时，已经停止了呼吸。而莲当时正在杭州上大学。

1998年之前，我们一直有联系，她还一直要我们一家三口的照片。1999年年初，我按她给我的地址给她寄了一封信，随信寄去她要的照片。可是连续发出三次，均被退回，原因：地址不详。打她的传呼，也一直没有回过。至此，我们失去了联系。

直至今天，我和莲已经有十五年没见面了。听另一位同学说，她现在在北京，和她的父亲及弟弟在一起，可无法取得联系。许多年过去了，很多事情已经变得模糊，可那场大雪我依然清晰记得,我们在雪中讲故事的情景我依然记得。我深信一点:改变的只能是容颜,不变的是我们纯真的友情,是我们彼此的牵挂! 因为这份友情,这份牵挂,我相信,我们一定会再见面的!

透过窗户,看着纷飞的雪花,我仿佛看到了莲在吟诵她的诗:回首/总有太多的感慨/太多的意义/展望/有一个梦想/一份渴望从/人生/恍如一张迷惑人的大网/曾给我/几多迷津/几多迷茫/多想揭开它神秘的面纱看它是怎样的结局/于是生命对我/就有了一份诱惑……

～ぐ 感恩心语 ㄟ～

年少时,那个曾经一起说着小秘密,分享着各种趣事的女孩总会随着时间消失。即便如此,那令人心动和温暖的一刻,永远留在心中。

曾经的同桌

佚名

冀凯杰是我初二时的同桌,也是我的知心好友,我们有共同之处,所以成为同桌后很快就熟悉了。

那时是冬天。

他每天都骑辆旧式的自行车来上学,家里离学校不太远,但总会迟到,他穿着件大他身子几号的旧衣,本就瘦小的身子更显羸弱,并且他的皮肤有些发黄,大概是营养不良造成的吧。

课间空闲,我与他习惯扶在教室外面发旧的栏杆上,眺望远方,谈天说地;有时上课也会这样,因为我们俩根本听不懂老师在讲什么。

到了初春,我望着窗外绿油油的麦子。上课无趣,我天真的幻想着,假如出现怪兽,它将学校这一亩三分地破坏掉,该是件多么美妙的事啊!

我将这可爱的想法说给他听:"你说是不是?"他似也有同感地点点头,却不禁想到:"如果怪兽真的来了,我们怎么办?"

"怕什么,大不了我化身奥特曼来拯救你……"当时我正在崇拜"奥特曼",所以才有此番话语。

我时常会欺负他,比力气显示我的力量大,这时我便会产生种自豪感,或者突然打他一下,我们互相对着打。我和他在一起打闹说笑中觉得学校的生活还是可以的,起码不至于像以前那样无聊的要命。

可惜,好景总不长,后来的一次调座位,我与他便分开。

初三,我又与他分到两个不同的班级,只能课余时凑在一块谈笑了。我在初三没什么朋友,又感读书的日子苦闷,只得课堂上或睡或乱想。

中考过后他没考上,去读乡镇的一所职业高中,后来见到他时,他比以前壮了些,也高大了,这时留的是长发,看上去更成熟了。不似我记忆中那般瘦弱。

临别前我留了他的 QQ 便与之匆匆分别了,因为我要等的公车过来了。我事后曾想,即使错过了公车何妨?

他似乎很少上网,我在 QQ 没见。有时,他的身影会浮现在我脑海,如电影般的场景一幕幕滑过……

秋日初相见:

"你叫啥,家是哪儿的?"

"冀凯杰,冀尹固村。你呢?"

入冬已交心：

"你手怎么这么凉？"

"天冷，路远，手套又薄……"

邂逅在此时：

"你现在干什么，上学，还是在家里……"

……

"把你的QQ给我说说……"

"车来了……"我正谈着自己现在的生活状况，杰忽然开口说。

这车，我在这儿等这么长时间不来，竟然……错过了这趟，中午可就回不了家。

"那就这样吧，我先走了。"我匆匆地说道，于是上了公车。

"走好！"

上了车，透过车窗，我与他的距离愈远，公车向前驶进，他身影渐渐模糊了。

又是冬天，十字路口的风有点冷，他与他的自行车在我视线里不见了踪迹。

后来终于在网上看见他的QQ上线，我急忙发过几句话。他过会儿回复到，最近工作忙我们有空再聊吧。

一次有空，花了半天时间，写封我与他之间发生的有意思的事情的电子邮件。翌日，我收到了他的回复，那时他也正在线上，我趁机畅谈一番，不料，他又以"加班困要睡"的理由拒绝了我。登时有些恼怒，我费劲写篇文章再手打传到网上容易吗，你不过是困而已，晚睡片刻会怎样……

"滚"——我终是忍不住心中的怨愤。以后，再在网上见到他却常是"非本人"之类的话语，不知是真是假。即使再后来，我与他能在网上聊上几句也感觉之间的友情已淡，今年春节本打算到他家拜访，但怕陌生导致的尴尬，终是不敢动身。

随着时间的流逝，我们之间的友情已然不复，沧海桑田，物是人非，也许是互相间的感情本不深厚吧。

感恩心语

随着距离的增加，时间的延长，我们原本觉得亲密的人，竟然已经在不知不觉之间离我们很远了。然而，在我们的心底里，却始终有着最美好的回忆。

睡在我下铺的兄弟

佚名

他和我同窗三载，是睡在我下铺的兄弟。

那年，我们十七、八。我们的家境都一般，记忆中他经常穿着一件蓝色的中山装上衣，戴着一副眼镜，看起来文质彬彬的样子。

他性格内敛，我性格叛逆；他做事谨小慎微，我行事我行我素；他选修美术，我选修体育；他经常和他的哥们出来进去，我常常独来独往，泡茶馆，读小说。我们是似乎是两条永远不会重合的铁轨，他有他的圈子，我有我的世界。

晚课回来，是我们沟通交流的时光。宿舍一共八个人，洗漱后躺在床上大家开始七嘴八舌，海吹神聊，这时候，因为是上下铺的近邻，我们倒不谋而合的形成了"统一战线"，团结一致地和其他同窗唇枪舌剑。有时候我们也偶尔"反目成仇"、"大打出手"，记得一次，我们晚课回来忽然来了兴致，就在他的床上摔起跤来，结果是大汗淋漓，"两败俱伤"。

在一起学习生活三年，留下最深印象的是毕业前夕我们在一个小酒馆里喝酒的情形。

记不起是什么原因了，想来是因为毕竟上下铺了三年吧。我们找了一个僻静的酒馆，不知不觉间就喝得晕晕乎乎了，记得那时因为长他一岁，所以就故作深沉地给他上了一课，讲了一些到社会应该怎么"混"之类的"人生经验"，还总结了三年的同窗生活。他一副崇拜的神情认真地听着，那时候一定是"被折服"了。喝完后，我们带着朦胧的醉意回到了校园，借了同学的自行车拍照留念。

现在，我还保留着那张珍贵的照片，相片中，我披着一件西装，他仍旧是那件中山装，脸上都笑意盎然，酒意未退。这张照片永远定格在了我心里，也应该是在他心中吧。

毕业后，我们各自分回了家乡，好在离得并不远。在分手的六年后，我们在他工作的单位见面了。他改行做了警察，我做了一名教师。相见的一刻，有惊喜，有感慨。那天是一场怎样的豪饮啊！不知喝了多少杯，不知说了多少话，晚上又在他家里同榻而眠，再次找回了当年上下铺的感觉。

在这以后的岁月，我们能常常见面了，每次见面都是酣畅淋漓的喝酒，聊天，反倒是比在学校的时候亲密了许多。偶尔长时间没有联系了，就会突然打个电话"骚扰"一下，激动之余就会百里迢迢的坐车赶来见个面，喝顿酒，尽兴而归。

工作后，经历了很多事，见过了很多人，心已渐渐变得麻木，人也多了几分圆滑世故。常常抱着害人之心不可有，防人之心不可无的人生哲学处事待人，很难再有真正的朋友，和敞开心扉的对话。唯有想起睡在下铺的兄弟，心底才会被重新温暖，才相信有一种感情不会随岁月的流逝而淡漠，不会被物欲横流的红尘所腐蚀。

现在，我在键盘上敲击着这一行行文字，往事便清晰地浮现在眼前。

谢谢你，睡在我下铺的兄弟。

❦ 感恩心语 ❦

无论何时，我们都无法忘记睡在下铺的兄弟。那些年，我们同吃同住，与真正的兄弟又有什么区别呢？即使隔了很久才相见，我们也不会觉得陌生。

最后一块钱

佚名

卡姆是我童年的朋友，我们俩都喜爱音乐。卡姆如今是一位成功人士。

卡姆说，他也有过穷困潦倒只剩一块钱的时候，而恰恰是从那时开始，他的命运有了奇迹般的转变。

故事得从70年代初说起。那时卡姆是得克萨斯州麦金莱市KYAL电台的流行音乐节目主持人，结识了不少乡村音乐明星，并常陪电台老板坐公司的飞机到当地的音乐中心纳什维尔市去看他们演出。

一天晚上，卡姆在纳什维尔市赖曼大礼堂观赏著名的OLEOPRY乐团的终场演出——第二天他们就要离去了。演出结束后，一位熟人邀他到后台与全体OPRY明星见面。"我那时找不到纸请他们签名，只好掏出了一块钱，"卡姆告诉我，"到散场时，我获得了每一个歌手的亲笔签名。我小心翼翼地保存着这一块钱，总在身上带着，并决心永远珍藏。"

后来，KYAL电台因经营不善而出售，许多雇员一夜之间失了业。卡姆在沃思堡WBAP电台好不容易找了个晚上值班的临工，等待以后有机会再转为正式员工。

1976年到1977年的冬天冷得出奇，卡姆那辆破旧的汽车也失灵了。生活非常艰难，他几乎囊空如洗，靠一位在当地超级市场工作的朋友的帮助，有时搞来一点过期的盒饭，才能勉强使妻小温饱,零用钱则一分也没有。

一天早晨,卡姆从电台下班,在停车场看到一辆破旧的黄色道奇车,里面坐着一个年轻人。卡姆向他摇摇手,开车走了。晚上他上班时,注意到那辆车还停在原地。几天后,他恍然大悟:车中的老兄虽然每次看见他都友好地招手,但似乎没有从车里出来过。在这寒冷刺骨的下雪天,他接连三天坐在那里干什么?

答案第二天有了:当他走近黄色道奇时,那个男人摇下了窗玻璃,卡姆回忆:"他作了自我介绍,说他待在车里已好几天了——没有一分钱,也没有吃过一餐饭;他是从外地来沃思堡应聘一个工作的,不料比约定的日子早了三天,不能马上去上班。"

"他非常窘迫地问我能否借给他一块钱吃顿便餐,以便挨过这一天——明天一早,他就可以去上班并预支一笔薪水了。我没有钱借给他——连汽油也只够勉强开到家。我解释了自己的处境,转身走开,心里满怀歉疚。"

就在这时,卡姆想起了他那有歌手签名的一块钱,内心激烈斗争一两分钟后,他掏出钱包,对那块纸币最后凝视了一会儿,返回那人面前,递了给他。"好像有人在上面写了字。"那男子说,但他没认出那些字是十几个签名,装进了口袋。

"就在同一个早晨,当我回到家,竭力忘掉所做的这件'傻事'时,命运开始对我微笑,"卡姆告诉我,"电话铃响了,达拉斯市一家录制室约请我制作一个商业广告,报酬500美元——当时在我耳里就像100万。我急忙赶到那里,干净利落地完成了那个活儿。随后几天里,更多的机会从天而降,接连不断。很快,我就摆脱困境,东山再起了。"

后来的发展已尽人皆知,卡姆不管是家庭还是事业都春风得意:妻子生了儿子;他创业成功,当了老板;在乡村地区建了别墅。而这一切,都是从停车场那天早晨他送出最后一块钱开始的。

卡姆以后再没见过那个坐破旧黄色道奇车的男子,有时不禁遐想:他到底是一个乞丐呢?还是一个天使?

这都无关紧要,重要的是:这是对人性的一场考验,而卡姆通过了。

❀ 感恩心语 ❀

毫无疑问,卡姆是一个善良的人。虽然他自己也生活拮据,非常贫穷,但是,他还是把自己珍藏已久的一元钱给了一个毫不相识的需要帮助的人。也许是善良给卡姆带来了好运,也许是他帮助了一个天使,总之,他的命运发生了改变。

相交一杯茶

锦泠

许久不曾联系的好友突然打电话,说,过来喝杯茶,新开的冷香阁,有绝品蒸青绿,可"焚香伴茗"。

好友是位才女,总能把"柴米油盐酱醋茶"的日子过成"琴棋书画歌舞茶"的精神,尤其好茶,她给我说,这间茶馆古典,气派,一色的老花窗,有圈椅,罗汉床,香片等等,在室内焚上淡雅的越南香,在香烟袅袅中,可以烘托出一种亦真亦幻的朦胧之感,顿时便可抛却缠身俗务,忘却尘世喧嚣,沉香和茶香之气交织糅合在一起,更添茗茶之美,给人以轻松,愉悦,舒适,安详的享受,深深蛊惑了我。

于是,炎热的盛夏,放下手头的繁琐工作,独自驱车,两个小时之后,在微蒙的黄昏时分,我找见了她说的那家冷香阁。

她已等在里面,一身素雅的衣饰,云淡风轻,见我进来便起身迎过来,几声款款的问候,便坐下来。

茶室的主人是位四十来岁的女子,着装古雅,眉目端庄,举止中自有一段风流妩媚,似澹而实美,冲淡中至妙不可言,她笑眯眯地望着我们,没有言语,恰似那沉浮于碧汤中的香茗,飘逸着恬静的芳香。

待她轻柔地走出去后,我和好友开始净手,净器,净茶,两个人不说一句话,微笑着轻拿轻放。在这里,我们得以享受亲自煎茶。

茶需缓火,活火煎之。好友说:"你看。"她选了青白相间的茶器,我喜欢的很,拿在手里端详,青蓝色的纹饰犹如湛蓝的天空,深邃的大海,幽雅,宁静。

泡上茶,焚上香,看着蒸汽如白鹭腾空,冉冉而上,茶香四溢,沉香幽淡,沁人心肺,彼此娴静地微笑着,互望一眼,慢啜细饮,但觉齿颊留芳,妙趣横生。

是谁说过,品茶时,一人得神,二人得趣,三人得味。

喝完茶,似乎才从一场舒畅的梦境里醒来,整个饮茶的过程中,我们竟没说一句话,在清寂中注视着这被冲泡开的茶,在黄绿透亮的茶汤中旋转,沉浮,若即若离,若歌若舞,含苞欲放,绿袖缭绕,胜绝,亦奇绝,然后慢慢降落,优雅地憩静下来,终于沉积于生活的深处,影影绰绰,落落大方,好似一去不复返的青春,又似从少女成为少妇的过程。

也就一杯茶,一苦二甘三回味,三冲之后,就无须再饮,够了。

好友说,晚上琴台要传稿过来,还有两个专栏,得回去工作。于是,我们出了茶馆,在自然的"再见"声中散了,各自回去,回到各自的生活里,风吹雨打,可能好久都不曾联系,不会闲聊,但彼此间冰雪通心,改天换了电话号码,即使天涯海角也会发条短信,我是某某,仅此,再无言语。

这就是我和好友,相交一杯茶。口感温柔,分寸适中,净心明目。常常出现在平凡的一刻,无风来,也无雨,坦然相处,却兀自清新而醇厚。因此上常想,咖啡太浓,清水寡味,一杯茶恰好,不多不少,清淡相宜,正是君子之交。

感恩心语

很多看似浓烈的友情并不真实,只是逢场作戏的热闹而已。真正的友情,就像是一杯茶,淡淡的,有着若有若无的清香。平时很少联系,但是在需要的时候,即使再远,也许赶过去陪着你喝一杯茶。

聪明伶俐的女孩

列夫·托尔斯泰

所有的友谊都会经历波折和考验,若能将争执抛开,友谊就会天长地久。

这一年的复活节来得很早,使用雪橇的日子才刚过去,残雪还堆在院子里,融化的雪水就已形成细流,淌过村子的街道。

两个来自不同家庭的小女孩,恰好在两所房子间的小巷里相遇,从农家庭院流出来的肮脏雪水在这儿形成一个大水坑,拦在了她们中间。两个女孩一个很小,另一个稍大一点儿。她们的妈妈们都给她们穿了新外套。小的女孩穿着蓝色的外套,另一个穿的是黄色,两个女孩头上都带着红色的方巾。她们都刚从教堂出来。二人先是向彼此展示了自己的漂亮外套,然后就一起玩起来。她们突发奇想地玩起水来,小一点儿的女孩想要穿着鞋袜走到水坑里面去,这时,稍大一些的女孩拦住了她。

"不要这样踩进去,玛拉沙,"她说,"你妈妈会骂你的。我要把鞋子和袜子脱掉,你把你的也脱了。"

于是她们脱掉鞋袜,拎起裙子,开始踩着水坑向对方走过去。水没过玛拉沙的脚踝,她说:"水很深,阿克莉亚。我害怕!"

"继续,"另一个回答,"不要害怕,水就那么深。"

当她们靠近时,阿克莉亚说:"小心,玛拉沙,别溅起水花,当心脚下!"

她的话音未落,玛拉沙的脚重重地落了下去,溅起的水花刚好落到阿克莉亚的新外套上,就连眼睛和鼻子上也溅得到处是水。当她看到外套上的泥污时,气得追着玛拉沙要打她。玛拉沙见自己惹了麻烦,害怕地赶紧跑出水坑,想要跑回家去。就在这时,阿克莉亚的妈妈恰巧经过,看到女儿的裙子溅湿了,袖子也弄脏了,于是问道:

"你这个捣蛋鬼,弄得这么脏,刚才干什么了?"

"是玛拉沙故意弄的。"女孩回答。

听到这儿,阿克莉亚的妈妈逮住了玛拉沙,在她脖子后面打了几下。玛拉沙开始号啕大哭,整条街都听得到,她的妈妈出来了。

"你凭什么打我女儿?"她说着开始骂起自己的邻居来。两人吵得不可开交。人们都出来了,在街上围了一圈,每个人都在大吵大闹,却没有人听别人在说什么。她们越吵越厉害,后来一人推了另一人一下,眼看就要为了这件事儿打起来了。这时,阿克莉亚的老奶奶挤到她们中间,想要劝阻她们。

"乡亲们,你们在做什么呢?这样做对吗?而且是在今天这样的日子。这是喜庆的日子,不是做蠢事的时候。"

她们根本不听老太太的话,还差点儿把她撞倒。后来要不是阿克莉亚和玛拉沙,人群是不可能平静下来的。当妇人们相互辱骂的时候,阿克莉亚擦掉了外套上的泥浆,她拿起一块石头把水坑前的泥土挖成一条水沟,好把水坑里的水引到街上。马上玛拉沙也加入了她的行列,开始用一片木头帮她挖水沟。就在人们准备开打的时候,水从她们挖的水沟里流了出来,流到街上,朝着老太太试图平息人们争吵的地方流去。两个女孩各站一边,追逐着水流。

"赶上它,玛拉沙!赶上它!"阿克莉亚大声喊着,这时玛拉沙已经乐得说不出话来。

两个女孩兴高采烈地看着漂在水流上的木片,冲进了人群。老太太看着她们对人们说:

"你们难道不为自己感到羞愧吗?为了这两个女孩吵架,可是你们看,这会儿她们自己都已经忘了这档子事,又在一起高兴地玩了。这些可爱的小家伙!她们可比你们要聪明!"

大人们看着两个快乐的孩子,心里感到羞愧,最后他们自嘲着各自回家了。

感恩心语

孩子的智慧也是生活的智慧,我们要随时抛下那些不愉快的摩擦,多做些对友谊的培养有益的事,生活才能更美好。这即是天堂的意义所在。对于每个人来说,都要学会忘记那些不愉快的事情,微笑着面对生活,宽容自己,善待身边的人。

曾经同桌的你

三六

"猫眼"是我新转学的同桌,至于为什么叫他"猫眼",说实在的,我也不大清楚。或许他眼睛像猫眼睛,但看他长得敦敦实实的样子,我不觉又为这样的瞎想可笑。

"猫眼"很会关心人,我不会算的题,他总主动给我讲;跟他一组劳动,他几乎每次都把活独揽了。交"猫眼"这样的朋友,我还真有种幸福感。

最让我难忘的是我生日的那天早晨,"猫眼"竟送我一个"大花猫",当然不是真的,是布做的玩偶。顿时一份暖流涌上心头,从此,我把猫眼当成了最要好的异性朋友。

但一件小事,却改变了我的看法。一天,我和"猫眼"放学回家,正遇一匹惊马奔来,"猫眼"吓得抱头就跑,全然不管吓呆的我。若不是一位老大爷把我拽到道旁,保不准会发生什么。"猫眼"过来找我时,我还未从惊骇中醒来。一甩袖子,掉头就走。

回到家,我一屁股坐到床沿,头趴在了桌边,直到妈妈叫我吃饭,我依然转不过那股劲来。抬头时,"大花猫"正坐在冰箱上瞅我。瞬间我冲动地一把抓起它,扔出窗外……

从此,我不再理"猫眼"。

再有不会的题,我宁愿问后面的王梅,也不愿理他。几次,我看出他的尴尬,但面对他的搭讪,我回以沉默。暑假前,"猫眼"轻轻地推过一张字条:能原谅我吗? 我一直非常珍视我们的友谊!

一股酸酸的感觉涌上心头,但倔强的我却装着满不在乎的样子,把字条顺窗扔出。后面传来王梅的呼唤,回头的一刻,我发现"猫眼"双眼晶亮晶亮的。瞬间,我有一种想哭的感觉。

假期,我没见到"猫眼",感觉怪怪的……

开学了,我的同桌换了新同学,原来"猫眼"转学了。至于转到哪儿,没人知道。直到这时我才感到其实猫眼在我心中一直是一个忘不掉的名字。

于是我问王梅,他为什么叫"猫眼"。王梅说:一次,他被一个坏孩子打了个乌眼青,他竟没还一下手。同学们就开始叫他"猫眼"。

原来这样,但现在我却找不到"猫眼"了。或许每个人都有自身的缺点和不足,但面对"猫眼",我却再没给他机会。那天,我流泪了。

于是我把"猫眼"的本名告诉读者,如果有一天你们碰见一个叫许桓才的,别忘了替我道声歉,其实在内心深处,我一直很在乎他——曾经同桌的你!

感恩心语

在年少不更事的时候,我不允许自己的友谊有任何瑕疵。面对"猫眼"在危险面前的抱头鼠窜,我始终耿耿于怀。当我终于宽容了"猫眼",认识到每个人都有缺点和不足的时候,我却找不到"猫眼"了。

永远的 305

沫舞咪

千万不要忘记分开以后,我们仍会相聚。也许在下一个路口的转弯处,我们便会擦肩,许下永远承诺的我们,都不会忘记曾经挚爱的305。

——题记

花开花落,终有离别。我从不觉得时间飞逝。直到今天,才忽然想让它停止,永远永远地在此刻止步,让画面在此刻,永远永远地定格。

我至今仍依稀记得,大家刚刚来的时候,彼此还没了解,便住进了那小小的305宿舍。刚一开始的时候,大家都不冷不热地各自生活着。没有太多的语言、太多的热情,就像一杯温白开水,平淡而又无味。但随着时间的流动,已经有了一颗叫友情的种子,悄悄地藏进了每一个人的心里暗自生长,慢慢地扎下了深深的根,长成了参天大树。

我们开始习惯了一起上学,一起吃饭,一起聊天。我们一起在那一个小小的宿舍之中度过了最美好的两年半时光,在生命里留下了一朵最绚烂的记忆之花。在这小小的305,我们曾因为一个小小的笑话而全宿舍一起捧腹大笑;曾因为班里一件小小的事情而全宿舍在一块八卦。在外人看来,我们疯疯癫癫,全不正经,但我们彼此快乐着;彼此在彼此的生命里谱写出一首最悦耳的友谊之歌。

虽然我们曾有过钩心斗角,几个人讨厌着几个人;虽然我们曾有过吵吵骂骂,几个人与几个人背后的暗骂,但那似乎已消逝了,成为了永久的过去时,现在此刻的我们,只想用一颗最真的心,好好守住那份属于我们的美好。

今天,我们将要分开了,我们用彩色笔开始在每个人的床板上写下我们彼此对对方的祝愿。也许有些疯狂、也许那是不对的,但我们还是做了,张狂娟秀的字迹布满了我们的床板,占据了我们的心。

回过头来看看自己的床板,那大大小小的字迹早已写满了一整张床板。看,那是"超超"的字,是那个心思缜密的冯超写下的,字里行间透出不舍的情愫;那一片是"暖姐"的,是那个可亲可爱的王春暖写下的,字字句句都充满着温暖的安慰;那一行是"角哥"的,是那个蕙质兰心的王锐敏下铺的,个性张狂的字迹中有着太多太多的祝福;那一小块则是"yellow"的,是那个满腹才情的黄诗倩写下铺的,那与"角哥"一般张狂的字迹有着太多太多的鼓励;那几句则是"F"的字迹,是那个有点神经大条的陈秋帆写下的,有一点不舍,有一点感动;那两行一上一下的则是"奶奶"的,是那个无论何时都不轻易落泪的劳健妍写下的,有一点搞笑,有一点安慰;那几行是"美哥"的,那个十分刻苦的吴月美写下的,有一种激励的鼓舞;最后那里则是"松鼠"的,那个勤快的吴悦盈写下的,有一种伤感,一种悲愁。

"我们来唱舍歌好不好!"诗情大声提议,我们点了点头。张开了嘴唱了起来,唱着唱着,我的眼眶有些湿润。我夺门而出,来到洗手间将眼镜摘下,慢慢地将泪水拭去了。再度进去的时候,她们开始用手机录像了。到暖姐的时候,她的声音有些哽咽,她脸上强装的笑脸,早已落下了两滴泪花。慢慢地到了我了,面对着镜头的我,什么也说不出口,在她们的要求下,我开始哽咽地说:"我是吴咪,我是305的8号床……",后面的话,我已经泣不成声了。

最后,我们哭了,因为再也忍不住了。我们相互为彼此拭擦着眼泪,相互安慰着彼此,以后也会相见! 我们拍了很多张照片,但时间却不会因画面而静止。我们约好了要去吃大餐、买舍服,十年,二十年的相见……

人生,是有太多太多的离别。但,只要心中永远存着那美好的记忆,那就是永远。分别后的我们,都挚爱着305,永远地,挚爱一辈子。

❧ 感恩心语 ❧

不管走到哪里,我们总记着自己大学时代的同伴,那些可亲可爱的室友。虽然有过不愉快,然而,我们记住更多的是快乐;虽然有过钩心斗角,但是我们记住更多的是团结。在人生中最美好的时光,感谢有你们一起走过。

让友情穿越一个迷茫冬季

一路花开

秋

物理课上,正当我被玄乎至极的相对论吸引得忘乎所以时,辛小歌忽然猛拍我的肩膀:"小子,你有没有想过一个问题?这可是很多学者都容易忽视的一个问题!"

辛小歌故作高深的模样,让我产生了好奇:"你说,哪个问题?""傻啊,当然是关于这些伟人的爱情问题啦。譬如,举一个最简单的例子,你知道爱因斯坦最喜欢的人是谁吗?"辛小歌这个绝对八卦的问题,真把我给难住了。

辛小歌得意至极,在课后挨个挨个地询问。所有人眉头紧蹙,都不知道这个伟大人物最喜欢的人到底是谁。辛小歌在一片嚷嚷声中道出了答案:"爱因斯坦,爱因斯坦,那他最喜欢的人一定是因斯坦啦!人家都在名字里告诉你们他最喜欢的人是因斯坦了,你们还问,真笨!"

结果,自以为聪明绝顶的辛小歌被全班同学冷落了整整一下午。她在后面一个劲儿念叨:"小子,你也不理大姐了吗?我可是比窦娥还冤啊!"

辛小歌的乐观情绪已经到了无以复加的地步。每次恶作剧后,不管我们如何攻击她、冷落她,甚至是侮辱她,都无济于事。她总是咧着嘴巴,像拍牙膏广告的那些明星一样,露出一排洁白的牙齿,嬉笑着说:"来吧,来吧,高尔基说了,让暴风雨来得更猛烈些吧!"

不过,近些日子,辛小歌似乎变成了另外一人。她很少说话,耷拉着脑袋,偶尔碰到老师提问也是心不在焉。就算讲到爱迪生,她也不再兴奋异常地问我爱迪生最爱的人到底是谁。我心里犯了嘀咕,辛小歌的乐天情绪是不是也已经进入了叶落风尘的秋季?

傍晚放学,我骑自行车跟在辛小歌身后,一遍又一遍地问她:"小歌同志啊,我作为全班少先队员的代表来问你,最近到底发生了什么事儿?"

辛小歌不理我,把自行车蹬得呜呜作响。街道上车水马龙,人潮汹涌,我再不敢招惹她。万一她真有个三长两短的话,那我剩下的这几十年就得由寒窗苦读换成铁窗含泪了。

"辛小歌,你慢点儿,我决定不追你了!"任凭我把嗓子喊哑,辛小歌也没有半点减速的意思。斑马线上的同学齐齐回头看我:"你何时喜欢上辛小歌的?你可真够勇敢的!大街上也能这么直白?"

我差点喷血。辛小歌啊辛小歌,我的万世英名,就这么让你给葬送了。

冬

关于我在马路上狂追辛小歌的传言,终于在第一场冬雪后平息。

谣言不但泛滥得神乎其神,还添加了不少韩剧的情节。同桌一本正经地问我:"小子,真看不出来啊,你受外国思想的毒害这么严重!"

面对这样的传闻,我和辛小歌都已经习惯了沉默。起初,兴许我会打趣地说:"哪里,哪里,绝对是狗仔队的绯闻,稍后我的经纪人会替我澄清的。"可后来,我再也不这样了。因为我发现,以玩笑对待传言,犹如火上浇油。

更让人难以想象的是,一向英明神武的班主任,竟然对这样不着边际的传闻起了疑心,先后找我和辛小歌谈了几次话,语重心长地说:"你们两个啊,平时得注意自己的言行。既然是班委,就得做好表率嘛。"

我欲哭无泪。最让我惋惜的是,辛小歌为了平息流言,竟然放弃了我和她的纯真友谊。她在我的外语课本里夹了一张惨白的字条,上面赫然写着:"以后咱们还是不要说话了吧,我不想再让其他同学误会。想想,你成绩那么差,我怎么可能喜欢你?"

辛小歌以近视为由,调到了前排。我与她的友谊,如同这个季节的温度一般,直线下降。兴许,我该更为决绝一点,用彼人之道还施彼人之身的方法给辛小歌写去一张字条,郑重其事地告诉她:"我也不可能喜欢上你这个刁蛮任性的丑八怪!"

我始终没有那样做。不论怎样,我都珍惜我和辛小歌曾经的那份友谊。即便我们从此再不能做朋友,可我还是希望她能一如从前地开朗。

辛小歌坐进了班里的黄金地段。周围不是科代表就是老师的重点培养对象。她是该坐进这样的位置的,她成绩那么优秀,怎么能坐到一个名次倒数的男生后面呢?

我开始有些懊恼,为辛小歌的世俗。但这又能怎样?

春

刚开学,我便收到了一张莫名的字条。淡蓝的笔迹,字体俨然是辛小歌的风格:"我断定你一辈子都只能倒数!窝囊废!"

虽然,这张字条上没有明文写着我的名字,但我似乎就是确定,这张字条绝对是辛小歌给我的。我眼里蓄着委屈的热泪,努力睁大了眼睛,不让它们掉落出来。此刻,辛小歌在前排人才济济的战营里谈笑风生,眉宇间充满了趾高气扬。

我开始了昏天黑地的苦读。我想,在过期的友谊和受损的尊严之间,我该作一次重大抉择。我选了后者。至少,我不想让所有"人才战营"里的成员们看扁。

在这一个万物复苏的时节,我的名次如同风中春笋般,细致而又艰难地向上攀缘。我习惯了晚睡早起的生活,习惯了题海战术,甚至习惯了周围一切堕落同学的冷嘲热讽。我心里聚集一团愈渐热烈的火,只有这种一刻不息的奔跑才能让它获得片刻解脱。

周考、月考、期中考,我亲眼看着自己的名字,一点一点地向着辛小歌的名字浮动。我买了许多习题册,没日没夜地在草稿上演练。我的目的很简单:我只想有一天,辛小歌恭敬地捧着一道无法解开的题目前来找我。那么,我便可以痛痛快快地对她说上一句:"这种题目你都不会解?你真是个窝囊废!"

事实上,直到我的名字越过辛小歌的肩头,她都不曾主动跟我说过半句话。我的课桌里堆满了年级颁发的奖品。我有些忧伤。如果是去年夏天,辛小歌一定会不由分说强盗似的将它们掳去大半。而现在,我们早已各自丧失了这种分享快乐的能力。

春末的清晨,当我打开外语课本朗读时,从翻飞的书页里忽然掉出一张喜庆的贺卡。贺卡上,依旧是淡蓝的笔迹:"小子,生日快乐!你中计了!"

我恍然大悟。原来辛小歌一直记得我的生日,一直在不远处默默地注视着我。

辛小歌在街上冲着我大喊"小子,慢点儿,我决定不再追你"的时候,我忽然有种措手不及的感动。身后,辛小歌正在急急赶来。我分明看到,有一滴名叫友情的热泪,轰隆隆地穿过了迷茫的冬季……

感恩心语

在迷茫的冬季,我以为自己失去了辛小歌的友谊,想不到的是,她却一直都在不远处默默地注视着我。直到看到辛小歌给我的生日贺卡,我才恍然大悟。

第七章

善心永驻：
感恩陌生人的帮助

陌生人对我们的帮助往往更令人记忆犹新，因为陌生、萍水相逢，以后交往甚至见面的机会几乎等于零，那么人与人之间的关爱更能突显出人性的善良。

人间情分

张曼娟

下着梅雨的季节,令人心浮动,生活烦躁起来。尤其是上下课时,捧抱着大叠教材讲义,站立在潮湿的街头,看着呼啸如流水奔涌的大小车辆,却拦不住一辆出租车;那份狼狈,无由地令人沮丧。

也是在这样绵绵密密、雨势不绝的午后,匆忙地赶赴学校。搭车之前,先寻觅一家书店,影印若干讲义给学生,因为时间的紧迫,我几乎是跑进去的,迅速将原稿递交从未谋面的年轻女店员。

那女孩有一双细白的手掌,铺好原稿,开动机器,她先影印了两张尺寸较小的,而后将两张影印稿并排成一大张。抬起头,她微笑地说:

"这样不必印八十张,只要四十张就够了。好不好?"

我诧异地看着她继续工作,复印机一阵又一阵的光亮闪动里,也诧异地看着她的美丽。

原本,她的五官平凡无奇,然而,此刻当我的心灵完全沉浸在这样宁谧的气氛中,她不再是个平凡女孩。

我看着她仔细地把每一张整齐裁开、叠好,装进袋子,连同原稿还给我。付出双倍劳力,却只换来一半的酬劳,她主动做了,还显得格外光彩。

离开的时候,我的脚步缓慢了些。焦躁的感觉,全消散在一位陌生人善意的温柔中。并且发现,即使行走在雨里,也可以是一种自在心情。

第二次去澎湖,不再有亢奋的热烈情绪,反而能在阳光海洋以外,见到更多更好的东西。

望安岛上任意放牧的牛群;刚从海中捞起的白色珊瑚,用指甲轻划,会发出"筝"的声响。夏日渡海,从望安到了将军屿,一个距离现代文明更远的地方。

有些废弃的房舍,仍保留着传统建筑,只是屋瓦和窗棂都绿草盈眼了。岛上看不见什么人,可以清晰听见鞋底与水泥地的摩擦,这是一个隔绝的世界呢!

转过一丛丛怒放的天人菊,在某个不起眼的墙角,我被一样事物惊住了——一具蓝色的公用电话。

不过是一具公用电话,市区里多得几乎感觉不到;然而,当我想到当初设置的计划,渡海前来装置、架接海底电缆……那么复杂庞大的工程,只为了让一个人传递他的平安或者思念,忍不住要为这样妥帖的心意而动容了。

一个月的大陆探亲之旅,到了后期已如残兵败将,恨不能丢盔弃甲。大城市的火车站规模不小,从下车的月台到出站,往往得上上下下攀爬许多阶梯,那些大小箱子早超过我们的负荷能力了。

那一次,在南方的城市,车站阶梯上,我们一步也走不动了,只好停下来喘息。一个年轻男子从我们身边走过,像其他旅客一样;而不同的是他注视着我们,并且也停下来。

"我来吧!"

他温和地说着,用卷起衣袖的手臂抬起大箱子,一直送到顶端。我们感激地向他道谢,他只笑一笑,很快地隐遁在人群中。

着白色衬衫的背影,笑容像学生般纯净,是我在那次旅行中,最美的印象了。

现代人因为寂寞的缘故,特别热衷于"谈"情"说"爱;然而又因为吝啬的缘故,情与爱都构筑在薄弱的基础上。

有时候,承受陌生人的好意,也会忍不住自问,我曾经替不相干的旁人做过什么事?

感恩心语

人与世界的诸多联系,其实常常是与陌生人的交接,而对于这些人,无欲无求,反而能够表现出真正的善意。

每一次照面,都是最珍贵而美丽的人间情分。

分享营火

周静嫣　编译

那男子在深夜里偶然遇到了约翰燃起的营火,他看来又冷又累,约翰知道他的感受如何。约翰自己正在旅途中,他离开家出去寻找工作已经一个月了,他要赚钱寄给正衣食无着的家人。

约翰以为这人不过是一个和自己一样因经济不景气而潦倒的人。或许这人就像他一样,不断地偷搭载货的火车,想找份工作。

约翰邀请这位陌生人来分享他燃起的营火,这人点头向约翰表示感谢,然后在火堆旁躺了下来。

起风了,令人战栗的寒风。那人开始颤抖,其实他躺在离火很近的地方。约翰知道这人单薄的夹克无法御寒,所以约翰带他到附近的火车调车场,他们发现了一个空的货车车厢里刮不进风。

过了一会儿,那人不抖了,他开始和约翰说话,说他不应该在这里,说他家里有柔软舒适的床,床上有温暖的毯子等着他,他的房子有 20 个房间。

约翰为那人感到难过,因为他杜撰温暖、美好的幻想中的生活。但处在这样艰难的境地,幻想是可以原谅的,所以约翰耐心地听着。

那人从约翰的表情中知道他并不相信他的故事,"我不是无家可归的流浪汉。"他说。

或许那人曾经富有过,约翰想着。他的夹克,现在是又脏又破,不过也许曾是昂贵的。

那人又开始发抖了,冷风吹得更猛了,从货车车厢的木板缝隙里钻进来。约翰想带那人寻找更温暖的过夜的地方,但当他把车厢门拉开,向外看时,除了飞扬的雪花外,什么也看不见。

离开车厢太危险了,约翰又坐下来,耳畔是呼呼的风声。那人躺在车厢的角落里,颤抖使他无法入眠。当约翰看着那人时,他想起妻子和三个儿子。当他离开家时,家里的暖气已经拒绝供暖了。他们是否也和这人一样在颤抖着呢?然后约翰发现这人并不是孤单一人在车厢黑暗的角落里。约翰看到自己的妻子和儿子在那里,同那陌生人一样在颤抖。他也看到了他自己,以及所有其他自己认识的人、无钱料理自己家人的朋友们。

约翰想要脱下自己的外套,把它盖在陌生人的身上,但他努力尝试从心中摆脱这样的念头。他知道他的外套是他仅有的可以让他不至于冻死的"救命稻草"。

然而他仍在那陌生人的身上看到他的家人的影子,他无法摆脱给那人盖上自己衣服的念头。风在车厢的四周怒吼着,约翰脱下他的外套,盖在那人身上,然后在他身旁躺下。

约翰等待着暴风雪过去的同时,一阵阵寒意侵入他的体内。过了一会儿,他不再觉得冷了。起先,他还很享受那股温暖。但是,当他的手指无法动弹时,他才知道他的身体正被冻僵。一阵白色的薄雾升上他的心头,意识渐渐模糊。终于,他进入奇特而舒适的睡梦中……

当那人醒来的时候,他看到约翰躺着不动。他担心约翰已经死了,他开始摇他。"你还好吗?"那人问,"你的家人住在哪里? 我可以打电话给谁?"约翰的眼前罩着雾气。他想要回答,但嘴巴却说不出话。

那人寻遍约翰的口袋,终于找到了约翰的皮夹。打开来,他找到约翰的姓名、地址和他家人的相片。

"我去找人帮忙。"他说。那人打开车厢门,阳光照进车厢里。那人走远了,约翰隐隐地听到他踩过新雪的声音。

约翰孤独地躺在车厢里,睡睡醒醒。他的手、脚和鼻子都冻伤了。不过那个人把约翰的外套留了下来,外套让约翰渐渐暖和过来。火车开始移动,不知道时间过去了多久,火车的摇晃把他惊醒了。

火车停了。火车站的工作人员发现他躺在车厢里,于是把他带到附近的医院。

冻伤使他失去了部分的鼻子,也失去了手指尖和脚趾尖。但更深的痛苦却是他失去了尊严。他怎么能带着医院的账单回家去,而不是带着薪水回去,给家人的餐桌带点食物呢?

他为一个陌生人舍弃他的外套;他冒着生命的危险,只为让另一个人能活下去。而他的妻子和三个孩子现在却必须为他的行为受苦。但是他也不会做出别的选择,他这么对自己说。

他感觉对不起家人,痊愈后,过了一个多星期还不敢打电话给妻子。一个星期日的早晨,他终于忍不住煎熬,拨通了家里的电话。他的妻子听到他的声音激动得不得了。她告诉约翰前些天发生的一件不寻常的事。她说,来了一位陌生人,把一张4万元的支票放在她的手里。那人要她让孩子们吃饱、穿暖。约翰听到这些,明白了为什么自己要把外套给陌生人。他清楚地看见了人与人之间的关联。

"约翰,你认识这个人吗?"妻子问。

"是的,"他回答,"我们共享过一堆营火。"

༒ 感恩心语 ༒

善心必有善报。人性中的怜悯往往令人们施恩于陌生人,只是觉得应当这样做,并不图求什么。落魄凄惨的约翰生起一堆营火取暖,一个看起来同样失意的陌生男子加入了其中。为了让他可以感觉暖和些,他们睡到了货车车厢里。虽然那里也同样寒冷。在寒冷中,男子颤抖着,如约翰的妻子和孩子们,约翰舍弃了自己的外套披在男子的身上,妻子和孩子们应该暖和些了吧,约翰心里也很暖。虽然知道这样做的结果是他可能被冻死,却依然义无反顾。

冻伤不算什么,医院的账单让他愧对家人。然而一笔意外的财富给了约翰及其一家极大的惊喜。一堆取暖的营火,一件寒冷中抵命的外套,一张4万元的支票,它们在人与人之间的关联中交替着,传递着一种人性的关怀。

意外的鲜花

佚名

弗兰克在市中心上班,住所在幽静的郊区。每天下班,都需要穿越拥挤的城市。这天是周末,交通拥堵持续了很长时间。弗兰克的车像蜗牛一样在拥挤的车潮中缓缓移动,他想着还要赶回去和妻子一起庆祝结婚周年纪念,心急如焚,觉得红绿灯的等候时间都比以往要长。

在经过一个路口时,弗兰克又碰上了一个红灯。正在焦急地等待时,一个衣衫褴褛的小男孩敲着车窗,怯生生地问:"您好先生,请问您要不要买花?有各种颜色和各种不一样的鲜花。您买一束吧?"

弗兰克心想:"刚好下班的时候没来得及买花送给妻子,趁红灯还没变绿灯,赶紧买一束得了。"于是,他摇下车窗,问小男孩一束花多少钱,小男孩说:"一束花只要五块钱。"弗兰克掏出五元美金,递给了小男孩。小男孩正问他需要什么颜色的花时,红灯已经变成了绿灯。前面的汽车和旁边的汽车纷纷启动，留下了弗兰克和他身后的汽车停滞不前。后面汽车里的司机猛按喇叭，催促他快点通过红绿灯。

弗兰克心中也感到十分焦急，看到小男孩还在帮他匆匆忙忙地选花，便粗暴地对男孩说："随便什么颜色都可以，你只要快一点就好。"

那男孩递给他一束鲜红的玫瑰，十分礼貌地说："谢谢您，先生。"

往前开了一段路后，弗兰克在汽车后视镜里看到小男孩单薄的身影在车海中穿行，感觉良心有些不安，他想："我刚才对男孩那么粗暴无礼，真是不应该。在这么拥堵的地方卖花，本来就已经是很危险了，说不定他家里出了什么事。而且，我凶巴巴地对他吼，他一点都不生气，还非常有礼貌地对待我，我这个成年男人真是太没有爱心和风度了。"

想到这儿，他把车停在路边，下车后穿行过斑马线，回头走向小男孩。男孩看到刚才买花的先生向他走来，依旧微笑着有礼貌地问道："您好先生，请问您还有什么需要吗？"弗兰克摸摸他的头，对他说："刚才我对你那么凶，真是对不起。"然后，从口袋里又掏出五元美金，说："我再买一束花，但是不是给我买，而是给你买的。我希望你能把这束花送给你喜欢的人。"小男孩听他这么说，大眼睛变得更亮了。他很高兴地对弗兰克说："先生，你真是太好了，我谢谢您！"说着，接受了弗兰克的好意。

弗兰克回到车里，想继续赶路，可是他发现，车子怎么也发动不起来，应该是什么地方出现故障了。一阵忙乱之后，他决定步行去找拖车帮忙。正在脑海中思索哪里有拖车公司时，一辆拖车已经从后面驶来。他大为惊讶，心想怎么可能这么巧，赶紧下车招呼拖车司机。长得五大三粗的拖车司机笑着对他说，刚才有一个卖花的小男孩给了我十元美金，要他开过来帮助弗兰克，并且还写了一张纸条，要他转交给汽车坏在路上的这位先生。弗兰克把纸条打开一看，上面写着："好心的先生，这代表一束鲜花。"

∽◎ 感恩心语 ◎∽

立即表达心中的想法，勇于认错才是真正的勇者，这份勇敢和善意往往能得到立即的回报，事实上，内心的释怀和感恩才是最好的报答。

来自陌生人的感动

佚名

那年秋天，我把考得乱七八糟的成绩单放进了年迈的父亲手中，然后眼泪在角落滴答而下。父亲没有对我说什么，用他的手抚摸了一下我的长发，接着继续抽他的烟，一口一口，吸得很凶。

第二天，我从母亲处拿走了1000元，踏上了北上的火车，没有目的地，一路游荡，钱花光了就狼狈地回家。

我买了软卧的票，准备好好地睡上一觉，醒来就下车。偌大的包厢里只有孤零零的我。

车到一个小站停下的时候，包厢里来了一个人，一个男人，高高大大，凶巴巴，年轻，但是满脸横肉。虽说我从小就走南闯北，但心底也不由倒吸了一口冷气。

那男人的话很多，很容易让人联想到《大话西游》里那个唧唧喳喳到小妖吐血而亡的唐三藏。他应该是一个北方人，因为南方的男人一般都细腻得很，不似他那样，老是把嘴巴凑到我的跟前，用这一口标准的普通话说："你好，我叫刘小根，你叫我小根得了，你叫什么呢？"雪白的牙齿却会让人联想到食肉的狼口。

我礼貌地敷衍着。

他接着拿出两瓶"雪碧"，替我拉开了铁环，递给了我，很热情地说："给，有缘啊，我请你。"我摇了摇头。他拼命地把饮料往我的怀里塞，不容推却，我只能接过来，放在了桌子上。报纸杂志上那种依靠迷药饮料而劫财劫色的事情早就屡见不鲜了，本小姐才不会上当呢！他一直眯着他的小眼睛，找我套话般的聊天，包括问我家住哪？家里有什么人？我有一句没一句地选择回答着，有的时候干脆不理他的搭话。我像防备着侵略者那样，在我的周围设置了一道刺猬般的防线。

夜幕，徐徐降临了，我的惶恐也尾随而至。关上包厢的门就是一个封闭的小世界，漫长的夜我该怎么防备他呢？他脱去了他的外套，里面只剩下一件白色的背心，他身上的肌肉也若隐若现了。他急匆匆地上了厕所后，冲我"憨厚"地笑了笑，说："睡了，晚安！"然后上了床。我偷偷地跑到过道上，对一个乘务员说："能不能帮我换一个床铺，里面是一个男人。"那个睡眼惺忪的乘务员很不耐烦地走了，丢下我一个人无助地僵在了那里。我只能硬着头皮回到了包厢，意外的是那个男人竟然起了床，他冲我笑了笑，说："睡不着，记得刚才遇到一个老乡，我过去和他聊个通宵，你一个人睡吧，记得锁紧门。"我冷漠地说："哦。"我紧紧地锁紧了包厢的门，把自己关在温暖的天地里做了一个好梦。

清晨，打开包厢的门，我发现那个男人两眼通红地坐在包厢门前的过道上。原来，他听到了我和乘务员的谈话，就在门外像个卫兵那样替我守护了一夜。脆弱的我开始细细打量起眼前这个外表凶巴巴而内心像雷锋一样的男人，感动在一刹那萌生。

感恩心语

穿过两千年的沧桑，重温先哲孟子的"性善论"。他摇旗呐喊："人之就善，犹水之就下也。"这是说，人心生来就是向善的，就好比水向低处流那样自然。

记住，远方有善良的陌生人为你守候，既然命运安排让我们相遇，就让我们走得近一些，再近一些。

你需要帮助吗

佚名

从公寓到公司去，哈克勒路是我的必经之路。在唯一的公交站牌前，我总是能看到一个瘦小的丹麦男人，他顶着一头蓬乱的亚麻色头发，每天都坐在那里。显得很安静，身前，放着一块木头牌子。因为每次过得匆忙，车子行驶过去，看不清楚上面的字。

我的丹麦同事劳普告诉我，那个瘦小的丹麦男人叫哈姆，四十多岁。他就是哥本哈根人，不过，他是个盲人。这里很多人都认识他。

我一直认为，就算是盲人，在丹麦，也比别的国家的盲人更有福气，因为北欧国家著名的社会福利保障体系，可以让他们安心地做"大爷"。事实上，丹麦许多残疾人士也正是这么做的，他们拿到的社会福利金比一般丹麦人的税后工资还要高。这可以让他们雇佣保姆，养导盲犬，甚至政府还会委派专业的机构和人员，去为他们服务。所以听说哈姆是盲人，我就有些不屑，又多点不解。既然是政府全方位照顾的大爷，他干吗每天坐在公交站牌那里，难道实在是闲得无聊？

在好奇心的驱使下，周末休息的时候，我早早起来出了公寓，向哈克勒路的公交站牌那里走去。

哈姆果然还坐在那里，坐得笔直，似乎一个骄傲的国王。他身前的牌子也放在老地方。周围，有等车的人，似乎见怪不怪，有的还愉快地跟哈姆打着招呼。

我加快步伐走过去，想绕到他前面，看看牌子上究竟写些什么。可是哈姆长年生活在黑暗里锻炼出来的灵敏听觉，马上发现了我的靠近。他摸索着站起来，凭声音判断我的方向，他说："先生，你有什么需要我帮助的吗？"

哈姆的问话,让我觉得诧异,我心里暗自好笑。哈姆这样的盲人,能够帮助我做些什么呢? 莫非他是个守财奴,除了政府福利外,还自己干些活计来增加收入吗?

我的沉默让哈姆的脸上带了一些焦虑,他着急地问我:"先生,你是不是遇到了什么事情?""那是个亚洲人,哈姆。"他的身后,有人告诉哈姆我的身份。听到这个,哈姆的脸上竟然露出了喜悦的神色,他摸索着走到我的面前,伸手抓住了我的手:"你是亚洲人吗? 太好了,太好了。我听说你们那里有种传统的按摩,能帮助人缓解痛苦呢。""抱歉,我不会。"我好奇地打量着他,莫非他还有其他的疾病。

哈姆神色变得黯淡起来,然后悻悻地说:"那算了,不过先生,你能帮我寻找一下那种资料吗? 我想我十分需要。"

哈姆放开手,我"嗯"了一声,算是敷衍。然后侧过脸去看他摆在地上的牌子。与他的问话一样,上面用丹麦文和英文写着——你需要帮助吗? 找我!

谁需要一个盲人的帮助? 我觉得哈姆的做法简直是个玩笑,于是寒暄两句后离开了。

再回公司的时候,我向丹麦的同事们提出了我的疑问,他们面面相觑,大笑起来,笑得我摸不着头脑。

劳普忽然看着我,认真地说:"你真的能弄到那些资料吗? 如果可以的话,请你帮忙弄一份,送给哈姆。"

"为什么?"我对他们的反常迷惑起来,平素里,他们提起这些"大爷"们都是很气愤的。劳普的脸上现出了尊重的神色:"不因为什么,只是哈姆从 20 年前开始,就义务地帮助其他人,我们大家都接受过他的帮助。他会帮别人带路,整理房间,在你没有时间的时候帮你看护宠物或者看家。从来没有收取过任何费用,甚至不让别人说一声谢谢。那样他会很生气。"

我的兴趣被劳普的话再次激发出来。劳普说:"哈姆偶然听说过,亚洲,或者你们中国有种按摩,他们这样的盲人可以学,他也找很多人问过,想托在丹麦工作的亚洲人找到这些资料,他说那样他可以帮助更多人解决疲劳。"

我再去找哈姆的时候,便带去了一套音像资料,我想这对他会有些帮助。当然,我最想弄清楚的是一件事情,那就是为什么他不让别人说谢谢,在得到资料的时候也不对我说谢谢。

哈姆给我的回答是,其实从自己很小开始,就受到别人的照顾和帮助。偶尔,他也能帮助和照顾到别人。他认为,世界上没有人不需要帮助,既然每个人都需要别人的帮助,那么理所当然,每个人都应该帮助别人。

现在,我每天路过公交站牌的时候,都会和哈姆打个招呼。

在家人的帮助下,哈姆已经掌握了一些基本的按摩手法。也有很多人,接受过哈姆的按摩治疗。

"你需要帮助吗?"每当我看到哈姆的时候,就会想起这句话,想起去问每一个我见到的人。

感恩心语

"世界上没有人不需要帮助,既然每个人都需要别人的帮助,那么理所当然,每个人都应该帮助别人。"盲人哈姆把助人当作了自己的工作,尽管他所能解决的问题都是些细微的,但对于真正需要帮助的人来说,同样是雪中送炭。

哈姆是一个心富翁,他把这些年来人们对他的帮助回馈给更多的人,将爱回报、传承着。哈姆的所作所为深深感染了"我",同样让"我"成为一个心富翁。

现代社会,人与人之间游离、戒备,都伏在一个保护自己的盔甲里,无疑,我们需要更多的心富翁。

暖冬的回忆

佚名

第一次来到这个城市，是在冬季里一个雪后的黄昏。

那一年我 16 岁。当其他同龄的女孩子还在暖洋洋的教室里看书或者做白日梦的时候，我已经带着盛满孤独无助的行李走过好几个冬天了。

一个星期之前，我被那家小旅馆的老板娘辞退了，原因是她无法容忍我在半夜值班的时候看书，尽管走廊里的灯是通宵亮着的。关系不错的一女孩介绍我到这个城市来，并给了我她表姐的通讯地址，她说这个城市一定会收容我。

这个城市也许是真愿收容我的，可是她收容我的方式未免太霸道了。下火车以后我才发现，我兜里的钱包不知什么时候被人偷走了，那里有我几个月打工攒下的全部积蓄，也有朋友写给我的通讯地址。我踩着满地积雪，在这个陌生城市的陌生街道上漫无目的地游荡。天越来越黑，空气也越来越冷，白天已经渐渐融化的积雪又在寒风中慢慢地结冰。我想起卖火柴的小女孩就是在冬夜里被冻死了，而我的情形还不如她，身上连一根火柴都没有。最后，我实在走不动了，就朝离自己最近的一处灯光挣扎过去。

那是一家小酒店。

我进门的时候，一个年轻的伙计正准备打烊，几张木桌围拢在屋中央一个小小的炭火炉四周，那小伙子用火钩挑起炉盖，要把炉火封死，听见门响一回头，就看见了我。我的脸僵硬得张不开嘴说话，只顾站在门口，贪婪地捕捉着从四面八方朝我拥来棉团般的热气，而他显然对一个女孩子深夜孤身走进来有点意外，一时怔在了火炉边。过了好久，他问我："要吃饭吗？"

我摇摇头。我说我只是太冷，如果他不介意的话，我只想在屋里站一会儿就走。

我等着他告诉我小店已经下班了，让我赶紧离开，可他什么也没说。他回过头去，放下手里的火钩和炉盖，歪着头想了一想，拿起旁边一把火铲，铲了几块大炭倒进炉子里，把一只烧水的大壶放在炉子上。"那就坐下吧。"他说，"我们这儿不关门，你坐多久都行。"壶里的水很快就开了，壶盖被水汽顶得突突直响。那小伙子从柜台里一道门帘后面匆匆走出来，拿着一个大搪瓷缸子，把它放在我面前的小桌子上。我忙说我不渴，他抬头看了我一眼，说："喝水不要钱。"

他看上去比我大不了多少，我不明白他怎么会一眼就看穿了我的窘迫。那一瞬间，我本能地想起身逃跑——被一个比自己大不了多少的男孩子可怜的滋味并不好受，可是这间小屋实在太温暖了，暖到我宁愿忍受被别人可怜。我不吭声了，任凭他给我倒上水，用双手小心地捧住那个搪瓷缸子，感受着热力从水里流出来，一丝丝地渗透我全身。我并不想掉眼泪，从很久之前我就发誓再也不流泪了，可有时眼泪不肯顺从我的意愿——它们一定是在外面冻成了冰，却在小屋的暖气中融化了，还没来得及被我收拾起就变成水流下来。我低下头，看着自己的泪一滴一滴地落下去，落在缸子里，落在木桌上，不愿抬手去擦，怕他看见我在可怜地哭，他却转身离开了。

过了好久，他又从帘子后面走出来。我刚把脸埋在胳膊里擦掉眼泪，看见他端来两个盘子，放在我面前。"忙了一晚上，我还没吃饭呢。"他很随意地说，"一起吃点吧。"

我没动。

"这个店是我家开的，我也算老板了，咱们就算交个朋友，你要是不见外，就当我请朋友一起吃夜宵好不好？"他说着，把一双筷子递过来，"这些菜都是我妈做的，随便吃点，别客气。"

我抬起头盯了他一眼。说真的，我并不相信他，他实在过于好心了，我不相信我真能碰上这样的好人。也许他另有所图，我想。这样的怀疑倒让我莫名其妙地心安理得起来，我接过筷子，一声不响地开始吃,边吃边等着他提出问题,比如我从哪儿来,到哪儿去,今年多大,准备在这里待多久,甚至想到了如果他敢对我有什么不良企图该怎么反抗。他却始终不说一句话,有一搭没一搭地挑几根菜放到嘴里,实际上是一直陪着我吃,等我吃完就把碗碟收走了。那会儿我突然盼着他跟我聊点什么,他却拿了本书坐柜台里,对我说:"你坐着歇会儿吧。我明天还得考试,不陪你说话了。"

接下来的几个小时,我们再也没说过一句话。他坐在那儿捧着书聚精会神地看,过上一会就走到炉边往壶里添水,而我渐渐消除了戒备和敌意,又因为实在走得太累,竟然伏在桌上睡着了。有一会儿隐隐听见有人说话,是那小伙子和一个女人的声音,很低很柔和,说了些什么却听不清楚,就在离我很远的地方断断续续细细碎碎地持续着,汇进我的梦里,让我恍恍惚惚地想起在家时一些安静的夜晚,听见轻声慢语地跟爸爸说些平常而琐碎的话题。后来我看见了她的脸,一张和蔼慈祥的脸,在梦里,她把一件大衣披在我身上,对我笑了笑,轻声说:"睡吧。"

醒来的时候,天刚蒙蒙亮。我直起身,发现自己肩上真的披着一件厚厚的军大衣,而且面前摆着一个盘子,里面是几个包子和两个煮熟的鸡蛋。我觉得自己可能还没睡醒。我伸手拽了拽大衣,又碰了碰眼前的盘子,以为它会像神话里出现在卖火柴小姑娘面前的烤鹅和圣诞树一样,转眼就消失了,可它们并没消失。周围安安静静的,那小伙子伏在柜台上睡着了,炉火却没灭,壶里的水还在突突冒着热气。自尊心和生存需要在我脑子里你来我往地争斗了半天,最终还是自尊心败下阵来。我吃掉了那个温热的包子,把鸡蛋揣进口袋里,在一张纸上写了"谢谢"两个字,连同那件大衣一起小心放在柜台上,然后离开了依然温暖的小店。

那个白天,我顺利得如有神助似的找到了一份工资很低,但足以让我暂时维持生存的工作。

我后来就留在了这座城市。

几年过去,当我终于安定下来,自信不会再向人流露出可怜目光的时候,我曾经试图去寻找那家小店。可是,几年中的城市面貌已经有很大变化,而我对当年走过的街道本来就很模糊,加上那种不起眼的小店实在太多太多了,所以始终没能找到它。

我常常想起那个夜晚,想起那间暖洋洋的小店铺,想起那个善解人意的小伙子,毫无所求地帮助了一个孤独的女孩,却还要小心翼翼维护着她那幼稚的自尊心。想的时候会像那晚一样,有种想掉泪的感觉。

有天跟一位朋友谈起这段往事,他告诉我,那一年的冬天下过好几场大雪,是这个城市近十几年中最冷的一个冬天。我说我没觉得。在我的记忆里,那个冬天始终跟那个小店的灯光、那熊熊燃烧的炭火炉、那坐在炉子上突突冒气的水壶和那只大大的搪瓷缸子联系在一起,我想,那是我有生以来感觉最暖的一个冬季。

感恩心语

人们的心中总是会有一些美好的回忆,然而,这种回忆却很少是与陌生人有关的。因为心灵的封闭,使得很多人对身边的陌生人视而不见。

然而,在一个陌生的城市里,一个16岁的小女孩,却从一个素昧平生的男孩子那里感受到了人间的温暖。女孩的生活也许从此改变了轨道,至少在她的心中,会留下一段美好的回忆——关于那个冬天的回忆。

我总是依靠陌生人的善意

严歌苓

我身无分文地出了门。那是一月的芝加哥,北风刮得紧,回去取钱便要顶风跋涉半小时,无疑是会耽误上课的。

这时我已在地铁入口，心想不如就做个赤贫和魅力的测验，看看我空口无凭能打动谁，让我蹭得上车坐、赊得着饭吃。我唯一的担心是将使芝加哥身怀绝技的扒手们失望。

"蹭"上地铁相当顺利——守门的黑人女士听说我忘了带钱，五根一寸长的红指甲在下巴前面一摆，就放我进去了，还对着我的后脑勺说："要是我说'不'你就惨了！你该感谢上帝，我一天要说99个'不'才说一个'是'呢！"

她笑得很狰狞，像个刀下留人的刽子手。

12时59分下课，很想跟同学借点儿午餐钱，又怕他们从此跟我断绝来往。

开学那天，一个大龄男生借了一位女同学9块钱，下面就出现了一些议论，说他一共只有两件衬衫，写作业用的一台老爷电脑是夜里从马路上捡的，常常闹伤风，得用棉被捂上才有点功能。所以，我打消了借钱的念头，饿死也得为我们大龄同学争气。

所有同学都进了校内那个廉价餐厅，我只好去校外一家昂贵的意大利餐馆。

一个意大利小伙子过来在我膝盖上铺开又硬又白的餐巾。我点了鲜贝通心粉，吃最后几根时，我开始在心里排演了。吃不准笑容尺度，但是不笑是不可以的，人家小伙子忙了半天，至少该赚你一个笑容吧。我眼睛盯着账单，手装作漫不经心地在书包里摸那个丢在我卧室枕边的皮夹，然后我已经分不清是真慌张还是假慌张地站起来，浑身上下逐个掏口袋。"灾难啊！"我说，"我的钱包没了！"

小伙子瞪着我。他耐人寻味地看着我搜身，一遍又一遍，然后摇摇头表示遗憾："冬天穿得厚，扒手就方便了。"

我表示非常难过，如此白吃还吃得那么饱。他连说可以谅解，都是扒手的错。他拿了张纸，又递给我笔，请我留下地址和电话。

我说这就不必了，明天保证把饭钱补上，连同小费。可他还是坚持要了我的电话号码。

写完后我抬头笑笑，这一笑，魅力就发射得过分了，因为他的眼神一下子变得楚楚动人了，问："平时可以给你打电话吗？"我打着哈哈，说可以可以。

我打算徒步回家。

走在芝加哥下午3点的街道，风吹硬了街面上的残雪，每走一步都要消耗掉一根通心粉的热量。

很快，我放弃了步行，跳上一辆巴士。

一上车我就对司机说我没有钱，一个子儿也没有。司机点点头，将车停在一个路口，客客气气地请我下车。

我红着鼻头对他笑着说："明天补票不成吗？"他鄙夷地说："天天都碰上你这样的！来美国就为了到处揩美国的油！"我正要指出他的种族歧视苗头，一只皱巴巴的手伸到我面前——是个老头，怀抱一把破竖琴。他把手翻过来打开拳头，掌心有四枚硬币……付完车钱，我立刻拿出我那支值10块美金的圆珠笔，搁在他手里。他说："你开玩笑，我要笔干吗？"他摘下眼镜，给我看他的瞎眼。我问他在哪里卖艺，他说在公立图书馆门口，或在芝加哥河桥头。我说："明天我会把钱给你送过去……"他笑笑，回到自己的座位上。

下了巴士，离我住处还有五站地，我叫了辆计程车。司机是个锡克人，白色包头下是善良智慧的面孔。我老实交代，说钱包忘在家了，他微微一笑，点点头。到了我公寓楼下，请锡克司机稍等，我上楼取车钱。更大的灾难来了：我竟把钥匙也忘在了屋里。我敲开邻居的门。我和这女邻居见过几面，在电梯里谈过天气。女邻居隔着门上的安全链条打量我。我说就借10块钱，只借半小时，等找到公寓管理员拿到备用钥匙，立刻如数归还。

"汤姆!"女邻居朝屋内叫一声,出来一个6岁男孩。女邻居指着我说:"汤姆,这位女士说她住在我们楼上。你记得咱们有这个邻居吗?"小男孩茫然地摇头。

我空手下楼,带哭腔地笑着告诉锡克司机我的窘境,请他明天顺路来取车钱,反正我跑不了,他知道我的住处。他又是一笑,轻轻点头,古老的黑眼睛与我古老的黑眼睛最后对视一下,开车走了。

我想起田纳西·威廉姆斯的名剧《欲望号街车》中的一句台词:"我总是依靠陌生人的善意。"这句台词在美国红了至少30年。

∽ 感恩心语 ∽

在"我"把信任交给陌生人的同时,他们也把自己的信任交给了"我"。这是一个信任的置换。推动这个置换的动力是人性的善良、关爱、理解、尊重。这是一次非同寻常的行走,一次踏寻心灵的行走。

相信一回陌生人

冯敬兰

我女儿燕七是个特立独行的人,使我常常觉得鸿沟横在眼前,她的事情自己不说,我是从来不刨根问底的,更不会妄加干预。毕竟,我们成长的环境完全不一样,我是在纯精神的年代里树立的人生观,而她一懂事,就被滚滚而来的物质洪流裹在其中。时代的烙印如此不同,我们看人、处世、想问题,怎么会一样?譬如:你相信陌生人吗?

我的回答是,人性的堕落比比皆是,熟人都不可轻信何况陌生人?而燕七却不然。

有一次燕七在超市里买东西,排队结账时,她前面的一位中年妇女钱不够,很尴尬,正不知如何是好,燕七递过去50元,说:"阿姨您用吧。"那位中年妇女一定是头一回遇见这种人,不知其意,推却不接。可是,等待交款的队伍很长,她一个人的延误,已经让收银员不耐烦了,很快就会引来公愤。燕七说,您别介意,就当我是借给您的好了。中年妇女结完账出来,对燕七再三感谢,问了电话地址,说一定把钱还她。这件事燕七从没对我提过,直到一天我接了一个陌生女子的电话,她问,是不是燕七的家,我寄了一封信,里面有50块钱。她讲了事情原委,连声说您女儿真是个好孩子,这样的年轻人可不多见等等。我嘴上说,别客气,没有什么,碰到谁都会这样做。心里却想,不知燕七干过多少这等傻事?我没有收到这个陌生人的信,去物业一问,原来她的信来了好多天了。

我读了陌生人的来信,首先被那些朴实、平常的文字感动了。她说自己已经退休,丈夫是燃气公司的工人,"如果您家里的热水器有了毛病,一定别客气,我让他去修。"除了感谢还是感谢。这时我才知道,女儿一个善意的举动对人的心灵的影响有多么深刻。后来我问燕七,你给了她钱,就不怕人家不还?她说,我就没打算她还,不就50块钱吗?但是我相信人家一定会还的。妈妈在超市也会遇到这种情况,帮助那个阿姨就是帮助您。

燕七在报社工作,单位附近新设一报亭,她去买杂志,扔下一张百元大钞,说,别找了,我以后会经常买你的杂志,她不问报亭主人姓甚名谁,也没有留下自己的名字。以后有她需要的杂志来了,就径直取走。估计着钱剩下不多了,就再交一百元。她说,有时我问还有钱吗?人家答有呢有呢,还剩得多呢,有时就答:剩两毛了。我至今还没仔细算过账,而他也从不主动向我追要钱。一个互信的关系就这样简单地建立起来了。

燕七坚决不认为这是个人性堕落的年代,她执着地相信人性的善。她说她从来没有被骗过,也没有遇到过坏人。有一天晚上,燕七和朋友坐出租车去吃饭,这个马大哈把钱包丢在车里就下车了。他们在饭馆里坐了大约两个钟头的光景,没想到出租车司机又找来了。燕七看见司机手里拿着她的钱包非常惊讶,还不知道钱包没了,反正女孩子是不用买单的,司机不找上门,不知什么时候她才会惊呼:哇! 我的钱包没了! 她的钱包里有许多卡、证,还有1300块人民币,她当即取出300元送给司机。"司机坚决不要,我们争执了一会儿,最后我还是把钱塞进他的兜里。并且告诉他,我还会写表扬信送到他单位。"燕七说。

听完叙述始末,我的第一反应是:你干吗给他300块? 太多了! 燕七正色说道:"按照有关规定,对于拾金不昧者应该奖励金额的20%,1300块,我理应给他300块,如果我不给他钱,下次再有这种事情,他可能就不会这样做了。我这样做的目的就是要让这个司机对人性有信心。"当时听了燕七的话,我只能说,我真的很受教育。因为我从来没有这样去思考。

尽管我努力让自己跟上这个瞬息万变的社会,自以为观念并不陈旧,可是,与燕七之间的鸿沟却眼见着难以平复。我们渴望一个互信、诚实、友爱的社会环境,却不知道人心里有多少希望在涌动。我们顽固地留念和美化从前,把贫穷、高压和封闭下被抑制、扭曲的人性视为美德,而嘲笑和提防眼前的日子。我一向以为,我们这个年龄的人,在道德上是很纯洁的,不敢说完美,却是要求自己尽善尽美。可是和燕七比,我觉得自己很"小人"。我或许会给拾金不昧的出租司机一百块钱,而后会经久不忘自己的"厚德",但是我肯定不会在超市里把钱送给毫无关系的陌生人。从前,我会给乞丐一点小钱,显示自己的善意,后来,知道许多人是职业乞丐后,心肠就像铁一样了。从他们身旁走过,眼里和心里都结着冰。燕七不是传统概念中"单纯"的女孩,她知识丰富,交往广泛,非常有主见。但是,她依然是单纯的,这个字眼在她那里就是化繁为简,变浑为纯。我有理由相信,这样的年轻人一定很多很多,他们代表着一个高度文明的未来。

❦ 感恩心语 ❧

成就一个陌生人间相亲相爱的社会是一个任重道远的工程,我们每一个人都是倒金字塔的起点,在慢慢的坚持中守住自己善良的心境。

朋友从陌生人开始

亨利·莫顿·罗宾逊

在我周围,一群冬季运动爱好者在冬日的阳光下闲散地游荡,他们都裹在鲜亮的围巾里;身材细长的雪橇跳滑者吸着棕红色的烟斗,乘着连橇滑行的人们竞相投掷雪球,被风吹敞了大衣的人在躺椅上晒太阳。锐利的北风夹着冷霜和快乐嘎嘎作响。每个人都在享受好时光——只除了我。

我身边的躺椅依然空着,没有人坐。多年来,几乎没有人主动坐在我身旁。我向来缺乏那种把别人吸引来沟通心曲的能力——我不知道为什么。

然而,当大卫·吉萨出现在这个晴好的雪天时,整个画面全然改观了。

大卫·吉萨坐在了我身旁的躺椅上。

我曾经仔细地观察过此人:看见他主动亲近陌生人简直是一种乐趣。他的主动示好几乎能让所有人身上裹着的那一层寒冰融化——对于陌生人,每个人身上都裹着这层寒冰。他那么容易亲近别人,真令我感到嫉妒。不过,若让我打破僵局首先对陌生人开口说话,我宁可去死。

但我这种清高的意度并没有吓退吉萨,他将那双灰色而友好的眼睛转向我,很自然地微笑着。他并没有说出关于天气好坏这类无用的套话,也没有用自我介绍作开场白。他说话时毫不紧张或者尴尬,似乎他是在把一个有趣的消息传达给一个老朋友那样,他说道:"我发现你在观察那位古铜色的家伙修理冰鞋,他是来自纽约的学者。去年他当过'珂尼尔'号的尾桨手,同时还充当辩论俱乐部的主席,你不认为他是美国年轻一代在牛津最杰出的代表吗?"

吉萨的这番话立刻诱导我们进入了一个问题的讨论——关于盎格鲁撒克逊人和美国人之间友谊的梦想。从这儿开始,我们的谈话涉及共同感兴趣的各个领域和特殊的信息。一个钟头之后,当我们停止谈话时,我们已经成了好朋友。

这几乎可以视为一个奇迹。

我干脆问吉萨,他如何能做到这一点。"你对陌生人谈话的秘诀是——我是说,就我个人而言,我总是局限于熟悉的几个朋友、同类的人。我一生都在希望能够与陌生人成为朋友以拓展我的视野,激发对生活的敏感,但我总是望而却步,害怕遭受拒绝。我要怎么做才能克服这种怕遭冷遇的恐惧感呢?"

吉萨用手将我们眼前的那群人画了一道圈子。"每当回忆起我最好的朋友当初都是陌生人时。我的畏惧就消失了。"他说,"所以,我看见一个女子在捆扎冬青树枝,或是一群男子在修理冰鞋,就想道:在我开口与他们谈话之前,他们都是陌生人,而一旦我跟他们说话,他们就将成为我的朋友甚至知己。而我,因为了解他们,将拥有新的朋友。"

我不依不饶地说:"那么,你就不怕被别人误解吗?"

"如果怀着一颗真诚而同情的心,同时又有着对友谊的渴求,"吉萨说,"对方一般不会误解你的动机。我遇见过不少表面上自负、冷若冰霜的人,我发现他们并非麻木不仁,他们同我一样热切地需要友情。我极少遇到哪怕是一丁点儿的不欢迎。不,朋友,绝不能让畏惧成为规避的借口。遭遇新的、不平常的人物,并不比轻车熟路的老交情更危险——而它肯定更能催发激情。"

随后的经历,证明了吉萨之言是多么正确。

无论到哪里,他总能轻易地与那些不同职业的人进行对话,并且得到新鲜撩人的信息。我们曾一同旅行到一座花岗岩的采石场,看到一群人踮着脚尖小心翼翼地走,还扛着红旗,像是朝着危险迈进。我们完全可以不加理会地走过去,但吉萨询问了一个扛着红旗的人。几分钟后,那个人告诉我们一个令人毛骨悚然的事件:原来许多年前,工程师们曾在这座采石场打了50个洞,在每个洞里装上炸药,然后点燃,结果有一些引线出了问题,只有一半的炸药爆炸了。120年以来,无论怎么劝,工人都不愿接近这块地方,眼看这地方要荒芜了,而今工人们接受了双倍的报酬,向这废弃的采石场宣战,所以它又重新开放了。

另一次,在国家公园美丽的湖畔,吉萨注意到了一个人在专心致志地画草图,吉萨很有技巧地引他交谈。吉萨发现他竟是有意思的海洋园艺家,这个人把他的想法称为"池塘构图"。他告诉我们,在环绕着古代阿兹台克首都的众多湖泊中,有不少漂流的岛屿,上面长满树和美丽的鲜花,"我相信我有了如何重建这些岛屿并使它们继续移动的方案,现在我就将我的想法画成草图,希望能引起公园管理委员会的兴趣。"

在回家的路上,我说:"这个人和这张草图,是我遇见的最有趣的事件之一。"

吉萨点头同意后又轻轻加上一句:"如果等待别人的介绍,再过一千年你也不会和他说话的,不是吗?"

"请别取笑我,我知道我错失许多,只是不知道你是如何使他人开口说话的。"

"与陌生人对话,"吉萨说,"一开始就要切入主题,那些不着边际的空话和大惊小怪的问题只会惹人厌烦。你必须对陌生人正在进行的事情怀有衷心的关切,才能说出中肯的话来。然后你等待他的反应,他必定会做出反应,因为,他人的关切以及对他的工作表示兴趣,任何人都会感到无限快乐。譬如那个在公园画草图的人,假如他不是感到愉快,他就绝不会跟我们谈这么多话。没有人愿意将自己的珍宝展示给无动于衷的人,但是一旦他看见我们从他的谈话中获得极大乐趣,他就会尽力满足我们,以延长我们的快乐。他为什么要这么做?很简单,因为每个人都发现:他自己最大的快乐就是能够给人以快乐。"

感恩心语

　　陌生的朋友能给我们带来更多新鲜的知识和经历,拓展自己的视野能让我们更好地得到成长。可以说每一个人的成长,都有着许多别人的影子,每一步脚印都有自己曾经陌生朋友的搀扶。他们对我们的影响不仅仅是一时的,甚至是一生一世的。张开自己的胸怀,主动"与陌生人对话",这个世界对你而言就少了一个陌生人,多了一个能引导你成长的朋友,正如文章中所说的"他自己最大的快乐就是能够给人以快乐。"

信任的温暖

罗西

　　为采访一个失踪在原始森林5天后生还的男孩,在三明市出差的我雇了一辆摩托车,在暮色中紧急进山。骑车的师傅相貌凶恶,但为了抢新闻,我只好冒险坐上他的车后座,双手捂着手提包,里边是手机、相机,还有几千元现金等。

　　异乡的盘山公路比我预想的更险峻荒凉,只有车灯可以为我壮胆,路的左边是万丈深渊,我不停地说:"慢一点没关系,到时车费多算一点。"骑车的人则大声应道:"不会出事的,我吃这饭已6年了。"

　　"不会出事"这四个字在山谷间回荡。

　　我感到冷,后悔刚才匆忙上车,忘了从宾馆里多带一件冬衣。逆风中飞虫像沙子一样打在脸上,我无法睁开眼睛并开始哆嗦,师傅似乎感觉到了,说要停下来脱件衣服给我穿,我赶紧谢绝,怕他趁半途停车,抢走我的东西,然后把我这个异乡客推进万丈深渊……

　　师傅似乎很听话,没停车。可山路仍一遍又一遍地盘旋,像个阴谋,我开始怀疑是不是走错路了,他又大声吼道:"没错的,难道怕我杀了你?"

　　"杀了你"三个字又在山谷间毛骨悚然地回响。

　　接着,骑车人又在问,你冷吗?我没有正面回答。可我仍然坚持说:"不要停车。"

　　这时车速渐渐减慢,我看见他腾出一只手,我正感到纳闷。他外衣的一边已脱落下来,老天!他在表演"飞车脱衣"……然后,他责令我穿上,在飞车上。

　　我哆哆嗦嗦地穿上他给我的羽绒服,一种带有异味的温暖,让我莫名地想起一堆松枝点燃的火。

　　"为什么双手不抱着我的腰?"突然他转过头来看我。我开始惭愧了。腾出双手抱住他的腰,一个像坏人的好心人的腰。

　　到了目的地,这位师傅又跑上跑下为我找当地老乡,为我翻译……那么冷的天,他竟然满脸是汗。凌晨3点左右,他又把我安全送回我下榻的宾馆,当我脱下他的衣服,还给他时,他有点腼腆地说:衣服很脏。让你不舒服了。

　　我不知说什么好。虽说防人之心不可无,但回想一路上对他的不信任,我就感到脸上一阵发烧。人在旅途,很多时候,会看错人,表错情。可能只缘于自己身上带着一些所谓贵重的东西,而无端产生种种猜疑,也因此失去了另外一些更贵重的东西,比如,看不见唇间善意的微笑,只盯着人家唇后的牙齿,且自乱心神。而信任,是很多美好心情的最初。

陌生人总是会让人联想到一些词汇：怀疑、戒备、自私、冷漠。如果面对一个面相凶恶的陌生人，人们的想象力会更加丰富：图谋不轨、谋财害命甚至更加可怕的字眼，总之是不会和"信任"连在一起的。

诚然，防人之心不可无。可更多的时候，敞开我们的心扉，把信任交给别人，我们就不会有那么多自找的恐惧了。

陌生人在敲门

佚名

感恩节是西方重要的一个节日，对于穷人来说，却是难熬的日子。多年前一个感恩节早晨，有对年轻夫妇和他们的儿子不知道如何以感恩的心度过这一天，因为，他们实在穷得可怜。没有钱，没有感恩节大餐，没有新衣服，也就没有节日的笑脸。

然而，奇妙的事情突然发生了。

有人在敲门。男孩前去应门，一个高大男人赫然出现在眼前，虽然他穿着一身皱巴巴的衣服，脸上却挂满了笑容。这个男人手提一个大篮子，里头是一只火鸡、塞在里面的配料、厚饼、甜薯及各式罐头，全是感恩节大餐必不可少的食物。

一家人愣住了，不知是怎么一回事。门口的男人开口了："这份东西是一位知道你们有需要的人要我送来的，他希望你们知道还是有人在关心你们的。"爸爸极力推辞，不肯接受这份大礼，可是那人却说："得了，我也只不过是个跑腿的。"随后，他笑着把篮子搁在小男孩的臂弯里，转身离去。

小男孩在这一刻突然领悟到了什么。虽然那只是陌生人的一个小小关怀，却让他懂得，人生始终存在着希望，随时会有人——即便是个陌生人——在关怀着他们。在他内心深处，油然兴起一股感激之情，他发誓日后也要以同样的方式去帮助其他有需要的人。

成年后，男孩终于有能力来兑现当年的许诺。虽然收入还很微薄，在感恩节里他还是买了不少食物，不是为了自己过节，而是去送给两户极为需要的家庭。他穿着一条老旧的牛仔裤和一件T恤，假装是个送货员，开着自己那辆破车亲自送去。当他到达第一户破落的住所时，前来应门的是位憔悴的妇人，带着提防的眼神望着他。她有六个孩子，数天前丈夫离开他们不告而别，目前正面临着断炊之苦。

年轻人说："我是来送货的，女士。"

随之他便回转身子，从车里拿出装满了食物的袋子及盒子。见此，那个女人当场傻了眼，孩子们爆出高兴的欢呼声。

忽然，这位母亲拉起年轻人的手臂，没命地亲吻，激动地喊着："你一定是上帝派来的！你一定是上帝派来的！"

年轻人有些腼腆地说道："噢，不，不，我只是个送货的，是一位朋友要我送来这些东西的。"他交给这位妇女一张字条，上头这么写着：我是你们的一位朋友，愿每一家都能过个快乐的感恩节，也希望你们快乐。今后你们若是有能力，就请同样把这样的礼物转送给其他有需要的人。

看着这家人的笑脸，年轻人想到，原来自己年少时的"悲惨时光"和意外的惊喜是上帝的祝福，指引他帮助他人，以此来丰富自己的人生。

懂得感恩的人，会把自己接受过的点滴帮助铭记在心；懂得感恩的人，会将助人与感恩的精神永远传递下去。不管所面对的是多大的困难，只要肯拿出实际行动，就能从助人和感恩中找到宝贵的财富，从而给予自己成长的机会，获得长远的幸福。

旅途中的陌生人

芙蓉树下

第一次独自出门，是12岁那年的暑假去外省的叔叔家。当爸妈离开后，走前在他们面前"豪言壮语"的我，在那一刻忽然有些害怕。旁边的座位上是两位中年男士。

凌晨时走出车站，不知为何没看到接站的叔叔，我有些不知所措。这时，那两位同座的男士不知什么时候已站在我的身后。一个对另一个说："你先回去吧，我陪小妹等家人来了再走。"然后，他转过头来对我说："小妹，你别怕，有我在呢，我的女儿和你一般高。"温暖在深夜拥满了月落人稀的站台。直到我叔叔气喘吁吁地跑来，他才微笑着跟我们道别。

以后的年月里，又有过无数次的独自出门。或短或长的旅途中和许许多多的陌生人相逢、相识，又淡淡一笑擦肩而过，没有联络也没有故事。那只是一段旅途，然后大家还有各自的生活。

一次去黄山旅行，因休假前连着加了几天的班，身体透支。拿着登机牌走向登机口时，头痛和眩晕让那条长长的通道在我眼前左右摇晃着。座位上坐满了人，看样子像是去黄山的港台旅行团。我想走过通道去对面的座位，却被两位旅客手中的大拖箱狠狠地撞倒在地，裙子的下摆也被划开了一条口子。那一刻，我狼狈不堪，只想赶紧爬起来，眼前却一片黑暗。感觉有一双手扶起了我。撞倒我的人在道歉，并表示愿意赔偿我的裙子，但我连说话的力气也没有了。

那双手扶我坐下，好一会我才缓过神来。我向那双手的主人道谢，是一位年轻的男士。"你的脸色苍白，是摔伤了吗？"他关切地询问。

"不是，我本身就有些不舒服，头痛得厉害。"我回答。

"你稍等会，我就回来。"他站起身走进那边的人群。

"这是阿司匹林，吃了它会好些的。"他再回来时手里拿着药，又打开一瓶矿泉水。我几乎没有犹豫就吞下了那片药。登机时，我稍微好了些，他一直扶着我，帮我拿随身的小包。他和我旁边的人换了位置，而我一路都昏昏沉沉。

飞机终于在黄山机场降落，他问我住哪家宾馆。我说出名字，他高兴地说："真巧啊，我也住那家。"一起前往宾馆的路上，我又因晕车不得不两次中途停车，他陪着，等着，不急不躁。一到宾馆，我就躺在床上昏昏睡去。

醒来时已是晚上，才隐隐想起白天发生的事情。环顾四周，行李整齐地放在桌上，床头柜上有几片药和一个信封，打开来里面有2000元钱和一张字条。

小姐，对不起，早上撞倒你的是我的爸爸、妈妈，我们从台湾高雄来黄山旅游。以后单独出门时要记得带些应急的药品，一个人的旅途你只能自己照顾自己。这2000元钱是我爸妈让我转交给你的，我想够你再买一条漂亮的裙子了。一定要买啊，以后我在高雄想起，一个美丽的大陆女孩穿着我爸妈买的裙子，我会笑的。

我还要谢谢你。在机场我拿药给你，你毫不犹豫地就服下去，让我很感动。一个女孩那么放心地就把她的信任交给了我，我真庆幸当时伸出了那双手，让我体会到被别人信任，原来是一件这么让人开心的事情。

我走了，我们的团不住这个宾馆。再一次说抱歉。

看完字条，我笑了。遗憾的是我未能在黄山上再遇到这个旅行团，人海茫茫，我知道，此生都是不会再相遇的了。后来，我用那2000元钱买了一条漂亮的裙子。裙裾飘飘里，余香袅袅……

再后来的日子里，我依旧不断地在一个人的旅途中前行。在路上我遇到了许多陌生的风景，陌生的事情，陌生的人，我也将自己的视线与心灵，全部投入到沿途的风景和遭遇中，在陌生人面前也适时地伸出一双帮助的手，做些力所能及的小事情，不要感谢也不会回首，我只是在让我自己的这趟旅行，多点行走的意义，直至它的终点。

旅途中总会发生各种各样的插曲，大的小的，身体上的心理上的，我们需要帮助，伸出援助之手的往往是那些陌生人。感谢他们的善意，谢谢人间的真情。旅途终将结束，途中的陌生人也随之隐去，不必伤感，想想他们曾经给予我们的帮助是那么真实，清晰如昨。

给我温暖的陌生人

奔流星

每到冬天的时候，我就会想起另一个冰天雪地里的一位陌生人，想起那年零下30摄氏度的绝境里，他给予我的拯救和温暖。

那年独自出游，是因为被诊断有轻度的躁郁症，而旅行是医生建议的一种积极治疗的方法。家族中每一代都有青年自杀或是精神失常的阴影笼罩着我，使我原本失衡的神志更加糟糕，我焦虑并伴随明显的强迫倾向。可我渴求内心的平衡，想与这家族的悲剧命运抗衡。我渴望自己先天不那么坚强的心能摆脱灾难性的紧张和毁灭。

而当时我怀抱的信仰，只剩大自然。

所以，虽然王师傅一再警告我，大雪封山非常危险，我仍一意孤行。

王师傅是我的司机，我们一直在为此事争执。他企图劝服我放弃这个冲动而危险的计划，却总是被我激烈地打断。我固执而不可理喻，而且不相信人。王师傅说："小姑娘，已经封山了，绑了防滑链也不一定能进去。万一出什么事，是叫天天不应叫地地不灵啊！"这个我知道，进山就是盲区高寒稀氧，风险当然会有。王师傅又说："我去给你请个高山向导吧。本来我可以陪你，可是不巧感冒了。现在年纪大了，也不太敢上了。"我回绝了。请向导费用太高，况且我认为没必要。

王师傅看上去是敦厚的，不善言辞，可是由于他一再拦阻，使我很不快。我甚至认为他突出困难是为了加价。否则，一个司机何必对顾客考虑那么多呢？

于是我发出最后通牒，他若不去，我一样可以包到其他的车，我们可以提前中止合作。

他叹息一声，服从了。

我们达成了这桩买卖。我要去的地方冰舌部位海拔4300米，冰峰海拔5150米，冰层平均厚度78米。一路上，王师傅看上去忧心忡忡。他告诉我车只能上到3700米，我将独自完成剩下的攀爬。他担心我有高原反应，也忧虑我孤身一人的处境，可我浑不在意。

次日清晨出发，他给我带了防寒服，还有苹果和馕。我道了谢，但是未接受，我自己有全套的高山装备，10点半车到山下，我拿了瓶水就独自走了，没有背包还忘了戴雪镜。我独自走了，甩下我的司机。我想我们之间稀薄的交情大概已经随着这一路的缄默和我的冥顽而消失殆尽了吧。

那瓶水拿在手里没多久就结了冰。我一个人走，相当盲目。走了整整一个小时才看到冰山，而从看到到抵达，又花了一个半小时。我大脑一片空白，眼睛因为强光而流出眼泪，泪水迅速在睫毛上结冰。终于踏上冰川的瞬间，有种模糊而迟钝的高兴。冰川泛着玻璃的介质，光滑而柔润。

我坐到一个冰裂缝旁，昏昏欲睡。十几分钟后意识突然惊醒，想起在高寒稀氧地带千万不能睡着，我费力攀上了碎石坡，紧接着开始感觉不舒服。

我感到胸闷、头晕，肢体失去平衡。时间是下午两点半，因为没有海拔表，所以不知道具体到达的高度。我预备下撤，但是力不从心，我惊恐地意识到可能撑不到山下。因为至少需要两个半小时才能下撤到停车的地方，我能熬过这漫长的150分钟吗？一种从未体会过的求生意识强烈地冲击着我。在面临死亡的一瞬间,我终于意识到自己是多么渴望生存!我想起了山下王师傅的百般劝阻和叹息,想到了千山万水外的家人,想到自己刚刚开始的年轻生命。

在海拔 5000 米的雪山,我懂得了懊悔。我预备竭尽全力去争取生机,即使不能抵达,那就算我为自己的一意孤行付出的代价吧!

就在这时,我看到了我的司机王师傅。

山风把他的黑棉袄吹得变了形,他满面通红,焦急而紧张地向上攀登四处张望,在看见我的一瞬间高兴得大叫了出来。

他来接我了!

这是位年近六十的老人,正患着感冒(感冒是高海拔地区的危险病症);这是个素昧平生的陌生人,两天来忍受着我的固执和傲慢。可他,冒着生命危险,跋涉了近 4 个小时,来接我! 他什么都没说,只是递给我些饮料和食物,并且乐观地大声唱歌和说话,吸引我集中注意力。他陪同我一路下撤,并以父亲般的无私护卫我直至安全地带。

重又坐回到温暖的车里,我看着他的背影,却突然无语了。我想起来,他说过开车是挣钱,但挣钱要挣得安心,把我带进来就要把我平安带出去。可是当时我竟只是毫不信任地敷衍一笑! 可他终于用行为修正了我的看法,拯救了我的生命。

真的无法表达那种绝境逢生的感受。回程时我高原反应仍很重,一阵阵地发冷、恶心,但毕竟得救了,无论是心灵还是生命!

原来世界上最冷的冰川,就藏在自己的心里,而只要陌生人的一束纯挚温情就足以令其融化。

感恩心语

有一种关怀,它可以融雪破冰;有一种呵护,它能让生命之花烂漫无比。

在城市钢筋水泥的分割下,人们比邻而居,却是老死不相往来,这时候,需要"陌生人的一束纯挚温情"去融化人性的冷漠与麻木。

朋友,请轻轻地,拥抱温情,让爱在你美好的心灵里无限传递。

救命恩人

岩崎紘昌

1968 年,我背着行囊独自踏上旅途意欲周游世界。

千辛万苦考上的大学,却因学院纷争而被封闭。我不认为戴上安全帽、手执棍棒进行的斗争跟改革密切相关。我也不甘心就此回乡下,舒舒服服、不劳而食地度过每一天。

利用西伯利亚铁道,我经过苏联进入瑞典境内,马上便在那儿工作起来。当时的北欧,多是经济高度成长国。到了月薪为 50 万日元的国家,我带着的那点钱一下子就告罄了。三个月的劳动付出总算让我攒了约 200 万日元,我再次踏上了旅程。

接下去我要讲述的便是那时发生的故事。

北欧的九月,到傍晚 4 点便被黑暗包围。纷纷扬扬的大雪,使得 30 厘米以外都一片模糊。我拼命地朝偶尔路过的车招手,可是没有一辆车停下来。那一天,我有些感冒,冒着刺骨的冰寒,我身上沁出了冷汗。被下一辆车轧了也无妨,我就是撞也要将它撞停,我盘算着。可是因为过于寒冷,我的身子缩成了一团,内心也开始动摇起来。与其说是悲伤,不如说那是一种恐惧。

不久,我望见了一辆汽车的灯光。就算死了也没啥,撞上去吧。就在我豁出去的那一瞬间,一个急刹车,车停了下来。积雪滑脚,我跌跌撞撞地过去攀住车子,咚咚咚地敲着门。门开了,一名男子开言道:"上来吧!"我抱着行李跳上了小巧的大众车,高声说道:"我发烧了,带我去看下个城市的医生!"男子问道:"恶心吗?咳嗽吗?有没有食欲?没关系!我是医学院的学生。"我改变了去看医生的主意,跟着那人走进了他的房间。

我的胃口不太好,不过还是一声不吭地吃了点男子做的饭菜。我吃了有点鲜血淋漓、又硬又大的牛肉和一片面包。

我喃喃地向他道明自己来自日本,在斯德哥尔摩干了活、遍历北欧后,想开始周游世界。

饭后,他这个医学院学生给了我一种不知名的药,我走到厕所把它放进口袋,并没有喝下去。因为喝了日本的感冒药后再喝这种药,我觉得有点那个。

"你最好还是睡上一觉。"说完,他把毯子铺在沙发上。不大一会儿工夫,骨软如绵的我便进入了梦乡。醒来时,他已经不在了。

"傍晚6点光景回家",他留了这样一张便条。我一边休息,一边静等至6点。我的身体已恢复得相当好了,但咳嗽依然不止。

在约定时间6点,他抱着一块肉回来了。没过多久,他说:"去看电影吧。"本来我想再休息一会儿,但两人沉默的空间令人难堪,于是便决定出发。

开车过去十分钟的路程。市中心的电影院挂着《日瓦格医生》的海报。俄语和字幕我都一窍不通,但情节勉勉强强能够看懂。大概是因为暖和的电影院,让我心情轻松下来了吧。电影放到一半,我突然开始泪流不止。在冷得要死、快要放弃生存欲望时,一辆车停下来救了我。现在我已恢复,正观赏着电影。

我的故乡也属于寒冷地区,之前我不曾因抱病而受过一次罪,也从未尝过饥饿的滋味。既未经历过死,也不知贫穷是啥滋味。不仅如此,我还得到了父母、兄姊的无限的爱。这样的我在异国初次体验了"死"的恐怖,也初次见识了他人的好意和关怀。

电影接近尾声时,响起了有名的《拉拉主题歌》。仿佛积攒了20年的眼泪都在这一刻喷薄而出。我一个人,压低声音,潸潸泪下。而后,电影结束了。

之后,我沿途搭车周游了北欧、东西欧,独自一人游玩了美国、非洲、中东和近东、亚洲,共计75个国家后回到了日本。

我在伦敦的"古董店"干过活。大学毕业的同时,我开始从事进行古董这项工作,直至今日。在当时的日本,没有一个人从事这个职业。

旅途中,在非洲某国碰到了小偷,行李尽数被偷,行李里还放着那个医学院学生的地址。我不打算指责小偷,只是打那以后,我一次都未能写谢函给"救命恩人"。就这样过了39个年头,这令我万分遗憾。

在有生之年,也许我不能用言语向他表示感谢。但我经常在心里默默地说:"谢谢!"我坚信心灵是能够相通的。

从那以后,已过了39年。可我至今仍看不得《日瓦格医生》。

❀ 感恩心语 ❀

人是一种既坚强又脆弱的动物,有时脆弱得如风中的稻草,随时可能折断。这时走进我们的生命并给予帮助的人,是救命恩人,带着重生的力量。

陌生人的温暖

佚名

江太太跟着自己的丈夫移民到了国外。初到陌生的国度,语言不通、生活习惯不同,给江太太带来了很大的麻烦。但是,在她遇到麻烦时,总可以体会到来自陌生人的帮助和温暖,而这份温暖不仅让她的内心时时充满了感动,也让她学会了在适当的时候,将温暖传递给他人。

刚到国外时,有一次江太太去附近的超市买东西。当时,她并不知道在超市里的鲜肉柜台买肉需要付现金,而是以为像买其他东西一样刷卡即可,所以没有带太多的欧元。当售货员为江太太称完一块牛肉后,要她付钱时,江太太才发现了问题所在。

不能刷卡,但现金还差十块钱,江太太又不能将切好的牛肉退回,附近也没有提款机,售货员听不太懂她带口音的英语,看着后面排队的人逐渐露出不耐烦的眼神,江太太急得脸都红了,心里尴尬万分,恨不得找个地洞钻下去。

正在她不知如何是好的时候,一位在旁边等候买肉的中年女子开口说道:"我可以借你十欧元。"闻听此言,江太太大为惊讶,也十分感动。因为在这个国家,很少有人会将钱借给一个陌生人,何况是借给一个陌生的外国人。

江太太忙道谢,并问她怎么称呼,如何将钱还给她。她笑着说,过两天她才会再来超市,但是江太太可以将钱放在售货员那里,因为她们彼此都认识。于是,她承诺明天就将钱送回来。心里怀着无限的感慨,江太太拿着那块浸染着温暖的牛肉走回了家。

第二天一早,她就跑到了超市,将一封夹着十欧元的感谢信和一盒巧克力交给了售货员。在信中,她留下了自己的电话。没过几天,江太太就接到了那位带给她温暖的陌生女人的电话,她们相谈甚欢。陌生女人告诉江太太,因为她曾经在其他国家居住过,所以十分了解江太太所遇到的困难,因此,毫不犹豫地伸出了援手,而这在她看来,是再普通不过的事情了。

当江太太将这段美好的经历与其他外国朋友分享时,他们也十分惊讶,因为真的很少有人会愿意借钱给一个陌生人。他们开玩笑说,江太太这个人太受上帝眷顾了。

不久后,江太太和丈夫去瑞士的小镇旅游,他们租住在一对年逾七旬的老夫妻开的家庭旅馆里。入住时,他们才发现没有带转换插头,无法为计算机和数码照相机充电。于是,江太太便询问房主在哪里可以买到插头,不懂英语的房主在弄明白是怎么回事后,只告诉她不用担心。怎么能不担心呢?明天还要拍照啊!江太太和丈夫商量后,决定第二天早晨去小镇上的商店转转。

第二天一大早,他们很容易就找到了小镇上的电器店。当他们告诉老板想买转换插头时,老板却问:"你们是XX夫人家的客人吗?"他们点头称是,老板笑着告诉他们,房东一大早已经为他们买了插头了,所以他们不必买了。江太太和丈夫很是感动,为房主的细心,为老板的坦诚,为小镇的民风如此的美好而感动。

江太太想,自己真是一个幸福的人啊,因为,无数次地感受到了这来自陌生人的温暖。

感恩心语

陌生人之间的帮助与关怀,是一种美好的关系。在感受到陌生人带来的温暖时,被帮助的人也感受到了人间的美好。从此,他(她)也学会了在别人需要之际,伸出自己的援助之手。温暖感动之心,就在这和谐的关系中,永远传递下去。

路遇天使

佚名

这是一个朋友亲口讲述的故事。听完后我无意去追究真伪,因为我已深深地沉浸在人性的感动中……

那一年是我第一次单独驾车远行,而那一次的遭遇几乎改变了我的一生。

记得当时穿过了馆山隧道,车就进入了原始森林中崎岖狭隘的山路。手提电话没有了信号,我懊丧地叹了口气,我知道从现在开始,我将在原始森林里盘桓两个小时,想必电波的能量是没有办法穿透这又高又密的山脉森林的。

懊丧并不完全是因为电话失灵,而是它让我想起了自己的一生和它此刻一样,不过是一块外表精致的废铁盒子。

我有着一个令人羡慕的家庭,父亲非常富有,母亲受人尊敬,我本人也如他们所愿成为了一名外科医生。但那又怎样呢?我不过是父亲手中的一个漂亮玩偶,生命的全部意义就是继承家庭的一切。31岁的我,有着百岁老人的苍老,有着妇人的懦弱和婴儿般的无知。我的世界是灰蒙蒙的一片……我也渴望激情,每想到被缚的普罗米修斯甘受被神鹰啄食内脏之苦而拼命保护着柔弱的人类,这精神便让我激动。在现实中,我从来没遇到过可以献身的机会,只是庸庸碌碌地做着自己的富家公子哥儿。

又试了一次电话,仍是忙音,我便专注开车,不再想它。车进了一个急转弯处的隧道口,我突然有种怪异的感觉,仿佛自己变成一个刚从黑夜中夜游回来的精灵,前方的路似乎成了通往天国的云梯。我下意识地回望身后,忽然惊奇地发现在我刚刚通过时还空无一人的路边,不知什么时候竟站着一个十一二岁的男孩子。

不过几秒钟的时间,他是怎么来到这绝壁陡坡的呢?更惊奇的是,我似乎感觉到一种肉眼看不见的光环萦绕于他的周围。这光辉绝非来自夕阳的反射,夕阳是不具备这种能量的,那是一种世外的东西,不染一丝尘俗,就像16世纪意大利诗人画家普桑画中的天使,对了,就是那样一种沉静和安详。

我急踩刹车,等待他走上前来,他却一动不动留在那里,只是用眼神在向我诉说着什么。我像着了魔一般,下意识地揣上那个失了灵的手提电话,下车向他走去。

男孩的脸色像纸一样的苍白,一双眼睛极其漂亮,头上戴着的棒球帽印有一个大大的红色"G"字,是巨人队的标志,在夕阳中有点刺眼。他用手指了指自己的喉咙,我没有发现任何异状,不过马上就明白了,他是在说自己不会讲话。我急忙打着手语问他有什么要帮忙的。他却拉住了我的手,将其展开,在手心上写上了三个英文字母"SOS",然后就自顾自向路边的沟底走去。

这可是紧急救助信号!我一惊,急忙尾随而下。谁知深一脚浅一脚地走了约几十米,绕过了一棵大树之后,孩子突然不见了。就在我四处寻找他的时候,前方几米远的地方传来一阵呻吟,循声而去,我险些被那副惨景吓晕——一台中型客车倒卧在树丛里,像一头沙漠中角逐后遍体鳞伤的漂亮母狮,正在凄楚地苟延残喘。

我用树干小心地砸开已破的车窗,探进头去——天哪!一群都只有十一二岁的孩子横躺竖卧在里面,身上均已是血肉模糊,惨不忍睹。

我不敢断定有几位幸存者。但我知道我一个人的力量绝对无法搬动这台大车,必须呼救。然而这是在大森林里,上不着天,下不接地,如何呼救呢?情急之下,我摸出了口袋中一直没有信号的手提电话。

意外的是,在上面公路上都打不通的电话,在山谷里面竟然接通了。

待自卫队的直升机救援队到达的时候,我已尽了我作为外科医生的最大力量——徒手急救了十个孩子。担架一个一个地抬了进去,因为抢救及时,避免了大量的失血,除司机外只有一名孩子死亡,因为被压在了车底,据说在车翻下来的瞬间就已经丧生。当那副小小的担架通过我面前的时候,一种医生的负疚感使我忍不住掀起了蒙在那孩子脸上的毛毯,一瞬间,我的血液全部凝固了——这不正是刚才引我走下悬崖的那位男孩吗?一样苍白的脸庞,一样戴着血红的"G"字棒球帽,不同的是那喉咙已血肉模糊,上面横穿了一根细棒——这正是造成他速死的另一个致命伤!

我觉得完全陷入了幻觉之中,使劲地拍拍自己的脸庞,却又真实地感觉到了疼痛……

当自卫队员用直升机载着我回到山路边的停车处时,我再一次走到了那少年曾经站过的悬崖路边,向方才自己走过的山路低头望去,却发现那里除了一片峭壁之外,竟再无一点有过路的迹象——那么我刚才究竟是怎样下去的呢？

如坠云雾，我木然地回到了车中，瞬息之间血液再次凝固——助手席上赫然摆着一顶帽子，正是那顶绣着"G"字的巨人棒球队的血红帽子！

我用了极大的勇气才敢轻轻拿起那顶帽子，俨然捧着一个高贵弱小的灵魂。恐惧感过后，一种从未有过的纯洁涌进了我肉体的各个角落，眼泪不自觉地涌流出来——孩子，通往天国的路途中，你曾在我这小小空间里留驻过吗？

回去之后，我离开了我那富有的家庭，辞掉了所谓前程无限的工作，随海外青年协力队走遍了亚、非、南美各地巡回医疗，踏遍了地球上几乎所有的穷乡僻壤。我一生未结婚，也没有孩子，伴随我走遍天涯的只有那顶巨人棒球队的小帽子。

随着岁月的流逝，它已变旧、褪色，然而我的生命却一天比一天充实，我从未如此地幸福过。因为我虽身在尘世，却有个小天使时常伴随着我，一个曾经是那么富有活力的小生命环绕在我左右。

我的小天使，我的小普罗米修斯，你在天堂还好吗？

～感恩心语～

这是一个令人匪夷所思的故事，离奇、亦真亦幻，会让人不时感到身上的血液凝固的战栗，但也伴着隐隐的渴求，渴求自己也遇到一位天使，让我们有勇气做自己。

零零星星枫叶情

柠悦

夕阳西斜，万缕金光照在一片火红的枫林上。放眼望去，一片片星状的枫叶，斜插在落日之中，像红彤彤的霞光，流光溢彩。微风一吹，映射出枫叶飘逸庄重的情影，满山遍地红叶，闪烁光辉，别有一番诗情画意。走进枫林，犹如置身于一个红色的世界。火红的枫叶，刻画着大自然千古不变的画景，跳动着的友情的音符，曾珍藏着昨天的故事。

女孩漫步枫林，望着红枫叶，默默无言，唯有千行泪。她的思绪随风穿越茫茫岁月，回到那个与梦子相逢的季节。

梦子是一个南方的女孩。两年前她病了，死神一次又一次叩响她生命的大门，最后，梦子随父亲到北京求医。在求医的日子里，她站在死亡的临界面，手术是否成功对梦子来说是个未知数，在未知的日子里，她只有吟诗作赋吟唱那未知的生命。

梦子热爱大自然，爱枫叶，尽管在南方不曾见过枫叶的"庐山真面目"，但在诗歌里，她早已读懂枫叶的圣洁，认为枫叶代表着一种思念与思愁的韵味。如今，她来到心仪已久的古都，正是"枫叶红于二月花"之时，心想着一定要在手术之前到那向往已久的枫林去看一看。

第二天黄昏，梦子一个人去了枫林，看到了夕阳下的枫林，真的好美，感觉那是一种如诗如画的境界。一阵风拂过，几片枫叶飘飘而下，梦子觉得那仿佛是她摇摇欲坠的生命，她从地上拾起一片枫叶，心中涌起无限的惆怅和悲凉。

"枫叶林里红叶摇，飘飘落下几多愁。淡淡诗情由心出，但与才人意不同……"梦子轻声吟着自编的小诗，身后只有背影、枫林和夕阳。

时光悄悄流逝。

枫林里另一个身影出现在梦子面前。

"嗨，你好！这幅画送你！"一个陌生的女孩对梦子说。

梦子望着她，一个笑容如阳光般灿烂的女孩。虽然脸上布满了病容，但是那双水灵灵的眼睛写出了她坚强、开朗的性格。听口音，是一个北方人。

"谢谢!"梦子接过画,也回了个春光般明媚的笑容。

就这样,送画的女孩走了。

苍茫的暮色笼罩下来,梦子也走了。

那一夜,梦子无法入睡,她久久凝视着那幅画,画中的女孩背影是如此凄凉,如同她的化身。画上的枫叶、夕阳为梦子未知的生命吟唱着。这幅画给梦子脆弱的心灵带去了一丝慰藉。

一个星期过去了,梦子即将动手术,她失魂落魄地在医院里漫步,不小心撞到了一位刚输完液的女孩,抬头一看,正是那枫林送画的女孩。

"又遇见你了,怎么了,为何这么郁闷呢?"女孩关心地问道。

"别提了,明天我要上手术台了,不知道会是什么后果,我好怕啊!"梦子已把女孩当成朋友。

"曾记那天枫叶落,可枫叶并无遗憾,只是因为它曾经奋斗过,何况花开必花落,命运无情,塑造坚强便能抓住永恒! 朋友,我相信你是坚强的!"女孩傲气地说完悄悄离开了。

刹那间,梦子浑身通明起来。她很感谢那个女孩,在她人生最失落的时候,给了她鼓励。

第二天早上,梦子带着枫叶、画与女孩所说的话,更带着对生命的执着与信念,勇敢地走上手术台。不知是梦子的真诚感动了上帝,还是上帝对她的怜惜,她的手术成功了。那天,她奇迹般地走出手术室,睁开第一眼,心中的喜悦之情不可言喻。

三个月以后,又是一个黄昏。梦子和送画的女孩又遇见了,梦子有些激动。送画的女孩叫柠莹,北京人,喜欢画画,爱好文学,在 10 岁那年,柠莹的一幅画和一篇故事在全国少儿艺术大赛上分别获一等奖和二等奖。

她性格开朗,有一颗无瑕的心。

缘,妙不可言。冥冥之中,两个女孩的相逢,就似两片枫叶飘在一起。

在相知的日子里,她们谈人生,谈梦想,谈未来。在枫叶下吟诗作赋,表达了对友情的高歌,对生活的追求,对人生的憧憬,她们静守枫林,回味人生。

梦子和柠莹,是两个清纯的女孩,她们爱枫叶那如火的热情,如诗的隽永,如歌的惬意,如烟的朦胧,更爱枫叶那种至高无上的精神,从红枫叶身上她们看到一种含蓄、深沉的美,看到了生命的色彩。

时光不留情,转眼间几个月过去了,梦子的病也快痊愈了,她将要告别柠莹,告别北京,回到南方。

"我有一个梦想,等我们长大了,在北京大学相会,好吗? 还有,明年枫叶变红的时候,我们相约在枫林下。"梦子临走时在车站对柠莹说,双眼流露出无限的光芒。

"Good idea! 我们拉钩,相约北大,相约枫林!"柠莹满怀深情地说。

梦子带着枫叶的祝福,约定,踏上南下的火车。

纵然萍水相逢,也是一份美丽。

纵然她们以后是天南地北,不能相见……

梦子和柠莹默默地等待下一个相逢的季节。

但万万没想到,等到的九月是一个残酷的季节。

秋风送爽,正值枫叶变红之时,柠莹盼来的是……

一个黄昏,柠莹家响起了门铃声。

柠莹打开门。

"你是……?"柠莹惊讶地问眼前似曾相识的女孩。

"我是梦子的妹妹,我叫芯子。"女孩回答道。

"哦……"柠莹认清了,芯子和梦子略有相像。芯子站立了许久,才吞吞吐吐地说:"我姐姐在一个月前救了一个落水的小孩,过了没多久,她……旧病复发,走了。"

"什么？不可能，她不会的……"柠莹瘫软在地上，无力地喊着。

芯子拿出了本日记本，道："我姐姐在临走前让我把这交给你。"

柠莹握着日记本，翻开，里面夹着片片枫叶，片片情。泪水无声地滑落。

秋思缕缕，离愁深深。

柠莹站在枫林前，泪儿不停地淌着，悲恸的声音掠过枫林，撒向广袤的苍穹："梦子，难道你忘了吗？我们还有一个北大的约定，你不是曾说，在枫林里与我比吟诗，看我画枫林吗？为什么如今……"柠莹伤心极了。

纵然是生命的坠落，阴阳两界的徘徊，但她们真挚的友谊刻画在枫叶上，在岁月里红光闪闪。

柠莹仿佛看见梦子在云彩中对她微笑，那纯真的微笑，一如往昔，是柠莹心中永远的回眸。那微笑随风越飘越远，终于和夕阳一起消失在苍茫的暮色中。

柠莹用落寞的心轻吟着：

飘零的红枫叶/片片是情/叶叶是盼/安慰落寞的心/追寻昨日/如在天霹雳/风无声/泪无痕/思是苦/愁是痛/轻声唤你/愿有应答/吟诗作画/是最美的回忆……

⊱ 感恩心语 ⊰

在那片如火如荼的枫叶林中，柠莹把自己画的第一张画给了梦子，一个陌生的朋友。她们的相遇，相识，相知，不过是几分钟的故事，却足以牵动几世的灵魂。只一刹那，瞬间即成永恒。

陌生人的友谊，似乎就如同枫叶一样，只有在黄昏的季节里，才愈发显得美丽。也许时光短暂，但是其艳无比；也许飘忽不定，但是它带来了希望的光环。友谊能够给的，不仅仅是安慰，还有勇气和希望。

一个祝福的价值

康杰

那年，我在美国的街头流浪。圣诞节那天，我在快餐店对面的树下站了一个下午，抽掉了整整两包香烟。街上人不多，快餐店里也没有往常热闹。我抽完了最后一支烟，看着满地的烟蒂叹了口气。天色渐渐暗了下来，路灯微微睁开了眼睛，暗淡的灯光让我心烦，就像自己黯淡的前程，令人忧伤。我的手插在裤子的口袋里，口袋里的东西令我亢奋。我从嘴角挤出一丝微笑，用左手在胸前画了一个十字，然后目不转睛地盯着快要打烊的快餐店。

就在向街对面的快餐店跨出第一步的时候，从旁边的街区里走出一个小女孩儿，卷卷的头发，红红的脸颊，天真快乐的笑容在脸上荡漾。她手里抱着一个芭比娃娃，蹦蹦跳跳朝我走来。我有些意外，收住了脚步，小女孩儿仰起头朝我深深一笑，甜甜地说："叔叔，圣诞快乐！"我猛地一愣，这些年来大家都把我给忘记了，从没有人记得送给我一个圣诞节的祝福。"你好，圣诞节快乐！"我笑着说。"你能给我的孩子一份礼物吗？"小女孩儿指了指手中的娃娃。"好的，可是……可是我什么也没有。"我感到难为情。我的身上除了裤子口袋里那样不能给别人的东西以外，真的一无所有。"你可以给她一个吻啊！"我吻了她的娃娃，也在小女孩儿的脸上留下深深的一吻。小女孩显得很快乐，对我说："谢谢你，叔叔。明天会更好，明天再见！"我看着美丽的小女孩儿唱着歌远去，对着她的背影说："是的，明天一定会好起来，明天一定会更好！"我离开了那个地方。

五年后的今天，我有一个温暖的家，妻子温柔善良，孩子活泼健康。我在中国的一所大学里教英语，学校里的老师和学生都很尊敬我，因为我能干而且自信。

又到了圣诞节。圣诞树上挂满了"星星"，孩子在搭积木，妻子端来了火鸡。用餐前，我闭上了眼睛，默默祈祷。祈祷完了，妻子问我，你在向上帝感谢什么呢？我静静地对她说，其实五年前我就不再相信上帝。因为他不能给我带来什么，每年圣诞节我也不是感谢他，我在感谢一个改变我一生的小女孩。我对妻子说："你知道我是进过监狱的。""可那是过去。"妻子看着我，眼神里满是爱意。"是的，那是过去，但是当我从监狱里出来以后，我的生活就全完了。我找不到工作，谁都不愿意和一个犯过罪的人共事。"我充满忧伤地回忆着，"连我以前的朋友也不再信任我，他们躲着我，没有人给我任何安慰和帮助。我开始对生活绝望，我发疯地想要报复这冷漠的社会。那天是圣诞节，我准备好了一把枪藏在裤子口袋里。我在一家快餐店对面寻找下手的时机，我想冲进去抢走店里所有的钱。"妻子睁大了眼睛："杰，你疯了。""我是疯了，我想了一个下午，最多不过是再被抓进去关在监狱里。在那里，我和其他人一样，大家都很平等。""后来怎么样？"妻子紧张地问。接下来，我对妻子讲了那个故事，"小女孩儿的祝福让我感动温暖。我走出监狱以来，从没有人给过我像她那样温暖的祝福。"我激动了，"亲爱的，你知道是什么改变了我的命运吗？"妻子盯着我的眼睛，我接着说，"小女孩对我说的'明天会更好'，感谢她告诉我生活还在继续，明天还会更好。以后在困难和无助的时候，我都会告诉自己'明天会更好'。我不再自卑，我充满自信。后来，我认识了你的父亲，他建议我回到中国来，接下来的事情都知道了。就是那个小女孩的一个祝福改变了我的一生。"妻子深情地看着我，把手放在胸前，动情地说："让我们感谢她，祝福她幸福吧。"我再次把手放在胸前。

一个祝福的价值是无法用金钱衡量的，它可能会改变一个人的一生和很多人的命运。所以，我们不要吝啬祝福，哪怕只是对一个陌生人，或许你我无意间送出的祝福，将会带给他一生的温暖和幸福。

感恩心语

人们喜欢祝福，它如同一个预言，预示着我们的幸福生活。所以不要吝啬对别人的祝福。无意间的祝福也如无心插出的柳枝，郁郁葱葱生机一片。

友善的回报

黑贝尔

史佩拉传教士每日习惯于在乡村的田野散步，无论是谁，只要经过他的身边，他就会热情地向他们打招呼问好。

其中有个叫米勒的农夫是他每天打招呼的对象之一。米勒的田庄就在小镇的边缘，史佩拉每天经过时都看到他在田里勤奋地工作，然后这位传教士总会向他说："早安，米勒先生。"

当传教士第一次向米勒道早安时，这个农夫只是转过身去，像一块石头般又臭又硬。在这个小乡镇里，犹太人和当地居民处得并不太好，成为朋友的更绝无仅有。不过，这并没有妨碍史佩拉传教士的勇气和决心。一天又一天地过去，他持续以热情的声音向米勒打招呼。终于有一天，农夫向教士举举帽子示意，脸上也第一次露出了笑容。

这样的习惯持续了好多年，每天早上，史佩拉会高声地说："早安，米勒先生。"那位农夫也会举举帽子，高声地回道："早安，西蒙先生。"这样的习惯一直延续到纳粹党上台为止。

史佩拉全家与村中所有的犹太人都被集合起来送往集中营。史佩拉被送往一个又一个的集中营，直到他来到最后一个位于奥斯维辛的集中营。

从火车上被放下来之后，他就在长长的行列之中静待发落。在行列的尾端，史佩拉远远就看出来营区的指挥官拿着指挥棒一会儿向左指，一会儿向右指。他知道发派到左边的就是死路一条，发配到右边的则还有生还机会。

他的心脏怦怦跳动着，越靠近那个指挥官，就跳得越快。很快，就要轮到他了，什么样的判决会轮到他？左边还是右边？

他离那个掌握生死的独裁者还有一段距离,但是他清楚这个指挥官有权力将他送入焚化炉中。这个指挥官到底是个什么样的人？他怎么能在一天之中将千百人送入死亡城中？

他的名字被叫到了,突然之间血液冲上他的脸庞,恐惧消失得无影无踪了。然后,那个指挥官转过身来,两人的目光相遇了。

史佩拉静静地朝指挥官说:"早安,米勒先生。"米勒的一双眼睛看起来依然冷酷无情,但听到他的招呼时突然抽动了几秒钟,然后也静静地回道:"早安,西蒙先生。"接着,他举起了指挥棒指了指说:"右!"他边喊还边不自觉地点了点头。"右!"的意思就是生还者。

⟨感恩心语⟩

得到陌生人友善的回报有多容易？热爱生活、热爱生活中的所有人和事,并保持着良好的心恋,让微笑永远挂在你的脸上。如何才能融化生活中的坚冰？答案很简单,每天与遇到的每一个人分享你的微笑。陌生人的友善回报有多少？史佩拉说:甚至可能是生命。

有一种爱在你理解之外

张鸣跃

一个很瘦的男孩走进我的诊所,等到没人时才坐到我对面来,又不好意思了半天才说明来意:"有没有吃了可以得癌症的药？"我的见识太多了,没什么能让我吃惊,笑了笑说:"有,但你告诉我,谁吃？为啥？""我吃。为啥就不说了,你不会理解。"我再笑,男孩就起身走了。

过了十多天,男孩又来了。"一个15岁的打工女孩得了癌症,很痛。""你就为这？""嗯。""你很爱她？""不,我们只是在一个工厂打工,我看见过她,她可能没看见过我。""呵！对不起,我这里没那药！别开玩笑！""我说过你不理解的！"男孩又走了。

我忽然在报上看到了:一个15岁的女孩得了癌症,整个特区都心疼了,爱心捐助正在进行中。有女孩的照片和故事,真是纯真穷苦得让人心疼。

又过了一个多月,男孩再次来,瘦得没人形了。我问:"那女孩叫小朵？"点头。"亲戚？"摇头。"老乡？"摇头。我也摇头！男孩问:"你真有那药？""不但有那药,还有犯法的快乐死亡的药！""我都要！多少钱？""要你说句实话！"

男孩突然给我跪下了！

男孩的憨倔让我惊呆了。我扶起男孩,说:"我先说实话,那药谁也不敢有的！我是想知道你究竟为什么？"

男孩泪汪汪地看了我好久,摇摇头,走了。

男孩再没来。

四个月后,一个很瘦的女孩来找我,"四个月前,有个很瘦的打工小男孩找过你吗？十六七岁……""你是小朵？""是呀！""来过来过！"我很激动地把一切都说了。

女孩不大吃惊,但眼泪成河了,就像全体都化成泪从眼睛里流出来的石头人,一动不动。

"孩子,你的病……"

"好多了……"

"你和他……"

"我不认识他,真的不认识……"

"哦……"

"阿姨你知道吗……我们仅仅都是打工的,我出院后他女朋友告诉我,他死了,就昨天……他女朋友发现他的日记才知道,他找过你……他为我卖血、拼命加班挣钱、不吃饭、哭、还想得癌症,他说他和我一样痛或许会好受点……他说他真的忍受不了一个15岁打工小女孩得癌症的痛,他说这人间怎么会有这样的痛,他说他一想起人间有许多这样的痛就受不了了……他是累死在车间的……他背着女朋友分56次匿名给了我13892元,他那带锁的日记全是用血写的……"

小朵哭得说不成了,大哭着跑出去了。

我理解了,是爱!是一个小小打工仔对人的爱!

我理解了,是痛!是一个力量太小太小的乡下孩子对自己不能让打工小妹妹以及人间许多许多痛着的人不再痛的痛!

我理解了,有一种爱,一直存在,却一直孤独,因为一直在自以为爱着的你我的理解之外!

∽ 感恩心语 ∽

"奉献"这个词总是会让我们的内心温暖起来,柔柔软软的,可是当它与生命连在一起时,异常悲壮。一个少年想尽办法为一个癌症小姑娘献自己的一分力,这是一个陌生的人,而他却付出了生命的代价。试问,人与人之间到底存在着怎样一种情分才致如此?是的,我们不能理解,这是一种我们理解之外的爱,却又那么真真切切地存在着。

用善良做底色

佚名

天气冷得出奇,寒风咆哮着卷起雪花,升腾起呛人的白烟。

温暖的红砖房里,母亲在厨房里忙碌着,柴火在灶坑里噼啪作响,锅上冒着润白的蒸汽,我和弟弟早就饿了,正眼巴巴地等待着第一锅酸菜肉蒸饺出笼。

这时,有人叫门。父亲出去片刻,带回一个衣着单薄的外乡人来。看上去是个20多岁的农民,但是很年轻,嘴唇都发青了,显然在风雪中冻了很久。

"这丝棉很好的,你看看。"他说着,卸下肩上的旧麻袋,就要往外掏丝棉。

"别拿了,我不买丝棉。"父亲止住了他,"外面太冷,请你进屋暖和暖和!""哦,不买?不买啊?这丝棉好,真的很好。"他有些失望,坐在暖和的火墙旁,一时却也并不想挪动。

这时,母亲端上了大盘热腾腾的酸菜肉蒸饺。"你一定饿了,吃几个饺子挡挡寒吧!"母亲看着仍有些哆嗦的他,把筷子递过去。

那人的确是饿了,推辞了一下,便接过筷子猩吞虎咽地吃起来。当他意识到我们一家人还没吃饭时,两盘蒸饺只剩下了小半盘。他尴尬地抬起头来,窘迫不安地嗫嚅道:"这……我……我……你们,你们还没吃吧?"

母亲笑道:"还有呢,你要吃饱了啊!"蒸饺的确还有,可那一笼是纯酸菜馅儿的,一丁点儿肉都没放。

弟弟捏了捏我的衣角,嘟起嘴来。

一盘半的蒸饺,对他来说可能也就六分饱,但无论如何他也不肯再吃了。

接下来的聊天中,我们知道他是安徽的农民,跟父亲、弟弟一起到北方贩丝棉,没想到折了本,近年关了,打算把剩下的丝棉低价处理了,好歹挣回返乡的路费。

"我兄弟的脚冻坏了,他跟我父亲在车站蹲着呢。今儿天太冷,没让他们出来,我寻思把最后一包丝棉卖了,今晚就跟他们坐火车回去。"他说。

母亲听了感叹道:"唉,你们做点小生意,也挺不容易啊!"

父亲跟母亲轻声说了点什么,母亲便去仓房找了3双半新的棉鞋,还有半面袋的冻豆包回来,递给这个年轻人说："我们也不是有钱人家,要不然,就把你这丝棉买下了。这双棉鞋你换上,另两双拿去给你父亲和弟弟穿,北方不比南方,脚冻伤了可了不得!冻豆包我们今年蒸得多,你带几个让你的父亲和弟弟尝尝吧!"

年轻人站了起来,拘谨地搓着手,一遍遍地说:"这可咋好呢?这可咋好呢?我这是遇上好人家了!"

我们把他送出门时,年轻人一眼瞥见院子里一堆锯好的圆木。他突然放下肩上的包,三步两步抢过去。"我干点儿活再走!"说着,便抢起大斧,劈起柴来。母亲正要劝阻,父亲说:"让他干吧!"

寒风中,雪花飘飞,年轻人已经走了,我家院子里,整整齐齐地码着一垛劈得粗细均匀的柴火。

弟弟吃了剩下的半盘有肉的蒸饺,玩去了。我跟父母吃着第二笼纯素馅儿蒸饺,觉得温暖而香甜。

在我成长的历程中,父母言传身教的都是些朴素的做人道理。我虽天生淘气好动,有时还喜欢捉弄人,偶尔搞点无伤大雅的恶作剧,但秉性却始终是善良的。

我一直认为,在这个世界上,最赏心悦目的,是纤尘未染的青山绿水;最温暖人心的,是人与人之间纯洁真挚的感情。当暮年回首时,最有价值的财富,应是一颗恬淡宁静的心,和一份丰富无悔的回忆。而所有这一切的拥有,都需要用一颗善良、单纯的心做底色。

❧ 感恩心语 ❧

生命就像一种回声,你送出去什么它就送回什么,你播种什么就收获什么,你给予什么就得到什么。母亲,正是用她的行动在我们的成长过程中给我们兄弟俩上了深刻的一课,让我今生受益匪浅。学会将心比心,怀着一颗善心去做事,哪怕是小事,也会让别人铭记于心。或许你眼中的杯水车薪却是别人眼中的雪中送炭。我们都是平凡人,只能怀着一颗伟大的心做平凡的事。不求回报,不求酬劳,只是把积聚在自身多余的爱去跟别人分享,在享受爱的时候也感悟生命的真谛。

一杯水
崔修建

一个夏日炎炎的午后,在纽约郊外的一棵大树下,勤快的安德鲁正在悠然地整理农具。他是一个孤儿,受雇于这里的农场主,已经有两年多了,虽然十分辛苦,但他很满意自己的这份工作,烈日没有影响他愉快地吹着口哨。坐在那里,他一次次地向前张望那一大片金黄的麦田,心中充溢着巨大的成就感,仿佛那即将到来的丰收完全属于他自己,他完全忘了自己只是一个卑微的打工者。

不知何时,一位老者蹒跚着从安德鲁面前走过,老者目光呆滞,神情抑郁,似乎怀揣着许多难言的心事。

"嗨,多好的阳光啊!"安德鲁不禁冲着老者喊道。

"是吗?我讨厌这让人心烦的烈日。"老者烦躁地回敬道。

"先坐下来歇息一会儿吧!"安德鲁热情地邀请老者。

老者迟疑了一下,还是默默地接过安德鲁递过来的一个马扎儿,缓缓地坐到了树荫里。

"来一杯清凉的山泉水吧。"安德鲁拿起身边的水桶,热情地给老者倒了一杯水。

老者轻轻抿了一口水,眉宇舒展开了一点点。

"怎么样,凉爽吧?这可是地地道道的山泉水啊。"安德鲁得意地向老者讲述起自己如何走遥远的路、爬高高的山,这才打回如此甘甜的泉水。

老者似乎被安德鲁的话打动了,不禁又品尝了几口水,然后轻轻地点点头,但没有作任何的评价。

"这样强烈的阳光,庄稼长得才快呢。老伯,您说对吧?"安德鲁又满怀热情地向老者介绍起眼前那片自己侍弄的麦田。

"那些都是你自己的吗?"老者平静地问道。

"都是我帮主人种的,不过,那又有什么关系呢?那可都是我的劳动成果啊,哪怕只是看着,就叫人心里很舒坦,就像喝了甘甜的泉水。"安德鲁脸上挂着毫无掩饰的自豪。

"小伙子,谢谢你的水,你会收到一份丰厚的报酬。"老者喝掉了安德鲁送上的一杯山泉水,起身朝山下走去。

第二年春天,安德鲁收到了一封陌生的来信。来信人告诉他——他是去年夏天喝过安德鲁一杯泉水的老人,原本因儿女骤然遇难离去、自己又身染恶疾,他曾一度心灰意冷,准备将自己的几个农庄全部卖掉,悉数捐给慈善机构,然后辞世。但那个夏日炎热的午后,安德鲁那一杯清凉的水和他的乐观、热情,宛如一缕清风,拂去他心田的阴云,他决定好好地经营自己未来的生活,不管病魔留给他的时间还有多久。

这一年的冬天,安德鲁又收到老人的一封来信,信里还有一份经过公证的遗嘱——老人将自己经营了一生的上万亩的农庄,全部无偿赠给了安德鲁,因为他相信,安德鲁会让那大片土地生长更多的希望。

数年后,安德鲁成了美国赫赫有名的"粮食大王",他果然没有辜负老人的期望。这就是"一杯水"的故事,一杯普通的山泉水竟改变了一个人的命运。

感恩心语

很多时候,只需一点小小的帮助、小小的关心、几句真诚的问候,就能温暖一颗孤寂、幽闭的心灵,并由此诞生许多美好的结局,甚至是人间的奇迹。

雨水淋出的财富

北原

雨,从天而降。

我打着一把伞,走在一条寂静的小街上。突然,发现路边站着个小姑娘,正淋着雨。

"快进来!"我扬了一下伞,向她喊道。

女孩飞快地跑到我的伞下,她也许有12岁,胖胖的,可是很美丽。她用小手拉住我的胳膊,缓缓地与我同行。

"你是往前走吗?"我问她。

"嗯。"她随口而答。

"去做什么?"

"找一个人。不,已经找到了。"女孩的声音含着欣慰。

"人在哪?"

"不在哪,就是你。"她扬头告诉我。

如果她加上10岁,我也许会心跳,可现在我很淡定。

"找我吗?"我笑笑。

"我得了一笔财富,"她说,"可我不想要,我要把这钱送给下雨天给我打伞的人。"

"看来，这个人就是我呀？"我试探地问。

"是的，所以我要把这财富送给你。"她把手伸进了口袋。

我不觉得欣喜，但很有趣，于是便信口问：

"真是天外飞来的财富。你要给我多少？5毛钱还是7毛钱？"

"不，是10万。"

"10万？你带在身上？"

"对，带在身上。"

我不由得把手伸进口袋，似乎要摸到一把左轮枪，来保卫财产。女孩不慌不忙，从口袋里摸出一堆残票，递到我手里。我从没见过10万元的大钱，在1秒钟里睁大了两只眼睛：天哪，这只是一张画满水彩的硬纸片，上面写着：100000。这是小姑娘自己做的"钞票"。

我大笑起来："哈哈，真是天外财富。"

"什么叫天外财富？"

"不是钱，但是财富。谢谢你，我接受。"我把"大钱"装进了口袋。

"你失望了吧！——可你没让我失望。"女孩的声音很清晰。

"为什么？"

"我读到一篇小说——一个女孩得到一笔财富，她要找一个在雨天让她共伞的人，送给他。第二天，她就去了。"

"找到了吗？"

"第二天没下雨。"

"后来呢？"

"后来下雨了，但没人理她。她在树下站了一天。后来她哭着把钱塞在了树洞里。"

"这真悲惨。"

"可是我不信。我觉得不会这么坏。就要试试。"

"所以，你就试了？"我问。

"对，而且我没失望。"

我看了她一下。那双眼睛是一种渴求而感动的眼睛。但愿下个世纪的孩子都有这样的眼睛。

雨还在下着，从雨丝里透着清香的空气。

"你没想过会失望？"我问。

"想过，但没失望啊。"

她的手更紧地挽住我的胳膊。我猛地感到一阵悄无声息的雨丝浸润着我的心，说不清的感觉扩散开去，像是在融化，又像是在凝结。

"只是我没有财富。"女孩歉然地说。

"不，我们都得到了财富。"

"我懂，不是钱，是财富，对吗？"

"嗯，非常对。"

雨水淋湿了一切，让世界显出一层晶晶的光亮，也显出了世间最宝贵的财富。

来到一个车站，我把女孩送上了车。车披着水光，很快消失了。

我继续向前。细雨从天外洒向我的伞顶，无限的温柔。

感恩心语

雨水淋湿了一切，让世界显出一层晶晶的光亮，也露出了世间最宝贵的财富。在利欲熏心的今天，我们必须认识到，人与人之间的真情远远比金钱更加重要。

孩子的拥抱

曾庆宇

当车驶过小镇时,我开始给孩子们介绍他们将要看到的一切。在新教堂里,有一个妇女已经到了癌症晚期,生活不能自理,我决定每周末去帮她干些家务活。

"安妮头上长了个肿瘤,她的脸部因为肿瘤而严重变形了。"我给孩子说着。

安妮几次邀请我和孩子一起去看她,因为我曾经几次在她面前提及孩子们。事实上,安妮是没有孩子的。

"绝大多数的孩子见到我都非常害怕!因为对他们来说,我的长相简直就像魔鬼一样,"她略有不安地说,"我能理解那些孩子们!毕竟,我的样貌和别人是不太一样的。"

在给孩子们介绍的时候,我尽量寻找一些恰当的词汇来形容安妮的相貌。记得儿子10岁的时候,我曾经带他看过一场有关残疾人的电影。我很想让他知道:残疾人与正常人一样,都有感情,也会伤心难过,也会开心微笑。

"戴维,你还记得我们两年前看过的叫《面具》的电影吗?就是关于那个小男孩脸部畸形的故事。"我问道。

"是的,妈妈。我想我知道将会看到什么。"他的神情告诉我,我不再需要给他更多解释。

"妈妈,肿瘤长得像什么来着?"女儿黛安小心翼翼地问我。

要回答女儿的问题,必须比喻形象而具体。为了防止女儿见到安妮时出现激烈的反应,我必须给她足够的准备,而不是过多的印象。毕竟,我不想孩子们受到惊吓。

"肿瘤就像你嘴巴里面的皮肤一样。它从安妮的舌头下面伸了出来,弄得她说话很困难。你一看到安妮就会看到那个肿瘤,但是,那并没有那么可怕。你们要记住,不要盯着那个肿瘤看。我知道你们想看它是什么样子的,不过,你们绝对不要盯着它看!明白了吗?"黛安小心地点了点头。

"孩子们,你们准备好了吗?"在路边停下车来时,我问他们。

"是的,妈妈。"戴维说。

黛安点了点头,反倒安慰我:"妈妈,别担心!我不会害怕的。"

我们走进客厅时,安妮正坐在躺椅上。她的腿上放了很多圣诞卡,是准备寄给朋友们的。靠近安妮的时候,我抓紧了两个孩子的手,我知道在这种时候,任何情况都有可能发生。

看到孩子们,安妮的表情一下子愉快了许多。"噢,你们能过来看我,我简直太高兴了!"她一边说,一边抽出一张餐巾纸擦掉从嘴里流出的口水。

突然,戴维松开我的手,走到安妮的躺椅前,然后用手搂住她的肩膀,把脸贴在安妮那张变形的脸上。他微笑着看着她的眼睛说:"我很高兴见到您!"

正在为儿子感到无比骄傲的时候,黛安也作出了令我惊讶的举动。她也像哥哥那样给了安妮一个热切的拥抱!看到这里,我的喉咙有些哽咽,心中百感交集。我抬头,看到安妮的眼里满是泪水,充满感激的泪水。

感恩心语

在孩子纯真无邪的心灵中,也许拥抱最能够表达他们的爱意。对于身患绝症的安妮来说,孩子的拥抱是最好的礼物,给她的生命带来了无比温暖的阳光。

爱的奇迹

感动

美国西部有一个叫唐纳的青年,他十分贫穷,但正直善良,乐于助人。有一段时间,他因帮助别人而自己两手空空。他唯一的财富,就是一只金黄色的大海螺。这只大海螺是他曾经做水手的父亲留给他的纪念,他像戴饰品一样整天把这个海螺挂在脖子上。

没过多久,唐纳就在一个旅游区找到一份工作,每天接触着来自世界各地的游客。

一天,有一对哥伦比亚夫妇带着女儿来这里旅游,小女孩看到了唐纳脖子上那个漂亮的海螺,就哭喊着让父母买一个。为此,父母很是焦急,就问唐纳到哪里可以买到。

唐纳笑了笑,然后从脖子上取下了海螺,戴到了女孩的脖子上。女孩高兴得又蹦又跳。那对夫妇离开之前,把一支鱼形铅笔送给唐纳做纪念。

没过多久,一位西班牙艺术家来这里写生。但是,令他郁闷的是竟然忘记带素描用的铅笔。而且,当地离城镇太远,根本没有办法买到铅笔。当唐纳知道以后,就把那支鱼形铅笔送给了他,艺术家对唐纳感激万分。艺术家临走之前,把自己随身携带的工艺品———一支绘有笑脸的陶瓷门把手送给了唐纳。

又过了些日子,唐纳在餐厅吃饭。正吃着,就听到厨师在抱怨。原来,咖啡机上的铁把手经常把他的手烫伤。于是,好心的唐纳又把那只陶瓷门把手送给了厨师,而这个陶瓷把手安到咖啡机上刚好合适。为了感谢唐纳,厨师把自己一个烤面包的烤炉送给了唐纳。

不久,有十几个士兵到这里进行野外生活训练,他们每天需要自己做饭,但是炊具并不齐全,正好缺一个烤炉。好心的唐纳听说后,就主动把自己的烤炉赠送给了士兵。两个月后,士兵们要到另一个地方去,但是有一台发电机无法带走,他们就把发电机送给了唐纳。

碰巧的是,部队刚刚离开,旅游区就遭遇了百年不遇的雷雨天气,所有地方都大规模停电,人们没有一点准备,这让这里唯一的酒店陷入了停业状态。

危难之中,又是唐纳,把那台发电机送给了酒店,可以说是唐纳的这台发电机,挽救了酒店,酒店老板为了感谢唐纳,坚持要把店里珍藏多年的一个百威啤酒桶赠送给唐纳。唐纳推辞不了,就接受了这个酒桶,但他仍把酒桶寄存在酒店里。

这年冬天,一个加拿大的电视播音员来这里滑雪时,偶然看到了这个古老的酒桶,要花重金购买它。但唐纳没有收他的钱,而要把酒桶送给了他。播音员临走时,把自己的雪地汽车做了礼物赠送给了唐纳。

过了不久,一位来自纽约的喜欢户外运动的音乐家来到这里滑雪,他一眼就喜欢上了唐纳的雪地汽车,并愿意出大价钱买下这辆雪地汽车。好心的唐纳又大方地把汽车送给了他。音乐家发现唐纳很喜欢唱歌,就承诺免费为他作词作曲,录制一张唱片。正好酒店里有一个歌手,他跟唐纳很熟,他曾跟唐纳说过,最大的愿望就是能出一张唱片。这样,唐纳把这个机会送给了他,让他圆了出唱片的梦。

结果,这个歌手竟因为这张唱片而一炮走红,后来,歌手离开这里的酒店去了纽约。歌手临走时,把自己的一套别墅送给了唐纳。

就这样,没有两年的功夫,贫穷的唐纳竟然有了自己的房子。

感恩心语

真心付出的人从来没有想过回报,但他们往往会收到意想不到的回报。只要有一颗爱心,人人都能创造奇迹。

第八章

遇强更强：
感恩对手的压力

对手造就了我们的成功，对手越强大，我们也就越强大。对手历练了我们的心态，对手越老练，我们也就越成熟。欢迎对手，感恩对手。

对手让我们不断进步

佚名

在北方某大城市里,诸多电器经销商经过明争暗斗的激烈市场较量,在彼此付出了很大的代价后,有张、李两大商家脱颖而出,他们又成为最强硬的竞争对手。

这一年,张为了增强市场竞争力,采取了极度扩张的经营策略,大量地收购、兼并各类小企业,并在各市、县发展连锁店,但由于实际操作中有所失误,造成信贷资金比例过大,经营包袱过重,其市场销售业绩反倒呈直线下降。

这时,许多业内外人士纷纷提醒李:这是主动出击、一举彻底击败对手张,进而独占该市电器市场的最好商机。

李却微微一笑,始终不曾采纳众人提出的建议。

在张最危难的时机,李却出人意料地主动伸出援手,拆借资金帮助他顺利过关。最终,张的经营状况日趋好转,并一直给李的经营施加着压力,迫使李时刻面对着这一强有力的竞争对手。

有很多人曾嘲笑李的心慈手软,说他是养虎为患。可李却没有丝毫后悔之意,还是四处招纳人才,并以多种方式调动手下的人拼搏进取。

就这样,李和张在激烈的市场竞争中,既是朋友又是对手,他们彼此绞尽脑汁地较量,但各自的实力却都在不断增强。多年后,李和张都成了当地赫赫有名的商业巨子。

面对事业如日中天的李,当记者提及他当年的"非常之举"时,李一脸的平淡:"击倒一个对手有时候很简单,但没有对手的竞争又是乏味的。企业能够发展壮大,应该感谢对手时时施加的压力。正是这些压力,化为想方设法战胜困难的动力,进而在残酷的市场竞争中,始终保持着一种危机感。"

没有压力,人的潜能就会逐步退却,人的动力就会慢慢消退,生命的机能就会不断萎缩。最终,人的事业消沉,生活散漫,人生越来越暗淡。只有注入强有力的压力,在压力中多多用心,努力将压力转化为动力,才有可能使生命越来越有活力,激发出更多的人生潜能,最终取得事业的成功。

∞ 感恩心语 ∞

生活并不如意,你也没有什么前进的动力,如果一直这样下去,你的人生就会就此止步,没有什么指望了。

如果面临这种情况,不妨找一个竞争对手,把他放在背后"盯"紧自己,以使自己不断前行。

感谢对手

黄自怀

20 世纪初,美国总统西奥多·罗斯福想让凯巴伯森林的鹿(当时大约只有 4000 只)得到有效的保护,繁殖得更多一些,于是宣布将此地划为全国狩猎保护区,并决定由政府雇请猎人去消灭狼。25 年过去了,狼和豹子等"凶残"的动物都所剩无几。鹿当然大量繁殖,很快超过 10 万,森林中一切能被鹿吃的食物都难逃厄运,生态遭到严重破坏,鹿则面临饥饿和疾病。没过多少年,整个凯巴伯森林中只剩下不到 8000 只病鹿苟延残喘。

这是环境新闻工作者胡勘平先生在《鹿和狼的故事》中所举的一个例子。胡先生说，自然界中的各种生物相互制约、相互联系，共同维持着生态的平衡，我们不能一相情愿地改变它。

我们由此及彼地产生联想，就不难看出，动物如此，人类亦然。

人，是在与对手的竞争中进步的。

像金溪民方仲永这般的神童，为何会"泯然众人矣"？他在初露头角时，邑人便"宾客其父"，其父也视仲永为活宝，四处张扬炫耀，使孩子如捕杀狼后的凯巴伯森林中的鹿一样，成了地地道道的"宠儿"，过着没有抗争、没有对手、吃饱喝足的"幸福"生活，还哪来进取的锐气？在如此的"安乐窝"里，你不颓废才怪！

记得当年初登讲台，各方面压力都大。由于竞争对手很多，稍不留神就可能被淘汰，所以大家都处处小心在意，不断给自己"充电"。笔者工作中也常将"不知足常乐"自勉，因此得以在工作中不断进步、不断取得好的成绩。后来有一段时间，由于说不清道不明的多方面因素，单位的同事似乎都"看破红尘"，在"安乐窝"中失去了先前的干劲，竞争意识淡薄了，不多时日，单位的整体素质就在不经意间下滑很远很远……在生活中，此种例子比比皆是。当年吃"大锅饭"的时候，由于没有竞争，大家都一样，结果如何？国民走向了极度的贫穷。后来改革开放，农村实行包产到户，大家你看着我，我看着你，别人都有饭吃，就你一人饿肚子，有点说不过去吧——竞争对手有了，一部分人就先富起来了，再逐步辐射，更多的人也富起来，大家也就"小康"了，"和谐"了！

民族，是在同对手的竞争中发展的。

想我泱泱中华，几千年的闭关自守，导致的只能是积贫积弱。古代的封建帝王们，一旦得了天下，便以为这"天下"就是自己的，自己也就至高无上了，至于你外国人怎么搞，不是我的臣民，我就不去关注。这样一来，民不聊生也好，国泰民安也罢，都是"内部"的事情，从未想过与别国竞争，致使有些属于我们"国粹"的东西，还要到外国才能发扬光大。特别是在清朝，我国传统的医学在日本得到了发扬，鲁迅先生不也还要到日本去学习中国的"线装书"吗？何以如此？晚清政府只是躺在祖宗的床上睡大觉，根本没去考虑什么竞争。

改革开放后，我们的东西出去，外国的东西进来，环境活了，竞争激烈了，有着悠久历史和灿烂文化的中华民族才真正成了腾飞的巨龙。面对世界上强大的对手，我们的民族在冲刺！这不，"嫦娥一号"的成功，正是证明了在激烈的竞争面前，中华民族从来都是不甘落后的。

哎，好像扯远了。回过头来，看看身边，笔者发现现在的猫都不咬老鼠了。究其原因，恐怕和凯巴伯森林中的鹿一样，生活好了，无忧无虑，又没人抢自己的"饭碗"，还去管那些"闲事"（闲吗？不闲？）干吗！

在此，我要对所有的对手们真诚地说一声：谢谢！

∽⌒ 感恩心语 ⌒∽

有了对手，就有了竞争，有了竞争，就会碰撞出火花，一起鏖战，取胜尤显艰难。方仲永最后的"泯然众人矣"的结局，正是因为他一直处在大家的宠爱中，没有对手，没有压力，他自然也就不需要进取了。

是对手也是朋友

谢冰清

自从你一来到我们的班级，我就知道，你不是盏省油的灯。事实果然如此，你在第一次考试中，就把我这个语文全班第一给挤了下去，变成了高不成低不就的第二名。就凭这个，我很有理由恨你，恨你再恨你，或者到处说你的坏话；可我没有，不知道为什么对你下不了这"毒手"。当然，这不会是爱情，可能，是一种英雄惜英雄的惺惺相惜之情吧，可这话我只能想想，不能被你知道，要不然，你就抖起来了。

"谢冰清，你快给我醒醒，语文老师走过来了。你还流口水，真不像话，哪像个淑女，真没治了。"我赶紧抬起头看看四周，没有情况，转过头狠狠地白了你一眼，叫道："程羽，你找死啊。"用力拍我头的这个人就是你。你总是这么没大没小的，在我刚刚和周公约会的时候把我叫醒。你这电灯泡。你一脸无辜地看着我，摆摆手，极为潇洒地说："叫醒你，不是我的错。刚才老师来过了，我冒大不韪救了你，你还不谢我，真是好心没好报。"

我叹了口气，为什么总是说不过你，你这张油嘴，真想撕烂！

"小冰冰，你想撕我的嘴是不是？对不起，我看你这辈子没啥机会了，下辈子吧。"

"你又胡扯了，我想什么你怎么知道，子非鱼，安知鱼之乐？"我找句古文堵住你。

"错错错，应该说我是孙悟空，神通广大，你又不是鱼，怎么知道我不知道你的事。"

"喂，你们两人什么关系，是不是真的像别人所说的……"说话的是对面那个喜欢说三道四的"长舌妇"。

"哦，我是他姐姐。"

"我是她哥哥，你说我们是什么关系？"

别问我们是什么关系，只是每天斗嘴已经成为我们的兴趣。独处时，我们互相嘲笑，是对手；有外人时，我们一致对外，是朋友。

"谢同学，你看，拙作又见报了，这是50块稿费，怎么样，小兄请你吃一顿，只是……你什么时候请我，可不要让我等到海枯石烂，齿动发落啊。"你——程羽，又拿着稿费单在我面前耀武扬威了，又用这几十块钱来嘲笑我了，哼，我才不怕你呢！我拿出藏在书包里的一本杂志，递到他手里："程羽，这是我刚拿到的样刊，送你一本，你可不要丢了，什么时候你也送我一本，到时候我也请你吃一顿。"你不在乎地收下了，然后狠狠地在我脑门上赠送一个"糖炒栗子"。我呆了一下，尖叫着跑来追你，你像一条鱼滑了出去。我顿足，你在窗外扮鬼脸笑我。

要考试了，我们都处在最紧张的时候，有时互相看一看，都觉得空气里充满了厮杀的味道，眼神里写着不倒的长城。可是，我才不怕你呢。我走到你面前，狠狠地甩过一本书。

"程羽，这本小说借你看，下个星期还我，记住要背熟。"

你接过"小说"，一眼就看见"小说"的名称——《期末复习大纲》。你笑了，一架飞机飞到我的桌前，我小心打开，那上面是你东倒西歪的卡通字，一看就知道你是故意的。你写道：

谢谢你的"小说"，写得很动人，不过你要小心，小心你的位子不保，我要争地盘了。

PS：下午我们"约会"去吧。

看到这张纸条，我脸不红心不跳，遂决定单刀赴会，赴你这"鸿门宴"。

你站在秋天的梧桐树下，真是一幅风景，可是我没有为你倾倒。我走近了，你突然往我脑门上拍了一下，有些气呼呼地说："臭小鬼，迟到了。"我也不会吃亏，用力往你脚上踩了一脚，你连连叫痛，我得意地大笑。

我们没有去公园，两个人换了两趟车，来到你家。你家坐着一个人，你说，那是市作协的一个叔叔，今天在你家做客，特意想请他来讲怎样写好作文。我有些"鬼"地问你："为什么要叫我来？"你挺挺胸，义正词严地说："我是个光明磊落的正人君子，决不会进行私下交易，不过……这次考试我一定超过你。"

"是吗?"我偷偷地笑了,相信自己是不会输的。

"你们两个感情真好,是兄妹吗?"讲课的叔叔笑眯眯地问我们。

"对对对,我是她哥哥。"你一脸得意,抢先回答。

"不不不,我是他姐姐,他是我弟弟。"落后一步,我瞪你一眼。

看叔叔笑着不解,我们只好异口同声地说:"我们是同学。"

这次期末考试,我和你并列第一,作文成绩都是 39 分。老师报名次时,你看看我,我看看你,我们都笑了,是发自内心的。

我是闲云,你是野鹤,我们是朋友,也是对手,这条青春路上,有你有我,于是不寂寞。

感恩心语

求学路上,遇上一个好的对手,是幸运;人生路上,遇上一个好的朋友,是幸福。平日里,无话不谈,彼此信赖,互通有无,时而争得面红耳赤,关键时刻,一致对外,默契而自然,亲切而和谐。有了对手,更添几分动力,更增几分气魄;有了朋友,更添几分信心,更增几分温暖。朋友,让青春不再孤单;对手,让青春不再平淡。

让我们珍惜身边的朋友和对手吧,少一些斗争,多一些合作;少一份对抗,多一份友好。让我们的人生更加灿烂辉煌。

用感恩的心看对手

刘元芳

曾想感谢绊倒我的人,因为他强壮了我的双腿;也曾想感谢鄙视我的人,因为他让我学会自尊;也曾想感谢批评我的人,因为他让我认识到自身不足;还想感谢你,我的对手,因为你的紧追,你的认可才有了我的成功。

"对手",是一个充满火药味的词。但正因为如此,才使比赛精彩。

在一次比赛中,刘翔以 12′88 的成绩创造了男子 110 米栏的记录,他的光荣他的成绩离不开紧跟其后的第二名的选手的紧逼,赛后两人紧紧拥抱,"飞人"的产生不仅仅只靠自己的技能,有时来自对手的压力,才使得技能发挥到极限。感谢对手,才使刘翔走向辉煌。

对手有时是一个公正、无私的"裁判",是为自己成功铺路的人。

在一次乒乓球比赛中,中国选手刘国梁对抗德国骁将波尔。决胜局,刘国梁以 12:13 落后,再失一分就会被淘汰。在此时,刘国梁打出一个擦边球,德国教练准备起身庆祝,波尔示意这是一个擦边球。这样刘国梁奇迹般被拉回比赛,最后反败为胜。对手,往往给自己以机会,不是失误,是人格。对手,给了我们成功的可能。他为成功打开一扇门,为我们的进入而鼓掌。感谢对手是对机遇的感谢,更是对对手人格的赞颂。

对手有时也是冷漠的,但无论冷漠还是热情,对手总以挑战来考验自己,磨炼自己,鼓舞自己。

学习中,生活中,总有这样那样的对手,给我们压力,给我们挑战。成功时,对手给我们掌声,失败时,也能听到他们鼓励的话语或得到他们温暖的拥抱。我们应该感谢对手,感谢他们。

对手不是我们的敌人,而是除父母老师朋友之外我们还应该感谢的人,感谢对手,是他们让我认清我们的敌人永远只有自己;是他们让我立志刻苦学习,努力奋斗;是他们让自己心中准备战斗的弦紧绷,同样是他们让自己勇敢,坚强地面对人生的坎坷。感谢对手,感谢你们。

感谢对手！让战场赛场也充满温馨,充满人性的光辉。

❀ 感恩心语 ❀

一个人、一个团体、一个组织,如果没有了对手,一定会走向怠惰和没落。对手是值得我们感谢的人,他的压力,让我们把自身的技能发挥到极限;他的存在,给了我们成功的可能;他的人格,给了我们公平竞争的机会;他的掌声,给了我们成功的快乐;他的拥抱,给了我们失败后的安慰。除父母老师朋友,我们还应该感谢对手。正是由于对手,才使我们认识到自己的不足,才使我们认识到要发展自我,才使我们认识到骄傲就会落后。对手就犹如一面铜镜,能照出你自己的特征,也能激励你去不断学习,不断发展。让我们用感恩的心去看待对手吧!

感谢不合作的对手

佚名

我和梅都是研究生毕业,梅比我早毕业两年,也比我早到农业局工作。她出身于书香门第,我在农村长大。她毕业的大学也比我的更有名。我们成了同事,而且在同一个处。

也许我自知起点不高,加上自幼勤奋好学,工作上比较认真负责,很快得到领导的赏识。工作了三年,我就被提拔为副处长,而梅仍是普通职员。梅很不服气,多次找领导提意见,但领导"无动于衷"。

随后,梅总是和我对着干,还经常在领导面前说我的坏话。她总认为我和领导有什么私人关系,有一年春节后,她竟然问我某天下午是不是去给领导送礼了。当时我有点吃惊,她住的地方离我家很远,节日期间她又不值班,我春节去哪儿了她怎么知道?我没有质问她,只是微笑着告诉她我去看望了导师,但她似乎并不相信。

在梅的监督下,我在工作中也就格外注意。担任副处长不到两年时间,我被破格升为副高级职称,随后被任命为处长。两年之后,梅才升为副高。这段时间里,梅仍然是普通职员,仍然对我不友好。我主持讨论处里的工作计划,会上,大家一致认为局里制定的某项任务不合理,要我向局领导反映,梅也同意。但随后梅却向领导打报告,说我"鼓动"全处人员和局里对抗!

我坚持与人为善,总觉得一起共事是一种缘分。那次,她事先没有请假,三天没来上班,局里要处分她。按规定,旷工三天就要扣至少半年的奖金。最终,我向领导为她说情,替她解了围。

从那以后,梅似乎对我表现出了一些友好和合作。后来,我调到另一个局任职。偶然一次,听以前的同事说,梅很想念我,说我"很不错",很希望能再和我做同事,还说我走了她找不到对手了,工作很没劲。

当然,我也很感谢梅这个对手。这些年来,她的监督和不合作,让我受益很多。也许我以后还会遇到对手,但我相信她是一个不可多得的对手。而且,不是所有的人都能成为对手,找不到对手,或者没有了对手,也许你会感觉非常寂寞和凄凉!

❀ 感恩心语 ❀

因为梅这个对手的存在,"我"更加努力工作,我们两个人在互相较量中逐渐成长。

当"我"离开的时候,梅因为失去了"我"这个强劲的对手而心生失落,从此也许曲高和寡,再没有人可以与之争个高低。古来圣贤皆寂寞,但又有几个做得了圣贤?没有对手,生活也是不完整的;没有对手,我们又怎么进步呢?

尊重你的对手

静思者

火箭今天又获胜了,已经很久没有看到这么酣畅淋漓的胜利,而且是在姚明受伤缺阵的情况下。虽然对手只是实力不强的老鹰队。这场球是在学校的食堂看的,虽然仰着头坚持那么久会很不舒服,可是胜利让我忘却了累,而且不是我一个人,好像所有仰着头的人都有这样的感觉。

至少让我看到了一个久违的真正麦迪,麦迪今天打出了本赛季最好的一个上半场,15投11中的他完全爆火,根本看不出是一个刚刚伤愈复出的人,尤其是几次突破上篮、反手上篮,还包括5投3中的三分球命中率,让整个丰田中心陷入沸腾。而且在第二节一次上篮被撞倒后,麦迪很快爬起来,表情轻松,更是让火箭球迷感到放心。他的出色发挥也带动着所有的队友们,穆大叔的飞身救球,霍华德也似乎在这个夜晚找到了自己的第二次青春,仿佛当年的密歇根五虎又回来了。这是一个属于火箭、属于麦迪的美丽周末之夜。

这才是自己所熟悉的麦子,总是会在困难面前一次次勇敢地站起来,用实际行动去证明自己对梦想的执着。我始终认为你是一个坚强的神奇,飘逸潇洒而又孤独忧郁,在你身上永远不会出现什么负面新闻。今天在网上看到篮球之神迈克尔·乔丹要和妻子离婚的消息,原来他也是一个凡人,虽然在球场上他是那么完美,但是却在生活中却有那么多的负面消息。在这样一个物欲横流的NBA,正是你让我看到了那所剩的净土,你是所剩无几的另类,我始终坚信你不会出现这样那样的坏消息,因为我相信我的眼睛我的心灵不会出卖我。

对于始终都坚定地支持着麦子的我来说,胜利和失败根本不再那么重要,因为一颗忠诚之心不会去考虑这个球星所获的荣誉有多少,胜利有多少,失败有多少,而要做的仅仅是从一而终地支持这个人,可以不用替球星说话和发表任何言论,但只要默默地始终支持他,并对他有着更为深刻的认识,即使麦子会这样平凡一生,我也会始终那么坚定。

多少个日夜的奋斗,多少个日夜的等待,如果就这样的放弃,那人生未免太过软弱和残忍。我相信麦迪不会放弃一线的可能,一直相信,一直相信 T-mac,相信对篮球的执着,相信对胜利的渴望。就这样相信这个有着可爱笑容的人。

突然在想是什么让他有这么坚定的信念去战胜一切困难,也许是因为有那么多人在背后默默地支持他,为他祈福,所以他不想让喜欢自己的人失望。更也许是因为他的对手吧,记得他每次在面对像科比、詹姆斯、韦德、艾弗森这些强劲对手的时候,总会去加倍努力、拼尽自己的全力,可能正是因为这样一种不服输的信念在强烈地支持着他。没有对手的人是寂寞的,所以每个人都应该有自己的对手。姚明为什么成长的这么快,可能很大的原因来自大鲨鱼——奥尼尔,和那个被誉为姚明一生对手的小霸王——斯塔德迈尔,对手对自己的激励永远是最大的。

一句"既生瑜,何生亮",足以见得诸葛孔明在面对这样强大对手的时候,把自己的才智发挥到极致,才能这般流芳百世受人敬仰。足以见得对手的重要性,如果在强大的对手面前自己不加倍的去努力,那只能像周瑜那样仰天而叹。对手是促进你进步的动力,因为谁也不想落后于别人,就会想尽一切办法更优秀,找到获胜的喜悦。记得女蛙王罗雪娟在夺得奥运冠军之后面对记者的采访时说"感谢所有支持我,喜欢我和憎恨我的人",感谢憎恨自己的人,这是一种怎样的胸怀?在通往成功的路上,恰恰是这些对手,推动我们走向胜利的彼岸。

但是,要分清楚对手不是敌人,我们不应该去憎恨他们,而是去尊重他们。他是一面镜子,更容易发现自己的不足,所以我们要感谢对手,向他学习,并且挑战他,超越他!

❦ 感恩心语 ❧

麦迪因为有科比、詹姆斯、韦德、艾弗森这些强劲对手,所以更渴望胜利;姚明因为有奥尼尔、斯塔德迈尔这样的对手,所以自强不息。有人说:"上帝总是把等重的人放在天平的两边。"对手是和我们拥有同样生命重量的人,因此我们必须要尊重对手,尊重对手就是尊重自己。是的,对手是同我们一样沉重的生命,他们和我们被放在天平的两端,互相验证对方的生命价值。一旦失去对手,天平就会失去平衡,而我们自身生命的重量也失去了凭证。所以,不要把你的对手当作芒刺,当作和你争夺奶酪的"敌人"。应该想想,他若没有一定的分量,又怎能成为你的对手?针锋相对只能走向狭隘和短视。放开胸怀,拥抱你的对手,才是自信、自尊的风采!而你的风采也将赢得对手的尊重。

为对手带路

张翔

那是一家五星级的宾馆,他们正在自己的酒店里招一批高级服务生。招聘在酒店的人事部经理办公室里进行,由人事经理亲自面试。由于来应聘的人很多,酒店怕大家阻塞了经理办公室门口的走廊,所以都被统一安置在大厅里,然后每出来一个人,就叫下一个人的名字,自己循着走廊找去。

他来之前还是有些把握的,虽然他只有专科文凭,不到要求的本科,而且身高刚好 1.75 米。但是他的英语讲得还可以,那种语言上的优越感充实了他的自信。直到来了酒店之后,他才吃惊地发现,来的人个个都是高大俊秀,学历都是大学本科以上,甚至研究生都有,都是相关酒店服务或外语专业毕业的学生。那些人甚至在应聘之前,就在酒店的大厅和老外侃侃而谈了,笑声朗朗中,他的信心一下子跌落下来。

终于轮到他了,经理看完他的简历,就笑了:"你的勇气可嘉,但不是很符合我们的条件。抱歉……"

他点头微笑着说:"没有关系,请问下一位的名字是?"经理眼神一亮,大概没有想到一个失落的人,居然还会记得问下一个对手的名字。于是缓了几秒钟才说:"下一位叫钟善,谢谢你!"他很礼貌地回答:"不用谢。"然后就出门去了。

来到大厅的时候,他喊了一声——"钟善",马上就有一个人闪了出来,然后点头朝走廊这边走去。他回头一看,这个人大概过于激动了,居然往相反的方向走去。于是,他跟上去叫住他:"钟善,这边,你跟我来。"

于是,他就好人做到底,把那人一路带到人事部经理办公室,很礼貌地敲门,把那人请了进去。经理显然有些诧异,问:"这是?"

他回答说:"他刚刚走反了方向,没有找到,我就带他进来了。我现在就出去了。再见!"

正当他要出门的一刻,经理却笑着站了起来,问到:"你能把你的简历留下吗?"

他有些讶异,但很快就反应过来,说:"当然可以!"他把简历递给了经理,然后就出去了。

第二天,他就被通知录用了。第三天,他顺利进入了那个著名的五星级酒店上班。

后来,当人事部经理为大家讲课时,特意提起了关于对他破格录用的原因。他说:"虽然他的条件没有达到我们的招聘要求,但是他那种为对手带路的胸怀打动了我。因为作为高级服务行业中一名合格的服务生,他随时都可能遇到各种复杂的情况:比如像对手一样苛刻的客人,而你如果能够用一种包容的胸怀对待客人,并给他礼貌的服务,那将是一个服务生最完美的答卷。"

感恩心语

在生活中,学历可以具有一定的优势,但是有一个博大的胸怀更加能够打动人心,为战胜强大的对手增加筹码。和对手过招,有时候并不是针锋相对,互不相让。给对手一次机会,也就是给自己机会。

对手的力量

佚名

两人在树林中急急地赶路,突然从树林里跑出一头大黑熊来,其中的一个人忙着把鞋带系好,另一个人对他说:"你把球鞋穿上有什么用? 我们反正跑不过熊啊。"忙着系鞋带的人说:"我不是要跑得快过熊,我是要跑得快过你!"

这个故事的寓意在于:你所面临的世界,是一个充满变数并且竞争非常激烈的世界。因此跑得快不快,很可能成为决定成功和失败的关键。"快"、"好"、"能干"、"聪明"其实都是相对的形容词,有的时候,知道自己的竞争对手是谁非常重要。有一些人盲目地识别错了目标,结果在相反的方向上用错了劲,到头来,只能是功亏一篑。所以,很多时候,你的成功决定于你是否懂得寻找捷径。要成为顶尖人物,你不需要比所有的人强,只要强过自己的对手或者同行就行了,这样就足以使你显得出类拔萃。

还有一个故事:一位动物学家对生活在非洲大草原奥兰治河两岸的羚羊群进行过研究。他发现东岸羚羊群的繁殖能力比西岸的强,奔跑速度也要比西岸的每分钟快13米。而这些羚羊的生存环境和属类都是相同的,饲料来源也一样。于是,他在东西两岸各捉了10只羚羊,把它们送往对岸。结果,运到东岸的10只一年后繁殖到14只,运到西岸的10只剩下3只,那7只全被狼吃了。

现在,你一定也可以明白,东岸的羚羊之所以强健,是因为在它们附近生活着一个狼群,西岸的羚羊之所以弱小,正是因为缺少了这么一群天敌。没有天敌的动物往往最先灭绝,有天敌的动物则会逐步繁衍壮大。大自然中的这一现象在人类社会也同样存在。敌人的力量会让一个人发挥出巨大的潜能,创造出惊人的成绩。尤其是当敌人强大到足以威胁到你的生命的时候,敌人就在你身后,你一刻不努力,你的生命就会有万分的惊险和困难。

在你的人生中,一定会遇到各种各样的对手,我能够想象,但我并不担心。因为敌人是一把双刃剑,可能对你造成威胁,但也可能成为你进取的动力。我想,你一定听到过"死于安乐"这句话。在现实生活中,你没有必要憎恨自己的敌人,若深入思考一下,你也许会发现,真正促使你成功的,真正激励你昂首阔步的,不是顺境和优裕,不是朋友和亲人,而是那些常常可以置你于死地的打击、挫折,甚至是死神。

在日常生活中,我们中的许多人,却犯了这样一个致命的错误:总在诅咒我们的对手,或者因为自己遇到了对手而失魂落魄。这恰恰错了,你应该为自己有一个对手或者是强大的对手而庆幸,为自己遇到的艰难境遇而庆幸,因为这正是你脱颖而出的机会。感谢对手吧,因为正是他们使你变得伟大和杰出。

当遇到了强大的对手时,你是否曾失魂落魄,是否曾诅咒命运?读过这篇文章,你是否受到鼓舞?作家冯骥才说:"人生最强劲的力量都是你的对手给你的。对手多强,你就有多强。"我们应感谢对手,正因为有了对手,才激发了我们的潜力。"生于忧患,死于安乐",羚羊因为有了狼群才更强健,我们因为有了对手才更杰出。

感恩身边的敌人

佚名

号称南非民族斗士的前总统曼德拉,曾因领导反对白人种族隔离政策而入狱,白人统治者把他关在荒凉的大西洋小岛罗本岛上 27 年。当时尽管曼德拉已经是高龄,但是白人统治者依然像对待一般的年轻犯人一样虐待他。

1991 年,曼德拉出狱后当选总统,然而他在总统就职典礼上的举动震惊了全世界!

总统就职仪式上,曼德拉起身致辞欢迎他的来宾。他先介绍了来自世界各国的政要,然后他说,虽然他深感荣幸能接待这么多尊贵的客人,但他最高兴的是当初他被关在罗本岛监狱时,看守他的 3 名前狱方人员也能到场。他邀请他们站起身,以便他能介绍给大家。

曼德拉博大的胸襟和宽宏的精神,让南非那些残酷虐待了 27 年的白人汗颜得无地自容,也让所有到场的人肃然起敬。看着年迈的曼德拉缓缓站起身来,恭敬地向 3 个曾关押他的看守人员致敬,在场的所有来宾都静下来了。

后来,曼德拉向朋友们解释说,自己年轻时性子很急,脾气暴躁,正是在狱中学会了控制情绪才活了下来。他的牢狱生涯使他学会了如何处理自己遭遇苦难的痛苦。他说,感恩与宽容是源自痛苦与磨难的,必须以极大的毅力来训练。

他说起获释出狱当天的心情:"当我走出囚室、迈过通往自由的监狱大门时,我已经清楚,自己若不能把悲痛与怨恨留在身后,那么我其实仍在狱中。"

感谢对手吧!正是由于他们,我们才会认识到自己的缺点,才会激发自己的潜能,才会激励自己不断进步,奋勇前进,勇攀高峰!

对手不如握手

佚名

一

晚上 8 点,纪小桐仍在加班。她又把刚刚做了一半的策划方案给推翻了,这已经是第三次了。对方的客户老板是台湾人,很挑剔,又是第一次合作,无论如何都得做一个精品出来。

路过宣传总监唐思琪的办公室时,纪小桐突然想,等到这个方案做出来,不知道这个宣传总监又会有什么举动。唐思琪总能找出对纪小桐策划的反驳意见,虽然那些反驳不足以致命,但绝对会影响大家对纪小桐百分之百的肯定。

二

早上 8 点,纪小桐准时到达会议室。在座的只有唐思琪一个人,纪小桐冲她笑笑,便把目光投到手中的笔记本上。她们一直相处得很一般,不冷不热,除了在决策的时候针锋相对。

五分钟后,史密来了。他是中方的总裁,也是纪小桐和唐思琪的最高上司。

史密先说了话:"你们俩一个是企业宣传的总策划,一个是总监,经过公司高层的再三研究,决定确定一个企宣经理,这个人选从你们两人中产生。剩下的那个,我们只能说抱歉,因为我们将取消原来的那两个职位。"

"目前公司不正在替那个台湾人做策划吗?你们俩各拟一份方案过来,就这样。"史密冲她们笑笑后离开了。

纪小桐和唐思琪对望一眼,刚刚她们还为自己的高傲互相对峙着,现在居然一下子都被逼到了悬崖旁边。

三

握着前一天晚上赶出来的初稿,纪小桐心里生出了许多感慨:为公司卖了三年命,想不到有一天会有人跟自己说地位不保,非得扔给你一把剑,让你和对手决一死战,不分个你死我活就别想结束。难怪有人说外资企业不能进,因为有想象不到的残酷。

翻看以前的旧例,想总结唐思琪的习惯,好对症下药,却发现曾经的那些痛点居然都被唐思琪找在点子上,如今看来似乎不佩服她也是不行的。

第三天,史密打电话过来问宣传策划的进展,言语中似乎有看好唐思琪的意思,也不知是真有意还是假有心。

纪小桐觉得自己陷进了一个怪圈里面,一方面觉得唐思琪确实有值得佩服的地方,一方面又被公司逼着必须要跟她决一生死。在挂掉电话后,她作了一个大胆的决定,拿起那几经修改的方案进了唐思琪的办公室。

"我想拿这个方案征求一下你的意见,我知道你总能看到我看不到的地方。"纪小桐很诚恳地把策划方案放在了唐思琪的办公桌上。

显然,唐思琪有些意外,继而也实言相告:"其实我也想找你谈谈,我发现自己打不开思路,若有一个大框架就好多了。"原来她也是有很大难处的。

唐思琪接过她的初稿仔细看过,认真提出了两个意见。纪小桐暗暗吸气,果然慧眼,自己又没有发现。

星期四上午,纪小桐和唐思琪分别上交了自己的策划方案,内容都很全面,不同的只是项目的顺序和具体的陈述方式。

四

史密通知纪小桐到他的办公室一趟。

史密一脸严肃:"上次的策划方案,那个台湾商人很满意,已经决定采用了,不过……"史密话锋一转,"唐思琪的方案跟你的差不多,根本看不出你们俩谁的更高明些,所以我们还有个加试,现在进行。"

纪小桐苦笑:拜托,不就是竞争嘛,何必弄得这么紧张兮兮。

"你要给你和唐思琪打个分,注意,分数不能一样,只能一高一低。"史密说出最后的要求。

纪小桐有些想不通,为什么这些高层们整天没事就想着如何离间员工,难道这样才能淘出真正的优秀者?自己当然觉得自己好,但唐思琪的确是不错的,纪小桐想了一想,给自己打了 99 分,而给唐思琪打了99.1分。她的理由是,自己是非常好的,唐思琪若是好过自己,也只是好上一丁点儿。

五

20分钟后,纪小桐正在收拾行李准备走人时,史密又打电话叫她过去。她有些微微的恼,难道非得当面宣布辞退决定才肯罢休吗?典型的外国人作风,不留情面。

唐思琪也坐在那里,一脸茫然。纪小桐忐忑地坐下。

突然听到史密大声笑出来:"你们俩都很能干而且要强,这几年一直都没有很好地合作,所以公司决定找个机会看看你们在紧要的时候是团结还是产生冲突,结果你们站在了一起。现在你们应该明白,再强的一个人也只是一百八十度。而且你们都把高分给了对方,这更让我们满意,公司就需要能够看到别人长处的人。"

史密把她们的手拉过来:"合作吧,你们就是最棒的。"

接下来的日子,纪小桐还是总策划,唐思琪还是总监,只是她们把办公室搬到了一起,因为成功只属于懂得取长补短的人们。

❦ 感恩心语 ❧

与对手的对决并不一定是在敌对的立场上,如果可以在合作中竞争,更能看出谁更胜一筹。竞争固然重要,但是独立的竞争注定是失败的,只有在合作中才能增长彼此的实力。

对手也美丽

刘华

贾平凹先生这样说自己:懦弱阻碍了我,懦弱又帮助了我。从小我恨那些能言善辩的人,我不和他们来往。遇到一起,他愈是夸夸其谈,我愈是沉默不语;他愈是表现,我愈是隐蔽,以此抗争,但鬼使神差般,我却总是最后胜利。

忘了是谁说:一个人用尽全身力气去对付一只蚂蚁,结果只能是得了威望,失了尊严。一定要挑拣对手再还击,那是你的身价,他不是人物,怎值得你浪费时间?凡是眼睛总盯在别人身上,喜欢和别人比较,希望从别人的疏忽和失败里找出路的人,多半是不值得过招的弱者。真正的强者会有自己的路和自己的节奏,就像猛兽,多半独处,谁也不是他们的参照。

其实,凡是对竞技有兴趣的人都有类似的体验——希望看到势均力敌的人之间的恶战。若干年前,泰森复出的那场拳击赛,是很多拳击迷的期待,同时也让他们大失所望,原因很简单,力量对比太悬殊了——第一个回合没完就了结了。打球、下棋都得双方旗鼓相当方可尽兴。最愿意看到的是:一场恶斗之后,胜利者一下跪倒在地上,双手紧握,笑得灿烂极了,直至流下泪来……只有赢了最想赢而又最难赢的人才有这样的享受,也只有来之不易的胜利才可以换来这样的表情。

当年,张爱玲曾这样诠释她和苏青:"同行相妒,似乎是不可避免的,更何况大家又都是女人——所有的女人都是同行。可即使从纯粹自私的观点看来,我也愿意有苏青这么个人存在……只有和苏青相提并论,我是甘心情愿的。"以张的通透,自然明白要选对的人做对手,一个人的分量和水准有时候需要的是与之相应的对手。

记得很久以前看到过一则笑话,一对政敌在谈判场合相遇,两人因为制订的规则中的两个词语争论不休。其中一个说:我看不出"不幸"和"灾难"究竟有什么实质上的区别。另一个说:依我看区别大了,比如,您要是不慎掉到了河里,那是"不幸";如果有人把您救了起来,那就是"灾难"。

很喜欢回答者的智慧和幽默，不由得想，换我是"其中一个"，一定为自己有这样一个高级对手而暗自欣喜。

依我个人的经验，在职场打拼，有配合得天衣无缝的好搭档固然幸运，可有势均力敌的对手却更为难得。我曾在一家外资杂志供职，因为利益，人被分成了两拨儿，各司其主，故不断有彼此的对手戏上演，双方经常对彼此的稿子极尽挑剔之能事，后来，我发现正是这种机制成就了我，每每做选题、写文章，都格外精心，结果是杂志质量有了保证。所以，在我看来，假如你是职场上的一把短刀，一个很好的职业搭档是一个精致的锦盒，只能保证你安全无恙；而一个称职的对手则像一块磨刀石，能让你在与之抗衡时的疼痛中赢得锋利。

感恩心语

习惯认识中，对手如面目狰狞的魔鬼，何来美丽？但换个角度看，我们常说"失败是成功之母"，对手给了你不断的失败，让你不断磨砺自己，提高自己，才能迎来成功，对手难道不美丽吗？在我们的人生路上，有许多成功是对手给的——因为没有对手的失败，也就无所谓胜利，无所谓成功。如果我是一个茧，那么对手会使我破茧成蝶，从而鼓起美丽的双翼，飞向梦想的蓝天；如果我是一潭水，那么对手会使我潺潺流动，从而溅起美丽的浪花，投入大海的怀抱。"一个人的分量和水准有时候需要的是与之相应的对手"，这样的对手，会更加激发自己的潜力，努力完善自己。这样的对手如同一块磨刀石，让你在承受磨砺的痛楚时，也享受着完善自己的快乐。对手因成就了我们的美丽而美丽。

漂亮女对手

袁翼

这年夏天，朋友田梦来信，讲述他在深圳淘金的幸福生活，信的末尾附了首短诗："啊/深圳/我的天堂/肥沃的处女地/敞开保险柜的银行"。就是这几句破诗，烧得我第二天便背着旅行包，踏上南下的火车，直奔深圳去捡钞票。

其实，我这样做并非心血来潮。田梦这小子的底细我一清二楚，只会来几句狗屁诗，除了鬼点子多，没其他能耐，就他这样的居然都发了，还有什么好犹豫的！再说我，二十出头，书画界已小有名气，特擅长画广告画，找份搞广告、装潢什么的工作还不是小菜一碟？

到达深圳后，我掏出田梦给我的信，按信封上的地址打听田梦的 GGCS 公司，可人家都说不知道。好在田梦的地址后面，用括弧注明在一家公司的对面，改问括弧里的公司，很快就找到了。我站在那家大公司门口，朝对面一看，天哪，对面竟然是公共厕所！想了半天，我终于明白了，这"GGCS"，不正是"公共厕所"的拼音缩写吗？田梦这小子莫非是在看厕所？我迟疑地过去问看厕所的大爷，有没有一个写诗的田梦在这里工作，大爷不耐烦地摇头说："我这里没'写诗'的，只有'洗屎'的！"听了这话，我彻底绝望了，唉，田梦，你混得不咋样，还死要脸，编谎话来蒙我，这下可把我给坑苦了！

不难想象，在举目无亲的他乡异地，那一刻我是多么孤立无助。我在街上晃到傍晚，最后只得硬着头皮住进了一家小旅馆。躺在脏兮兮的破床上，我想了一夜，就这么回家乡，那可太丢人了，唯一的办法就是自己碰运气，看能不能找个活干了。

接下来的几天，我开始像饥饿的猎犬一样，在报纸上捕捉招聘信息，疯狂应聘，转眼一个多月过去了，就在我差不多弹尽粮绝的时候，机会终于来了。

一家广告公司要招聘一名绘制户外广告的美工,待遇诱人,我一看到启示,立刻夹着个人资料赶到这家公司。这家公司表面看并不起眼,可主管小小的办公室里已经挤满了应聘者。主管是个矮胖子,负责初试,他看过个人资料后,选择有基础的应聘者,让他们当场写几个美术字,临摹一张指定的画。

轮到我了,我将美专毕业证书,一本我的书画、广告画作品剪辑,还有厚厚一叠大赛奖证书,递给了胖主管,主管翻了一会,白胖胖的脸上露出了笑容:"条件不错嘛,这样好了,你就破例直接参加复试吧!"

我还没来得及高兴,身后一个女声叫起来:"这不公平,主管! 只有当众露一手,才能服众,现在的骗子,鬼点子多着呢!"经她这么一说,四周的应聘者也跟着起哄。

我愤怒地扭过头,恶狠狠地往身后瞪了一眼,本想发作,可看到的竟是个美女,二十几岁,艳光四射,我被"电"了一下,一时不知该说什么。

"咦,又是你啊,"主管说话了,"我记得好几次都给了你复试机会,你一次也没来,怎么今天又跑来了? 好吧,你同样可以直接参加复试!"

我听了主管的话,更是气不打一处来,几次复试你都放弃了,这回却偏偏跟我抢饭碗! 我鼻子哼了一声,不依不饶地说:"不行,我看还是大家都来露一手,才公平!"旁边的人也都随声附和,主管笑笑同意了。

我原以为人漂亮不等于画就漂亮,可是我错了,低估了这个美女。等我完成了初试作品,偷偷瞟一眼美女的作品,我额上冒汗了:我遇上了一个漂亮的女对手! 再瞅瞅其他应聘者的作品,我敢肯定,如果没有这个漂亮的女对手,这个职位十拿九稳是我的。

主管还是有点眼光的,其他几个应聘者的画还没完工,主管便打发他们走了,只留下我和美女,递给我们一人一张小区效果图,叮嘱道:"你们按照效果图,各绘制一张楼盘的广告牌作为复试作品,原则上我们会在你俩中择优录用一人。不过,我要把话讲清楚,如果你们不能过老总那一关,我们宁缺毋滥,一个也不能录用。当然,如果你们都特别优秀,老总可能会考虑多增加一个名额,你们可要小心地画,老总的质量标准是很高的! 还有,你们一定要守信用,明天一起在指定地点开工,一个星期内必须完工!"

"放心吧,主管,我知道您这样的大公司办事很规范,我决不会像有些人那样开公司的玩笑的!"我拍拍主管的马屁,顺带刺激了一下美女。美女甩了一下长发:"哟,恐怕有人巴不得我不来呢,做梦! 这次我决不放弃竞争机会!"美女的话像刀子,刺中了我的要害。

第二天,我和美女进入了没有硝烟的阵地,阵地设在一个废弃的教堂里。我一看见靠在高墙上的两块大广告牌就特别来劲,广告牌有五米多高,十多米长,要说画这样的巨幅广告,那可是我的拿手好戏!

用了不到半天时间,我就轻松地打完了整幅画的轮廓线。而美女因为拿不准比例,在高高的脚手架上爬上爬下,手忙脚乱地改来改去,昨天的傲气没了影。我终于看出了门道:这美女功底虽然好,却没有画大幅广告画的经验,怪不得前几次不敢来复试,想必是在背地里练习。我坐在远处的凳子上,合着二郎腿晃动的节拍,边审视构图,边得意地吹着口哨。

"喂! 喂! 喂! 吹什么吹,知了似的,烦不烦?"美女恼了,站在脚手架上,扭头朝我做了个鬼脸,"你闲着,就不能帮着看看吗,一点都不绅士!"

美女就是美女,生起气来也别有风情。漂亮不仅是生产力,也是战斗力,我被漂亮冲昏了头,凑过去嬉皮笑脸地说:"嗨,美女! 你可不可以不叫我'喂',像你这样的女孩,如果在大街上这么叫一声,男人们争着搭腔,会打破头的!"

美女咯咯笑起来,这笑声像一缕阳光,照进我多日来郁闷、灰暗的心里。

几天下来,我们相处得很融洽。美女叫郭莉莉,画画的基本功很扎实,悟性也挺高,在我的帮助下,很快掌握了画大幅广告画的要领,画出来的效果居然跟我不相上下。郭莉莉对色彩很敏感,也很有品位,我请她对我的画提了一些意见,修改后我发现色调果然更加美了。

第七天傍晚,我最后一次审视七天来的成果,非常满意,我想,自己明天过老总的关,应该没问题吧!

"哇,真漂亮!"正想着,郭莉莉突然在我身后很夸张地叫起来。几天来,我已经总结出一条规律,获得郭莉莉的夸奖是要付出代价的,接下来必然有事相求。我笑着问道:"又有什么要在下效劳?""嘿嘿,是这样的,我的书法要是一露脸,你的字还怎么见人?所以,我画上的几个字,就留给你来练习吧。"

这几天相处下来,我已经把她当朋友看了,这会根本没考虑应该不应该帮助对手,也有点想在美女面前显示的意思,抓起刷把一挥而就,略一加工,一行粗犷大气的行书"无限温馨,尽在清雅"展现在眼前,郭莉莉兴奋得手舞足蹈:"哇,好! 有视觉冲击力喔!"

这时,我的肚子也被"冲击"得咕咕叫,我催郭莉莉收工,一起去吃饭,可郭莉莉说她还要再"加工加工",她还朝我诡秘地一笑:"祝贺你,画了幅杰作,明天你一定会交好运的!"我没多想,就独自走了。

第二天上午我到工作室等了一会,主管来了,他说老总有事晚来一会,让他先审审看。主管对着效果图,看着我的画,过了一会儿,他的脸渐渐阴沉起来,显得非常焦躁,我不知道出了什么问题,心里直发怵。

主管看着看着,突然回头冷冷地质问我:"哎,你是不是哪家对头公司派来卧底的? 想砸我们公司的牌子啊?"

我愣住了:"您这是什么意思?"

"装什么糊涂! 你看看,你看看,"主管拿起一把长尺敲着画板,"你在这窗户上画上这么大的蜘蛛网是什么意思? 人家开发商花钱是请我们做广告,不是往他们脸上抹黑的!"

我仔细一看,窗口上真的有大片的蜘蛛网,尽管线条很细,不留意还看不出,可一旦看出效果,就觉得特别刺目。

我惊呆了,但立刻就意识到,这是郭莉莉做的! 一定是昨天傍晚我走后,她做的手脚! 这条"美女蛇",我三番五次帮助她,她居然在背后给了我一枪!

我急得哀求道:"主管,我可以马上修改过来……"

"不行,说什么也没用,你还是趁老总来之前走人,否则,他会要你赔偿材料损失费的!"

就在这时,郭莉莉到了,她瞟了我一眼,脸上得意扬扬,可事实证明,她的命运并不比我好。

主管撇下我,开始看郭莉莉的画。只见他的目光死死地盯在我写的那几个字上,再回头看看我的广告牌上的字,斩钉截铁地说:"这位小姐,很遗憾公司也不能录用你,如果我没有看走眼的话,'无限温馨,尽在清雅'这几个字是你请人代笔的吧,女孩子的字不可能这么霸气,我们公司不需要滥竽充数的……"

"是吗? 那我就让你开开眼!"郭莉冷笑一声,操起一把五公分宽的大刷把,提起漆桶走向广告牌,主管惊问干什么,要上前制止,郭莉莉凶巴巴地叫道:"你要敢碰我一下,我就立刻报警!"主管一听这话愣了一下,郭莉莉就趁着他发愣的机会,走上前去,刷刷刷,在整幅画的中间刷下了一行大字:"无限欺骗,尽在招聘",字酣畅淋漓,霸气十足,我看呆了,原来她的字出手不凡啊! 可是,好好的一幅画也被毁了。

郭莉莉还不解气,指着主管的鼻子说:"告诉你,那蜘蛛网是我故意画的! 我现在也把它改掉。"说话间，我的广告画也被她涂得面目全非。

不知道为什么，主管非但没有发脾气，反而耷拉着脑袋，脸红一阵白一阵的，像泄气的皮球，过了一会又突然气急败坏地指着郭莉莉叫道："你……你根本不是来应聘的，你是故意来捣乱的，对不对？"

"不错！可是你们难道是真的招聘美工吗？你们是骗子！你们以非常低的价位抢下广告业务，然后再以优厚的待遇作诱饵，吸引高手来应聘，等他们复试画好广告画后，你们再设法找个借口，打发他们走人。这些蒙在鼓里的应聘者，白白给你画了广告！可是，这次你们失算了，我毁了画，交货日期已到，就等着客户跟你们打官司吧！"

听了这话，我惊呆了。主管涨红着脸反问道："既然你认为我们公司骗人，为什么还三番五次来应聘？"

郭莉莉诡秘地一笑，说道："我的广告公司缺人呀！我到你们这里来招聘员工，不花招聘成本，暗中选人，还能顺便戳穿你们的骗局，多划算！对了，前几次我没参加复试，是因为初试者中没有高手，这次不一样了，我终于找到最满意的人了——就是他！"郭莉莉指了指我，接着说："他不仅业务精通，更重要的是善于合作，心胸豁达，这太难得了，我将高薪聘用他！"

我想起这几天来嚼着烂菜叶，竟然是在为骗子卖命，我火了，揪住主管的衣领吼起来："我要告你们，我要找你的狗屁老总算账，他不是说今天来复试吗？怎么还没到！"

"谁在撒野？哼，胆子不小！"我的背后突然响起了一个声音，主管闻声像见了救星，结结巴巴地叫道："田总，你看……"

我回头一看，妈的，这位长发披肩的瘦猴"田总"，不正是田梦这小子吗！

田梦张大嘴巴，吃惊地问我："怎么……你几时也下海了？"

我气得血脉贲张，正准备给他一巴掌，这时，我看见田梦一脸的沧桑，看见他眼睛里流露出的尴尬和无奈，心又软了，轻轻地在他肚子上擂了一拳，掩饰道："哈！小子，你真行啊……你怎么……不给我一个真实地址，让我找得好苦！"

田梦苦笑了一下："哥们，我们公司是……'移动公司'，地址一直在'移动'，这不，明天不知道又要'移动'到哪里……"

郭莉莉"扑哧"一笑，说道："这样吧，田总，我劝你也别'移动'了，你这人脑子挺活的，只是没用在正道上，看在你哥们的份上，如果你愿意，明天你就到我的公司来吧，你负责搞策划。"

第二天，我和田梦都去郭莉莉的公司上班了。后来我才知道，郭莉莉是美院毕业的高材生，字画皆在我之上。没过多久，我们这个超级组合使得公司业务蒸蒸日上，而我和郭莉莉的关系，也有了突飞猛进的发展。

感恩心语

这是一个很有趣的故事。故事的结尾也有些浪漫的色彩，但这美好结局的前提就是要尊重对手，并且学会与对手合作。文中的"我"一开始把郭莉莉当作竞聘的对手，但在完成作品时，"我"仍帮她"掌握了画大幅广告画的要领"，同时请她指导色彩的搭配。两人都发挥自己的特长，同时又吸收他人的长处，弥补自己的短处，于是两幅优秀的作品诞生了。现在的社会是竞争的社会，但更是合作的社会。随着社会的发展，竞争越来越激烈，每个人都要有所长，才能在这社会上立足。但尺有所短，寸有所长，一个人能力再突出，也有自己达不到的地方。因此学会与他人合作，扬长避短就至关重要了，即使是对手，也不例外。郭莉莉不仅把自己的"职业对手"——"我"吸收到了自己的公司，还把"事业对手"——田梦也吸收到了自己的公司，形成一个超级组合，这样的心胸更让人敬佩。看来，这样的对手，不仅外表漂亮，人生更漂亮。

感谢斥责你的人

佚名

无论是在工作中还是在生活中，如果有人责骂我们，我们一定会觉得不舒服，甚至会怨恨对方。其实，很多时候别人的责骂，是因为他们对我们寄予了希望，如果不想让你有更好的进步，干脆不管你就好了，何必跟你多费口舌得罪你呢？

俗话说：不挨骂，长不大。如果没有一番内心的刺激，我们往往会变得懈怠，容易随波逐流。只有在经受了心灵上的打击之后，我们才会奋起直追，超越原来的自己。

福富做服务生的时候，经常被老板毛利先生责骂，开始的时候他心里很不舒服，常常会暗地里抱怨，可是时间长了，他发现自己每次挨了责骂后都会得到一些启示，学会一些事情，所以福富当时总是"主动地"寻找挨骂。只要遇见了毛利先生，福富绝不会像其他怕麻烦的服务生一样逃之夭夭，他会把握时机，立刻趋身向前，向毛利先生打招呼，并以谦恭的态度说："早安！请问我有什么地方需要改进？"

这时，毛利先生便会给他指出许多需要注意的地方，福富在聆听训话之后，必定马上遵照他的指示改正缺点。

福富之所以殷勤主动到毛利先生面前请教，是因为他深知年轻资浅的服务生很难有机会和老板交谈，只有如此把握机会，别无他法。而且向老板请教，通常正是老板在视察自己工作的时候，这就是向老板推销自己的最佳时机。所以，毛利先生对福富的印象很深刻，对福富有所指示时，也总是亲切地直呼他的名字，告诉福富什么地方需要注意。

福富就这样每天主动又虚心地向毛利先生请教，持续了两年。有一天，毛利先生对福富说："经过我长期观察，发现你工作相当勤勉，值得鼓励，所以从明天开始我请你担任经理。"就这样，19岁的服务生一下子便晋升为经理，在待遇方面也提高很多。被人指责训诲，就是在接受另一种形式的教育。对于毛利先生的教导，福富至今仍感激不已。

在被指责或训诲时，尤其是被自己的上级或者比自己尊贵的人指责或训诲时，非但要认真地听，听完之后，还要面带笑容，以愉悦的口吻回应："是的，我已经知道了，您说得很中肯，我一定严格要求自己。"

如果你因在众人面前被责骂而感到非常丢脸，因此而怨恨的话，那就大错特错了，这时，你要换个角度来想，认为他在培养自己、教育自己、帮助自己，在给自己面子。你要认为在众人当中，只有自己才值得被责骂，是最有前途的一个人，更可以认为"他对我充满期待"并以此感到骄傲。最没有前途的人，就是被忽视的人。

∽ 感恩心语 ∾

一个人成长的过程恰似蝴蝶的破茧过程，在痛苦的挣扎中，意志得到磨炼，力量得到加强，心智得到提高，生命在痛苦中得到升华。

对手也是伙伴

廖仲毛

看一个人的身价，先看他的对手。一个追求卓越的人，常常把最优秀的人作为比较对象，用与他人的差距来激励自己。

笔者有一位业务上的合作伙伴刘先生，最近遇到了烦恼事，他的死对头、大学时代的室友近日空降到公司担任总经理，成为他的上司。刘先生在大学期间，一直和这位室友较劲，小到一场演讲比赛，大到竞选学生会主席，都要争个高下。由于实力相当，棋逢对手，两人一直争到大学毕业，几乎成为仇人。毕业后，小刘找到比室友更好的工作，自感出了一口恶气，也就渐渐地将室友淡忘。在没有竞争对手的情况下，小刘渐渐地对自己有所放松，而室友因为工作更勤奋，在行业里日渐出名。小刘说，刚刚毕业那会儿，我不屑于把他当对手，可这几年下来，估计现在他不屑于把我当对手了，不知道这位老同学会不会给小鞋儿穿。我对小刘说，你不要担心，因为真正的对手是不会公报私仇的，相反，你应当为现在又有了新的竞争对手，可以重新焕发斗志而庆幸，当然，作为上下级关系的同事，该合作的时候要合作。

相传，挪威人从深海捕捞的沙丁鱼很难活着上岸。后来有一位老渔民在鱼槽里放进了鲇鱼。在鲇鱼的追逐下，沙丁鱼拼命游动，激发了活力，反而活了下来。这就是著名的"鲇鱼效应"的由来。

不论你是在商场还是在职场，总会有一些鲇鱼式的人搅得你寝食不安。可是，他们也使得你斗志昂扬，使出全身的力气来迎接挑战。若干年以后，当你感到自己已经有所进步的时候，你会发现，给你最大动力的不是你的朋友，恰恰有可能是你的竞争对手。如果没有对手，你可能会放松自己，这样就慢慢被自己的惰性与安逸消磨掉，加速自身的衰老。看一个人的身价，先看他的对手。一个追求卓越的人，常常把最优秀的人作为比较对象，用与他人的差距来激励自己，从而增强事业发展的动力。即使你永远都不能打败你的对手，也不要沮丧。至少，由于对手的存在，使你变得越来越强大。从这个意义上来说，竞争对手是你的另一种合作伙伴，只是他给你的不是直接的帮助，而是间接的促进。

《泰坦尼克号》的投资商 Viacom 公司首席执行官莱德斯通先生说，拥有对手会使我们感到幸福和年轻，竞争对手不是我们的敌人，他们在我们周围只是给我们带来灵感，并促使我们把工作做得更出色。联邦快递总裁的办公室里也挂着一句话："联邦快递，宅急送离你还有多远？"（宅急送是另一家有名的快递公司）。

要发自内心地感谢对手。如果这个对手曾经使你沮丧不堪，做出过很多令人不齿的行为，是你恨之入骨的仇人，多年以后，当你再次见到他时，你心里肯定对他不屑一顾，甚至还会想到要当面羞辱他一番。不过，你最好不要这样做。因为，辱骂不是战斗，如果你的对手确实很坏，很奸诈，你越骂他，你的心就越会被污染，与其如此，还不如把他当成一面镜子，时时警示自己，避免自己成为别人眼里的恶人和坏人。更不要像历史上那些心胸狭窄的人物那样，想着办法将对手置之死地而后快，这样的胜利并不会给你带来多大的快乐，只会使你心灵空虚。在一些武打片中总会安排两个功夫绝顶的英雄，双方由于立场和利益的不同，拼得你死我活，但是真的在生死关头，却又不忍心下手，害怕没有对手之后，自己的心里会变得空落落的。所以，见到对手的办法是微笑向他打招呼，并在心里感谢他，因为是他让你更加坚强。

21 世纪是竞争与合作共存的年代，人与人之间更多的是在合作中竞争，竞争中合作，要学会宽容。谈判桌上，互不相让，谈判桌下，一起喝喝茶，给对方一个祝福，期待明天都有更大进步，这是我们对待竞争对手应有的心态。

感恩心语

上天总是把等重的人放在天平两边的。所以，我们既不能藐视对手，也不能轻视自己。因为，对手是和我们拥有同样生命重量的人。在人生的旅途中，我们需要寻找真正的对手。一个和我们势均力敌,还能和我们切磋共进的人,这样的人既是对手也是伙伴。我们呼唤这样的对手,也珍惜这样的对手。在漫长的人生道路上,我们需要找到一个和自己有着共同追求和相同理念的对手。须知对手并不等同于敌人,他也可以成为我的伙伴。

感谢那些折磨你的人

佚名

智者说:"只有把抱怨别人和环境的心境,化为上进的力量才是成功的保证。"在生活中,总会有那些看似刁难自己、折磨自己的人,有那么一瞬间,我们心中是满怀怨恨的,憎恨他们对自己的残酷。可是,在后来的日子中,我们往往会发现,那些看似折磨我们的人往往能够促进我们更快赢得成功。

因为那看似折磨、煎熬自己的环境,总能历练出真正的强者。尤其是对于年轻人来说,当你没能扼住命运的咽喉,却又不愿意命运来主宰自己的一切的时候,应该懂得忍耐,因为每一次折磨与煎熬都是上天的一次考验,而那些折磨你的人才是真正引导你走向成功的人。所以,我们面对那些折磨自己的人、煎熬的环境,要不抱怨,懂得忍耐,懂得感恩,要感谢那些折磨你的人。

苏轼在《留侯论》中说:"古之所谓豪杰之士者,必有过人之节,人情有所不能忍者。匹夫见辱,拔剑而起,挺身而斗,此不足为勇也。天下有大勇者,卒然临之而不惊,无故加之而不怒,此其有所挟持者甚大,而其志甚远也。"

有人或许会觉得奇怪,对于那些折磨自己的人,似乎怨恨还不够发泄心中的怒气,怎么会感谢呢? 因为折磨,可以磨平自身的锐气,雕琢出自身的勇气。

俗话说:"百忍成钢。"经过了千锤百炼,那把锐利的刀才能炼成。人只有经历了无数次的折磨,方能成就自我。

小王刚刚大学毕业,心高气傲的他进入了一家石油公司。上班第一天,上司就吩咐他在限定的时间内登上几十米高的钻井架,将一个包装好的盒子送给最上层的主管。小王拿着盒子,爬着又高又窄的旋梯,当他气喘吁吁地登上高层后,将盒子交给了那位主管,只见那位主管不过是在盒子上签了个名,同时又吩咐他送回给上司。小王接到了命令,急急忙忙又下了旋梯,将盒子交给上司,没想到,上司签了个名字之后又要求将这个送还给主管。小王憋住了心中的怒火,还是乖乖将盒子送给了主管,令他窝火的是,主管又吩咐将盒子送还下去。

小王就这样来来回回跑了好几次,心想:这根本就是主管和上司在故意折磨我。他看着身上的衣服已经被汗水浸湿了,内心已经燃起了熊熊大火,不过,他强忍着怒气,主管看着这位年轻人,吩咐他说:"把它打开。"小王将盒子打开后,发现里面居然放着一罐咖啡和一罐奶精,他心中更加肯定上司们就是在故意折磨自己。

这时,主管吩咐他说:"去冲杯咖啡吧!"小王再也忍不住了,他用力将盒子摔在海面上,生气地说:"我不干了。"发泄完了,他感觉有说不出的一种痛苦感。主管看起来很失望,他对小王说:"年轻人,你知道刚刚这一切,其实是一种训练啊! 那叫做承受极限的训练,因为我们每天都在海上作业,随时都可能会遇到危险,因此,工作人员都必须要有极强的承受力,才有能力完成海上的作业与任务。"说完,主管叹息着:"唉! 原本你前面几次都通过了,就差那么一点点,你无缘喝到自己冲泡的好咖啡,真是可惜! 现在,你可以走了。"

在小王看来,主管和上司都是在折磨自己,这些看似无端的行为让小王很生气,再也忍无可忍，在他心中，充满着对折磨自己的人的怨恨。可是，这样的愤怒一旦发泄之后，小王也失去了工作的机会。到最后，小王才明白，那看似折磨的过程，其实就是承受极限的训练，通过这样的训练来练就极强的承受力，而这正是工作环境所必备的一种能力。那看似折磨的行为，原来就是一次次历练的过程，可小王却在怒气中丧失了这一难得的机会。

❧ 感恩心语 ❧

学会感谢那些折磨自己的人吧，没有了他们，就没有我们成功的人生。

也许，对于每一个人来说，折磨的过程是辛苦的，不仅仅是外在的折磨，还有内心的煎熬。或许，在那一刻我们心中是充满抱怨与仇恨的，对那些折磨自己的人充满着恨意。但是，随着时间的流逝，我们会发现，正是那些看似折磨自己的人，才促进了自己的成长。所以，放下心中的抱怨，将怨恨化为感激，让自己多一个良师益友，这样，与他人的关系将会更和谐。

第九章

生存之本：
感恩大自然的恩赐

感恩自然，给予我们无私的馈赠，从天空到大地，从湖泊到海洋，包罗万象。感恩自然，给予我们心灵的惩罚，从羚羊的跪拜到骆驼的眼泪，从动物的诱杀到美国黑风暴，让我们认识到人与自然的和谐之道。

向生命鞠躬

佚名

早就想带儿子爬一次山。这和锻炼身体无关，而是想让他尽早知道世界并不仅仅是由电视、高楼以及汽车这些人工的东西构成的。只是这一想法实现时已是儿子两岁半的初冬。

初冬的山上满目萧瑟。割剩的麦茬儿已经黄中带黑，本就稀稀拉拉的树木因枯叶的飘落更显孤单，黄土地少了绿色的润泽而了无生气。置身在这空旷寂寥的山上，更多感受到的是一种原始的静谧和苍凉。因此，当儿子发现了一只蚂蚱并惊恐地指给我看时，我也感到十分惊讶，我想这绝对是这山上唯一至今还倔强地活着的蚂蚱了。

我蹑手蹑脚地靠近去。它发现有人，蹦了一下，但显然已很衰老或屠弱，才蹦出去不到一米。我张开双手，迅速扑过去将它罩住，然后将手指裂开一条缝，捏着它的翅膀将它活捉了。这只周身呈土褐色的蚂蚱因惊惧和愤怒而拼命挣扎，两条后腿有力地蹬着。我觉得就这样交给儿子，必被它挣脱，于是拔了一根干草，将细而光的草秆从它的身体的末端捅入，再从它的嘴里捅出——小时候我们抓蚂蚱，为防止其逃跑，都是这样做的，有时一根草秆上要穿六七只蚂蚱。蚂蚱的嘴里滴出淡绿色的液体，它用前腿摸刮着，那是它的血。

我将蚂蚱交给儿子，告诉他："这叫蚂蚱，专吃庄稼的，是害虫。"

儿子似懂非懂地点头，握住草秆，将蚂蚱盯视了半天，然后又继续低头用树枝专心致志地刨土。儿子还没有益虫害虫的概念，在他眼里一切都是新鲜的。或许他在指望从土里刨出点儿什么东西来。

我点着一支烟，眺望远景。

"跑了！跑了！"儿子忽然急切地叫起来。我扭头看去，见儿子只握着一根光秃秃的草秆，上面的蚂蚱已不知去向。我连忙跟儿子四处寻找。其实蚂蚱并未跑出多远，它已受到重创，只是在地上艰难地爬，间或无力地跳一下。因此我未走出两步就轻易地发现了它，再一次将它生擒。我将遇难者重又穿回草秆，所不同的是，当儿子又开始兴致勃勃地刨土时，我并没有离开，而是蹲在儿子旁边注视着蚂蚱。我要看这五脏六腑都被穿透的小玩意儿究竟用何种方法逃跑！

儿子手里握着的草秆不经意间碰到了旁边的一丛枯草。蚂蚱迅速将一根草茎抱住。随着儿子手的抬高，那穿着蚂蚱的草秆渐成弓形，可是蚂蚱死死地抱住草茎不放。难以想象这如此屠弱和受着重创的蚂蚱竟还有这么大的力量！

儿子的手稍一松懈，它就开始艰难地顺着草茎往上爬。它每爬行一毫米，都要停下来歇一歇，或许是缓解一下身体里的巨大疼痛。穿出它嘴的草秆在一点儿一点儿缩短，而已退出它身体的草秆已被它的血染得微绿。

我大张着嘴，看得出了神。我的心被这悲壮逃生的蚂蚱强烈震撼。它所忍受的疼痛是我们人类不可能忍受的。这壮举在人世间也不可能发生。我相信我正在目睹着一个奇迹，一个并非所有人都有幸目睹到的生命的奇迹。当蚂蚱终于将草秆从身体里完全退出后，反而腿一松，从所抱的草茎上滚落到地上。这一定是精疲力竭了。生命所赋予它的最后一点儿力量，就是让它挣脱束缚，获得自由，然后无疑地，它将慢慢死去。

儿子手里握着的草秆再没有动。我抬眼一看，原来他早已和我一样，呆呆地盯着蚂蚱的一举一动，并为之震撼。我慢慢地站起来，随即向前微微弯腰。儿子以为我又要抓蚂蚱，连忙喊："别，别，别动它！它太厉害了！"我明白儿子的意思。他其实是在说："它太顽强了！"

儿子大概永远也不会明白我弯腰的意思。我几乎是在下意识地鞠躬,向一个生命,一个顽强的生命鞠躬。

感恩心语

这是一首生命的赞歌!虽然"生命所赋予它的最后一点儿力量,就是让它挣脱束缚,获得自由,然后慢慢死去。"但是它给我们展现的确是对生命的渴望,让我们无法不对生命产生深深的敬畏!它值得我们每个人为它鞠躬。本文表现了"生命的尊严在于能够坚强地活着"的大主旨,同时也促使我们人类反思自己要关注生命,善待生命。自然界的每种生物都显示着生命的神圣,不容人类随意侵犯,哪怕只是一只微不足道的小昆虫。

树木的智慧

佚名

一

长白山是一座死火山,山脚下土层厚的地方森林茂密,但是随着海拔的增加,覆盖山体的便都是黑色的火山石和白色的火山灰了。恶劣的生存环境,使高大的乔木,甚至是灌木都望而却步了。

但站在海拔400米向上望去,竟有一片片火样的颜色。向上攀登时,我才发现,那是一种成片的矮小植物正在绽放的花朵。

当地人告诉我,这种开花的植物叫做高山杜鹃。

我仔细观察这些高山杜鹃,它们只有几厘米高,它们几乎是贴着地面生长。虽然它们的生长环境是没有养料的火山岩,但那花朵却如一团团火焰在迎风怒放,看着高山杜鹃生机勃勃的样子,比山下的高大树木更加盎然。管理人员告诉我,高山杜鹃之所以能在寸草不生的碎岩上生存,并绽放成一道美丽风景,最根本的原因是矮小,它们的植株只有几厘米,这达到了木本植物的极限。这使它们对养料的需求也达到了极限。而且,山上可以吹折树木的强风也不会波及这些矮小的植物。

所处位置越高,处世态度越要低调。虽说高处不胜寒,但高处仍然有风景,我想,这其中的玄机值得回味。

二

长白山脚下,锦江大峡谷边的原始森林里,有许多倒下的大树。游人见此,均感奇怪:这么粗壮高大的树怎么会轻易倒下呢?

一位导游这样解释:这些大树的问题是出在树根上。一棵树的生长,不只是地上部分的生长,上面生长的同时,地下的根系也要随之生长。地上与地下的生长是成正比的,可以这样说,地上的树有多高,地下的根就有多长,只有地下的根系发达,才能为地上的枝干提供足够的水分、养料,也才会有足够的力量支撑地上的部分。倒下的这些树,都是根系不发达,根扎得不够深的树。这样,大的风雨袭来,它们便会轰然倒下。并且,如果根基不牢,越高大的树木,就越容易倒下。

我看了看那倒下的大树的树根,果然如他所说。

所有的事物都依赖于根基,根基不牢,再恢弘的伟业也会在一瞬间回归到零。

三

在长白山莽莽林海中穿行,常看到这样一个奇怪的现象,稀疏生长或独自生长的树木,树身都不会太高,而且它们的枝干也弯曲不直。但成片的树木则每一棵都高大挺拔,从不旁逸斜出。

阳光、水分是树木生存发展必需的条件，按这个生存法则，占有阳光、空间多的树木一定会比那些只顶着头上巴掌大一块天的树木要长得好。但为什么生存环境优越的树木反而没有环境恶劣的树木高大挺拔？

正在我迷惑不解时，一个当地人这样说，树也如同人一样，稀疏的树木因为没有竞争存在，就懒散着随意生长，这往往使它们长得奇形怪状，最终不会成材；而长在一起的树木，每个个体要想生存，就必须让自己长得高大强壮，这样才能争得有限的阳光、水分等生存资源，从而存活下来。最终，它们长成了令人尊敬的栋梁之材。

竞争的力量，往往是让生命自强不息、锻炼成才的最好力量。

感恩心语

树木的智慧，是关于生存的智慧。面对恶劣的环境，它们要运用这些智慧不断地调整自己，最终才能生存和发展下去。

这样的智慧你也应该拥有。未来的某一天，你将走出家庭和学校狭小的圈子，走进纷繁复杂的社会。你会遇到各种各样的人和千奇百怪的事。你或许会发现现实远远不如你的想象那般美好。你可能会抱怨，会难过。但你必须去适应这一切，学会和身边的人和睦相处，学会应付未曾遇到过的工作和生活中的难题。

生命传递的悲壮

杜文和

一

一棵枯树，秃立在荒村外的陌野。

某夜，风高月黑，枯树遽起怪叫，怪叫极为凄厉。起先是嘶嚎出恐怖的长声，继而则渐显得短促，似更为惶急。哀嚎终于暗哑下来，渐低渐弱，终成绝望的强忍着的呜咽。

村人不忍听闻，也跟着悸惶了一夜。

第二日，村人聚往枯树那地方察看。枯树的秃桠上悬挂着一只大枭的骸骨。肉没有了，一丝不剩，壳子似的骨架很干净。而枭头还在，依旧完整，眼是紧闭着的，硬喙死死叼着树枝——因叼着树枝而悬挂在树上。再看枯树的洞穴里，败羽零落，一窝小枭做着饥饿时的张望，已经开始坚硬了的黄喙上似乎犹有血迹。

又是数日后，大枭的骸骨跌落了，而枭头兀自悬挂着，一颗孤零零的枭头在冬日的寒风里摇晃，在荒原的旷野里张扬着一种生命消失的苍凉。

枭头坚硬的喙依旧死咬住如铁的枯枝。树洞里的小枭们走了。母亲的血肉已被撕啄得无可挑剔，母亲的消失使它们感觉到这世界已经没有依靠，该分散开来去自谋生路了——小枭们在分食母亲的竞争过程中获得了生存的自信。老枭以其自身的牺牲使饥饿的小枭们在寒冬里能得到一顿饱餐，同时也是以自身痛苦的消灭来悲壮地宣告一个家庭的解体，宣告许多生命的独立。

试想当初献身给子女为什么要选择悬在树上这一方式？是为了锻炼小枭们俯冲捕扑的能力，是为了腾出一定的空间免得小枭们争夺中互有误伤；坚咬枯枝是为着坚忍苦痛，为着抵死不吐一句怨言，为着任凭攻击而不置一喙不做任何抵御——因为老枭的硬喙即便是下意识的防卫也足以能使一只只小枭丧命，它的用意是捆绑起自己的武装，从而自绝反抗的可能。

高高悬挂在枯树上的该是一面母亲的灵旗。

二

秋后，一群歇息在滩涂上的紫燕突然变得焦躁起来。为了避免入冬后必然会有的寒流，该回到大洋的彼岸去了。它们是从大洋彼岸来的，来到此岸产卵孵雏。如今雏燕已经褪尽了一层绒毛，令箭似的紫羽毛同母亲一样有了泛黑的光泽，但嘴壳的黄色仍在提示着一个个生命的幼稚以及阅历风雨的肤浅。这就是说，一个个新鲜的生命尾随着母亲去蓝天展翅已不是一件难事。但它们毕竟还嫩，有限的耐力还不能负担远征的沉重，妄想横越眼前的大洋是断不可能的事情。对于这一点，所有冒失的雏燕都不明白，而所有做母亲的都知道，要真的率领孩子们横越大洋，孩子们必定将折翅半途，无一幸免。它们都是初春时从大洋彼岸来的，了解大洋是怎样的宽阔，而这一段洋面绝无一座小岛，没有一点可以提供歇脚的机会。

做了母亲的紫燕固然可以拍翅数日后安抵彼岸，但做了母亲的紫燕在孵育一季后所剩的体力也仅仅只够抵达彼岸，完成一次跨洋飞渡后绝对再无余力去向任何一只雏燕伸出援手。

如果将雏燕继续留在此岸这一片丛林和沼泽地里，那么等不到羽翼完全丰满，很快就会被寒潮冷酷地把它们僵硬在野地里。

进退不能，无情的选择使得所有的母亲们日益变得焦躁不安。数日后，紫燕群终于开始了飞渡洋面的远征，千百只散布在高空，麻麻点点于水天之间。

每一只紫燕的背上都匍匐着一只雏燕。

老燕驮着小燕强行起飞，负载着接近自己体重的分量横渡大洋。

老燕舒展开来的双翅似乎已不再有往日的潇洒，甚至在与气流相搏的接触间还隐约显露出震颤，它们明白肩负着的生命的沉重，更预见到不久之后等待它们的将是怎样一种结局。此行一开始，它们所走向的就是无边的黑暗。但所有的老燕几乎都竭力平衡着内心与身体的波动，将背尽可能地摊展开来，供雏燕歇伏得舒坦一些，当然还不时地扭过头对背上好动的雏燕叱吓一些什么。

雏燕的好动并不因为叱吓而停止，双翅虽捉着，眼睛则骨碌碌好奇水天一色的浩渺，惊异同样会飞的自己竟被母亲驮在背上，不明白离开熟悉了的丛林和沼泽地所要去的将是什么样的地方，年幼无知使它们所看到的只是如洋面一样的茫然。天浩阔，水也浩阔。彼岸不见，此岸也不见。进，已经变得十分艰难，退路也是同样的遥远。

千百只老燕几乎在连续飞行的一二日之间都变得异常的衰老，疲相毕露，双翅渐渐挥拍不动。

大概已经飞行了整个洋面的一半路程，老燕们毕生的路也到了尽头。背上的雏燕消耗了做母亲的本来还可以继续飞完另一半行程的气力。

横渡大洋还剩下一半，这一半是雏燕们所能胜任的一半。

一只只雏燕于是腾空而起，如从航空母舰上起飞。

千百只年轻的紫燕欢腾着前去，而同样数量的老燕们却先后坠入海中，歪歪斜斜地跌下来，栽进温柔的水里。那场面应是生命历程中至为悲壮的一幕，大海的反应却只是几簇浪花的淡漠。

一级火箭烧完了，在又一级火箭开始辉煌的时候，它只是寂然沉黯下去，脱落后曳一线再不为人所注目的尾光。

三

一只坐在树上的母猴，被不知从什么地方飞来的箭射中了。

它并没有犯下什么过错，近阶段所做的一切就是抚育两只幼仔。

有一只正在身边，在身边的这只幼仔替母亲把臂上的箭拔掉，见伤口有血流出，便迅速地摘一把树叶揉碎了塞进母亲的伤口。这事做得很幼稚，也很笨拙，它眼睛眨巴眨巴看着母亲。

母猴目中流露出恐慌，紧急地四顾着。突然凶狠地推开幼仔，连声吼叱，显然是迫令身边的这一只幼仔快逃。

它听到了人的脚步声。幼仔仓皇地逃窜开去。

母猴仍坐在树丫上,将乳汁挤出来,一点一滴贮存在阔大的树叶上。它知道自己是走不脱了,可自己还有两只幼仔。奶都挤干了,最后挤出了一滴又一滴的血。

脚步声近了,来人已经捕获了一只小猴,那是它的猴仔。

它跳下树,惶急哀怜地跪下,双眼泪流,两只前掌左右抽打自己的面颊。是真打,打得很重,一掌下去身子便剧烈一震。它代子受过,将责任都兜揽到自己身上,尽管并没有任何责任;它知错了,其实并不知错在什么地方。但它还是狠狠地掌嘴表示自责表示悔过,为的是猴仔能被放出来。

但是两条腿的人缓缓地拔出了猎刀,对准小猴的脖颈,做出欲斩的准备。

母猴惶急如狂,缩身跃起,发出凄厉的哀嚎,数度欲扑,却又显然顾忌猎人会急下杀手,紧急中只原地跳撞,目光极恐惧地瞪视着锐薄的利刃。

猎人挥刀劈下……

母猴一声暴叫,倒地身亡。

猎人只是做了一虚空劈下的式样。

母猴死了,腹中柔肠寸断,断有数十截。

猎人掷刀于地,从此洗手封刀。

小猴被纵归山中。

感恩心语

大自然的选择是冷酷无情的,动物们要面对巨大的挑战,甚至付出生命的代价。它们比人类生存得更加艰难。弱小的生命禁不起无情的大自然的蹂躏,作为母亲,保护孩子就是她们的天职。即使环境再恶劣,她们也不会让孩子挨饿,不会撇下孩子不管。

艾玛一家的故事

俞蓓芳

黑鹰夸特在初春的大峡谷飞行,它要为妻子艾玛和儿子库恩去远处捕食。

那是初春,库恩更像一只白色羽毛的鸡雏,弱小得让你没有办法相信它是一只黑鹰,很难将它与凶猛剽悍、无情捕杀放在一起联想。父亲为它捕来锦鸡、野兔,母亲撕碎了一口一口喂它。

夸特的家在大峡谷的峭壁上,烈日暴晒着那里,而对库恩来说强烈的光照是难以忍受的,所以除非万不得已,一般总是夸特独自去猎食,艾玛留在巢中用巨大的身体为儿子遮蔽烈日。

而这个春天有点特别,在库恩还是一只雏鹰时,夸特除了捕食之外又多了一份工作——一次次地衔回树枝。看样子它打算在峭壁的另一头再筑一个鹰巢。

鸟类学家对艾玛和夸特的行为不解,依照常年的观察,黑鹰一生中几乎只有一个鹰巢,除了黑鹰们严格遵循一夫一妻制、白首到老外,还因为黑鹰一年只交配一次,在冬天孵育一个后代,到小鹰八个月大的时候,它已经能飞行和自行捕食,父母们把它逐出家庭,接下来是又一个后代……每一代黑鹰都遵循着它们的本性刻板地生活着。

夸特一边与艾玛共同喂养着小鹰,一边兴奋地修筑新巢。

接下来的事实表明了夸特筑巢的动机:为配偶筑巢是飞禽走兽们也是整个动物圈亘古不变的求爱方式。

艾玛和夸特交配了,在初春的非洲大峡谷。

盛夏,库恩的白色羽毛还未全部褪尽,艾玛在新巢又孵出了它的第二、第三个孩子。又是一对稚嫩的雏鹰。

该隐兄弟的出世把它们夫妻的驱逐行动提前了,或者说搅乱了,夸特和艾玛开始猛烈地攻击库恩。库恩的体形已经趋于一只硕大的黑鹰了,但还是一只不会捕食、不会独自飞行的黑鹰。它被父母驱逐到离家200米处的平原。狞猫、秃鹫等食肉类动物无时不在窥视着这只巨大的婴儿。

盛夏的一场大火消灭了许多生命,黑鹰、秃鹫、狞猫共同称霸这一片峡谷,这是它们的乐园也是粮仓,弱肉强食虽然残酷,但这是天道。大火以迅速强硬的方式变美丽为荒芜,变富饶为贫瘠,这些巨型禽兽赖以生存的小生命销声匿迹,也打破了它们之间的和平共处。夸特和艾玛在秃鹫的巢穴周围飞旋,自己一家已经饿了数日了,孩子的嗷嗷待哺,自己的饥肠辘辘逼使它们企图猎杀其他巨禽的幼儿。艾玛和夸特遭到了更猛烈的反击,秃鹫大家族群起而攻之。

夸特夫妇不得已只能长途飞行去峡谷之外找寻食物。

在它们的家中,该隐杀弟的古老故事正在上演。还不会啄食的该隐,历经几日的饥饿,已经很虚弱,支撑起自己的身体都显得困难,但它被本能驱动着,以并不锋利的牙口从弟弟的后背下口,一点一点撕裂弟弟的身体,这个杀弟的过程因该隐的虚弱而变得断断续续,终于到艾玛和夸特飞回时,它们的第三个儿子已变成了一具小尸体。夸特急速冲撞妻子的身体,又以更快的速度飞离了现场。

夸特在半空飞旋。

接下来我看到了这一生最难忘的一个镜头:艾玛咬住儿子的尸体,用缓慢的速度咀嚼吞咽它……

又一次远途飞行,艾玛夸特夫妻向峡谷外飞去。

解除饥饿,继续活下去,这一切远远比悲伤来得有力得多。

库恩在平原上练习起飞,昼伏夜行的狞猫改变了习性,光天化日之下无声无息地靠近库恩。幸好父母飞过,它们俯冲下来,猛烈地攻击狞猫。

而此时独自留在家中的该隐在烈日之下无处可躲,徒劳地挪动着身体……

历经一天,艾玛和夸特夫妻终于看见了一只野兔,奋力捕杀了它。

傍晚时分,艾玛提着整只野兔飞抵鹰巢,而该隐已经死了。

艾玛看着这一切,呆滞了片刻,它的反应很现实,它还有一个儿子,一个身形巨大但不会捕食的儿子,它抓起食物,向库恩处赶去。

在距鹰巢200米远的地方,留下一对黑白相间的翅膀,等待母亲的甚至不是一具完尸……

在看过这个关于飞禽生活的纪录片后,我反复地跟朋友们说,我很悲伤。我知道我必须写,只有写,才会恢复平静。

生何欢,死何苦,我相信这一切永恒存在着,在我们也在它们的故事中永恒存在。

◈ 感恩心语 ◈

自然界,每天都上演着弱肉强食的场面,为了生存,动物之间,亲兄弟可以互相残杀,父子可以反目成仇。就像文中记叙的那样,因为饥饿威胁到生存,该隐吃掉了它的弟弟,艾玛吃掉了它的子女,狞猫也毫不犹豫地吃掉了库恩,事实虽然残酷,但是,"得之则生,弗得则死",当食物匮乏使生命悬到一根细线上的时刻,一切亲情在生命的本能面前都变得黯然失色了。因此,自然界的各个角落都散落着形态各异的动物尸体,令人触目惊心,脆弱的生命背后处处隐藏着无法预知的强大杀手。要想在"适者生存,不适者淘汰"的自然法则面前站稳脚跟,就必须要坚强地适应。不管明天要面对多少荆棘和坎坷,都要永不言弃。

女孩和海豹的友谊

派·欧拉

17岁的凯蒂妮在美国西海岸玩耍,她突然看见岸边的礁石上有一团黑乎乎的东西在海浪的冲刷下不停地晃动。

好奇的凯蒂妮拉着父亲坐上小艇驶向那块礁石,她想看看那里到底有什么。"靠近点,再靠近点!"她催促着奋力摇桨的父亲贝葛。

凯蒂妮举起望远镜,她终于看清了,原来那是一只小海豹,像小狗一般大小。

"它的妈妈呢?"凯蒂妮不解地问父亲。

"也许发生了什么事,小东西被它的母亲遗弃了。"43岁的贝葛边回答女儿的提问边掉转船头驶回他们度假的小岛,"回去就给水族馆打电话,看我们能为小海豹做些什么。"

接下来的两个晚上,凯蒂妮辗转难眠。第三天她和父亲登上了那块礁石,小海豹仍一动不动地趴着。凯蒂妮小心翼翼地接近它,"不要怕,"她对它低语,"我们是来帮助你的。"

这个小家伙一身灰黑色皮毛,上面有一些闪亮的褐色圆点,它睁着一对圆溜溜的大眼睛看着凯蒂妮,好一副楚楚可怜的模样。凯蒂妮注意到,它右耳朵旁边有醒目的一道白色,好像一颗星。它的鼻子如同橡皮似的富有弹性,鼻子下面是一簇硬硬的胡须。

凯蒂妮抱住小海豹时,它似乎并不害怕,甚至伸出舌头舔凯蒂妮的手指。在去水族馆的路上,小海豹竟在凯蒂妮的怀里睡着了,像个天真的小孩一样。

水族馆的伊娜森医生告诉他们,小海豹体重18.5磅,雄性,身体强壮。现在的问题是:没有母亲照顾的小海豹不会捕食,回到海里恐怕无法生存。所以,它需要有人在3个月内充当它的母亲,教会它生存的技能。

"我们干吗不试着养它?"凯蒂妮问父亲。贝葛思考了片刻,严肃地对女儿说:"我们可以喂养它,不过等它有了独立生存的能力,一定要将它放归大海。不能拿野生动物当宠物养。"

伊娜森医生提醒他们,要记录小海豹的成长情况,每隔4个小时喂它一次吃的,还要教它游泳和捕鱼。

凯蒂妮向医生承诺说,她会尽力照顾好小海豹的。医生很高兴地给凯蒂妮做示范:怎么用搅拌器将青鱼块和海水打成糊糊,用来代替母海豹的奶水;怎么把橡胶软管插进小海豹的食管。

凯蒂妮给小海豹起名叫萨利克。

"萨利克,这儿就是你的家了。"凯蒂妮将小海豹抱进他们小岛上的房子。萨利克特别爱黏着凯蒂妮,凯蒂妮走到哪儿,它就跟到哪儿,凯蒂妮睡觉时,它就睡在床边的地板上。但凯蒂妮也被萨利克累惨了,她每天要喂萨利克4次,还得用肥皂清洗萨利克留在地板上的粪便。

后来,凯蒂妮只好把这个随地大小便的小家伙关在了放小艇的棚子里。萨利克对此大为不满,它愤怒地咆哮起来。但它很快就习惯了,此后的每个清晨,当凯蒂妮走进棚子时,它会兴奋地举起前鳍向她致意。在室外,萨利克喜爱在草坪上打滚、咬野花、捕蝴蝶,好不快活。

给萨利克上的第一节游泳课可谓困难重重。凯蒂妮将萨利克放入浅海湾,它扭头就冲上了岸,连滚带爬地跑回棚子,再也不肯出来。凯蒂妮想:难道我的萨利克是一只怕水的海豹?

但凯蒂妮还是坚持不懈地每天带萨利克去浅海湾,慢慢地萨利克喜欢游泳了,大海毕竟是它的家。

三个星期后,凯蒂妮又带着萨利克学潜水。

"大海是属于你的世界,"凯蒂妮一边穿潜水装置一边对萨利克说,"现在看你的了。"凯蒂妮潜入海底,萨利克紧紧跟在她身后,谨慎地打量眼前这个未知的海底世界,但野性的本能使它忘记了害怕,它猛地向前冲去,凯蒂妮费了好大的劲才勉强跟上它。

凯蒂妮惊奇地发现,萨利克可以像成年海豹一样在海底呆上20分钟,每小时可以游20英里。

到了第六个星期,萨利克开始学着吃下一整条鱼,而且是它自己捕到的鱼,以前可都是凯蒂妮和父亲捕鱼给它吃。

在伊娜森医生的建议下,贝葛建了一个巨大的透明塑料箱,他在箱子里注满海水,放养了许多大马哈鱼。凯蒂妮将萨利克放入箱中。萨利克追逐着鱼群,终于逮到了一条,不过这"傻小子"不知道接下来该做什么,它放了那条鱼。

"带它去深海里磨炼磨炼,可能对它有好处。"贝葛向女儿建议。

于是他们去了最初发现萨利克的那块礁石。四周波涛汹涌,萨利克似乎一点儿也不害怕,它趴在船头,用双鳍顽皮地拍打着波浪。

凯蒂妮抱着萨利克爬上礁石,然后将萨利克抛入大海。海豹的头盖骨很薄,是全身最容易受损的地方,凯蒂妮担心萨利克的脑袋会撞上尖利的礁石。她试图叫萨利克回来,却没有任何办法能帮它。无助的萨利克在澎湃的波浪中挣扎了一个多小时,最后,它幸运地抓到了一个漂浮物,凯蒂妮抓住它的鳍将它拉上礁石。"噢,萨利克,"她将它紧紧地抱在怀里,"我们险些失去你……不过经过这一次海浪的洗礼,你也该长大了。"

两个半月过后,在凯蒂妮的精心照料下,萨利克已经有100磅重了,接近一个成年海豹的体重,凯蒂妮再也抱不动它了。

9月中旬的一天,萨利克突然狂性大发。它在水箱中游了一个下午捉到了无数条鱼,但这一次,它再没有放走一条鱼,而是紧紧咬住,从头到尾吞下肚去。它的表现让凯蒂妮目瞪口呆又高兴不已:"它做到了,爸爸!它能自己捕鱼了。"

对萨利克的培训进入了最后阶段——去海中捕鱼。在海中捕鱼可不像在水箱中那么简单,鱼儿很可能溜掉。凯蒂妮与父亲在浅海湾的海底架了一张网,让萨利克学习海中捕鱼。蔚蓝色的海水中,萨利克不断地追逐着鱼群,一条、两条、三条……不断有鱼被它逮到,好像它天生就会捕鱼似的。看到这种情景,凯蒂妮知道该放萨利克回归大海了。

9月底的一个下午,凯蒂妮与父亲撤去了那张网:"去吧,萨利克,你应该回到自己的世界里去了。"但萨利克似乎并不想离开,它只是不停地在凯蒂妮身边游动、戏水,轻轻地用鼻子撞击她。

贝葛开始用脚踢它,迫使它离开海岸边。萨利克犹豫了片刻,才缓缓地游向辽阔的大海,它好几次停下来回头望着凯蒂妮,在凯蒂妮的注视下它最终潜入了海里。

凯蒂妮徘徊在岸边,久久不愿离去。"走吧,孩子。"父亲说,"只有我们离开,它才不至于再回来,你应该为它骄傲。"

凯蒂妮流着泪,向蔚蓝色的大海望了最后一眼,心里默默念叨着:"再见了,萨利克,你多保重。"

1993年4月,在萨利克离开一年半后,凯蒂妮与父亲又来到海边的度假小屋,她跑向海岸边,对着大海一遍又一遍地呼唤:"萨利克,萨利克!"忽然,海上一个褐色的小圆点出现在她的视野里,近了近了,她认出那就是萨利克,因为她看见了它右耳边那道醒目的白色。它看起来十分健康。

凯蒂妮激动地跑向游到岸上来的萨利克,紧紧地抱住它。

此后,到岛上来度假的人们经常会惊异地看到这样一幕:一个女孩与一头油光水滑的海豹在海边尽情戏水,那种人与动物的和谐相处情景,美得就像一幅画。

❧ 感恩心语 ❧

凯蒂妮是萨利克的朋友,也是它的人类母亲。

她像一位真正的海豹母亲那样,引导萨利克学习捕鱼、游泳,培养它在海中生存的能力。最值得人欣慰的是,在萨利克成熟之后,凯蒂妮毅然将它放归了大海。虽然她是如此的不舍,但是她明白,萨利克并不属于她,而是属于蔚蓝色的大海,属于它自己。

如果凯蒂妮将萨利克留在身边,像那些将漂亮的鸟儿关进笼子里的人那样,那绝不是爱的表现,而只会是出于自私的占有。萨利克绝不会成为一只真正意义上的海豹,而只会沦为一只人类的宠物。虽然萨利克没有留在她的身边,但她与它之间的友谊从未因此而改变。

凯蒂妮的行动很好地说明了,什么才是真正的热爱动物。她的举动足以让那些打着爱的旗号,剥夺动物的自由,自私地将它们留在身边的人感到羞愧。

天赐之畏

刘醒龙

那一年冬天雪特别多,春天来得晚不说,被称作倒春寒的日子也过得没完没了。冷几天又热几天,好不容易盼来春天,大家登山去采细米蒿,拿回来做蒿子粑吃。我们往山顶上爬,一只硕大的野兔从麻骨石岸上的草丛中窜出来,跑到可望而不可即的距离处就不跑了。在乡村传说中,兔子也会占山为王,一面山坡上只会有一只兔子,如果有第二只,一定是临时过路。我们早就晓得后山上有这样一只当了山大王的野兔,下雪的时候,曾经专门上山寻找过它。地理上属于南方的大别山区,再大的雪也不会将一面山铺得如同一床棉絮。那是我们最盼望的,盼望它能像大兴安岭的林海雪原,盼望它能像北极圈边缘白茫茫的冻土带,那样,一只小动物躲在积雪深处,雪地的表面上就会出现一对热气腾腾的小窟窿。我们都到了迷恋读小说的时期,因为身边一直落不下将一切物体遮掩得无影无踪的大雪,经过反复讨论,我们最终一致认定,比较大小兴安岭、天山、昆仑山、喜马拉雅山,大别山的名字是最不好听的。

之前,后山上的野兔,只要一被我们发现,便一溜烟地翻过山脊,聪明地绕上老大一个弯,这才悄无声息地回到自己的属地。春天的这只野兔一反常态的样子,很容易让人想起传说中的女妖精,就是这样一程接一程地为追捕它的猎人设下圈套。大孩子们还在揣测野兔的心机,小一点的弟弟妹妹,不管这一套,只顾往麻骨石岸上爬。在野兔的藏身处,长着大片鲜嫩的细米蒿。就这样,我们发现了一只极为可爱的小野兔。或是双手捧着、或是撩起衣襟兜着小野兔的当然是女孩子们。她们将它抱回家,将那只曾经装过刺猬的竹篓倒过来罩住小野兔,然后上自己家的菜园,抠出一把刚刚长出第三片叶子的苋菜,撒在小野兔的鼻子前面。没想到仍然是枉费心机,甚至最惨。傍晚时,一家人在外屋吃饭,端起饭碗之前,小野兔还活着。孩子当中动作快的先放下碗筷,一到里屋,便惊叫,小野兔死了。

小野兔没有吃一口我们为它准备的最多才三片叶子的苋菜就死了。没有人相信,小野兔就这样死去,都以为它是装死,等到没有人时就会重新活过来,女孩子用自己攒下来的花布头为小野兔铺了一张小床,让它独自睡在上面。

过了一夜,孩子们全都醒过来了,小野兔不仅不醒,那副软软的身子还变硬了,侧躺在花布头铺成的小床上,很薄很薄的野兔僵尸,唯有那只仍然闪亮的眼睛,仿佛是在照耀有阳光的窗口。在乡村,泛神主义者通常被视为胆小。在我提起野兔的一只耳朵的一刹那,手指接触到的小耳朵是柔柔的，一点力量也没有，感觉上却分明有一股坚硬的东西直插心底，并从那里出发快速抵达全身各个敏感之处。

在我们长大成人后，在一次难得的团聚日子，不晓得如何说到这件事的，我忍不住问大家是否记得小野兔当时的模样。出乎意料，大部分人都同我一样，刻骨铭心地记着当时的情景。那些不记得的，马上被我们认定为，当时一定是背对着窗口。当年居所中睡房的窗户正朝着远处山坳，刚出山的太阳总是将它塞得满满的。被拎起来的野兔僵尸实在是太薄了，很浓很浓的阳光很轻松地穿透过来，将小野兔身体内的肠肚心肺和骨骼隐隐约约地投影在我们眼前。

按道理，那时候乡村里宰杀牲畜的情境我们早已见惯了，杀鸡杀猪杀羊杀牛，非但不怕，还站在附近挪不动脚，非要将整个过程看完了，最终嗅到开膛时浓酽的血肉芬芳才肯离开。小小的野兔僵尸让我怕了，一连多天，如果无人做伴，自己绝对不敢独自待在睡房里。再上山捡柴时，不管在什么地方，只要遇上野兔，身上就会无法遏制地冒出一堆鸡皮疙瘩。

多年之后，儿子长到我当孩子时那么大，有一次，我带他去爬大别山主峰，因为汽车出了故障，上到天堂寨的山腰时天就黑了。在汽车的前大灯照射下，一只果子狸趴在山间公路上不敢动弹。儿子连忙下车将果子狸抓起来，又从汽车的后备箱中拿出一只纸箱，将其关起来。在山上的几天，一群孩子天天趴在纸箱旁，逗那果子狸。临下山时，他们却一致决定，将这只果子狸放归大自然。我无意在同为孩子的两代人之间，以文明的名义作比较。童年的乡土，只要有所决定必然都是天赐。

❀ 感恩心语 ❀

爱不是霸占、不是强求。孩子们喜欢小野兔就把它捉了起来，关在笼子里，想给它关爱。可是孩子们没有想到，小野兔竟然很快就死去了。因为孩子们给小野兔的关爱不是它想要的，小野兔渴望的是自由，如果没有了自由，小野兔宁愿死去。

爱不是无所顾忌，而是要兼顾他人的感受。小野兔的死告诉我们，如果你爱一个人就要给予他理解，不要把自己的意愿强加给他，小动物们宁愿用死亡来换取生命的自由，这就是生动的教训。以他的生活方式来爱他、尊重他，考虑他的感受，这样爱的付出才是值得的，否则也会像小野兔一样，因为爱的方法错了，那份爱也付之东流了。

藏羚羊跪拜

王宗仁

这是听来的一个西藏故事，发生故事的年代距今有好些年了。可是，我每次乘车穿过藏北无人区时，总会不由自主地想起这个故事的主人公——那只将母爱浓缩于深深一跪的藏羚羊。

那时候，枪杀、乱逮野生动物是不受法律惩罚的。就是在今天，可可西里的枪声仍然带着罪恶的余音低回在自然保护区巡视卫士们的脚印难以到达的角落。

当年举目可见的藏羚羊、野驴、雪鸡、黄羊等，眼下已经成为凤毛麟角了。当时，经常跑藏北的人总能看见一个肩披长发，留着浓密大胡子，脚蹬长筒藏靴的老猎人在青藏公路附近活动。那支磨蹭得油光闪亮的权子枪斜挂在他身上，身后的两头藏牦牛驮着沉甸甸的各种猎物。他无名无姓，云游四方，朝别藏北雪，夜宿江河源，饿时大火煮黄羊肉，渴时一碗冰雪水。猎获的那些皮毛自然会卖一笔钱，他除了自己消费一部分外，更多地用来救济路遇的朝圣者。那些磕长头去拉萨朝觐的藏家人心甘情愿地走一条布满艰难和险情的漫漫长路。每次老猎人在救济他们时总是含泪祝愿：上苍保佑，平安无事。杀生和慈善在老猎人身上共存。他放下手中的权子枪是在发生了这样一件事以后——应该说那天是他很有福气的日子。

大清早,他从帐篷里出来,伸伸懒腰,正准备要喝一铜碗酥油茶时,突然瞅见两步之遥对面的草坡上站立着一只肥肥壮壮的藏羚羊。他眼睛一亮,送上门来的美事!沉睡了一夜的他浑身立即涌上来一股清爽的劲头,丝毫没有犹豫,就转身回到帐篷拿来了权子枪。他举枪瞄了起来,奇怪的是,那只肥壮的藏羚羊并没有逃走,只是用企求的眼神望着他,然后冲着他前行两步,两条前腿扑通一声跪了下来。与此同时只见两行长泪从它眼里流了出来。老猎人的心头一软,扣扳机的手不由得松了一下。藏区流行着一句老幼皆知的俗语:"天上飞的鸟,地上跑的鼠,都是通人性的。"此时藏羚羊给他下跪自然是求他饶命了。他是个猎手,不怜悯藏羚羊是情理之中的事。他双眼一闭,扳机在手指下一动,枪声响起,那只藏羚羊便栽倒在地。它倒地后仍是跪卧的姿势,眼里的两行泪迹也清晰地留着。

那天,老猎人没有像往日那样当即将猎获的藏羚羊开膛、扒皮。他的眼前老是浮现着给他跪拜的那只藏羚羊。他觉得有些蹊跷,藏羚羊为什么要下跪?这是他几十年狩猎生涯中唯一一次见到的情景。夜里躺在地铺上的他也久久难以入眠,双手一直颤抖着……次日,老猎人怀着忐忑不安的心情把那只藏羚羊开膛扒皮,他的手仍在颤抖。腹腔在刀刃下打开了,他吃惊得叫出了声,手中的屠刀咣当一声掉在地上……原来在藏羚羊的子宫里,静静卧着一只小藏羚羊,它已经成形,自然是死了。

这时候,老猎人才明白为什么那只藏羚羊的身体肥肥壮壮的,也才明白它为什么要弯下笨重的身子为自己下跪,它是在求猎人留下自己孩子的一条命呀!天下所有慈母的跪拜,包括动物在内,都是神圣的。开膛破腹半途而停。当天,他没有出猎,在山坡上挖了个坑,将那只藏羚羊连同它那没有出世的孩子掩埋了。同时埋掉的还有他的权子枪……从此,这个老猎人在藏北草原上消失了。没人知道他的下落。

❦ 感恩心语 ❧

"天下所有慈母的跪拜,包括动物在内,都是神圣的。"无论是人类还是动物,母爱,是最能让人动容的。一只藏羚羊在猎人正要扣动扳机的那一刻突然跪拜在地上,留下了两行泪水,它不是为自己行将就死而惧怕,伤心的求饶是为了给自己肚子里的孩子求得一线生存的机会。然而,猎人并没有立刻理解透它的举动,更没有读懂它乞求的眼神,冷酷的心没有被它的跪拜和泪水融化,枪响了。可是,当猎人用刀剖开藏羚羊的肚皮时,却被眼前的景象惊呆了:"原来在藏羚羊的子宫里,静静卧着一只小藏羚羊,它已经成形,自然是死了。"这时他明白了一切,刚才母羊的惊人之举是为了自己的孩子。他的心里懊悔万分,后悔为什么自己读不懂一只动物的母爱之心,是他亲手断送了它的祈望。来自心底的善良使他的灵魂得到了净化和洗礼,他埋葬了藏羚羊母子,同时被埋葬的还有他的猎枪。人类是否应该思考,当猎枪对准另类的时候,人类自己能否永远安然无恙?

忠诚和背叛

佚名

卫国战争时期,有一次我们营在一个白俄罗斯的小村子里过夜。当时德国人刚刚被赶走,村里的居民还没有从森林里回来。

营部的军官们住在一个孤身的老大娘家里。她家的房子很小,屋顶上却有一个很大的鹳鸟窝。老大娘一面给我们烧茶,一面给我们讲述她家的情况。她家的人全都打游击去了,她则留下来看家。昨天她得到他们的消息,说所有的人都活着,所以她正急不可待盼着家人的归来。

"只有咱们的格利戈里被德国人打死了。"老大娘最后说,脸色顿时阴沉下来。她难过地叹了口气,又补充道:"我家老头子从森林里回来,知道这事一定会非常生气……"

大家都不做声了。老大娘则朝正呜呜作响的自沸壶转过脸去。一阵难堪的静寂。

过了一会儿，营长打破了沉默：

"大娘，您把格利戈里葬在哪儿了？"

"菜园里……我自己挖的坑……"老大娘不太乐意地回答道。

"明天早上我吩咐我的工兵给坟墓做一个栅栏，再……"

"天哪，你这是怎么啦！"老大娘打断了营长的话头。"要知道，咱们的格利戈里不是人，而是一只鸟！"

"什么，鸟？"

"对，一只白鹳……"军官们立刻愉快而善意地大笑起来，笑了好久好久。

"你们笑什么？"老大娘不满地说，"我们把格利戈里也看成自己人……"接着她向我们讲述了关于白鹳格利戈里的奇妙的故事。

连续7年，同一对白鹳总是在她家的屋顶上筑窝。一次，不知是谁把那只雄鹳叫做格利戈里，从此"格利戈里"就成了它的名字。几年前的一个秋天，当鹳群已聚集在沼泽地里准备南飞的时候，这对白鹳却突然又回到了窝里。原来雌鹳受伤了，一只翅膀耷拉着，它好不容易才由屋顶飞到村外的沼泽里去，然后又飞了回来。格利戈里则寸步不离地跟着它，不愿把它孤零零地撇下。

一天一天地过去，雌鹳仍然耷拉着翅膀，不敢踏上遥远的路程。这时天气越来越冷，晚上水洼已开始结冰，凛冽的秋风已扫起最后几片落叶。眼看就要下雪了，所有的鹳鸟早已往南国飞去。

格利戈里日益不安起来。它不时地从屋顶飞向天空，但立刻又降落到窝边，焦急地倒换着两只长腿，并咕咕地叫着，仿佛在催促自己的伴侣快点出发。可是雌鹳却一动不动地用一只腿站在那儿，耷拉着翅膀。

它飞不动。

格利戈里也不愿单独飞走。这一感人的眷恋之情会把两只鸟都置于死地：沼泽已逐渐封冻，只有在沼泽的中央才能找到一点点食物。

最后，人们只好把受伤的雌鹳捉到屋里，格利戈里这才飞走了。第二天早晨，整个大地盖上了一层厚厚的雪毡，冬天开始了。寒流突然袭来，沼泽已全部封冻，再也见不到一只候鸟了。

雌鹳由于整个冬天都和人在一起生活，所以完全变成了一只家禽。第一个月它就用自己那灵巧的喙消灭了屋里的全部蟑螂。晚上它还逮老鼠。它能一连几个小时一动不动地站在屋角里，用喙瞄准老鼠洞。到时候，只见它把头迅疾地一点，嚓——刚出洞的老鼠就消失在它的喙里了。

春天开始了，候鸟已经飞回来了。村外的沼泽已从边上开始解冻，树林里的雪也开始融化，露出一片片湿润的土地。

人们把雌鹳放出屋去。养了一个冬天，它已经痊愈了，可以轻盈地飞翔了。它整天从沼泽地往回衔着树枝和草棍儿，修补着屋顶上的窝。但一到晚上，它还是钻到屋里来过夜。

阳光越来越和煦。窝早已修葺一新，雌鹳这时就成天站在窝里，不安地望着天空，四下顾盼——它在等待自己的格利戈里。

鹳群多次从头顶上飞过。有两对已经在相邻的屋顶上忙着筑窝，但我们的雌鹳根本不理睬它们。鹳鸟是成双成对地生活的，无论多少年从不分离。于是雌鹳等呀，等呀，可格利戈里总也不回来。可能是已经饿死了，因为去年秋天它在这儿滞留得太久，土地已经上冻，路上无法找到食物。

然而，一天早晨格利戈里突然回来了。当雌鹳在屋里听到它的声音时，那副激动劲儿简直难以形容！它猛地往屋门外扑去，人们刚把门打开，它就"呼"的一声冲上了屋顶，可是……格利戈里不是单独回来的，同它一起站在窝里的还有一只鼻子鲜红、翅膀油黑、胸脯雪白的年轻美丽的雌鹳。

狂怒的老雌鹳向情敌扑过去，年轻的雌鹳灵巧地一蹦，躲到了格利戈里身后，格利戈里则无情地一挥翅膀,把与自己共同生活了七年的老伴赶开了!老雌鹳垂头丧气地蹲在屋顶的最边上,一直蹲到晚上也不敢靠近自己的窝,那模样真是可怜极了。当然,它的格利戈里去年秋天单独飞到南方后,同所有失去了伴侣的雄鹳一样,和一个也没有伴侣的新的雌鹳在遥远的非洲结成了一对,这完全是"合法"的。"从法律观点看",它并没有错。

当那个年轻的雌鹳下了蛋并开始孵蛋的时候,这场鸟的悲剧就到了最后一幕了。一次,当格利戈里到沼泽地里去找食的时候,老雌鹳抓住机会把情敌从窝里赶走,自己蹲到蛋上孵了起来。但它只孵了几分钟,格利戈里一回来,就把它扔了出去。它跌落到院子中央,失望之余,竟突然把自己的愤怒发泄在与它和睦相处了一个冬天的母狗达姆卡身上。只不过一啄,达姆卡就夹起尾巴,尖叫着往墙角逃去。老雌鹳尽管被狗毛噎得直咳嗽,仍然扑打着翅膀穷追不舍,又在狗的屁股上啄了一下,达姆卡已经无处可逃了:墙脚台阶下是它的窝,里面躺着三只刚出生不久的狗崽。于是逃跑者变成了进攻者。为了保护自己的儿女,达姆卡突然转过身来,把白色的犬牙一龇,一下子就把对手扑倒在地。

被咬断喉管的老雌鹳躺在地上一动不动了。这一切都是在屋顶上那对白鹳的眼皮子底下发生的,但它们根本不予理睬。

听老大娘讲完了这一悲剧性的故事后,大家全都默不作声。后来,突然议论开了:

"大娘,那您干吗还同情格利戈里?"

"德国人把它打死了——活该!"

"这样的负心鸟不值得同情!"

"我差点还让人给它的坟修栅栏呢!"营长哈哈大笑道。

"唉,孩子们,"老大娘把嘴一瘪,委屈地说,"你们不知道格利戈里多么后悔哟!"

"您怎么啦,大娘,鸟又不是人,怎么会后悔?"一个军官不相信。

"很简单,格利戈里空欢喜了一场——它的红鼻子新夫人下的蛋全是寡蛋,孵不出儿女来。于是格利戈里把它赶走了,独自在屋顶上呆到秋天。秋天到了也不飞走,总是站在那儿望着屋门,以为它过去的伴侣会从屋里出来。格利戈里就这样一直等到初雪,它大概没有想到,它的老伴早已当着它的面被达姆卡咬死了。打这以后,三年来它总是和候鸟一起春天最早飞回,要到深秋才飞走,并一直打着光棍儿。真不忍心看它那痛苦的模样:一连几个小时伫立在那儿,一动不动地望着屋门,等呀,等呀——这就是格利戈里……可是德国人为了取乐,用自动步枪把它打死了……"

老大娘叹了口气,开始默默地收拾桌子。

❧ 感恩心语

发生在白鹳格利戈里身上的故事更像是一出由鸟来扮演的人间悲剧。这其中有守候与远行,爱与被爱,忠诚与背叛,死亡与悔恨。

从这里,你是否看到了许多人的影子:为了追求一时的享乐而背叛爱人的人,为了谋取利益而伤害朋友的人,为了得到所谓的幸福而抛弃家人的人。这样一些自私的人,将别人的信任和爱视为无物,随时加以抛弃,而不顾及他人的情感,将自己的快乐建立在他人的痛苦之上。这样的人结局也只能是:爱人伤心离去,朋友形同陌路,家人冷漠相对,最后落得众叛亲离的下场。

高原上的窟窿

李亚军

远远看去,那些悬崖地埂上的窟窿很像一个人饥饿的喉咙。

这是高原上的高原。在一个国家,它就是贫穷的标本。跟随父亲,不知有多少次,我们像两只蜗牛,在深陷的崖壑之间往来;不知有多少次,我看着阳光像赈灾一般给阴暗的田地投来一瞥,一块补丁般的坡地开始呈现金属的光泽,在这样的时候,我就知道了黯然沉默的土地依然是整个村庄的坚强后防,尽管,贫穷是一件多么不好的事情。父亲的镢头像簧一样越过他矮小的身躯,未曾思索,又是一个俯冲——父亲是在鼓劲,是不能吭气的。

一个少年便只有沉默。和我一起沉默的是眼前悬崖上的那一个又一个能容得下人的窟窿。我不敢向父亲提问,他永远在鼓劲。我只有向时常在自家门前张望远山的四爷提问。临近冬天,松鼠加紧了对粮食的贮备。被人丢弃在外的麦子、玉米秘密地潜伏于龟裂的地皮、交错的芨芨草,或者仍在风中赶着秘符般的路。这是收获之后、庄稼丰硕地存在于人们生活之外的另外一番景象。更准确地讲是一小撮庄稼对农事与村庄的叛逆,他们为了松鼠而守着自己完整的身子。就像四爷不肯投奔远在省城的三个儿子所组建的工人家庭一样,整天看着远处礁一样的山,等着刮风落雨。多年之后我常质疑,这个老人很有可能是给我想象启蒙的第一位老师。四爷说:"你可以想象,在那样的一个又一个夜晚……"是啊,在那样的一个又一个被秋月所彻底浸泡的高原山地上,一只又一只的松鼠相携而行,它们当然不会引起家犬渲染般的狂叫,它们比银狐更加轻捷娇美。"松鼠们发现了一粒又一粒粮食……"一粒粮食在松鼠的眼中是巨大的,它们蹲在埂子上,为人所冷落了的秋后坡地在他们的眼中依然是金灿灿的黄。他们同样会闻到深埋于黄土之中的粮食,清香如花。就在这样的夜晚,他们将一粒又一粒粮食小心翼翼地嗛在嘴中,懂事的儿女绝不会往饿着的肚子里下咽。高原之夜的作业,通宵达旦,如一场梦,或者我在四爷讲述中的想象一样。

为了一个冬天,当山又一次背负起沉重的驴与呼喊的人时,松鼠们不知在崖与地之间跑了多少趟。洞幽深而清洁。洞内上有透气孔、隐藏在草丛或酸枣刺之中,左边有厕所,右边往下打了一个小洞,这贴了芨芨草的罐状洞就是它最为核心的库府,所有的粮食都装在里面,看着就让它幸福。冬天来了,搬运时的前洞在一粒土中訇然封闭,顶头的小洞便源源不断地往进输送清新的空气。世界不一样了。对松鼠来说,活着,在一个冬天,这是何等安逸的日子啊。

然而事情不是这样简单。

我曾向一位年轻的生物教师讲述过有关松鼠洞穴的布局。讲完之后,我对他说,这不是想象,这是人们在冬天掘开一个又一个洞穴时亲眼所见的。可怜的小动物,在那些高原之地上,当我们的国家遭遇前所未有的饥饿时,人们将目光投向了松鼠。它们苦心经营的生活被人的铲子一下一下地瓦解:天昏地暗,一只松鼠在巨大的响声中惊醒、怵惕、战栗,紧接着是闪电一样袭来的光线……

干干净净沉沉甸甸的粮食,活人的粮食,活命的粮食,让人泪下的粮食。

在高原的山路上,对觅得粮食的人来说,这是怎样一场生硬的运输。

让我写下这些文字的原因还有一个重要的故事。在那些与松鼠争食的岁月,在这块高原上,某月某日天黑,一位衣着模糊的男人牵一个面容模糊的女孩出现在了山村一家人的院中。这是一家靠掏松鼠食而优越地生活的人,后窑里有一大麻袋鲜鲜的麦子,当然是不为人知的。"给一点吧。"男人对主人说。主人当然推诿。"给一点吧。"女孩对主人说。主人坚持着拒绝。"给一点吧,你家后窑不是有那么大一麻袋吗?"男人对主人说。主人失声地叫了。平静下来,看二人也不像强盗,就把锅里的白面片片旦了一大盆,端在院中让二人吃。这二人说也奇,每人只吃了一小碗,就要走。主人看也可怜,硬要他们再吃几碗,那男人说,够了,一点点就行了。

那父女怪生生地走了。

翌日,为这事所心烦的主人在村外的野地里寻了一个下午,终于在天快黑时找到了一个松鼠洞。深挖细铲,循着足迹,松鼠洞在他的劳动中呈辐射状地放大。匍匐在自己刚能容身的洞里,他又一次看到了那被芨芨草包裹得好好的粮食。就在他一只手掏出袋子,一只手伸向粮食时,他意外地发现粮食旁有两只一大一小的松鼠像人一样注视着他。这种眼神让他心慌,一急之下,顺手拿起铲子捅过去……那肠胃里竟然是一点还未消化的酸菜,还有一些白白的东西。那不是昨晚自家做的浆水面片片吗!主人叫了一声,丢下铲子,回到家中,再也不掏松鼠洞了。那之后,谁也不去掏了。

不掏的事是真实的,有四爷为证。

我作为这块土地的后人,为这个由窟窿所引出的故事而掉了几次泪。上天有好生之德,苍生有恻隐之心。贫穷中一度苦苦挣扎的高原啊,她终究没有输给良心。

我第一次有让自己的文字流传下去的信心。

∽感恩心语∾

在荒凉的高原上,任何生物想要存活下去都要付出很多代价。尤其到了寒冷的冬天,饥饿是所有生物面临的首要问题。生活在高原上的松鼠也不例外,它们必须为一冬的生活做好准备,为此它们不辞辛苦四处寻找粮食,在自己的家里囤积了足够一冬的食物。可是人类无情地破坏了它们的美梦,人类的魔爪伸向了它们的洞穴,掠夺了它们生存的给养。

高原上出现了一个又一个洞穴,让人触目惊心。这些都是人类残暴行径的痕迹。为了满足自己的所求,毫不留情地破坏了松鼠的家园,甚至还为夺取到了食物而沾沾自喜,这是多么丑陋的嘴脸啊!

让人感到欣慰的是,那位靠掏松鼠洞生活的人最后终于良心发现,高原上的人们也因此没有再掏过松鼠洞。

狼行成双

邓一光

他们在风雪中慢慢走着。他和她,他们是两只狼。他的个子很大,很结实,刀条耳,目光炯炯有神,牙齿坚硬有力。她则完全不一样,她个子小巧,鼻头黑黑的,眼睛始终潮润着,有一种南风般朦胧的雾气,在一潭秋水之上悬浮着似的。他的风格是山的样子,她的风格是水的样子。

刚才因为她故意捣乱,有只兔子在他们的面前眼巴巴地跑掉了。

他是在她还是少年的时候就征服了她的。然后他们在一起相依为命,共同生活了整整九年。这期间,她曾一次次地把他从血气冲天的战场上拖下来,把伤痕累累昏迷不醒的他拖进荒僻的山洞里,用舌头舔他的伤口,舔净他伤口的血迹,把猎枪的沙弹或者凶猛的敌人的骨头渣子清理干净,然后,从高坡上风也似的冲下去,去追捕獐、獾,用獐脐和獾油为他涂抹伤口。做完这一切后,她就在他的身边卧下,整日整夜,一动不动。

但是,更多的时候,是由他来看顾她的。他们得去无休无止地追逐自己的食物,得与同伴拼死拼活地争夺地盘,得提防比自己强大的凶猛的对手的袭击,还得随时警惕来自人类的敌视。这真的很难。

有时候他简直累坏了。他总是伤痕累累,疲于应战。而她呢,却像个不安分的惹事包,老是在天敌之外不断地给他增添更多的麻烦。她太好奇而且有着过分的快乐的天性。她甚至以制造那些惊心动魄险象环生的麻烦为乐事。他只得不断地与环境和强大的敌手抗争。他怒气冲天,一次又一次深入绝境,把她从厄运之中拯救出来。他在那个时候简直就像一个威风凛凛的战神,没有任何对手可以遏制住他。他的成功和荣誉也差不多全是由她创造出来的。没有她的任性,他只会是一只普通的狼。

天渐渐地黑下去，他决定尽快地去为她也为自己弄到果腹的食物。

天很黑，风雪又大，他们在这种情况下朝着灯火依稀可辨的村子走去，自然就无法发现那口井了。

井是一口枯井，村子里的人不愿让雪灌了井，就将一条黄棕旧雪被披在井口，不经心地做成了一个陷阱。

他在前面走着，她在后面跟着，中间相隔着十几步。他丝毫也没有预感，待他发觉脚下让人疑心的虚松时，已经来不及了。

她那时正在看着雪地里的一处旋风，旋风中有一枝折断了的松枝，在风的戏弄下旋转得如同停不下来的舞娘。轰的一声闷响从脚下的什么地方传来。她这才发觉他从她的视线中消失了。她奔到井边。他有一刻是昏厥过去了。但是他很快就醒了过来，并且立刻弄清楚了自己的处境。他发现情况不像想的那么糟糕。他只不过是掉进了一口枯井里，他想这算不得什么。他曾被一个猎人安置的活套套住，还有一次他被夹在两块顺流而下的冰坨当中，整整两天的时间他才得以从冰坨当中解脱出来。另外一次他和一头受了伤的野猪狭路相逢，那一次他的整个身子都被鲜血染红了。他经过的厄运不知道有多少，最终他都闯过来了。

井是那种大肚瓶似的，下畅上束，井壁凿得很光溜，没有可供攀援的地方。

他要她站开一些，以免他跃出井口时撞伤她。她果然站开了，站到离井口几尺远的地方。除了顽皮的时候，她总是很听他的。她听见井底传出他信心十足的一声深呼吸，然后听见由近及远的两道尖锐的刮挠声，随即是什么东西重重跌落的声音。

他躺在井底，一头一身全是雪和泥土。他刚才那一跃，跃出了两丈来高，这个高度实在是有些了不起，但是离井口还差着老大一截子呢。他的两只利爪将井壁的冻土刮挠出两道很深的印痕，那两道挠痕触目惊心，同时也是一种深深的遗憾。

她趴在井沿上，先啜泣，后来止不住，放声哭出来。她说："呜呜，都怪我，我不该放走那只兔子。"他在井底，反倒笑了。他是被她的眼泪给逗笑的。在天亮之前的那段时间里，她离开了井台，到森林里去了，去寻找食物。她走了很远，终于在一棵又细又长的橡树下，捕捉到一只被冻得有些傻的黑色细嘴松鸡。

他把那只肉味鲜美的松鸡连骨头带肉一点不剩全都嚼了，填进了胃里。他感觉好多了。他可以继续试一试他的逃亡行动了。这一次她没有离开井台，她不再顾忌他跃上井台时撞伤她。她趴在井台上，不断给他鼓劲儿，呼唤他，鼓励他，一次又一次地催促他跳起。隔着井里那段可恶的距离，她伸出双爪的姿势在渐渐明亮起来的天空的背景中始终是那么的坚定，这让井底的他一直热泪盈眶，有一种高高地跃上去用力拥抱她的强烈欲望。然而他的所有努力都失败了。

天亮的时候她离开了井台，天黑之后她回来了。她很艰难地来到了井边，她为他带来了一只獾。他在井底，把那只獾一点不剩地全都填进了胃里。然后，开始了他新的尝试。

她有时候离开井台，然后她再折回到井台边来。她总觉得在她离开的这段时间里，奇迹更容易发生。

她在那里张望着，企盼着她回到井台边的时候，他已经大汗淋漓地站在那里，喘着粗气，傻乎乎地朝她笑了。但是没有。天亮的时候，她再度离开井台，消失在森林里。

天黑的时候，她疲惫不堪地回到了井台边。整整一天时间，她只捉到了一只还没有来得及长大的松鼠。她自己当然是饿着的。但是她看到他还在那里忙碌着，忙得大汗淋漓。他在把井壁上的冻土，一爪一爪地抠下来，把它们收集起来，垫在脚下，把它们踩实。他肯定干了很长一段时间了。他的十只爪子已经完全劈开了，不断地淌出鲜血来，这使那些被他一爪一爪抠下来的冻土，显得湿漉漉的。她先是愣在那里,但是她很快就明白过来了,他是想要把井底垫高,缩短到井口的距离。他是在创造着拯救自己生命的通道。

她让他先在一边歇息着,她来接着干。她在井坎附近刨开冰雪,把冰雪下面的冻土刨松,再把那些刨松的冻土推下井去。她这么刨一阵,再换他来,把那些刨下井去的冻土收集起来垫好,重新踩实。

他们这样又干了一阵,他发现她在井台上的速度慢了下来。他有点急不可耐了。他不知道她是饿的,也很累,她还有伤。天亮时分,他们停下来。他们对自己的工作很满意。如果事情就像这样这么发展下去,他们会在下一次太阳升起的时候最终逃离那可恶的枯井,双双朝着森林里奔去。但是村子里的两个少年发现了他们。

两个少年走到井台边,朝井下看,他们发现了躺在井底心怀憧憬的他。然后他们跑回村子里拿来猎枪,朝井里的他放了一枪。

子弹从他的后脊梁射进去,从他的左肋穿出。血像一条暗泉似的往外窜,他一下子就跌倒了,再也站不起来。

开枪的少年在推上第二发子弹的时候被他的同伴阻止住了。阻止的少年指给他的同伴看雪地里的几串脚印,它们像一些灰色的玲珑剔透的梅花,从井台一直延伸到远处的森林中。她是在太阳落山之后回到这里的。她带回了一头黄羊。但是她没有走近井台。她在淡淡的橡树籽和芬芳的松枝的味道中闻到了人的味道和火药的味道。然后,她就在晴朗的夜空下听见了他的嗥叫。

他的嗥叫是那种警告的,他在警告她,要她别靠近井台,要她返回森林,远远离开他。他流了太多的血,他的脊梁被打断了,他无法再站起来。但是他却顽强地从血泊中挣起头颅,朝着头顶上斗大的一方天空久久地嗥叫着。

她听到了他的嗥叫,立刻变得不安起来。她昂起头颅,朝着井台这边嗥叫。她的嗥叫是在询问出了什么事。他没有正面回答她,他叫她别管,他叫她赶快离开,离开井台,离开他,进入森林深处去。她不,她知道他出了事。她从他的声音中嗅出了血腥味儿。她坚持要他告诉她到底出了什么事,否则,她决不离开。

两个少年弄不明白,那两只狼嗥叫着,呼吸毗连,一唱一和,只有声音,怎么就见不到影子?但是他们的疑惑没有延续多久,她就出现了。两个少年是被她的美丽惊呆的。她站在那里,然后慢慢朝他们走过来。他们先是愣着,后来其中一个醒悟过来,他把手中的猎枪举起来。

枪声很闷。子弹钻进了雪地里,溅起一片细碎的雪粉。她像阵干净的风,消失在森林之中。枪响的时候他在枯井里发出长长的一声嗥叫。他的嗥叫差不多把井台都给震垮了。在整个夜晚,她始终等待在那片最近的森林里,不断地发出悠长的嗥叫,他知道她还活着,他的高兴是显而易见的。他一直警告她,要她别再试图接近他,要她回到森林的深处去,永远不要再走出来。她仰天长啸着,她的长啸从那片森林里传出来,一直传出了很远。

天亮的时候,两个少年熬不住打了一个盹。与此同时,她接近了井台,她把那头冻得发硬的黄羊拖到井台边上去。她倒着身子,刨飞出一片片雪雾,把那头黄羊用力推下了枯井。他躺在那里,不能动。那头黄羊就滚到他的身边。他大声地叫骂她。他要她滚开,别再来烦他,否则他会让她好看的。

他头朝一边歪着,看也不看她,好像对她有着多么大的气似的。她趴在井台上,尖声地呜咽着,要他坚持住,只要他还有一口气,她就会把他从这该死的枯井里救出去。

两个少年后来醒了。再接下去的两天时间里,她一直在与他们周旋着。两个少年一共朝她射击了七次,都没能射中她。

在那两天的时间里,他一直在井里嗥叫着,他没有一刻停止过。他的嗓子肯定已经撕裂了,以至于他的嗥叫断断续续，无法延续成声。

但是在第三天的早上，他的嗥叫声突然停止了。两个少年，探头朝井下看，那只受了伤的公狼已经死在那里了。他是撞死的，头歪在井壁上，头颅粉碎，脑浆四溅。那头冻硬了的黄羊完好无损地躺在他身边。

那两只狼，他们一直在试图重返森林，他们差一点就成功了。

他们后来陷进了一场灾难。先是他，然后是她，其实他们一直是共同的。现在他们当中的一个死去了。他死去了，另一个就不会再出现了，他的死不就是为了这个么？

两个少年回村去拿绳子，但是他们没有走多远就站住了。她站在那里，全身披着银灰色的皮毛，皮毛伤痕累累，满是血痂。她是精疲力竭、身心俱毁的样子，因为皮毛被风吹动了，仿佛是森林里最具古典性的幽灵。她微微地仰着她的下颌，似乎是轻轻地叹了口气，然后，她朝井台这边轻快地奔来。

两个少年几乎看呆了，直到最后一刻，他们其中的一个才匆匆地举起了枪。

枪响的时候，停歇了两天两夜的雪又开始飘落起来了……

～感恩心语～

狼虽然凶残，但对爱情的忠贞程度却让人类汗颜。

一只公狼不小心掉到了陷阱里，陷阱的四壁又硬又滑，他几次努力，都无济于事，他知道，只要是他爬不上来，她也不会离开的。好几天，她每天天亮就去给他捕食，傍晚一定会回来，然后在洞口和他相守，一直都是这样。九年了，他们从来没有分离过，他为她排除一切艰难困境，她给他带来别人无法企及的欢乐。现在，他已经被人用枪打断了脊梁，不管他怎么鼓劲也无法逃脱这可恶的陷阱。他知道她没有走远。她躲过了人类的好几发子弹。他们日夜嗥叫，诉说着他们彼此的牵挂和担忧。他知道，自己生的时间不多了，他不希望人类利用他们之间的爱情来诱捕她，为了能救她，他只能选择自杀，用尽全身力气，撞到了坚硬的陷阱壁上；她也在一声长长的哀号后，奔到他的身旁，迎向了人类的枪口。

故乡的榕树

黄河浪

住所左近的土坡上，有两棵苍老葱郁的榕树，以广阔的绿阴遮蔽着地面。在铅灰色的水泥楼房之间，摇曳赏心悦目的青翠；在赤日炎炎的夏天，注一潭诱人的清凉。不知什么时候，榕树底下辟出一块小平地，建了儿童玩的滑梯和亭子，周围又种了蒲葵和许多花朵，居然成了一个小小的儿童世界。也许是对榕树有一份亲切的感情吧，我常在清晨或黄昏带小儿子到这里散步，或是坐在绿色的长椅上看孩子们嬉戏，自有种悠然自得的味道。

那天特别高兴，动了未泯的童心，我从榕树枝上摘下一片绿叶，卷制成一支小小的哨笛，放在口边，吹出单调而淳朴的哨音。儿子欢跳着抢过去，使劲吹着，引得谁家的一只小黑狗循声跑来，摇动毛茸茸的尾巴，抬起乌溜溜的眼睛望他。他把哨音停下，小狗失望地跑开去；他再吹响，小狗又跑拢来……逗得小儿子嘻嘻笑，粉白的脸颊上泛起淡淡的红晕。

而我的心却像一只小鸟，从哨音里展翅飞出去，飞过迷蒙的烟水、苍茫的群山，停落在故乡熟悉的大榕树上。我仿佛又看到那高大魁梧的躯干，卷曲飘拂的长须和浓得化不开的团团绿云；看到春天新长的嫩叶，迎着金黄的阳光，透明如片片碧玉，在袅袅的风中晃动如耳坠，摇落一串串晶莹的露珠。

我怀念从故乡的后山流下来,流过榕树旁的清澈的小溪,溪水中彩色的鹅卵石,到溪畔洗衣和汲水的少女,在水面嘎嘎嘎地追逐欢笑的鸭子;我怀念榕树下洁白的石桥,桥头兀立的刻字的石碑,桥栏杆上被人抚摸光滑了的小石狮子。那汩汩的溪水流走了我童年的岁月,那古老的石桥镌刻着我深深的记忆,记忆里的故事有榕树的叶子一样多……

站在桥头的两棵老榕树,一棵直立,枝叶茂盛;另一棵却长成奇异的 S 形,苍虬多筋的树干斜伸向溪中,我们都称它为"驼背"。更特别的是它弯曲的这一段树心被烧空了,形成丈多长平放的凹槽,而它仍然顽强地活着,横过溪面,昂起头来,把浓密的枝叶伸向蓝天。小时候我们对这棵驼背榕树分外有感情,把它中空的那段凹槽当作一条"船"。几个伙伴爬上去,敲起小锣鼓,以竹竿当桨七上八落地划起来,明知这条"船"不会前进一步,还是认真地、起劲地划着。在儿时的梦里,它会顺着溪流把我们带到秧苗青青的田野上,绕过燃烧着火红杜鹃的山坡,穿过飘着芬芳的小白花的橘树林,到大江大海里去,到很远很美丽的地方去……

有时我们会问:这棵驼背的老榕树为什么会被烧成这样呢?听老人说,很久很久以前,有一条大蛇藏在这树洞中,日久成精,想要升天;却因伤害人畜,犯了天条,触怒了玉皇大帝。于是有天夜里,乌云紧压着树梢,狂风摇撼着树枝,一个强烈的闪电像利剑般劈开树干,头上响起惊天动地的炸雷!榕树着火烧起来了,烧空了一段树干,烧死了那头蛇精,接着一阵瓢泼大雨把火浇熄了……这故事是村里最老的老人说的,他像老榕树一样垂着长长的胡子。我们相信他的年纪和榕树一样苍老,所以我们也相信他说的话。

不知在什么日子,我们还看到一些女人到这榕树下虔诚地烧一沓纸钱,点几炷香,她们怀着怎样的心愿来祈求这榕树之神呢?我只记得有的小孩面上长了皮癣,母亲就会把他带到这里,在榕树干上砍几刀,用渗流出来的乳白的液汁涂在患处,过些日子,那癣似乎也就慢慢地好了。而我最难忘的是,每当过年的时候,老祖母都会叫我顺着那"驼背"爬到树上,折几枝四季常青的榕树枝,用来插在饭甑炊熟的米饭四周,祭祀祖先的神灵。那时候,慈爱的老祖母往往会踮着缠得很小的"三寸金莲",笃笃笃地走到石桥上,一边看着我爬树,一边唠唠叨叨地嘱咐我小心。而我虽然心里有点战战兢兢的,却总是装出毫不在乎的样子,把折到的树枝得意地朝着她挥舞。

使人留恋的还有铺在榕树下的长长的石板条,夏日里,那是农人们的"宝座"和"凉床"。每当中午,亚热带强烈的阳光令屋内如焚、土地冒烟,唯有这两棵高大的榕树撑开遮天巨伞,抗拒迫人的酷热,洒落一地阴凉,让晒得黝黑的农人们踏着发烫的石板路到这里透一口气。傍晚,人们在一天辛劳后,躺在用溪水冲洗过的石板上,享受习习的晚风,漫无边际地讲三国、说水浒,从远近奇闻谈到农作物的长势和收成……高兴时,还有人拉起胡琴,用粗犷的喉咙唱几段充满原野风味的小曲,在苦涩的日子里寻一点短暂的安慰满足。

苍苍的榕树啊,用怎样的魔力把全村的人召集到膝下?不是动听的言语,也不是诱惑的微笑,只是默默地张开温柔的翅膀,在风雨中为他们遮挡,在炎热中给他们阴凉,以无限的爱心庇护着劳苦而淳朴的人们。

我深深怀念在榕树下度过的愉快的夏夜。有人卷一条被单,睡在光滑的石板上;有人搬几块床板,一头搁着长凳,一头就搁在桥栏杆上,铺一张草席躺下。我喜欢跟大人们一起挤在那里睡,仰望头上黑黝黝的榕树的影子,在神秘而恬静的气氛中,用心灵与天上微笑的星星交流。要是有月亮的夜晚,如水的月华给山野披上一层透明的轻纱,将一切都变得不很真实,似梦境,似仙境。在睡意蒙眬中,有嫦娥驾一片白云悄悄飞过,有桂花的清香自榕树枝头轻轻洒下来。而桥下的流水静静地唱着甜蜜的摇篮曲,催人在夜风温馨的抚摸中慢慢沉入梦乡……有时早上醒来,清露润湿了头发,感到凉飕飕的寒意,才发觉枕头不见了,探头往桥下一看,原来是掉到溪里,吸饱了水,胀鼓鼓的,搁浅在乱石滩上……

那样的日子不会回来了。我仿佛刚刚从一场梦中醒转，身上还留有榕树叶隙漏下的清凉；但我确实知道，这一觉已睡过了三十年，而人也已离乡千里万里外了！故乡桥头苍老的榕树啊，也经历了多少风霜？听说那棵"驼背"，在一次台风猛烈的袭击中，挣扎着倒下去了，倒在山洪暴发的溪水里，倒在故乡亲爱的土地上，走完了自己生命的历程。幸好另一棵安然无恙，仍以它浓密的绿叶荫庇着乡人。而当年把驼背的树干当船划的小伙伴们，都已成长。有的像我一样，把生命的船划到遥远的异乡，却仍然怀念着故土的榕树吗？有的还坐在树下的石板上，讲着那世世代代讲不完的传说吗？但那像榕树一样垂着长长胡子的讲故事老人已经去世了；过年时常叫我攀折榕树枝叶的老祖母也已离开人间许久了；只有桥栏杆上的小石狮子，还在听桥下的溪水滔滔流淌吧？

"爸爸，爸爸，再给我做几个哨笛。"不知什么时候，儿子也摘了一把榕树叶子，递到我面前，于是我又一叶一叶卷起来给他吹。那忽高忽低、时远时近的哨音，弥漫成一片浓浓的乡愁，笼罩在我的周围。故乡的亲切的榕树啊，我是在你绿阴的怀抱中长大的，如果你有知觉，会知道我在这遥远的异乡怀念着你吗？如果你有思想，你会像慈母一样，思念我这漂泊天涯的游子吗？

故乡的榕树呀……

感恩心语

漂泊在异乡的游子，记忆里都会随时保留着关于故乡的记忆。或许是村子里那棵"驼背"的榕树，或许是穿过村庄流淌着的那条小溪，或许是静静地屹立在村子的某个角落的那座破楼。不管是什么，对于游子而言，它们就是故乡的代名词，想起它们便是想起了故乡，怀恋它们即是在思念故乡了。

一棵"驼背"的榕树也会让人拥有那么多的回忆：与小伙伴"划船"的游戏，用榕树的液汁治疗皮癣的经历，夏日里在榕树下乘凉、过夜。这些美好的回忆，都是关于家乡的点点滴滴，关于那里的熟悉的人和事。老榕树虽然结束了一生，永远地倒下了，但在远方的游子心里，那棵榕树会永远生长在心的深处，如同故乡的回忆至死也不会被遗忘一样。

对于我们，可能会一辈子守在出生的地方，在故乡生活一辈子，但也可能告别故乡，走向外面的天地。不要忘掉种一棵这样的榕树在你的心底，即使天涯海角，也能拥有故乡的回忆。

西风胡杨

潘岳

胡杨生于西域。在西域，那曾经三十六国的繁华，那曾经狂嘶的烈马、腾然的狼烟、飞旋的胡舞、激奋的羯鼓、肃穆的佛子、缓行的商队，以及那连绵万里直达长安的座座烽台……都已被那浩茫茫的大漠洗礼得苍凉斑驳。仅仅千年，只剩下残破的驿道，荒凉的古城，七八匹孤零零的骆驼，三五杯血红的酒，两三曲英雄逐霸的故事，一支飘忽在天边如泣如诉的羌笛。当然，还剩下胡杨，还剩下胡杨簇簇金黄的叶，倚在白沙与蓝天间，一幅醉人心魄的画，令人震撼无声。

金黄之美，属于秋天。凡秋天最美的树，都在春夏时显得平淡。可当严冬来临时，一场凌风厉雨的抽打，棵棵绿树郁积多时的幽怨，突然迸发出最鲜活最丰满的生命。那金黄，那鲜红，那刚烈，那凄婉，那裹着苍云顶着青天的孤傲，那如悲如喜如梦如烟的摇曳，会使你在夜里借着月光去抚摸朦胧的花影，会使你在清晨踏着雨露去感触沙沙的落叶。

你会凝思，你会倾听，你会去当一个剑者，披着一袭白衫，在飘然旋起的片片飞黄与点点落红中凌空劈斩，挥出那道悲凉的弧线。这便是秋树。如同我爱夕阳，唯有在傍晚，唯有在坠落西山的瞬间，烈日变红了，金光变柔了，道道彩练划出万朵莲花，整个天穹被泼染得绚丽缤纷，使这最后的挣扎,最后的拼搏,抛洒出最后的灿烂。人们开始明白他的存在,开始追忆他的辉煌,开始探寻他的伟大,开始恐惧黑夜的来临。这秋树与夕阳,是人们心中梦中的诗画,而金秋的胡杨,便是这诗画中的绝品。

胡杨,秋天最美的树,是一亿三千万年前遗留下的最古老树种,只生在沙漠。全世界百分之九十的胡杨在新疆,新疆百分之九十的胡杨在塔里木。我去了塔里木。在这里,一边是世界第二大的三十二万平方公里的塔克拉玛干大沙漠,一边是世界第一大的三千八百平方公里的塔里木胡杨林。两个天敌彼此对视着,彼此僵持着,整整一亿年。在这两者中间,是一条历尽沧桑的古道,它属于人类,那便是丝绸之路。想想当时在这条路上络绎不绝、逶迤而行的人们,一边是空旷的令人窒息的死海,一边是鲜活的令人亢奋的生命;一边使人觉得渺小而数着一粒粒流沙去随意抛逝自己的青春,一边又使人看到勃勃而生的绿色去挣扎走完人生的旅程。心中太多的疑惑,使人们将头举向天空。天空中,风雨雷电,变幻莫测。人们便开始探索,开始感悟,开始有一种冲动,便是想通过今生的修炼而在来世登上白云去了解天堂的奥秘。如此,你就会明白,佛祖释迦牟尼,是如何从这条路上踏进中国的。

胡杨,是我平生所见最坚忍的树。能在零上四十摄氏度的烈日中娇艳,能在零下四十摄氏度的严寒中挺拔,不怕侵入骨髓的斑斑盐碱,不怕铺天盖地的层层风沙,他是神树,是生命的树,是不死的树。那种遇强则强、逆境奋起、一息尚存、绝不放弃的精神,使所有真正的男儿血脉贲张。霜风击倒,挣扎爬起,沙尘掩盖,奋力撑出。他们为精神而从容真赴义,他们为理念而慷慨而死。虽断臂折腰,仍死挺着那一副铁铮铮的风骨;虽伤痕累累,仍显现着那一股硬朗朗的本色。

胡杨,是我平生所见最无私的树。胡杨是挡在沙漠前的屏障,身后是城市,是村庄,是青山绿水,是喧闹的红尘世界,是并不了解他们的芸芸众生。身后的芸芸众生,是他们生下来活下去斗到底唯一意义。他们不在乎,他们并不期望人们知道他们,他们将一切浮华虚名让给了牡丹,让给了桃花,还给了所有稍纵即逝的奇花异草,而将这摧肝裂胆的风沙留给了自己。

胡杨,是我平生所见最包容的树。包容了天与地,包容了人与自然。胡杨林中,有梭梭、甘草,它们和谐共生。容与和,正是儒学的精髓。胡杨林是硕大无边的群体,是一荣俱荣一损俱损的团队,是典型的东方群体文明的构架。胡杨的根茎很长,穿透虚浮漂移的流沙,竟能深达二十米去寻找沙下的泥土,并深深根植于大地。如同我们中国人的心,每个细胞,每个枝干,每个叶瓣,无不流动着文明的血脉,使大中国连绵不息的文化,虽经无数风霜雪雨,仍然同根同种同文独秀于东方。

胡杨,是我平生所见最悲壮的树。胡杨生下来一千年不死,死了后一千年不倒,倒下去一千年不朽。这不是神话。无论是在塔里木还是在内蒙古额济纳旗,我都看见了大片壮阔无边的枯杨,它们生前为所挚爱的热土战斗到最后一刻,死后仍奇形怪状地挺立在战友与敌人之间,它们让战友落泪,它们让敌人尊敬,那亿万棵宁死不屈、双拳紧握的枯杨,似一个悲天悯人的冬天童话。看到它们,会让人想起无数中国古人的气节,一种凛凛然、士为知己者而死的气节。

当初,伍子胥劝夫差防备越国复仇,忠言逆耳,反遭谗杀,他死前的遗言竟是:把我的眼睛挖下来镶在城门上,我要看着敌军入城。他的话应验了。入城的敌军怀着深深的敬意重新厚葬了他与他的眼睛。此时,胡杨林中飘过的阵阵凄风,这凄风中指天画地的条条枝干,以及与这些枝干紧紧相连的凛凛风骨,正如一只只怒目圆睁的眼睛。眼里,是圣洁的心与叹息的泪。

胡杨并不孤独。在胡杨林前面生着一丛丛、一团团、茸茸的、淡淡的、柔柔的红柳。她们是胡杨的红颜知己。为了胡杨,为了胡杨的精神,为了与胡杨相同的理念,她们自愿守在最前方。她们面对着肆虐的狂沙,背倚着心爱的胡杨,一样地坚忍不退,一样地忍饥挨渴。这又使我想起远在天涯海角,与胡杨同一属种的兄弟,他们是红树林。与胡杨一样,它们生下来就注定要保卫海岸,注定要为身后的繁华人世而牺牲,注定要抛弃一切虚名俗利,注定长得俊美,生得高贵,活得清白,死得忠诚。

胡杨是当地人的生命。13世纪,蒙古人通过四个汗国征服了大半个世界,其中金帐汗国历史最长,统治俄罗斯三百多年。18世纪,俄罗斯复兴了,桀骜不驯的蒙古土尔扈特骑士们开始怀念东方。他们携家带口,万里迢迢回归祖国。这些兴高采烈的游子怎么也没想到"回乡的路是那么的漫长",哥萨克骑兵追杀的马刀,突来的瘟疫与浩瀚无边的荒沙,伴随着他们走进新疆,16万人死了10万。举目无亲的土尔扈特人掩埋了族人的尸体,含泪接受了中国皇帝的赐封,然后,搬入莽莽的胡杨林海。胡杨林收留了他们,就像永无抱怨的母亲。两百年后,他们在胡杨林中恢复了自尊,他们在胡杨林中繁衍了子孙,他们与美丽的胡杨融为一体。我见到了他们的后裔。他们爱喝酒,爱唱歌,更爱胡杨。在他们眼中,胡杨就是赋予他们母爱的祖国。

胡杨不能倒。因为人类不能倒,因为人类文明不能倒。胡杨曾孕育了整个西域文明。两千年前,西域为大片葱郁的胡杨覆盖,塔里木、罗布泊等水域得以长流不息,水草丰美,滋润出楼兰、龟兹等三十六国的西域文明。拓荒与征战,使水和文明一同消失在干涸的河床上;胡杨林外,滚滚的黄沙埋下了无数辉煌的古国,埋下了无数铁马金戈的好汉,埋下了无数富丽奢华的商旅,埋下了无知与浅薄,埋下了骄傲与尊严,埋下了伴它们一起倒下的枯杨。让胡杨不倒,其实并不需要人类付出什么。胡杨的生命本来就比人类早很多年。英雄有泪不轻弹,胡杨也有哭的时候,每逢烈日蒸熬,胡杨树身都会流出咸咸的泪,他们想求人类,将上苍原本赐给他们的那一点点水仍然留下。上苍每一滴怜悯的泪,只要洒在胡杨林入地即干的沙土上,就能化出漫天的甘露,就能化出沸腾的热血,就能化出清白的正气,就能让这批战士前仆后继地奔向前方,就能让他们继续屹立在那里奋勇杀敌。我看到塔里木与额济纳旗的河水在骤减,我听见上游的人们在拦水造坝围垦开发,我怕他们忘记曾经呵护他们爷爷的胡杨,我担心他们子孙会重温那荒漠残城的噩梦。

身后的人们用泥土塑成一个个偶像放在庙堂里焚香膜拜,然后再将真正神圣的他们砍下来烧柴。短短几十年,因过度围海养殖与乱砍滥伐,中国4.2万公顷的红树林已变成1.4万公顷。为此,红树哭了,赤潮来了。

我站在这孑然凄立的胡杨林中,我祈求上苍的泪,哪怕仅仅一滴;我祈求胡杨、红柳与红树,请他们再坚持一会儿,哪怕几十年;我祈求所有饱食终日的人们背着行囊在大漠中静静地走走,哪怕就三天。我想哭,想为那些仍继续拼搏的战士而哭,想为倒下去的伤者而哭,想为那死而不朽的精神而哭,想让更多的人在这片胡杨林中都好好地哭上一哭,也许这些苦涩的泪水能化成蒙蒙细雨再救活几株胡杨。然而我不会哭。因为这不是英雄末路的悲怆,更不是传教士的无奈,胡杨还在,胡杨的精神还在,生命还在,苍天还在,苍天的眼睛还在。那些伤者将被疗治,那些死者将被祭奠,那些来者将被激励。

直到某日,被感动的上苍猛然看到这一大片美丽忠直、遍体鳞伤的树种问:你们是谁? 猎猎西风中有无数声音回答:我是胡杨。

写于2004年秋

感恩心语

昔日的楼兰古国如今已成为不毛之地,那里留存至今的只有在沙漠之中傲然挺立的胡杨。它们见证了昔日沙漠中辉煌的古国和丝绸之路,也目睹了那个时代渐渐衰落的过程。胡杨就像一位隐者,它孤独、坚韧、悲壮,它粗壮而充满裂痕的身躯在烈日中守卫着那片寂寞如海的沙漠。它顽强的生命力,和它不屈不挠的抗争精神,以及在极端恶劣的生存环境里延续生命的能力是一种超出想象的顽强精神伸展着的骨骼,它像战士一样用生命筑成抗击沙漠的壁垒,为人类坚守最后的绿洲。这种伟大的品格没有任何一种树木能与其相比。

黑色郁金香

彭丹青　编译

闻名海外的荷兰威尔兹家族世世代代以种植郁金香为生,到阿诺德这一代已有几个世纪的历史了。他们有着非常成功的郁金香培育经验,培育出的郁金香球茎在整个欧洲和海外市场都很受欢迎。由于培育郁金香需要很多人力,威尔兹家族的郁金香生意也为德克瑞村的村民们提供了很多工作岗位。但是战争爆发后,一切都被迫停止了。

冬天里,动物躲藏起来了,植物也很少。好心的阿诺德把他种植的几乎所有的郁金香球茎都捐出来,给村民们充饥。他只把极稀有的黑色郁金香的球茎小心地保留了下来。多年来,阿诺德一直在尝试培育黑色郁金香,还没有哪一个园艺师成功培植出黑色郁金香,而阿诺德已经培植出了一种深紫色的郁金香球茎,离成功只有咫尺之遥。

阿诺德小心地保护着这些为数不多的球茎,避免它们被饥饿的村民偷去充饥,至于家人更是严禁靠近郁金香。这些球茎顶多只能做成一顿没有油水的粗饭,而吃掉它们会毁了战后的家园重建和家族生意的延续。德军就要完蛋了,这一点阿诺德看得十分清楚。

终于有一天,荷兰电台的播音员用洪亮的嗓音宣布战争结束了。人们欢呼雀跃。但是,他们高兴得太早了。阿诺德看着村子里一群群面色苍白、骨瘦如柴的孩子们,意识到战争遗留下来的贫穷将会接踵而至,饥饿还将持续相当长的一段时间。他犯难了,不知道是否该把那些珍贵的黑色郁金香球茎也分给孩子们充饥,因为这样总比被德国士兵们抢去的要好。在忧郁和苦恼中沉思了几个小时之后,他终于做出了决定。黄昏时分,他抓起一把铁锹,走进种植着郁金香的花园。7岁的贝莎正在花园里玩耍,她看见父亲走进花园,显得很激动。贝莎的小脸蛋憋得通红:"爸爸,爸爸,我……告诉你……"正在此时,阿诺德看见一队喝得醉醺醺的德国兵一边沿路打劫一边朝着他们这边走来。阿诺德当机立断,他低声告诉贝莎,快点跑到屋子里躲起来,然后阿诺德开始疯狂地在地上挖他的郁金香球茎。但是,他的铁锹一次又一次地挖空,他来迟了,有人已经把他窖藏的黑色郁金香球茎都偷走了。

悲伤和愤怒使阿诺德无视眼前的一切危险,他像一头狮子,怒吼一声冲出花园,冲上街喊道:"谁? 是谁偷走了我的郁金香球茎?"一直躲在门后注视外面动静的贝莎尖叫了一声,跟着跑了出来,她想阻止父亲的疯狂举动,但是已经迟了,还没等她跑到父亲跟前,一个德国士兵已经举起了手枪,开枪击中了阿诺德。很明显,虽然德国已经在投降书上签了字,但是,在此之前颁布的宵禁令在法律上仍然有效,而愤怒的阿诺德违反了它。

所幸那一枪未击中要害,阿诺德挺过了最初的危险期,他的伤势逐渐好转,慢慢能下床了。他坐到窗边,默默地望着曾经栽过许多郁金香的花园,他后悔,为什么没能早点把最后那些郁金香球茎也挖出来给人们充饥呢?

天气变暖时,阿诺德能走到外面坐坐了,贝莎寸步不离地待在父亲身边,无微不至地照顾父亲的饮食起居。战前贝莎是个活泼快乐的小女孩,但现在她变得很沉默,她很少离开父亲去跟小伙伴们玩耍。为了安慰消沉的父亲,她会指着隔壁邻居家被炸毁的房子说:"我们家仍然是完整的,我们的头顶上还有可供遮风避雨的屋顶。"贝莎说得对,这之后阿诺德经常看着周边那些废墟,提醒自己:"我们现在是多么的幸运啊!"

一天,他忽然注意到从那些破碎的砖头瓦砾中间冒出了嫩绿的芽。他大声叫着贝莎,要她来看这些嫩绿的叶子。贝莎一改往日的平静,她激动地用手指着那些嫩绿的叶子,抽泣着告诉父亲,他牵挂在怀的黑色郁金香球茎发芽了！阿诺德惊奇地看着女儿，一时间不能明白这是怎么一回事。

原来在父亲遭枪击的那天，贝莎一直待在花园里玩，这时一个德国士兵向她走来，友善地向她自我介绍："我叫卡尔·万耶，是驻扎在附近的士兵。"他告诉贝莎，在他德国老家的花园里也种植着由威尔兹家族培育出来的郁金香球茎，他深知它们的价值。当他看到阿诺德将郁金香球茎捐出来给村里人充饥时，他注意到里面没有珍贵的黑郁金香球茎，他猜想阿诺德一定把那些球茎珍藏起来了。因此当他知道有一队德国士兵正在这一带打劫时，便立即赶过来向花园里的贝莎发出警告，催促她赶快将那些黑郁金香球茎从花园里移走。他要求贝莎不要跟任何人提起这件事和他的名字，否则他会因此而被送交军事法庭审判。

这时街上传来了德国士兵的叫骂声，卡尔连忙跑开了。贝莎来不及通知父亲，她用双手从泥土里挖出那些郁金香球茎，并把它们埋入了邻居家的废墟中。

当她翻过篱笆回到自己家的花园时，父亲正在翻找那些郁金香球茎，贝莎想告诉父亲她已把郁金香球茎移走了，但未等她开口，父亲已经怒吼着冲到街上去了。

在阿诺德养伤的那段时间里，威尔兹家族无法预料这个家族的顶梁柱能否战胜枪伤生存下来。当父亲的病情开始好转时，贝莎曾去邻居家的废墟里寻找那些郁金香球茎，她很清楚，如果父亲看到这些球茎，身体会恢复得更快。她翻过篱笆，看到的景象却让她感到绝望，一堵在风雪中倒塌的墙壁正好压在她埋郁金香球茎的地方。那堵破碎倾颓的墙壁，一个大人都挪不动，何况贝莎呢。贝莎心里充满悲伤，她决定不把这件不幸的事告诉父亲。

然而，让贝莎没有想到的是，在暖春阳光的照耀下，墙缝里的冰融化了，墙壁逐渐开裂，郁金香球茎从墙缝中长出了嫩芽，挺身在春风中摇曳，就像阿诺德挺过了生死关一样。

那些珍贵的郁金香球茎让阿诺德重新开创了新的生活，给战后复苏期的德克瑞村带来了可观的经济收入。郁金香的重新发芽和阿诺德的康复使人们相信，不管经历了多大的苦难，世上仍然会有快乐；不管经历了多少危难，人间仍然会有新的生活；不管德国法西斯多么嚣张，春风仍然会吹散欧洲天空的阴霾。就在那些幸存的郁金香从废墟中破土重生，开出娇艳的花朵的同时，荷兰获得了新生。

战后，威尔兹家族开始寻找卡尔·万耶的下落，但一直未果。第二年，当贝莎的弟弟出生时，威尔兹家族终于找到了一个纪念他们恩人的好办法，

他们将孩子取名为"卡瑞尔"，也就是德语"卡尔"的意思。

❦ 感恩心语 ❦

黑色郁金香是世界上的稀有名贵花种，也是阿诺德一家生活的来源。但是，战争却破坏了一切，让原本幸福的家庭变得无家可归，让原本生活殷实的人们面临饥饿的威胁。善心的阿诺德不断地把他家的郁金香球茎匀给周围饥饿的孩子来充饥，唯有黑色郁金香的球茎他没有拿出来，而是深埋在自家的花园内，因为，如果拿出来吃掉，就预示着黑色郁金香的灭绝。但是，为了怕被溃败的德军打劫去，他还是决定把黑色郁金香的球茎挖出来，分给孩子们。但是，那些球茎却奇怪地不见了，阿诺德自己也遭到了德军的枪伤。然而，战争的无情掩盖不了人们对美好事物的共同追求，德国士兵卡尔的家就种植着由威尔兹家族培育出来的郁金香，他知道黑色郁金香的珍贵，冒着被送上军事法庭的危险，和贝莎一起成功地保存下了黑色郁金香的球茎。春天，黑色郁金香在战争的废墟上生机勃勃。

可见，战争摧毁不了美好的事物，环境再残酷，希望也会在春天里萌芽。

美国"黑风暴"

许辉

1870 年以前,美国南部大平原地区是一个生机勃勃的草原世界。那时,扎根极深的野草覆盖着整个大平原,这里土壤肥沃,畜牧业发达,一片人与自然和谐共处的景象。1870 年后,美国政府先后制定多项法律,鼓励开发大平原。尤其是一战爆发后,受世界小麦价格飙升的影响,南部大平原进入了"大垦荒"时期,农场主纷纷毁掉草原,种上小麦。经过几十年发展,大平原从草原世界变为"美国粮仓"。但与此同时,这里的自然植被遭到严重破坏,表土裸露在狂风之下。

进入 20 世纪 30 年代,美国经历了一次百年不遇的严重干旱,南部大平原风调雨顺的日子彻底结束,一场场大灾难随之而来。

1934 年 5 月 12 日,一场巨大的"黑风暴"席卷了美国东部的广阔地区。沙尘暴从南部平原刮起,形成一个东西长 2400 公里、南北宽 1500 公里、高 3.2 公里的巨大的移动尘土带。狂风卷着尘土,遮天蔽日,横扫中东部。尘土甚至落到了距离美国东海岸 800 公里、航行在大西洋中的船只上。风暴持续了整整三天,掠过美国三分之二的土地,刮走 3 亿多吨沙土,半个美国被铺上了一层沙尘。仅芝加哥一地的积尘就达 1200 万吨。风暴过后,清洁工为堪萨斯州道奇城的 227 户人家清扫了阁楼,从每户阁楼上扫出的尘土平均有 2 吨多。

1935 年春天,一场沙尘暴再次震惊了美国。从三月份开始,南部大平原上开始大风呼啸、飞沙走石。大风刮了整整 27 个昼夜,3000 多万亩麦田被掩埋在了沙土中。4 月 14 日是星期天,这天对于俄克拉荷马州盖蒙城的居民来说却是不堪回首的"黑色星期天"。在沙尘飞舞数周后,盖蒙城的人们终于欣喜地看到太阳出来了。大家纷纷走出家门,或在蓝天下沐浴阳光,或上教堂做礼拜,或出门野营。但到了下午时分,气温骤然下降,成千上万只鸟黑压压地从人们头顶飞过,划破了天空的寂静。突然,一股沙尘"黑云"涌出地平线,急速翻滚而来。行进中的汽车被迫停下,在自家庭院里的居民只好摸着台阶进门,行人则急忙寻找藏身之地,很多人因一时找不到藏身地,只好原地坐下,沙尘中他们感觉如同有人拿大铁锹往脸上扬沙一般。大风吹了四个多小时才渐渐减弱,有人就这样在漆黑中煎熬了四个多小时,心中默默祈祷,时时担心会因窒息而死亡。后来,人们回忆起那段经历时仍不寒而栗,"我们整天与沙尘生活在一起,吸着灰气,吃着尘埃,看着沙尘剥夺我们的财富。世界上没有一只车灯可以照亮黝黑的空气,诗情画意般的春天变成了古代传说中的幽灵,噩梦变成了现实。"

在持续十年的沙尘暴中,整个美国有数百万公顷的农田被毁,牲畜大批渴死或呛死,风疹、咽炎、肺炎等疾病蔓延。沙尘暴还引发了美国历史上最大的一次"生态移民"潮。

到 1940 年,大平原的很多城镇几乎成了荒无人烟的空城,总计有 250 万人口外迁。当时,在南部诸州的交通干道上,人们时常看到被沙尘暴扫地出门的移民大军浩浩荡荡地向加利福尼亚进发。一本当时的畅销小说这样写道:"无数的人们,有坐汽车的,有乘马车的,无家可归,饥寒交迫;2 万、5 万、10 万、20 万逃难者翻山越岭,像慌慌张张的蚂蚁群,跑来跑去;地上任何东西都成了果腹的食物。"

由于加州接受能力有限,当地政府不断派人劝阻移民们去往别处。但是逃难者根本不听劝告。加州政府不得不动用警察,在州界充当人墙,不让移民进入。即便如此,移民们仍是蜂拥而至。

美国的一些有识之士很早就认识到沙尘暴的严重危害。20 世纪 30 年代初,美国"土壤保持之父"贝纳特就曾经领导了一场颇具规模的"积极保持土壤"运动。由于当时美国深陷经济大萧条中,沙尘暴并未引起广泛注意,国会根本不理睬他的建议。1935年4月,贝纳特参加国会听证会时,适逢南部平原发生"黑色星期天",经历了这场沙尘暴噩梦后,议员们终于清醒了过来。在贝纳特的推动下,国会很快通过了《水土保持法》,以立法的形式将大量土地退耕还草,划为国家公园保护了起来。

时任美国总统的富兰克林·罗斯福也很重视治理沙尘暴,他招募了大批志愿者到国家林区开沟挖渠、修建水库、植树造林,每人每月报酬三十美元。1933～1939年,至少有300万人参加了这一计划。这项措施既帮助失业者解决了就业问题,又种了无数棵树,营造了防风林带,为缚住沙尘暴立下汗马功劳。到1938年,南部65%的土壤已被固定住。第二年,农民们终于迎来了久盼的大雨,大平原地区的沙尘暴天气开始逐渐好转,美国人在与沙尘暴的战争中终于获得初步胜利。

感恩心语

最近几年,沙尘暴"光临"我们的次数越来越多,这无外乎是人类对自然过度索取的结果。草地、森林是地球的外衣,它们把地球的土壤牢牢覆盖在自己的身体下,保护着地球的土壤。但是人类却为了满足自己一时的利益,不惜砍伐了生长了上百年的森林,大量放牧导致草原沙漠化。要想让森林恢复从前那样的茂密,草原生长得像从前那样浓密,恐怕需要几十年甚至上百年的时间。

在这段时间里,我们不得不对自己造成的后果负责,沙尘暴既是自然对自己的报复,又是对我们的警示。它让我们重新认识了人与自然的关系,这种关系并不是索取的关系,而是两者应该如何和谐相处的关系。它让我们及时对自己产下的恶果采取弥补措施,退耕还林,退耕还草,也让我们对保护环境有了更加深刻的认识,只有人类和自然和谐相处,我们生活的家园才会越来越美好。

圣诞快乐

曾庆宁

爱是我们离开的时候唯一能带走的,它让结果变得如此简单。

"我永远不会忘记你。"老人说道,一滴清泪从他布满皱纹的脸上滑落,"我越来越老了,再也不能照顾好你了。"

杜比看着自己的老主人,把头摆到了旁边。"汪汪,汪汪! 汪汪,汪汪!"他左右摇晃了几下尾巴,感觉很纳闷:"主人在说什么呢?"

"我连自己都照顾不了了,更别说照顾你了,宝贝。"老人清了清嗓子说道。他从荷包里取出一张手绢,狠狠地擤了擤鼻涕。

"很快,我就会去一家老人院。我很抱歉地告诉你,你不可以跟我去。你不知道。他们那里不许养狗的。"老人蹒跚着来到杜比身旁,艰难地弯下腰,用手轻轻抚摸他的额头。

"别担心,我的老朋友。我们会找到一个家的。我一定会给你找到一个漂亮的新家。"他若有所思地补充道,"为什么呢? 你长得那么好看,任何人都会因为拥有你这么好的一条狗而骄傲。"

杜比使劲摇着尾巴,在厨房地板上走来走去。过了一会儿,老人身上熟悉的麝香味道和食盘上的肉味让他精神振奋。可是,过了一会儿,一种莫名的忧伤再次袭来。他的尾巴耷拉在了两腿之间,他安静地站住,他知道今天会发生什么事。

"过来这里。"老人缓缓地蹲下,满怀爱意地把杜比牵到跟前。他将一个扎着大朵红蝴蝶结的缎带绕在杜比头上,接着,在上面贴了一张便签。"那上面写了些什么呢?"杜比嘀咕道。

"上面写着,"老人大声念道,"圣诞节快乐!我的名字叫杜比。我早餐喜欢吃熏肉和鸡蛋,当然玉米片也行;中餐,我喜欢吃捣碎的土豆和一些肉,就这么多了。我每天只吃两顿饭。作为对您慷慨的回报,我将成为您最忠实的朋友。"

"汪,汪!汪,汪!"杜比被主人异常的行动弄糊涂了,他用哀求的眼神望着主人,"到底发生什么事了?"

老人再次擦了擦鼻涕,接着他用手紧紧抓住椅背,将自己从地上拉了起来。他穿上外套,牵着狗脖子上的绳子,轻轻地说:"过来这边,我的朋友。"老人打开门,一阵凛冽的寒风迎面扑来。他来到门外,把狗从身后拽了出来。黄昏了,天色渐暗。杜比往后拽绳子,他不愿意离开这个熟悉的地方。

"杜比,不要为难我。我向你保证,我会给你找到更好的人家,让你生活得更好。"

长长的街道上,人烟稀少。迎着寒风,老人和他的狗向前走去。此时,天上开始飘下雪花。

走了好长一段时间,他们来到了一座维多利亚风格的房子前。美丽的房子被高大的树木包围着,大树在风中摇曳,发出嗡嗡的声音。它们在风中一边颤抖,一边评价着这座房子。闪烁的灯光装饰着房间的每扇窗户,一阵风吹来,风中夹杂着从屋内隐隐约约传出的圣诞音乐。

"这是一个漂亮的家。"老人喘着气说。他弯下腰,解开了狗脖子头上系着的绳索,为了不发出大的响动,他轻轻推开了房子庭院的竹篱门。"孩子,去吧。上台阶,去门口,用爪子挠门。"

杜比走进院子,往房子那边看了看,又转过身,回到主人身边。他不理解正在发生什么。"呜,呜,呜!"他低声叫道。

"继续往前走啊。"老人推了狗一把。"我对于你来说,再也没用了。"他用粗哑的嗓音说道,"你赶紧给我走!"

杜比有些受伤的感觉。主人从来没有这样对待过他。他想,主人再也不爱他了,不要他了。他不知道,老人是多么的爱他,可是却无力养活他。慢慢地,杜比三步一回头地向那个漂亮的房子走去。他用爪子开始挠门,"汪,汪!汪,汪!"

有人把门打开了,此刻,他回头看,看到主人将身子隐藏在了一棵大树后。一个小男孩从屋内走出,温暖的灯光从门口射出。当小男孩看到杜比的时候,他高兴得手舞足蹈:"哦,天哪!爸爸,妈妈,快来看啊,看看圣诞老人给我们带来了什么!"

透过朦胧的眼泪,老人从树背后看到小男孩的母亲阅读那张便签。读完后,她温柔地把杜比牵进屋。老人笑了,他用冰冷潮湿的袖角擦了擦眼睛,随后消失在茫茫的夜色中。他在口中轻轻地念道:"圣诞节快乐,我的朋友。"

∽ 感恩心语 ∾

对于普通人而言,圣诞节是与朋友、家人分享爱与快乐的日子。这是一个充满爱与幸福的日子,但就在这一天,老人送走了他最为忠实的朋友,而杜比离开了心爱的主人。这难道不是爱的表现?杜比因为被送到了新的家庭拥有了新的开始,也会和新的主人过上满足而快乐的生活。

让自己的所爱得到幸福,这也许就是爱的真谛吧。

雨后,一支生命进行曲

佚名

雨水淅淅沥沥地落在沙原上,唤醒了一支生命进行曲。

灯香的种子,像许许多多碎粒的米星儿,蜷伏在扁圆的像蚌壳的种皮里。在热沙的蒸烤下,发出高热的谵语，做着怪诞的噩梦。忽然，从那细密的沙的缝隙中透进来一股潮气，它们便立刻像惊蛰的虫儿蠕动起来，撑破了种皮，像一个个小小的蝌蚪，尾巴朝上倒游着，你追我赶地钻出地面，用两枚触须般的细叶，感受着新的世界的快乐和神奇。过了一夜，人们登上沙丘领略宜人的凉爽，他们起初觉得这里还和从前一模一样。这大漠上的先锋植物，就是利用这点偶尔降落的潮气般的生命之羹，抓紧时间生根发芽，开花结果，迅速地把光秃秃的沙丘变成它们的世界，在很短的时间内走完自己壮丽的一生；而后，又把不死的种子留在像死了的沙丘表层，等待下一年的清风细雨伴它创作童话。

青蛙，这天的知音，雨的灵虫。平时不闻其声，不见其形，人们都以为它们不是这朔方大漠的公民。随着一场大雨，它们便突然大声疾呼地、气势磅礴地宣布了自己的存在，沙原之夜被它们据为己有。而它们的歌声，就以一种先知先觉的敏感和嘹亮，成了对于沙原所有生命和爱情的鼓舞。它们本身，也是利用这歌声作为求偶的红媒，在这儿度过了它们喧闹而幸福的"蜜夜"。第二天，在凹地上新积成的水塘里，我们已经可以看到它们产了许多胶质的黑色的卵，横七竖八地网罩着水面。我不懂自然界的音乐，但我觉得它们绘的一定是生命的五线谱。侧耳倾听，也许这些黑色的音符已经在发着美妙的潜音，继而变成了蝌蚪。它们还来不及把那条鱼的尾巴丢在水里，就急切地爬出水面，"呱哇呱哇"，生命的交响乐真正开始了。

鱼虱、孑孓一类不起眼的小东西，竟然也在这水里繁衍起来了，成群结队地翻上翻下，尽情享受它们应有的那一份自由。蜻蜓画着圆弧飞过水面，透明的双翼在艳阳下闪闪发光。它那两个圆弧相交的地方点到了水面，水面轻轻地泛起一纹细碎的涟漪。你不要小看这个涟漪，在蚋蚁世界它是一个轩然大波，因为随着这一点一波，它们之中已经少了一个同类。蜻蜓正这么专心致志地捕捉，一只紫燕"嗖"地擦着水面飞来，把蜻蜓叼在嘴里，去喂它的宝宝。阳光下，似乎还能看到蜻蜓在燕子嘴里挣扎。这是一支特殊的生命进行曲，生命进行曲的变奏。

并不是所有的生物都喜欢雨，瞧那棵醉马草，它在酷热的旱天长得青葱繁茂，现在却垂头丧气，一种不祥的预感笼罩着它的身心。它的根已经被雨水沤烂，浑身浮肿霉烂，最后终于瘫在土里，成了别的植物的养料。雨，这万能的魔术师，正在飞快地调换着沙原的物种，创造着一个个伟大的奇迹。仿佛经过一系列变奏和转换，生命进行曲演奏得更加高亢了。

牧民们都忙碌起来，奶子一桶一桶地挤，酥油一缸一缸地捣。女人们捣一阵奶子，伸直腰撩起一绺被汗水沾在额上的头发，露出鲜花似的一张笑脸，仿佛她们的快乐完全是由忙碌而带来的。假如没雨，草原可以一直干涸到母羊的乳腺，而这种不正常的清闲是十分可怕的。

雨后的草原上，到处奏响一支生命进行曲。

感恩心语

雨是世间万物一切生命之源。因为有了雨，灯香的种子，你追我赶地钻出地面，用两枚触须般的细叶，感受着新的世界的快乐和神奇。因为有了雨，青蛙在池塘里大声疾呼地、气势磅礴地宣布了自己的存在。因为有了雨，一些不起眼的小生物，也在这水里繁衍起来了。因为有了雨，牧民们都忙碌起来，奶子一桶一桶地挤，酥油一缸一缸地捣。因为有了雨，世间就充满了生机与活力。雨，看似微不足道，却有着如此神奇的魔力，它滋润着世间万物。

雨，对于我们来讲，意味着富裕与快乐，它让大地上的一切都变得欣欣向荣，弹跳而起的水花变成了人们那一张张笑脸。它还意味着万物复苏，意味着希望，也意味着生命的源泉。人们，行走在自己的脚步里，在心田里走过四季，也同样需要这样的雨浇灌心田，有了雨的浇灌，人们的心田才不会干涸，生命才会萌发出勃勃生机。

动物的天堂

杨修文

英国人喜欢动物是很有名的,我在英国居住了一段时间,真实地感受到英国是动物的天堂。

伦敦著名的鸽子广场,数以万计的鸽子,很是壮观。远看在广场上空盘旋的鸽子,就像是一片片低垂、移动的云;近看在广场上散步觅食的鸽子,则像微风中湖面漂荡的浮萍。游人走近,它们立刻就围拢过来,落在游人的身上,表示友好,并歪着头睁圆眼睛看你是否有食物。不少游客把食物放在两手中,两臂伸平,那就立即变成了"鸽人",身上能站立的地方都站满了鸽子,实在没有地方了,后到的鸽子就会把爪子挤进去,身体来一个"倒挂金钟"。鸽子一个个都昂头挺胸以主人的身份自居,鸽子不怕人,倒是人要小心翼翼,生怕踩伤了鸽子。

英国的鸽子很多,在任何一个地方都受到人们的爱护和保护。我住的地方有一个街心花园,有许多鸽子在那里栖息。它们对人是绝对的信任,我轻轻抚摸它们,它们并不害怕,也不走开。就像是这一带居民共同的孩子,附近的居民每天都自发去给鸽子喂食。有一位八十多岁的寡居老奶奶,已是满头的白发,她身着鲜艳的红裙,每天都一手拄着拐杖,一手提着面包来喂鸽子,不管刮风下雨从不间断。鸽子的眼睛能看很远,只要老奶奶一出家门,鸽子就会成群地在她的上空聚集,或簇拥在她的身旁,一同到公园,吃食嬉戏。这成了这个公园最为亮丽的一道风景。

我住的屋后不远,有一条清清的小河,有几十只野鸭子在水面上自由自在地游荡。附近的居民谁有工夫谁就来喂它们,以孩子们居多。喂鸭子也成了我经常做的事情,因为我喜欢看着它们在我身边游来游去,看它们疯抢面包。它们还会爬上岸来,围着我大摇大摆地转来转去,它们是那样地信任人,因为它们从未遭到过人类的伤害。

英国是一个临海的国家,海岸线很长,所以海鸥很多。游人走近,它们就会追着你走,跟你要食物。我还是第一次这么近距离地看这些美丽可爱的小东西。记得有一次我们带的食物不多,我们准备要走了,车子已发动了,海鸥还跟着我们恋恋不舍,有一只海鸥竟然飞到汽车上,隔着挡风玻璃向里面张望。

在英国所有动物的礼遇都是相同的,小动物们一般都是不怕人的,它们也乐得与人为友。松鼠,这个长着蓬松大尾巴的小精灵,我以前只是从书本和电影电视中认识和见到过它。而在英国,到处可以见到它们的身影,在林间散步,快乐敏捷的松鼠就在你身边蹦来蹦去。还经常不请自到地跑到居民的院子里,我就经常在二楼的书房里看到松鼠在后花园里玩耍。当你走近它时,它才会走开。

而猫和狗与人的关系就更亲近了。我经常看到有一对老夫妻,在夕阳中他们牵着六只戴着铃铛的猫在散步,其中有一只猫是个瞎子,磕磕绊绊地走不好,夫妻俩就轮流抱着它,大概是怕它孤独吧,还不时和它说着话。老人和猫,相依相伴是那么和谐与自然,令人感动。我们那个街区还有一只戴着项链的大花猫,它已经很老了,动作迟缓,而且经常喜欢卧在马路中央眯着眼睛晒太阳。过路的司机从未厌烦和伤害过它,都是耐心地停下车来,把它抱到路边。有一次它又睡到了马路上,我轻轻地抱起它,让我惊讶的是,它的脖子上拴的竟是一条精致的纯金项链,上面还挂着一个金牌,刻着家庭住址。而有无数的人抱过它,他们肯定都见到了这条项链,可竟然没有一个人把它拿走。

狗在英国大概是最受人们喜爱的动物了,养狗的人很多。人们把狗当成了家庭的重要成员,从它们那梳理得整洁精致的皮毛,彬彬有礼的气质上,就可以看出主人对它们的爱护和教育。狗一般都是和家人一起活动的，我的邻居家养了两只狗，猎犬叫约翰，那只满身卷毛的狮子狗叫杰克。它们每天早上都同爸爸一道开车把两个孩子送去学校，约翰把书包叼到车上，等孩子们上车后，它就习惯而严肃地坐在副驾驶的位置上。晚上放学后和孩子们一起玩游戏。周末是它们最高兴的日子，全家要一同开车出去旅游，约翰和杰克兴奋地跑来跑去，还不停地帮助妈妈把旅游物品叼到车上。妈妈拍拍它们的头作为鼓励，它们就会摇头摆尾地兴奋不已。英国人在遛狗时每人手中都会提一个塑料袋，那是用来装狗的粪便的，无论有没有人看到，他们都会自觉地把狗的粪便装在塑料袋里，丢进垃圾箱。

我们邻居有一只狗不幸死去了，狗的主人哭得伤心欲绝。埋葬的那天，附近的居民都自发地带着自己的狗来参加葬礼。狗的主人把它葬在后花园，大家还为这只狗做了虔诚的祈祷。那个场面着实令人感动。

英国有个很有趣的现象：超市里的物品极为丰富，可肉类柜台相对比较单调，翻来覆去就是猪肉牛肉羊肉和鸡肉，吃狗肉、鸽子等都是违法的。在一次朋友聚会时，一位英国朋友小心翼翼地问我，中国人为什么喜欢吃那么多动物的肉，它们很好吃吗？可它们是人类的朋友呀。我没有回答她，因为我不知道该怎样回答她。

我们距离动物天堂的路途还很遥远，但是我们已经启程在路上了。

❧ 感恩心语 ❧

美丽的大自然、绿色的地球和森林，不仅需要人类的保护，也离不开人类的朋友——动物的保护，我们要爱护和保护它们，这样我们生存的环境，才能永远保持和谐美好。

英国是动物的天堂，希望有一天，我们的国家也能够成为动物成长的乐园。真希望有一天，人类和动物能和平共处，一起为保护自己的家园而战。天空蓝蓝的，大海绿绿的，云朵白白的，空气十分清新，花草树木散发着淡淡的清香，人类和动物成为一家人。

生命守护神

佚名

对加拿大的休·霍夫曼女士来说，服务犬赛克就是她生命的守护神。

休从12岁时开始就饱受癫痫病折磨。那一年，她荡秋千时不慎摔到地上，造成了脑部的局部损伤。从此，癫痫病就一直伴随着她。休常常突然进入半昏迷状态，两眼瞪得大大的死盯着天空。同学们都把她当成怪物，总躲着她。幸运的是，22岁的时候，爱情不期而至。休嫁给了埃里克·霍夫曼。婚后的日子和和美美，3年后，休生下了他们可爱的女儿艾琳。两年后，儿子基思又呱呱坠地。也许是爱情与亲情的力量，婚后，癫痫病消失了，休过了10多年正常人的生活。

1986年圣诞之夜，当埃里克外出购物时，休的病突然发作了。当时只有6岁的艾琳赶忙拨打急救电话叫来了救护车。可医生无法控制休的病情，他们一度以为休熬不过当天晚上，最后不得已对她进行了全身麻醉，才抑制住休的痉挛。3周后，休终于闯过了鬼门关。接下来的几年，休一直依赖药物治疗，她的生活变得一团糟。她经常会在街上毫无知觉地游荡，莫名其妙地跑到别人家门口，人们时常会发现她倒在地上昏迷不醒。一次难堪的经历将休彻底击垮了。休到离家不远的商场购物时，癫痫突然发作。等她醒来，发现自己的手提包和购物袋都被偷走了。在家附近都不安全，以后还能去哪儿呢？曾经性格开朗的休对生活的信心动摇了，在悲愤中，她流着泪发誓从此闭门不出。

直到1990年12月，杂志上的一则服务犬广告才给她的生命带来了曙光。服务犬赛克成了她生命中的一部分,休也成了世界上第一个使用服务犬的癫痫患者。赛克的项圈上写着"服务犬"的字样,身上还有两个袋子,分别用来装休的皮夹和病历。休将犬链的一端扣在自己的腰带上,这样就可以和狗形影不离了。"它只是一只狗而已,真的能够保护我吗?"第一次带赛克出门,休的心紧张得怦怦直跳。走到十字路口时,赛克停了下来,按照训练的要求蹲在斑马线靠后一米的地方。直到休发出前进的命令时它才会过马路。这样,即使休在马路上病情发作,也不会被车撞到,因为她在发作时根本不能发出前进的命令。休放心了,开始相信赛克的能力了。

从此,休可以毫无顾忌地在室外行走,尽情沐浴明媚的阳光,呼吸新鲜的空气。赛克忠实地履行着它的职责,与休寸步不离。尽管这只小狮子狗也经常跟孩子们玩耍,但它绝对不会为了一个玩具跑离女主人的视线。赛克除了看护休之外,对什么都不关心,而且似乎干得还很开心,惹得埃里克"醋意大发",笑着说:"赛克可真够钟情的。"一天下午,休外出购物,当快到一个热闹的十字路口时,赛克像往常一样停,下了,但休还在继续往前走,差点被急速行驶的汽车撞倒,幸好被赛克及时拖了回来。被赛克拉回来以后,休就晕倒在路边——癫痫发作了。赛克跨骑在她身上,这是避免主人被抢劫的姿势。一位好心的妇女赶过来,为休叫来了救护车。她告诉休:"你差点被车撞了,是你的狗把你拉回来的。"事后,休兴奋地对埃里克说:"赛克绝对是我生命的守护神。"

1992 年 11 月 18 日,孩子们上学以后,休感到头很疼,接着就摔到地板上,失去了意识。她的四肢开始抽搐,如果不马上接受治疗,她很快就会没命。就在这时,赛克跑到起居室,按下墙上的圆形按钮接通了急救中心。几分钟后,医护人员赶来,休又一次得救了。还有一次是晚上,休打算洗个热水澡。正要迈进浴缸的时候,她突然感到癫痫发作了。她连忙大叫:"救命啊,埃里克!"赛克听到了休的呼救声,快速跑下楼,在厨房找到了埃里克。埃里克发现赛克和休不在一起,就一个箭步冲到浴室,把险些沉到水底的休从浴缸里拉了出来。

在休和赛克相处 7 个月后,更神奇的事发生了。一天,当休和赛克在附近的公园散步时,赛克突然停下来。"亲爱的,继续走啊。"休催促着。赛克极不情愿地站了起来,可还没走上几步,它又停了下来。这样反复几次,最后赛克任凭休怎样催促,绝不再移动。休很纳闷,赛克可从来没有这样不听话,无计可施的她也只好坐在它身边。很快,休的癫痫病又一次发作。天哪!休猛然醒悟,赛克似乎已经能预测到自己的病情了。从此,每次赛克行为反常的时候,要么不停地蹭她的腿,要么不肯听她的命令,休的癫痫病都会在 30 分钟内发作。发现赛克这一"魔力"之后,休有了充足的时间做好准备迎战病魔,每次总能化险为夷。

至今也没人能彻底搞明白赛克是如何预测主人病情的。有些研究人员认为癫痫发作时,人的气味、肢体语言或者说话方式会有所改变,而这种改变只有狗才能觉察出来。

可是上天却要把赛克从休的生活中夺走。1993 年圣诞前夜,霍夫曼一家到休的哥哥家度假。赛克变得没精打采,休没有太在意,以为这是旅途疲劳所致。晚餐开始时,休递给赛克一碗吃的,摸着它的脑袋亲切地说:"火鸡肉,你最爱吃的。"赛克却跑开了,一口也没有动。它懒洋洋地躺在角落里,耷拉着脑袋,失神地盯着休。圣诞节次日,赛克已病得抬不起头了。休和埃里克把它抱上车,急速送往兽医站。检查完后,兽医劳伦斯惋惜地告诉埃里克夫妇,赛克患有严重的肾衰竭,而这病对狗来说是致命的,无药可治。休哭泣着把赛克带回家,买来婴儿食品,用水稀释后,蹲在赛克旁边一口一口地喂它,希望能尽量延长赛克脆弱的生命。看到赛克还挣扎着跟着自己在厨房转来转去,休的心都要碎了。休把它的小窝搬到厨房,这样赛克不用起来就能看着休干活了。深夜,休被一阵呕吐声惊醒——赛克在不停地吐血,痛苦的目光停留在女主人惊恐的脸上,似乎在向休作最后的告别。

不,我绝不能让赛克就这样离开我!休放声痛哭,把赛克紧紧抱在怀里,连夜驱车到数百公里外的米西索加,抱着一线希望,去恳求已退休多年的美国著名兽医内科专家艾伦·诺利斯出手医治。休与赛克的感人经历深深地打动了艾伦和她的家人，艾伦当即为赛克做了详尽检查。第二天早上，艾伦带来了令休雀跃不已的好消息。赛克患的是早期爱迪生氏病，并不是肾衰竭，完全可以治愈。休每天都待在兽医院里，日夜照顾赛克，一天天看着它好起来。两周后，赛克又能活蹦乱跳地围着休转来转去、亲昵地舔着休的脚尖了。

1994 年 8 月，休登上演讲台深情地讲述了她与赛克的传奇故事，后来这篇演讲稿获得了加拿大全国写作大赛二等奖。她泪流满面地读道："这么多年来，这是我第一次以一个健康人的身份受到这么多人的注目。我要为这一切感谢赛克，是赛克给我的生命注入了新的力量，是赛克让我重新燃起了生活的希望。"台下的听众无不热泪盈眶，掌声久久不能平息。

如今，赛克已经到了服务犬退休的年龄了，但休舍不得让它离开自己。每当提起赛克，休总是激动地说："我实在无法想象没有赛克的生活。"说着，眼泪又涌出来，"赛克无数次把我从死亡边缘拉回来。它是我最好的朋友，我的守护神，也是我独立生活的信心所在。赛克在我心中的地位永远不会被取代……"

❧ 感恩心语 ❧

我们应该用怎样的词汇来赞美狗这种动物。它们可以是最忠诚的朋友，最友善的伴侣，是爱情的拯救者，是生命的守护神。用尽美好的词汇都不足以穷尽狗对人类所做出的无私的贡献。

骆驼泪

吴旭涛

狂风在荒漠呼啸，黄沙恣意飞扬。

十二天了，母骆驼没有找到一点食物，驼峰明显地瘪了。这渺无人烟的荒漠似乎没有尽头。它嗅不到一丝一毫水的清新之气，也未曾看到有绿洲的影子。都说骆驼是沙漠之舟，可现在连骆驼也感到一丝丝不祥，真的走不出去了吗？

十二天前，母骆驼离开了居住了很久的大沙漠，它是最后一个离开的，驼群老早就迁移去寻找新的家园了。大沙漠的环境越来越差了，没有食物，更找不到水源，连久居这里的骆驼们都受不了，纷纷离开。它是要给未出生的孩子找一个水草丰茂的好地方，让孩子一睁眼看到的是美丽的绿色，而不是那一望无际的茫茫大漠。三年前它曾到过一个叫意达林的草原，那里的天空湛蓝湛蓝的，云儿自在地游荡在空中，微风拂过去时，半人高的牧草如波浪般起伏，洁白的羊群若隐若现，银光闪闪的小河唱着欢乐的歌横穿过草原，让母骆驼陶醉。它暗暗想，以后一定要带自己的孩子来这里。

腹部隐隐传来阵痛，是孩子，它想出来了。母骆驼跪下来，头轻轻地甩甩，对腹中的孩子说："别急，很快就到意达林了，那是世界上最美的地方！"其实它自己也吃不准究竟到了什么地方，印象中意达林离大沙漠也没有多远，可现在走了十二天了，还没走出大漠，难道走错路了？这两天眼睛好疼，视线越来越模糊，常常只能看到黄乎乎的一片。不会是生病了吧。那可不好办。

母骆驼艰难地站起身，膝部却软软的，使不上劲，身子晃了两晃又瘫倒在黄沙上。耳畔响起了狂风呼啸声，母骆驼赶紧闭上双眼，要是让沙子打进眼里就糟了。母骆驼暗自庆幸自己有着双重睫毛的抵挡。狂风夹杂着大颗粒黄沙直扑它的面部，眼球一阵刺痛，它抽搐了两下，便昏了过去。

母骆驼是痛醒的，腹部袭来阵阵绞痛，小骆驼终于按捺不住要出来了，也许它是以为意达林到了吧。母骆驼睁开眼，可是黑乎乎的什么都看不见，只能感觉到有一丝极其微弱的光。它敏锐地感觉到它已经让黄沙打瞎了双眼，双重睫毛早在前十几天中就让风沙给磨损了，根本无法再起保护作用。

母骆驼无暇为自己悲哀，因小骆驼在腹中剧烈地踢腾，不久它就会出来，只要孩子平安无事，自己怎样都无所谓。一阵剧痛之后,母骆驼感觉到孩子已经脱离了自己,遗憾的是,孩子第一眼看到的仍是大漠风沙。

"站起来,孩子,快站起来!"母骆驼急切地对孩子呼唤。驼群有个规律,小骆驼一般在出生后半小时就可以站起来,如果超过三小时还站不起来,就意味着等待小骆驼的只有死亡,要是小骆驼死了,母骆驼就会不吃不喝,过不了几天也会随之而去。时间一分一秒地流逝,小骆驼一次又一次地尝试,一次又一次地挣扎着四肢,可是终究无法站立。半小时过去了,一小时过去了,三小时过去了,小骆驼始终站不起来。它又怎么站得起来,母骆驼怀它的时候,在荒漠中过的是饥一顿饱一顿的生活,而今又经历了十几天的长途跋涉,滴水未进,孩子营养不良,怎么有力气站起来?

母骆驼被一种莫名的恐惧包围着,它已经感受到了死神的脚步正在逼近,可这不是恐惧的原因。它现在已经不怕死亡了,小骆驼走了,可怜的刚出生就夭折的孩子,它来到人世只有三个半小时,还未曾见过绿色,死了都不甘啊。母骆驼知道自己很快就会去陪它,要给它讲绿色的故事,给它讲美丽的意达林。母骆驼终究没能搞懂是什么让它恐惧,就带着它对意达林的向往走了,眼角挂着一滴浑浊的泪。狂风起,泄洪般的沙流瞬时吞噬了它们的尸首,只在风起处留下那森森白骨,在黄沙的半掩埋中透着股悲凉。母骆驼永远也不会知道,就在它倒下不远处,一块大大的界碑上朝着沙漠这面有几个鲜红的字:意达林!那恐惧正是来自意达林,因为短短三年意达林已经变成了比大沙漠更大的沙漠。母骆驼终究算是圆了它带着孩子到意达林的梦想,只是绿色成了永远的梦。

感恩心语

母骆驼心中的意达林水草丰美、牛羊遍地,它想让自己的孩子降生在这片丰饶的土地上,而不是脚下这片荒无人烟、毫无生机的沙漠。它在一望无际的沙漠里走了十二天,始终没有放弃找到意达林的希望。为了心中的梦想,它挺住虚弱的身子,艰难地前行。最终孩子还是降生在这片沙漠里,小骆驼最终没有活下来。其实它们已经到达了那片曾经的意达林——一片比大沙漠更大的沙漠。

这就是自然对我们的惩罚,上一代种下的祸根,大自然就要下一代来承担恶果,如果人类不节制自己的行为,那么大自然会让我们身边的朋友越来越少,动物逐渐灭绝,植物逐渐枯萎,当地球上只剩下我们人类的时候,这个世界将会怎样的干枯无力、怎么会有欣欣向荣的明天呢?人类不能贪婪地连其他生物的生命都要剥夺,如果我们赶尽杀绝,迟早有一天,同样的命运也会降临到我们头上,我们将永远失去自己赖以生存的家园。

宠物

关键

常听到法国人说:"每天伺候家里的狗,真麻烦! 可不养不行啊,要让孩子从小学会爱动物呀!"我养过动物,知道那份辛苦,更知道失去宠物时的悲伤。我很佩服那些处处为后代着想的父母,可我并不认为养宠物就是爱动物的唯一表现。

人类养宠物不完全出于对动物的爱,主要还是出于对自己的爱,宠的不仅是动物,更是我们自己。因为我们需要动物的那种毫无条件的忠诚和依赖,这能给我们安全感和满足感。而最幸福的动物是生活在大自然里的,并不是生活在人家里的宠物。我甚至认为,一个真正爱动物的人是不会将它们关在家里当玩具的。

在美丽的花园洋房中有孩子和猫狗欢跳奔跑,那是一幅幸福的图景,无可非议。可是,西方社会有那么多以宠物为人生伴侣的人,他们实在不能算是幸福的人,他们的宠物也算不上幸福的动物。

每当我看到孤独的老人以狗为伴，终日跟狗对话，总感到那是一种凄凉的晚年生活。我还见过一些曾被人伤害过因此移情于动物的人，他们的生活几乎以宠物为中心，甚至把动物当孩子养，以显示其爱心之重；他们每日谈的话题总是猫儿狗儿，而且要求所有人都对他们的宠物大感兴趣，不然就指责别人缺乏爱心；每当别人谈孩子，他们就把话题转向猫儿狗儿，这样的感情错位实在可悲。

昨日，我在巴黎"战神广场"上目睹这样一幕：

一个男孩儿在踢球，一条巨大的西藏犬扑过来抢球，那家伙并无伤人之意，只是想玩儿。可它又高又大，全身黑毛，来势凶猛，男孩儿被吓坏了，大叫着跑起来，而那狗以为男孩儿跟它玩儿，奋力追赶。幸亏一位身高体壮的男人拦住了那狗，将它按在地上。再看那孩子，他在一个女人的怀里哭着，浑身剧烈地颤抖。这时狗的主人们过来了，那是一对很年轻的男女，一副玩世不恭的样子，他们竟然斥责那男人对狗太狠。他们的言行激怒了周围的人，大家七嘴八舌地批判起来："难道你们的狗比人家的孩子还重要吗？""你们没有权利放它自己乱跑！""是呀，这里是公众场所，不是你家的花园！"……那女的辩解道："它才一岁半，小狗呀，一条多温柔的狗，从不咬人，它就爱跟小孩玩儿。"那男的居然对小孩儿说："要是你不跑，它就不会追你！狗总是追怕它的人！"搂着孩子的女人火了，对他喊："你如果认为自己还属于人类，你就先替你的狗向我的孩子道歉！让一个孩子在他不认识的大狗面前表现出镇静自若，这也太强人所难了！"这时，一辆警车停在人群边，两个警察走过来，原来几分钟前有人打电话报警了！看着那一男一女狼狈不堪的样子，我又觉得他们有点儿可怜。也许他们不是坏人，只是无知而自私，这回说不定要为狗吃官司了！

邻居的小女孩儿很爱她的猫。一天，邮递员把汽车停在她家的门前，同她的父亲聊起天来，那只猫就在车轮边躺了下来。过了一会儿，邮递员要走了，在他启动汽车时，小女孩儿奋不顾身地扑到车轮前去救她的猫，她父亲吓坏了，失声大叫，邮递员停了车，面色也惨白。幸亏没有出事，孩子的父亲抱起她，过了好一会儿才说出话来："傻孩子，先要保护自己！你可比猫咪重要呀！"

我外出旅行时，常把女儿托付给一对农场主夫妇看管。他们已退休多年，不再靠经营农场生活，却保留了原来的生活习惯，养了马、牛、羊、鸡和兔子，家里还有果园和菜园，都是供自家食用的，另外也是个消遣。他们在家中办了托儿所，帮村里人看孩子。他们能教给孩子们许多城里人学不到的知识，比如，怎样给母牛挤奶，怎样进马棚而不被马蹄子踢伤，怎样与猫和狗交朋友，怎样喂兔子而不被咬手。作为农民，他们与动物的关系绝对不是主人与宠物的关系，动物对他们来说就像田地、树木和雨雪一样宝贵，是上天赐予人类的赖以生存的必需品。让孩子从小对动物有这样的态度，真是一件令人欣慰的事。

其实，动物生来不是为了给人当宠物的，它们的生存能力本来很强，它们赖以生存的并不是人类之爱，而是广阔的大自然。是的，大自然才是天下万物之母，如果人类善待她，那她就把我们当成她的宠物。也许，从我们开始拿别的生命当宠物那天起，我们自己就不再有资格做自然的宠物了。

感恩心语

热爱动物和喜爱宠物的区别在于，你是否将它们作为与你平等的生命看待。

宠物是主人的附庸，是被随意摆布的生命，是没有思考能力的木偶。当有一天主人厌倦了它们，它们的生命似乎便变得没有意义。不管是年轻男女为自己的西藏犬作辩解，而忽略了小男孩和其他人的安全和感受，还是小女孩为了救心爱的猫，而差点丧生于车轮之下，他们都忽略了动物自身所具有的特点——保护自己的能力。他们仅仅是将动物们作为宠物对待。

人与动物的相处，更应该建立在平等的基础之上。要把动物当作同样有智慧和情感的生命。它们会渴望爱和友谊，也可能对我们造成伤害。所以要先学会保护自己不受到它们的伤害，你才能进而去爱它们。它们或许会为你排解孤单和寂寞，会给你带来欢乐，但它们绝不是为此而存在。因为动物的主人是它们自己，而并非任何人。

加布林鲨鱼的悲情母爱

约翰逊

约翰逊,美国海洋协会的会员。2004年春天,他和同事吉拉在参加一次海洋考察时,意外地遭遇了一大一小两条加布林鲨鱼。当他们捕捉了那条幼鲨时,母鲨锲而不舍地浴血营救爱子,在发现幼鲨已经死亡后,母鲨更是以惨烈的自爆方式向人类诠释了一种来自动物之间的悲情母爱。

那是四月一个晴朗的星期三,我们一行12人进入了一艘性能优异的潜水艇,开始了我们的大西洋海底之旅,带队的人是50岁的弗吉尼亚大学的生物教授戴蒙先生,他热情而健谈,对海洋生物的研究非常广泛,几乎对每一种海底生物的生活习性和特点都如数家珍。

大西洋的海洋资源非常丰富,在潜水艇经过的地方,我们能够看到成群的鲱鱼、鳕鱼和丑陋的毛鳞鱼游过,螯虾以及各种藻类也不时地映入眼帘。

就在这时,我忽然发现窗口右侧的鱼群忽然四散逃去,一瞬间那些小鱼就都不见了踪影。接着一大一小两个阴影游了过来。天啊,那是什么样的鱼,灰色的闪着金属光泽的鱼皮,长相非常丑陋凶狠,鼻吻比凶猛残忍著称的虎鲨还要长还要尖,那锐利的牙齿,就像一把把直立的三角刮刀,寒光闪烁,样子十分狰狞可怕,让人不寒而栗。

"噢,我的上帝,那是什么? 好像是种没见过的鲨鱼? 瞧那锋利的牙齿,没错,它们肯定是鲨鱼的一种。"吉拉两眼直直地看着窗外,嘴里喃喃地说。

"我知道了!"戴蒙先生激动了起来,"这就是加布林鲨鱼,非常珍贵的,我们从来都没有完整的加布林鲨鱼标本,太难得了,这次居然被我们遇到了。"

加布林鲨鱼是一种凶猛的噬人鲨,只在深海活动,凶猛异常,人们都习惯地叫它"魔鬼鲨"。它同时也是极为特殊的一种鲨鱼。当它被围入渔网几经挣扎不得脱身时,会通过自身类似鱼鳔的肌体压强变化,而膨胀起来,最后自行爆炸成大大小小的碎块,宁肯粉身碎骨也不愿被人活捉,很有点宁死不屈的骨气。所以直到现在,世界上还没有任何一个国家捉到过一条完整的加布林鲨鱼,人们通常见到的不过是魔鬼鲨的碎块而已,断口都参差不齐,极像砖块或瓷器破碎后的样子。它们厚厚的皮肉很少有韧性和弹性,特别是鱼皮就像陶瓷制品一样硬。爆炸后的魔鬼鲨鱼片就像我们平时打碎了一件瓷器,断口完全可以拼接在一起,分毫不差。

正在这时,只听见很多人都在大喊:"太好了,快跟着它们,我们要拍下它们的照片,这绝对是一条母鲨带着它的孩子,或许我们能把那条小鲨鱼完整地带到陆地上去。准备好撒网。"吉拉高声叫道,一副跃跃欲试的样子,恨不得立刻冲进海里把那条小鲨鱼抱进来。

此时,戴蒙先生浑厚有力的声音响起,顿时所有人都静了下来:"我们将跟着这对鲨鱼,看是否有机会捉住它们,但大家不要抱太大的希望,许多年来,还没有一条加布林鲨鱼能完整地保存下来。它们的性情非常刚烈,我们只能寄希望于这条小鲨鱼,如果真能成功的话,那我们这次考察将使对加布林鲨鱼的研究获得突破性的进展。"潜水艇悄悄地跟在它们身后,等待着捕捉的时机。

母子情深。显然那条小鲨鱼出生不久,它紧紧地跟着它的妈妈,时时小心地躲到妈妈的身子下面。小家伙很容易受惊,总是小心翼翼的,一点阴影都会让它感到害怕。

我忽然有些奇怪,通常鲨鱼每交配一次,至少要生出7条以上的小鲨鱼,但这条鲨鱼怎么只带了一个孩子呢?

戴蒙先生解释说:"鲨鱼是无法保护自己的孩子的,它们也有很多敌人,当小鲨鱼出世以后它们便要迅速地适应环境,学会照顾自己,否则就会有被吃掉的危险。这条小鲨鱼看起来没出生几天,它的兄弟姐妹肯定都已经消失了,所以我们要小心,它的妈妈一定会尽全力保护它的。"

由于鲨鱼的两眼长在头部的两侧,所以母鲨几乎可以感觉到各个方位的光线,我们特别注意熄灭了潜水艇的高亮度的灯光,只留下一些小灯来照明,尽管如此,那条母鲨还是注意到了我们的存在,因为它的触觉主要是靠皮肤表层下面的神经末梢网感觉的。它对我们的潜水艇保持着警惕的状态,动作迅速而灵敏。

戴蒙先生忽然想起了什么,跑到驾驶室里说了几句,接着就发现那两条鲨鱼慢慢地放松了下来。他得意地说:"我让他们开通了一种新安置的装置,能够发出一种深海鱼类的磁场,它们现在肯定消除了戒备心理,把我们当成一条无害的大鱼了。"

我们观察着它们的一举一动。那条母鲨非常疼爱自己的孩子,它时不时地放慢速度,等小鲨鱼游过来,又专门带它到有鱼群的地方去,而它自己却不吃什么,在那里耐心地等待着,当它看到小鲨鱼已经可以迅速而准确地捕食鱼群时,它表现得很高兴,猛地冲了一下,吞吃了很多鳕鱼。原来做妈妈的早就饿了,为了教孩子捕食才忍住饥饿,没随意袭击。

小鲨鱼很快就吃饱了,开始围着妈妈撒娇,它不再去注意身边游过的鱼群,哪怕是肥美的鲟鱼也不屑一顾,这显然激怒了母鲨。当小鲨鱼调皮地游到妈妈尾巴旁时,这个严厉的母亲忽然实行了家法。只见母鲨的尾巴猛地扫了小鲨鱼一下,可怜的毫无防备的小鲨鱼,顿时被甩到了一块礁石上,我们很多人都忍不住惊呼起来,生怕出现什么意外,还好,小家伙没有受伤,可是看起来被吓得不轻,它慢慢地靠近自己的妈妈,眼睛里露出委屈的神情,而母鲨依然在前面游着。

"这是母鲨在教育自己的孩子,"吉拉说,"它要求自己的孩子尽快学会捕食之道,知道鱼群的区域和捉鱼的特点,能尽早独立。"她看看我们,又补充道,"这真是种聪明的鲨鱼。"

我们的潜水艇慢慢接近了小加布林鲨鱼,大家急切地等待着,戴蒙先生把镜头对准小鲨鱼的时候大喊了一声"放!"只听见闷闷的"咚"的一声,一张大网铺天盖地地向两条鲨鱼扑来,小鲨鱼的反应不如母鲨迅速,它被罩进了网中。

母鲨有段时间消失了,我们高兴极了,拖着小鲨鱼慢慢上升,要回到港口,那个小家伙在网中极其不安地游着,尾巴狂乱地划动着,企图挣脱渔网,但是它怎么可能成功呢?它越挣扎,渔网就把它裹得越紧,我们隔着厚厚的钢板,几乎都能听到它求救的声音了。

"它的妈妈会回来救它的,我们必须多加小心。"吉拉这时比较镇静了,她不安地看着窗外,等待着母鲨的出现。

忽然潜水艇剧烈地摇晃起来,很多人脸色顿时变得煞白,我更是感到天旋地转,等好不容易平息下来,我发现窗外正在进行着一场艰难的营救。那条母鲨冲了回来,它正在拼命地撕咬着渔网,小鲨鱼见到妈妈,更是拼命地在里面挣扎,它们的嘴都已经被渔网上的倒刺划破,鲜血一缕一缕地漂地水里,染红一片。

在撕扯渔网没有成功的情况下,母鲨终于发现眼前的这个庞然大物来者不善,它愤怒地向潜水艇发起了攻击。先是猛力撞击着潜水艇的头部,企图阻止它继续向上升,接着又疯狂地四处乱撞,它锋利无比的牙齿一次又一次从窗外闪过,那张大嘴好像在咒骂着什么,又像是绝望地企求着什么。

我看着它一次又一次失败的进攻,感觉如果有足够的能力,它会把整个潜水艇都撕碎的。它发现了潜水艇后面拖带的那些小鱼,只一下就将它们咬烂成泥。吉拉捂住了眼睛哀号:"哦,我的珍珠鱼啊,可怜的珍珠鱼啊。"

我们继续上升,已经可以感觉到水中的亮度在一点点增加。母鲨的进攻也因此变得更加凶猛。因为它的撞击,船体剧烈震荡起来,有人开始呕吐。

"坚持住,加快上升速度,我们一定要成功。"戴蒙先生大喊。

那条母鲨见营救无望，扭头去看它的孩子。它亦步亦趋地跟随着我们，眼睁睁地看着孩子在网中费力地挣扎，很显然，这条出生没几天的小家伙已经没有力气了，动作迟缓了许多。忽然母鲨张开了血盆大口，恶狠狠地咬向了它的孩子……

"天啊，它已经知道了我们的意图，它是要把小鲨鱼咬碎，不让我们完整地带走它。"一个穿白色上衣的男子喊道。

我们谁也无法阻止这一暴行，换句话说，我们谁也没想到母鲨会做出这样的事情，大家挤在狭小的窗口，眼睁睁地看着这个疯狂的母亲凶狠地隔着渔网撕咬着它的孩子。

小鲨鱼被渔网裹得紧紧的，几乎无法动弹，只能任由母亲把自己咬烂。鲜血汹涌地喷了出来，一片红色的海水过去，我们看见一片片碎肉从渔网中撒出。小鲨鱼很快就一动不动了，但它的妈妈却还没有放弃撕咬，它张着大嘴，牙齿上沾满鲜血，不停地咬着渔网里的尸体。那具刚才还快乐地在水里游动的身体，现在已是千疮百孔惨不忍睹。

我们都目瞪口呆，大家已经忘记船身的剧烈摇晃，两眼直直地看着那头母鲨，看着它把自己的孩子无情地撕碎。

这次将小加布林鲨鱼带回研究的愿望彻底破灭了，我们只好返航，那只渔网里还有小鲨鱼尸体的一大部分，但因为无法将渔网撒开，我们只好拖着它前进。

那条母鲨依然不屈不挠地紧跟着我们。有几次因为水流的原因，小鲨鱼的尾巴摆动了一下，它的妈妈先是欣喜若狂地冲上去，以为自己的孩子又活了过来，等到发现不过是假象时，又加倍愤怒地撕咬起来，把小鲨鱼的尾鳍都咬碎了。看样子，它会一直就这样跟着我们，直到它再也不能前进为止。甚至有一次，它死死地拖住渔网，企图不让潜水艇前进，但结果却是枉然。

周围的景物已经越来越清晰，我们能够看到浅水域里的鱼群了，海面上一定有着很好的阳光。母鲨的行动越来越吃力。生活在深海里的鱼是无法忍受浅水环境的，我想它很快就要放弃跟着我们，回到它自己的领地去了。

"快看，还有几米我们就可以到海面了。"有人高兴地喊着，可这时才发现，那倔强的母鲨依然跟随着潜水艇，在幼鲨尸体边游着，只是，它的身体好像膨胀了起来，变得很肥大，那双凶狠的小眼睛也有些向外突起，看起来非常恐怖。

戴蒙先生看着这条母鲨，不禁身体一颤，不由自主地向后退去："哦，上帝，它要做什么？"

话音未落，只看到窗外"轰"的一声，潜水艇受到了激烈的震荡，等到我们回过神能够再向外看的时候，四周的海水已经全被血染红了，到处都是一块一块的碎肉块。

那条母鲨自杀了！它把自己爆炸成了无数的碎片，散在这片海洋里。船舱里安静极了，一直到上岸，没有一个人说话。

～ 感恩心语 ～

是谁让加布林鲨选择了如此悲壮的方式去爱、去自杀？在生物界中，虽然还有不少人类没有研究到的领域，虽然有很多人为此付出了努力，但是我们都应该在"生命"面前止步，投以尊敬。

我和狼的友谊

佚名

那年春天我去阿拉斯加淘金。一天早上，我沿着科霍湾寻找矿脉。穿过一片云杉林的时候，我突然停住了脚。前面不超过20步远的一片沼泽里有一匹阿拉斯加大黑狼。它被猎人老乔治的捕兽夹子夹住了。

老乔治上星期心脏病突发,死了。这匹狼碰上我真是运气。但它不知道来人是好意还是歹意,疑惧地向后退着,把兽夹的铁链拽得绷直。我发现这是一只母狼,乳房胀得鼓鼓的。附近一定有一窝嗷嗷待哺的小狼在等着它回去呢。

看样子母狼被夹住的日子不久。小狼可能还活着,而且很可能就在几英里外。但是如果现在就把母狼救出来,弄不好它非把我撕碎了不可。

我决定还是先找到它的小狼崽子们。地面上残雪未消,不一会儿我就在沼泽地的边缘发现了一串狼的脚印。

脚印伸进树林约半英里,又登上一个山石嶙峋的山坡,最后通到大云杉树下的一个洞穴。洞里悄无声息。小狼警惕性极高,要把它们诱出洞来谈何容易。我模仿母狼召唤幼崽的尖声嗥叫。没有回应。

我又叫了两声。这次,4只瘦小的狼崽探出头来。它们顶多几周大。我伸出手,小狼试探性地舔舔我的手指。饥饿压倒了出于本能的疑惧。我把它们装进背包,由原路返回。

可能是嗅到了小狼的气味,母狼直立起来,发出一声凄厉的长嗥。我打开背包,小家伙们箭也似的朝着母狼飞奔过去。一眨眼的工夫,4只小狼都挤在妈妈的肚子下面吮奶了。

接下来怎么办? 母狼伤得很重,但是每一次我试图接近它,它就从嗓子里发出低沉的威胁的叫声。带着幼崽的母狼变得更有攻击性了。我决定先给它找点吃的。

我朝河湾走去,在满是积雪的河岸上发现一只冻死的鹿。我砍下一条后腿带回去给母狼,小心翼翼地说:"好啦,狼妈妈,你的早饭来啦。不过你可别冲我叫。来吧,别紧张。"我把鹿肉扔给它。它嗅了嗅,三口两口把肉吞了下去。

接下来的几天,我在找矿之余继续照顾母狼,争取它的信任,继续喂它鹿肉,对它轻声谈话。我一点一点地接近它,但母狼时刻目不转睛地提防着我。

第五天薄暮时分,我又给它送来了食物。小狼们连蹦带跳地向我跑来。至少它们已经相信我了。但是我对母狼几乎失去了信心。就在这时,我似乎看到它的尾巴轻轻地摆了一摆。

它站着一动不动。我在离它近8英尺的地方坐下,心都快跳到嗓子眼儿了。它强壮的颌骨只消一口下去,就能咬断我的胳膊,甚至脖子。我用毯子裹好身体,在冰凉的地上躺下,过了好久才沉沉睡去。

早上我被小狼吃奶的声音吵醒。我轻轻探身过去抚摩它们。母狼僵立不动。

接着我伸手去摸母狼受伤的腿。它疼得向后缩,但没有任何威胁的表示。

夹子的钢齿钳住了它两个趾头,创口红肿溃烂。但如果我把它解救出来,它的这只爪子还不至于残废。

"好的,"我说,"我这就把你弄出来。"我双手用力掰开夹子。母狼抽出了腿。它把受伤的爪子悬着,一颠一跛地来回走,发出痛楚的叫声。根据野外生活的经验,我想它这时就要带着小狼离去,消失在林海里了。谁知它却小心翼翼地向我走来。

母狼在我身侧停下,任小狼在它周围撒欢儿地跑来跑去。它开始嗅我的手和胳膊,进而舔我的手指。我惊呆了。眼前这一切推翻了我一向听到的关于阿拉斯加狼的所有传闻。然而一切又显得那么自然,那么合情合理。

母狼准备走了。它带领着孩子们一颠一跛地向森林走去,走着走着,又回过头来看我,像是要我与它同行。在好奇心驱使下,我收拾好行李跟上它们。

我们沿着河湾步行几英里,顺山路来到一片高山草甸。在这里我看到了在树丛掩蔽下的狼群。短暂的相互问候之后,狼群爆发出持续的嗥叫,时而低沉,时而凄厉,听着真让人毛骨悚然。

当晚我就地宿营。借着营火和朦胧的月色,我看见狼的影子在黑暗中晃动,时隐时现,眼睛还闪着绿莹莹的光。我已经不怕了。我知道它们只是出于好奇。我也是。

第二天天一透亮我就起来。母狼看着我打点行装，又目送我走出草甸。直到走出很远，母狼和它的孩子们还在原地望着我。不知怎地，我居然向它们挥了挥手。母狼引颈长啸，声音在凛冽的风中回荡，久久不绝。

4年后，我在二战中服完兵役，于1945年秋天又回到了科霍湾，无意间我发现了我挂在树枝上的那只兽夹。夹子已是锈迹斑斑。我不禁再次登上那座山，来到当年最后一次见到母狼的地方。站在高耸的岩石上，我发出狼一样的长嗥。余音在山谷间回响。我又叫了一声。回音再次响起，这一次却有一声狼嗥紧随其后。远远的，我看见一道黑影朝这边缓缓走来。那是一匹阿拉斯加大黑狼。一阵激动传遍我的全身。时隔4年，我还是一眼认出了那熟悉的身影。"你好，狼妈妈。"我柔声说道。母狼挨近了一些，双耳竖立，全身肌肉紧绷。它在离我约1米远的地方停下，蓬松的大尾巴轻轻地摆了一摆。

须臾，母狼已经不见了。我再没见过它。但它留给我的印象却始终那么清晰，怪异而又挥之不去，让我相信自然界中总有一些超出常理的东西存在。

感恩心语

这个世界上有很多事情我们无法解释，但是它们的确存在，就像我和母狼的友情。时隔四年，母狼依然认得我。而我，也还在惦着着它们。有的时候，只要你真心付出，就能够创造奇迹。

第十章

酸甜苦辣：
感恩生活的历练

感恩生活,给予我们酸甜苦辣的滋味。从萍
水相逢到相熟相知,伴随着人生舞台的千姿百态。
感恩生活,给予我们梦想,才能让生命的尽头永远
拥有曙光。

回忆是对往事的微笑

阎连科

想起20多年前,我第一次以正义的名义,把告状信送到校长的办公室时,我已经不再怀有对同学和朋友的不安。内疚早已像儿时在田野燃起的草烟一样无踪无迹,留下的只是对那时的单纯的想念。

那时候,我是那样地渴求上进,渴望生命中充满阳光,想在中学时入团,想在考试中取得好的成绩,想让我心仪已久的那些学校演出队的女孩和我多说几句话,对我微笑一下。也许,渴求上进、好好学习、争取入团的目的,本就不是为了自己的前程,而仅仅是为了让那些女孩对我刮目相看,觉得我是他们同学中不错的一个也就满足了。

于是,在好好学习上是下了一些力气,而在天天向上方面,除了积极主动地打扫卫生,争取多擦一次黑板之外,往学校的试验田里挑粪种地,我也是扮演了脏着不怕、累着不吝的上好的角色。当然,在得到老师的表扬之后,也不会忘记趁机把入团申请书交到老师手里,就像把自己的求爱信交到了媒人手里一样。炽热和真诚,在不慎间是可以把房屋、校园、草地、田野都烧起火的,可以把世界上所有的寒冬都烤成春夏的暖热。

可是,时隔不久之后,从同学中传来消息说,入团的几个人中,不仅没我,还有几个我不甚喜欢的同学。之所以不甚喜欢,不是因为他们的学习没有我好,往试验田里挑粪的筐没有我的高满,而更为重要的,是他们的家境都比我好,穿戴也都比我时新,漂亮的女同学都像蜂蝶那样天天围着他们飞来舞去。

现在想来,已经无法形容我那时的痛苦,说世界暗无天日,也是丝毫不为过的。不仅他们成双结对地走在上学、放学的路上,而且又都有入团的希望;不仅都有入团的希望,还有彼此恩爱人生的可能,这哪能让一个充满忌心的少年容忍得了?不做出一些反应,不采取一些措施,不仅有辱一个少年的人格,也辱没了一个男人的尊严。

从学校回到家里,我彻夜未眠,写了一封检举信,揭发那些入团苗子们的诸种劣迹。比如某某上课不认真听讲;某某某下课不认真完成作业,考试时曾偷看同学卷子;还有谁谁谁,他家不是贫下中农,而是富农成分,等等。如此这些,我上纲上线,引经据典,说共产主义青年团是中国共产党的后备军,说让这些人入团,无异于为团旗抹黑,为党组织这座高楼大厦的根基中填塞废砖烂瓦。长此下去,有一天党会变色,国会变黑,大楼会坍塌。到那时,亡羊补牢,为时已晚,后悔莫及。在天亮时分,我把那封检举信再三看了,装入一个信封,早早来到学校,如同趁着夜黑风高那样趁着校园安静,把那封信偷偷地塞进了校长的办公室。

剩下的时间,就是对我耐心的考验。等待着一场好戏,却总是不见幕布的徐徐拉开,这使我受尽了时间的折磨,以为也许是校长不慎将那信扫进了装垃圾的簸箕,也许校长将信看了,随手一团一扔,对作者的名字嗤之以鼻,说声"蚍蜉撼树谈何易",也就算了结。总之,随后的日子,一切仍是原来的样子,鸟还是那样地飞着,云还是那样地飘着。一切都和没有发生一样,使我庆幸什么也没有发生,懊悔什么也没有发生。可在刚刚平复了内心的不安之后,在一天的课间操时,校长却突然出现在我的面前,盯着我看了半天,冷冷地对我说了,两句话。

一句是:"你就是阎连科?"

另一句是:"管好自己,管别人干啥。"

说完这两句话,上课的铃声响了,他没有再看我一眼,就去了某个教室。可他那两句话,却是我平生在学校听到的最严厉的批评,也是最严肃的劝诫。不久,学校开了一个学生大会,宣布了一批新团员名单,我处心积虑检举的三个同学,有两个在新团员的名单中间。

接下来的日子,不知道为什么,为了躲避那些目光,为了躲避学校压抑的环境,也为了解救那时我家境的贫寒，不久，我便辍学到几百里外打工挣钱去了。

随后，为了谋生，我又当兵到了部队。探家时，听说我曾经揭发过的那两个同学终于结婚成家。我羡慕他们，也很想去祝福他们，可一直觉得很愧疚。后来听说因我找对象困难，他们夫妻曾跑前跑后，给我张罗女友，我觉得更加愧疚。有一次，终于去了他们家里，看他们似乎并不知道入团时曾经发生过的那段插曲，我也就没有主动提起。

好在，愧疚已经过去，剩下的都是一些对美好的回忆；好在，那是我平生第一次去打别人的报告，也是我这辈子最后一次去打别人的报告。

我为此感到欣慰。

感恩心语

只要是活人，就难免犯错，概莫能外。但是对待错误的态度有两种：有的人通常文过饰非，遮遮掩掩，缺乏正视和改正的勇气；有的人能勇敢地承认过失，承担责任，并真心实意地坚决改正。作者属于后者，年少的他曾经因为想表现自己而去打别人的小报告，结果被领导识破了，反而使自己无地自容。但是，作者回忆起这件事情的时候，只有一种对自己年少无知的淡然的笑，而不再有当时的羞愧与不安。因为，当年急功近利、莽撞无知的少年，早已经长大成人。古人云：人非圣贤，孰能无过？知错能改，善莫大焉！想一想，你平时犯了错误后，通常以哪种态度去对待呢？

活着，其实有很多方式

王浩威

看见她自己带来的医疗转介单时，这位医师并没有太大的兴奋或注意，只是例行地安排应有的住院检查和固定会谈罢了。

会谈是固定时间的，每星期二的下午3点到3点50分。她走进医师的办公室，一个全然陌生的环境，还有高耸的书架分围起来的严肃和崇高，她几乎不敢稍多浏览，就羞怯地低下了头。

就像她的医疗记录上描述的：害羞、极端内向、交谈困难、有严重自闭倾向，怀疑有防卫掩饰的幻想或妄想。

虽然是低低垂下头了，还是可以看见稍胖的双颊有明显的雀斑。这位新见面的医师开口了，问起她迁居以后是否适应困难。她摇摇低垂的头，麻雀一般细微的声音，简单地回答：没有。

后来的日子里，这位医师才发现对她而言，原来书写的表达远比交谈容易得多了。他要求她开始随意写写，随意在任何方便的纸上写下任何她想到的文字。

她的笔画很纤细，几乎是畏缩地挤在一起的。任何人阅读时都是要稍稍费力，才能清楚辨别其中的意思。尤其她的用字，十分敏锐，可以说表达能力太抽象了，也可以说是十分诗意。

后来医师慢慢了解了她的成长。原来她是在一个道德严谨的村落长大，在那里，也许是生活艰苦的缘故，每一个人都显得十分的强悍而有生命力。

她却恰恰相反，从小在家里就是极端怯缩，甚至宁可被嘲笑也不敢轻易出门。父亲经常在她面前叹气，担心日后可能的遭遇，或是一些唠叨，直接就说这个孩子怎会这么的不正常。

不正常？她从小听着，也渐渐相信自己是不正常了。在小学的校园里，同学们很容易地就成为可以聊天的朋友了，而她也很想打成一片，可就不知怎么开口。以前没上学时，家人是很少和她交谈的，似乎认定了她的语言或发音之类有着严重的问题。家人只是叹气或批评，从来就没有想到和她多聊几句。于是入学年龄到了，她又被送去一个更陌生的环境，和同学相比之下，几乎还是咿呀学语的程度。她想，她真的是不正常了。

最年幼时，医生给她的诊断是自闭症；后来，到了专校了，也有诊断为忧郁症的。到了后来，脆弱的神经终于崩溃了,她住进了长期疗养院,又多了一个精神分裂症的诊断。

而她也一样惶恐,没减轻,也不曾增加,默默地接受各种奇奇怪怪的治疗。

父母似乎忘记了她的存在。最初,还每月千里迢迢地来探望,后来连半年也不来一次了。就像从小时候开始,4个兄弟姐妹总是听到爸爸的脚踏车声,就会跑出来纠缠刚刚下班的爸爸。爸爸是个魔术师,从远方骑着两个轮子就飞奔回来了,顺手还从黑口袋里变出大块的粗糙糖果。只是,有时不够分,总是站在最后的她伸出手来,却是落空了。

从家里到学校,从上学到上班,她都独立于圈圈之外。直到一次沮丧,自杀的念头又盘踞心头而纠缠不去了。她写了一封信给自己最崇拜的老师。

既然大家觉得她是个奇怪的人,总是用一些奇怪的字眼来描述一些极其琐碎不堪的情绪,也就被认定是不知所云了。家人听不懂她的想法,同学也搞不清楚,即使是自己最崇拜的老师也先入为主地认为只是一堆呓语与妄想,就好心地找来自己的医生朋友来探望她。这就是她住进精神病院的原因。

医院里摆设着一些过期的杂志,是社会上善心人士捐赠的。有的是教人如何烹饪裁缝,如何成为淑女的;有的谈一些好莱坞影歌星的幸福生活;有的则是写一些深奥的诗词或小说。她自己有些喜欢,在医院里又茫然而无聊,索性就提笔投稿了。

没想到那些在家里、在学校或在医院里,总是被视为不知所云的文字,竟然在一流的文学杂志刊出了。

原来医院的医师有些尴尬,赶快取消了一些较有侵犯性的治疗方法,开始竖起耳朵听她的谈话,仔细分辨是否错过了任何的暗喻或象征。家人觉得有些得意,也忽然才发现自己家里原来还有这样一位女儿。甚至旧日小镇的邻居都不可置信地问:难道得了这个伟大的文学奖的作家,就是当年那个古怪的小女孩?

她出院了,并且依凭着奖学金出国了。

她来到英国,带着自己的医疗病历主动到精神医学最著名的 Maudsly 医院报到。就这样,在固定的会谈过程中,不知不觉地过了两年,英国精神科医师才慎重地开了一张证明没病的诊断书。

那一年,她已经34岁了。

只因为从童年开始,她的模样就不符合社会对一个人的规范要求,所谓"不正常"的烙印也就深深地标示在她身上了。

而人们的社会从来都没有想象中的理性或科学,反而是自以为是地要求一致的标准。任何逸出常态的,也就被斥为异常而遭驱逐。而早早就面临社会集体拒绝的童年和少年阶段,更是只能发展出一套全然不寻常的生存方式。于是,在主流社会的眼光中,他们更不正常了。

故事继续演绎,果真这些人都成为社会各个角落的不正常或问题人物了。只有少数的幸运者,虽然迟延到中年之际,但终于被接纳和肯定了。

这是新西兰女作家简奈特·弗兰的真实故事,发生在四五十年代的故事。她现在还活着,还孜孜不倦地创作,是众所公认的当今新西兰最伟大的作家。

感恩心语

每个人因为性格、环境的差异,过着不同的生活。每种生活都有它的精彩之处。如果我们忽视了这些差异,一味用同样的标准审视生活方式,强行把它们归为一类,则会扼杀人的个性;而人若失去了个性,世界千篇一律,将失去很多色彩。

很多时候,我们的周围总会充满这样那样的议论声。这些声音或多或少约束了我们的行为,尽管事实并没有做出最后的裁定。女作家简奈特·弗兰有幸从这种世人偏见中走出,最终找到属于自己的生活。她的经历给我们一个启示:也许你现在的生活并不被周围人认可,请不要急于否定,交给时间去证明。

绕不过去的路

佚名

小时候,爷爷经常带我去走亲戚。走亲戚,意味着能够吃上几顿比家里好得多的饭菜。这是爷爷对我的曲线疼法,使我得到许多实惠的慈爱。

爷爷经常去盘富村的那一家亲戚。不过,我并不爱去,因为必须经过一条七弯八折的弄子,弄子两旁住的是猎户,养着好多凶猛的猎犬,那些猎犬帮助主人猎获过很多野兽,也给主人惹来不少麻烦——咬伤过好多陌生人——我害怕那些猎犬。

毕竟爷爷老了,爬山越岭,母亲不放心,叫我陪爷爷去,我岂敢说不?

在我踌躇之际,不知从哪里传来一阵螺号声。这是狩猎的号子。爷爷举起拐杖指着后山说:"猎犬都在那呢,不要害怕了。"

我顺着爷爷指的方向望去,隐约可见几个猎人正在管茅和芒箕丛生的山上,仿佛在山里围追着什么,猎犬异常兴奋地吠,此起彼伏,一浪又一浪地滚到我们的耳边来。

真的不用害怕了。

我又蹦又跳地走在前面。爷爷拄着拐杖,不紧不慢地走着,离我越来越远。我很快就到了那弄口,也许是条件反射,我停了下来,回过头,看看爷爷走到哪里了。看着爷爷慢吞吞的样子,我没有耐性等,便蹑起脚,试图像猫一样无声无息地通过那条恐怖的弄子。我才走进弄口几步,天哪,一声沉闷的恶吠,像平地惊雷,直轰我的耳根!我惊叫起来,仓皇四顾,不见一个人影。

我家曾经养过母狗。我知道,这是一条正在哺乳的母狗,恶吠是它护仔的威严警告,哺乳期的母狗是最敏感的,也是最凶猛的,遇上这种狗是不能跑的,你越跑,它就追得越凶。——而逃生的本能驱使我拔腿跑了。

又惊又恐的我,跌跌撞撞地跑了几步,一条瘦瘦的黑狗摇摆着两排略显苍白的乳房,狂风似的呼啸过来。我双手抱头,双目紧闭。

它先在我的右臀猛咬了一口。幸好那时正值隆冬,我穿了两条打了补丁的裤子,臀部的补丁又密又厚——狗的利牙没能深入我的细皮嫩肉,很不甘愿,又倏地爬上我的背,企图把我按倒,然后再慢慢地咬,要咬哪里就咬哪里,肥瘦任它挑。

我又哭又喊,身体左摇右甩,可怎么也挣脱不掉抓住我肩膀的狗!幸亏爷爷闻声赶到,猛击一杖。我只听到"咯"的一声钝响,狗便翻了下来。

爷爷得意地说:"打中的正是狗的最致命的部位——鼻梁。"那狗趔趄着爬起来,垂头丧气地走进一个楼梯脚下的旮旯里。

爷爷搂住我,让我的脸贴着他的胸口,又是呼儿又是唤命,连连说:"不用害怕,没被咬伤就好。"

爷爷牵着我继续走,他自言自语:"想不到这里还躲着一条产仔的母狗。"

"我又不伤害小狗,它凭什么那么咬我?"我问。

"凭什么? 凭它对小狗的疼爱呀。"

"所有的母狗都这样吗?"

"是的。"

"我以后再也不走这条路了!"

"孩子,人一生在路上,难免会遇到这样那样意外的事情,为了一个目标,有些路你不能不走,没有别的选择啊。"

我一知半解地点了点头。爷爷笑了。我很少见到爷爷这样的微笑。

后来，我独自多次从那条弄子穿过。弄子两旁住的还是那些猎户，还有好多猎犬。只是我不再穿有补丁的衣裤，而是像爷爷那样，拿了一根拐杖，雄赳赳、气昂昂而不是畏首畏尾、缩手缩脚地走着；那些猎犬好像识相了，一般只在远远的地方猜猜狂吠，只有一两条追逐过来，甚至狂吠着尾随到弄子的尽头——当然，没有一条胆敢逼近。

感恩心语

不同的人生之路，通往不同的人生彼岸，世上的路错综交杂，千千万万的路上，我们也许遇到坎坷，我们也许遭受荆棘的阻拦，我们也许获得幸运相伴一生。在人生路上，我们始终抱着趋吉避凶的心理，但是有些路是绕不过去的，不得不走的。

我的早年生活

丘吉尔

"每个人都是昆虫，但我确信，我是一个萤火虫。"

刚满12岁，我就步入了"考试"这块冷漠的领地。主考官们最心爱的科目，几乎毫无例外地都是我最不喜欢的。我喜爱历史、诗歌和写作，而主考官们却偏爱拉丁文和数学，而且他们的意愿总是占上风。不仅如此，我乐意别人问我所知道的东西，可他们却总是问我不知道的。我本来愿意显露一下自己的学识，而他们则千方百计地揭露我的无知。这样一来，只能出现一种结果：场场考试，场场失败。

我进入哈罗公学的入学考试是极其严格的。校长威尔登博士对我的拉丁文作文宽宏大量，证明他独具慧眼，能判断我全面的能力。这非常难得，因为拉丁文试卷上的问题我一个也答不上来。我在试卷上首先写上自己的名字，再写上试题的编号"1"，经过再三考虑，又在"1"的外面加上一个括号，因而成了(1)。但这以后，我就什么也不会了。我干瞪眼没办法，在这种惨境中整整熬了两个小时，最后仁慈的监考老师总算收去了我的考卷。正是从这些表明我的学识水平的蛛丝马迹中，威尔登博士断定我有资格进哈罗公学上学。这说明，他能通过现象看到事情的本质。他是一个不以卷面分数取人的人，直到现在我还非常尊敬他。

结果，我当即被编到低年级最差的一个班里。实际上，我的名次居全校倒数第三。而最令人遗憾的是，最后两位同学没上几天学，就由于疾病或其他原因而相继退学了。

在这种尴尬的处境中，我继续待了近一年。正是由于长期在差班里待着，我获得了比那些聪明的学生更多的优势。他们全都继续学习拉丁语，希腊语以及诸如此类的辉煌的学科，我则被看作个只会学英语的笨学生。我只管把一般英语句子的基本结构牢记在心——这是光荣的事情。几年以后，当我的那些因创作优美的拉丁文诗歌和辛辣的希腊讽刺诗而获奖成名的同学，不得不靠普通的英语来谋生或者开拓事业的时候，我一点儿也不觉得自己比他们差。自然我倾向让孩子们学习英语。我会首先让他们都学英语，然后再让聪明些的孩子们学习拉丁语作为一种荣耀，学习希腊语作为一种享受。但只有一件事我会强迫他们去做，那就是不能不懂英语。

我一方面在最低年级停滞不前，而另一方面却能一字不漏地背诵麦考利的1200行史诗，并获得了全校的优胜奖。这着实让人觉得自相矛盾。我在几乎是全校最后一名的同时，却又成功地通过了军队的征兵考试。就我在学校的名次来看，这次考试的结果出人意料，因为许多名次在我前面的人都失败了。我也是碰巧在考试中遇到了好运，将要凭记忆绘一张某个国家的地图。在考试的前一天晚上，我将地球仪上所有国家的名字都写在纸条上放进帽子里，然后从中抽出了写有"新西兰"国名的纸条。接着我就大用其功，将这个国家的地理状况记得滚瓜烂熟。不料，第二天考试中的第一道题就是:"绘出新西兰地图。"

我开始了军旅生涯。这个选择完全是由于我收集玩具锡兵的结果。我有近 1500 个锡兵,组织得像一个步兵师,还下辖一个骑兵旅。我弟弟杰克统领的则是"敌军"。但是我们制定了条约,不许他发展炮兵。这非常重要!

一天,父亲亲自对"部队"进行了正式的视察。所有的"部队"都整装待发。父亲敏锐的目光具有强大的威慑力。他花了 20 分钟的时间来研究"部队"的阵容。最后他问我想不想当个军人。我想统领一支部队一定很光彩,所以我马上回答:"想。"现在,我的话被当真了。多年来,我一直以为父亲发现了我具有天才军事家的素质。但是,后来我才知道,他当时只是断定我不具备当律师的聪慧。他自己也只是最近才升到下议院议长和财政大臣的职位,而且一直处在政治的前沿。不管怎样,小锡兵改变了我的生活志向,从那时起,我的希望就是考入桑赫斯特皇家军事学院。再后来,就是学军事专业的各项技能。至于别的事情,那只有靠自己去探索、实践和学习了。

❀ 感恩心语 ❀

丘吉尔,是英国伟大的政治家。他的成长经历,证明伟人早年的生活并非充满了荣耀和赞许。他们小时候也和平常孩子一样,也会受到老师、家长的批评和否定。

我们没有必要因为现在学习不佳、生活不如意,而一蹶不振。这样,只会让我们离成功越来越远。每位成功者,都是从普通的生活走出来,从而开创自己的美好明天。可能你过着和他人无异的生活,开始怀疑自己能否抵达成功的彼岸。但是生活里,到处都充满了成功的希望。只要我们踏踏实实地为未来的成功打基础,认真学习,不断积累经验,总有一天也会和丘吉尔一样功成名就。

成功,要靠一天天的积累。我们不可能放弃今天的学习,而直接到达明天的成功。我们只有走好现在的每一步,才能在追求理想的路上走向成功。

尽力而为还不够

史迪文

一位年轻人远行前,向村里的一位老人请教该注意什么。老人说:"全力以赴吧。20 年后,你再来找我。"

年轻人经历了许多挫折,但也干了一番令人侧目的事业。渐渐地,他似乎感到有些力不从心,算了算 20 年已满,便回到村里。

"老伯,我已经全力以赴了,以后我该怎样做呢?"已经步入中年的年轻人问。

"以后,你要尽力而为,10 年后,你再回来找我。"

10 年里,中年人的生活波澜不惊,但他还是回去了。

老人已到了弥留之际,而中年人的双鬓也已泛白。

"其实,这次我没有什么经验可以告诉你了。我只是想说说我的一生。在我还是个年轻人的时候,有人就告诉我要尽力而为,于是,我的前半生庸庸碌碌,一事无成。后来,又有人告诉我要全力以赴,于是,我遭受了许多挫败,我已经输不起了。我的一生很失败,于是,我想知道如果有一个人经历一下我所不曾经历的,他会不会幸福?现在,我知道了,他过得很好。谢谢你!"老人说完,便微笑着闭上了眼睛。

"不,我应该谢谢你!"中年人说。

人本来是很有潜能的,但是我们往往对自己或别人找借口:"管它呢,我们已经尽力而为了。"事实上尽力而为是远远不够的,尤其是现在这个竞争激烈的年代,尤其是趁你还年轻的时候。

全力以赴的油箱总是让人不怕任何艰难,因为浑身都充满了干劲;尽力而为的油箱,在遇到很大的困难时,很容易知难而退,而事实上,成功往往只需要咬紧牙关再加一次油而已,请再加一盎司吧。

多年前,有一首流行歌曲叫《祝你平安》,里面有这样几句歌词:"你的所得还那样少吗?你的付出还那样多吗?生活的路总有一些不平事,请你多一些开心少一些烦恼。"《祝你平安》这首歌是为我们每个人的油箱加油的好曲。它告诉我们:生活与工作中,不要过多地计较个人的得失,而要以一种积极的心态去对待我们的生活与工作。

你也许有过这样的经历:尽力而为地努力工作,取得成绩后希望得到肯定和赏识,然而,由于种种原因,你并没有如愿以偿。这时,你应该如何克服内心里那重重的失落感呢?

这时,我们不会叫你想开些,而是想建议你,首先扪心自问一下:

"我的工作真的已经做得很到位很完美了吗?我真的已经全力以赴了吗?也许我还可以在已经完成的工作上再加上'一盎司'。"

我们也许应该明白,尽力而为地完成自己工作的人,最多只能算是一个称职的人。如果在工作中再多加上"一盎司",你就可能成为优秀者,如果继续加上"一盎司",你就可能从优秀者成为卓越者。如此,就需要你从一个"尽力而为"的人成长为"全力以赴"的人。当你拥有全力以赴的油箱时,你到哪里都是一位受欢迎的人,因为全力以赴的人会带动周围的人一起积极向上,把他们的油箱也加满了油。

任何一个组织都极其需要全力以赴的成员,任何一名全力以赴的员工都会备受现代企业所欢迎。那么,当你还是组织中的一员时,你就应该处处为组织着想,理解管理层的压力,抛开任何借口,全身心地投入。全力以赴的人,是最懂得在工作中时刻都努力为自己再加"一盎司"的人,而他们也通过这种付出,锻炼到了超乎他自己想象的能力。同时也获得了超出自己期望的报酬。

你的油箱有多满?让我们全力以赴吧!用一种积极乐观的态度和行动去对待工作。也许全身心的投入有时候会辛苦,但最终我们品尝到成功的喜悦时,会让我们觉得,我们付出的一切都是非常值得的。

成功智者第10次问你:"你的油箱有多满?"

❧ 感恩心语 ❧

生活是一场较量,不只是和外界的竞争,更重要的是和自己的竞争。我们总是找各种各样的理由说服自己偷懒、得过且过,所以,我们会留下种种遗憾。老人的前半生用尽力而为的态度面对生活,结果碌碌无为;后半生则全力以赴面对生活,人生道路却充满坎坷。老人总结了自己的教训,他告诉年轻人要全力以赴面对每件事情,年轻人做到了,当年轻人变成了中年人的时候,老人又告诉他,凡事尽力而为,结果中年人的生活平淡而充实。老人只是把两种生活态度在时间上做了调整,可结果却截然不同。

在我们还年轻的时候,应该充满干劲,给自己加满油,生活与工作,要以一种积极的心态去对待,凡事多做出一分努力,生活道路就会宽广一些。等到人到中年,力气和精神都不如年轻时候旺盛了,就应该尽力而为,凡事做到自己想到的最佳程度,不透支、不遗憾。晚年时回忆自己走过的一生,会感觉到人生的春华秋实。也许全身心的投入有时候会感到身心疲惫,但品尝到成功的喜悦时,我们会觉得,付出的一切都是非常值得的。

给生命配乐

侯建臣

有时候走在街上,总想哼一种调子。不管是什么调子,也不管跑调不跑调,就是很随便地哼,很投入地哼,哼着哼着,就发现原来那调子一直是和自己的脚步合拍的。哼着哼着,也就发现那调子原来也和自己的心跳声是合着拍的。

其实慢慢地发现，我们有时在干活的时候，有时在沉思的时候，有时在痛苦的时候，有时在快活的时候，总会有意无意地哼一哼。哼一种老调或者哼一种新调或者就顺着我们的心跳哼一种不是调的调，那调要是让别人听了实在是难听极了，而我们那时觉得是那么动听。

那是真的动听，是全身感到舒畅的动听。

那一刻就觉得天底下没有什么比那种调子更让人觉得动听的了。而且我还发现一个人不管是烦恼的时候也好痛苦的时候也好，只要一哼起一种属于自己的调子，就会慢慢地变得开朗，眼前的路也就开阔起来。

我曾经好多次见过父亲一个人一边干着活，一边随意地哼着。父亲是木工，他一般戴着一顶很破的帽子，帽檐朝一边歪着，在帽子下面插着一支铅笔，他一边挥动凿子凿着木头，一边哼着调子。他在阳光下的影子显得十分生动。父亲的调子是那种很粗放的调子。我也曾经多次见过母亲一边收拾着家一边哼着，母亲哼得很细很细，被人听到了她就会不自然地笑笑。等人走了她就又开始哼了。其实那时我们的家很困难，父亲和母亲身上的担子也很重。可他们却会不时地哼出他们心底的旋律来，父亲和母亲都是这个世界上最普通的人，但在他们一边干活一边哼歌的时候，我觉得他们很美很美。他们是在用心歌唱他们所正在过着的生活。

很多年后，我一想到小时候见到的父亲和母亲一边哼着歌一边干活的情景，就忍不住在心中感动不已。

很难想象一个能够很随意地从心底哼出歌的人会不热爱生活，会厌倦人世。

记得很小时候，天黑的时候一个人要从一个很远的地方回家，因为路远，而且还要经过一块坟地，所以就很害怕。总感觉有什么东西就跟在自己的后面，于是在心里一遍一遍地说我是大人，好像是要告诉谁似的。但这一招并不起作用，因为自己的心里很清楚并不是一个大人。就哼起了歌，哼得很响，在黑夜的旷野里就只能听到自己的歌了。那一刻似乎自己真的大了，那段路也在不知不觉中走完了。

在走那段路的时候，哼歌让我使自己增添了自信。使我从容地走过了一段本来应该很艰难的路。

我就想父亲和母亲在哼歌的时候是不是也在为自己增加自信呢？在繁杂的生活面前他们肯定也会感到压力和沉重。但哼着哼着，那些东西就显得很轻很轻了。我曾经问过他们，母亲没说话只是笑着，而父亲则是像在沉思什么的样子，他们要回答的一切就在他们的笑容里和沉思着的眸子里了。

生活就是这样，父亲和母亲用他们心中的旋律使沉重的生活变得轻快起来了，倘若他整日愁眉苦脸，很难想象我们当时的生活会是什么样子。

❧❧ 感恩心语 ❧❧

生活有时似一场大型交响乐，但生活有时又似很单纯的二胡独奏；生活有时是激越的，但大多数时间则是小河一样静静地流着。谁想让生活永远澎湃着永远着激情那是不可能的也是不现实的。而流动着的生活更能让人品出生活的真味，也更能让人陶醉其中。

乐于给自己的生命配乐，起码说明我们还是很看重我们的生命，说明我们的生命还有值得我们为此而干下去的东西。我们也就会活得有滋有味。

生命因什么而不同

流沙

来佳俊，是个杭州萧山的盲童，但在全国，却小有名气。

他的钢琴弹得非常好，许多钢琴大师听了他的演奏，都为他惊叹不已，大师们说，他是在用自己的心灵在演奏。无师自通的佳俊，他能弹奏近两百首世界名曲，并先后取得过20多个钢琴比赛的冠军。

他的故事，似乎命中注定。

他因为早产，肺没有发育完全，医生用氧气向肺部充气维持呼吸。他得以存活下来，但因为"氧气中毒"导致双目失明。但老天垂青他，他有一双异常敏感的耳朵，对音乐只要聆听一遍就能烂熟于心。

如果不去发现，这一切便错过了。因为许多孩子都对音乐有着天生的喜欢。

我见过佳俊的母亲，她说，孩子喜欢音乐，当时并没有引起她的注意。但是她可怜孩子，他所喜欢的东西，尽量去满足他。

这只是父母的一个良好的初衷。他们不愿去想，一个盲孩子怎么可能弹好钢琴。

孩子有了琴，父母也刻意让他在音乐中找到快乐。但他们都没有想到，这个"纵容"，竟然培养出了一位小小钢琴家。

几年前，法国钢琴名家巴铎夫斯基在听完孩子的演奏后，不觉感慨不已："这孩子对音乐的理解超乎常人，他能弹出德彪西的味道，手形也像德彪西。"

佳俊的快乐，我亲眼目睹。他不在于自己看不到东西，他甚至以自己看不见东西为说辞开玩笑。我为他庆幸，庆幸他在那么小的年龄喜欢上了音乐，庆幸他从音乐中忘却了人生的残酷和痛苦。

有时候，我经常在思考"生命因什么而不同"这个问题。佳俊这个孩子的际遇，让我悟到人应该有所托付，你把自己托付给一日三餐，那么你开始考虑以后的谋生技能，然后再想着谋生的困难，最后你得到的可能是无穷无尽的烦恼和痛苦，如果你把自己托付给像音乐这样可以忘却自己的职业，那么你可以麻醉自己的不幸，你得到的可能是洒脱。

生命因什么而不同，生命因你的兴趣而不同。

感恩心语

人生也许会有不幸，但上帝给我们每个人的机会都是对等的。来佳俊失去了观看这个世界的机会，但上帝同时给了他一副灵敏的耳朵和一双灵巧的手，他一样可以去聆听、去感知这个世界。不要再怨天尤人，上帝其实并未亏待你，不要只看到上帝从你这里拿走了什么，还要看到他同时给予了你什么。

学会享受生活，学会释放人生，不要以感伤的眼睛去看待生命，不要以悲观的心态去觉察生命中的黑洞。生活也许会因为你的不经意的"粗心"，而变得有滋有味，绽放别样的风采。

生命的滋味

席慕蓉

一

电话里，他告诉我，他为了一件忍无可忍的事，终于发脾气骂人了。

我问他："发了脾气以后，会后悔吗？"

他说："我要学着不后悔。就好像摔了一个茶杯之后又百般设法要粘起来的那种后悔，我不要。"

我静静聆听着朋友低沉的声音，心里忽然有种怅惘的感觉。

我们在少年时原来都有着单纯与宽厚的灵魂啊！为什么？为什么一定要在成长的过程里让它逐渐变得复杂与锐利？在种种牵绊里不断伤害着自己和别人？还要学着不去后悔，这一切，都是为了什么呢？

那一整天，我耳边总会响起瓷杯在坚硬的地面上破裂的声音，那一片一片曾经那样光润如玉的碎瓷在刹那间迸飞得满地。

我也能学会不去后悔吗？

二

生命里充满了大大小小的争夺，包括快乐与自由在内，都免不了一番拼斗。

年轻的时候，总是紧紧跟随着周遭的人群，急着向前走，急着想知道一切，急着要得到我应该可以得到的东西。却要到今天才能明白，我以为我争夺到手的也就是我拱手让出的，我以为我从此得到的其实就是我从此失去的。

但是，如果想改正和挽回这一切，却需要有更多和更大的勇气才行。

人到中年，逐渐有了一种不同的价值观，原来认为很重要的事情竟然不再那么重要了，而一直被自己有意忽略了的种种却开始不断前来呼唤我，就像那草叶间的风声，那海洋起伏的呼吸，还有那夜里一地的月光。

多希望能够把脚步放慢，多希望能够回答大自然里所有美丽生命的呼唤！

可是，我总是没有足够的勇气回答它们，从小的教育已经把我塑铸成为一个温顺和无法离群的普通人，只能在安排好的长路上逐日前行。

假如有一天，我忽然变成了我所羡慕的隐者，那么，在隐身山林之前，自我必定要经过一场异常惨烈的厮杀吧？

也许可以这样说：那些不争不夺，无欲无求的隐者，也许反而是有着更大的欲望，和生命做着更强硬的争夺的人才对。

是不是可以这样解释呢？

三

如果我真正爱一个人，则我爱所有的人，我爱全世界，我爱生命。如果我能够对一个人说"我爱你"，则我必能够说"在你之中我爱一切人。通过你，我爱全世界，在你生命中我也爱我自己。"

——E·佛洛姆

原来，爱一个人，并不仅仅只是强烈的感情而已，它还是"一项决心，一项判断，一项允诺"。

那么，在那天夜里，走在乡间滨海的小路上，我忽然间有了想大声呼唤的那种欲望也是非常正常的了。

我刚刚从海边走过来，心中仍然十分不舍把那样细白洁净的沙滩抛在身后。那天晚上，夜凉如水，宝蓝色的夜空里星月交辉，我赤足站在海边，能够感觉到浮面沙粒的温热干爽和松散，也能够同时感觉到再下一层沙粒的湿润清凉和坚实，浪潮在静夜里声音特别轻柔。

想一想，要多少年的时光才能装满这一片波涛起伏的海洋？要多少年的时光才能把山石冲蚀成细柔的沙粒，并且把它们均匀地铺在我的脚下？要多少年的时光才能酝酿出这样一个清凉美丽的夜晚？要多少年的时光啊！这个世界才能够等候我们的来临？

若是在这样的时刻里还不肯还不敢说出久藏在心里的秘密，若是在享有的时候还时时担忧它的无常，若是爱在被爱的时候还时时计算着什么时候会不再爱与不再被爱，那么，我哪里是在享用我的生命呢？我不过是不断在浪费它在摧折它而已吧。

那天晚上，我当然还是离开，我当然还是要把海浪、沙岸，还有月光都抛在身后。可是，我心里却还是感激着的，所以才禁不住想向这整个世界呼唤起来：

"谢谢啊！谢谢这一切的一切啊！"

我想,在那宝蓝色的深邃的星空之上,在那亿万光年的距离之外,必定有一种温柔和慈悲的力量听到了我的感谢,并且微微俯首向我怜爱地微笑起来了吧。

在我大声呼唤着的那一刻,是不是也同时下了决心、作了判断、有了承诺了呢?

如果我能够学会了去真正地爱我的生命,我必定也能学会了去真正地爱人和爱这个世界。

四

所以,请让我学着为自己的行为负责,请让我学着不去后悔。当然,也请让我学着不要重复自己的错误。

请让我终于明白,每一条路径都有它不得不这样跋涉的理由,请让我终于相信,每一条要走上去的前途也有它不得不那样选择的方向。

请让我生活在这一刻,让我去好好地享用我的今天。

在这一切之外,请让我领略生命的卑微与尊贵。让我知道,整个人类的生命就有如一件一直在琢磨着的艺术创作,在我之前早已有了开始,在我之后也不会停顿不会结束,而我的来临我的存在却是这漫长的琢磨过程之中必不可少的一点,我的每一种努力都会留下印记。

请让我,让我能从容地品尝这生命的滋味。

感恩心语

当我们的心变得坚硬的时候,当我们习惯在冷酷中追逐欲望的时候,也就是人们所谓的成熟。但这真的是我们用美丽的青春和奋斗所追求的吗? 这真的是我们付出快乐与自由的代价所希望的吗?

成长中充了满竞争,这是所有生命发展的自然规律。人心的欲望让我们在追逐中获得了金钱、权力和成功,也失去了美丽感恩的心灵,让我们面对曾经美丽光洁的海滩却失去了浪漫的想象,让我们面对通往神秘远方的小路时却失去了感恩的情感。像那个在坚硬的地面上摔碎的瓷器,光洁的瓷片飞舞在遗憾与失意的记忆里。

没有人敢说对自己做过的事情从来不后悔,关键在于我们应该如何面对后悔。人到中年我们收获年轻时奋斗的果实,明白取舍和所得,可能会重新去找寻曾经放弃的东西,完成自己曾经的愿望。

这是一个需要爱的世界,让我们做真诚与宽容的守护者,让我们永远拥有一颗爱与感恩的童心!

生命如歌

艾明波

我们,生活在这阳光地带,生活在这温暖的世界。我知道:我们都是生命的使者也是生命的过客。生命是一个过程,生命是岁月的一个章节,生命只属于我们一次,生命在给我们幸福时刻的同时也给了我们悲哀的时刻。

生命不会给我们任何承诺,生命只给我们一次机会,那就是:创造与开拓或者是浑浑噩噩。关键是看我们怎么去活着,怎么去把生命好好把握。

我们从另一个世界走来,迎接我们的或许是有太阳的白天或许是有月亮的黑夜。无论白天或是黑夜,我们睁开眼睛就会感到人世间的温暖,我们都会在父母的怀中享受到一种博大的关怀和无与伦比的亲亲热热。虽然,我们给这陌生的世界的第一个声音是哭声而不是音乐;虽然,我们是在母亲的痛苦中降临的，甚至是伴着母亲的泪水和鲜血。但是，父辈们是幸福的。因为，我们延续了他们的生命，我们是他们含泪的骄傲，是他们事业的承接。于是，我们踏着父辈的足迹接近生命的另一个高度。于是，我们用他们所给予我们的力量，在他们没有走过的路途中走过。所以，从这个意义上说，生命又不仅仅是我们自己的，她盈满人间的热望，也装满前辈的嘱托。

这样，我们从拥有生命的那一刻开始，我们的背上就驮着一种使命，我们的身上就跳动着强劲的脉搏。是啊，我们从父母那里得到了血液，得到了骨骼，我们又从太阳和月亮的下面得到了温暖和光泽，我们无法不去用自己的热能点亮期望的目光，无法不用人间赐予我们的一切去燃起希望之火。

也许，父母在给了我们生命之后，没有更多地给我们什么，也许，生活并不是像人们期望的那样不遇到坎坷只拥有欢乐。但是，只要我们一息尚存，就没有理由让自己的身后只生长悲哀而没有收获。尽管有扶持，也有寄托，尽管有帮助，也有理解，但路还得需要我们自己去走，没有谁能够自始至终地陪着我们穿过人生的风雨和世事的阻隔。我们要用自己的灵魂去支撑生命，我们要用自己的目光去发现我们的前方是高山还是沟壑。

活着，是生命的一种形式，创造才是对生命的一种注解。因为生命无法承受之轻，因为生命拒绝接受堕落。

人生短暂，瞬间即过，拥有生命是最大的幸福、最大的快乐。那么，就带着生命上路吧，让我们去擦亮别人目光的同时，也活出一个最好的自我。

感恩心语

《生命如歌》是一首生命的赞美诗。作者开篇就揭示生命的意义："生命是一个过程，生命是岁月的一个章节，生命只属于我们一次，生命在给我们幸福时刻的同时也给了我们悲哀的时刻。"读了这样的句子，不能不令人关注自己的生命，关注自己生命的质量。每个人都有生命，但并不是每个人都能让生命如诗如歌。

困难是我们的恩人

佚名

被誉为"经营之神"的松下幸之助9岁起就去大阪做一个小伙计，后来，父亲的过早去世又使得他不得不挑起生活的重担，寄人篱下的生活使他过早地体验了生活的艰辛。

22岁那年，他晋升为一家电灯公司的检查员。就在这时，松下幸之助发现自己得了家族病，并且已经有9位家人在30岁前因为家族病离开了人世。他没了退路，反而对可能发生的事情有了充分的思想准备，这也使他想了一套与疾病作斗争的办法：不断调整自己的心态，以平常之心面对疾病，调动机体自身的免疫力、抵抗力与病魔斗争，使自己保持旺盛的精力。这样持续了一年，他的身体也变得结实起来，内心也越来越坚强，这种心态也影响了他的一生。

经过患病一年来的苦苦思索，改良插座的愿望受阻后，他决心辞去公司的工作，开始独立经营插座生意。创业之初，正逢第一次世界大战，物价飞涨，而松下幸之助手里的资金少得可怜。公司成立后，最初的产品是插座和灯头，却因销量不佳，使得工厂到了难以维持的地步，员工相继离去，松下幸之助的境况变得很糟糕。

但他把这一切都看成创业的必然经历，他对自己说："再下点儿工夫，总会成功的！已有更接近成功的把握了。"他相信：坚持下去取得成功，就是对自己最好的报答。工夫不负有心人，他的生意逐渐有了转机，直到拿出第一个像样的产品，也就是自行车前灯时，公司才慢慢走出了困境。

1929年经济危机席卷全球,日本也未能幸免,大量产品销量锐减,库存激增。1945年,日本的战败使得松下幸之助变得几乎一无所有,只剩下巨额债务。为抗议把公司定为财阀,松下幸之助不得不去美军司令部进行交涉,最终他成功了。

是啊,一个坚强的人,是不怕困难磨炼的,挫折反而会唤醒一个人的潜力,使他真正成为强者。

生活中有各种各样我们想不到的事情,其实这些事情本身并不可怕,可怕的是我们无法从这些事情所造成的影响中抽身出来,尽早地以最新、最好的状态投入到下面的事情中。

❧ 感恩心语 ❧

困难到了,经验也就有了;磨砺到了,成功也就近了。

感谢上帝赐予我们困难,让我们在解决困难的过程中开启了智慧。

失败了再爬起来

佚名

很多人告诉自己:"我已经尝试过了,不幸的是我失败了。"其实他们并没有搞清楚失败的真正含义。

大部分人在一生中都不会一帆风顺,难免会遭受挫折和不幸。但是成功者和失败者非常重要的一个区别就是,失败者总是把挫折当成失败,从而使每次挫折都能够深深打击他追求胜利的勇气;成功者则是从不言败,在一次又一次挫折面前,总是对自己说:"我不是失败了,而是还没有成功。"一个暂时失利的人,如果继续努力,打算赢回来,那么他今天的失利,就不是真正的失败。相反的,如果他失去了再次战斗的勇气,那就是真的输了!

美国著名电台广播员莎莉·拉菲尔在她30年职业生涯中,曾经被辞退18次,可是她每次都放眼最高处,确立更远大的目标。最初由于美国大部分的无线电台认为女性不能吸引观众,没有一家电台愿意雇用她。她好不容易在纽约的一家电台谋求到一份差事,不久又遭辞退,说她跟不上时代。莎莉并没有因此而灰心丧气。她总结了失败的教训之后,又向国家广播公司电台推销她的清谈节目构想。电台勉强答应了,但提出要她先在政治台主持节目。"我对政治所知不多,恐怕很难成功。"她也一度犹豫,但坚定的信心促使她大胆去尝试。她对广播早已轻车熟路了,于是她利用自己的长处和平易近人的作风,大谈即将到来的7月4日国庆节对她自己有何种意义,还请观众打电话来畅谈他们的感受。听众立刻对这个节目产生兴趣,她也因此而一举成名。如今,莎莉·拉菲尔已经成为自办电视节目的主持人,曾两度获得重要的主持人奖项。她说:"我被人辞退18次,本来会被这些厄运吓退,做不成我想做的事情。结果相反,我让它们鞭策我勇往直前。"

美国百货大王梅西也是一个很好的例子。他于1882年生于波士顿,年轻时出过海,以后开了一间小杂货铺,卖些针线,铺子很快就倒闭了。一年后他另开了一家小杂货铺,仍以失败告终。在淘金热席卷美国时,梅西在加利福尼亚开了个小饭馆,本以为供应淘金客膳食是稳赚不赔的买卖,岂料多数淘金者一无所获,什么也买不起,这样一来,小饭馆又倒闭了。回到马萨诸塞州之后,梅西满怀信心地干起了布匹服装生意,可是这一回他不只是倒闭,而是彻底破产,赔了个精光。不死心的梅西又跑到新英格兰做布匹服装生意。这一回他时来运转了,他买卖做得很灵活,甚至把生意做到了街上商店,但头一天开张时账面上才收入11.08美元。而现在位于曼哈顿中心地区的梅西公司已经成为世界上最大的百货商店之一。如果一个人把眼光拘泥于挫折的痛感之上,他就很难再抽出身来想一想自己下一步如何努力,最后如何成功。一个拳击运动员说:"当你的左眼被打伤时,右眼还得睁得大大的,才能够看清敌人,也才能够有机会还手。如果右眼同时闭上,那么不但右眼要挨拳,恐怕连命也难保!"拳击就是这样,即使面对对手无比强劲的攻击,你还是得睁大眼睛面对受伤的感觉,如果不是这样的话一定会失败得更惨。其实人生又何尝不是这样呢?

感恩心语

"失败了再爬起来",看起来是一句鼓舞失败者最好的话,但是要真正实现起来,需要的是自我鼓励的品质和勇气。所以,我们会对18次被解雇又19次奋起的著名主持人莎莉·拉菲尔充满敬意;所以我们会为美国百货大王梅西困境中的坚持与睿智而心生崇拜。可正是当年的失败,才激起了他们的斗志,因此当最终成功时,需感恩当初的困境。

挫折是千金难买的炼金石

佚名

几乎每一个人都习惯性地期望人生一帆风顺。有人说:"前进的道路上没有挫折是一件多么幸福的事啊!"但事实上,这是不可能的。只要你活着,就会有完不成的事情,就会遇到自己难以克服的事情。没有挫折的人生,从某种意义上来说是黯然神伤、无味无色的。有挫折,生活才不会令人感到无聊和厌倦,也才能让我们知道,我们到底有多大潜力。

鉴真和尚在传播佛教和盛唐文化上,功绩显著。但是他刚刚剃度遁入空门时,寺里的住持让他做了寺里谁都不愿做的行脚僧。

有一天,日已三竿了,鉴真依旧大睡不起。住持很奇怪,推开鉴真的房门,见床边堆了一大堆破破烂烂的草鞋。住持叫醒鉴真问:"你今天不外出化缘,堆这么一堆破草鞋做什么?"

鉴真打了个哈欠说:"别人一年一双草鞋都穿不破,我刚剃度一年多,就穿烂了这么多的鞋子。"

住持一听立刻明白了,微微一笑,说:"昨天夜里下了一场雨,你随我到寺前的路上走走看吧。"寺前是一座黄土坡,由于刚下过雨,路面泥泞不堪。

住持拍着鉴真的肩膀说:"你是愿意做一天和尚撞一天钟,还是想做一个能光大佛法的名僧呢?"

鉴真不假思索地说:"想做名僧。"

住持捻须一笑,说:"你昨天是否在这条路上走过?"

鉴真说:"当然。"

住持问:"你能找到自己的脚印吗?"

鉴真十分不解地说:"昨天这条路又干又硬,小僧哪能找到自己的脚印啊?"

住持又笑了笑,说:"今天我俩在这路上走一遭,你能找到你的脚印吗?"

鉴真回答道:"当然能了。"

住持听了,微笑着拍着鉴真的肩说:"泥泞的路才能留下脚印。"

鉴真恍然大悟。

只有在风雨中走过的人,才能在泥泞中留下自己的印迹,才能证明自己的价值。"宝剑锋从磨砺出,梅花香自苦寒来。"任何一种本领的获得都要经过艰苦的磨炼。

感恩心语

奥斯特洛夫斯基说:"人的生命似洪水在奔腾,不遇着岛屿和暗礁,难以激起美丽的浪花。"

在人生的历程中,人们只有具备对风吹雨打的抵抗力,才能让自己站得更稳。在佛教看来,磨难是人走向佛境的必经之旅,只有能够经受磨难之人,才能成为"金刚不坏"之佛,也就是生活中的强者和成功者。

适应磨难，要经得起折腾

佚名

在一个小区的楼群里，住着两位很特别的人，33 号住着一位年轻人，左邻 32 号是个老人。

老人一生相当坎坷，多种不幸都降临到他的头上：年轻时由于战乱几乎失去了所有的亲人，一条腿也在空袭中不幸被炸断；"文革"中，妻子忍受不了无休止的折磨，最终没能和他同舟共济，并跟他划清了界限，离他而去；不久，和他相依为命的儿子又丧生于车祸。

可是在年轻人的印象之中，老人一直爽朗而又随和。

而隔壁邻居的那个年轻人却与之相反，常常是愁眉苦脸，什么时候都显得很忧郁。当他听别人讲 32 号那个老人一生中的经历以后，就想和老人聊聊。于是年轻人便找了个机会到了老人的家里聊起了天，并把他的愁事跟老人说了。老人并没有说什么，只是笑。

年轻人终于忍不住了，便问："您经受了那么多苦难和不幸，可是为什么看不出您悲伤呢？"老人无言地将年轻人看了很久，然后，将一片树叶举到年轻人眼前：

"你瞧，它像什么？"

"这也许是白杨树叶，而至于像什么……"年轻人答道。

老人拿着手中的树叶对年轻人说："你能说它不像一颗心吗？或者说就是一颗心？"

这是真的，是十分类似心脏的形状。年轻人的心为之轻轻一颤。

"再看看它上面都有些什么？"老人继续说道，一边说着，一边把手中的树叶更近地向年轻人凑凑。年轻人清楚地看到，那上面有许多大小不等的孔洞，就像叶子中间被针扎了很多次似的。

老人收回树叶，放到手掌中，用沉重而舒缓的声音说："它在春风中绽出，在阳光中长大，从冰雪消融到寒冷的秋末，它走过了自己的一生。这期间，它经受了虫咬石击，以致千疮百孔，可是它并没有凋零。它之所以享尽天年，完全是因为对阳光、泥土、雨露充满了热爱，对自己的生命充满了热爱，相比之下，那些打击又算得了什么呢？"

老人最后把叶子放在年轻人的手里，他说："这答案交给你啦，这是一部历史，更是一部哲学啊。"

如今，年轻人仍完好无损地保存着这片树叶。每当年轻人在人生中突遭打击的时候，总能从它那里吸取足够的冷静和力量，不论在怎样的艰难之中，总能保持一种乐观向上的精神。

"文革"时，很多人被下放到农村去接受再教育，遭了不少罪，挨了不少打。可是，有一个中学教师说，这也是一种享受，这倒不是因为他过得很舒坦。其实，在他身上有 18 处伤疤，每一个伤疤都是一个故事，他说自己准备把以往生活的片断都写出来，耐人寻味得很。

在农村期间，他把以前学过木匠的本事拿出来了，十里八村有啥事都找他。

有一天，一个村民的老娘死了，找他打一口棺材，他手到擒来。谁知，当晚就叫造反派抓走了："你说你自己站到什么路线上去了，我们辛辛苦苦在破四旧，你却跟革委会对着干。"于是，他被勒令在炉前哈腰，炉火正旺，哈着腰的他汗珠滴到炉子上，发出吱吱的声音，就这么挺了几个小时。

无独有偶，没几个月过后，这个造反派头头的老娘死了，也找他做棺材，他说这是四旧啊，我不做，造反派说你做不做，跟"革命事业"对着干是不是？这时候也没什么理可讲了，他只好说，好吧我做。

几天之后，棺材也做好了，当地有个风俗，临入葬的时候再钉钉，一般的情况是钉三下，儿子在前面磕上三个头，今天他灵机一动，前面的造反派头头正磕头呢，他就一个劲儿地钉，钉了能有 30 多下，造反派头头磕上了 30 多个头，头都快磕肿了，他在心里偷偷地乐，靠着这种办法，缓解以至化解了很多痛苦。

如果这个人承受不住这些折腾，也许早就命归黄泉了，可是他安然地活到现在。生活中总是会有风雨，郑智化曾唱道："风雨中这点痛怕什么……"一个欲成大事的人更应该学习这种精神。经得起如此折腾的人，还有什么苦不能吃？

另外，经得起折腾要保持一个平和的心态，"见怪不怪，其怪自败"，你不拿烦恼当回事，就可以减少很多不必要的麻烦。这样的事情有很多版本。

一个多世纪前，在俄罗斯一个寂寞的火车站上，有一位穿旧皮袍的老头在低头沉思，他就是贵族出身的大作家列夫·托尔斯泰。这时，火车上一个声音高喊着："喂，老头儿，快去候车室把我的皮箱取来，我给你一个铜板。"对于一个伟大的俄罗斯作家来说，这简直是侮辱，老托尔斯泰完全可以勃然大怒，并斥责发出声音的人。但是，托尔斯泰按着那个人说的做了，然后，弯腰拾起了那一枚铜板。

生活中的老托尔斯泰并不喜欢贵族的生活状态，他更同情弱者，因此，在作品中创作了失去人身权益的安娜·卡列尼娜等重要人物，对站台上那位旅人的做法并不感到太大的怪异，尽管那个人很不礼貌，甚至近乎粗鲁。可是，如果从另一个角度去考虑，也能感受到他粗鲁中流露的感激和亲密，世界上的事情真是很难说得清楚，你越是对别人的做法感到理解，越会衬托出自己的高贵和尊严。你再去想站台上的那个镜头，似乎可以感到，没有比托翁的做法更恰当的方式了。

可是，在日常生活中，人们更多的是采取吵嚷、谩骂、诋毁的方式摆脱困惑。而困惑并没有因为他们的反感而减轻丝毫的分量，所以，视坎坷为幽默才是人生的大智慧。而且，只有领会要这种境界，才能树立正确的人生方向，破除成大事路上的种种障碍，最终品尝全面成功的喜悦。

～ 感恩心语 ～

人活一世，总会遇到诸多风雨和磨难，无论这是生活对你的考验还是磨砺，你都要经得起折腾，保持平和心态，这是成大事所必需的。

把拐杖当成另一个生命支点

尼尔·马申

罗杰斯曾经是美国陆军的一名上士，在军队开了6年的"悍马"车。正是因为车技突出，从军队退役后，罗杰斯又成了政要的专职司机，这一开就是3年，直到他因一次突发的车祸而失去一条小腿。

突如其来的灾难让罗杰斯痛苦万分——不只是因为他失去了一条腿，更让他难过的是，他要出去散步都要依赖拐杖，这意味着他与过去那风驰电掣的生活算是彻底告别了。

谁能料到，仅过了两年时间，罗杰斯不但凭顽强的毅力学会了用假肢开车，他还参加了北美业余车手大赛，获得了第三名的好成绩。当亲友们欢聚一堂为他祝贺时，大家都想听听他是怎样从人生低谷中走出来，又是如何找回了驾驶汽车的感觉的。出人意料的是，罗杰斯举起了他曾经使用过的拐杖说："我要感谢它。"听了他的话，众人都很吃惊。

罗杰斯解释说："悍马车拥有风的速度，开着它驰过戈壁时，让我感受了人生的豪迈，林肯车宽大气派，在高速公路上驰骋时，我体味到一种高贵。但当我由于车祸而暂时告别那段车旅生涯时，我万念俱灰，以为自己再也不能重温生活的乐趣了。后来，倚在拐杖上慢慢行走，却逐渐让我领略到人生的另一种趣味。我走过街边花园，闻到了从未留意过的芳草气息；我坐在公园的长椅上，看清了小女孩可爱又充满朝气的脸。蹒跚的行走带给我另一种思考方式。我由此感受了艰辛，也获得了重新冲击梦想的力量,所以说,我的人生,是因这只拐杖而改变的,即使我现在又能在飞速中畅想,我也仍忘不了时时摸一摸我那亲爱的拐杖,正是它,成为我生命中的又一支点。"

感恩心语

身体的残疾不能将你打到,突来的灾难不能让你屈服,只要心怀感恩,心存希望,将拐杖当作生命中的有一支点,你可以活得更精彩。

人生就是与困境周旋

史铁生

同是生活在这个世界上,谁的生活都难免有些艰难,谁心里都难免有些苦恼和困惑。甚至可以这样说,艰难和困惑就是生命本身,这是与生俱来的,甚至终生不能消灭的,否则人生岂不就太简单了?

设想一下,要是有一天生活中的困难都被消灭干净了,人生实在也就没什么意思了。就像下棋,什么困阻都没有你还下个什么劲儿?内心世界比外部世界要复杂得多,认识内心世界比认识外部世界要困难得多。心理的问题浩瀚无边,别指望一蹴而就。那么指望什么呢?我想,人们能够坐在一起敞开心扉,坦诚地说一说我们的困惑,大胆地看一看平时不敢触动的某些心灵的角落,这就是最好的办法。心里的困惑存在一天,这办法就不会过时。就是说,一切具体的心理治疗方法,都要由这样的开端来引出。自我封闭是心理治疗的最大障碍。

困境不可能没有,艰难不可能彻底消灭,但是人与人之间的交流、沟通、宣泄与倾听,却可能使人获得一种新的生活态度,或说达到一种新境界。什么新境界?我先讲个童话《小号手的故事》:战争结束了,有个年轻号手最后离开战场回家。他日夜思念着他的未婚妻,可是,等他回到家乡,却听说未婚妻已同别人结婚,因为家乡早已流传着他战死沙场的消息。年轻号手痛苦至极,便离开家乡,四处漂泊。孤独的路上,陪伴他的只有那把小号,他便吹响小号,号声凄婉悲凉。有一天,他走到一个国家,国王听见了他的号声,叫人把他唤来,问:"你的号声为什么这样哀伤?"号手便把自己的故事讲给国王听。国王听了非常同情……看到这儿我就要放下了,心说又是个老掉牙的故事,接下来无非是国王很喜欢这个年轻号手,而且看他才智不俗,就把女儿嫁给了他,最后呢,肯定是他与公主白头偕老,过着幸福的生活。

可是我猜错了,这个故事不同凡响的地方就在于它的结尾。这个国王不落俗套——他下了一道命令,请全国的人都来听这号手讲他自己的身世,让所有的人都来听那号声中的哀伤。日复一日,年轻人不断地讲,人们不断地听,只要那号声一响,人们便来围拢他,默默地听。这样,不知从什么时候开始,他的号声已经不再那么低沉、凄凉了。又不知从什么时候起,那号声开始变得欢快、嘹亮,变得生气勃勃了。

所谓新境界,我想至少有两方面。一是认识了爱的重要;二是困境不可能没有,最终能够抵挡它的是人间的爱愿。什么是爱愿呢?是那个国王把自己的女儿嫁给小号手呢,还是告诉他,困境是永恒的,只有镇静地面对它?应该说都是,但前一种是暂时的输血,后一种是帮你恢复起自己的造血能力。后者是根本的救助,它不求一时的快慰和满足,也不相信因为好运降临从此困境就不会再找到你。它是说:困境来了,大家跟你在一起,但谁也不能让困境消灭,每个人必须自己鼓起勇气,镇静地面对它。

人生困境不可根除,这样的认识才算得上勇敢,这勇敢使人有了一种智慧,即不再寄希望于命运的全面优待,而是倚重了人间的爱愿。爱愿,并不只是物质的捐赠,重要的是相互心灵的沟通、了解，相互精神的支持、信任，一同探讨我们的问题。

新境界的另一方面就是镇静，就是能够镇静地对待困境，不再恐慌。别总想着逃避困境，你恨它，怨它，跟它讲理，其实都是想逃避它。可是困境之所以是困境，就在于它不讲理，它不管不顾、大摇大摆地就来了，找到了你头上，你怎么讨厌它也没用，你怎么劝它一边儿去它也不听，你要老是执着地想逃避它，结果只能是助纣为虐，在它对你的折磨之上又增加了一份自己对自己的折磨罢了。

有一回，有个记者问我：你对你的病是什么态度？我想了半天也找不出一个恰当的词，好像说什么也不对，说什么也没用，最后我说：是敬重。这绝不是说我多么喜欢它，但是你说什么呢？讨厌它吗？恨它吗？求求它快滚蛋？一点用也没有，除了自讨没趣，就是自寻烦恼。但你要是敬重它，把它看作一个强大的对手，是命运对你的锤炼，就像是个九段高手点名要跟你下一盘棋，这虽然有点无可奈何的味道，但你却能从中获益，你很可能就从中增添了智慧，比如说逼着你把生命的意义看得明白。一边是自寻烦恼，一边是增添智慧，选择什么不是明摆着的吗？

所以，对困境先要对它说"是"，接纳它；然后试试跟它周旋，输了也是赢。再比如说死亡，你一听见它就着急、生气、发慌，它肯定就会以更加狰狞的面目来找你；你要是镇静地看它呢，它其实也平常。死，什么样儿？就像你没出生时那样儿呗。死，不过是在你活着的时候吓唬吓唬你，谁想它想得发抖了，谁就输了；谁想它想得坦然镇定了，谁就赢了。当然，不能骗自己，其实这件事你想骗也骗不了。但要是你先就对它说"不"，固执地对它说"不"，它就会以更狰狞的面目出现在你面前。其实所有的困境，包括死，都是借助你自己的这种恐慌来伤害你的。

在我双腿瘫痪的时候以及双肾失灵的时候，有人劝我：要乐观些，你看生活多么美好呀！我心里说，玩儿去吧，病又没得在你身上，你有什么不乐观的？那时候，尤其是21岁双腿瘫痪的时候，我可是没发现什么生命的诱惑。我想的是，我要是不能再站起来跑，就算是能磨磨蹭蹭地走，我也不想再活了。那时候，我整天用目光在病房的天花板上写两个字，一个是肿瘤的"瘤"（因为大夫说，要是肿瘤就比较好办，否则就得准备以轮椅代步了），另一个字是"死"。我祈祷把这两个字写到千遍万遍或许就能成真，不管是肿瘤还是死，都好。我想我只能接受这两种结果。到后来，现实是越来越不像肿瘤了，那时我就只写一个字了："死"。

但我为什么迟迟没有去实施呢？那可不是出于什么诱惑，那时候对我最具诱惑的就是死。每天夜里醒来，都想，就这么死了多好！每天早晨醒来，都很沮丧，心说我怎么又活过来了？我之所以没有去死，绝不是生的诱惑，而是死的耽搁，是死期的延缓，缓期执行吧。是什么使我要缓期执行呢？是亲情和友情，是爱。

那时候我也还是不大想活，希望能有一个自然的死亡。但是死亡一经耽搁，不免就进入了另一些事情，就像小河里的水慢慢丰盈了，难免就顺水漂流，漂进大河里去了，四周的风景豁然开朗，心情不由得也就变了。终于有一天我又想到了死，心说算了吧，再试试，何苦前功尽弃呢？凭什么我非得输给你不可呢？这时候，我已经开始对死亡有一种幽默的态度了。

启发我的是卓别林的一部电影，名字叫《城市之光》。女主人公要自杀，结果让卓别林把这女的救了。这女的说："你为什么救我？你有什么权力不让我死？"卓别林的回答妙极了，令我终生不忘。他说："急什么？咱们早晚不都得死？"这是大师的态度，不悟透生死的人想不出这样的话，这里面不仅有着非凡的智慧，而且有着深沉的爱心。就是说，这是困境，是我们谁也逃避不了的困境。但是，我们在一起，我们先一起来看看有没有什么别的办法。这就是爱！我就是靠了这种爱而耽搁和延缓了死亡的，然后才感到了生的诱惑。你要是说这爱就是生命的诱惑，也行，但那绝不是生理性生命的诱惑，而是精神性生命的诱惑，是生命意义的诱惑。不过，我觉得"诱惑"这个词并不算很贴切，"诱"字常常是指失去了把握自己的能力，"惑"呢，是迷茫的意思。所谓"四十而不惑"，大概就是说明白了生命的意义吧。所以，当终于有一天我不再想自杀的时候，生命不见得是向我投来了它的诱惑，而是向我敞开了它的魅力和意义。所以我说，对病，对死，对一切困境，最恰当的态度是敬重，它使我提前若干年"知命"了。所谓"知命"，就是知道命运反正是不可能都遂人愿的，人呢？势必不能逃避困境，而是要正眼看它。你下棋吗？你打球吗？其实人生的一切事，都是与困境的周旋。

如果你觉得这仍然不够，你也可以一个人静静地思索，与天，与地，与上帝或与佛祖都谈谈，那样就能让你更清楚什么是生，什么是死。总之，千万别把自己封闭起来，你要强行使自己走出去，不光是身体走出屋子去，思想和心情也要走出去，走出一种牛角尖去，然后你肯定会发现别有洞天。我写过，地狱和天堂都在人间，地狱和天堂是人对生命以及对他人的不同态度罢了。友谊、爱，以及敞开自己的心灵，是最好的药。

但是，爱，或者友谊，不是一种熟食，买回来切切就能下酒了。爱和友谊，要你去建立，要你亲身投入进去，在你付出的同时你得到。在你付出的同时，你必定已经改换了一种心情，有了一种新的生活态度。

其实，人这一生能得到什么呢？只有过程，以及注满在这个过程中的心情。所以，一定要注满好心情。但你要是逃避困境——但困境可并不躲开你，你要是封闭自己，你要总是整天看什么都不顺眼，你要是不在爱和友谊之中，而是在愁恨交加之中，你想你能有什么好心情呢？其实，爱、友谊、快乐，都是一种智慧。

✦❀✧ 感恩心语 ✧❀✦

一位在死亡边缘徘徊过的人，与我们谈论起生活、爱、友谊和快乐来，往往会一针见血、入木三分。

作者认为，生命的延续在于爱。他在跌入绝望之谷时，是爱拯救了他；他对生活失去信心时，是爱鼓舞了他。困境，使作者明白：人生不可能简单到没有困难。困难降临时，逃避、质问都毫无意义。唯一可行的做法，便是镇静地看着它从容面对。

困境，使作者参透了人生真谛，使作者看到了困境中的真爱。人生因为困境中的爱而意味深长。因为爱，作者可以用巨大的勇气与困境斗争；因为爱，作者不会因为困境而丧失生活的希望。

收获爱需要我们亲身投入。只有我们付出感情，才能换得爱心。人的一生，交织着困境与爱。人生的真谛：与爱并行，与困境周旋。

这并不是最棘手的问题

佚名

通常在心理学家考克斯讲演完后，总有人来找他说："嗨！我现在的处境糟糕透了，我必须好好和你谈谈。"

考克斯此时就会反问他们："这难道是你一生中最艰难的时刻吗？"

这往往让他们无语而陷入沉思。

"不是，"他们往往答道。"现在这个远不及最困难的时候。"

"那好。"考克斯接着说。"如果我们用你度过最艰苦时刻的状态去应付现在的话，你将会很快度过面前的这个难关。"

在这方面，考克斯有切身的经历（他曾经是飞行员）。那是一次冬季飞行，考克斯突然感到飞机上比平时的要热一些。

考克斯开的飞机上的除冻器是将空气从热的发动机带出来——这和汽车上刚好相反。这些空气通过一个弯曲的加热管道然后以很高的温度喷向座舱,尽管其中混杂了周围的空气,但它还是使座舱越来越热,远超过你能忍受的程度,所以你不能让除冻器运行时间超过你想要的时间。

不久,考克斯注意到座舱越来越热,他伸手过去想关掉开关,但是他发现它已经是关闭状态。

系统出故障了,无论考克斯怎样做,都有越来越多的热空气奔向驾驶舱。没有办法控制温度。那时,他们正飞行在恶劣的冬日风雪中——暴风、大雪、冰雹等等,外面情况险恶,里面还有一个更大问题,热浪在座舱中肆虐,他却毫无办法。

考克斯发信号给控制台,解释自己的处境,他决定不飞原定的目的地密西根,而是应当尽快返回他们起飞的地方。考克斯找到一个安全的区域,在控制台的允许下作低空飞行。那样他就可以尽快用掉燃料而返航(飞机带着满满的燃料在结冰的跑道上降落是很危险的,因为冰上的高速降落会将飞机超重的部分抛出去。那时还有大约4吨燃料要用完)。那时,所有的热气涌入座舱,热得考克斯几乎无法进行思考。

降到低空后,考克斯做了一个大旋转,并做了一些技巧动作来加快耗掉燃料。点燃后燃器,而后将它关掉,同时又将油门推回到后燃器位置,这样燃烧器不会再点燃,但多余的燃料会从尾管中源源不断地排出去。这可能是"最差"的卸掉燃料的方法了。

突然座舱充满了烟雾,考克斯的双眼开始流泪。除冻器也受不了高温,开始燃烧。考克斯快要脱水了! 那时他真想将驾驶舱顶篷"弹"掉来逃离热气,但恶劣的天气仍会使无顶篷的着陆危险不堪,因而座舱的炼狱继续着。

飞机的燃料耗得差不多了,考克斯和要着陆的机场联系,想直接飞回机场。人人都知道这很危险,因而考克斯征求地面控制台的意见。

地面控制台告诉考克斯,由于机场风雨突然反向,着陆必须和平常的方向相反。他们正匆忙计算一些数据,当时还无法给他一些降落的信息。考克斯的眼睛开始刺痛,眼泪已让他无法看东西了,幸运的是呼吸还没有问题,因为有氧气罩。

最后,地面控制台开始指引他降落。考克斯什么也看不见,云雾几乎笼罩着地面,他们让考克斯从最小倾斜度降落,那样如果低空没有云层的话,可以再兜一圈重试。考克斯冲出了云层,但前方却没有跑道。跑道在他左边300米处,一切危险都到齐了,本不应该发生的都在今天来了。考克斯把操纵杆向前推,飞机上升,又飞回了云层。

"让我们告诉你如何做",地面控制台说道。"我们来告诉你同时转向及转多少度角,以及何时离开。"考克斯仔细按照他们的指引去做。

他在风雪中如瞎子般盲目飞翔着,祈祷来自地面的声音能让自己从云层中钻出来,出来时一个长而美的跑道能够正好展现在自己的面前。

第二次,恰好考克斯飞到一个云层开裂处,他能看见了——否则只好重来。穿过云层,他能分辨出自己所处的位置,很好,这次我只是偏右了50米,他立即向左转了个70度的大弯……好了,这次正对着跑道。

但是此时,考克斯已经快到了跑道的尽头了,如果他试着降落的话,到跑道尽头处飞机肯定还会有很高的速度——这不是个太好的主意。

这时,考克斯想起了这样一句话:"如果你没有选择的话,那么就勇敢迎上去。"除了将飞机拉起来盘旋一圈后再来一次,他别无选择。再试一次是很危险的,因为有很多细小的东西要校对,那一刻,考克斯毫无遗漏的照控制台发给自己的指引去做。现在有个好现象,就是座舱开始变凉快了,因为除冻器已经报销了。但此时,考克斯又陷入燃料耗尽的困境中,他开始后悔放掉了那么多燃料,他只剩下再来一次的燃料。他呼叫:"如果此次我还不成功的话,给我指定一个人烟稀少的区域,我将跳伞。"

考克斯又来了一次,这次,当他还在云层中时,控制台就告诉他太靠左了,于是,他又向右转了一些。

但是控制台又重复到:"你太靠右了,立即向右转!"考克斯还是看不到跑道。但基于两次右转尝试,他想:"我可能已经到了正确位置,凭感觉我不想再改变位置了。"

很多时候我们都要决定是听取别人的建议还是相信自己的感觉。考克斯飞快地做了选择。一旦做完选择,他就会面临三个结果:五秒钟内,他可能在跑道上,可能在降落伞上,还可能死去。考克斯当然选择降落在跑道上,毫无疑问,他根本就不想跳伞。

当考克斯冲出云层时,跑道正摆在他面前,飞机着陆了,就在考克斯将飞机停下来时,发动机自动熄火了,燃料已用尽了。

回过头来看看,如果这期间考克斯沉浸在浪费时间和精力来抱怨该死的情况的话,他会毁了自己和飞机。幸运的是,考克斯没有抱怨,而是泰然处之。

此后,每当困难和低沉时,考克斯总是对自己说:"是的,这难道比那次空中遇险还要糟吗?当然不!我想如果那时我能挺过来,什么事我都会挺住的。"

感恩心语

我们总有将摆在我们面前的问题看成自己遇到的最严重的习惯,这时,我们应该想想这样的判断是否正确。下次当你遇到了难题时可以问问自己:"这是不是我所遇到的最棘手的问题?这个难题和我曾遇到过的最大难题相比如何?"如果过去的难题更棘手,那么你就要相信自己一定能渡过这个难关。

挫折是成功的前奏曲

佚名

一位心理学家曾说:"挫折是成功的前奏曲,因挫折而一蹶不振的人,是生活的弱者,视挫折为人生财富的人,才会获得成功的桂冠。"的确,很多成功者都是在经过多次失败后,才获取成功的。

英国著名学者、作家迪士累利是在遭受了一系列失败的打击之后,才在文学领域取得了人生历程的第一个成就。他的作品《阿尔罗伊的神奇传说》和《革命的史诗》遭到了人们的冷嘲热讽,甚至有人骂他是个精神病患者,他的作品也被人们视为神经错乱的标志。但他毫不气馁,依然继续坚持不懈地从事文学创作,后来终于写出了《康宁斯比》、《西比尔》和《坦康雷德》等优秀作品,被人们誉为文学精品,深受读者喜爱。

迪士累利作为一个杰出的演说家,但他在国会下院的首次演讲却以失败而告终,被人戏称为"比阿德尔菲的滑稽剧还要厉害的尖锐叫嚷声而已。"迪士累利虽然在乐队担任词曲作者,但他却雄心勃勃,一心想创作出一流的词曲作品来,可是他所创作的每一句词曲都得到了人们的"哄堂大笑",悲剧《哈姆雷特》被他演奏成了与原剧的风格风马牛不相及的喜剧。

面对自己那充满学识的演说屡次遭到人们的冷嘲热讽,迪士累利苦恼之际,举起双臂大声向人们喊道:"我已多次尝试过很多事情了,这些事情都是在你们的嘲讽下最终取得了成功。我坚信今天的嘲讽只会令我更加努力。总有一天,你们听到我演说的时机会再次来到,到那时,也许该嘲笑的是你们!"

真的,正如迪士累利所说,这一天果真来了。最终,迪士累利在世界第一次绅士大会上那扣人心弦的演讲,向人们展示了勇往直前的力量和决心将会干出多么杰出的成就,因为迪士累利就是靠辛劳和汗水获得了这样的成功。成功就是最大的报复。他不像许多年轻人那样,遇到失败和挫折就一蹶不振,就躲到阴暗的角落里再也不敢见人。

迪士累利不是这样的人,他遭受失败的打击后依然会继续努力,愈加奋斗不止,勇往直前。他认真地反思自己,抛弃过去身上存在的缺陷,发扬受公众欢迎的长处,孜孜不倦地练习演说的艺术,刻苦学习议会知识。为了成功。一次次地用"成功就是最大的报复"来鼓励自己。最后成功终于来了,虽然来得确实慢了点:最后议会同他一起欢笑,而不是嘲笑。早年失败的记忆自此从头脑里烟消云散,此时公众一致认为,他是议会里最成功和最有感染力的议长之一。

迪士累利在遭受挫折的打击后,不是消沉,而是愈加奋斗,直到取得成功。他的经历向我们揭示了这样一个真理:"成功只属于生活的强者!"而要做生活的强者,获得事业上的成功,就必须战胜人生道路上的艰难险阻,克服各种各样的挫折与坎坷。

美国国际商用机器公司(IBM)的创始人托马斯·约翰·沃森生于美国纽约州北部一个贫困的农民家庭。父亲是来自英国的移民,靠伐木和种地谋生。

17 岁时,沃森便赶着马车替老板到农户家推销缝纫机、钢琴和风琴。他整天奔波在崎岖的乡间小路上,挨门挨户兜售。开始,他对老板付给他每星期 12 美元的工资还挺满意。后来,他从另一个推销员那里得知,他实际上被老板骗了,因为其他推销员通常拿的是佣金,而不是工资,如果按佣金计算,他每个星期应得 65 美元。当他找到老板要求补发薪水时,却被告之公司已解雇了他,理由是他工作不努力。沃森虽然不服气,却又找不到说理的地方,他只好带着受挫的心离开家乡,来到大城市布法罗,希望能找到按佣金付酬的推销员工作。

当时正是经济萧条时期,城里的工作也相当难找。两个月过去了,沃森才被一家公司录取为推销缝纫机的推销员。后来,他又推销股票,好不容易积攒了一笔钱,开了一家肉铺。但好景不长,他的合伙人在一个早上把他的全部资金席卷一空溜走了。肉铺倒闭,沃森破产了,只好又干起推销的老本行。他在国民收银机公司当一名推销员。几经挫折的沃森怎么也没想到,这正是他把握自己命运、走上成功之路的起点。

国民收银机公司的总裁约翰·亨利·帕特森是一个杰出的现代商业先驱。也是现代销售术的鼻祖。沃森在他手下干了 18 年,他的推销艺术和经营之道对沃森产生了巨大而深刻的影响。在帕特森的严格训练下,沃森如鱼得水,充分发挥出自身的潜能。

进入国民收银机公司仅仅 3 年后,沃森就成了公司的明星推销员,其佣金破纪录地达到一星期 1225 美元。后来,沃森被提升为分公司经理。

到 1910 年,他已经成为公司中仅次于帕特森的第二号人物。但在那以后,厄运又一次向他袭来。

以独裁专横闻名的帕特森,总是解雇虽有功绩但可能对他造成威胁的雇员。1913 年夏天,帕特森听信一个副总裁的谗言,认为沃森拉帮结伙、扶植亲信,便决定要辞退他。

沃森努力为自己申辩,但毫无结果,无奈于次年 4 月愤而辞职。他发誓要做出一番属于自己的事业。就在走出公司办公大厦时,他转身对一个朋友说:"这里的全部大楼都是我协助筹建的。现在我要去另外创建一家企业。一定要比帕特森的还要大!"

后来,他果然创办了具有国际声誉的 IBM 公司。

感恩心语

没有人的生活会一帆风顺,在遭受屈辱、挫折时,你是选择逃避,还是选择坚强面对呢?如果是后者,你就能够把屈辱变成力量,从而改变自己的人生。正如诺曼·文森特·皮尔所说:"逆境,要么使人变得更加伟大,要么使人变得非常渺小,从来不会让人保持原样。"的确,当我们身处逆境时。如果不屈服于命运的安排,不放弃自己的信念,就一定能够得到我们所追求的东西。

在羞辱中奋起

佚名

有一位法国小青年，由于出身于富翁家庭，自小生活环境优越，生活奢侈，整天游手好闲，不务正业，人们都认为他是没有出息的人，父亲也摇头说他不可救药。但是在一次盛大的宴会上，他被一位年轻美貌的姑娘伤害了。他邀请这位漂亮的姑娘跳舞，姑娘不仅拒绝而且羞辱他说："请站远一点，我最讨厌你这样的花花公子。"骄横的他有生以来第一次感受到别人对他的藐视和冷漠，这让他感到无地自容，但却使他突然清醒过来，开始对自己的过去产生了悔恨和羞愧。

后来，他给家里留下一封信，悄悄地离开了家乡。信中写道："请不要探询我的下落，容我刻苦努力地学习，我相信自己将来会创造出一些成绩来的。"果然，8 年以后，他成了赫赫有名的化学家，不久又获得了诺贝尔化学奖。

这位曾被人羞辱伤害的少年，就是在 1912 年获得诺贝尔化学奖的法国科学家维克多？格林尼亚。

美国国家安全顾问赖斯，10 岁时随全家到首都游览，却因为是黑人，不能进入白宫。小赖斯倍感羞辱，她凝神远望白宫良久，然后回身告诉父亲："总有一天，我会在那房子里！"果然，25 年后，从名牌学院丹佛大学毕业、已成为俄罗斯问题专家的赖斯，昂首阔步进入白宫担当了首席俄罗斯事务顾问，后又升为国务卿，成为全世界著名外交家。白宫那条歧视黑人的规定，也早已烟消云散。

美国 NBA 超级球星奥尼尔，当他还是一个高中生时，他崇拜的偶像是马刺队的中锋大卫？罗宾逊。在一次球赛后，苦苦等了几个小时的奥尼尔，看到偶像出来就兴冲冲走上前去，请罗宾逊签名。可是罗宾逊连看都没看他，扬长而去。奥尼尔气得把签字本摔在地上，大吼一声："你有什么了不起，我将来一定超过你！"5 年后，NBA 球场上出现了一个超级中锋，他就是"大鲨鱼"奥尼尔，奥尼尔在球场上所向无敌，尤其见了罗宾逊，更是发狠，每次都把罗宾逊打得丢盔卸甲。

感恩心语

对懦弱者而言，突如其来的羞辱意味着自暴自弃，意味着人生的无尽长夜。对自强者而言，意料之外的羞辱是人生的挑战，是自己重新奋起的宣言。

有一首诗写得好："我相信有一天，我流过的泪将变成花朵和花环，我遭受过千百次的遍体鳞伤，将使我一身灿烂……"

人生最大的对手，往往就是自己。如果把羞辱转化为一种力量，在沉沦中崛起，幸运之神就会降临到自己的头上。

第十一章

快乐生活：
感恩幸福的眷顾

我们常常会想：什么是幸福？幸福在哪里？
其实幸福就存在于每个人的心底。感恩和乐观的
心态会产生人生乐趣，人生乐趣便是幸福的土壤。

生活因感恩而美好

佚名

有一位被丈夫遗弃的妇女,她带着孩子,仅靠在夜市卖小吃维持生计,生活很艰难。但是,她却从来都没有表现出失望。她把自己那仅有 30 平方米的小屋子收拾得干净整洁,旧茶几上还摆着一瓶鲜花。虽然那不是一个真正的花瓶,只是一个破旧的酒瓶,但里面却插满了路边采来的野花。别人都认为她的日子不堪忍受,而她自己却觉得很好。当别人对她表示同情时,她却淡然一笑说:"我感觉挺好的,我的孩子很健康,我们有东西吃,有地方住,我们生活得很幸福。"

一个人幸福与否全在自己内心的感觉,当你去用感恩的心去看待生活中的一切时,生活就变得美好起来。故事中的女子便是这样一个人,她没有过多地去关注生活中的困苦,而是把注意力放到让自己感到幸福的事情上面,她为了孩子的健康、为了每天有食物吃、有地方住而感恩,她感到知足而快乐,她是幸福的。很多大富大贵之人也未必会有她这样的心境,有钱人真的比这个女人幸福吗? 很可能,他们并没有我们想象得那么快乐。

凡事都是如此,有得必有失,有利就有弊,任何事物都有两面性,生活如此,幸福也是如此。当你用感恩的心去看待挫折,你就会发现它是对人的一种历练,它是在帮助人更快地成长;当你用感恩的心去看待风雨,你会发现它虽然淋湿了人们的头发和衣服,却浇灌了大地和植物,它们的存在让我们的谷物丰收、让空气清新、让花儿更红、草儿更绿;当你用感恩的心去看待父母的唠叨、师长的责备,你会发现,他们所做的一切都不是为了自己,而是想让你人生的路途能够走得更顺利、更长远。当你懂得用感恩之心对待他人,用感恩之心看待事物,用感恩之心感受生活的时候,你就成了一个幸福的人。

有一个小女孩,每天晚上临睡前都要回忆自己一天来所经历的人和事,并要在心中默默"感激"三个人、三件事。

当然,这个任务是妈妈安排给她的,因为她想要女儿从小就学会看到人生中美好的一切,并真心地感恩。一个常常感恩的人,才会惜福,才会快乐,心灵也才会圆满温润。

一天晚上,小女孩躺在床上,不知道在想着什么。妈妈就问她,女儿为难地告诉她,今天,她要感谢为自己剪指甲的奶奶,为她上课的老师,为她们班做卫生的钟点工以及没有下雨的老天……可是,还少一件事需要感谢,想来想去也不知道该感谢什么。

妈妈看着女儿冥思苦想的可爱状,就建议她说,只要让你快乐的事,都值得去感激。女儿看着她,脸上突然现出了开心的笑容。她说,妈妈种的茉莉花在阳台上开花了,这很令她开心。茉莉花那么香,那么美,她要谢谢花开了!

小女孩的感恩心态令人感动。也许只有在最纯洁无瑕的孩子眼中才能看到花开花谢的美丽,才能想到去感谢花开。

生活中,有太多的事情值得我们用一颗感恩之心去面对,那些事也许很小、很简单,却给我们带来了莫大的好处和便利,比如拥挤的公交车上有人给你腾出一块能搁脚的地方,使你站得更安稳;比如一段泥泞的路上,有人摆好了踏脚的砖头,让后面的人不至于把鞋弄脏;比如衣服上粘了东西,有人提醒,使自己不至于太丢人……这些不都是应该感恩的事吗? 做这些事的人不都是值得感谢的人吗?

不要再抱怨这个世界冷漠,不要再说什么人情冷暖、世态炎凉,这个世界的冷暖不在于外物,而在于自己的心。生活中并不缺少好人好事,也不缺少温暖和快乐,只是你没有一颗感恩的心,没有体会到而已。

生活之中,有太多的人和事值得我们用一颗感恩的心去面对,即使那些人很普通,那些事很平凡,但也曾让我们心里感到过温暖、踏实,也曾让我们觉得生活在这个世界是多么美好。我们时刻都在接受着各种大大小小的恩惠、这些恩惠,让我们成长,让我们成功,更让我们成熟!

活着,就是一种莫大的幸福

佚名

生活得久了,便会忘记很多事情,因为琐碎而不满,甚至厌倦。然而,生命真就那么不值得欣喜吗? 我的一个朋友曾经为此很是困惑,活着活着,突然就不知道为什么而活了。然而,当第二次再遇到她的时候,她已经洋溢着青春气息了,她给我看了她的一段日记,其中收录了这么一个让心灵震颤的故事:

有位青年,厌倦了生活的平淡,感到一切只是无聊和痛苦。为寻求刺激,青年参加了挑战极限的活动。活动规则是:一个人待在山洞里,无光无火亦无粮,每天只供应5千克的水,时间为整整5个昼夜。

第一天,青年颇觉刺激。

第二天,饥饿、孤独、恐惧一齐向他袭来,四周漆黑一片,听不到任何声响。于是,他有点儿怀念平日里的无忧无虑来:他想起了乡下的老母亲不远千里地赶来,只为送一坛韭菜花酱以及小孙子的一双虎头鞋;他想起了终日相伴的妻子在寒夜里为自己掖好被子;他想起了宝贝儿子为自己端的第一杯水;他甚至想起了与他发生争执的同事曾经给自己买过的一份工作餐……渐渐地,他后悔起平日里对生活的态度来:懒懒散散,敷衍了事,冷漠虚伪,无所作为。

到了第三天,他几乎要饿昏过去。可是,他一想到人世间的种种美好,便坚持了下来。第四天、第五天。他仍然在饥饿、孤独、极大的恐惧中反思过去,向往未来。

他责骂自己竟然忘记了母亲的生日,他遗憾妻子分娩之时未尽照料义务,他后悔听信流言与好友分道扬镳……他这才觉出需要他努力弥补的事情竟是那么多。可是,连他自己也不知道,他能不能挺过最后一关。此时,泪流满面的他发现:洞门开了。阳光照射进来,白云就在眼前,淡淡的花香,悦耳的鸟鸣……

青年扶着石壁蹒跚着走出山洞,脸上浮现出一丝难得的笑容。5天来,他一直用心在说一句话,那就是:活着,就是幸福。

哲人说,活着就是一种幸福,一语道出了多少感恩之情,多少对生命的热爱! 感恩生命,让我们好好地活着,可以享受爱,也可以为别人奉献自己满满的爱。

《鲁豫有约》里,刘若英说她的祖父临终前,她在祖父的病床前轻轻唱着她从小就唱的《绿岛小夜曲》的时候,她看见已经不能言语的祖父眼角的泪滴。她带着一种既凄凉又欢喜的声音说,还好她从没讲过祖父的坏话。这是一种多么让人心碎的感恩啊,幸好我曾经好好善待好好珍惜了,幸好我一直没有忘记,幸好还有那么多回忆,幸好我们永远活在彼此的心里。这个时候,活着多好,活着,可以说是一种莫大的幸福了。

死亡与不幸随时都会在我们身边发生,完好无损地活着的我们,怎么就不感恩我们的幸运呢? 没听过谁是在埋怨自己生命的过程中获得解脱的,但因不断埋怨自己的生活和命运,而把自己的人生弄得一塌糊涂的人,倒听过很多。

然而,我们常常发觉,一边是死亡的震撼,一边是活着的琐碎,虽然被死亡震撼着,然而转眼间就会被生活的琐碎所淹没。要知道,平安活着其实就是一种莫大的幸福。让我们用感恩生命的心去抚摸生命,好好珍惜生命,珍惜活着的每一刻吧!

感恩心语

感恩生命,让我们好好地活着,可以享受爱,也可以为别人奉献自己满满的爱。

幸福的缺口

佐合子

佐合子和儿子生活在日本的一个小村庄里。她的丈夫很多年前就死了,她呕心沥血地把儿子拉扯大,期盼他长大了以后能给自己建一座有花园的房子,能买下上百亩肥沃的田地,给自己的晚年带来幸福和安宁。

但有一天傍晚,她的儿子突然生了重病,他浑身抽搐,痛苦地呼喊着母亲。佐合子吓坏了,赶忙去附近的村庄请医生,可是当她领着医生深一脚浅一脚回到家时,儿子静静地躺在床上,他已经死了。

相依为命的儿子离开了,佐合子悲伤到了极点。在儿子冰冷的遗体旁坐了三天后,她默默地锁上房门走了。来到京都一座气势恢弘的禅寺,她求见德高望重的老禅师白鹤大师,伤心欲绝地苦苦哀求道:"大师啊,您有什么办法让我的儿子复活吗?他死了,我全部的希望都没了。"

望着风尘仆仆的佐合子,大师沉吟了一下说:"施主请放心,让你儿子复活的办法倒是有,但需要你做一件事情。"佐合子心想:只要儿子能复活,别说一件事情,就算是一百件、一千件事情,我也要去做。于是她说:"大师,您说吧,就是上刀山、下火海我也一定去!只要我的儿子能活过来。"

大师笑了笑说道:"其实这件事没有你想得那么难,它只是一件小事情。是这样,想让你儿子死而复生,只需要一杯水。你需要找到这样一户人家:他们家没有任何痛苦和灾难。这个家庭施舍给你的那杯水,就是净水。你把这杯水找到之后,我可以用它救活你的儿子。"

佐合子一听,原来事情这么简单呢,心一下敞亮了。于是她满怀期望地上路了。

走了一户又一户人家,听到佐合子的要求,那些人家都摇着头说:"我们哪算得上是幸福人家呀,我们都有自己的烦恼和不幸。"听着他们对自己倾诉家庭的苦难和不幸,佐合子叹息不已,就用舒心的故事和话语安慰那些痛苦和不幸的家庭。就这样她走遍了每个村庄,十多年的时间里始终在为找到一杯净水而忙碌奔波。可结果呢,始终也没能从村庄里找到那杯让儿子复活的净水。她想,是不是乡下人太贫穷,才找不到一户美满幸福的家庭呢?

于是她又走进高楼林立的城市,去敲开一家又一家的门。这次她梦想,幸福而美满的家庭说不定就是将要敲开的这家呢。但是,如同在乡下一样,城里每户人家都同情地告诉她说,他们并不幸福和美满,他们都有各自的苦衷,所以实在抱歉,不能给她那杯她渴望得到的净水。她去找过腰缠万贯的银行家,也找到过日进斗金的大富翁,还找过权贵显赫的政府官员,甚至还找到了万众敬仰的日本天皇。但最终,谁也不敢承认自己的家庭是幸福而美满的。

佐合子十几年间走访的这些家庭,让她终于明白,这世界上根本就没有一个人、一个家庭是没有痛苦和不幸的。也就在倾听家家户户的倾诉中,痛失爱子的忧伤一点点地远离了她的心。她决定不再去找寻那杯净水了,因为大师叫她找寻幸福美满人家的良苦用心,她已经明白了。

感恩心语

每个人都有自己的烦恼和不幸,绝对完满的幸福是不存在的。明白了这个道理,才算是真正理解了幸福的真谛。

幸福的秘诀

亚士里德·杰夫

斯蒂芬在干旱的亚利桑那沙漠度过夏天,也在严寒的克来兰德度过冬天。很多人都认为斯蒂芬吃了很多苦头,但是斯蒂芬却说,她享受到了生活中最妙的时光,而且还悟出了快乐一生的人生道理:世界上没有苦差事,只是我们没有发现其中的乐趣。

亚利桑那沙漠112度的高温,让斯蒂芬领教了沙漠夏季的厉害。"如果不是西普森先生,在沙漠第二年的生活肯定会更糟糕!"

那时候,他们家在沙漠里的第二个夏季快要来了,斯蒂芬开始恐惧那酷热难耐的几个月。一天,她来凤凰城加油站,对老板西普森抱怨:"这里的夏天好像生活在地狱里!"

"哈哈,你不能这样担忧,可怜的斯蒂芬女士!"西普森的笑声总是那么爽朗。"他好像永远生活在春天",斯蒂芬心想。

"对炎热的惧怕只会使夏季变得更长,斯蒂芬。你要像迎接一个惊人喜讯那样对待酷暑的来临!"西普森一边找给斯蒂芬零钱一边说,"夏季带给我们的礼物多着呢,千万别错过它哦!"

斯蒂芬吃惊地看着西普森,在她的记忆里只记得夏季带给她的种种烦恼。

西普森看了一眼斯蒂芬吃惊的神情,笑着解释说:"六月的黎明,玫瑰红色的天边,像少女羞红的脸。八月的夜晚,仰望满天繁星,就像遨游在湛蓝的海洋……"他的表情似乎沉醉在美妙的仙境。

斯蒂芬抱着试试看的心理,把西普森的方法应用到生活当中。从那天起,她不再惧怕炎热,而是以积极的心态期待着夏天的到来。这时她突然发现了一个秘密,原来盛夏的亚利桑那是如此的美丽。

夏天的清晨,斯蒂芬淋浴着凉爽的晨风,给鲜艳的玫瑰花修剪枝杈,打扫院子,新的一天就从愉悦中开始了。下午,她和孩子们在空调屋里睡着午觉。夜晚,全家人来到院子里,打棒球,做冰激凌吃。那时候斯蒂芬才发现,沙漠的夜晚是那么美。她体会到了西普森先生描绘的景色。

当一家人必须离开亚利桑那到北部的克来兰德居住的时候,斯蒂芬惊奇地发现,她已经爱上了亚利桑那沙漠的夏天。

克来兰德冬季是冰雪的世界,邻居们在冬季到来之前就开始担忧厚厚的积雪。可是当一场雪覆盖了大地之后,邻居们惊奇地发现斯蒂芬和孩子们在兴奋地滚雪球。

"这些从没见过雪的沙漠人!"一个中年人感慨着,"多年来雪只是我们铲除的对象,都忘了它能给冬季带来的快乐了。"他们和孩子们滑雪橇、溜冰,围着壁炉吃热巧克力,整个冬季都过得很开心。

几年后,当一家人再回到沙漠,满头银发的西普森依然面容慈祥,丝毫没看到衰老的迹象。

斯蒂芬问他养生的秘诀,他笑容可掬地说:"每天都有个好心情,比任何好化妆品都管用。"

他还做着他的加油站老板,依然用乐观的心态感染着他的顾客。

"去看看我家的三棵桃树吧,还有卧室窗外那个小小的蜂鸟窝,那些娇小玲珑的小东西,多像一只只小企鹅……"他边开发票,边如数家珍似的向斯蒂芬讲述着沙漠的美景。

斯蒂芬发现,因为享受特殊气候带来的惊喜,她已经变得善于发现生活中使人快乐的一切了。

❧ 感恩心语 ❧

生活给我们制造了很多烦恼,但我们的眼睛和心灵要善于发现烦恼以外的一切美的东西。这,就是幸福的秘诀。

幸福的开关

林清玄

我小时候对汽水有一种特别奇妙的向往,原因不在汽水有什么好喝,而是由于喝不到汽水。我们家是有几十口人的大家庭,小孩依次排行就有 18 个之多,记忆里东西仿佛永远不够吃,更别说是喝汽水了。

有一回,我走在街上的时候,看到一个孩子喝饱了汽水,站在屋檐下呕气,呕——长长的一声。我站在旁边简直看呆了,羡慕得要死掉,忍不住忧伤地自问道:什么时候我才能喝汽水喝到饱?什么时候才能喝汽水喝到呕气?因为在读小学的时候,我还没尝过喝汽水到呕气的滋味,心想,能喝汽水喝到把气呕出来,不知道是何等幸福的事。

在小学三年级的时候,有一位堂兄快结婚了。我在他结婚的前一晚竟辗转反侧地失眠了。我躺在床上暗暗地发愿:明天一定要喝汽水喝到饱,至少喝到呕气。

第二天我一直在庭院前窥探,看汽水送来了没有,到上午九点多,看到杂货店的人送来几大箱的汽水,堆叠在一处。我飞也似的跑过去,提了两大瓶的黑松汽水,就往茅房跑去。彼时农村的厕所都盖在远离住屋的几十米之外,有一个大粪坑,几星期才清理一次,我们小孩子平时很恨进茅房的,卫生问题通常是就地解决,因为里面实在太臭了。但是那一天我早计划好要在里面喝汽水,那是家里唯一隐秘的地方。

我把茅房的门反锁,接着打开两瓶汽水,然后以一种虔诚的心情,把汽水咕嘟咕嘟地往嘴里灌,一瓶汽水一会儿就喝光了。几乎一刻也不停的,接着,我把第二瓶汽水也灌进腹中。

我的肚子整个胀起来,我安静地坐在茅房地板上,等待着呕气。慢慢地,肚子有了动静,一股沛然莫之能御的气翻涌出来,呕——汽水的气从口鼻冒了出来,冒得我满眼都是泪水,我长长地叹了一口气:"这个世界上再也没有比喝汽水喝到呕气更幸福的事了吧!"然后朝圣一般打开茅房的门栓,走出来,发现阳光是那么温暖明亮,好像从天上回到了人间。

在茅房喝汽水的时候,我忘记了茅房的臭味,忘记了人间的烦恼,觉得自己是世上最幸福的人,一直到今天我还记得那年叹息的情景,当我重复地说:"这个世界上再也没有比喝汽水喝到呕气更幸福的事了吧!"心里百感交集,眼泪忍不住就要落下来。

有时这种幸福不是来自食物,而来自于自由自在地在田园中徜徉的一个下午。

有时幸福来自于看到萝卜田里留下来做种的萝卜开出一片宝蓝色的花。

有时幸福来自于家里的大狗突然生出一窝颜色不同的、毛茸茸的小狗。生命的幸福原来不在于人的环境、人的地位、人所能享受的物质,而在于人的心灵如何与生活对应。因此,幸福不是由外在事物决定的,贫困者有贫困者的幸福,富有者有其幸福,位尊权贵者有其幸福,身份卑微者也自有其幸福。

在生命里,人人都是有笑有泪;在生活中,人人都有幸福与烦恼,这是人间世界真实的相貌。

❧❧ 感恩心语 ❧❧

什么是幸福?是喝汽水喝到呕气,看到一地宝蓝色萝卜花,还是家里有一窝新生的小狗崽?幸福是突如其来的希望,是渴望的满足,是对生活的感恩。

幸福其实就在我们身边。有些人唉声叹气、自怨自艾,大概都忽略了那些藏在身后的幸福了吧。幸福不需要宽宽阔阔的包围,只需点点滴滴的感动。爱恋中的人,脸上都挂着幸福的微笑。你问他们什么是幸福,答案可能会是一枝花、一句呢喃、一次拥抱等等。

幸福其实是心灵的冲动，是一种感觉、一种体验、一种经历。掰指算算，从小到大，幸福的事情真是不少。从第一支雪糕，第一件公主裙，第一次得到奖状，到第一次执手相看，第一次失而复得，甚至第一次喜极而泣，幸福在当下，是一件小事触发的情感的喷薄而出。静静地放大自己的心情和周遭的生活，或许你会不经意地发现：哦，原来幸福就在这里。

知足是幸福的源头

佚名

听过这样一个故事，让我感触颇深：

有一个国王终日忧愁、闷闷不乐。他听说在偏远的农村有一个年过百岁的老农，虽衣不遮体、食不果腹却一直笑口常开、快乐无忧。国王大惑，遂命侍从请来老农问其原因，老农笑答："我曾经因为找不到一双合脚的鞋而懊恼，直到我遇到了一个没脚的人。"国王顿悟，大为感慨："知足就是幸福的源头啊！"

知足就是幸福的源头，因为知足是一种良好的生活态度，它能使人变得更加睿智、平和。知足的人不会轻易为身外之物所累，知足的人向往幸福却从不奢求不切实际的幸福，知足的人追求快乐因而总是对生活充满了信心。知足的人大多拥有一颗恬静淳朴的心。他们懂得一心一意地呵护现有的生活，珍惜身边的一切，始终以一颗"得之我幸，失之我命"的平常心看待生活中的成败得失。因为珍惜，他们对生命中的点滴光阴充满感激；因为知足，他们对现在拥有的生活感到无比幸福。

一个人的幸福，不是因为他拥有得多，而是因为他计较得少。如果你还在为领导不给涨工资心生不快，请想想那些下岗待业的人们，起码你还有一份稳定的工作；如果你还在为自己不够英俊潇洒而自卑烦恼，请想想那些要依靠外部力量帮助才能正常生活的残障人士，起码你还拥有一个健康的身体；如果你还在为年迈的父母整日的唠叨而感到厌烦，请想想那些"子欲养而亲不待"的人，起码你还有一个完整的家庭……其实，你一直都很幸福！

凡是读过弘一大师传记的人，都不会忘记他是以怎样珍惜和满足的神情面对盘中餐的：那不过是最普通的萝卜白菜，他却用筷子小心地夹起放在嘴里，似在享用山珍海味。正像夏尊先生所说："在他，什么都好，旧毛巾好，草鞋好，走路好，萝卜好、白菜好、草席好……"

令人难以想象的是这位备受敬仰的人物，原本生长在"黄金白玉非为贵"的富豪之家。惜衣惜食，非为惜财缘惜福；爱人爱物，到了方知爱自己。有位70岁的老先生，携一幅祖传名画参加电视台组织的鉴定活动。

他对主持人说，父亲告诉他，这幅画可能价值数百万元，所以，他总是战战兢兢地收藏着。由于自己不懂艺术，这次有这么好的机会，他便拿来请专家们鉴定。

专家鉴定结果很快就出来了，非常肯定地认为，这幅画是赝品。主持人问老先生："这个鉴定结果，一定让您很失落吧？"

老先生憨厚地笑了，说："这样也好啊，至少以后不会再担心有人来偷这幅画，我就可以放心地把它挂在客厅里了。"

感恩知足吧，知足让我们在生活中找到乐趣，找到安详的幸福。

感恩心语

知足就是幸福的源头，因为知足是一种良好的生活态度，它能使人变得更加睿智、平和。

点滴的幸福

马尔科姆·迈克康奈尔

圣诞节的前几天,奥格斯格带着妻子和孩子从得克萨斯飞到加利福尼亚与父亲共度节日。从到家的那天起一直到圣诞夜,他们都一直忙着为圣诞节做最后的准备,日程排得满满的。为了过节,大家都忙得疲惫不堪。

圣诞节终于到了,那天晚上,全家人准备开车去朋友家参加圣诞聚会。奥格斯格和妈妈、姐姐在附近的商场里买东西,忙了一整天,天黑才回到家,所以出发的时间比原计划延后了半个小时。

在开车去朋友家的路上,母亲扭过头,看着父亲说:"最近几天太忙了,我都没有仔细看过你一眼!"

父亲低声嘟囔了一句,盯着后视镜,把车子切入到快车线上。

母亲伸出手,试着把父亲的短发缠在她的食指上:"我知道我们晚出发了半个小时,现在在赶时间,但是我们相互对视一下,只需要几秒钟的时间。"

"亲爱的,我在开车!"父亲盯着路面,低声地回应着。

"只要10秒。不,5秒就足够了。转过来,看着我的眼睛,可以吗?"

父亲坚持地摇摇头,告诉母亲这样做太危险。

"那好,等下一个红灯吧。"母亲尽最大可能做出了让步。

没过多久,车子停在了十字路口,父亲扭过身子,凝视着母亲的眼睛,并且还紧紧握住了她的手。

母亲的脸上露出满足的微笑。这时,绿灯亮了,要不是后面的车拼命地按喇叭提醒,父亲和母亲都没有察觉到。

父亲转过身,车子开走了。一切又恢复了平静,似乎母亲刚才什么都没有做过,可是此时车里充满了温情,车内的每一个人都被刚才的情景打动了。

感恩心语

幸福其实很简单,5秒钟的深情对视,就能体会到幸福的感觉。记住:生活中最大的幸福就是有人爱我们。

享受真正的幸福

佚名

对于我们来说,幸福是一个美好的象征,但是真正的幸福到底是什么样的呢?

有人说:"我不幸福,因为我没有钱,有了钱我就幸福了。"

有人说:"我不幸福,因为我没有权,有了权我就幸福了。"

有人说:"我不幸福,因为我没有名,有了名我就幸福了。"

真的如此吗?事实好像不那么简单。一般人经常会赞美那些成功者说:"那人已攀上了人生的高峰,实现他的目标了。"或者说:"他是那么成功,再也不缺少什么了。"

事实上,"成功者"往往会感到寂寞,似乎遗失了什么重要的东西,他们的生活往往并不幸福。那是因为推动他们跨越高峰的原动力已经变得淡薄。对于实现目标,不再像过去那样感到刺激和兴奋。随着最终目标的完成,努力的方向不再明确,即使胜券在握,也毫无喜悦之感。

一位成功者这样说:"我的人生已没有什么乐趣可言。我不必再像过去那样辛劳工作,也不再有需要解决的问题。"

美国有位著名的企业家,是几家著名大公司的董事长,他的事业发展速度之快,令人瞠目结舌。他年方35岁,就已在竞争激烈的商界赢得极高的地位。到了40岁,他对一切已感到厌倦,在45岁时他选择了自杀。他这样感叹道:"我什么都不缺,我有美丽的妻子,我有豪华的房子,我有几代人都享用不尽的巨大资产,我还有一个漂亮的女儿。但是,我感到很痛苦,现在,我最想做的,就是到上帝身边静静地听他的教诲。"

由此可见,真正的幸福并不是财富和成功所能给予我们的。有钱可以下馆子、买房子、买车子,可是钱不等于幸福;有权可以让人服从、听话,可以指挥别人,但权并不等于幸福;有名可能得到尊敬、崇拜、羡慕,但这也不等于幸福。物的享受、权的力量、名的荣誉只能使人产生一定的满足感,那只是一种短暂的感受,因为贪欲是无法满足的。很多人对幸福的理解只看到了事物的表面,以期待欲望的满足代替幸福;然而智者看透了事物的本质,明白了我们内心对流转不定的名利的追逐,恰恰是痛苦烦恼的根源。因此,古往今来,很多有识之士都在追求真正的幸福之路上苦苦地求索。

什么是真正的幸福?真正的幸福应该是一种不断追求的生活状态!我们达到一个目标后,又接着设定下一个新目标,再度接受挑战,完成这个目标。过去的梦想实现后,又抱着新的梦想,向更大、更能专心投入的目标努力迈进。这才是幸福产生的基础。

我们对生活、工作的渴望与获得成功一样,永远能感受到相同的喜悦,因此始终保持旺盛的斗志,精力充沛、日新月异地昂首向前,不论在任何时刻都不会丧失热忱和创造力。对我们来说,"目标都已达到"这种情况永不应该存在,换句话说,我们无时无刻都应为自己新的目标奋斗不懈。

真正的成功、永无止境的快乐和幸福感是在朝着目标努力拼搏时才能体会到的,而不是在达到目标之后。确定新的目标,以不变的斗志和进取心,再度面对挑战,这时才会有真正的快乐。

永远能感受到幸福的人,是对追求新目标保持兴趣、永远向更高层次迈进的那些人。不少成功者常会满足地想,好不容易获得成功,终于可以安心了。可是,一旦有了这种想法,就再也感受不到成功的喜悦,也会失去向目标努力的乐趣。

"我从没有认为自己已经完成了一生中的所有目标,我甚至从没这样想过。直至今日,我心中仍有很多梦想,不断拟订计划去尝试新的目标,对一切都保持高度的兴趣,这让我感到极大的幸福。"著名物理学家爱因斯坦曾这样评价自己的生活。

一位著名学者也曾说过:从事自己最喜欢的事就是最幸福的人。

❀ 感恩心语 ❀

以成功为幸福的人,一生都会不停地设定新的目标并为之奋斗。只有在这样的追求过程中,他们才能体味到幸福。

转身发现幸福

米兹·朱尼尔

斯利是一名成功的商人,家庭富有,妻子美丽贤惠,三个女儿聪明伶俐。在朋友的眼里,斯利是一个成功的男人,是众人羡慕的焦点。但是斯利却生活在痛苦之中,当他第一次向好友透露心里的这个秘密时,好友都觉得他不可思议。

"斯利,你的妻子又漂亮又贤惠,你为什么会不满意呢?"好友不解地问。

斯利悲哀地摇摇头,说妻子不是他想要的那种女人。可是在众人的眼里,斯利的妻子是个优秀的女人,她是一名画家,创作出很多优秀的作品,而且还是一个好太太,把家打理得井井有条。别人都羡慕斯利好福气,娶了一个好老婆,可是斯利却看不到妻子的优点。

斯利的家住在47层的公寓,地处海边附近,每天可以看到潮起潮落,打开窗户,潮湿而温暖的海风迎面扑来,这是全市最好的居家环境,但是斯利却跟好友抱怨:"我的梦想是住在有门廊和花园的大房子里。"

好友叹息一声,问他对三个聪明伶俐的女儿应该满足了吧。他急忙摆手示意朋友不要再继续说下去,他说他的梦想是生一群健壮帅气的儿子。

好友拿斯利没有办法,斯利的事业很成功,他的医疗器械和药品生意做得红红火火。他对自己的工作总该没有怨言了吧。但是斯利却愁眉不展地反驳道:"我的梦想是成为一名探险家。可是,现在的我却成了一名秃顶的商人,膝盖还落下了残疾!"

听完斯利的抱怨,好友找到了斯利生活痛苦的症结:斯利的生活很幸福,可是他整天都在想自己没有得到的东西,而对他拥有的东西却不屑一顾。

没过多久,斯利积郁成疾,生了一场大病住进了医院。

一天,他在半梦半醒之间,梦到了上帝。

"我长大了以后,你为什么就不再满足我的所有要求?请你把我想要的那些东西赐予我吧!"斯利哀求上帝。

"我能够赐给你。不过,"上帝回答他,"我想用这些东西使你惊奇。难道现在这位美丽而善良的妻子、优美的住所、成功的事业和三个可爱的女儿,你不感到惊奇吗?"

"可是,"斯利打断上帝的话,"你并没有把我想要的东西赐予我。"

听完斯利的话,上帝笑着说:"我想要得到的,你给予我了吗?"

斯利没想到上帝还会对他有什么要求:"你,需要什么?"

"我需要你愉快地接受我的恩赐,如果你不懂得珍惜你拥有的东西,我把这些东西收回,你想想你的处境会如何?"说完,上帝沉默了,只是用他那双充满智慧的眼神盯着斯利。

忽然之间,斯利似乎看到妻子、住所、事业和三个女儿被上帝全部带走了,他成了一个一无所有的可怜人。

突然,一只温柔的手将他轻轻唤醒,他尖叫着从噩梦中惊醒,看见妻子正在看着他,用手擦着他额头的汗珠。

"怎么了?是不是做噩梦了?别怕,有我和三个女儿陪在你身边。"妻子的身后,站着三个女儿,她们对斯利做着鬼脸。

如今,斯利还是经常做梦,但梦中的他,嘴角常常挂着满足的笑。47层的住宅,让他每天可以拥着妻子俯瞰大海,女儿银铃般的笑声,让他置身在童话般的梦境。

感恩心语

能够享受人生的人,不在于拥有财富的多少和地位的高低,也不在于成功或失败,而在于会数数。"不要计算已经失去的东西,多数数现在还剩下的东西。"这个十分简单的数数法,就是享受人生的一种智慧。

多使你注意自己所拥有的,你就会发现生活其实很美好。兴许,你会在生活中第一次感受到什么叫真正的幸福与满足。

幸福的地址

亚历山大·托马森

在科比 10 岁生日的那天晚上,母亲沙茜尔把他叫到跟前说:"恭喜你,从今天起你就是一个堂堂的男子汉了!"听了母亲的话,科比高兴得手舞足蹈,他抡起小小的拳头无比骄傲地说:"嗯,我是家中的男子汉,从明天起我就要照顾好妹妹们!"

沙茜尔一把将科比搂在怀里,她含着泪说道:"是啊,有你这个男子汉真好!现在妈妈不得不把一件很重要的事情告诉你。"

母亲告诉他,他父亲所在的银行突然倒闭,他们的六口之家唯一的生活来源中断了。几天以后,他的父亲将去得克萨斯州创业,可能会因为忙碌和路途遥远,要好几年才能回家。听母亲说完这些,科比的泪水流了下来。博学多识的父亲是他的良师益友,他能成为学校里人人敬佩的足球明星,也是父亲传授的结果。他实在舍不得父亲的离开。但一个星期之后,父亲还是带着简陋的行装出发了。来家里接父亲的车子发动着的时候,科比追着车子问父亲在得克萨斯州的地址和邮编。看到父亲愣了一下,车里的司机探出头微笑地对科比说:"小伙子,那个地方叫幸福大道 145号。"科比真怕一下子忘掉,他飞快地跑回房间,将这个地址写在了一个天蓝色的信封上。他决定晚上就写信给父亲。想着长途跋涉后的父亲,一到达目的地就能看见自己的祝福,科比心里美滋滋的。

父亲的信在一个月后寄到了科比的面前,信里还夹了 5 朵蓝帽花。科比给母亲和妹妹们分完了花朵,就兴高采烈地在客厅里大声读起了来信:"平坦而干净的得克萨斯州,到处盛开着跟你们母亲帽子上一样的蓝色花朵……"虽然父亲的信不长,但从他的描述和兄妹丰富的想象里,就可以知道幸福大道 145 号一定是一个很美的地方。

科比和父亲开始通信,几乎每个星期都能接到一封对方的来信。父亲的信内容很少,只是简单介绍他的公司进程和得克萨斯的风景。科比每次都会写满 3 大页,把家中和学校的每一件事都告诉父亲。小妹妹露西会说哥哥怎么了、妈妈不小心摔碎了工艺品厂的一只陶瓷杯,或者哪个女生给自己写情书了等等……就这样通信 3 个月后,科比请示妈妈:"妈妈,我可不可以跟爸爸打个电话,哪怕就听一下他的声音也好啊?"听到科比的话,沙茜尔把他紧紧搂在怀里:"爸爸的工作很忙,长途也很贵,我们还是节约点吧,你说呢科比?"科比懂事地点了点头,从此再也不提打电话的事,把对父亲的思念深深地埋在心里。

日子一天天过去,柔弱的沙茜尔带着四个孩子的艰辛可想而知。科比作为家中最大的"男人",他时时用行动证明着他会替父亲照顾好这个家。当年幼的妹妹把家里捣得一团糟,沙茜尔也会忍不住对她们发脾气。每当这时,科比就哄着她们坐在一起,把爸爸的信仔细地读给她们。刚开始的时候,这个办法还很奏效,但时间长了总是那几句话,三个小妹妹就不感兴趣了。于是,科比凭着自己对幸福大道 145 号的想象,开始编造一些美丽童话和风景讲给她们听。在那些贫困和充满思念的日子里,科比对幸福大道 145 号的丰富描述,成了孩子们最温暖的时刻。

最小的林达满 4 岁了。生日那天早上,她问科比:"为什么父亲没有给我寄来礼物?"科比知道她一直想得到一张有关幸福大道的明信片,于是,下午上美术课的时候,他自制了一张卡片:一大片美丽奇特的蓝帽花中,一条曲折的大理石小径通向一栋漂亮的别墅,别墅上写的是"幸福大道145 号"。可是,当他将卡片递给林达时,小妹妹并没有表现出高兴的样子,她甚至评价卡片上的花一点都不像蓝帽花。这下科比受到的打击可不小,他暗自决定,有机会一定按照信封上的地址去找父亲。

9 月份的时候,科比的班级搞活动,师生们到得克萨斯郊区的非默林中学联欢。科比对非默林中学精心安排的活动并不感兴趣,他高兴的是终于来到离父亲很近的地方了。他决定去看看他,顺便看看父亲经常提起的幸福大道究竟是个什么样。第二天中午,科比就悄悄踏上了去得克萨斯的列车,并在下车后遇上一辆去父亲那里的顺风车。尽管很多看了他手中地址的人都摇着头说那个地方很偏远,但他还是禁不住激动不已。

他下车后,就顺着路人的指点,经过工厂和小学校,来到有着高高围墙的地方。这里,真的有一片摇曳的蓝帽子花,可是大墙的铁门上写的却是:"忏悔大道 145 号"。科比这才明白,几年前那个司机口中的"幸福大道 145 号"却原来是一座监狱。

科比无论如何接受不了这个事实,蹲在地上,他伤心地哭了。哭了一会儿,他决定不再找爸爸了。心情沉重地回到了家,父亲的又一封来信已经放在他书桌上了。两天后,他拿起笔给父亲回信。信里详细讲述了三个妹妹的成长趣事和自己得到奖状的事,可是对于自己的"冒险",他却只字未提。在信封上,他写的地址还是"幸福大道 145 号"。

又熬过了一年,父亲终于回家来了。虽然刚刚 46 岁,但看上去他苍老了许多,身上依旧是 4 年前出门时的那个背包。科比看见,3 个妹妹显然已经不认识憔悴贫穷的爸爸了,就拉着她们的手朝父亲走去。站在面前,14 岁的他已经比父亲高出一截了。四个孩子齐声说:"我们欢迎从幸福大道 145 号归来的客人!"父亲和母亲的泪水再也控制不住地流了下来。

原来父亲因银行倒闭而欠下了巨额债务无力偿还,而进了监狱。

许多年后,已经在州法院工作的科比写了一封信。信是给得克萨斯州监狱的监狱长写的,主要内容就是请求把"忏悔大道 145 号"改为"幸福大道 145 号"。然后他说,没有任何一座监狱能锁得住亲人之间的爱。并且,因为这样一个包含亲情的地址而保持一个父亲在孩子们心中的形象,不是一件很好的事情吗?信的最后他说,幸福大道 145 号是他们全家人最幸福、最温暖的暗语,如果能够如愿,他将感激不尽。

∽ 感恩心语 ∾

一个善意的谎言,成就了一个关于幸福的故事。在知道真相的一刹那,科比长大了,也懂得了幸福的含义。

让自己满意的生活

佚名

一个樵夫上山去砍柴,看见一个人正躺在树下乘凉,见状忍不住问那人:"你怎么躺在这儿,为什么不去砍柴呢?"

那人不解地问:"为什么非要砍柴呢?"

樵夫说:"砍来的柴可以卖钱呀!"

那人又问:"卖了钱又有什么用呢?"

樵夫满怀憧憬地说:"有了钱就可以享受生活了。"

那人听后笑了,说:"那你认为我此刻在做什么?"

人类的欲望没完没了,尽管在某些方面可能得到片刻满意,但当另一个新的欲望生成,你又会义无反顾跳进另一个大陷阱中。

有时我们就像寓言中那头愚蠢的驴子,总是死盯着眼前那根永远吃不到的萝卜。

假如太阳在我们的生命中只出现一次，那么每个人都不会放弃这唯一的观望。我们会提早准备，绝不会错过。

只因太阳每天都会升起、落下，所以我们就纵容自己几个月都不去抬头关注它一次。

罗丹曾说过："生活中不是缺少美，而是缺少发现美的眼睛。"

想一想，早上还没有起床时，你就开始担心起床后的寒冷而错失享受被窝里最后几分钟的温暖；走出家门你又开始担心路上可能会塞车；坐在办公室里，你又开始设想下班后是该去看场电影，还是与朋友约会；刚刚开完薪水，你又开始盼望下一个月发薪的日子赶快来临。

我们就是这样，总是生活在下一个时刻。

我们总是急着等周末来临、节日来临。我们总是盼望孩子快快长大，自己赶快退休在家待着。等我们真的老了时，又随时担心生命会在下一分钟结束。

我们总是忙不迭地过日子，一刻也不停地瞎转。

我们总是把拥有物质的多少，外表形象的好坏看得过于重要，用金钱、精力和时间换取别人可能会有的好评，根本没有时间享受生活的轻松。

它就在你心里，就在你看见的每一个地方，根本不用费心就能找到。

其实美本来就是随处可见的。

适当的幻想对人的心理是有益的，但过多沉溺于幻想里，就会忘记眼前真实的生活。

"生活在此刻"，就是享受你正在做的，而不是即将要做的。必须摆脱对"下一刻"的迷恋和幻想，它们大多数不切实际，有的虽然最终会得到，却剥夺了我们此刻的生活。

不要一边吃饭一边想着办公室中的工作，不要一边工作一边又担心下班会不会塞车。

摆脱不必要的幻想，学会欣赏和体验已经拥有的此刻，这本身就是一种成长。

我们要为每一天的日出欣喜不已。

我们要为自己所从事的工作带来的生活体验而高兴。

我们要分享与家人、朋友相处时的甜蜜。

感恩心语

让自己满意的生活，是"在此刻"。它的意义在于，对今天生活的体会，不要寄希望于未来。但是如果你问100个人"你最满意的生活是什么"，大概100个人都会回答"在未来的某一天，我要拥有……"我们习惯了赌押未来，而忘记了重视此刻所拥有的一切。

此刻的生活太现实了。不如意之处尽在眼前。对今天生活的所有不满，又都被我们盲目地扩大了。而未来的日子，险恶未知，我们便可以尽最大想象来勾画最满意的生活。于是，我们开始憧憬明天。其实，生活中更关键的事情在于，"学会欣赏和体验已经拥有的此刻"，毕竟下一刻有太多的幻想和未知。进一步说，就算走到了未来那一刻，大概那时的生活也未必如你所愿。

所以，还是做个现实的"活在此刻"的人吧！用发现美的眼睛去发现生活中的美，用轻松的心情去感恩今天所拥有的幸福。

幸福的饮料

露西·布莱克

大银行家帕里斯60岁生日到了，亲朋好友从四面八方赶来祝贺，就连报刊和电台记者都赶来了，因为帕里斯在金融界的影响太大了。

宴会上，当帕里斯吹灭生日蜡烛，与所有亲朋好友共同举杯的时候，一名记者笑着问他："帕里斯先生,您一生最幸福的时刻是什么时候,是现在吗?"帕里斯放下酒杯说,"不,不是这个时刻,我觉得这样的时刻很平常。最幸福的时刻,对我来说,14岁那年的圣诞节让我永生难忘。"

金碧辉煌的宴会大厅里,所有人都被帕里斯的话吸引住了,他们期待帕里继续讲下去。

帕里斯深吸一口气,讲述了童年的一件小事:

小时候,帕里斯非常向往能喝上汽水,那能让人呕气的神奇东西究竟是什么味儿呢?那些有钱人家的孩子喝了汽水,会站在大街上发出一声又一声长长的呕气,让他羡慕不已。他想,自己什么时候能喝上那种神奇的饮料,站在大街上对着来来往往的行人呕气呢!

可是,家里穷得常常连饭都吃不上,买汽水是个不能实现的奢望。母亲知道他想喝汽水,答应到圣诞节时就给他买一瓶汽水。

母亲更忙碌了,她不放过一次加班的机会,想在圣诞节前多挣些钱。帕里斯则天天盼着圣诞节快些到来。

圣诞节的钟声终于敲响了,帕里斯期盼的那瓶汽水摆在了桌子上。

母亲小心地拧开瓶盖,将汽水递给了他。喝下一口,那种酸酸甜甜的滋味,他到现在都还记得。一想到过一会儿,他就能呕出长长的一口气来了,可是,等了好久,也没有出现预想的效果。

母亲紧张地看着他,说:"你喝得太少了,多喝一点试试。"可是,就那么小小的一瓶饮料,他都喝光了,母亲就尝不到了。他让母亲喝一口,她说喝过了,怎么也不肯喝。

为了能呕出那长长的气,他每喝几口就等待一会儿。可是,直到把那瓶汽水喝光,也没呕出那幸福的气来。"为什么他们喝完以后马上就能呕出气来呢?"他问母亲。母亲也慌了,她说:"怎么会这样呢,经理说那东西就是这个味道的呀。"帕里斯看着瓶子,确认它跟那些孩子手上拿的是一样的。就在这时,母亲突然抱着他哭了起来:"儿子,是妈妈骗了你,那里面的东西,是妈妈用糖和醋兑成的。"

原来,圣诞节那天,老板告诉母亲,他的公司亏本了,已经发不出薪水,过了圣诞节公司就要倒闭了。惆怅的母亲看见老板桌子上一个空的汽水瓶,问老板汽水是什么味道的。老板疑惑地说那种东西就是酸酸甜甜,像糖和醋混合在一起的味道。母亲请求老板将那个空汽水瓶子送给了她。

母亲做完那瓶糖醋水饮料,作为圣诞礼物送给了他。听完母亲的话,帕里斯流下了眼泪。他使劲伸长脖子一口口地咽着气,一会儿,竟然呕出了一口长长的气来。他惊喜地告诉母亲:"妈妈,您给我做的糖醋水饮料,也能呕出气来啊!"母亲紧紧地搂着他,那个圣诞节,是他最幸福的一个夜晚。

帕里斯先生的故事讲完了,大厅里寂静无声,很多人和帕里斯一样眼里噙着泪花。

感恩心语

生命的幸福不在于环境、地位、财富和他享受到的物质。贫困的岁月里,人们也能感受到幸福,那种幸福,可能会让你记忆更深。那瓶酸酸甜甜的糖醋水,包含了多少人间真挚的情感!